无机非金属材料工艺学

赵 鹏 俞鹏飞 主 编

U0294196

人民交通出版社股份有限公司

北京

内 容 提 要

本书共七篇:绪论、水泥、玻璃、陶瓷、耐火材料、人工晶体和生态环境,重点介绍了无机非金属材料发展历史、无机非金属材料工业工艺原理、工艺过程和生态环境保护等方面的专业知识、国家标准和行业发展动态等。

本书可作为高等学校材料科学与工程、无机非金属材料工程专业的本科生教材,也可作为从事材料工程领域科研、设计、生产制造和使用等方面工程技术人员的参考用书。

图书在版编目(CIP)数据

无机非金属材料工艺学/赵鹏,俞鹏飞主编. —北京:人民交通出版社股份有限公司, 2023.7 (2025.2 重印)

ISBN 978-7-114-18892-3

Ⅰ.①无… Ⅱ.①赵… ②俞… Ⅲ. 无机非金属材料—材料工艺—工艺学—高等学校—教材 Ⅳ.①TB321

中国国家版本馆 CIP 数据核字(2023)第 128916 号

Wuji Feijinshu Cailiao Gongyixue

书　　名:无机非金属材料工艺学
著 作 者:赵　鹏　俞鹏飞
责任编辑:郭晓旭
责任校对:孙国靖　卢　弦
责任印制:张　凯
出版发行:人民交通出版社股份有限公司
地　　址:(100011)北京市朝阳区安定门外外馆斜街 3 号
网　　址:http://www.ccpcl.com.cn
销售电话:(010)85285911
总 经 销:人民交通出版社股份有限公司发行部
经　　销:各地新华书店
印　　刷:北京虎彩文化传播有限公司
开　　本:787×1092　1/16
印　　张:32.625
字　　数:838 千
版　　次:2023 年 7 月　第 1 版
印　　次:2025 年 2 月　第 2 次印刷
书　　号:ISBN 978-7-114-18892-3
定　　价:98.00 元

前言
PREFACE

　　无机非金属材料工业是国民经济的基础产业,在国民经济发展战略中占有重要的地位。《无机非金属材料工艺学》课程是无机非金属材料工程本科专业继《材料科学基础》等课程之后的一门专业课。

　　本教材秉承以学生为中心的成果导向教育(OBE)理念,为使学生能够适应现代无机非金属材料工业发展需求,在传统无机非金属材料工艺学教材的基础上,适当增加相关内容,重新编写形成的。

　　现有《无机非金属材料工艺学》教材内容有两种编排方式。一种编排方式是将水泥、陶瓷、玻璃等工艺学内容彼此独立编排,保留了每个体系的独立性与完整性。另一种编排方式则是突出无机非金属材料共性工艺,重视共性工艺技术,减少了不必要的重复叙述。

　　现有《无机非金属材料工艺学》教材以无机非金属材料制造工艺为主要内容,对原料、工艺过程和产品等不断更新的相关国家标准内容介绍较少,而生态环保方面的知识内容相对缺乏或已老旧。

　　针对现有教材的实际使用情况,从实用性出发,本教材有如下特点:

　　(1)把不同材料的发展史在绪论中集中撰写,体现了无机非金属材料历史发展的系统性。

　　(2)在水泥、玻璃、陶瓷、耐火材料工艺学基础上,增加人工晶体工艺学知识内容。

　　(3)在独立编排基础上,在每篇工艺学的参考文献中列出相关行业的国家标准。

　　(4)增加无机非金属材料工业生态环保及碳排放方面的基本知识。

　　本书绪论篇、无机非金属材料工业生态与环保篇由赵鹏撰写;玻璃工艺学篇、水泥工艺学篇、陶瓷工艺学篇、耐火材料工艺学篇分别由孙国栋、白敏、李辉和孙志华收集部分资料,由赵鹏统稿编写;人工晶体工艺学篇由俞鹏飞编写;书中图表

1

由博士生景明海和硕士生武航进绘制处理。

无机非金属材料工艺学内容范围广,专业知识点多,涉及多个日新月异的行业,在编写过程中,为了避免挂一漏万,参考了国内外相关的学术论文、教材专著以及网络资料,在此一并表示衷心的感谢。

本书的出版得到了长安大学教材建设项目的资助和人民交通出版社股份有限公司的指导,以及长安大学材料科学与工程学院及无机非金属材料工程系的多方面支持,在此一并表示衷心的感谢。

由于编者学识水平有限,书中不足之处在所难免,恳请广大读者批评指正。

编　者

2021 年 4 月于西安

目录
CONTENTS

第一篇 绪　　论

第二篇　水泥工艺学

第三篇　玻璃工艺学

第四篇　陶瓷工艺学

第六篇　人工晶体工艺学

第七篇　无机非金属材料工业环境与生态

PART 1 | 第一篇

绪论

第一章
无机非金属材料范畴及类型

第一节 无机非金属材料范畴

材料是人类可以利用制作有用构件、器件或物品的物质,依其化学特征一般划分为无机材料与有机材料两大类。无机材料又依据其化学特征分为无机非金属材料和无机金属材料。因此,无机非金属材料、无机金属材料和有机高分子材料统称为三大基础材料。无机非金属材料可再分为普通无机非金属材料和先进无机非金属材料两大类。

普通无机非金属材料主要有陶瓷、玻璃、水泥和耐火材料等,其主要化学组成均为硅酸盐类。因此,普通无机非金属材料亦称为硅酸盐材料或者传统无机非金属材料。先进无机非金属材料亦称为新型无机非金属材料,主要有结构陶瓷、功能陶瓷、半导体、新型玻璃、非晶态材料和功能晶体等,其制作工艺与传统的硅酸盐陶瓷具有相似的工艺过程,而应用范围甚为广泛,故国际上也将无机非金属材料统称为陶瓷材料,即广义上的陶瓷材料。

普通无机非金属材料是工业生产和基本建设所必需的基础材料。例如,水泥、耐火材料、平板玻璃、仪器玻璃和普通的光学玻璃以及日用陶瓷、卫生陶瓷、建筑陶瓷、化工陶瓷和电瓷等,都与人类的生产、生活休戚相关。

第二节 无机非金属材料产品类型

无机非金属材料是以一些元素的氧化物、碳化物、氮化物、卤素化合物、硼化物以及硅酸盐、铝酸盐、磷酸盐、硼酸盐等物质组成的材料。因此,无机非金属材料品种和名目极其繁多,用途各异。其中,普通无机非金属材料以结构材料为主体,先进无机非金属材料以功能材料为主体,两类材料之间还可以随着材料的发展互相转化,对应的产品类型见表1-1-1。

从表1-1-1可以看出,普通无机非金属材料不仅产量大,而且产品范围广。如搪瓷、磨料、铸石、碳素材料、非金属矿,也都属于普通无机非金属材料范畴。

无机非金属材料产品类型 表 1-1-1

无机非金属材料		产 品 类 型
普通无机非金属材料	胶凝材料	硅酸盐水泥、铝酸盐水泥、石灰、石膏等
	陶瓷材料	黏土质陶瓷、长石质陶瓷、滑石质和骨灰质陶瓷等
	耐火材料	硅质耐火材料、高铝质耐火材料、镁质及铬镁质耐火材料等
	玻璃材料	硅酸盐玻璃、硼酸盐玻璃、硫化物和卤素化合物玻璃等
	搪瓷材料	钢片搪瓷、铸铁搪瓷、铝和铜胎搪瓷等
	铸石材料	辉绿岩铸石、玄武岩铸石等
	研磨材料	氧化铝磨料、碳化硅磨料等
	碳素材料	石墨材料、碳素材料等
	天然材料	硅藻土、石棉、石膏、云母、大理石、水晶和宝石等
先进无机非金属材料	电子材料	铁电、压电、热释电陶瓷、单晶和薄膜材料； 半导体薄膜、陶瓷和晶体材料； 导体、超导体薄膜、陶瓷和晶体材料； 绝缘陶瓷材料； 锂离子电池电极材料、光电材料等
	磁性材料	铁氧体材料、铁电铁磁材料等
	光学材料	透明陶瓷、闪烁晶体、激光玻璃、玻璃光纤材料、光催化材料等
	高温材料	碳/碳材料、碳化硅/碳材料、高温氧化物、氮化物、硼化物材料等
	超硬材料	碳化钛、人造金刚石和立方氮化硼材料等
	生物材料	羟基磷灰石陶瓷、生物酶载体、抗菌玻璃、生物水泥、细菌水泥等

先进无机非金属材料是 20 世纪中期以后发展起来的，具有特殊性能和用途的材料，它们是采用氧化物、氮化物、碳化物、硼化物、硫化物、硅化物以及各种无机非金属化合物制成的新材料。

微电子、航天、能源、计算机、激光、通信、光电子、传感、红外、生物医学和环境保护等新技术的兴起，促进了先进无机非金属材料的发展。具有磁、光、声、电、热等功能的无机新材料如新型陶瓷、功能晶体、特种玻璃、纳米材料、多孔材料、无机纤维、薄膜材料、生物材料、半导体材料、新能源材料及环境材料等获得到广泛的研究和应用。

第二章

无机非金属材料及工艺发展史

普通无机非金属材料是由传统的硅酸盐材料演变而来的。传统的硅酸盐材料一般是指以天然的硅酸盐矿物(例如黏土、石英和长石等)为主要原料,经在窑炉中高温烧制而成的材料,故又称为窑业材料。

普通无机非金属材料具有悠久的历史,其工艺发展与人类文明的发展相伴随。

第一节 胶凝材料及工艺发展史

一、古代胶凝材料

胶凝材料的发展,有着极为悠久的历史。

远在距今约4000—10000年前的新石器时代,由于石器工具的使用,劳动生产力的提高,挖穴建室的建筑活动开始兴起,人们就逐渐使用黏土来抹砌简易的建筑物,有时还掺入稻草、壳皮等植物纤维加筋增强。但未经煅烧的黏土并无抗水能力,而且强度较低。另外,在中国新石器时代的遗址中,还发现用天然姜石夯实而成的柱础以及铺墁的地面和四壁等,甚为光滑坚硬。经测定,姜石是一种二氧化硅含量高的石灰质原料,是黄土中的钙质结核。在仅仅以大地为源的建筑活动中,能有意识地将黄土中的姜石挑选出来,捣碎成粉后应用于特定场合,是当时居室建筑的一大进步。

随着火的使用,大约在公元前2000—3000年,中国、埃及、希腊以及罗马等就已开始利用经过煅烧所得的石膏或石灰来调制砌筑砂浆。例如古埃及的金字塔,中国的万里长城以及其他许多宏伟的古建筑,都是用石灰、石膏作为胶凝材料砌筑而成。我国有关石灰的文字记载,最早可以上溯到公元前7世纪的周朝。从目前考古发掘的材料分析,最晚在汉朝(公元2世纪),人工烧制石灰已经达到相当高的工艺水平了。

到公元初,古希腊人和罗马人都已经发现,在石灰中掺加某些火山灰沉积物,不仅强度提高,而且能抵御淡水或含盐水的侵蚀。例如罗马的庞贝城以及罗马圣庙等著名古建筑都是用石灰—火山灰材料砌筑而成。又由于当时较多应用的普佐里(Pozzoli)附近所产的火山凝灰岩,因此在意大利文中就将Pozzolana作为火山灰的名称,以后又扩大为凡是属于这类的矿物质材料都称作Pozzolana,并沿用至今。图1-2-1为1900年前用古代混凝土建造的罗马万神殿穹顶。

图 1-2-1　罗马万神殿穹顶

在中国古代建筑中大量应用的"三合土",即石灰与黄土的混合,或另加细砂等实际上也是一种石灰——火山灰材料。随后,人们又进一步发现,将碎砖、废陶器等磨细后,可以代替天然的火山灰,与石灰混合,同样能使其具有水硬性,从而使火山灰质材料由天然发展到人工制造,经过焙烧的黏土和石灰混合可以获得一定抗水性的胶凝材料。

二、国外水泥工业

直到 18 世纪后半期,又先后出现了水硬性石灰和罗马水泥,都是将含有适量黏土的黏土质石灰石经过煅烧而得,并在此基础上,发展到用天然水泥岩(黏土含量在 20% ~ 25% 的石灰石)煅烧、磨细而制得天然水泥。然后,逐渐发现可以用石灰石与定量的黏土共同磨细混匀,经过煅烧能制成一种人工配料的水硬性石灰。这实际上可以看成是近代硅酸盐水泥制造的雏形。

19 世纪初期(1810—1825 年),用人工配合原料,再经煅烧、磨细以制造水硬性胶凝材料的方法,已经开始组织生产,并着手高温煅烧至烧结程度,以获得烧块(熟料)作为提高质量的措施。这种胶凝材料凝结后的外观颜色与当时建筑上常用的英国波特兰出产的石灰石相似,故称之为波特兰水泥(Portland Cement,中国称为硅酸盐水泥)。

图 1-2-2　法国 2017 发行的印有水泥发明人及水泥桥建成 200 年的邮票

1817 年,法国年轻的工程师路易斯(Louis Vicat)致力研究一种"石灰—火山灰"混合物的水硬性。他首次采用精确、可控、可重复应用的方法确定了获得这种混合物所需要的石灰石和硅土比例,经过在特定温度下煅烧和磨细制成的这种混合物就是水泥。苏亚克大桥是第一个应用水泥的实例。2017 年法国发行纪念水泥发明的邮票如图 1-2-2 所示。

英国阿斯普丁(J. Aspdin)于 1824 年首先取得了水泥产品的专利权。由于含有较多的硅酸钙,这种硅酸盐材料不但能在水中硬化,而且能长期抗水,强度甚高。其首批大规模使用的实例是 1825—1843 年修建的泰晤士河隧道工程。泰晤士河隧道是法国工程师马克·伊桑巴德·布鲁内尔和他的儿子设计而建成的第一条海底隧道,第一条采用盾构技术挖掘的隧道,是隧道工程里程碑式的建筑(图 1-2-3)。

硅酸盐水泥出现后,应用日益普遍,对于工程建设起了很大的作用。但随着现代工业的发展,仅仅硅酸盐水泥、石灰、石膏等几种胶凝材料又远远不能满足工业建设和军事工程的需要。到20世纪初,逐渐发展出各种不同用途的硅酸盐水泥,如快硬水泥,抗硫酸盐水泥,大坝水泥以及油井水泥等等。而在1907—1909年发明的以低碱性铝酸盐为主要成分的高铝水泥,具有早强快硬的特性。近几十年来,又陆续出现了硫铝酸盐水泥,氟铝酸盐水泥等品种,从而使水硬性胶凝材料进一步发展出更多类别。

图1-2-3 英国泰晤士河隧道

可见,胶凝材料的发展经历了天然胶凝材料(如黏土)—(石膏、石灰)—(石灰、火山灰)—(水硬性石灰、天然水泥)—(硅酸盐水泥)—(不同品种水泥)几个阶段。可以相信,随着社会生产力的提高,胶凝材料还将有较快的发展,以满足日益增长的各种工程建设和人们生活的需要。

在第一次产业革命中问世的水泥工业,在近两个世纪以来,其工艺和设备都在不断改进,立窑烧制水泥熟料即将成为历史,以冶炼技术为突破口的第二次产业革命的兴起,进一步推动了水泥生产设备的更新,1877年发明了采用回转窑烧制水泥熟料的新技术,从而导致了单筒冷却机、立式磨机以及单仓钢球磨机等新设备的问世,有效地提高了水泥的产量和质量。

到19世纪末20世纪初,其他工业的发展带动了水泥工艺技术和生产设备的不断改造与更新。1910年立窑首次实现了机械化连续生产,1928年出现了较大幅度降低水泥热耗,提高窑产量的立波尔窑,特别是在第二次世界大战后,以原子能、合成化工为标志的第三次产业革命,引起了水泥工业的深刻变化,20世纪50—60年代,悬浮预热器窑的出现和电子计算机在水泥工业中的应用,使水泥热耗大幅度降低,水泥制造设备也不断更新换代,特别是1971年日本引进联邦德国的悬浮预热器技术以后所开发的水泥窑外预分解技术,实现了水泥工业的重大突破,使干法生产的熟料质量显著提高。到20世纪80年代中期,先进的水泥厂通过计算机和自动化控制仪表等设备,采用全厂集中控制、巡回检查的方式,在生料制备、熟料煅烧以及包装发运、矿山开采等环节,分别实现了自动控制。

近年来,水泥生产规模进一步扩大,新型干法生产取得了决定性的主导地位,生产效率显著提高,单机能力达到了日产12000t水泥熟料的水平,每1kg水泥熟料的热耗降低到3kJ以下,同时,由于新型粉磨技术的发展,水泥生产的电耗降低到100kW·h/t以下。此外,为配合干法生产的需要,在均化、环保、自动化以及余热发电等项技术的应用方面取得了新的成就,使水泥生产条件发生了显著变化。

三、中国水泥工业

1889年,中国第一家水泥企业——唐山细棉土厂创办,生产出第一桶"洋灰"。

1949年全国水泥厂有35家,年产量仅为66万t,4.5亿人口的大国,人均水泥产量不足1.5kg。

经过70多年的发展,至2019年,中国的水泥生产总量已经连续34年居世界第一位,水泥的产销量约占全球的60%,回转窑生产线1681条,设计熟料产能18.2亿t,水泥产能达30亿t。

中国水泥工业能耗指标世界先进,全国水泥生产平均可比熟料综合能耗小于114kgce/t,水泥综合能耗小于93kgce/t,部分重点地区水泥企业环保实现超低排放,水泥窑废气颗粒物、二氧化硫、氮氧化物排放指标分别为 $10mg/m^3$、$35mg/m^3$、$100mg/m^3$，环保指标世界领先。有 1065 条熟料生产线装备余热发电装置，总装机容量 7472MW，发电能力达 483 亿 kW·h/年。全国建成利用水泥窑协同处置城市生活垃圾、城市污泥、危险废弃物的生产线 150 余条，形成了完善的预分解窑水泥生产的工业体系。日产万吨级水泥生产线实景如图 1-2-4 所示。

图 1-2-4　10000t/日水泥生产线

第二节　玻璃及工艺发展史

一、国外古代玻璃

公元前 3000 多年，埃及人就开始制作简单玻璃珠作为装饰品，公元前 1500 年，就可以制作中空玻璃器皿了。图 1-2-5 和图 1-2-6 为出土的最古老的玻璃制品。亚述王阿瑟巴尼巴尔（公元前 669—626 年）楔形文字记载了钠钙硅玻璃配方：60 份沙子，180 份海生植物灰，5 份粉灰（白垩）。

图 1-2-5　埃及法老玻璃头像
（公元前 1400—1390 年）

图 1-2-6　鱼形彩色玻璃瓶（公元前 1390—1336 年）

公元初期，罗马已能生产多种类型的玻璃制品，在公元 1000—1200 年期间，玻璃制造技术趋于成熟，意大利的威尼斯成为玻璃工业中心。在公元 1600 年后，玻璃工业已遍及世界各地。

也有研究表明，玻璃作为人类最早发明的人造材料之一，大约诞生于公元前 20—前 15 世纪的两河流域,对人类文明尤其是现代科技文明的发生与发展起到了重要的推动作用。

二、中国古代玻璃

长期以来,考古研究表明中国古代没有玻璃,"外来说"占主导地位。但是,近代中国学者研究表明,早期中国钾钙硅酸盐玻璃与原始瓷的瓷釉,以及中国早期的铅钡硅酸盐玻璃与早期低温釉陶间存在一定关系,为中国古代玻璃自创说提供了科学依据。图1-2-7为曾侯乙墓出土的随侯珠。

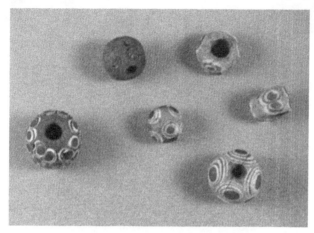

图1-2-7 曾侯乙墓出土的春秋时期镶嵌玻璃珠

因此,在中国长达数千年的玻璃发展史上,一直有两条线索相互交织,贯穿始终。一条是来自中国自创的玻璃工艺系统,这套系统起源于战国楚地,此后历经启蒙、成长、高潮、缓滞再到明清时期的复兴与转型阶段,可谓绵延不绝。而另一条则是来自东西方源远流长的商贸文化交流而带来的西方和中亚玻璃工艺的持续影响。因此,一部中国玻璃工艺演进史就是一部波澜壮阔的文化技术交流史。

玻璃,在我国古代典籍中又称为璧流离、陆离、琉璃、颇黎、药玉等,近代则多称料器。根据现有的资料,玻璃大约在公元前3000年便几乎同时起源于叙利亚、美索不达米亚和埃及。

中国玻璃制造历史也十分悠久,1972年在河南洛阳庞家沟西周早期墓中发现的一个白色料珠,把我国玻璃工艺史的起点上溯到公元前11世纪。

西周时期的料珠多发现于陕西、河南等少数几个地方,呈浅绿色或浅孔雀蓝,且基本出土于没有铜器的平民墓葬中,出土数量较大。这些料珠为石英砂烧结体,其玻璃化程度低,为玻璃工艺的启蒙时期。

春秋末战国初,河南固始侯固堆1号墓出土的蜻蜓眼琉璃珠、河南辉县琉璃阁出土吴王夫差铜剑格上的3块玻璃,以及湖北江陵望山1号墓的越王勾践剑格玻璃等经鉴定为外来玻璃(图1-2-8),说明最晚战国以前,国外的玻璃已经进入中国,对后来楚地大量仿制蜻蜓眼琉璃珠并创造出铅钡玻璃工艺有决定性的影响。这一时期可称为玻璃工艺的探索时期。

战国中晚期的玻璃制品在全国均有大量发现。到了西汉,较大型的玻璃器皿开始出现。迄今认定最早的国产玻璃器皿是河北满城西汉刘胜墓(公元前113年)出土的玻璃盘和耳杯(图1-2-9)。

图1-2-8 越王勾践剑上的玻璃宝石

图1-2-9 河北满城西汉中山靖王刘胜墓出土的玻璃盘

这一时期发现的玻璃器皿不仅地域分布辽阔,而且器型多,质量较高,这个时期可以视为我国玻璃发展第一个高峰时期。与此同时,外国玻璃器皿也时有发现,如广州东汉墓出土的孔雀蓝玻璃碗、广西东汉墓出土的玻璃碗和托盏。这些器皿多出土于广东、广西、江苏等沿海地区,可以佐证在汉代,海上丝绸之路的重要作用。

迄今魏晋南北朝时期的玻璃制品发现得并不多,但有国产吹制的玻璃制品(如河北定县北魏塔基)出现。较重要的发现来自辽宁北票北燕贵族冯素弗夫妇墓(公元415年)出土的玻璃鸭形器、碗、钵和杯。这些均属典型的罗马玻璃,通过当时发达的丝绸贸易经陆路输入中国(图1-2-10,图1-2-11)。

图1-2-10 南京仙鹤观高崧家族墓出土的　　　　图1-2-11 辽宁冯素弗墓出土的玻璃碗
　　　　　东晋玻璃罐

隋唐时期玻璃器的发现以隋代更为瞩目,最具代表性的是西安李静训墓(公元608年)中的八件完整的玻璃器(图1-2-12),研究认为均属国产。进口玻璃则大多是来自伊朗高原的萨珊玻璃(图1-2-13)。

图1-2-12 李静训墓出土的玻璃罐　　图1-2-13 北京西晋华芳墓出土的萨珊乳突玻璃碗

宋代玻璃器多出于寺塔地宫(即所谓塔基),有舍利小瓶、玻璃瓶、卵形器等型制,其中一部分属进口伊斯兰刻花或磨花玻璃器,而国产器皿则相对较少。出土的从西汉到宋代(图1-2-14,图1-2-15)玻璃制品大多为进口产品,这一时期将之描述为漫长的缓滞期。

图1-2-14 法门寺地宫藏刻纹蓝玻璃盘　　图1-2-15 内蒙古吐尔基山辽墓出土的淡蓝色高脚玻璃杯

元代以后,尤其是明清时期,中国玻璃制造有了长足的发展,几个大的生产中心,开始进行规模化的生产。如山东颜神镇、广州清宫琉璃厂等。此时期是中国玻璃工艺发展的第二个高峰,也是中国玻璃真正走向民间,走入寻常百姓家的转型时期。

因此,在中国长达数千年的玻璃发展史上,一条是来自中国自创的玻璃工艺系统,这套系统似起源于战国楚地,此后迅速普及,其特点是以铅玻璃为主,采用铸造法。早期的玻璃为铅钡玻璃,隋唐时期为高铅玻璃,北宋时期则出现钾铅玻璃。而另一条则是来自东西方源远流长的商贸文化交流而带来的西方和中亚玻璃工艺的持续影响。早期的影响主要表现在型制上,如眼型珠;稍晚则工艺传入,最早见诸记载的为晋人葛洪之《抱朴子·黄白篇》:"外国人作水精碗,实是合五种灰以作之,今交、广多得其法而铸之。"按此一说,则早在东晋外国琉璃技术已开始影响中国南方。之后《北史·大月氏传》《魏书》中又记载北魏太武帝时大月氏商人来到首都大同传授烧炼琉璃的技术,这和考古发现中从北魏开始出现的吹制玻璃制品正相吻合。此时,距西方吹制玻璃技术发明已有将近五个世纪了。到了隋唐时期,国产钠钙玻璃被发现。

明永乐时,郑和船队中随船的阿拉伯工匠传授了烧制钠钾玻璃的新工艺,从此新型的能适应骤冷骤热的各种玻璃器开始成批生产。中国玻璃工艺自此开辟了新的纪元,进入了前所未有的跨越式发展时期。而这段艰辛的中国玻璃发展历程亦将载入史册,成为中外文化艺术交流史上的佳话。

三、现代玻璃工业

现代玻璃则早已脱离了古代玻璃的发展序列,跳出日用品的范畴,在各个领域广泛应用,大放异彩。除了常规的日用玻璃、建筑玻璃外,还有电真空玻璃(钨组玻璃、铝组玻璃、铂组玻璃等)、光学玻璃(无色光学玻璃、有色光学玻璃、光子玻璃等)、信息用玻璃(氟化物玻璃光纤、声光玻璃、磁光玻璃等)、生物玻璃(生物载体玻璃、抗菌玻璃等)、航空航天用玻璃(透波用玻璃、舷窗玻璃等)和核技术用玻璃(核燃料玻璃、防辐射玻璃等)。总之,随着科技的不断发展,将会有越来越多的玻璃品种被研发出来,发挥巨大的作用。

现代玻璃工业始于18世纪的第一次工业革命,随着现代工业的发展,玻璃作为日用品和建筑材料进入普通人的生活。

玻璃工业发源于19世纪的欧美国家,作为普通无机非金属材料的平板玻璃,自20世纪问世以来,生产方法也不断改进,例如:有槽法、无槽法、平拉法、对辊法和格拉威伯尔法,统称为传统工艺。

1904年,湖广总督张之洞批准清朝候补知府林松唐购买德国"机械吹筒摊平法"成套设备,在武昌的白沙洲建成我国第一家机械制造的平板玻璃工厂。

1924年以外商为主在中国沿海和东北开始建设平板玻璃工厂,直到1949年,全国只有秦皇岛耀华、沈阳、大连三家垂直引上法平板玻璃工厂,1949年产量为107.7万标准箱。

1957年,英国人匹尔金顿(Pilkington)发明了浮法玻璃生产工艺(PB法),并获得了专利权。匹尔金顿公司于1959年建厂,生产出质量可与磨光玻璃相媲美的浮法玻璃,拉制速度几倍乃至十几倍于传统工艺。

1963年美国、日本等玻璃工业发达的国家,争先恐后地向英国购买PB法专利,纷纷建立了浮法玻璃生产线,在极短的时间内,浮法玻璃取代了昂贵的磨光玻璃,占领了市场,满足了汽车工业的需求,使连续磨光玻璃生产线淘汰殆尽。

1978年中国平板玻璃产量达到11784万标准箱,大约是1949年的20倍,年均增长率超过10%。

1981年中国洛阳浮法玻璃技术通过国家鉴定,1985年平板玻璃总产量突破5000万标准箱,1989年平板玻璃总产量首次超过美国,成为世界平板玻璃第一生产大国。1996年浮法玻璃产量超过普通平板玻璃开始占主导地位,其所占比例为49.53%。2007年平板玻璃总产量突破50000万标准箱,综合能耗达到标准煤14kg/标准箱,电耗6kW·h/标准箱,玻璃液热耗5800kJ/kg玻璃液。

随着浮法玻璃生产成本的降低,可生产品种的扩大(0.5~50mm的厚度),浮法玻璃生产工艺逐步取代了平板玻璃的传统工艺,成为世界上生产平板玻璃最先进和最普遍的工艺方法,玻璃熔窑规模趋于大型化,日熔化能力已达1100t级。浮法玻璃生产线生产自动化程度也不断提高,不同程度地实现了以计算机和监视装置控制的自动化生产,有的实现了全部自动化。

第三节　陶瓷及工艺发展史

一、最早的陶瓷

现有考古资料显示,地球上人类出现的时间大约在600万年前。坦桑尼亚北部30mile❶的奥杜威峡谷发现了200万年前原始人开始使用的卵石工具。发现于法国亚眠市郊圣阿舍尔,大约150万年前旧石器时期的早期阿舍利手斧(图1-2-16),是经过打击剥离和压力剥离制成的,属于最早的天然陶瓷材料。

图1-2-16　法国出土的150万年前的阿舍利石斧

旧石器时代的另一个重要天然陶瓷材料是黑曜石。它是由火山岩浆沉淀出的像玻璃一样,表现出具有贝壳状断裂面的材料,原始人用其制作工具和武器。

人类大约50万年前离开非洲,约30万年前会使用火,约10万年前有了固定住所。因此,旧石器时代原始人的历史就是人类使用打击石器(天然陶瓷)采集野果、狩猎的历史。

新石器时代是以抛光的石制工具和陶器为特征的发展时期,这一时期人类逐步进入耕作时代。

最古老的烧黏土样品是1920年在捷克共和国Dolni Vestonice发现的距今2.5万年前用黏土烧制的史前维纳斯(Venus of Vestonice),如图1-2-17所示。

称得上陶器生产的最早考古证据可以追溯到大约公元前10000年,来自日本长崎附近一个山洞的陶片。这个陶器的类型被称为绳纹陶器,因为表面图案是用绳子、木棍、骨头或指甲制成的特色图案,被低温烧制而成。

公元前12000年开始到公元前300年结束的日本旧石器时代晚期,是一个使用绳纹式陶器的时代,故称为日本绳纹时代(图1-2-18)。

图1-2-17　捷克出土的2.5万年前的陶器(史前维纳斯)

图1-2-18　出土于日本长冈市伊万诺拉遗址(公元前3000年)的火焰型绳纹陶器

---

❶　1mile≈1.69km

二、中国陶瓷技术发展史

中国是世界上出现陶器最早的文明古国之一,是发明瓷器的国家。中国陶瓷具有连续不断的、长达万年的工艺发展史,为世界上独一无二,可以用五个里程碑和三大技术突破来描述它的整个技术发展过程。

1. 五个里程碑

第一个里程碑—新石器时代早期陶器的出现。

根据考古资料,继发现仰韶文化及与仰韶文化同时代文化遗址中的陶器之后,人们又先后发现了距今约 7000 年左右的浙江余姚河姆渡文化陶器、磁山裴李岗文化陶器;距今约 8000 年左右的湖南沣县彭头山文化和河南舞阳县贾湖文化;距今约 10000 年左右的湖南道县玉蟾岩遗址、江西万年仙人洞遗址陶器(图 1-2-19)和河北徐水南庄头遗址陶器。这些早期陶器所用原料都是就地取材,特别是那些距今万年左右的陶器,它们共同的特点是粗砂陶,而且质地粗糙疏松,出土时都碎成不大的碎片,只有个别能复原成整器,它们的烧成温度在 700℃ 左右(图 1-2-20)。

图 1-2-19 江西万年洞遗址出土的陶器
(公元前 8000 年)

图 1-2-20 西安半坡出土的彩陶盆(公元前 4000 年)

第二个里程碑—新石器时代晚期印纹硬陶和商、周时代原始瓷。

一般认为印纹硬陶始见于距今约 4000 多年前的新石器时代晚期,原始瓷始见于商代(图 1-2-21)。印纹硬陶与陶器的最大不同是在它的化学组成中含有较少的 Fe_2O_3,并可在超过 1000℃ 的温度下进行烧制,其最高烧制温度已可达 1200℃。原始瓷则含有更少的 Fe_2O_3,一般在 3% 以下,其最高烧制温度也已达 1280℃(图 1-2-22)。原始瓷内、外表面都施有一层厚薄不匀的玻璃釉,其颜色从青中带灰或黄色到黄中带青或褐色。一般胎釉结合不好,易剥落。釉中 CaO 含量较高,一般称为钙釉,它是中国独创的一种高温釉,也是世界上最早的高温釉。

第三个里程碑—汉晋时期南方青釉瓷的诞生。

东汉晚期以浙江越窑为代表的南方青釉瓷的烧制成功标志着中国陶瓷工艺发展中的又一个飞跃,从此世界上有了瓷器,它作为一种材料,其影响更为深远。

瓷与陶的差别在于它的外观坚实致密,多数为白色或略带灰色,断面有玻璃态光泽,薄层微透光。在性能上具有较高的强度,气孔率和吸水率都非常小。在显微结构上则含有较多的玻璃相和一定量的莫来石晶体,残留石英细小圆钝。这些外观、性能和显微结构共同形成了瓷的特征。此即明代科学家宋应星在其著作《天工开物》中所说的"陶成雅器有素肌玉骨之象焉"。

图 1-2-21　商代印纹硬陶云雷纹罐　　　　图 1-2-22　1959 年安徽屯溪出土的西周原始瓷壶

青釉瓷在中国南方的烧制成功，首先应归功于南方盛产的瓷石。由于当时只用瓷石作为制胎原料，因而就形成了中国南方早期的石英—云母系高硅低铝质瓷的特色。其次则应归功于南方长期烧制印纹硬陶和原始瓷的成熟工艺，如图 1-2-23 所示。

第四个里程碑—隋唐时期北方白釉瓷的突破。

隋唐时期北方白釉瓷的突破是中国北方盛产的优质制瓷原料与长期积累成熟的制瓷技术相结合的必然结果。它的出现是中国制瓷工艺又一个飞跃，使中国成为世界上最早拥有白釉瓷的国家，如图 1-1-24 所示。

图 1-2-23　安徽当涂西晋墓葬出土的　　图 1-2-24　西安段伯阳墓出土的
　　　　　　青瓷楼阁人物堆雕　　　　　　　　　　白瓷人形尊

第五个里程碑—宋代到清代颜色釉瓷、彩绘瓷和雕塑陶瓷。

宋代到清代的各大名窑，诸如官窑、哥窑、钧窑、汝窑、耀州窑、临汝窑、磁州窑、吉州窑、龙泉窑、建窑、长沙窑、德化窑、宜兴窑以及后来兴起但又集各窑之大成的景德镇窑，无一不是以颜色釉瓷、彩绘瓷或雕塑瓷而著称于世，使中国陶瓷的科学、工艺和艺术的辉煌成就就达到历史的高峰。

自东汉晚期开始，浙江就一直烧制以 Fe_2O_3 着色的青釉瓷。到南宋时期，其官窑和龙泉窑所烧制的黑胎青釉瓷都是一种裂纹析晶釉瓷。它们都是以釉中析出钙长石微晶以增强玉质感并利用胎釉的膨胀系数不同使得釉裂成大小不一的纹片，从而成为一种独特的装饰而享誉世界。至于龙泉窑烧制的白胎青釉瓷则更是量大面广,流传到世界各地,为各大博物馆所珍藏。河南宝丰的汝官窑、临汝窑青釉瓷和陕西铜川的耀州窑青釉瓷亦都是以 Fe_2O_3 着色的,它们同样在世界上享有很高的声誉,特别是汝官窑青釉瓷更以其烧制时间短,留存于世的制品少而愈加珍贵,图1-2-25是不同时期的青釉瓷。

a)宋汝窑天青釉弦纹樽　　　　b)宋龙泉窑青磁茶碗　　　　c)宋哥窑青釉贯耳瓶

图1-2-25　中国不同时期与不同窑型的青釉瓷

与青釉瓷同时出现的黑釉瓷同样是陶瓷百花苑中的奇葩(图1-2-26)。宋代以后,黑釉瓷的烧制工艺得到很大发展,其中福建建阳的兔毫盏和江西吉州的黑釉盏尤为突出,它们还蕴藏着极为复杂的科学技术内涵,在世界上是独一无二的。河南禹县钧窑瓷釉是一种首创,它是一种红釉(以铜的化合物为着色剂)或是一种在不同色调的蓝色乳光釉面上分布着大小不等的红色斑纹的多色釉。钧窑釉的分相是在一定化学组成范围内,烧成的温度、气氛和时间的综合作用而导致的一种物理化学过程,人们很难掌握它们的形成条件故称之为窑变。

a)宋吉州窑乌金釉叶纹碗　　　b)元景德镇窑青花　　　　c)辽绿釉划花单柄壶
　　　　　　　　　　　　　　　缠枝牡丹纹罐

图1-2-26　黑釉、青花瓷与绿釉

景德镇自五代开始烧制瓷器以来发展到宋代烧制的青白釉瓷(图1-2-27)无论在质量上、数量上和影响上都占有重要地位。至元代和明初,景德镇制瓷工艺获得突破性的进展,它所烧制的白釉瓷不仅在质量上和外观上都属上乘,而且也为进一步烧制颜色釉瓷和彩绘瓷提供了良好的工艺条件和物质基础。

a)唐邢窑白釉小壶　　　b)宋定窑白釉刻花　　　c)明德化窑白釉
　　　　　　　　　　　　花卉纹梅瓶　　　　　观音坐像

图1-2-27　中国不同时期白釉瓷

自元代开始景德镇即烧制以 CoO 着色的釉下彩青花和以 CuO 着色的釉下彩釉里红,以及二者相结合的青花釉里红,开创了多彩高温釉下彩先例。特别是青花瓷一直是景德镇烧制的最大宗和最具特色的长盛不衰的产品。以 Fe_2O_3、CoO、CuO、MnO 等金属氧化物以及它们之间相互搭配着色而成的各种颜色共同形成了景德镇五光十色的颜色釉瓷。

与此同时,景德镇的釉上彩绘瓷也逐渐兴起。到了明代中期即烧制成一种以釉下青花和釉上彩相结合的所谓斗彩,以色彩鲜艳丰富、釉面洁白滋润、纹饰生动和制工精细而成为明代彩绘瓷最高水平的代表。到了清代又出现了全以低温釉上彩绘画的五彩瓷,以康熙五彩瓷最为著名,随后的雍正粉彩瓷亦同样受到重视。

明清以后,中国其他生产颜色釉瓷的各大名窑都衰微或停烧,只有景德镇不仅大量生产它自己所创烧的各种颜色釉瓷,而且对各大名窑都能仿制。至于彩绘瓷则只有景德镇一直在大量烧制。因此景德镇这时已成为国家瓷业中心,被称为中国的瓷都。稍后于景德镇兴起的福建德化窑,它以烧制高质量白釉瓷和雕塑瓷而闻名于世,由于德化白釉瓷胎中含有较多玻璃相而呈半透明状以及釉层很薄,使得德化瓷特色鲜明具有独树一帜的风格。

在景德镇出现多彩釉下彩绘瓷之前,湖南长沙窑和四川邛崃窑在唐代都已出现用含铁矿物着色的深褐彩和以含铜原料着色的釉下彩绘瓷,它们的烧制成功对后世的彩绘瓷都产生过深远的影响。到了宋代,中国北方的磁州窑系各窑所烧制的各种彩绘瓷则又达到了另一种境界,由于它们都是民间窑场,所绘纹饰题材都是来自民间日常生活中喜闻乐见的事物,因此更具有浓郁乡情和倍感亲切的艺术感染力,这是那些深受宫廷约束的官窑制品所不具备的,它们所创造的独特的装饰技法也是其他窑场所没有的。

北京故宫博物院堪称中国最大的古代艺术品宝库,其中收藏陶瓷类文物约 35 万件,而且绝大部分属于原清宫旧藏,可谓自成体系,流传有序。特别是经过几代专家的研究鉴定,使其具备了较高的真实性和可靠性。遴选出 400 多件精品,按时代发展顺序予以展示,可供观众鉴赏研究(图 1-2-28、图 1-2-29)。

a)宋钧窑天蓝釉红斑花瓣式碗　　b)明斗彩鸡缸杯　　c)清釉里红云龙纹钵缸

图 1-2-28　窑变瓷、斗彩、和釉里红

a)唐三彩凤首壶　　b)明宣德祭红釉僧帽壶　　c)清五彩仕女纹罐

图 1-2-29　三彩、红釉瓷、五彩瓷

台北故宫博物院瓷器也有2万多件,包括原始陶器和明清瓷器。

中国是瓷器的故乡,千百年来,百瓷争艳、美不胜收。在著名的拍卖场上,屡见亿元以上瓷器,不断刷新纪录,其中包括清乾隆珐琅彩"古月轩"题诗花石锦鸡图双耳瓶,清乾隆青花胭脂红料双凤戏珠纹龙耳扁壶,清乾隆御制珐琅彩捶瓶,清乾隆御制珐琅彩杏林春燕图碗,明永乐青花如意垂肩折枝花果纹梅瓶,北宋汝窑天青釉葵花洗,清乾隆万寿连延图长颈葫芦瓶,元青花鬼谷下山罐,明成化斗彩鸡缸杯,清乾隆粉彩镂空"吉庆有余"转心瓶等。

2. 中国古代陶瓷三大技术突破

第一,原料的选择和精制。

一般所说早期的陶器,所用的原料都是就地取土,因此先民们居住周围的泥土也就是他们用来烧制陶器的原料。由于他们都是傍山近水而居,所采集的原料一般都是含有各种砂粒的泥土,故而早期陶器多数都是砂质陶,都含有大小不等的各种砂粒。严格说这种泥土是不适合于烧制陶器的。经过相当长的时间,先民们从烧制陶器的经验中逐渐认识到某些泥土可能更适合烧制陶器,所以就在其居住地附近选择那些更适合的泥土来烧陶器。更确切地说,就是就地选土,从而出现了泥质陶。在他们发现单独使用某些泥土还不能满足成形、干燥、烧成时的要求时,他们又会有意识地在所选的泥土中加入各种不同的砂粒、草木谷壳灰和贝壳灰等而烧成夹砂陶、夹炭陶和夹蚌陶等。河姆渡夹炭黑陶就是其中一个典型例子。印纹硬陶、原始瓷、甚至青釉瓷和白釉瓷所用的原料也还是就地选土,但由于他们对原料已有更高的要求,已不是任何地方都有适合于烧制它们的原料,因此就出现了印纹硬陶、原始瓷和青釉瓷首先在中国南方某些地区烧制成功,而白釉瓷首先在中国北方某些地区烧制成功的事实,因为各地所产的原料只适合于烧制某类陶瓷。

第二,窑炉的改进和烧成温度的提高。

根据对大量古代陶瓷碎片烧成温度的测定数据,可以认为在中国陶瓷烧成温度的整个工艺发展过程中曾有过两次突破。第一次突破是在商周时期的印纹硬陶烧制工艺上实现的。它从陶器的最高烧成温度1000℃、平均烧成温度920℃提高到印纹硬陶的最高烧成温度1200℃、平均烧成温度1080℃。最高温度提高约200℃,实现了中国陶瓷工艺史上的第一次高温技术的突破。第二次突破是在隋唐时期北方白釉瓷烧制工艺上实现的。它从原始瓷的最高烧成温度1280℃、平均烧成温度1120℃提高到白釉瓷的最高烧成温度1380℃、平均烧成温度1240℃,最高烧成温度又提高了约100℃,达到了中国历史上瓷器的最高烧成温度。

从考古发掘的窑炉资料来看,新石器时代早期的陶器可能经历一个无窑烧成阶段,也就是所谓平地堆烧。到了贾湖文化和裴李岗文化才发现了陶窑,开始了有窑烧成。在中国南方有窑烧成可能要晚得多。经过相当长时间的发展和改进,在中国南方的浙江和江西直至商代才分别出现了龙窑和带有烟囱的室形窑。印纹硬陶原始瓷就是在这种窑内烧成的。

龙窑向上倾斜的坡度和长度,以及室形窑的烟囱都使这种窑具有更大的抽力,从而有利于温度的提高,实现了自有窑以来在窑炉结构上的第一次突破。正是有了这种在窑炉结构上的第一次突破,才促使了烧成温度的第一次突破。在窑炉的不断改进和发展中,到了隋唐时期,在中国北方的河北又出现了大燃烧室、小窑室和多烟囱的小型窑,这种窑更有利于温度的提高,这是继第一次窑炉结构突破后的又一次突破,遂使中国窑炉可以达到最高的陶瓷烧成温度。不难看出烧成温度的提高和窑炉的改进是密切相关的,它们共同为中国陶瓷的发展和进步创造了非常必要的条件。

第三,釉的形成和发展。

根据资料,3000多年前商代的原始瓷釉是至今发现的最早的具有透明、光亮、不吸水特点的高温玻璃釉,说明这一时期中国的瓷釉已经形成。因而可以推论中国瓷釉的形成过程开始于商代之前,而且有它自己的发展过程和规律性。

众所周知,中国南方是烧制原始瓷和最早出现瓷器的地方。近代,在南方的古遗址和墓葬中不时发现了相当数量商前时期的泥釉黑陶,并发现新石器时代的彩陶上涂有陶衣。把以上这些情况联系起来,就可以根据它们的化学组成、显微结构和外观大致把中国瓷釉的形成和发展分成四个阶段:商前时期,釉的孕育阶段;商周时期,釉的形成阶段;汉、晋、隋、唐、五代时期,釉的成熟阶段;宋到清代,釉的发展阶段。

从3000多年前的商代到清代,中国瓷釉历经形成、成熟、发展到高峰的历史阶段,它的科学技术内容十分丰富,艺术表现非常多彩,共同形成了中国瓷釉百花争艳、流传千古并独步天下的局面。

从新石器时代早期开始到清代的长达万年的历史长河中不断创造、不断发展,从而取得一个又一个技术进步。"白如玉、明如镜、薄如纸、声如磬"的景德镇陶瓷是中国传统陶瓷的典型代表,同时日用陶瓷、艺术陶瓷也取得了辉煌的成就。

三、现代陶瓷工业

工业陶瓷出现在近现代。清代末期,在洋务运动的推动下,工业陶瓷(化工陶瓷、电瓷)、建筑卫生陶瓷(陶瓷釉面砖和卫生陶瓷)等现代陶瓷产品、生产技术及生产装备等从欧洲相继进入中国,使中国由传统的陶瓷手工业进入了现代陶瓷工业的起步阶段。

从1911—2010年的100年间,中国陶瓷工业经历了中华民国时期(1911—1948年)、中华人民共和国成立后的恢复与发展时期(1949—1978年)和现代化建设时期(1979—2010年)。

中华民国时期,中国的陶瓷工业整体处于萧条衰落、艰难困顿的境地。中华人民共和国成立后的恢复与发展时期,中国基本建立了门类齐全、机构完整,满足国家建设需求的陶瓷工业体系。现代化建设时期,中国的陶瓷产量跃居世界第一,整体技术水平进入世界前列,成为世界陶瓷生产和消费大国。

目前中国已形成由陈设艺术陶瓷、日用陶瓷、建筑卫生陶瓷、电工陶瓷、砖瓦、工业陶瓷六类陶瓷产品组成的完整的陶瓷工业体系。

另外,人们将用于建筑工程、建筑装饰和卫生设施的陶瓷制品通称为建筑卫生陶瓷,包括建筑陶瓷砖(内墙砖、外墙砖、地砖、陶瓷板等)、陶瓷洁具、建筑琉璃及陶管等。

早在3700多年前的中国商代,最早的建筑陶瓷是用作下水道的陶管。到战国时代,陶管发展得更加完善。西周初期,创制了屋顶陶瓦,品种有板瓦、筒瓦、瓦当和瓦钉等。战国时期,创制了墙地贴面陶砖、大型空心砖、栏杆砖和陶井等,墙体砖大约始于秦代,粗陶砖用于砌墙。

"秦砖汉瓦"表明建筑陶器在秦代获得了巨大的发展,无论制品质量和花色品种,还是生产技术和生产规模,都比战国时期了有显著进步和扩大,如图1-2-30所示。

西汉时期发展了画像空心砖,作为建筑材料的空心砖晋升为富有艺术价值的陶质工艺品,如图1-2-31所示。

汉代创制了低温铅釉陶质"虎子"(男用夜壶),三国时期又创制了青瓷质"虎子"和"唾器",可算作是中国和世界上最早的陶瓷卫生器具。

建筑琉璃制品出现于战国时期,隋唐时期更为流行,明清时期发展到最高峰。

19

图1-2-30　秦代龙纹空心砖　　　　　图1-2-31　汉代长乐未央瓦当

进入20世纪的中国建筑卫生陶瓷就是在具有深厚中华文化的传统建筑陶瓷的基础上引入欧美现代生产工艺技术与装备,而实现工业化生产。

1911—1948年,为中国现代建筑陶瓷工业的起步阶段。20世纪初,一批民族实业家分别在唐山、上海、温州、宜兴等地建立了现代建筑卫生陶瓷生产工厂。

唐山启新瓷厂建于1914年,它是建于1906年的启新洋灰公司在国内建设的第一家现代卫生陶瓷厂。

1950—1978年,中国初步建成建筑卫生陶瓷工业体系,实现了工业化。

到1960年,中国建成12家大中型建筑陶瓷厂。1978年,全国生产建筑卫生陶瓷的企业已有44家。卫生陶瓷年产量达227.8万件,釉面砖达到356.7万 m^2;外墙砖和地砖年产量达到189.6万 m^2。

1979—2010年,中国建筑卫生陶瓷工业得到飞速发展,建成完整的工业体系,基本实现了现代化。全国形成30余个各具特色的产业区域(集群),生产企业超过6000家。建筑陶瓷砖产量超过75亿 m^2,卫生陶瓷产量超过1.7亿件。

第四节　耐火材料及工艺发展史

一、国外耐火材料工业起源

耐火材料的开发对许多行业,特别是对于钢铁制造和玻璃生产尤为重要。钢铁行业使用的耐火材料几乎占所有耐火材料的三分之二。悉尼·吉尔克里斯特·托马斯(Sidney Gilchrist Thomas)和他的堂兄珀西·吉尔克里斯特(Percy Gilchrist)在1878年发现在衬有白云石的转炉中(随后在白云石炉床上),可以从熔化的钢中除去磷。这是一个重要的技术发现,解决了困扰当时权威冶金学家的难题。

值得注意的是,托马斯本来想当医生,却是一位伦敦泰晤士河警察法院的地方法官。出于兴趣,他到伯克皇家矿业学院学习应用化学和冶金学,在那里他意识到了磷的问题。托马斯和吉尔克里斯特3次(历时1年)向矿业学院报告了他们工作的成果。

经过坚持不懈的努力,最终当他们的论文发表时(1879年),其发明的工艺过程的已广为人知,并引起了国际关注。

白云石耐火材料是由煅烧组成为 $CaCO_3$、$MgCO_3$ 的天然矿物材料制成的,而用菱镁矿生产的耐火材料是一种比白云石更具抗渣性的耐火材料,始于1880年。菱镁耐火材料主要由 MgO 组成,典型成分的比例为 $MgO\,83\% — 93\%$,$Fe_2O_3\,2\% — 7\%$。

从历史上看,煅烧的天然菱镁矿($MgCO_3$)为菱镁耐火材料提供原料。随着对更高温度和更少工艺杂质需求的增加,已经使用来自海水和盐水的更高纯度的 MgO。

1931年,人们发现菱镁矿和铬矿的混合物制备耐火材料的抗张强度比单独使用任何一种原料制备的耐火材料都高,从而导致第一块镁铬砖的出现。

含铬耐火材料是让天然存在的铬矿石中以 $Cr_2O_3\,30\% ~ 45\%$,$Al_2O_3\,15\% ~ 33\%$ 的比例为主要组成,含有 $SiO_2\,11\% ~ 17\%$,$FeO_3\,~ 6\%$。镁铬耐火材料氧化铬与氧化镁比为7:3。这样的砖有更高的抗热冲击能力,在高温下比在平炉内被取代的菱镁耐火材料具有更小的尺寸改变。这种新的耐火材料还取代了炉顶中用的二氧化硅硅砖,可以有更高的工作温度,熔炉产量更大,也更经济。

耐火材料重要的发展是将碳砖引入代替耐火黏土砖(类似于高岭石的成分),用于高炉炉膛中生产生铁的耐火材料。早期的经验是非常成功,以至于"全碳砖高炉"似乎成为可能,但这些愿望并没有实现,因为高炉炉内的上部有足够的氧气来氧化碳,因此无法在其中全部使用碳砖。

与其他陶瓷的历史一样,耐火材料发展部分归因于科学认识的发展和新表征方法的使用。开发相平衡图以及 X 射线衍射和光学显微镜的使用,加深了炉渣和冲刷对耐火材料的作用以及成分与耐火材料性能关系的了解。

二、国内耐火材料工业的发展

中国1949年前,只有几家的耐火材料厂,都是作坊式生产,除少数破粉碎和混练机械设备外,全是手工操作——手推车、手工成型、干燥坑、倒焰窑等。1949年和1950年全国耐火材料产量仅为7.4万t和18.4万t,产品质量和使用效果都很差,不能满足当时恢复高温工业生产的要求。

1949—1979年,为了改变落后状况,通过制订、颁布、执行一整套耐火材料产品标准并严格执行生产过程技术监督,同时推广采用机械成型、隧道窑烧成等先进工艺和装备,产品质量显著提高,产量急剧增加,从1949年的7.4万t增长到1979年的432万t。根据中国菱镁矿和高铝矾土资源的特点,研究开发了镁铝砖和高铝砖系列制品,并较快地在炼钢平炉和电炉、炼铁高炉、水泥回转窑等重要高温部位推广应用,替代由于铬矿资源缺乏的镁铬砖,为钢铁工业和建材工业的技术发展做出了重要贡献。

1979—2010年,在这时期,中国耐火材料生产飞速发展,年产量由1979年的432万t快速增长到2010年的2543万t,跃居世界首位。到20世纪90年代后期,重要高温技术需用的高档耐火制品已能全部自给自足,重要高温窑炉和容器(如炼铁高炉和鱼雷车,炼钢转炉和钢包,水泥回转窑和浮法玻璃熔炉等)炉衬材料的使用寿命显著提高,达到国际水平。此外,每年还出口约400万t的耐火原料(主要是焦宝石、矾土熟料和镁砂)和约40万t的耐火制品。

耐火材料的研究如矾土基均质料和电熔刚玉材料以及洁净钢连铸用低碳氧化物——非氧化物复合材料都取得长足的发展。

第五节　人工晶体及工艺发展史

有人认为材料问题,核心是晶体学问题,通过对晶态固体物质内部结构和缺陷的研究,可以了解各类物质的组成规律以及分子结构和缺陷以及各种物理化学性质的关系;通过研究各种物理化学条件下晶体的生长规律,可以生长出满足人们各种性能需求的单晶体。

晶体的生长过程就是要生长出配比成分准确而又很少杂质及缺陷或无杂质和无缺陷的完整单晶体。

对于固体材料的理解和认识,在很大程度上是以单晶为基础的。研究发现,在单晶状态下,铁、钛、铬实际上都是软金属,晶须的力学强度比同一物质在多晶状态下大一千倍。

以工业论,半导体工业的发展会带动单晶的需求,而半导体工业的发展也取决于晶体生长的发展。半导体晶体一方面朝着制备难度较大的材料方面发展,如从锗到硅的过渡,使得半导体材料器件在性能上发生革命性变化,这归功于晶体生长者掌握了反应性较强和熔点较高的硅晶体的生长技术。半导体晶体的另一个发展方向是生长大面积完整晶体。为了适应大规模集成电路的要求,要求高质量、大面积的半导体晶体,直接促进了半导体工业水平的提高(图1-2-32)。

图 1-2-32　硅单晶

一、人工晶体发展史

人类同晶体打交道,从史前时期就开始了。中国发现的蓝田猿人及北京猿人50万年前所用的工具就是石英。人造晶体很早就出现了,最常见的例子就是食盐。据宋代程大昌《演繁露》记载:"盐已成卤水,暴烈日中,即成方印,洁白可爱,初小渐大,或数十印累累相连。"这是人们一千多年前就使用过的饱和溶液生长晶体的方法。

关于银珠的制造,李时珍引胡演《丹药秘诀》说:"升炼银朱,用石亭脂2斤,新锅内熔化,次下水银1斤,炒作青砂头,炒不见星,研末罐盛,石板盖住,铁线缚定,盐泥固济,大火煅之,待冷取出。贴罐者为银朱,贴口者为丹砂。"这里的石亭脂就是硫黄。这里描写了汞和硫通过化学气相沉积形成辰砂的过程,古时称为升炼。在气相沉积输运过程中,因沉积位置不同,得到大小不同的晶体,小的叫银珠,大的叫丹砂。

在西方,晶体生长工作大部分开始于19世纪初期,焰熔法出现在1902年,水热法出现在1905年,提拉法则出现在1917年。

1949 年英国的法拉第学会第一次举办了晶体生长研讨会,这次会议奠定了晶体生长的理论基础。区熔技术是 1953 年出现的,当时尽管半导体工业对晶体需求迫切,晶体生长还停留在工艺阶段。而从原子层面探讨成核和晶体生长的成因是从20 世纪 50 年代就开始的。

从历史发展看,晶体生长曾经是一种经验工艺,理论远远落后于实践。从 20 世纪 50 年代开始,人们开始定量研究晶体生长,从晶体生长的稳定态热力学、界面热力学和晶体生长动力学理论出发,研究开发晶体,这些研究取得了辉煌的成果。

二、中国人工晶体发展

中国在功能晶体生长和新功能材料方面的探索始于 20 世纪 80 年代,从跟踪、模仿开始逐步走上了独立自主研究和开发功能晶体的道路。

中国已在多种人工晶体材料研究方面具有国际先进水平,特别是在紫外、深紫外非线性光学晶体的研究与应用方面处于国际领先地位。

中国在非线性光学晶体的系统探索、生长和应用研究方面取得了巨大成就。中国科学家陆续发现了偏硼酸钡(BBO)、三硼酸锂(LBO)、硼铝酸钾(KABO)和氟硼铍酸钾(KBBF)等新晶体,BBO 和 LBO 得到了广泛应用,出现了国际上著名的"中国牌"人工晶体;KBBF 是目前国际上唯一在钕激光器 1.064μm 六倍频得到实际应用的晶体,其发现、生长及应用在国际上产生了重大影响(图 1-2-33)。

a)Nd:GaCOB 晶体

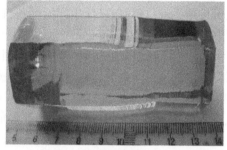

b)硅酸镓镧晶体

c)Nd:YVO₄晶体

d)BBO晶体

图 1-2-33　中国研制的部分功能晶体

以硅为代表的半导体产业依然是人工晶体发展的主流,单晶硅和多晶硅等广泛应用于太阳能电池等新兴能源产业,各类非线性光学晶体,新的压电、铁电/压电、闪烁晶体、衬底晶体等,各类有机晶体的研究开发都得到了长足的发展。

第三章

无机非金属材料工业发展

一般而言,普通无机非金属材料工业大多属于资源和能源消耗型高温流程工业。进入21世纪以来,中国普通无机非金属材料工业发展迅速,规模急剧扩大,产品总量都占到世界总量的50%以上。由于生产过程中能源和资源消耗巨大、流程长,因而产生较大污染,对生态环境有较大不利影响,节能环保与可持续地绿色发展成为这些传统工业发展的核心理念和紧迫任务。

普通无机非金属材料的绿色发展越来越重要,一方面包括改进传统生产工艺、采用新技术、开发新品种材料,以降低生产能耗和自然资源消耗,减少 CO_2、SO_2 和 NO_2 等气体的排放,并利用劣质原材料和低热值化石能源,促进节能环保和可持续发展;另一方面,包括材料的循环利用以及在生产过程消纳固体废弃物和固定废气,如水泥混凝土和建筑墙体材料可消纳大量固体废弃物,通过一些氧化钙含量较高的废弃物炭化以捕获 CO_2 后作为性能优异的建筑材料制品,对生态环境保护具有积极的贡献。同时,通过传统无机非金属材料性能改善和工艺改进,在生产和使用中还可以用于协同处置危险废弃物或改善生态环境。

普通无机非金属材料量大面广,所以即使是微小的绿色化方法和途径,也会有利于降低资源能源消耗、提高材料性价比,从而对整个社会的可持续发展产生巨大影响。

第一节 水泥工业发展

中国水泥年产量25亿 t 左右,混凝土用量超过40亿 m^3,均占世界总量的60%左右。中国水泥生产每年产生的 CO_2 超过10亿 t,约占全国碳排放的15%。水泥生产和混凝土制备每年能耗超过2亿 t 标准煤。因此,中国水泥和混凝土的生产对生态环境保护及能源消耗的影响最为显著。

围绕水泥生产的劣质原材料使用,利用废弃矿物资源代替传统原材料,寻找可替代的燃料,优化烧成工艺,开发新的熟料煅烧技术,开发全方位节能、降耗和生态环保技术,实现水泥工业的绿色发展。

面向性能提升和低碳排放的水泥熟料研发,开发水泥熟料矿物体系优化、新的水泥熟料体系、水泥熟料烧成温度和矿物形成的调控、以及微量元素的使用等。

研发水泥水化硬化的调控技术,包括水化产物形成过程和水化产物演变,水化热的控制和强度发展控制,关注与后续混凝土需求相关联,实现水泥行业和混凝土行业一体化协调发展。

包括以全废渣为组分的免烧水泥和化学(碱)激发水泥规模化制备与实用性提升技术;研发混合材作用优化、水泥混合材大掺量技术等,实现工业固废资源化利用;特种水泥研发,作为传统硅酸盐水泥和硫铝酸盐水泥的重要补充,为特殊领域的工程应用提供特种性能的水泥;研发细菌水泥、新型水泥等颠覆性胶凝材料技术,以实现水泥工业革命性变革。

第二节 玻璃工业发展

中国是玻璃生产大国,浮法玻璃产量连续 20 年位居世界第一。全国年平板玻璃产量接近 9 亿重量箱,占全世界总产量的 50% 以上。

玻璃工业自身高能耗、高排放问题长期存在,而据统计全国仅建筑能耗就将达 11 亿 t 标准煤,95% 以上的建筑采用普通玻璃,通过玻璃门窗散失的能量占整个建筑物散热量的 56%,利用节能镀膜玻璃替代普通玻璃,节能潜力巨大。

随着信息、显示、航天、能源、计算机、通信、激光、红外、光电子学、生物医学和环境保护等技术的发展,对相关玻璃材料提出了更高的要求,也极大地促进了玻璃材料研究和产业的迅速发展,主要体现在玻璃熔制理论和技术、高性能节能玻璃材料和高世代电子玻璃材料等三个方面。

(1)在玻璃熔制理论和技术方面

研发新型高效低能耗玻璃熔化方式,如浸没燃烧熔化、飞行熔化和分段式熔化系统等新技术,以及新型熔窑结构优化、熔窑负压澄清、全氧燃烧工艺、锡槽成形技术、新型退火窑设计等。

研发玻璃热工过程的物理模拟与数值模拟技术,如熔窑火焰空间温度场、流场的数值模拟,玻璃液流场、温度场的模拟,玻璃成形过程与退火过程的模拟等,为实现节能降耗提供技术手段。研究玻璃配合料设计理论及优化制备技术,玻璃原料颗粒度控制、预热、粒化密实等技术;低能耗易熔性玻璃组分设计,如对平板玻璃的组分重新进行优化设计,获得低熔融温度玻璃组成。

(2)在高性能节能玻璃方面

在线低辐射镀膜玻璃制备技术,节能易洁镀膜玻璃开发等。

超低能耗节能玻璃开发,如超低能耗多功能节能镀膜玻璃材料体系设计,中空、真空玻璃、轻质和全钢化真空玻璃、结构配合的光伏一体化窗体组件设计与低成本制造等。

智能玻璃研发,包括电致变色、热致变色、光致变色、气致变色玻璃等。

(3)以平板显示玻璃为代表的电子信息玻璃方面

高强盖板玻璃研发,柔性玻璃生产技术研发等。

随着国民经济和相关行业的快速发展,人们生活质量的日益提高,玻璃工业将面临旺盛的市场需求和广阔的发展前景。

第三节 陶瓷工业发展

中国建筑陶瓷产能超过 100 亿 m³,陶瓷砖产品产量占全球产量的三分之二,拥有超过

3000 条建筑陶瓷生产线。

重点发展的建筑陶瓷砖产品有薄型陶瓷砖、陶瓷薄板;隔热、保温、隔声等多孔陶瓷板;薄型建筑陶瓷砖(板)生产及应用配套技术,抗菌新型坯釉材料等制造技术。

中国建陶工业年消耗各类原材料近 3 亿 t,每年排放废料近 2000 万 t。其中生产 $1m^2$ 的抛光砖将产生 2kg 的抛光废渣,每年产生的抛光废渣超过 600 万 t。建筑陶瓷行业的年能源消耗 6700 ~7800 万 t 标煤。

陶瓷工业普遍采用喷雾造粒湿法制粉工艺,该工艺借鉴食品工业用喷雾干燥技术,克服了传统制粉工艺的缺点,使建筑陶瓷工业有了长足的发展。传统的喷雾干燥制粉要消耗巨大的热能,同时还会产生 SO_2、CO_2 及其他烟尘废气。因此,瓷砖超薄化技术,废弃物综合利用技术,干法制粉工艺,窑炉节能技术是建筑陶瓷行业发展的必然方向。

传统燃煤倒焰窑(匣钵烧成)及以重渣油为燃料的隧道窑,烧成温度高(1250℃左右)、烧成周期长(20 ~24h)、能耗高、污染大。采用宽断面节能隧道窑,用洁净的石油气、天然气为燃料,采用轻型节能窑车、微机自动化控制,烧成工艺向低温快烧方向发展,烧成温度(1200℃左右),控制烧成周期,能耗降低,同时减少对环境的污染,提高产品的质量及合格率。

陶瓷烧成窑炉的发展由燃煤倒焰窑、燃煤隧道窑、宽断面燃气(梭式窑)隧道窑匣钵烧成、无匣钵烧成、电脑梭式窑,向全自动化隧道(辊道)窑发展。

卫生陶瓷烧成燃料由燃煤、重油、煤气、液化石油气,向天然气、微波、电窑方向发展。

陶瓷工业是一个有悠久历史的遍布全球的产业,由于集实用性、功能性、文化艺术性于一体,即便是在科学技术发达的现代仍然有旺盛的生命力。陶瓷业历经千年,三大核心技术——"粉碎、成形、烧成"没有实质的变化,而产品、工艺、装备三大要素却一直在进步。在 21 世纪,陶瓷业的研究、开发、进步仍然是围绕着三大核心和三大要素而展开。

过去百年,陶瓷业从手工操作到机械化再到自动化,实现了现代工业化的转变。21 世纪会在这个基础上向信息化、数字化、智能化方向转变。受到人口和资源的制约,必定要由资源消耗环境污染型产业转变为资源互补环境保护型产业。

第四节 耐火材料工业发展

耐火材料工业一般都存在资源综合利用率低,质量稳定性和可靠性不够好,科技创新水平还有待提高等问题。

矿山治理是行业结构优化、升级的重要基础。耐火原料资源,尤其是菱镁矿和高铝矾土资源矿山是一个突出的薄弱环节。建立起可靠的、可持续发展的原料基地,实行合理开采、分级开采的方式,通过分级运输、分级煅烧,提高资源综合利用率可以为促进品位升级提供有利条件。此外,还应解决煅烧厂在提高质量、降低能耗和消除环境污染等方面遇到的问题。

耐火材料企业还应当进行技术改造,采用先进、适用的工艺和装备取代落后工艺和装备,提高自动化水平。这首先要解决安全、防尘问题和节能型窑炉问题,还要调整品种结构,提高优质高效制品生产比例,增加自主创新产品。

耐火材料工业技术发展主攻方向应当是根据耐火原料资源特点,自主创新研究开发新型高效耐火材料,解决高温工业首先是冶金工业和建材工业高温技术发展需求。矾土基和镁砂基合成料(均质料、改性料和转型料)的研究开发和推广应用,可大幅度提高高铝矾土和菱镁矿资源的综合利用率,促进质量、品位和附加值升级,把资源优势转化为技术优势,乃至经济优势;新型高效制品(如氧化物—非氧化物复合材料、含 CaO 的碱性材料和节能型浇注料)的研究开发和推广应用,以满足高温工业发展高新技术的要求。

第五节　人工晶体工业发展

人工晶体的研究正向着"晶体工程学"的方向发展。它不仅从现有晶体的性质去研究利用晶体,而且探求晶体组分、结构与性质关系间的规律,探索晶体功能性质的起源,寻找特定的功能基元,同时发展晶体的可控生长技术和装备,从而可以设计和组装新的具有特定功能性质的人工晶体,开辟晶体应用新途径。

进一步开发、拓展、提升功能晶体材料的性能与器件的技术水平和批量生产能力,开发各类功能晶体材料是确保高技术产业,包括光通信、科学仪器设备和武器装备实现特定功能需求、可靠工程应用的物质基础。

发展材料设计的相应理论和模型,保持在无机非线性光学晶体领域的领先地位,大力发展激光晶体、电光晶体、闪烁晶体、弛豫铁电、复合功能晶体、衬底晶体和其他具有重要应用背景的光电功能晶体;发展晶体生长理论,发挥其在晶体生长研究和发展晶体生长技术中的作用;发展高光学质量大尺寸晶体生长方法,突破现有光电功能晶体材料产业化制备技术,加强晶体性能和器件研究,推动重要人工晶体从材料到应用研发创新链的形成,满足以全固态激光器为代表的光电器件向扩展波段、高频率、短脉冲和复杂极端条件下使用的要求。

重视光电功能晶体和半导体产业的结合,将在光电功能晶体研发的优势转化为产业优势。同时重视与功能晶体相关的基础产业,如晶体生长原料、设备、加工和镀膜产业的发展。建立重要功能晶体产品的标准、检测方法和验证设备;加强功能晶体数据库的建设,整体发展新功能晶体、新晶体器件、晶体生长新技术、新设备和检测新技术,并形成国际标准及体系,促进科技和经济社会的进步。

本篇参考文献

[1] 李家治. 简论中国古代陶瓷科技发展史[J]. 建筑材料学报,2000,3(1):7-13.

[2] 市场篇(主题策划). 中国陶瓷工业百年概论[J]. 陶瓷,2017,(2):64-72.

[3] 市场篇(主题策划). 建筑卫生陶瓷[J]. 陶瓷,2016,(5):62-70.

[4] 国家自然科学基金委员会工程与材料科学部. 无机非金属材料学科发展战略研究报告(2016—2020)[M]. 北京:科学出版社,2019.

[5] 刘隽. 纵横开合话沧桑—漫谈中亚文化交流与中国古玻璃工艺发展史[J]. 大众文艺,2016,(20):264-172.

[6] 林宗寿. 无机非金属材料工学[M]. 武汉:武汉理工大学出版社,2008.

[7] 干福熹. 中国古代玻璃技术发展史[M]. 上海:上海科学技术出版社,2016.

[8] 王燕谋. 中国水泥发展史[M]. 北京:中国建材工业出版社,2005.

[9] 钟香崇. 中国耐火材料工业的崛起[J]. 耐火材料,2013,47(1):1-5.

[10] BARRY CARTER C,GRANT NORTON M. Ceramic Materials Science and Engineering[M]. New York:Springer Science Business Media,2013.

[11] 张克从. 晶体生长与技术[M]. 北京:科学出版社,1997.

[12] 王继杨. 人工晶体[J]. 科学观察,2017,12(5):23-26.

PART 2 | 第二篇

水泥工艺学

第一章
硅酸盐水泥标准及生产

第一节　水泥定义、分类及命名

水泥是国民经济建设中最重要的建筑材料之一,广泛应用于工业、民用建筑、水工建筑、道路建筑、农田水利建设和军事工程等方面。由水泥制成的各种水泥制品,如电杆、轨枕、装配式制品等也广泛应用于工业、交通、建筑等领域。随着现代化水泥生产和工程混凝土的技术进步,以水泥为主要胶结材料的水泥基复合材料在经济建设中的作用越来越重要。

一、水泥的定义

水泥是指掺加适量水后可以形成塑性浆体,既能在空气中硬化又能在水中硬化,能够将砂、石等材料牢固地胶结在一起的粉状的水硬性无机胶凝材料。

二、水泥的分类

中国国家标准《水泥的命名原则与术语》(GB/T 4131—2014)规定,水泥按其用途和性能可以分为如下三大类:

(1)通用水泥

通用水泥,即通用硅酸盐水泥,是指以硅酸盐水泥熟料与适量的石膏($CaSO_4 \cdot 2H_2O$)及规定的混合材料所制成的水硬性无机胶凝材料。通用硅酸盐水泥是一般土木建筑工程常采用的水泥,包括国家标准《通用硅酸盐水泥》(GB 175—2020)所规定的6大类品种:①硅酸盐水泥;②普通硅酸盐水泥;③矿渣硅酸盐水泥;④火山灰质硅酸盐水泥;⑤粉煤灰硅酸盐水泥;⑥复合硅酸盐水泥。

(2)专用水泥

专用水泥,是指具有某种专门用途的一类水泥。如油井水泥、砌筑水泥等。

(3)特性水泥

特性水泥,是指具有某种比较突出性能的一类水泥。例如:快硬硅酸盐水泥、抗硫酸盐硅酸盐水泥、中热硅酸盐水泥、膨胀硫铝酸盐水泥、自应力铝酸盐水泥等。

若按水泥所含的主要水硬性矿物进行分类,则又可分为:硅酸盐水泥、铝酸盐水泥、硫铝酸盐水泥、氟铝酸盐水泥等。

目前,水泥的品种已达100多种。

三、水泥的命名

水泥的命名按不同类别以水泥的主要水硬性矿物、混合材料、用途和主要特性进行,力求简明准确,名称过长时,允许有简称。

通用水泥以水泥的主要水硬性矿物名称冠以混合材料名称或其他适当名称命名。通用水泥包括硅酸盐水泥、普通硅酸盐水泥等。

专用水泥以其专门用途命名,并冠以不同型号,如G级油井水泥。

特性水泥以水泥的主要水硬性矿物名称冠以水泥的主要特性命名,并冠以不同型号或混合材料名称,如快硬硅酸盐水泥、低热矿渣硅酸盐水泥、膨胀硫铝酸盐水泥等。

以火山灰性或潜在水硬性材料以及其他活性材料为主要组分的水泥是以主要组分的名称冠以活化材料名称进行命名,也可再冠以特性名称,如石膏矿渣水泥、石灰火山灰水泥等。

第二节 标准的类别及通用硅酸盐水泥国家标准主要内容

一、标准及类别

标准是对科学技术和经济领域中某些多次重复的事物给予公认的统一规定。国际标准化组织给出标准的定义:一种或一系列具有强制性要求和指导性功能,内容含有细节性技术要求和有关技术方案的文件,其目的是让相关的产品或者服务达到一定的安全标准或者进入市场的要求。

随着技术的进步,人们对无机非金属材料工业有关原料、生产、产品质量各个方面制定了一系列标准,并不断发展完善。标准的类别包括:

1. 国家标准

按照适用范围,中国常用的工业标准分四类。

(1)国家标准,如GB 175—2020《通用硅酸盐水泥标准》,"GB"为国家标准代号,"175"为标准编号,"2020"为标准颁布年代号,"通用硅酸盐水泥"为该标准技术(产品)名称。该标准为强制性国家标准,相同的任何技术(产品)不得低于此标准。

代号为"GB/T"的标准,为推荐性国家标准,它表示也可以执行其他标准,为非强制性的国家标准。

(2)行业标准,在本行业内实施的标准,如JC/T 403—2016《水泥工业用旋风式分离器》,其中"JC"为建材行业的标准代号。

(3)企业标准,标准代号为"QB",后有企业代号、标准顺序号、制定年代号(另外,轻工行业标准也是QB代号)。

(4)地方标准,标准代号为"DB",后有地方代号、标准顺序号、制定年代号。

2. 国际标准

国际标准分为三大类。

（1）团体标准和公司标准，指国际上有影响的团体组织和公司制定执行的标准。如美国材料与实验室协会标准（ASTM）等。

（2）区域性标准，如欧盟标准（EN）。

（3）国际标准，如国际标准化组织标准（ISO）。

二、通用硅酸盐水泥国家标准主要内容（GB 175—2020）

1. 范围

本标准规定通用硅酸盐水泥的分类、组分与材料、强度等级、技术要求、试验方法、检验规则和包装、标志、运输与贮存等。本标准适用于通用硅酸盐水泥。

2. 规范性引用文件

表2-1-1 文件对于本文件的应用是必不可少的。凡是注日期的引用文件，仅注日期的版本适用于本文件。凡是不注日期的引用文件，其最新版本（包括所有的修改单）适用于本文件。

GB 175—2020 引用标准 表2-1-1

序号	标 准 名 称	标 准 编 号
1	水泥化学分析方法	GB/T 176
2	用于水泥中的粒化高炉矿渣	GB/T 203
3	水泥压蒸安定性试验方法	GB/T 750
4	水泥细度检验方法筛析法	GB/T 1345
5	水泥标准度用水量、凝结时间、安定性检验方法	GB/T 1346
6	用于水泥和混凝土中的粉煤灰	GB/T 1596
7	水泥胶砂流动度测定方法	GB/T 2419
8	用于水泥中的火山灰质混合材料	GB/T 2847
9	天然石膏	GB/T 5483
10	建筑材料放射性核素限量	GB 6566
11	水泥比表面积测定方法勃氏法	GB/T 8074
12	水泥包装袋	GB/T 9774
13	水泥取样方法	GB/T 12573
14	水泥组分的定量测定	GB/T 12960
15	水混胶砂强度检验方法（ISO法）	GB/T 17671
16	用于水泥、砂浆和混凝土中的粒化高炉矿渣粉	GB/T 18046
17	用水泥中的工业副产石膏	GB/T 21371
18	水泥助磨剂	GB/T 26748
19	水泥中水溶性铬（Ⅵ）的限量及测定方法	GB 31893
20	用于水泥、砂浆和混凝土中的石灰石粉	GB/T 35146
21	粉煤灰中的铵离子含量的限量及检验方法	GB/T 39701
22	掺入水泥中的回转窑窑灰	JC/T 742

3. 分类

本标准规定的通用硅酸盐水泥按混合材料的品种和掺量分为硅酸盐水泥、普通硅酸盐水泥、矿渣硅酸盐水泥、火山质硅酸盐水泥、粉煤灰硅酸盐水泥和复合硅酸盐水泥。各品种组分和代号应符合国家现行有关标准的规定。

4. 组分与材料

1）组分

通用硅酸盐水泥的组分应符合表 2-1-2、表 2-1-3 和表 2-1-4 的规定。

硅酸盐水泥组分要求（%） 表 2-1-2

品　　种	代　　号	组分（质量分数）		
		熟料＋石膏	粒化高炉矿渣	石灰石
硅酸盐水泥	P·I	100	—	—
	P·II	95～100	0～5	—
			—	0～5

普通硅酸盐水泥、矿渣酸盐水泥、粉煤灰硅酸盐水泥和火山灰质硅酸盐水泥组分要求（%） 表 2-1-3

品　　种	代号	组分（质量分数）				替代组分
		主要组分				
		熟料＋石膏	粒化高炉矿渣	粉煤灰	火山灰质混合材料	
普通硅酸盐水泥	P·O	80～95	5～20[1]			0～5[2]
矿渣硅酸盐水泥	P·S·A	50～80	20～50	—	—	0～8[3]
	P·S·B	30～50	50～70	—	—	
粉煤灰硅酸盐水泥	P·F	60～80	—	20～40	—	
火山灰质硅酸盐水泥	P·P	60～80	—	—	20～40	—

注：1. 本组分材料由符合本标准规定的粒化高炉矿渣、粉煤灰、火山灰质混合材料组成。
　　2. 本替代组分为符合本标准规定的石灰石、砂岩、窑灰中的一种材料。
　　3. 本替代组分为符合本标准规定的粉煤灰、火山灰、石灰石、砂岩、窑灰中的一种材料。

复合硅酸盐水泥组分（%） 表 2-1-4

品　　种	代号	组分（质量分数）						替代组分
		主要组分						
		熟料＋石膏	粒化高炉矿渣	粉煤灰	火山灰质混合材料	石灰石	砂岩	
复合硅酸盐水泥	P·C	50～80	20～50[1]					0～8[2]

注：1. 本组分材料有符合本标准规定的粒化高炉矿渣、粉煤灰、火山灰质混合材料、石灰石和砂岩中的三种（含）以上材料组成，其中石灰石和砂岩的总量小于水泥质量的 20%。
　　2. 本替代组分为符合本标准规定的窑灰。

2）材料

（1）硅酸盐水泥熟料

由主要含 CaO、SiO_2、Al_2O_3、Fe_2O_3 的原料，按适当比例磨成细粉，烧至部分熔融，得到的以硅酸钙为主要矿物成分的水硬性胶凝物质。其中硅酸钙矿物含量（质量分数）不小于 66%，CaO 和 SiO_2 质量比不小于 2.0。

（2）石膏

①天然石膏：应符合 GB/T 5483 中规定的 G 类或 M 类二级（含）以上的石膏或混合石膏。

②工业副产石膏：应符合 GB/T 21371 的规定。

（3）粉煤灰

粉煤灰的烧失量、含水率、SO_3 质量分数、游离氧化钙质量分数、安定性、半水亚硫酸钙含量、SiO_2、Al_2O_3 和 Fe_2O_3 的总质量分数应符合 GB/T 1596 规定。

粉煤灰中铵离子含量的限量应符合现行《粉煤灰中的铵离子含量的限量及检验方法》（GB/T 39701）的规定。

（4）火山灰质混合材料

火山灰质混合材料的种类、火山灰性试验、烧失量、三氧化硫含量应符合 GB/T 2847 的规定。

（5）石灰石、砂岩

石灰石、砂岩的亚甲基蓝值不大于 1.4g/kg。亚甲基蓝值按 GB/T 35164—2017 的规定进行检验。

（6）窑灰

应符合 JC/T 742 的规定。

（7）水泥助磨剂

水泥粉磨时允许加入助磨剂，其加入量应不超过水泥质量 0.5%，助磨剂应符合 GB/T 26748 的规定。

5. 强度等级

（1）硅酸盐水泥、普通硅酸盐水泥分为 42.5、42.5R、52.5、52.5R、62.5、62.5R 六个等级。

（2）矿渣硅酸盐水泥、粉煤灰硅酸盐水泥、火山灰质硅酸盐水泥分为 32.5、32.5R、42.5、42.5R、52.5、52.5R 六个等级。

（3）复合硅酸盐水泥分为 42.5、42.5R、52.5、52.5R 四个等级。

6. 技术要求

1）化学要求

通用硅酸盐水泥的化学成分应符合表 2-1-5 的规定。

通用硅酸盐水泥的化学成分要求（%） 表 2-1-5

品　种	代号	不溶物（质量分数）	烧失量（质量分数）	三氧化硫（质量分数）	氧化镁（质量分数）	氯离子（质量分数）
硅酸盐水泥	P·Ⅰ	≤0.75	≤3.0	≤3.5	≤6.0	≤0.10[a]
	P·Ⅱ	≤1.50	≤3.5			
普通硅酸盐水泥	P·O	—	≤5.0			
矿渣硅酸盐水泥	P·S·A	—	—	≤4.0	≤6.0	
	P·S·B	—	—			
火山灰质硅酸盐水泥	P·P	—	—	≤3.5	≤6.0	
粉煤灰硅酸盐水泥	P·F	—	—			
复合硅酸盐水泥	P·C	—	—			

注：a. 当有更低要求时，买卖双方协商确定。

2）水泥中水溶性铬（Ⅵ）

水泥中水溶性铬（Ⅵ）应符合 GB 31893 的要求。

3）碱含量

水泥中碱含量按 $Na_2O + 0.658K_2O$ 计算值表示。

当用户要求提供低碱水泥时，由买卖双方协商确定。

4）物理要求

（1）凝结时间

硅酸盐水泥的初凝时间不小于 45min，终凝时间不大于 390min。

普通硅酸盐水泥、矿渣硅酸盐水泥、粉煤灰硅酸盐水泥、火山灰硅酸盐水泥、复合硅酸盐水泥的初凝时间不小于 45min，终凝时间不大于 600min。

（2）安定性

①沸煮法检验合格。

②压蒸安定性合格。

（3）强度

通用硅酸盐水泥不同龄期强度应符合表 2-1-6 的规定。

通用硅酸盐水泥不同龄期强度要求（MPa） 表 2-1-6

强 度 等 级	抗 压 强 度		抗 折 强 度	
	3d	28d	3d	28d
32.5	≥12.0	≥32.5	≥3.0	≥5.5
32.5R	≥17.0		≥4.0	
42.5	≥17.0	≥42.5	≥4.0	≥6.5
42.5R	≥22.0		≥4.5	
52.5	≥22.0	≥52.5	≥4.5	≥7.0
52.5R	≥27.0		≥5.0	
62.5	≥27.0	≥62.5	≥5.0	≥8.0
62.5R	≥32.0		≥5.5	

（4）细度

硅酸盐水泥细度以比表面积表示，不低于 $300m^2/kg$，但不大于 $400m^2/kg$。普通硅酸盐水泥、矿渣硅酸盐水泥、粉煤灰硅酸盐水泥、火山灰硅酸盐水泥、复合硅酸盐水泥的细度以 $45\mu m$ 方孔筛筛余表示，不小于 5%。

当有特殊要求时，由买卖双方协商确定。

5）放射性

放射性比活度应同时满足内照射指数 I_{Ra} 不大于 1.0、外照射指数 I_r 不大于 1.0。

7. 试验方法

组分，按 GB/T 12960 进行。不溶物、烧失量、氧化镁、三氧化硫、氯离子和碱含量，按 GB/T 176 进行。水泥中水溶性铬（Ⅵ），按 GB 31893 进行。水泥标准稠度用水量、凝结时间和安定性，按 GB/T 1346 进行。压蒸安定性，按 GB/T 750 进行。强度试验方法按 GB/T 17671 进行。其用水量在 0.50 水灰比的基础上以胶砂流动度不小于 180mm 来确定。当水灰比为 0.50 且胶砂流动度小于 180mm 时,须以 0.01 的整数倍递增的方法将水灰比调整至胶砂流动度不小于 180mm。胶砂流动度试验按 GB/T 2419 进行,其中胶砂按 GB/T 17671 进行制备。比表面积,按 GB/T 8074 进行。45μm 筛余,按 GB/T 1345 进行。放射性,按 GB 6566 进行。

8. 检验规则

1)编号及取样

水泥出厂前按同强度等级编号和取样。袋装水泥和散装水泥应分别进行编号和取样。每一编号为取样单位。水泥出厂编号按年生产能力规定为:

①年产能 200×10^4t 以上的,不超过 4000t 为一编号。

②年产能 $120 \times 10^4 \sim 200 \times 10^4$t 的,不超过 2400t 为一编号。

③年产能 60×10^4t $\sim 120 \times 10^4$t 的,不超过 1000t 为一编号。

④年产能 $30 \times 10^4 \sim 60 \times 10^4$t 的,不超过 600t 为一编号。

⑤年产能 30×10^4t(含)以下的,不超过 400t 为一编号。

取样方法按 GB/T 12573 进行。可连续取,亦可从 20 个以上不同部位取等量样品,总量至少 12kg。当散装水泥运输工具的容量超过该厂规定出厂编号吨数时,允许该编号的数量超过取样规定吨数。

2)水泥检验

(1)出厂检验

出厂检验项目为组分、化学成分、凝结时间、安定性、强度、细度。

(2)型式检验

型式检验为组分及第 6 部分全部内容。有下列情况之一者,应进行型式检验:

①新投产时。

②原燃料有改变时。

③生产工艺有较大改变时。

④产品长期停产后,恢复生产时。

⑤正常生产时,每年至少进行一次型式检验。其中:

(a)六价铬和放射性至少每半年进行一次;

(b)当硅酸盐水泥和普通硅酸盐水泥中氧化镁含量不大于 5% 时,压蒸安定性至少每半年进行一次;当硅酸盐水泥和普通硅酸盐水泥中氧化镁含量大于 5% 时,压蒸安定性至少每季度进行一次;

(c)当矿渣硅酸盐水泥 P.S.A 型、粉煤灰硅酸盐水泥、火山灰质硅酸盐水泥和复合硅酸盐水泥中的氧化镁含量大于 5% 时,压蒸安定性合格至少每半年进行一次。

3)判定规则

(1)出厂检验

①检验结果符合本标准出厂检验项目的技术要求时为合格品。

②检验结果不符合本标准出厂检验项目中任何一项技术要求时为不合格品。

(2)型式检验

①型式检验结果符合本标准出厂检验项目和放射性的技术要求时为合格。

②型式检验结果不符合本标准称呼藏检验项目和放射性中任何一项技术要求时为不合格。

4）水泥出厂

经确认水泥各项技术指标及包装质量符合要求时方可出厂。

水泥出厂时,生产者应向用户提供产品质量证明材料。质量证明材料包括水溶性铬（Ⅵ）、放射性、压蒸安定性等技术指标的型式检验结果,混合材掺量及种类等出厂技术指标的检验结果或确认结果。

5）检验报告

检验报告内容应包括执行标准、水泥品种、代号、出厂编号、混合材种类及掺量等出厂检验项目以及密度（仅限硅酸盐水泥）、标准稠度用水量、石膏和助磨剂的品种及掺加量、合同约定的其他技术要求等。当买方要求时,生产者应在水泥发出之日起 10d 内寄发除 28d 强度以外的各项检验结果,35d 内补报 28d 强度的检验结果。

6）交货与验收

（1）交货时水泥的质量验收可抽取实物试样以其检验结果为依据,也可以生产者同编号水泥的检验报告为依据。采取何种方法验收由买卖双方商定,并在合同或协议中注明。无书面合同或协议、或未在合同或协议中注明验收方法的,卖方应在发货前书面告知并经买方认可后在发货单上注明"以生产者同编号水泥的检验报告为验收依据"。

（2）以抽取实物试样的检验结果为验收依据时,买卖双方应在发货前或交货地共同取样和签封。取样方法按 GB/T 12573 进行,取样数量为 24kg,分为两等份。一份由卖方保存 40d,一份由买方按本标规定的项目和方法进行检验。

40d 以内,买方检验认为产品质量不符合本标准要求,而卖方又有异议时,则双方应将卖方保存的另一份试样送双方认可的第三方水泥质量监督检验机构进行仲裁检验。水泥安定性仲裁检验,应在取样之日起 10d 以内完成。

（3）以生产者同编号水泥的检验报告为验收依据时,在发货前或交货时买方在同编号水泥中取样,双方共同签封后由卖方保存 90d,或认可卖方自行取样、签封并保存 90d 的同编号水泥的封存样。

90d 内,买方对水泥质量有疑问时,则双方应将共同认可的封存试样送双方认可的第三方水泥质量监督检验机构进行仲裁检验。

9. 包装、标志、运输与贮存

1）包装

水泥可以散装或袋装,袋装水泥每袋净含量为 50kg,且应不少于标志质量的 9%,随机抽取 20 袋总质量（含包装袋）应不少于 1000kg。其他包装形式由买卖双方协商确定,但有关袋装质量要求,应符合上述规定。水泥包装袋应符合 GB/T 9774 的规定。

2）标志

水泥包装袋上应清楚标明:执行标准、水泥品种、代号、强度等级、生产者名称、生产许可证标志及编号、出厂编号、包装日期、净含量。硅酸盐水泥和普通硅酸盐水泥包装袋两侧应采用红色印刷或喷涂水泥名称和强度等级。矿渣硅酸盐水泥、粉煤灰硅酸盐水泥、火山灰质硅酸盐水泥和复合硅酸盐水泥包装袋两侧应采用黑色或蓝色印刷或喷涂水泥名称和强度等级。

散装发运时应提交与袋装标志相同内容的卡片。

3）运输与贮存

水泥在运输与贮存时不应受潮和混入杂物,不同品种和强度等级的水泥在贮运中应避免混杂。

第三节　硅酸盐水泥生产

一、硅酸盐水泥的生产方法

硅酸盐水泥的生产分为三个阶段。

1. 生料制备

石灰质原料、黏土质原料及少量的校正材料经破碎后按一定的比例配合、细磨,并经均化调配为成分合适、分布均匀的生料。

2. 熟料煅烧

将生料在水泥工业窑内煅烧至部分熔融,经冷却后得到以硅酸钙为主要成分的熟料的过程。

3. 水泥的制成

将熟料、石膏,加入适量混合材共同磨细成水泥的过程。

以上三个阶段可以简称为"两磨一烧"。

水泥的生产方法按生料制备方法的不同可分为干法与湿法两大类。原料经烘干、粉碎制成生料粉,然后喂入窑内煅烧成熟料的方法称为干法。将生料粉加入适量的水分制成生料球,再喂入立窑或立波尔窑内煅烧成熟料的方法一般称为半干法,亦可归入干法。将原料加水粉磨成生料浆,再喂入回转窑内煅烧成熟料的方法称为湿法。将生料浆脱水制成生料块喂入窑内煅烧,或将生料块经烘干、破碎成生料粉再喂入干法窑内煅烧成熟料的方法一般称为半湿法,亦可归入湿法。

20世纪50年代出现的悬浮预热器窑,在60年代取得了较大发展,大大降低了熟料热耗;70年代出现了窑外分解技术,使产量成倍地提高,热耗也有较大幅度地下降。同时,生料的均化和原料预均化技术的发展,烘干兼粉磨设备的不断改进,使熟料质量进一步提高;冷却机热风用于窑外分解炉和窑废气用于原料、粉煤的烘干,以及成功地利用窑尾废气进行发电,使余热得到了比较充分地利用。这样,水泥的生产方法就开始逐步发生变化,出现了向干法发展以及湿法改干法的趋势。悬浮预热器窑和窑外分解就成为世界各国竞相发展的窑型,从世界各国的情况统计,即使原料平均水分高达10%干法生产(窑外分解)比湿法长窑仍可以降低能耗,且经济上也是合理的,原料水分越低,干法生产节能效果越显著,技术经济效果越好。如果原料水分较高且易于制生料浆时,则湿磨干烧或采用湿法长窑是合理的。

二、硅酸盐水泥生产的主要工艺过程

用窑外分解窑干法生产的流程图如图2-1-1所示。图中来自矿山的石灰石1,经过一级破碎6和二级破碎7成为碎石,进入碎石库8;矿山开采的黏土2,汽车运输进厂,经黏土破碎机10破碎后与碎石经计量按一定配比进入预均化堆场9,经过均化和粗配的碎石和黏土,再经计量秤和铁质校正原料3按规定比例配合进入烘干兼粉磨的生料立磨11加工成生料粉,24为选粉机。生料用气力提升泵12送至连续性空气搅拌库13,经均匀化的生料粉在用气力提升泵送至窑尾悬浮预热器 14 和窑外分解炉 15,经预热和分解的物料进入回转窑 16 煅烧成熟料,熟料经篦式冷却机 17 冷却,用斗式提升机输送至熟料库 22。回转窑和分解炉用的燃料(煤粉),是原煤 4 经烘干兼粉磨的风扫式煤磨机 20 制成煤粉,21 是经粗细分离器选出的细度合适的煤粉,贮存在煤粉仓。生料和煤的烘干所需热气体来自窑尾,冷却熟料的高温部分热风直接进入回转窑助燃(二次风),一部分送至分解炉助燃(三次风),一部分经余热锅炉 32 冷却后经除尘器排空。窑尾的气体脱硫脱硝 31、余热锅炉后经排气除尘系统排出,18 为电收尘器,19 为增湿塔。熟料经计量秤配入一定数量的石膏 5 经辊压机和球磨机 23 粉磨成一定细度的水泥,24 为水泥选粉机。水泥经仓式空气输送泵 25 送至水泥库 26 储存。一部分水泥包装机 27 包装为袋装水泥,经火车或汽车 28 运输出厂;另外,也可用专用的散装车 29 散装出厂。

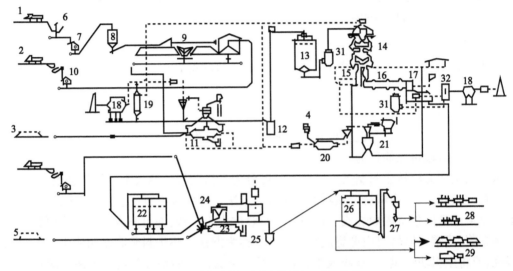

图 2-1-1　预热预分解干法水泥厂生产流程示意图

干法生产生料粉磨可以采用开路管磨、闭路球磨或烘干兼粉磨的系统。烘干兼粉磨系统可以在立式磨(辊式磨),也可以在球磨机中进行。按原料性质和含水率的不同,可采用预先干燥、破碎兼烘干后烘干兼粉磨等各种方法和系统。湿法生产时,则多采用开路管磨或棒球磨系统,也可以采用弧形筛等组成的闭路系统。

为保证入窑生料质量均匀、具有适当的化学组成,除应严格控制原、燃料的化学成分进行精确的配料外,通常出磨生料均应在生料库内进行调配均化。当干法生产的原料较复杂时,原料在入磨前,也应在预均化堆场预先进行预均化。

熟料的煅烧可以采用立窑或回转窑。立窑适用于规模较小的工厂,而大、中型厂则宜采用回转窑。回转窑分为干法窑、立波尔窑、湿法窑。根据热交换器设置在窑内和窑外,湿法窑又可分为湿法长窑与带料浆蒸发机、料浆过滤机、料浆喷雾装置的短窑,随着技术的进步,水泥生产以预热预分解干法回转窑为主。

第二章

硅酸盐水泥熟料的组成

水泥的质量主要取决于熟料的质量。优质熟料应该具有适合的矿物组成和岩相结构。熟料的化学成分不仅决定了熟料的矿物组成,同时还与熟料的烧成工艺和资源的合理利用密切相关,直接影响优质、高产、低能耗等经济指标。因此,控制熟料的化学成分,是水泥生产的关键环节之一。

硅酸盐水泥熟料也称为水泥熟料,原材料主要含有氧化钙、二氧化硅、氧化铝和氧化铁,熟料是由这几种原材料适当配比,磨成细粉,烧至部分熔融,所得以硅酸钙为主要成分的产物。

第一节 熟料的化学成分与矿物组成

一、硅酸盐水泥熟料的化学成分

熟料的主要化学成分有 4 种氧化物,总含量占熟料的 95% 以上,分别为 CaO、SiO_2、Al_2O_3 和 Fe_2O_3,次要成分为 MgO、碱、SO_3 等。在水泥熟料中它们大多数是以矿物形式存在的,只有极少量的氧化物是以游离状态存在。而对其含量有固定的波动范围,大致如表 2-2-1 所示。

硅酸盐水泥熟料氧化物组成(%)　　　　　　　　　　　　　　　　表 2-2-1

氧 化 物	简 式	含 量
CaO	C	$60 \sim 67$
SiO_2	S	$17 \sim 25$
Al_2O_3	A	$3 \sim 8$
Fe_2O_3	F	$0.5 \sim 6.0$
MgO	M	$0.1 \sim 4.0$
碱 R_2O	—	$0.2 \sim 1.3$
SO_3	$\overline{S}$	$1 \sim 3$

由于水泥品种、原料成分以及生产工艺的差异,各主要氧化物的含量可以不在上述范围内。如白色硅酸盐水泥熟料的 Fe_2O_3 含量必须小于 0.5%,而 SiO_2 含量可达 27%。

(1)氧化钙(CaO)

氧化钙作为四个主要氧化物中含量最大的一个,是必不可少的组分之一,也是生成 C_3S、

41

C_2S、C_3A、C_4AF 等矿物的主要原料。适当提高 CaO 含量可使 C_3S 含量增加,从而提高水泥强度,加速水泥硬化。但含量过高或过粗而混合不均匀,会使一部分 CaO 处于游离状态存在,影响水泥的安定性。

(2)二氧化硅(SiO_2)

作为主要氧化物的 SiO_2,含量较多时生成较多的 C_2S,凝结速率和早期强度增长变慢,强度在后期会显著提高,并提高水泥的抗腐蚀性。另外 SiO_2 可以保证水泥熟料中的 CaO 以化合状态存在。在其含量过高时,CaO 的含量就会相对不足,产生大量的 C_2S,在熟料出窑后由于 C_2S 晶形转变,导致大量粉化,降低水泥熟料的质量。

(3)三氧化二铝(Al_2O_3)

Al_2O_3、CaO 和 Fe_2O_3 三个主要氧化物可生成 C_3A 和 C_4AF,在熟料烧成过程中起助熔作用,当其含量增加时,生成较多的 C_3A,有助于水泥较快凝结和硬化,早期强度高,后期强度缓慢增长。氧化铝含量过高时,使得熟料烧成液相大,不利于 C_3S 的形成,易形成大块。

(4)三氧化二铁(Fe_2O_3)

Fe_2O_3 主要生成 C_4AF,其含量与熟料性能要求和烧成工艺有关。含量适当,对窑内煅烧有利,但水泥凝结和硬化过程缓慢;含量过多时,窑内易结瘤,不利于煅烧。

(5)氧化镁(MgO)

MgO 作为熟料中的次要成分,是由石灰质原料带入,也可由矿渣配料时引入。由于其与酸性氧化物的反应能力远不如 CaO,往往在熟料中以游离状态存在,只有少量的 MgO 进入熟料矿物晶格中,游离的 MgO 呈结晶状,一般称为方镁石,是有害组分。

(6)碱(R_2O)

碱是由原料中长石类矿物引入的,当熟料在回转窑内煅烧时,会在窑内循环、富集。碱的存在可以提高熟料的早期强度,但水泥在使用时可能与活性集料起作用,不同的工程对碱含量有不同的要求。

(7)三氧化硫(SO_3)

SO_3 主要由煤引入,在熟料中以 $CaSO_4$ 状态存在,在水泥中主要由缓凝剂的石膏引入。适当含量的 SO_3 可对水泥的凝结时间进行调节并对水泥的强度有益。但过量会导致水泥快凝且影响水泥的强度发展,引起安定性不良。

此外,熟料中还有少量的氧化钛、氧化锰、五氧化二磷等。

二、硅酸盐水泥熟料矿物组成

硅酸盐水泥熟料中的氧化物不是以单独的形式存在,这些氧化物在窑内反应生成多种矿物,矿物结晶体细小,一般在 $30 \sim 60 \mu m$。因此,水泥熟料是多种细小矿物结晶的集合体。

硅酸盐水泥熟料的主要矿物组成如表 2-2-2 所示。

硅酸盐水泥熟料矿物组成　　　　　　　　　　　　　表 2-2-2

矿物名称	化学式		含量(%)		
	正式	简写	最低	最高	平均
硅酸三钙	$3CaO \cdot SiO_2$	C_3S	45	75	62
硅酸二钙	$2CaO \cdot SiO_2$	C_2S	5	35	15

续上表

矿物名称	化学式		含量(%)		
	正式	简写	最低	最高	平均
铁铝酸四钙	$4CaO \cdot Al_2O_3 \cdot Fe_2O_3$	C_4AF	4	17	10
铝酸三钙	$3CaO \cdot Al_2O_3$	C_3A	3	13	7
方镁石	MgO	MgO	0.5	5.5	2
游离氧化钙	$f\text{-}CaO$	$f\text{-}CaO$	0.1	4	1.5

(1)硅酸三钙(C_3S)

C_3S 大量存在于水泥熟料中,是水泥熟料最重要的矿物,也是硅酸盐水泥特性的主要来源。纯 C_3S 只在 1250～2065℃温度范围内稳定存在,在 2065℃以上熔融为 CaO 与液相,在 1250℃以下分解为 C_2S 和 CaO。C_3S 分解缓慢,在室温下保持相对稳定。C_3S 有分属于 3 个晶系的 7 种变形:即斜方晶系的 R 型;单斜晶系的 M_I、M_{II}、M_{III} 型和三斜晶系的 T_I、T_{II}、T_{III} 型。C_3S 在不同温度下的转变如下:

$$R \xleftrightarrow{1070℃} M_{III} \xleftrightarrow{1060℃} M_{II} \xleftrightarrow{990℃} M_I \xleftrightarrow{980℃} T_{III} \xleftrightarrow{920℃} T_{II} \xleftrightarrow{620℃} T_I$$

在硅酸盐水泥熟料中,C_3S 并不以纯的形式存在,总含有少量的其他氧化物,如 MgO、Al_2O_3 等形成固溶体,称为阿利特(Alite)或 A 矿。而 A 矿晶系为三方晶系、单斜晶系和三斜晶系。

纯 C_3S 在常温下通常只能保留三斜晶系(T 型),若含有少量 MgO、Al_2O_3、SO_3、ZnO、Fe_2O_3、R_2O 等稳定剂形成固溶体,便可保留 M 型或 R 型。由于熟料中的 C_3S 总含有 MgO、Al_2O_3、Fe_2O_3、ZnO、R_2O 等氧化物,故阿利特通常为 M 型或 R 型。

C_3S 加水调和后,凝结时间正常。其水化较快,粒径为 40～45μm 的 C_3S 颗粒加水后28d,强度可达到其 1 年强度的 70%～80%。就 28d 或 1 年的强度来说,在 4 种熟料矿物中 C_3S 最高。

(2)硅酸二钙(C_2S)

C_2S 是由 CaO 和 SiO_2 反应组成,其存在三种或四种形式。温度变化可多晶转变,$\alpha\text{-}C_2S$ 出现在高温中,在1450℃左右转化为 $\beta\text{-}C_2S$,约 670℃时进一步转化成 $\gamma\text{-}C_2S$。由于密度变小,体积膨胀10%,当 C_2S 大部分转化成 γ 型时,其强度较低,几乎无水硬性。$\beta\text{-}C_2S$ 是不稳定的,但烧成温度较高、冷却较快,且固溶有少量氧化物的水泥熟料中,所以一般为 β 型。此 C_2S 被称为贝利特(Belit),简称 B 矿。

纯 C_2S 为无色,含有 Fe_2O_3 时呈棕黄色;贝利特水化较慢,28d 仅水化20%左右,凝结硬化缓慢,早期强度较低。在 28d 以后,强度仍可以较快增长,可在 1 年后赶上阿利特。

(3)铁铝酸四钙(C_4AF)

C_4AF 又称才利特(Celite)或 C 矿,在偏光镜下,具有从浅褐到深褐的多色性。C_4AF 的水化速率在早期介于 C_3A 与 C_3S 之间,但随后的发展不如 C_3S。其早期强度类似于 C_3A,而后期还能不断增长,类似于 C_2S。才利特的抗冲击性能和抗硫酸盐性能好,水化热较 C_3S 低。在制造抗硫酸盐或大体积工程用水泥时,适当提高才利特的含量是有利的。

(4)铝酸三钙(C_3A)

熟料中的铝酸钙主要是铝酸三钙(C_3A),有时还可能有七铝酸十二钙($C_{12}A_7$)。在偏光镜下,纯 C_3A 无色透明。硅酸盐水泥熟料中 C_3A 相的晶型随原材料的化学组成、熟料形成和熟料的冷却工艺而异。C_3A 可以是立方或斜方晶系。在工业生产的熟料中,几乎没有单斜晶系。通常在氧化铝含量高的慢冷熟料中,结晶出较完整的大晶体,一般则溶入玻璃相或呈不规则的微晶体析出。

C_3A 水化迅速,水化热高,凝结很快,如不加石膏等缓凝剂,易使水泥急凝,C_3A 硬化也很快,其强度在 3d 内就可大部分发挥出来,故早期强度较高,但绝对值不高,以后几乎不再增长,甚至出现强度倒缩现象。C_3A 的干缩变形大,水化热高,抗硫酸盐性能差。当制造抗硫酸盐水泥或大体积工程用水泥时,C_3A 含量应控制在较低范围内。

（5）方镁石（MgO）

方镁石是游离状态的 MgO 晶体。熟料煅烧时,一部分 MgO 可与熟料矿物结合成为固溶体以及熔于液相中,因此,当熟料含有少量 MgO 时,能降低熟料液相生成温度,增加液相数量,降低液相黏度,有利于熟料形成,还能改善熟料色泽。在硅酸盐水泥熟料中,MgO 的固溶总量可达约 2%,多余的 MgO 成为游离状态的方镁石。

方镁石结晶大小随冷却速率不同而变化,快冷时结晶细小。方镁石的水化较游离氧化钙更为缓慢,要几个月甚至几年才明显起来。水化生成氢氧化镁时,体积膨胀 148%,也会导致安定性不良。方镁石膨胀的严重程度与其含量、晶体尺寸等都有关系。方镁石晶体小于 $1\mu m$、含量 5% 时只轻微膨胀;但方镁石晶体在 $5\sim7\mu m$ 之间、含量为 3% 时,会严重膨胀。为此,国家标准规定硅酸盐水泥中氧化镁含量应小于 5%。但若水泥经压蒸、安定性试验合格,水泥中 MgO 的含量可允许达到 6%。

（6）游离氧化钙（$f\text{-}CaO$）

当配料不当、生料过粗或煅烧不良时,熟料中就会出现未被吸收的以游离状态存在的氧化钙,称为游离氧化钙,又称游离石灰（$f\text{-}CaO$）。它在偏光镜下为无色圆形颗粒,有时有反常干涉色。在烧成温度下,死烧的游离氧化钙结构比较致密,水化很慢,通常要在加水 3d 以后反应才比较明显。游离氧化钙水化生成氢氧化钙时,体积膨胀 97.9%,在硬化水泥石内部造成局部膨胀应力。因此,随着游离氧化钙含量的增加,首先是抗拉、抗折强度降低,进而 3d 以后强度倒缩,严重时甚至引起安定性不良,使水泥制品变形或开裂,导致水泥浆体的破坏。为此,应严格控制游离氧化钙的含量。一般回转窑熟料含量应控制在 1.5% 以下,立窑熟料含量应控制在 2.5% 以下。

第二节　熟料的率值

熟料是一种由 4 种主要氧化物化合而成的矿物集合体。各氧化物之间的不同比例,决定着熟料中各矿物组成的差异,同时影响熟料本身的性能和煅烧的难易。通常用特征率值来表示各氧化物含量之间比例关系,由此来判断其矿物组成和易烧情况。

1. 石灰饱和系数（又称石灰饱和比,常用 KH 表示）

石灰饱和系数是表示水泥熟料中总的 CaO 含量减去饱和酸性氧化物（Al_2O_3、Fe_2O_3、SO_3）所需的 CaO,剩下的与 SiO_2 化合的 CaO 含量与理论上 SiO_2 全部化合成 C_3S 所需的 CaO 重量含量之比。也就是说,KH 表示熟料中 SiO_2 被 CaO 饱和成 C_3S 的程度,常用公式如下（IM > 0.64）：

$$KH = \frac{CaO - (f\text{-}CaO) - 1.65\ Al_2O_3 - 0.35\ Fe_2O_3 - 0.70\ SO_3}{2.8\ SiO_2} \qquad (2\text{-}2\text{-}1)$$

理论上,当熟料全部生成 C_3S、C_3A 和 C_4AF,无 C_2S 存在时,$KH = 1.0$;若全部生成 C_2S、C_3A 和 C_4AF,无 C_3S 存在时,$KH = 0.67$。所以 KH 在理论上波动在 $0.67 \sim 1.0$ 之间。实际生产时大都控制在 0.92 左右。

2. 硅酸率(又称硅率,常用 SM 表示)

硅酸率是表示水泥熟料中的 SiO_2 与 Al_2O_3、Fe_2O_3 之间的比例关系,数学式表示为:

$$SM = \frac{SiO_2}{Al_2O_3 + Fe_2O_3} \qquad (2\text{-}2\text{-}2)$$

SM 值决定了熟料中硅酸盐矿物与熔剂矿物(C_3A、C_4AF)的比例,也决定了生料的易烧性和熟料的强度,SM 值增大,熔剂矿物减小,熟料煅烧困难。SM 值过低,熟料中硅酸盐矿物太少,影响水泥的强度,且煅烧时液相过多,易结大块。一般情况下控制在 $2.0 \sim 2.7$ 之间。

3. 铝氧率(又称铁率,常用 PS 式 IM 表示)

铝氧率表示熟料中 Al_2O_3 和 Fe_2O_3 之间的比例关系,用下式表达:

$$IM = \frac{Al_2O_3}{Fe_2O_3} \qquad (2\text{-}2\text{-}3)$$

IM 值大小决定了熟料熔剂矿物中 C_3A 与 C_4AF 的比例。IM 值高,熟料中 C_3A 多,液相黏度增大,物料难烧,但水泥水化速率快,早期强度高;IM 值过低,熟料中 C_4AF 多,液相黏度小,易结大块,不利烧成操作。当 $IM \leq 0.64$ 时,熟料中的 Al_2O_3 全部生成 C_4AF。水泥熟料各率值的一般控制范围如表 2-2-3 所示。

水泥熟料各率值的一般控制范围　　　　　　　　　　表 2-2-3

窑 型	KH	SM	IM
干法旋窑	$0.84 \sim 0.92$	$2.0 \sim 2.75$	$1.0 \sim 1.6$
湿法长窑	$0.86 \sim 0.94$	$2.0 \sim 2.4$	$1.1 \sim 1.8$
立窑	$0.84 \sim 0.94$	$1.9 \sim 2.5$	$1.0 \sim 1.6$

在确定率值时应同时考虑成品的品质和熟料的易烧,要考虑到所需的矿物组成,也要考虑原材料的资源情况和能否适宜煅烧制度。具体设计时,先确定 3 个率值及其波动范围,然后根据原料化学成分,计算出烧成熟料后达到 3 个率值时生料中各原料组分的比例。有时会出现某个化学成分偏小或偏大的情况,用现有的原料达不到预定的率值要求,此时要么修改预定的率值,要么引入调整原料。

第三节　熟料矿物组成计算

对于水泥熟料的矿物组成,既可以采用岩相分析、X 射线衍射分析等方法测定,也可以根据化学成分进行计算,但其计算结果仅是理论上可能生成的矿物,称之为"潜在矿物"组成。在生产条件稳定的情况下,水泥熟料的真实矿物组成与计算矿物组成有一定的相关性,这能说明矿物组成对水泥熟料及水泥性能的影响,因此,普遍使用。

根据化学成分来计算水泥熟料矿物组成的方法有两种,即石灰饱和系数法和鲍格法。

1. 石灰饱和系数法

石灰饱和系数法,是指利用石灰饱和系数 KH 值计算水泥熟料矿物组成的方法。

当 $IM \geq 0.64$ 时,水泥熟料的矿物组成计算过程如下。

为计算方便,先列出有关矿物的摩尔质量(M)比。

$$C_3S \text{ 中} : \frac{M(C_3S)}{M(CaO)} = 4.07 ; \qquad C_2S \text{ 中} : \frac{M(2CaO)}{M(SiO_2)} = 1.87 ;$$

$$C_4AF \text{ 中} : \frac{M(C_4AF)}{M(Fe_2O_3)} = 3.04 ; \qquad \frac{M(Al_2O_3)}{M(Fe_2O_3)} = 0.64 ;$$

$$C_3A \text{ 中} : \frac{M(C_3A)}{M(Al_2O_3)} = 2.65 ; \qquad \frac{M(CaSO_4)}{M(SO_3)} = 1.7$$

设与 SiO_2 反应的 CaO 的量为 C_S,与 CaO 反应的 SiO_2 的量为 S_C,则

$$C_S = CaO - (1.65Al_2O_3 + 0.35Fe_2O_3 + 0.75SO_3) = 2.8KH \cdot S_C$$

$$S_C = SiO_2$$

在一般煅烧情况下,CaO 与 SiO_2 反应先形成 C_2S,剩余的 CaO 再与部分 C_2S 反应而生成 C_3S。则由该剩余的 CaO 的量(即 $C_S - 1.87S_C$)可以计算出 C_3S 的含量。

$$\begin{aligned} C_3S &= 4.07(C_S - 1.87S_C) \\ &= 4.07C_S - 7.60S_C \\ &= 4.07(2.8KH \cdot S_C) - 7.60S_C \\ &= 3.8(3KH - 2)SiO_2 \end{aligned} \qquad (2-2-4)$$

因为,
$$C_S + S_C = C_3S + C_2S$$

故,
$$C_2S = C_S + S_C - C_3S = C_S + S_C - (4.07C_S - 7.6S_C) = 8.6S_C - 3.07C_S$$

$$= 8.6S_C - 3.7(2.8KH \cdot S_C) = 8.6(1 - KH)S_C \qquad (2-2-5)$$

在计算 C_3A 的含量时,应先从总 Al_2O_3 的含量中扣除因形成 C_4AF 所消耗的 Al_2O_3 的含量,再由剩余的 Al_2O_3 的含量(即 $Al_2O_3 - 0.64Fe_2O_3$),便可以计算出 C_3A 的含量:

$$C_3A = 2.65(Al_2O_3 - 0.64Fe_2O_3) \qquad (2-2-6)$$

式中:$0.64Fe_2O_3$——因形成 C_4AF 所消耗的 Al_2O_3 的含量,%;

$\qquad 0.64$——C_4AF 中的 Al_2O_3 与 Fe_2O_3 的摩尔质量的比值,即 $\frac{M(Al_2O_3)}{M(Fe_2O_3)} = 0.64$。

对于 C_4AF 的含量,可以根据 C_4AF 与 Fe_2O_3 的摩尔质量的比值 $\left(即 \frac{M(C_4AF)}{M(Fe_2O_3)} = 3.04 \right)$,计算出:

$$C_4AF = 3.04Fe_2O_3 \qquad (2-2-7)$$

对于 $CaSO_4$ 的含量,可以直接由 SO_3 的含量计算出:

$$CaSO_4 = 1.7SO_3 \qquad (2-2-8)$$

同理,当 $IM < 0.64$ 时,可以计算出水泥熟料的矿物组成。其数字表达式如下:

$$C_3S = 3.8(3KH - 2)SiO_2 \qquad (2-2-9)$$

$$C_2S = 8.60(1 - KH)S_C \qquad (2-2-10)$$

$$C_4AF = 4.766Al_2O_3 \qquad (2-2-11)$$

$$C_2F = 1.70Fe_2O_3 - 2.666Al_2O_3 \qquad (2\text{-}2\text{-}12)$$
$$CaSO_4 = 1.7SO_3 \qquad (2\text{-}2\text{-}13)$$

2. 鲍格法

鲍格法(R. H. Bogue),或称代数法,是根据物料平衡列出水泥熟料每个化学成分是所有矿物组成所含该化学组成总和,列出 CaO、SiO_2、Al_2O_3、Fe_2O_3、SO_3 5 个方程,联解 5 个矿物组成含量,其表达式如下。

当 IM≥0.64 时:

$$C_3S = 4.07CaO - 7.60SiO_2 - 6.72Al_2O_3 - 1.43Fe_2O_3 - 2.86SO_3$$
$$C_2S = 2.87SiO_2 - 0.765C_3S$$
$$C_3A = 2.65Al_2O_3 - 1.69Fe_2O_3$$
$$C_4AF = 3.04Fe_2O_3$$
$$CaSO_4 = 1.7SO_3$$

当 IM<0.64 时:

$$C_3S = 4.07CaO - 7.60SiO_2 - 4.47Al_2O_3 - 2.86Fe_2O_3 - 2.86SO_3$$
$$C_2S = 2.87SiO_2 - 0.754C_3S$$
$$C_4AF = 4.77Al_2O_3$$
$$C_2F = 1.70(Fe_2O_3 - 1.57Al_2O_3)$$
$$CaSO_4 = 1.7SO_3$$

事实上,熟料化学组成,率值和矿物组成都可以换算的,也可以由率值计算出化学组成。

第三章

硅酸盐水泥熟料组成设计及配料计算

在水泥生产过程中,配料不仅决定了熟料的矿物组成,也决定了水泥产品的品质。另外,对于生产过程,尤其是熟料的煅烧设备——水泥窑的生产效率、能源消耗、安全稳定运转、耐火材料寿命、环境保护条件以及生产成本和经济效益等各项技术经济指标,都有重大影响。

第一节　熟料组成设计

一、配料方案设计目的

水泥熟料的配料方案设计,就是确定水泥熟料生产控制的 4 个参数:水泥熟料单位质量热耗(q)、石灰饱和系数(KH)、硅率(SM)和铝率(IM)。其目的如下:

(1)在设计新水泥厂时,根据原料资源情况,尽可能地充分利用矿山资源。

(2)在设计新水泥厂时,根据原料、燃料特性和水泥品种等要求,决定原料和燃料种类、配比和选择合适的生产方法。

(3)在设计新水泥厂时,计算全厂的物料平衡,作为全厂工艺设计及主机选型的依据。

(4)在已生产的水泥厂中,原料资源和工艺、设备条件已确定,通过配料计算,可经济合理地使用矿山资源,计算物料消耗定额,确定各种原料与燃料的正确配比,指导日常生产控制,以得到成分合乎要求且具有良好性能的水泥熟料,并为水泥窑和磨机创造良好的操作条件,保证工厂有较好的经济效益。

二、配料方案设计原则

水泥熟料的配料方案设计,须考虑多种因素。例如,原料、燃料、粉磨、配料设备及控制、物料均化、水泥熟料的煅烧及冷却以及对水泥产品品质的要求等。水泥熟料的最优配料方案设计,可以获得品质优良的水泥熟料,取得优质、高效、低耗、安全稳定生产的满意效果。否则,必然事倍功半,引起生产紊乱,难以获得良好的经济效益。

水泥熟料的配料方案设计原则,可归纳如下:

（1）煅烧出的水泥熟料应具有较高的强度和良好的物理化学性能及易磨性；

（2）配制的水泥生料应易于烧成；

（3）生产过程应易于控制和管理，可经济和合理地利用矿山资源。

水泥熟料采用"三高"配料方案：

对于高硅率（SM），硅酸盐矿物多，水泥熟料的强度高，虽然熔剂型矿物少，但由于水泥窑内温度较高，实际液相量并不少。

对于高铝率（IM），虽然液相的黏度高，如水泥窑内火焰温度较高，却可以适应；相反，液相的黏度过小，反而容易形成飞砂料，影响煅烧。

对于高石灰饱和系数（KH），可增加 C_3S 含量，显著提高水泥熟料强度，虽煅烧难度增大，但对于煅烧技术水平高的预分解窑，也为水泥熟料单位质量热耗降低提供了条件。

三、配料方案的确定与优化

虽然"三高"配料方案是预分解窑水泥熟料的基本配料方案，但是，由于各地原料和燃料资源不同，各水泥企业应根据原料和燃料的质量以及所产水泥品种的质量要求，对水泥熟料的配料方案作出相应的控制、调整与优化，以满足预分解窑优质高产、低耗、节能环保和长期安全运转的要求。

当原料的碱含量较高，即石灰石中碱（R_2O）含量 ≥0.60% 或砂岩中碱（R_2O）含量 ≥2.50% 时，在预分解窑中煅烧时，则会出现窑尾结皮、结圈和堵塞预分解系统管道以及水泥熟料的 28d 抗压强度下降的现象。此时，应提高水泥熟料的 SM 和 IM，控制水泥熟料的硫碱比，促使 R_2O 优先与 SO_2 反应而生成 R_2SO_4，溶于水泥熟料液相和冷却后残存在水泥熟料中，以减少 R_2O 在水泥窑内循环富集，提高水泥熟料的强度。也可使用高硫煤或在生料中掺入适量石膏，采取旁路放风技术措施。

当石灰石中 MgO 含量为 2.5%~3.5% 时，水泥熟料中的 MgO 含量可高达 3.5%~4.5%，预分解窑会出现结圈、结大球及水泥熟料质量下降等现象。MgO 的作用可视为与 Fe_2O_3 相似，故克服 MgO 的有害作用应提高 SM 和 IM，即减少 Fe_2O_3 含量，由此抵消 MgO 使液相量增加和降低液相黏度的不利影响。在使用高镁原料时，水泥熟料的 3 个率值应控制为"高硅率、高铝率、中石灰饱和系数"的配料方案，有利于煅烧操作以及水泥熟料质量的提高。

当原料中含有较多粗晶石英时，会使水泥生料的易烧性变差，水泥熟料中的不溶物和 f-CaO 的含量上升而出现粉化料，水泥熟料强度下降。此时，应提高水泥生料的粉磨选粉效率，在避免过粉磨的同时，控制出磨机的水泥生料粒径。

当水泥熟料中 f-CaO 含量较高时，可适当降低水泥熟料的 KH 和 SM，以适度改善水泥生料的易烧性。

劣质煤对水泥窑的煅烧和水泥熟料的质量会产生巨大影响，主要表现为窑头火焰温度下降，煤灰掺入量增加。煤灰不均匀地堆积在水泥熟料颗粒的表面使得 C_2S 含量上升、C_3S 含量下降。当煤粉因煤磨机能力不足而细度较粗时，粗颗粒煤粉在烧成带不能燃烬而延滞到窑尾部燃烧，将裹入窑尾灼烧水泥生料中形成还原性黄芯水泥熟料，从而降低水泥熟料强度，因此应提高煤粉的细度。

当生产特性水泥或专用水泥时，应根据各品种水泥的性能要求，调整水泥熟料的配料方案。例如：

中热水泥熟料的率值:KH 为 0.86 ~ 0.90、SM 为 2.5 ~ 3.2、IM 为 0.65 ~ 1.00;

低热水泥熟料的率值:KH 为 0.68 ~ 0.76、SM 为 2.5 ~ 3.2、IM 为 0.65 ~ 0.89;

G 级高抗硫酸盐油井水泥熟料的率值:KH 为 0.88 ~ 0.92、SM 为 2.50 ~ 2.70、IM 为 0.55 ~ 0.75。

第二节 配 料 计 算

一、基本概念

1. 黑生料、半黑生料和白生料

黑生料是指在制各水泥生料时将水泥熟料煅烧所需的全部燃煤,与原料一起按照一定配比配合并粉磨后所得的水泥生料。

半黑生料是指在制备水泥生料时只将水泥熟料煅烧所需燃煤的一部分,与原料一起按照一定配比配合并粉磨后所得的水泥生料。

白生料是指不含燃煤的水泥生料。

2. 干燥基

干燥基是指在物料烘干以后处于干燥状态时,以干燥状态物料的质量作为计算基准,水泥生料的配比及原料的化学成分,通常以干燥基表示。

3. 灼烧基

灼烧基是指在物料去掉结晶水、二氧化碳和挥发物质等灼烧减量后水泥生料处于灼烧状态时,以灼烧状态物料质量作为计算基准。

在水泥熟料组成确定后,即可根据所用原料进行配料计算,求出原料配合比,配料计算的依据是物料平衡,即反应物的量应等于生成物的量。

如果不考虑物料在生产过程中的损失,则有如下计算关系式(m 为质量):

$$m(灼烧黑生料) = m(水泥熟料)$$

$$m(烧半黑生料) + m(掺加水泥熟料的煤灰) = m(水泥熟料)$$

$$m(灼烧白生料) + m(掺加水泥熟料的煤灰) = m(水泥熟料)$$

熟料中的煤灰掺入量可按下式计算:

$$G_A = \frac{q A^y S}{Q_{DW}^y \times 100} \tag{2-3-1}$$

式中:G_A——熟料中的煤灰掺入量(%);

q——单位熟料热耗(kJ/kg);

Q_{DW}^y——煤的应用基低热值(kJ/kg);

A^y——煤的应用基灰分含量(%);

S——煤灰沉降率(%)。

煤灰沉降率因窑型而异,有收尘器的干法预分解窑沉降率取 100%。

水泥生料的配料计算方法有代数法、图解法、尝试误差法(包括递减试凑法、累加试凑法)

矿物组成法和最小二乘法等。目前,计算机智能化配料的计算程序已发展得很成熟。

二、计算方法

尝试误差法包括两种:

一种是先按假定的原料配合比计算熟料组成,若计算结果不符合要求,则要求调整原料配合比,再行计算,重复至符合为止。另一种方法是从熟料化学成分中依次递减假定配合比的原料成分,试凑至符合要求为止(又称递减试凑法)。现举例说明如下。

已知原料、燃料的有关分析数据如表 2-3-1、表 2-3-2,假设用窑外分解窑以三种原料配合进行生产,要求熟料的三个率值为:KH = 0.89、SM = 2.1、IM = 1.3,单位熟料热耗为 3350kJ/kg 熟料,试计算原料配合比。

原料与煤灰的化学成分(%) 表 2-3-1

名称	烧失量	SiO_2	Al_2O_3	Fe_2O_3	CaO	MgO	总和
石灰石	42.66	2.42	0.31	0.19	53.13	0.57	99.28
黏土	5.27	70.25	14.72	5.48	1.41	0.92	98.05
铁粉	—	34.42	11.53	48.27	3.53	0.09	97.84
煤灰	53.52	35.34	4.46	4.79	1.19	99.30	

煤 的 工 业 分 析 表 2-3-2

挥发物	固定碳	灰分	热值	水分
22.42%	49.02%	28.56%	20930kJ/kg	0.6%

表 2-3-1 中分析数据总和往往不等于 100%,这是由于某些物质没有分析测定,或者某些元素或低价氧化物经灼烧氧化后增加重量所致。为此,小于 100% 时,可加上其他一项补足 100%;大于 100% 时,可不换算。

【例题】 以尝试误差法中假定原料配合比的方法计算原料配合比。

(1)确定熟料组成。已知熟料率值为:KH = 0.89,SM = 2.1,IM = 1.3。

(2)计算煤灰掺入量,据式(2-3-1):

$$G_A = \frac{q\,A^y S}{Q_{DW}^y \times 100} = \frac{3350 \times 28.56}{20930 \times 100} = 4.57\%$$

(3)计算干燥原料配合比。设干燥原料配合比为:石灰石 81%、黏土 15%、铁粉 4%,以此计算生料的化学成分(表 2-3-3)。

生料的化学成分(%) 表 2-3-3

名称	配合比	烧失量	SiO_2	Al_2O_3	Fe_2O_3	CaO
石灰石	81.0	34.55	1.96	0.25	0.15	43.03
黏土	15.0	0.79	10.54	2.21	0.82	0.21
铁粉	4.0	—	1.38	0.46	1.93	0.14
生料	100.0	35.34	13.88	2.92	2.90	43.38
灼烧生料	—	—	21.47	4.52	4.48	67.09

煤灰掺入量 $G_A = 4.57\%$,则灼烧生料配合比为 $100 - 4.57 = 95.43$。按此计算熟料的化学成分(表 2-3-4)。

熟料的化学成分（％） 表 2-3-4

名　　　称	配 合 比	SiO$_2$	Al$_2$O$_3$	Fe$_2$O$_3$	CaO
灼烧生料	95.43	20.48	4.31	4.28	64.02
煤灰	4.57	2.45	1.62	0.20	0.22
熟料	100.00	22.93	5.93	4.48	64.24

由此计算熟料率值：

$$KH = \frac{C_C - 1.65\,A_C - 0.35\,F_C}{2.8\,S_C} = \frac{64.24 - 1.65 \times 5.93 - 0.35 \times 4.48}{2.8 \times 22.93} = 0.824$$

$$SM = \frac{S_C}{A_C + F_C} = \frac{22.93}{5.93 + 4.48} = 2.20$$

$$IM = \frac{A_C}{F_C} = \frac{5.93}{4.48} = 1.32$$

计算结果可知，KH 过低，SM 较高，IM 较接近。为此，应增加石灰石配比，减少黏土配比，铁粉可略增加。根据经验统计，每增减 1％ 石灰石（相应减增 1％ 黏土），约增减 KH0.05。据此，调整原料配合比为：石灰石 82.20％、黏土 13.7％、铁粉 4.1％。重新计算结果如表 2-3-5 和表 2-3-6 所示。

重新计算后的生料化学成分（％） 表 2-3-5

名称	配合比	烧失量	SiO$_2$	Al$_2$O$_3$	Fe$_2$O$_3$	CaO
石灰石	82.20	35.07	1.99	0.26	0.16	43.67
黏土	13.70	0.72	9.62	2.02	0.75	0.19
铁粉	4.10	—	1.41	0.47	1.98	0.15
生料	100.00	35.79	13.02	2.75	2.89	44.01
灼烧生料	—	—	20.28	4.28	4.50	68.54

重新计算后的熟料化学成分（％） 表 2-3-6

名称	配合比	烧失量	SiO$_2$	Al$_2$O$_3$	Fe$_2$O$_3$	CaO
灼烧生料	95.43	—	19.35	4.08	4.29	65.41
煤灰	4.57	—	2.45	1.62	0.20	0.22
熟料	100.00	—	21.80	5.70	4.49	65.63

则：

$$KH = \frac{C_C - 1.65\,A_C - 0.35\,F_C}{2.8\,S_C} = \frac{65.63 - 1.65 \times 5.70 - 0.35 \times 4.49}{2.8 \times 21.80} = 0.895$$

$$SM = \frac{S_C}{A_C + F_C} = \frac{21.80}{5.70 + 4.49} = 2.14$$

$$IM = \frac{A_C}{F_C} = \frac{5.70}{4.49} = 1.27$$

所得结果 KH、SM 均略高，而铝率略为偏低，但已十分接近要求值。如要再降低 KH 与 SM，则应减少石灰石与黏土；这样，就势必再增加铁粉，从而使铝率更低。因此，可按此配料进行生产。考虑到生产波动,熟料率值控制指标可定为:KH $=0.89 \pm 0.02$;SM $=2.1 \pm 0.1$;IM $= 1.3 \pm 0.1$。按计算结果,干燥原料配比:石灰石 82.2%,黏土 13.7%,铁粉 4.1%。

(4)计算湿原料的配合比。设原料水分:石灰石 1.0%,黏土 0.8%,铁粉 12%,则湿原料重量配合比为:

$$湿石灰石 = \frac{83.03}{100 - 1} \times 100 = 83.03$$

$$湿黏土 = \frac{13.7}{100 - 0.8} \times 100 = 13.81$$

$$湿铁粉 = \frac{4.1}{100 - 12} \times 100 = 4.65$$

将上述重量比换算为百分比:

$$湿石灰石 = \frac{83.03}{83.03 + 13.81 + 4.65} \times 100\% = 81.80\%$$

$$湿黏土 = \frac{13.81}{83.03 + 13.81 + 4.65} \times 100\% = 13.61\%$$

$$湿铁粉 = \frac{4.65}{83.03 + 13.81 + 4.65} \times 100\% = 4.59\%$$

第四章
水泥原料及破碎与均化

第一节　硅酸盐水泥的原料

　　原料的成分和性能直接影响配料、粉磨、煅烧和熟料的质量,最终也影响水泥的质量。因此,了解和掌握原料的性能,正确地选择和合理地控制原料的质量是水泥生产工艺中一个重要环节。

　　生产硅酸盐水泥的主要原料是石灰质原料和黏土质原料,黏土原料及煤炭灰分中一般含氧化铝较高,而含氧化铁不足,因此需要加入铁质校正原料,当黏土中氧化硅或氧化铝含量偏低时,可加入硅质或铝质校正原料。

　　制造水泥的原料应满足工艺要求,即化学成分满足配料要求,以能制得成分合适的熟料,否则会使配料困难,甚至无法配料;有害杂质的含量应尽量少,以利于工艺操作和水泥的质量;具有良好的工艺性能,如易磨性、易烧性、热稳定性、易混合性,湿法生产时料浆的可泵性,半干法生产的成球性等。

一、石灰质原料

　　以碳酸钙为主要成分的原料都叫石灰质原料,主要有石灰岩、泥灰岩、白垩、贝壳等,是水泥生产中用量最大的一种原料,一般生产 1t 熟料约需 1.2 ~ 1.3t 石灰质干原料。

　　石灰岩是由碳酸钙所组成的化学与生物化学沉积岩,主要矿物是方解石,并含有白云石($CaCO_3 \cdot MgCO_3$),硅质(石英或燧石)、含铁矿物和黏土质杂质,是一种具有微晶或潜晶结构的致密岩石,中等硬度、性脆,纯的方解石含有 56% CaO 和 44% CO_2,制造硅酸盐水泥用石灰石中氧化钙含量一般应不低于 48%。

　　泥灰岩是碳酸钙和黏土质同时沉积所形成的混合沉积岩,氧化钙超过 45%,石灰饱和系数大于 0.95 时,称为高钙泥灰岩,用它作原料时应加入黏土配合。若氧化钙含量小于 43.5%,石灰饱和系数低于 0.8 时,称为低钙泥灰岩,一般应与石灰石搭配使用。若氧化钙含量在 43.5% ~ 45%,其率值也和熟料相近,则称为天然水泥岩,可直接用于烧成熟料,但自然界很少见,泥灰岩是较好的水泥原料,它含有的石灰岩和黏土呈均匀状态,易于煅烧,有利于提高窑的产量,降低燃料消耗;泥灰岩的硬度低于石灰岩,易磨性较好,有利于提高磨机产量,降低粉磨电耗。

石灰石中的 $CaCO_3 \cdot MgCO_3$ 是熟料中氧化镁的主要来源,为使熟料中的氧化镁含量小于 5.0%,应控制石灰石中的氧化镁含量小于 3.0%,如表 2-4-1 所示。

石灰质原料的质量要求

表 2-4-1

品　　位		CaO(%)	MgO(%)	R_2O(%)	SO_3(%)	燧石和石灰
石灰石	一级品	>48	<2.5	<1.0	<1.0	<4.0
	二级品	45~48	<3.0	<1.0	<1.0	<4.0
泥灰岩		35~45	<3.0	<1.2	<1.0	<4.0

注:1. 石灰石二级品和泥灰岩在一般情况下均需和石灰石一级品搭配使用,当用煤作燃料时搭配后的 CaO 含量达到48%。

　　2. SiO_2、Al_2O_3、Fe_2O_3,的含量应满足熟料的配料要求。

燧石俗称"火石",主要成分是 SiO_2,常以 α-石英为主要矿物,色棕、褐等,结晶完整粗大,质地坚硬,难以磨细,化学反应能力差,在熟料煅烧时不易起反应,对熟料的产、质量及消耗均有不利影响。水泥原料的石灰右,其燧石和石英含量一般控制在 4% 以下。石灰石中碱含量应小于 1.0%。

除天然石灰质原料外,电石渣、糖滤泥、碱渣、白泥等工业废渣都可作为石灰质原料使用,但应注意其中杂质的影响。

二、黏土质原料

黏土质原料是含碱和碱土的铝硅酸盐,主要化学成分是 SiO_2,其次为 Al_2O_3,还有少量 Fe_2O_3,一般生产 1t 熟料用 0.3~0.4 黏土质原料。天然黏土原料有黄土、黏土、页岩、泥岩、粉砂岩及河泥等,其中黄土和黏土使用最广。黏土质量主要有它的化学成分(硅率、铝率),含碱量及其可塑性,热稳定性,正常流动度的需水量等工艺性能。黏土中所含的主导矿物、黏粒多少及其杂质等不同而性能各异。根据主导矿物的不同,可将黏土分成高岭石类、蒙脱石类及水云母类等,工艺性能如表 2-4-2 所示。

黏土矿物与黏土工艺性能的关系

表 2-4-2

种类	黏土矿物名称	$\dfrac{SiO_2}{Al_2O_3}$	黏粒容量	可塑性	热稳定性	正常流动度时水分(%)	脱水温度(℃)	最高活性分解温度(℃)
高岭石类	高岭石、多水高岭石 ($2SiO_2 \cdot Al_2O_3 \cdot mH_2O$)	2	很高	好	良好	中	350~550	600~800
蒙脱石类	蒙脱石($4SiO_2 \cdot Al_2O_3 \cdot mH_2O$) 贝得石($3SiO_2 \cdot Al_2O_3 \cdot mH_2O$)	3~4	高	很好	优良	高	400~600	500~700
水云母类	水云母、伊利石	2~3	低	差	差	低	300~450	400~700

黏土中一般含有碱,它由云母及长石等风化、伴生、夹杂而带入,含碱量过高时对水泥窑生产和熟料质量及水泥性能均有不利影响。如:煅烧操作困难、料发黏、热工制度不易稳定,熟料中 f-CaO 增加,硅酸三钙含量减少,在悬浮预热器中容易结皮堵塞,使水泥急凝等。

一般应控制黏土中碱含量小于 4.0%,悬浮预热器窑用生料中碱含量应不大于 1.0%。

黏土的可塑性影响生料成球的质量,直接影响立窑和立波尔窑加热机内的通风和煅烧均匀程度,要求生料球在输送和加料过程中不破裂,煅烧过程中仍有一定强度和热稳定性好,才能保证窑的正常生产。立窑和立波尔窑用黏土的可塑性指数应不小于12(表2-4-3)。

黏土质原料的质量要求 表2-4-3

品 位	SM	IM	MgO(%)	R_2O(%)	SO_3(%)	塑性指数
一级品	2.7 ~ 3.5	1.5 ~ 3.5	<3.0	<4.0	<2.0	>12
二级品	2.0 ~ 2.7 或 3.5 ~ 4.0	不限	<3.0	<4.0	<2.0	>12

注:1. SM = 2.0 ~ 2.7时,一般需要掺加硅质原料,当SM = 3.5 ~ 4.0时,一般需要与一级品或SM低的二级品原料搭配使用,或掺用铝质原料。

2. 采用立波尔窑及立窑生产时,才要求提供塑性指数。

黏土可塑性大小与它的黏粒(小于5μm)含量、所含主导矿物及杂质有关,黏粒含量多,分散度高,则可塑性好。立窑或立波尔窑水泥厂应使用可塑性与热稳定性好的高岭石、多水高岭石、蒙脱石等为主导矿物的黏土,避免采用可塑性差、热稳定性不良的水云母或伊利石为主导矿物的黏土。

三、校正原料

当石灰质原料和黏土质原料配合所得的生料成分不能符合配料方案要求时,根据所缺少的组分,掺加相应的校正原料。氧化铁不够时,应掺加氧化铁含量大于40%的铁质校正原料,常用的有低品位铁矿石,炼铁厂尾矿以及硫酸厂硫酸渣和硫铁矿渣等。

常用的硅质校正原料有砂岩、河砂、粉砂岩等,一般要求硅质校正原料的氧化硅含量为70% ~ 90%,大于90%时,由于石英含量高,难以粉磨与煅烧,故很少采用。

当黏土中氧化铝含量偏低时,可掺入煤渣、粉煤灰、煤矸石等高铝原料校正,铝质校正原料要求 Al_2O_3,一般不小于30%。

第二节 破碎及设备类型

一、物料破碎的目的

生产水泥的部分物料如石灰石、砂岩、煤、熟料、石膏等都要预先破碎,以便粉磨、烘干、输送和储存,大多物料经破碎后可以提高磨机和烘干机的效率。

破碎就是依靠外力(主要是机械力),克服固体物料内聚力而将其大块分裂为小块的过程,根据破碎后物料粒度的大小,将破碎分为粗碎、中碎和细碎,如表2-4-4所示。

破 碎 划 分(mm) 表2-4-4

破碎类型	入料粒度	出料粒度
粗碎	300 ~ 900	100 ~ 350
中碎	100 ~ 350	20 ~ 100
细碎	50 ~ 100	5 ~ 15

二、破碎的方法

利用机械力破碎物料的方法有以下几种：

（1）压碎

物料在两坚硬平面之间受到逐渐增加的压力而被破碎,此法适用于破碎大块物料。

（2）折碎

物料受弯曲应力作用而破碎,被破碎物料承受集中载荷作用的两支点或多支点梁,当物料的弯曲应力达到或超过抗折强度时,物料被折断而破碎。

（3）冲击破碎

物料在瞬间受到外来力的冲击而破碎。这种冲击力的产生是由于,运动的工作体对物料的冲击;高速运动的物料向固定的工作体冲击;高速运动的物料互相撞击,这种破碎力是瞬间作用的,对于脆性物料,其破碎效率高,破碎比大。

（4）劈碎

物料由于受到楔状工作体的作用而破碎。

（5）磨碎

物料受到工作面的摩擦所产生的剪切力,以及物料相互间的摩擦剪切力而被粉碎。此法适用于小块物料的细磨。

三、破碎比及破碎工艺流程

1）破碎比

物料破碎前后粒度之比称为破碎比。破碎比是衡量破碎程度的重要参数,是破碎机计算生产能力和动力消耗的重要依据。

破碎比通常用以下几种方法表示：

（1）平均破碎比

$$i = \frac{D_m}{d_m}$$

（2-4-1）

式中：i——破碎比；

D_m——破碎前物料的平均粒径（mm）；

d_m——破碎后物料的平均粒径（mm）。

（2）公称破碎比

$$i = \frac{B}{b} \quad （用于破碎机）$$

（2-4-2）

式中：B——破碎机最大进料口宽度（mm）；

b——破碎机最大出料口宽度（mm）。

公称破碎比通常比平均破碎比高 10% ~ 30%,在破碎机选型时要特别注意。水泥厂常用破碎机的破碎比见表2-4-5。

常用破碎机的破碎比   表 2-4-5

破碎机类型	颚式	圆锥式	单辊式	锤式（单转子）	反击式（单转子）
破碎比	3 ~ 5	3 ~ 6	4 ~ 8	10 ~ 25	10 ~ 25

物料破碎的级数,是根据物料总破碎比来确定,物料总破碎比是根据原料的块度与下一道工序所要求的物料粒度来确定。根据总破碎比来选择破碎机,采用一种破碎机就能满足破碎要求时,即为单级破碎系统;如果选择两种或三种破碎机进行分级破碎才能满足总破碎比的要求时,即为两级破碎或三级破碎系统,物料破碎的级数越多,系统越复杂,不仅占地面积大,而且劳动生产率低,扬尘点多,因此要力求减少破碎的级数。

破碎系统向大型化、单段化、兼有破碎与烘干性能的多功能化等方向发展。

四、破碎机的类型

（1）颚式破碎机

它是水泥厂广泛应用的粗碎和中碎机械,依靠活动颚板做周期性的往复运动,把进入两颚板间的物料压碎。颚式破碎机具有结构简单、管理和维修方便、工作安全可靠、适用范围广等优点。它的缺点是:工作间歇式,非生产性的功率消耗大,工作时产生较大的惯性力,使零件承受较大的负荷,不适合破碎片状及软质黏性物质,破碎比较小等。

（2）锤式破碎机

料块受高速运转的锤头的冲击和物料块本身以高速向固定衬板撞击而破碎,在锤式破碎机的下部装有卸料箅条,被破碎到符合要求的物料通过箅条间的缝隙经机壳卸料口卸出。锤式破碎机的优点是:结构简单而紧凑,外形体积小,破碎比较大,生产能力高,单位产量电耗低,操作维修简便。其缺点是:锤头和箅条等部件磨损较快,不适宜用于破碎潮湿或黏性物料,因箅条堵塞而影响正常生产。

锤式破碎机在水泥厂中常用作中碎(二次破碎),也有用于粗碎。常用于破碎石灰石、石膏、煤等物料,出料粒径小于25mm,其技术性能如表2-4-6所示,这就使破碎车间的工艺布置大为简化,破碎机占地面积减小,辅助设备少。

锤式破碎机技术性能表　　　　　　　　　　　　表2-4-6

型　　号	喂料口尺寸（mm）	最大喂料长度（mm）	产量（t/h）	装机容量（kW）
MB28/45	1100×1250	900	100～150	190
MB36/50	1320×1450	1200	150～200	260
MB44/75	1500×1880	1500	250～450	600
MB56/75	1500×2330	1500	500～600	900
MB70/90	1780×2480	1800	600～800	1200
MB84/135	1860×2800	1900	800～1000	1500

（3）反击式破碎机

物料被固定在转子上的板锤打击到反击板上,受反击板的反击而落下与转子连续打击的料块互相撞击,多次反复而使物料破碎。当物粒径被破碎到小于反击板与板锤间的缝隙时被排出。反击式破碎机的主要优点是:更多地利用了冲击和反击作用进行选择性破碎,料块自击粉碎强烈;其破碎效率高,生产能力大,动力消耗低,对物料适应性较强,结构简单,制造容易,操作维修方便,破碎比较大,一般可达40%左右,最高可达150%,因此可减少破碎段数。其缺点是:打击板锤与反击板磨损快,运转时噪声较大。

反击式破碎机在水泥厂可用于粉碎石灰石、水泥熟料、石膏和煤等。

（4）反击-锤式破碎机

将反击式和锤式破碎机结合在一起的新型高效率破碎机（表2-4-7）,它可以喂入 $1\sim2m^3$

的岩石,在单程操作中可被破碎到 95% 的物料粒径小于 25mm,功耗 0.9 ~ 1.1kW・h/t,调整排料篦条间隙可以改变产品粒度,但会引起破碎机产量的变动。

反击-锤式破碎机的技术性能

表 2-4-7

型 号	生产能力（t/h）	最大喂料粒径		电机功率（kW）	转速（r/min）	机载（t）
		（m³）	（m）			
EV – 200×200	600 ~ 770	1.0	1.5	900 ~ 1120	375	125
EV – 200×300	775 ~ 1200	1.5	2.0	1300 ~ 1700	375	160
EV – 250×300	1200 ~ 1500	2.0	2.0	2000 ~ 2500	300	220

第三节　原、燃料及生料的均化

水泥厂物料的均化包括原料、燃料的预均化和生料、水泥的均化。

生料成分是否均匀,不仅影响熟料质量,而且影响窑的产量、热耗、运转率及耐火材料的消耗。由于矿山开采的层位及开采地段的不同,原料成分波动在所难免。为了充分利用矿山资源,常采用高低品位的原料搭配使用,因此必须对原料及生料采取有效的均化措施,满足生料成分均匀的要求。

以煤为原料的工厂,由于煤的水分、灰分的波动,对窑的热工制度的稳定和产量、质量有一定影响。对于煤质波动大的水泥厂,煤的预均化也是必要的。

出厂水泥的质量直接影响建筑工程质量和安全。即使水泥质量符合标准,也会产生超标号现象,影响经济性。因此,进行水泥的均化有利于稳定水泥质量和提高经济效益。

为制备成分均匀的生料,从原料的矿山开采直至生料入窑前的生料制备全过程中可分为四个均化环节。

（1）矿山的原料按质量情况计划开采和矿石搭配使用。

（2）原料预均化堆场及储库内的预均化。

（3）生料在粉磨中的配料与调节。

（4）生料入窑前在均化库内的均化。

这四个均化环节组成一条均化链,以保证入窑生料成分的稳定。

一、标准偏差和均化效果

物料成分的均匀性,以物料某主要成分含量的波动大小来衡量,常用的衡量物料均匀性的指标是某主要成分的标准偏差 S,其计算式如下:

$$S = \sqrt{\frac{1}{n-1}\sum_{i=1}^{n}(x_i - \bar{x})^2} \qquad (2\text{-}4\text{-}3)$$

式中:x_i——物料中某成分的各次测量值;

$\bar{x}$——各次测量值算术平均值;

n——测量的次数。

标准偏差愈小,则表示物料愈均匀。

衡量均化设施的指标是均化效果,通常指均化设施进料和出料的标准偏差之比,即为:

$$H = \frac{S_{进}}{S_{出}}$$ (2-4-4)

式中:H——均化设施的均化效果;

$S_{进}$、$S_{出}$——分别为进入和卸出均化设施某成分的标准偏差。

H 值愈大,设备均化效果愈好。

二、原、燃料的均化

原料的均化技术最早在冶金工业应用,其后在电力、化工、煤炭等工业部门获得推广,在水泥工业的应用已较广泛并已取得较好的效果。

原料预均化,常用于石灰石原料,当干法水泥厂矿山成分波动较大,地质构造复杂时,通常考虑设置预均化堆场。黏土质原料和铁质原料通常成分比较均匀,一般不需要进行预均化,以降低投资及运行费用。

在预均化堆场内,经破碎后的物料用专门的堆料设备沿纵向以薄层平铺迭堆,层数可达400～500层,取料时则用专门的取料设备在横向以垂直料层而切取,即"薄层相迭成堆,垂直取切而混",物料就是在堆、取、运的过程中得到均化。预均化堆场的均化效果原则上与取料时同时切取的总层数有关,总层数越多,则其均化效果越好,一般均化效果 H 为 5～8。

水泥厂预均化堆场采用的堆料方式有多种,但最常用的是单人字形堆料,如图 2-4-1 所示。因为它只要求下料点沿堆中心线往返运动,所以堆料设备简单,常用设备为车式悬臂胶带堆料机和设置于料堆顶部上方的胶带输送机。取料机械亦有多种,通常使用的是刮板取料机。

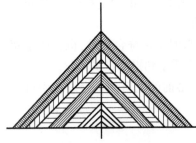

图 2-4-1 单人字形堆料

预均化堆场的布置形式有矩形和圆形两种,如图 2-4-2 和图 2-4-3 所示。矩形预均化堆场内设置两个堆料区,一个区在堆料,另一个区在取料,两区交替使用。圆形预均化堆场具有连续堆料和取料的条件,其占地面积比矩形预均化堆场约少 40%,而且运输距离短,设备费用和维护费用均较低。但实际有效的储量较少,运输设备数量较少,均化效果亦比矩形略差。由于有出料隧道,当地下水位较高时也有不利之处。

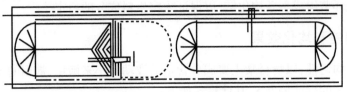

图 2-4-2 矩形预均化堆场

a)3×120°人字形堆料

b)连续式堆料

图 2-4-3 圆形预均化堆场的堆料方式示意图

三、生料的均化

干法生料的均化可采用多库搭配、机械倒库和压缩空气搅拌库等。

（1）多库搭配

多库搭配是根据各库的生料碳酸钙滴定值及控制指标，计算出各库搭配的比例。各库按比例卸料，在运输过程中进行均化。这种方法一般不需增加设备，但均化效果较差。

（2）机械倒库

机械倒库是利用螺旋运输机和提升机反复将库内物料卸出和装入，以达到混合均匀的目的。机械倒库均化效果 H 为 $2 \sim 3$。

（3）压缩空气搅拌库

空气搅拌库是干法水泥厂用于粉状物料均化的有效方法。

生料均化有间歇均化系统和连续均化系统。间歇均化系统均化效果较好；连续均化系统具有流程简单，操作管理方便和便于自动控制等优点。间歇式生料均化系统一般由搅拌库和储存库组成，出磨生料粉先进入搅拌库，利用库底充气装置分区轮换送气进行搅拌均化，搅拌后的生料进入储存库以供窑用。为了简化工艺流程，亦可不设储库而增加搅拌库的数量，一般为 $4 \sim 6$ 个，其中部分搅拌库进行充气搅拌均化，部分已均化的作储存使用，待卸料后再进料搅拌，没有预均化堆场的中、小型水泥厂，多采用间歇式均化系统，其均化效果 H 可达 $10 \sim 30$，但其动力消耗较大。

连续式均化系统具有多种形式，常见的有混合室均化库和串联式均化库等。混合室均化库使用较多，它是在库底中心设置一个较小的气力混合室，使生料得到充分的搅拌混合。这种库的容积可以设计得较大，只需设置 $1 \sim 2$ 个库即可满足均化和储存的需要。与间歇式均化系统相比较，它具有投资省、电耗低、操作简单等优点，但其均化效果不如前者。这种系统一般用于设有预均化堆场，出磨生料成分波动不大的大、中型水泥厂。

第五章

粉磨工艺

粉磨在水泥生产过程中占有重要的地位。生产 1t 水泥,需要粉磨的物料量约 3t,水泥生产总耗电量的 60% ~ 70% 耗费在粉磨过程中。因此,确定合适的粉磨产品的细度,选择合适的粉磨系统,对保证生料和水泥的质量,提高产量,降低单位产品电耗,具有十分重要的意义。

第一节　粉磨的目的和要求

粉磨是将颗粒状物料通过机械力的作用变成细粉的过程。对于生料和水泥粉磨过程来说,也是几种原料细粉均匀混合的过程。粉磨的目的是使物料表面积增大,促使化学反应的迅速完成。粉磨产品细度常用筛余量和比表面积来表示。

一、生料粉磨的目的和要求

生料细度越细,则生料各组分间越能混合均匀,窑内煅烧时生料各组分越能充分接触,使碳酸钙分解反应、固相反应和固液相反应的速度加快,有利于 f-CaO 的吸收;但当生料细度过细时,粉磨单位产品的电耗将显著增加,磨机产量迅速降低,而对熟料中游离氧化钙的吸收并不显著。

生料中的粗颗粒,特别是一些粗大的石英(结晶 SiO_2)和方解石晶体的反应能力低,且不能与其他氧化物组分充分接触,这就造成煅烧反应不完全,使熟料 f-CaO 增多,所以必须严格加以控制,而颗粒较均匀的生料,能使熟料煅烧反应完全,并加速熟料的形成,故有利于提高窑的产量和熟料的质量。

生料的粉磨细度,用管磨机生产时通常控制在 0.08mm 方孔筛筛余 10% 左右,0.2mm 方孔筛筛余小于 1.5% 为宜。闭路粉磨时,因其粗粒较少,产品粗粒较均匀,因而可适当放宽 0.08mm 筛筛余,但仍应控制 0.2mm 筛筛余,对于原料中含石英质原料和粗质石灰岩时,生料细度应细些,特别要注意 0.2mm 筛筛余量。

二、水泥粉磨的目的及要求

水泥的细度越细,水化与硬化反应就越快,水化越易完全,水泥胶凝性质的有效利用率就越高,水泥的强度,尤其是早期强度也越高,而且还能改善水泥的泌水性、和易性等。反之,水泥中有过粗的颗粒存在,粗颗粒只能在表面反应,从而损失了熟料的活性。

一般试验条件下,水泥颗粒大小与水化的关系是:

$0 \sim 10\mu m$,水化最快;$3 \sim 30\mu m$,是水泥主要的活性组分;$>60\mu m$,水化缓慢;$>90\mu m$,表面水化,只起集料作用。

水泥比表面积与水泥有效利用率(一年龄期)的关系是:$300m^2/kg$ 时,只有 44% 可水化发挥作用;$700m^2/kg$ 时,有效利用率可达 80% 左右;$1000m^2/kg$ 时,有效利用率可达 90% $\sim$ 95%。

必须注意:水泥中小于 $3\mu m$ 颗粒太多时,虽然水化速度很快,水泥有效利用率很高。但是,因水泥比表面积大,水泥浆体要达到同样流动度,需水量就过多,将使水泥硬化浆体内产生较多孔隙而使强度下降。在满足水泥品种和标号的前提下,水泥细度不要太细,以节省电能,通常水泥比表面积控制 $300m^2/kg$ 左右。

三、煤的粉磨目的和要求

入回转窑的煤粉细度,一般要求控制 0.08mm 方孔筛筛余 10% $\sim$ 15% 为宜。煤粉越细、比表面积越大,与空气中氧气接触的机会增多,燃烧速度越快、越完全,单位时间内放出的热量越多,可以提高窑内火焰温度;煤粉太粗时,黑火头长,难着火,燃烧速度慢,火力不集中,烧成温度低。煤粉太粗时,还会造成窑内还原气氛,煤灰掺入熟料中不均匀,窑内结圈。这些因素会使熟料质量降低,窑内热工制度不稳定,操作困难。

第二节 粉 磨 流 程

一、粉磨系统

粉磨流程又称为粉磨系统,它对粉磨作业的产量、质量、电耗、投资,以及便于操作、维护等都有十分重要意义。

粉磨系统有开路和闭路两种。当物料一次通过磨机后即为成品时称为开路系统,如图 2-5-1 所示;当物料出磨后经过分级设备选出产品,粗料返回磨机内再磨称为闭路系统,如图 2-5-2 所示,图中 T 为回料量,Q 为产量,F 为出磨量,$F = Q + T$。

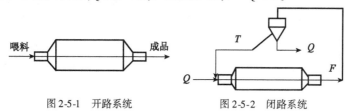

图 2-5-1 开路系统　　　　　　图 2-5-2 闭路系统

开路系统的优点是:流程简单,设备少,投资省,操作维护方便,但物料必须全部达到产品细度后才能出磨。开路系统产品颗粒分布较宽,当产品细度(筛余)达到要求时,其中必有一部分物料过细,称为过粉磨现象。过细的物料在磨内产生缓冲垫层,妨碍粗料进一步磨细,从而降低粉磨效率。闭路系统与开路系统相比,由于细粉被及时选出,产品粒度分布较窄,过粉磨现象得以减轻。出磨物料经输送及分选,可散失一部分热量,粗粉再回磨时,可降低磨内温度,有利于提高磨机产量,降低粉磨电耗。一般闭路系统较开路系统可提高产量 15% $\sim$ 25%,

产品细度可通过调节分级设备来控制。但是闭路系统设备多，投资大，操作、维护、管理较复杂。

此外，开路系统产品的颗粒分布较宽，而闭路系统产品的颗粒组成较均匀，粗粒和微粉数量减少，因而在相同比表面积的条件下，闭路较开路粉磨的水泥，早期强度略有提高，后期强度有较明显的提高，如保持同样的强度，则闭路系统的产品比表面积更低一些。

二、生料粉磨流程

1）湿法生料粉磨系统

湿法生料粉磨系统有开路和闭路之分，但以开路系统为主。开路一般采用长管磨或中长磨机，闭路则用弧形筛和长管磨组成一级闭路系统。弧形筛的结构简单，体积小，操作方便，该系统的单位产品电耗约 $12 \sim 14\mathrm{kW \cdot h/t}$，比开路系统一般可降低 15% 左右，但该系统比开路系统稍复杂，弧形筛对材质的耐磨性要求较高。

2）干法生料粉磨系统

干法生料粉磨系统，需要对含有水分的物料进行烘干。以前建的水泥厂，物料多数是经过单独烘干设备烘干后再入磨粉磨，随着干法水泥生产技术的发展，特别是悬浮预热器窑和预分解窑的出现，为充分利用窑的废气余热并简化生产工艺过程，出现了多种闭路的烘干兼粉磨系统，如尾卸提升烘干磨，中卸提升烘干磨，风扫式钢球磨和立式磨（辊式磨）等，如图 2-5-3 所示。

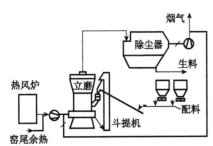

图 2-5-3　立式磨系统

采用烘干兼粉磨系统粉磨物料时，节省了烘干设备及物料的中间储存和运输，同时，物料在粉磨过程中进行烘干，由于物料不断被粉碎，比表面积不断增大，烘干效果更好，尤其是磨内通入热风，能及时将细物料带出磨外减少缓冲垫层作用，有利于提高粉磨效率，但是此系统辅助设备较多，操作控制较复杂。

立式磨系统粉磨生料有了较大的发展，立式磨系统利用厚床粉磨原理，主要靠磨辊和磨盘间的压力来粉碎物料，经过碾压的物料再次滚压时，可进一步实现粉磨，它减少了钢球磨对研磨体的提升和研磨体互相撞击所消耗的能量，并有效地防止了物料的凝聚现象，所以粉磨效率可比钢球磨提高一倍左右。磨机本身带有选粉装置，控制成品细度比较方便，而且入磨物料粒度较大，可达 $100 \sim 150\mathrm{mm}$，可省去二级破碎，所以其电耗较低，且占地面积也小。特别是立式磨系统的通风量较一般钢球磨大，可以更好地利用窑尾烟气的余热进行生料的烘干。因此随着悬浮预热器窑和预分解窑的广泛使用而得到迅速发展。但是立式磨系统对研磨体和衬板的磨耗则与物料磨蚀性的平方根成正比，因此，当物料中含有一定量的结晶 SiO_2 而磨蚀性较强时，不宜采用立式磨。立式磨系统的生产技术性能如表 2-5-1 所示。

立式磨系统（生料磨）技术性能表　　　　　　　　　　　　　表 2-5-1

磨机型号	生产能力 (t/h)	磨环滚道直径(mm)	磨辊直径 (mm)	磨盘转速 (r/min)	磨辊碾磨力(kN)	磨机质量 (t)	入口风量 (Nm³/s)	主电机 (kW)
MPS2250	52.5	2250	1670	31	400	73	19.5	500
MPS2450	75	2450	1750	29.2	480	96	25.5	610
MPS3150	150	3150	2300	25	810	188	42.5	1075

三、水泥粉磨流程

水泥粉磨系统通常有:长磨或中长磨开路系统,中长磨一级闭路系统,短磨二级闭路系统,闭路中卸磨系统等。

在水泥细度要求不高时,开路系统即可满足要求,但当要求产品细度较高时,普通开路系统的粉磨效率较低,而闭路系统则较高,而且闭路系统易于调节产品细度,可以适应生产不同品种水泥的需要。水泥粉磨以闭路系统较多,特别是大型水泥磨多为闭路生产。

研究发现:无论是钢球磨还是立式磨,物料在粉磨时都是受到压力和剪力,而水泥工业所需处理的各种原料、燃料、熟料都属于脆性材料,其特点是抗压强度高、抗拉强度低,所以致使传统的粉磨设备效率较低。进一步分析后发现:在一颗粒状物料粉碎过程中,如果只施加纯粹的压力,所产生的应变是剪力所产生的应变的 5 倍,即如能采用一种只使物料受压的粉碎设备,就能提高粉碎效率,大幅度节能,这就诞生了辊压机(又称挤压磨),其工作原理如图 2-5-4 所示。

在辊压机中,物料在两辊之间承受高达 $100 \sim 200\mathrm{MPa}$ 的挤压,线压力可达 $10\mathrm{t/cm}$,外力使颗粒压实,物料结构,包括微结构遭到破坏,从而产生大量裂纹,出辊压机的料片中,小于 $90\mu\mathrm{m}$ 的颗粒约占 30%,所以可以使磨机以较低的电耗进行粉磨。生产实践表明,在钢球磨机前增设辊压机后,可使磨机产量增加 30% ~ 60%,节电 15% ~ 5%。

由于对水泥颗粒形貌的要求,水泥粉磨趋向于采用球磨机、辊压机、高效选粉机不同组合的粉磨流程。辊压机用于水泥粉磨的流程有预粉磨、混合粉磨、终粉磨等几种。混合型粉磨流程是将辊压机装在球磨机前面(图 2-5-5),选粉机出来的粗粉一部分进入辊压机,一部分进入球磨机。这一流程与传统的球磨机相比,节省单位产品电耗 30% 左右。利用立磨粉磨水泥也有不断的研究试验进展。

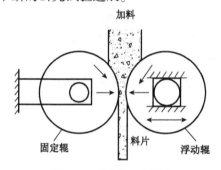

图 2-5-4 辊压机工作原理

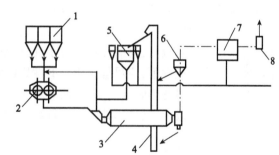

图 2-5-5 混合粉磨系统流程图
1-料仓;2-辊压机;3-磨机;4-提升机;5-选粉机;6-粗粉分离器;7-收尘器;8-排风机

第三节 影响磨机产质量及能耗的主要因素

在粉磨过程中,实现优质、高产、低消耗(单位产品的电耗、研磨体和衬板的消耗)是粉磨生产过程所要面临的重要问题,其影响因素很多,现简要分析如下。

一、入磨物料粒度

入磨物料粒度的大小是影响磨机产量和能耗的主要因素之一。因入磨物料粒度小,可以减小钢球直径,在钢球装载量相同时,使钢球个数增多,钢球的总表面积增大,因而就增强了钢球对物料的粉磨效果。如 $\phi2.4m \times 13m$ 湿法生料磨,入磨粒度从 20mm 降到 10mm 以下,使磨机产量提高 30% 左右,降低入磨粒度的实质就是"以破代磨",可以使粉磨电耗和单位产品破碎粉磨的总电耗降低。但是,入磨粒度不能过小,因为随着破碎产品粒度的减少,破碎电耗迅速增加,使破碎和粉磨的总电耗反而增加,入磨粒度可按以下经验公式计算:

$$d = 0.005D_0 \tag{2-5-1}$$

式中:d——入磨粒度,以 d_{80} 标注,即以 80% 通过的筛孔孔径表示,一般中型水泥厂,入磨物料粒度以 8 ~ 10mm 为宜;

D_0——磨机有效内径(mm)。

二、易磨性

物料的易磨性表示物料粉磨的难易程度。常用相对易磨性系数 K_m 来表示,是物料单位功率产量 $q_{物}$ 与标准物料单位功率产量 $q_{标}$ 的比值:

$$K_m = \frac{q_{物}}{q_{标}} \tag{2-5-2}$$

标准物料常用平潭标准砂,K_m 值大表示容易磨细,反之则表示难磨。物料的易磨性与其本身的微观结构有关,所以即使是同一类物料,它的易磨性也可以不一样,例如结构致密的石灰石,其易磨性系数较小,而结构疏松的石灰石则易磨性系数大。

熟料的易磨性与各矿物组成的含量以及冷却速度有很大关系。试验证明,熟料中 C_3S 含量多,冷却速度快,其质地较脆,易磨性系数就大;如 C_2S 和铁相含量多,冷却慢,或者因过烧结成大块,则韧性大且较致密,易磨性系数就小,因而难磨。

因此,在可能的条件下,应尽量选用易磨性好的原料,并生产 C_3S 含量高,而且冷却速度快的熟料,出窑熟料经过适当陈放降温,并使熟料中的 f-CaO 吸水而变为 $Ca(OH)_2$,在这一转换过程中体积膨胀,可改善熟料的易磨性。所以不应出窑熟料直接入磨。

三、入磨物料温度

入磨物料温度高,物料带入磨内大量热量,加之粉磨时,大部分机械能转化为热能,使磨内温度更高。物料的易磨性随温度升高而降低。磨内温度高,易使水泥细粉因静电而聚集,严重时会黏附研磨体和衬板,从而降低粉磨效率。水泥粉磨时,如果磨内温度过高,二水石膏易脱水形成半水石膏,使水泥产生假凝现象,水泥入库后易结块。

磨内温度高,磨机筒体产生一定的热应力,会引起衬板螺栓的折断,也会影响轴承的润滑。因此入磨物料温度应加以控制。一般应控制在 50℃ 以下。出磨水泥温度应控制在 110 ~ 120℃。

如果要求水泥细度较细,即使入磨温度不高,也会因粉磨过程产生的热量使物料温度过高而产生包球与细粉吸附衬板与隔仓板。因此大型磨机除采用筒体外喷水冷却外,还采用磨内喷水方法来降低磨内物料温度。采用磨内喷水要注意喷水量要适当,而且要雾化好。否则过多的水反而导致粉磨状态恶化。此外采用闭路粉磨,可以降低磨内温度。

四、入磨物料水分

生产实践证明,入磨物料水分对普通干法钢球磨机的生产影响较大,当入磨物料平均水分 >1.8% 时,磨机产量开始下降;水分 >2.5% 时,磨机台时产量降低 15% ~ 30%;水分 >3.5% 时,粉磨作业严重恶化;水分 5% 左右时,磨机无法正常生产,主要是造成堵塞隔仓板和出料箅板,出现"糊磨"和"饱磨"现象,如果处理不及时,甚至会造成坚固的"磨内结圈",被迫停磨处理。但是,物料过于干燥也无必要,入磨物料平均水分一般控制在 1% 左右为宜。

五、磨内通风

强化干法磨内的通风,具有如下作用:

(1)能够及时排出磨内的微粉,减少物料的过粉磨现象和缓冲作用。

(2)可以及时地排出磨机内的水蒸气,防止堵塞隔仓板和卸料箅板,并可减少黏球现象。

(3)可降低磨内温度和物料温度,防止设备的使用寿命缩短。

磨内通风是由排风机抽取磨内含尘气体,经收尘器分离净化后排入大气。

磨机通风速度一般以磨机最后一仓出口净空风速表示。适当提高磨内风速有利于提高磨机产质量和降低单位产品电耗,但如果风速过大,则又会使产品细度变粗,排风机电耗增加。开路磨内风速以 0.7 ~ 1.2m/s 为宜,闭路磨机以 0.3 ~ 0.7m/s 为宜。

加强磨内通风,须防止磨尾卸料端的漏风,因为卸料口的漏风不仅会减少磨内有效通风量,还会大大增加磨尾气体的含尘量。因此,采用密封卸料装置以加强"锁风",同时应合理地设计收尘系统,以保证排放气体符合环保标准要求。

六、助磨剂

在粉磨过程中,加入少量的外加剂,可消除细粉的黏附和聚集现象,加速物料粉磨过程,提高粉磨效率,降低单位粉磨电耗,提高产量。这类外加剂统称为"助磨剂"。

常用的助磨剂有煤、焦炭等碳素物质,以及表面活性物质和亚硫酸盐纸浆废液、三乙醇胺下脚料、醋酸钠、乙二醇、丙二醇等。

通常认为助磨剂加速粉磨的机理是碳素物质可消除磨内静电现象所引起的黏附和聚结,表面活性物质由于具有强烈的吸附能力,可吸附在物料细粉颗粒表面,而使物料之间不再互相黏结,而且吸附在物料颗粒的裂隙间,减弱了分子力所引起的"愈合作用",外界做功时可促进颗粒裂缝的扩展,从而提高粉磨效率。

另外,助磨剂增加物料在磨机中的流动性,有利提高磨机产量。

粉磨水泥时,碳素物质的加入量不得超过 1%,以确保水泥质量。当用亚硫酸盐纸浆废液的浓缩物时,其加入量为 0.15% ~ 0.25%,过多会影响水泥的早期强度。用三乙醇胺时,一般加入量为 0.05% ~ 0.1%,在水泥细度不变的情况下,可消除细粉的黏附现象,提高产量 10% ~ 20%,还有利于水泥早期强度的发挥,但加入量过多,会明显降低水泥强度。

助磨剂的加入,虽然可以提高磨机产量,降低粉磨电耗,但是,应选择使用效果好、成本低的助磨剂,同时助磨剂的加入不得损害水泥的质量。

七、设备及流程

1) 设备的规格、内部结构及转速

试验表明,磨机产量与磨机筒体的直径 D 和长度 L 的关系为:

$$Q \propto D^{2.5 \sim 2.6} L \qquad (2\text{-}5\text{-}3)$$

单位产品电耗 N 与直径的关系为:

$$N \propto \frac{1}{D^{0.1}} \qquad (2\text{-}5\text{-}4)$$

由以上两式可知,磨机的规格越大,产量越高,单位产品电耗越低。

磨机的内部结构主要是指衬板和隔仓板。

衬板具有调整各仓研磨体运动状态,使之符合粉磨过程的功能,是使各仓粉磨能力平衡的一个重要因素。所用的衬板表面形式要适应粉磨物料的性质、磨机的规格、磨机的转速以及研磨体的形状和各仓的粉碎要求。

各种节能衬板,如角螺旋分级衬板、沟槽衬板等有利磨机的增产、节电。

隔仓板的结构形式、箅孔的有效断面积及隔仓板的安装位置(各仓的长度),对于磨机内物料流速的控制、各仓粉磨能力是否符合粉磨能力以及各仓粉磨能力的平衡十分重要。

2) 研磨介质

物料在磨机内通过研磨体的冲击和研磨作用而被磨成细粉,因此研磨体的形状、大小装载量、配合和补充等对磨机生产的影响较大。

合适的研磨体装载量是提高磨机产量,降低单位产品电耗的重要措施。试验与生产实践证明,中长磨与长磨研磨体的填充系数分别为 25% ~ 35%,30% ~ 35% 时产量较高,30% 左右时电耗较低;在短磨中,填充系数可以达到 35% ~ 40%,各厂应根据磨机和物料等具体情况,通过试验来决定,但是过高的填充系数不利于设备的安全运转。

在粉磨过程中,刚入磨的大颗粒物料,需要较大的冲击力将其破碎,故应选用较大的钢球。物料被磨到一定粒度后,要求研磨体有较强的研磨作用,则应选用较小的研磨体,以增加研磨体的个数接触面积,提高研磨能力。在细磨仓则可用钢锻,以增加研磨表面,为了适应各种不同粒度的冲击和研磨作用的要求,提高粉磨效率,实际生产中常采用不同尺寸的研磨体配合在一起,即研磨体的级配。

(1)选粉效率与循环负荷

分级效率是分级机选出的产品中的精粉量占入分级机物料中精粉量的百分数,即选粉效率。通常精粉量是指通过80m方孔筛的数量。计算式如下。

$$\eta = \frac{Qc}{(Q+T)a} = \frac{c}{a} \times \frac{a-b}{c-b} \times 100\% = \frac{(100-c')(b'-a')}{(100-a')(b'-c')} \times 100\% \qquad (2\text{-}5\text{-}5)$$

式中: η ——分级效率(%);

　　Q ——分级机的成品量,即系统产量(t/h);

　　T ——分级机的回料量(t/h);

　　a ——分级机的喂料细度(通过某一筛孔的百分数);

　　b ——分级机的回料细度(通过某一筛孔的百分数);

　　c ——分级机的成品细度(通过某一筛孔的百分数);

a'、b'、c'——相应于 a、b、c 某一筛的筛余百分数。

循环负荷 K 是指分级机的回料量 T 与成品量 Q 之比,以百分数表示。由于

$$(T + Q) \times a = Tb + Qc$$

$$K = \frac{T}{Q} \times 100\% = \frac{c-a}{a-b} \times 100\% = \frac{a'-c'}{b'-a'} \times 100\% \tag{2-5-6}$$

系统的产量和循环负荷比、分级效率密切相关,合理的循环负荷比和分离效率是磨机高产低耗的关键。

(2)磨体装载量、材质、形状及级配

研磨体装载量决定了填充系数。填充系数又称填充率,即装入磨内研磨体的容积占磨机有效容积的百分比。在一定范围内增加填充系数可提高产量降低单位产品电耗,但超过一定范围,虽仍略提高产量,但单位产品电耗会增加。

研磨体的级配合理与否可通过优选法寻求最佳级配方案。常以筛余曲线作粗略分析。筛余曲线即物料沿磨机长度方向筛余量变化曲线,它是反映磨内工作状态的重要依据之一。

此外,研磨介质及磨机内衬的材质、形状对料耗及产、质量亦有影响。

(3)球料比及磨内物料流速

球料比为磨内研磨体质量与物料质量的比值。通常开路磨的球料比较大些,闭路系统球料比较小些。球料比过小,磨内存料过多,易产生缓冲作用和过粉碎现象,降低粉磨效率。若球料比过大,会增加研磨体之间及研磨体对衬板冲击的无功损失,不但降低粉磨效率,还增加消耗。可通过突然停磨观察磨内料面高低来判断,如中小型两仓开路磨,第一仓钢球尖露出半个球左右,第二仓物料刚盖过球断面为宜。

磨内物料流速除受球料比影响外,隔仓板的形式、研磨体级配等均有影响,可予以控制。若流速过快,易跑粗料;流速过慢,易产生过粉碎现象,降低粉磨效率。故应适当控制。另外,粉磨新技术发展迅速,其中有辊压磨、喷射磨及新型高效选粉机等,均可显著提高产质量及降低消耗。

第六章

硅酸盐水泥熟料的煅烧

第一节　水泥生料煅烧过程的物理化学变化

一、水泥生料的易烧性

水泥生料易烧性,在理论上是指该生料组分易转变成熟料相的传质数量的难易程度。易烧性是用生料在一定温度下煅烧一定时间后,测定其 f-CaO 的数量来衡量。"实用易烧性"是在 1350℃恒温下,煅烧生料达到 f-CaO 含量不大于 2.0% 所需要的时间。

易烧性指数 BI:

$$BI = \frac{0.7826S - 0.2003A - 0.0480F}{C - 1.8665S - 1.2140A - 1.0667F} + 0.3513A + 0.2687F + 0.1403\frac{A}{F} \quad (2\text{-}6\text{-}1)$$

式中:C——CaO 含量;

　A——Al_2O_3 含量;

　S——SiO_2 含量;

　F——Fe_2O_3 含量。

BI 一般范围 3.2 ~ 5.0,正常熟料范围 4.0 ~ 4.7,数值越大表示熟料易烧。

实际上对于水泥的灼烧来说,原材料的易烧性被材料的矿物组成、化学组成、颗粒组成、煅烧的温度和时间、出现的液相量、熟料的相组成、煤灰的灰分以及窑的气氛这八个因素影响。但是在这八个因素当中,原材料的矿物组成,化学组成和颗粒组成这三个因素会直接影响到材料的易烧性,其他因素的影响并非是由原材料本身的原因产生的。而是在煅烧的过程当中煅烧的环境和煅烧的条件决定的。

原材料的易烧性除了会受到化学组成的影响之外,材料的矿物质组成和颗粒组成也会影响到原材料的易烧性。

在原材料煅烧过程中,碳酸钙会逐渐分解成氧化钙,而分解的程度取决于碳酸钙的规则程度和密度。碳酸钙的不规则程度和密集程度越小,就能分解出颗粒越小的氧化钙,在同等条件下氧化钙的反应效率就越高,易烧性就越好。

在一定温度下不同物质的碳酸盐分解效率也不同,方解石的分解效率最大,其次是白云石的分解效率较高,铁白云石的分解效率最低。在土质原料当中都含有二氧化硅能够和氧化钙进行反应,高岭石的反应能力最强,其次是伊利石,之后是绿泥石,再是蒙脱石,最后是白云母。玻璃质矿渣中的二氧化硅的反应能力要大于黏土矿物中的二氧化硅,之后是云母和闪石当中的二氧化硅,最后是石英石当中的二氧化硅。

二、生料干燥与脱水

1)干燥

入窑生料都含有一定量的水分,干法窑生料含水量一般不超过1%,立窑和立波尔窑生料成球后约含水分12%～15%,湿法窑的料浆含水量通常为30%～40%。生料入窑后,物料温度逐渐升高,当温度升高到100～150℃时,生料中的水分全部被排出,该过程称为干燥过程。每1kg水分蒸发潜热高达2257kJ(100℃),湿法窑每生产1kg熟料用于蒸发水分的热量高达2100kJ,占总热耗的35%以上。因此,降低浆料含水量或吸滤成料块,可以降低热耗,增加窑的产量。

2)黏土矿物脱水

黏土矿物的化合水有两种,一种以OH^-状态存在于晶体结构中,称为晶体配位水;另一种以水分子状态吸附在晶层结构间,称为层间水或层间吸附水。层间水在100℃左右即可脱去,而配位水则必须高达400～600℃才能脱去。

生料干燥后,继续被加热,温度上升较快,当温度升到500℃时,黏土中的主要组成矿物高岭土发生脱水分解反应,高岭土在失去化学结合水的同时,晶体结构本身也受到破坏,生成无定型偏高岭土。因此,高岭土脱水后的活性较高,当继续加热到970～1050℃时,由无定型物质转换成晶体莫来石,同时放出热量。

蒙脱石和伊利石脱水后,仍然具有晶体结构,故它们的活性较高岭土差。伊利石脱水时还伴随有体积膨胀,而高岭土和蒙脱石脱水时则是体积收缩,所以,立窑和立波尔窑生产时,不宜采用以伊利石为主导矿物的黏土,否则料球热稳定性差,入窑后会引起炸裂,影响窑内通风。

黏土矿物的脱水分解反应是个吸热过程,每1kg高岭土在450℃时吸热934kJ,但因黏土质原料在生料中含量较少,所以其吸热反应不显著。

三、硅酸盐分解

温度继续升至600℃左右时,生料中的碳酸盐开始分解,主要是石灰石中的碳酸钙和原料中夹杂的碳酸镁进行分解。

1)碳酸盐分解反应的特点

(1)可逆反应

碳酸盐分解反应属可逆反应,受系统温度和周围介质中CO_2的分压影响较大。为使分解反应顺利进行,必须保持较高的反应温度,降低周围介质中CO_2的分压或减小CO_2浓度。

(2)强吸热反应

碳酸盐分解时,需要吸取大量的热量。这是熟料形成过程中消耗热量最多的一个工艺过程,所需热量约占湿法生产总热耗的1/3,约占悬浮预热窑或预分解窑生产总热耗的1/2。因此,为保证碳酸钙分解反应能完全地进行,必须供给足够的热量。碳酸镁和碳酸钙分别在590℃和890℃下的分解反应及吸热量:

$$MgCO_3 = MgO + CO_2 \uparrow \qquad -(1047 \sim 1214)J/g$$
$$CaCO_3 = CaO + CO_2 \uparrow \qquad -1645J/g$$

（3）温度提高分解速率加快

$CaCO_3$分解反应的起始温度较低，约在600℃时就有$CaCO_3$开始进行分解反应，但速率非常缓慢。至894℃时，分解放出的CO_2分压达0.1MPa，分解速率加快。1100～1200℃时，分解速率极为迅速。由试验可知，温度每增加50℃，分解速率常数约增加1倍，分解时间约缩短50%。

2）$CaCO_3$的分解过程

两个传热过程——热气流Q向颗粒表面传热和热量以传导方式由表面向分解面的传热过程（图2-6-1）。

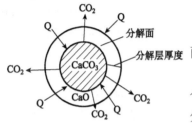

图2-6-1　石灰石颗粒的分解过程

一个化学反应过程——$CaCO_3$分解并放出CO_2。

两个传质过程——分解放出的CO_2气体穿过分解层向表面扩散和表面CO_2向周围介质气流扩散。

这五个过程中，传热和传质皆为物理传递过程，仅有一个化学反应过程。由于各个过程的阻力不同，所以$CaCO_3$的分解速率受控于其中最慢的一个过程。在湿法回转窑内，由于物料在窑内呈堆积状态，传热面积小，传热系数也低，所以$CaCO_3$分解速率主要取决于传热过程；立窑和立波尔窑生料需成球，由于球径较大，故传热速率慢，传质阻力很大，所以$CaCO_3$分解速率决定于传热和传质过程；在新型干法生产中，由于生料粉能够悬浮在气流中，传热面积大，传热系数高，传质阻力小，所以，$CaCO_3$的分解速率取决于化学反应速率。

3）影响$CaCO_3$分解反应的因素

（1）石灰石的结构和物理性质

结构致密、质点排列整齐、结晶粗大、晶体缺陷少的石灰石不仅质地坚硬，而且分解反应困难，如大理石的分解温度较高。质地松软内含其他组分较多的泥灰岩，则分解所需的活化能较低，分解反应容易。

（2）生料细度

生料颗粒均匀，粗粒少，物料的比表面积大，使传热和传质速率加快，有利于分解反应。

（3）反应条件

提高反应温度有利于加快分解反应速率，同时促使CO_2扩散速率加快，加强通风，及时排出反应生成的CO_2气体，可加速分解反应。

（4）生料悬浮分散程度

在新型干法生产中，生料粉在预热器和分解炉内的悬浮分散性好，可提高传热面积，减少传质阻力，提高分解速率。

（5）黏土质组分的性质

若黏土质原料的主导矿物是活性大的高岭土，由于其容易和分解产物CaO直接进行固相反应生成低钙矿物，可加速$CaCO_3$的分解反应。反之，如果黏土的主导矿物是活性差的蒙脱石和伊利石，则要影响$CaCO_3$的分解速率，由结晶SiO_2组成的石英砂的反应活性最低。

第二节　熟料的煅烧

一、影响熟料烧结的因素

当物料的温度升高到 1250～1280℃时,即达到其最低共熔温度后,开始出现以 Al_2O_3、Fe_2O_3 和 CaO 为主体的液相,相的组分中还含有 MgO 和碱(R_2O)等,在高温液相的作用下,物料逐渐由疏松状变为结构致密的水泥熟料,此过程伴随有体积收缩,同时,C_2S 与 f-CaO 都逐步溶解于液相中,即 C_2S 吸收 CaO 水泥熟料要矿物 C_3S。

随着温度的升高和时间的延长,液相量增加,液相的黏度减小,CaO 和 C_2S 不断溶解和扩散,并使小晶体逐渐发育长大,最终形成几十微米大小的发育良好的晶体,完成熟料烧结过程。影响熟料烧结的因素有以下几种。

1)低共熔温度

一些系统的最低共熔温度,如表 2-6-1 所示。

一些系统的最低共熔温度(℃)　　　　　　　　　　　　　　表 2-6-1

系　　统	最低共熔温度	系　　统	最低共熔温度
C_3S-C_2S-C_3A	1450	C_3S-C_2S-C_3A-Na_2O	1430
C_3S-C_2S-C_3A-MgO	1375	C_3S-C_2S-C_3A-Na_2O-MgO	1365
C_3S-C_2S-C_3A-C_4AF	1338	C_3S-C_2S-C_3A-Fe_2O_3	1315
C_3S-C_2S-C_3A-Fe_2O_3-MgO	1300	C_3S-C_2S-C_3A-Na_2O-MgO-Fe_2O_3	1280

由表 2-6-1 可知,组分的性质与数目,都影响系统的最低共熔温度。硅酸盐水泥熟料由于含有 MgO、K_2O、Na_2O、SO_3、TiO_2、P_2O_5 等次要氧化物,因此其最低共熔温度约为 1250～1280℃。矿化剂和其他微量元素对降低共熔温度有一定作用。

2)液相量

若液相量增加,则能够溶解的 CaO 和 C_2S 的量亦多,形成 C_3S 就快。但是,若液相量过多,则在煅烧时容易结大块,从而造成回转窑结圈或立窑炼边和结炉瘤等,影响正常生产。

液相量不仅与组分的性质有关,而且与组分的含量、水泥熟料的烧结温度等因素有关。在不同烧成温度下液相量(P)的经验公式,如式(2-6-2)～式(2-6-4)所示。

1400℃

$$P = 2.95A + 2.2F \tag{2-6-2}$$

1450℃

$$P = 3.0A + 2.25F \tag{2-6-3}$$

1500℃

$$P = 3.3A + 2.6F \tag{2-6-4}$$

式中:A、F——水泥熟料中的 Al_2O_3 和 Fe_2O_3 的含量(%)。

由于水泥熟料中还含有 MgO(简式 M)、碱(K_2O 和 Na_2O,以 R_2O 表示,简式 R)等其他成分,可以认为这些成分全部变成液相,因而计算时还需要加上 MgO 含量与碱含量。例如:

1400℃

$$P = 2.95A + 2.2F + M + R \tag{2-6-5}$$

一般水泥熟料在烧成阶段的液相量约为 20% ~ 30%，而白水泥熟料的液相量可能只有约 15%。

3）液相的黏度

液相的黏度直接影响 C_3S 的形成速率和晶体的尺寸。若黏度 (η) 小，则黏滞阻力小，液相中质点的扩散速率增加，有利于 C_3S 的形成和晶体的发育成长；反之，则使 C_3S 的形成困难。水泥熟料的液相黏度，随着温度和组成（包括少量氧化物）而变化。若温度高，则黏度降低；若水泥熟料铝率（IM）增加，则液相黏度增大。

4）液相的表面张力

液相的表面张力越小，愈容易润湿水泥熟料颗粒或固相物质，有利于固相反应与固-液相反应，促进 C_3S 的形成。试验表明，随着温度的升高，液相的表面张力 (σ) 降低；水泥熟料中有 MgO、R_2O 和 SO_3 等物质时，也会降低液相的表面张力，从而促进水泥熟料的烧结。但是，液相的表面张力降低，会使水泥熟料的粒径变小，则回转窑内会产生飞砂料。

5）氧化钙溶解于水泥熟料液相的速率

CaO 在水泥熟料的液相中的溶解量，或者说 CaO 溶解于水泥熟料的液相速率，对于 CaO 与 C_2S 反应而生成 C_3S，有着重要影响。若原料中石灰石的颗粒小，水泥熟料的煅烧温度高，则溶解速率快。

6）反应物存在的状态

研究发现，在水泥熟料烧结时，CaO 与贝利特的晶体尺寸小，处于晶体缺陷多的新生态，其活性大，活化能小，易溶于液相中，有利于 C_3S 的形成。试验还表明，极快速升温（600℃/min 以上），可使黏土矿物的脱水、碳酸盐的分解、固相反应、固-液相反应几乎重合，使反应产物处于新生的高活性状态，在极短的时间内，可同时生成液相、贝利特和阿利特，促使阿利特快速形成。

二、水泥熟料在回转窑内的煅烧

煅烧水泥熟料的工业窑炉有回转窑和立窑两大类，大、中型水泥厂一般采用回转窑生产。

1）回转窑煅烧方法

采用回转窑煅烧水泥熟料，是利用一个倾斜的回转圆筒，其斜度一般为 3% ~ 5%，生料由圆筒的高端（窑尾）加入，由于圆筒具有一定的斜度而且不断回转，物料由高端向低端（窑头）逐渐运动。因此，回转窑首先是一个运输设备。

回转窑又是一个煅烧设备，固体（煤粉）、液体和气体燃料均可使用，水泥厂以使用固体粉状燃料为主，将燃煤事先经过烘干和粉磨，制成粉状用鼓风机经喷煤管由窑头喷入窑内。燃烧用的空气由两部分组成，一部分是和煤粉混合并将煤粉送入窑内，这部分空气叫作"一次空气"，占燃烧总量的 15% ~ 30%，大部分空气是经过熟料冷却机预热到一定温度后进入窑内，称为"二次空气"。

煤粉在窑内燃烧后，形成高温火焰（温度一般可达 1650 ~ 1700℃）放出大量热量，高温气体在窑尾排风机的抽引下向窑尾流动，和煅烧熟料产生的废气一起经过收尘器净化后排入大气。

高温气体和物料在窑内是相向运动的,在运动过程中进行热量交换,物料接受高温气体和高温火焰传给的热量,经过一系列物理化学变化后,被煅烧成熟料,其后进入冷却机,遇到冷空气又进行热交换,本身被冷却并将空气预热作为二次空气进入窑内,因此,回转窑又是一个传热设备。

2)回转窑内"带"的划分

物料进入回转窑后,在高温作用下,进行一系列的物理化学反应后烧成熟料,按照不同反应在回转窑内所占有的空间,被称为"带"。以湿法长窑为例,来说明各带的划分及其特点。

回转窑各带物料温度、气体温度分布以及各带大致划分情况如图2-6-2所示。

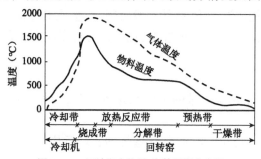

图2-6-2 回转窑内物料、气体温度分布图

(1)干燥带

干燥带物料温度为 20~150℃,气体温度为 200~400℃。含有大量水分的生料浆入窑后,被热气流加热,温度逐渐升高,水分开始缓慢蒸发,当物料达到一定温度时,水分迅速蒸发,直到约150℃,水分全部蒸发,物料离开干燥带而进入预热带。

对湿法窑而言,干燥带消耗热量较多,为了提高干燥带的热交换效率,在干燥带的大部分空间挂有链条作为热交换器。干法回转窑由于入窑生料水分很少,因此几乎没有干燥带。

(2)预热带

预热带物料温度在 150~750℃,气体温度在 400~1000℃,离开干燥带的物料温度上升快,黏土中的有机物发生干馏、分解和燃烧,同时高岭土开始脱水反应,碳酸镁的分解过程也开始进行。

对于新型干法的悬浮预热器窑和窑外分解窑,预热在预热器内进行,窑内无预热带。对于立波尔窑,预热在炉篦子加热机上,回转窑内也无预热带。

(3)碳酸盐分解带

分解带物料温度在 750~1000℃,气体温度约在 1000~1400℃。物料进入分解带后,烧失量开始明显减少,结合二氧化硅开始明显增加,同时进行碳酸钙分解和固相反应。由于碳酸钙分解反应吸收大量热量,所以物料升温较慢。同时由于分解后放出大量 CO_2 气体,使粉状物料处于流态状态,物料运动速度较快。由于此带所需热量最多,物料运动速度又快,要完成分解,就需要一段长的距离,所以分解带占回转窑长度比例较大。新型干法窑中,碳酸钙分解主要在分解炉内完成,窑内进行的碳酸盐分解只有 15% 左右。

(4)放热反应带

放热反应带物料温度在 1000~1300℃。气体温度在 1400~1600℃。由于碳酸盐分解产生大量的氧化钙,它与其他氧化物进一步发生固相反应,形成熟料矿物,并放出一定热量,故取名为"放热反应带"。因反应放热,再加上火焰的传热,能使物料温度迅速上升,所以该带长度占全窑长度的比例很小。温度在1250~1300℃,氧化钙反射出强烈光辉,而碳酸钙分解带物料显得发暗,从窑头看去能观察到明暗的界线,这就是一般所说的"黑影"。一般情况下,可根据"黑影"的位置来判断物料的运动情况及放热反应带的位置,进而判断窑内温度高低。

(5)烧成带

该带物料温度为1300~1450~1300℃,物料直接被火焰加热,进入该带起开始出现液相,一直到1450℃,液相量继续增加,游离氧化钙被迅速吸收,水泥熟料烧成,故称烧成带。

C_3S的生成速度随着温度的升高而激增,烧成带必须保证一定的温度。在不损害窑皮的情况下,适当提高该带温度,可以促进熟料的迅速形成,提高熟料的产、质量。烧成带还要有一定的长度,主要使物料在烧成温度下,持续一段时间,使生成C_3S的化学反应尽量完全。一般物料在烧成带的停留时间在15~20min左右,烧成带的长度取决于火焰的长度,为火焰长度的0.6~0.65倍。

(6)冷却带

在冷却带中物料温度由出烧成带的1300℃逐渐下降,液相凝固成为坚固灰黑颗粒,进入冷却机内再进一步冷却。

应该说明的是,各带的划分是人为的,这些带的各种反应往往是交叉或同时进行的,不能截然分开,回转窑各带的划分是粗略的。

3)回转窑内物料的运动

物料喂入回转窑后,由于筒体具有一定斜度,并且以一定速度回转,这就使物料从窑尾向窑头运动(图2-6-3),这个运动过程是比较复杂。

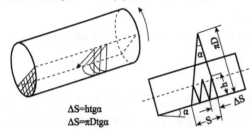

$$\Delta S = htg\alpha$$
$$\Delta S = \pi Dtg\alpha$$

图2-6-3 物体在回转窑内运动示意图

当窑回转时,物料靠摩擦力被带起,达到一定高度后,即物料层表面与水平面夹角达到物料的自然休止角时,由于物料本身的重力滑落翻滚下来,又随着窑的转动而被带起,再翻滚落下,因为窑有一定的倾斜角度,它不会再落到原来的起点上,而是向低端移动了一段距离,如此不断循环就使物料逐步前进。

物料的运动速度受物料的性质影响很大,特别是物料的自然休止角,影响尤其明显。例如在碳酸盐分解带,大量CO_2气体逸出,使部分物料呈流态化而流动,自然休止角很小,因此物料的运动速度很快。而进入烧成带后,产生液相使物料有一定的黏性,自然休止角加大,物料运动速度较慢,所以物料的运动速度与其自然休止角成反比。

窑内物料运动速度可按以下经验公式计算:

$$W_m = \frac{iD_0 n}{601 \times 77 \sqrt{\beta}} \tag{2-6-6}$$

式中:W_m——物料在回转窑内的运动速度(m/s);

i——回转窑的斜度(%);

D_0——回转窑有效内径(m);

β——物料的自然休止角(°);

n——温度、流量系数。

物料自然休止角一般不易确定,对窑内物料一般在35°~60°之间,由于影响物料运动的因素甚多,很难用一个完整的公式表达出来。研究窑内物料的运动多采用实际测定的方法。某厂曾在150m湿法长窑上,通过实际测定和计算而得的各带物料的平均运动速度如下:窑尾无链区:29.3m/h;链条带:29.8m/h;预热带:34.5m/h;分解带:46.0m/h;放热反应带:40.1m/h;烧成带:28.4m/h;冷却带:18.4m/h。

物料在各带的运动速度,决定着物料在各带内的停留时间,因此在操作中常根据窑内温度高低,物料烧成情况来控制物料在各带的停留时间,也即控制物料的运动速度

4)回转窑的热工特点

$\phi 5.0/4.35m \times 165m$、日产1057t熟料的湿法回转窑的热工特性如表2-6-2所示。窑的热耗为5510kJ/kg熟料,废气温度为180℃。

$\phi 5.0/4.35m \times 165m$ 湿法窑的热工特性

表2-6-2

项 目	指标 kJ/kg 熟料	项 目	指标 kJ/kg 熟料
由燃料供应的热量	5510	黏土脱水	167
碳酸钙分解	1989	放热反应	419
熟料烧成(C_3S和液相生成)	105	熟料煅烧理论热耗	1742
水分蒸发	2366	废气中的热损失	754
熟料带走的热损失	59	从冷却机抽取的空气热量	100
散热损失:窑壁	515	冷却机壁	25
其他	142		

在回转窑内,物料受火焰(高温气流)的辐射和对流传热以及耐火砖的辐射和传导传热等,其综合传热系数较低,约为 58 ~ 105W/($m^2 \cdot$℃)。每1kg物料的传热面积仅0.012 ~ 0.013m^2,气流和物料的平均温差一般也只有200℃左右,因此,回转窑内的传热速度比较慢,物料在窑内升温缓慢。由于回转窑一般只有1 ~ 3r/min,物料随窑的回转,缓慢向前移动,表面物料受到气流和耐火砖的辐射,很快被加热,其温度显著高于内部物料温度。因此造成物料温度的不均匀。经测定,烧成带物料表面温度比物料的总体温度至少要高出200℃,各种反应就首先在这温度较高的表面物料开始。物料温度的不均匀性会延长物理化学反应所需的时间,增加不必要的能量损失。

物料在回转窑内煅烧有以下特点:

(1)在烧成带,硅酸二钙吸收氧化钙形成硅酸三钙的过程中。其化学反应热效应基本上等于零(微吸热反应),但是,为使游离氯化钙吸收得比较完全,并使物料矿物晶体发育良好,获得高质量的熟料,必须使物料保持一定的高温和足够的停留时间。

(2)在分解带内,碳酸钙分解需要吸收大量的热量,但窑内传热速度很低,而物料在分解带内的运动速度又很快,停留时间又较短,这是影响回转窑内熟料煅烧的主要矛盾之一,在分解带内加挡料圈就是为缓和这一矛盾所采取的措施之一。

(3)降低理论热耗、减少废气带走的热损失和筒体表面的散热损失,降低料浆水分或改湿法为干法等是降低熟料热耗、提高窑的热效率的主要途径。

(4)提高窑的传热能力,受回转窑的传热面积和传热系数的限制,如提高气流温度,以增

加传热速度,虽然可以提高产量,但相应增加了废气温度,使熟料单位热耗反而增加。对一定规格的回转窑,在一定条件下,存在一个热工上经济的产量范围。

(5)回转窑的预烧能力和烧结能力之间存在着矛盾,或者说回转窑的发热能力和传热能力之间存在着矛盾。理论分析和实际生产的统计表明,窑的发热能力与窑直径的三次方成正比,而传热能力基本上与窑直径的 2 ~ 2.5 次方成正比。因此,窑的规格越大,窑的单位容积产量越低。为增加窑的传热能力,必须增加窑系统的传热面积,或者改变物料与气流之间的传热方式,预分解炉是解决这一矛盾的有效措施。

第三节　悬浮预热器窑和预分解窑

一、悬浮预热器窑

1)工作原理

悬浮预热器是将生料粉与从回转窑尾排出的烟气混合,并使生料悬浮在热烟气中进行热交换的设备。因此,它从根本上改变了气流和生料粉之间的传热方式,极大地提高了传热面积和传热系数。据计算,它的传热面积较传统的回转窑提高了 2400 倍,传热系数提高了 13 ~ 23 倍。这就使窑的传热能力大为提高,初步改变了预烧能力和烧结能力不相适应的状况。由于传热速度很快,在约 20s 内即可使生料从室温迅速升温至 750 ~ 800℃,而在一般回转窑内,则需约 1h,这时黏土矿物已基本脱水,碳酸钙也部分进行分解,入窑生料碳酸钙表观分解率可达40% 左右。在悬浮状态下,热气流对生料粉传热所需的时间是很短的,而且粒径愈小,所需时间愈短。图 2-6-4 表示不同尺寸的石灰石颗粒,表面温度达到气流温度的某个百分数时所需的加热时间。

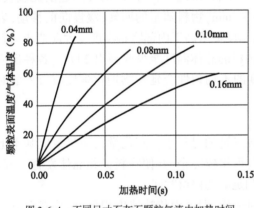

图 2-6-4　不同尺寸石灰石颗粒气流中加热时间

试验表明,将平均粒径为 40μm 左右的生料喂入 740 ~ 760℃,流速为 9 ~ 12m/s 气流中,在料气比为 0.5 ~ 0.8kg/Nm³,并基本上完全分散悬浮在气流中的状态下,只需 0.07 ~ 0.09s,20℃的生料便能迅速升温到 440 ~ 450℃。但是在实际生产中,生料粉不易完全分散,往往凝聚成团而延缓了热交换速度。

2)种类

悬浮预热器的种类、形式繁多,主要分旋风预热器、立筒预热器及它们不同形式组合的混合型三大类。

(1)旋风预热器

这种预热器由若干旋风筒串联组合,四级旋风预热器系统如图 2-6-5 所示。最上一级做成双筒,这是为了提高收尘效率,其余三级均为单旋风筒,旋风筒之间由气体管道连接,每个旋风筒和相连接的管道形成预热器一级,旋风筒的卸料口设有灰阀,主要起密封和卸料作用。

生料首先喂入第Ⅱ级旋风筒的排风管道内,粉状颗粒被来自该级的热气流吹散,在管道内进行充分的热交换,然后由Ⅰ级旋风筒把气体和物料颗粒分离,收下的生料经卸料管进入Ⅱ级旋风筒的上升管道内进行第二次热交换,再经Ⅱ级旋风筒分离,这样依次经过四级旋风预热器而进入回转窑内进行煅烧,预热器排出的废气经增湿塔、收尘器由排风机排入大气。窑尾排出的1100℃左右的废气,经各级预热器热交换后,废气温度降到380℃左右,生料经各级预热器预热到750~800℃进入回转窑。这样不但使物料得到干燥、预热,而且还有部分碳酸钙进行分解,从而减轻了回转窑的热负荷。由于排出废气温度较低,熟料产量的提高,使熟料单位热耗较低,并使回转窑的热效率有较大的提高。在$\phi2.7/2.3m×42m$干法窑上装设这种预热器,使窑的产量提高了30%,热耗降低48.5%(表2-6-3)。

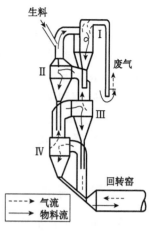

图 2-6-5 旋风悬浮预热器

$\phi2.7/2.3m×42m$窑安装预热器前后情况 表 2-6-3

指 标	安装预热器前	安装预热器后	
		设计指标	实测值
热耗(kJ/kg)	7860	5020	4400
产量(t/h)	7.46	9.50	9.75

旋风式预热器的主要缺点是:①流体阻力较大,一般在4~6kPa,因而气体运行耗电较高,这使旋风预热器回转窑的单位产品电耗较高,达17~22kW·h/t熟料,湿法长窑为12~20kW·h/t熟料。②原料的适应性较差,不适合煅烧含碱、氯量较高的原料和使用含硫量较高的燃料,否则会在预热器锥部及管道中造成结皮堵塞。

(2)立筒预热器

这种预热器的主体是一个立筒,故以此命名。其型式有多种,现以常见的克虏伯型为例,说明其结构和工作原理。

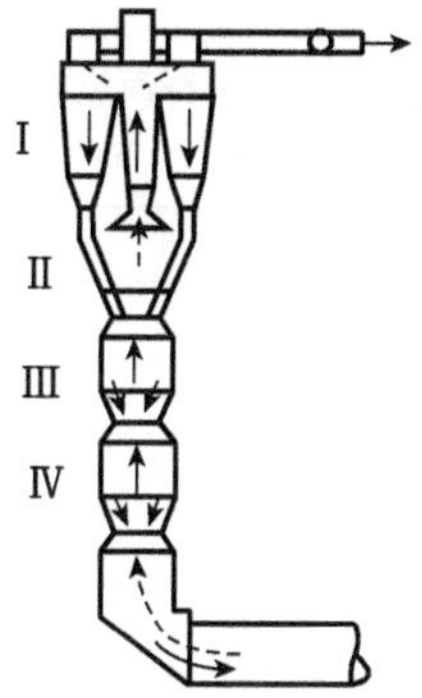

图2-6-6为克虏伯型立筒预热器流程示意图,立筒是一个圆形竖立的筒体,内有三个缩口把立筒分为四个钵,窑尾排出的热气体和生料按逆流进入同样规格、形状特殊的四个钵体内进行热交换。由于两室之间的缩口能引起较高的气流上升速度,逆流沉降的生料被高速气流卷起,冲散成料雾状,形成涡流,增加气固相间的传热系数,延长物料在立筒内的停留时间,从而强化了传热,立筒上部为两个旋风筒,废气经旋风筒、收尘系统排入大气。

图 2-6-6 克虏伯型立筒预热器

立筒式预热器的优点是:结构简单,运行可靠,不易堵塞;气体阻力小,仅为200Pa左右,筒体可用钢筋混凝土代替钢材。它的缺点是:热效率低于旋风式预热器,单机生产能力小。

(3)悬浮预热器的发展

初期的旋风预热器系统一般为4级装置,它在悬浮预热器(SP)窑和预分解(NSP)窑中得到了广泛的应用。自20世纪70年代以来,世界性能源危机促使了对节能型的5级或6级旋风预热器系统的研究开发,并已获得了成功。80年代后期以来,世界各国建造的新型干法水泥厂,其预热器系统一般均采用5级,也有少数厂采用4级或6级的,预热器都为低阻高效旋风筒式,大型窑的预热器一般为双系列系统。

关于预热器系统的改进主要着重于其中气流与物料的均匀分布,力求流场、浓度场和温度场的变化相互更为适应,充分利用旋风筒和连接管道的有效空间,从而实现低阻高效的目的。试验研究和生产实践都表明,5级预热器的废气温度可降至300℃左右,比4级预热器约低50℃,而6级预热器的废气温度可降至260℃左右,比4级低90℃左右,1kg熟料热耗分别可比4级降低105kJ与185kJ左右,5级旋风预热器的流体阻力与原有4级旋风预热器系统相近。

二、预分解窑

预分解窑或称窑外分解窑,是20世纪70年代以来发展起来的一种能显著提高水泥回转窑产量的煅烧新技术。它是在悬浮预热器和回转窑之间增设一个分解炉,把大量吸热的碳酸钙分解反应从窑内传热速率较低的区域移到单独燃烧的分解炉中进行。在分解炉中,生料颗粒分散呈悬浮或沸腾状态,以最小的温度差,在燃料无焰燃烧的同时,进行高速传热过程,使生料迅速完成分解反应,入窑生料的表观分解率可以从原来悬浮预热器窑的40%左右提高到85%~95%,从而大大地减轻了回转窑的热负荷,使窑的产量成倍地增加,同时延长了耐火材料使用寿命,提高了窑的运转周期。目前最大预分解窑的日产量已达10000t熟料。

预分解窑的热耗比一般悬浮预热器窑低,是由于窑产量大幅度提高,减少了单位熟料的表面散热损失;在投资费用上也低于一般悬浮预热器窑;由于分解炉内的燃烧温度低,不但降低了回转窑内高温燃烧时所产生的NO_x等有害气体,而且还可使用较低品位的燃料,因此预分解技术是水泥工业上的一次突破。

根据工厂实际数据,当熟料日产量为2000t时,相应各系统中窑规格与性能比较如表2-6-4所示。

日产2000t熟料各类窑尺寸与性能比较　　　　　　　　　表2-6-4

窑　　型	规 格 性 能			
	尺寸 $\phi(m) \times L(m)$	L/D	单位容积产量 $[kg/(m^3 \cdot h)]$	单位烧成带截面热负荷 $[GJ/(m^2 \cdot h)]$
湿法长窑	5.6×200	35.7	20.8	24.6
干法长窑	5.4×162	30.0	26.7	21.7
立波尔窑	4.6×74	16.1	83.3	20.5
SP窑	4.6×64	13.9	95.8	20.1
NSP窑	3.8×54	14.2	170.0	13.4

理论和实践都证明,随着入窑碳酸钙分解率的提高,生料在回转窑内需要的热量会进一步减少。例如,入窑物料的分解率由30%提高到90%,物料在回转窑内需要的热量大约减少60%。这样在窑规格相同的条件下可以提高产量;在相同产量的情况下可以缩小窑的筒体尺寸。因为回转窑主要承担烧成任务,这就使回转窑的单位容积产量有大幅度的提高。

预分解炉是一个燃料燃烧、热量交换和分解反应同时进行的新型热工设备,其种类和形式繁多,基本原理是:在分解炉内同时喂入经预热后的生料、一定量的燃料以及适量的热气体,生料在炉内呈悬浮或沸腾状态。在900℃以下的温度,燃料进行无焰燃烧,同时高速完成传热碳酸钙分解过程。燃料(如煤粉)的燃烧时间和碳酸钙分解所需要的时间约需 2 ~ 4s,这时生料的碳酸钙的分解率可达 85% ~ 95%,生料预热后的温度约为 800 ~ 850℃。分解炉内可以使用固体、液体或气体燃料,常用煤粉作燃料,加入分解炉的燃料约占全部燃料的 55% ~ 65%。

分解炉按作用原理可分为旋流式、喷腾式、紊流式、涡流燃烧式和沸腾式等多种,但其基本原理是类似的。现以日本石川岛公司的新型悬浮预热和快速(NSF)分解炉为例。如图 2-6-7、图 2-6-8 所示。

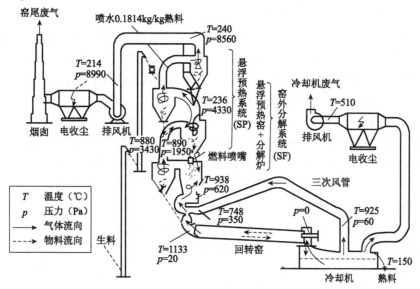

图 2-6-7 窑外分解系统生产流程图

NSF 分解炉是原密外(SF)分解炉的改进型。它主要改进燃料和来自冷却机三次风热空气的混合,使燃料充分燃烧,同时将预热后的生料分成上下两路分别进入分解炉反应室和窑尾上升烟道,后者是为了降低尾废气温度,减少结皮的可能性,并使生料进一步预热,与燃料充分混合,以提高传热效率和生料分解率。回转窑窑尾上升烟道与 NSF 分解炉底部相连,使回转窑的高温热烟气从分解炉底部进入下涡壳,并与来自冷却机的热空气相遇,上升时与生料粉、煤粉等一起沿着反应室的内壁作螺旋式运动。

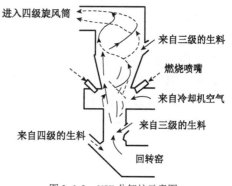

图 2-6-8 NSF 分解炉示意图

上升到上涡壳经气体管道进入最下一级旋风筒。由于涡流旋风作用,使生料和燃料颗粒同气体发生混合和扩散作用,燃料颗粒燃烧时,在分解炉内看不见像回转窑内燃烧时那样明亮的火焰,燃料是一面在悬浮,一面在燃烧,同时把燃烧产生的热量,以强制对流的形式,立即直接传给生料颗粒,使碳酸钙分解,从而使整个炉内都形成燃烧区,炉内处于 800 ~ 900℃ 的低温无焰燃烧状态,温度比较均匀,使热效率提高,分解率可达 85% ~ 90%。

预分解窑系统中回转窑有以下工艺特点:

(1)一般只把窑划分为 3 个带:从窑尾起到物料温度为 1300℃ 左右的地方,称为"过渡带",主要是剩余的碳酸钙完全分解并进行固相反应,为物料进入烧成带做好准备;从物料出现液相到液相凝固止,即物料温度约为 1300 ~ 1450 ~ 1300℃,称为烧成带;其余称为冷却带。在大型预分解回转窑中,几乎没有冷却带,温度高达 1300℃ 的物料立即进入冷却机骤冷,这样可改善熟料的质量,提高熟料的易磨性。

(2)回转窑的长径比(L/D)缩短、烧成带长度增加,一般预分解回转窑的长径比约为 15 左右,而湿法回转窑的长径比高达 41。由于大部分碳酸钙分解过程外移到分解炉内进行,因此回转窑的热负荷明显减少,造成窑内火焰温度提高并长度延长,预分解窑烧成带长度一般为 4.5 ~ 5.5D,其平均值为 5.2D,而湿法窑一般小于 3D。

(3)预分解窑的单位容积产量高。使回转窑内物料层厚度增加,所以其转速也相应提高,以加快物料层内外受热均匀性,一般窑转速为 2 ~ 3r/min,比普通窑转速加快,使物料在烧成带内的停留时间有所减少,一般为 10 ~ 15min。因为物料预热情况良好,窑内和来料不均匀现象大为减少,所以窑的快转率较高,操作比较稳定。

国外开发出长径比仅为 10 的用于预分解系统的超短回转窑。该种回转窑仅有两道轮带,设备结构简单,加工制造和安装维修简便,回转窑自重仅是原有的 80%,从而降低了设备费用和运行电耗,筒体表面散热损失也相应减少 20% ~ 30%,此外,缩短窑的长度,相应压缩了过渡带,从而缩短物料在窑内的停留时间,这样就不致使阿利特晶体发育过大,也抑制了贝利特晶体的生长,可改善物料的易烧性和熟料的易磨性,因此,$L/D = 10$ 的短窑是合理可行的,但是必须要保证物料有较高的分解率,才能使回转窑稳定地运行。

供给分解炉用燃烧空气有 3 种流程:①分解炉用燃烧空气从回转窑内通过并与窑气一起入炉,即 AT 型。②燃烧空气由专设风管(称三次风管)引至窑后与出窑气体混合入炉或在炉内会合,即 AS 型。③燃烧空气经三次风管入分解炉,出窑气体不入炉而进入预热器。

AT 型不设专用风管,系统简单,投资少,并可适用于各种形式的冷却机,但需增加回转窑的直径达 20%,而且窑内通风过大,影响窑的操作,其生产能力的提高受到限制。AS 型虽然需要增设三次风管,且通常只能应用于篦式冷却机,但因回转窑的直径可不必加大,又可根据分解炉中热量的需要,燃烧所需的燃料,能大幅度地提高生产效率,因此这是较普遍采用的一种流程。第三种流程可使入炉气体保持较高的氧气浓度,有利燃烧及分解反应,可减小分解炉的尺寸,但系统较复杂,对大型双系列预热器预分解窑较为适合。

预分解窑也和悬浮预热器窑一样,对原料的适应性较差,为避免结皮和堵塞,要求生料中的碱含量($K_2O + - Na_2O$)小于 1%,当碱含量大于 1% 时,则要求生料中的硫碱摩尔比为:

$$\frac{M_{SO_3}}{M_{K_2O} + \frac{1}{2}M_{Na_2O}} = 0.5 \sim 1.0 \tag{2-6-7}$$

生料中的氯离子含量应小于 0.015%,燃料中的 SO_3 含量应小于 3.0%。

第四节 熟料冷却及熟料冷却机

一、熟料的冷却

一般所说的冷却过程,是指液相凝固以后(温度低于 1300℃)的过程。但是,严格地讲,当水泥熟料的煅烧过程经过了最高温度1450℃以后，就算进入了冷却阶段。水泥熟料的冷却并不单纯是温度的降低，而是伴随着一系列的物理化学变化，同时进行液相的凝固和相变两个过程。

水泥熟料的冷却具有以下作用：

(1)提高水泥熟料的质量

水泥熟料在冷却时，采用快速冷却并固溶一些离子，则可以避免β-C_2S向γ-C_2S转化，从而获得较高的水硬性。

C_3S在温度为1250℃以下时不稳定，会缓慢分解为C_2S与二次f-CaO，使其水硬性降低。所以，提高冷却速率可防止C_3S的分解。

快速冷却，则可使MgO来不及结晶而存在于玻璃体中，或使结晶细小而分散，减少其危害性。

水泥熟料在快速冷却时，C_3A主要呈玻璃体，因而其抗硫酸盐溶液腐蚀的能力较强。

(2)改善水泥熟料的易磨性

对于急冷水泥熟料，其玻璃体含量较高，同时可导致水泥熟料产生内应力，而且水泥熟料矿物的晶体较小，所以快速冷却可显著地改善水泥熟料的易磨性。

(3)回收余热

水泥熟料从1300℃开始冷却，在进入冷却机时尚处于1100℃以上的高温。如果将其冷却到室温，则水泥熟料单位质量热量尚有约837kJ/kg可以采用二次空气来回收，有利于水泥窑内燃料的燃烧，可提高水泥窑的热效率。

(4)有利于水泥熟料的输送、储存和粉磨

储存水泥熟料的钢筋混凝土库，如果温度较高，则容易出现裂纹，则要使水泥熟料的温度低于100℃。防止水泥粉磨时温度过高而导致水泥发生“假凝”、磨机内的研磨体产生“包球”现象而降低磨机的产量、导致水泥包装袋破损，必须将水泥熟料冷却到较低的温度。

二、熟料冷却机

熟料冷却机是一种将高温熟料向低温气体传热的热交换装置。从“工艺”和“热工”两个方面对冷却机有如下要求：①尽可能多地回收熟料的热量，以提高入窑二次空气的温度，降低熟料的热耗。②缩短熟料的冷却时间，以提高熟料质量、改善易磨性。③冷却单位质量熟料的空气消耗量要少，以便提高二次空气温度，减少粉尘飞扬、降低电耗。④结构简单、操作方便、维修容易、运转率高。

水泥工业所使用回转窑系统的熟料冷却机大致可分如下几种(图2-6-9)：

(1)单筒冷却机

单筒冷却机是最早出现的冷却设备，其外形和回转窑基本相似，安装在回转窑窑头筒体下方，由单独传动机构带动。

在单筒冷却机内进行的是以对流方式为主的逆流热交换过程，已预热后的空气全部入窑，因此，热效率较高。操作良好的单筒冷却机，熟料可冷却到200℃左右，二次空气可预热到600~700℃，热效率可达70%左右。

- 水泥熟料冷却机
  - 筒式冷却机
    - 单筒式
    - 多筒式
    - 立筒式
  - 篦式冷却机
    - 推动式
    - 振动式
    - 回转式

图2-6-9 熟料冷却机分类

单筒冷却机的缺点是，熟料冷却速度较慢，金属消耗量大，占地面积大，且空间高度较大，使土建投资增多，现已逐步为篦式冷却机所取代，但是由于它没有废气处理问题，改进型单筒冷却机热效率较高，日产小于2000~2500t熟料生产中仍有使用。

（2）多筒冷却机

多筒冷却机是由环绕在回转窑筒体上若干个（一般6～14个）圆筒所构成，和回转窑连成一体，其结构比较简单，不用单独传动，易于管理、没有废气处理问题。多筒冷却机内的换热过程与单筒冷却机相同，但由于筒体较短，散热条件较差，所以其出口熟料温度较高，可达250～400℃，入窑二次风温较低，一般为350～600℃，热效率仅55%～65%。同时由于结构上的原因，冷却机的筒体不能做得较大，否则将增加回转窑头筒体的机械负荷，从而限制了多筒冷却机能力的进一步提高和在大型回转窑上的应用。

（3）篦式冷却机

篦式冷却机的特点是，冷却熟料用的冷风由专门的风机供给。熟料以一定厚度铺在篦子上随炉篦的运动而不断前进，冷空气则由篦下向上垂直于熟料运动方向穿过料层而流动，因此热效率较高。振动篦式冷却机的冷却速度快，约5～10min即可使熟料冷却到60～120℃，有利于改善熟料质量，但篦式冷却机的冷却风量较多，达1kg熟料4.0～4.5Nm³，约有70%风量需放掉，因而二次风速温度低达350～500℃，热效率只有50%～60%，且占地大，已被推动篦式冷却机所取代。

推动篦式冷却机（图2-6-10）的料层较厚，通常为250～400mm，有的可达800mm，运动速度较慢，可缩短机身，提高二次风温，在高温区，经高压风机处理，几分钟即可使熟料温度降低到100℃以下，全部冷却时间仅20～30min，废气处理量较振动式低，1kg熟料冷却风量为3.0～3.5Nm³，二次风温可达600～900℃以上，熟料可冷却到80～150℃，因而热效率较高，可达65%～75%。

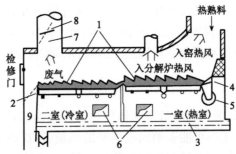

图2-6-10　推动篦式冷却机示意图

1-移动篦床;2-铁栅;3-拉链机;4-倾斜固定篦板;5-高压风管;6-中压风进口;7-废弃烟囱;8-闸板;9-出料溜管

回转篦式冷却机的篦子做缓慢回转运动，热端不长期接触高温物料，故可用球墨铸铁代替耐热钢材，但其结构较复杂。推动式或回转式篦式冷却机可用于日产2000～10000t熟料的大型窑上。

第五节　熟料热耗及水泥熟料煅烧新技术

一、水泥熟料单位质量热耗理论值的计算方法

以20℃为计算基准，生成1kg熟料需要理论生料量约为1.55kg。在一般原料情况下，根据物料在反应过程中的化学反应热和物理热，可计算出生成1kg普通硅酸盐熟料的理论热耗如表2-6-5所示：熟料理论热耗为1734kJ/kg-ck。

硅酸盐熟料的理论热耗

表 2-6-5

吸 收 热 量	（kJ/kg）	占比（%）	放 出 热 量	（kJ/kg）	占比（%）
干物料由20℃到450℃吸热	697	16.4	黏土无定型物质结晶放热	41	1.6
黏土脱水吸热	164	3.9	熟料矿物形成放热	410	16.4
脱水物料由450℃到900℃吸热	800	18.9	熟料1400℃冷却至20℃放热	1476	59.0
硅酸盐分解吸热	1948	46.0	CO_2由900℃冷却至20℃放热	492	19.7
剩余物料由900℃到1400℃吸热	523	12.4	水汽由450℃冷却至20℃放热	82	3.3
形成液相吸热	103	2.4	合计	2501	100
合计	4235	100	$Q = 4235 - 2501 = 1734 \ kJ/kg\text{-}ck$		

对于预分解窑,水泥熟料单位质量热耗通常为 2920～3200kJ/kg;对于生产水平更为先进的热工设备,水泥熟料单位质量热耗则可达 2721～2930kJ/kg。

二、影响水泥熟料单位质量热耗的因素

影响水泥熟料单位质量热耗的因素很多,主要有以下几个方面:

(1)生产方法与窑型

采用湿法生产时水泥熟料单位质量热耗均较采用干法生产时高,而采用新型干法生产时,水泥熟料单位质量热耗则较采用干法中空窑生产时低。水泥窑本身的结构和规格,亦是影响水泥熟料单位质量热耗的重要因素,若传热效率高,则水泥熟料单位质量热耗低。

(2)废气余热的利用

水泥熟料在冷却时将释放出的热量可最大可能地回收利用。熟料在冷却时产生的热气体,可被用作助燃空气。最大限度降低窑尾排放的废气温度,则可以降低热量损失。

(3)水泥生料的组成、细度及其易烧性

生料的易烧性好,则熟料单位质量热耗低。

(4)燃料不完全燃烧的热量损失

燃煤质量不稳定及质量差、煤粒过粗或过细、操作不当等均是引起不完全燃烧的因素。

(5)窑体散热的热量损失

若水泥窑内衬的隔热保温效果好,则窑体散热的热量损失小。

(6)矿化剂及微量元素的作用

掺加矿化剂或利用微量组分,则可改善水泥生料易烧性,加速水泥熟料的烧成。

此外,稳定煅烧过程的热工制度、提高煅烧设备的运转率和提高水泥窑的产量等,均有利于提高水泥窑的热效率,降低水泥熟料单位质量热耗。

即使是对于采用同一种生产方法的不同企业,甚至同一企业的同一设备在不同生产时期,水泥熟料单位质量热耗都可能不一样。

三、水泥熟料煅烧新技术

虽然窑外分解窑出现后,可以使单机生产熟料能力提高到每天 8000～10000t/d 以上,大大减少了基建投资和运转费用,但是,窑外分解新工艺的热耗比悬浮预热器窑降低不多,仍旧保留了现有系统的缺点:传热速度慢,设备庞大,金属消耗量大,加工、制造、运输安装都较困难,特别是剩余碳酸钙的分解,固相反应与固液相反应主要还是在回转窑内进行,因而加

热升温缓慢,降低了分解产物和中间相的活性,降低化学反应速度,单位容积产量不高(包括窑与悬浮预热器、分解炉)。因而,带悬浮预热器的回转窑上增设分解炉,技术上虽然是一个重大突破,但从物理化学反应条件来看,并没有从根本上解决问题。为此,研究一种新的煅烧原理及其新工艺、新技术、新设备,改进现有煅烧方法乃是发展、改革水泥生产工艺的迫切问题。

利用极高的温度梯度的热活化快速煅烧方法,可以使生料的预热、分解、固相反应与固液相反应各阶段基本上趋于重叠。这样,晶格破坏与物质的无定形化,使分解产物和形成矿物中间相具有很大的活性,降低反应活化能,大大提高反应速度,使液相生成。贝里特晶体、阿里特晶体几乎可以同时出现。从而不仅可极大地提高机组的单位容积产量,降低烧成温度,还可以大大地降低"工艺能耗"(减少在具体工艺设备上进行反应过程的能量消耗)与"理论热耗"(最终产物数量和中间过渡相的改变)。这一新的工艺技术,应该能在极短的时向内完成熟料的形成过程。可有下列两方面的途径:①在传统的给能方法(燃料燃烧)条件下,创造出快速煅烧反应器。②创造一些采用更有效的物料加热方法(如电烧法,加速电子束,红外线,激光,微波,等离子焰等)的反应器。

在利用以燃料燃烧为基础的烧成系统方面,研制一些悬浮、旋风、沸腾、粉状流态化的烧成设备。研究静置的、体积小、效率高的新的煅烧工艺和设备以取代回转窑,现举例说明如下:

(1)旋风烧成法

用旋风收尘器原理的旋风炉组合起来,进行由分解到烧成的整个反应过程。如图 2-6-11 所示。加热气体由炉子顶部侧面沿侧壁切线方向鼓入,形成加热气体的回旋施,生料从炉顶部的漏斗喂入载于回旋加热气流之中;同时,由炉底部的一次热气体进口(即熟料出口)向上鼓入热风,形成射流。生料在炉内回旋过程中进行碳酸盐分解直至烧成反应结束。载于加热气流中回旋下降的生料颗粒,受热风射流向上力影响,使生料颗粒反复进行循环运动。生料颗粒在循环运动中处于凝聚状态,并随着烧成过程进行,重量逐渐增加,达一定重量后便落入熟料出口。

(2)沸腾烧成法

烧成系统由立筒式(或旋风式)预热器、生料成球设备、沸腾层煅烧炉和立式冷却机等组成(图 2-6-12)。一部分生料从悬浮预热器的上部加入,另一部分生料用液体燃料(也可用煤和不需蒸发潜热的某些胶结剂成球)制成料球或料段(也可将烧成熟料筛分后的细颗粒回炉),使预热后的生料和料球入沸腾层煅烧炉中煅烧成熟料。将燃料和生料粉一起成球是为了让生料粉作为燃料的填充料,使燃料的燃烧推迟到烧结炉的沸腾层上进行,料球在沸腾层上有部分发生爆裂,形成沸腾层,爆裂出来的碎块,即成为生料粉黏结的球核。沸腾层下面是立式冷却机,用以冷却熟料,预热燃烧空气。其工艺流程如下:将燃料加入燃料预热器10,预热到成球所需的黏度,然后放进搅拌器12,与来自生料仓11的生料按比例混合制成球,通过加料器13,入预热室3或燃烧室2内。生料粉从14入上升管道8,经旋风筒5和7,上升管6和8,预热室3和4,以及下料管17等进入沸腾煅烧炉1。废气经排气管9逸出。生料粉经预热室3和燃烧室2后,已完全分解。生料分解耗热较多,故用燃烧室的火焰提供分解热。烧成熟料经冷却机16冷却后从卸料口15卸出。

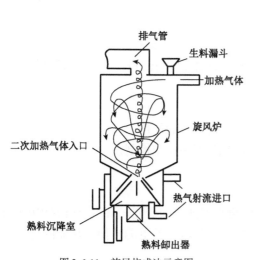

图 2-6-11　旋风烧成法示意图

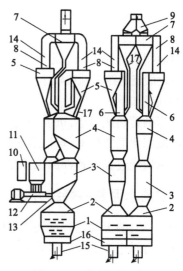

图 2-6-12　沸腾烧成示意图

（3）流化床煅烧技术（图 2-6-13）

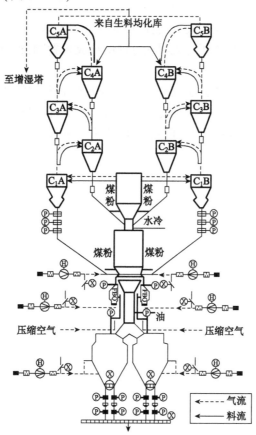

图 2-6-13　流化床煅烧水泥熟料系统流程图

工业化试验表明,利用流态化煅烧水泥熟料技术与同规模窑外分解窑技术相比,具有如下许多优点:

①采用静态设备代替动态设备,装备过程得到简化,有利于系统内部气固换热效率的提高

和表面散热控制;熟料煅烧温度可降低 100℃,热耗降低约 20%,有利于 CO_2 和 NO_x (降低 40% 以上)的减排控制。

②占地面积降低约 70%,烧成系统的装备投资降低约 40%。

③流态化煅烧的熟料颗粒较小,有利于降低水泥粉磨电耗,吨水泥电耗可降低 15% ~20%。

存在的问题如下:

①流化床的蓄热能力小,抗波动能力相对较差。

②采用流态化煅烧技术,难以适应粗放型替代燃料的使用。

③流化床煅烧过程的各种操控参数范围较窄,不易稳定控制。

四、其他的水泥熟料烧结方法

早在 1914 年,瑞士就进行过利用电能煅烧水泥熟料的研究。日本也研究用电能煅烧水泥熟料。苏联进行过电弧炉和电阻炉的试验,但这两种电炉的电能转换成热能的转换效率低,热损失大。

20 世纪 80 年代,发达国家还进行了各种电能作用于熟料形成过程影响的研究。有研究表明,高频电场对水泥熟料的合成发生有利的影响,在高频装置中煅烧熟料时,合成时间可以缩短,温度可以下降,但能量转换损失很大,使烧成过程的效率降低。

在等离子焰窑内生产熟料的研究表明几分钟即形成熔融物,得到的熟料 C_3S 含量和活性都高,但电耗高。

电子束、激光、微波等加热的方法也有过研究。总之,各种物料加热新方法,虽然具有快速(低温或高温)煅烧的特点,但能量转换效率还不高。随着科学技术的不断发展,各种水泥熟料新的煅烧工艺和方法正在继续研究,可以预期,水泥工业在窑外分解技术的基础上,将会出现又一次新的突破和变革。

第七章

硅酸盐水泥的水化和硬化

第一节 水 化 速 率

水泥用适量的水拌和后,形成能黏结砂石集料的可塑性浆体,随后逐渐失去塑性而凝结化为具有一定强度的石状体。同时,还伴随着水化放热、体积变化和强度增长等现象,说明水泥拌水后产生了一系列复杂的物理、化学和物理化学的变化。水化是指物质与水所起的化合作用,即物质从无水状态转变到含结合水状态的反应过程,包括水解和水合。

硅酸盐水泥的水化主要有两个方面的问题:一是水化产物;二是水化速率。其中水化速率是指单位时间内的水化程度和深度。水化程度是指在一定时间内水泥发生水化作用的量和完全水化量的比值,以百分率表示。水化深度是指水泥颗粒外表面水化层的厚度,一般以微米(μm)表示。

凝结与硬化,是同一过程中的不同阶段。凝结,标志着水泥浆失去流动性而具有一定的塑性强度;硬化,则表示水泥浆体固化后所建立的结构,具有一定的机械强度。水泥凝结过程,分为初凝和终凝两个阶段。国家标准规定,采用维卡仪测定水泥的初凝和终凝时间。

影响水泥水化速率的因素很多,主要有以下几种。

(1)水泥熟料矿物组成

在水泥熟料中,四种主要矿物的水化速率(v),按其大小排序为:

$$v(C_3A) > v(C_3S) > v(C_4AF) > v(C_2S)$$

(2)水灰比

水灰比是指水的用量与水泥用量的质量之比值(w/c)。若 w/c 大,则水泥颗粒能高度分散,水与水泥的接触面积大,因此水化速率快。另外,当 w/c 大时,可使水化产物有足够的扩散空间,有利于水泥颗粒继续与水接触而起反应。但是,当 w/c 大时,可使水泥凝结缓慢,强度下降。

(3)细度

若水泥的细度较细,则与水的接触面积较大,水化反应较快;另外,若水泥的细度较细,晶格发生扭曲、缺陷较多,也有利于水化反应。当水泥粉磨至粒径 $d < 40\mu m$ 时,水化活性较高,技术经济较合理。若水泥的细度"过细",则使早期水化反应和强度提高,但对后期强度没有

益处。

（4）养护温度

水泥水化反应，也遵循一般的化学反应规律。当温度提高时水化反应加快，特别是对水泥早期水化速率影响更大，但是，水化程度差别，到后期却逐渐趋小。

（5）外加剂

在水泥中常用的外加剂，有促凝剂、促硬剂及延缓剂等。绝大多数无机电解质都有促进水泥水化的作用，应用历史最早的外加剂是 $CaCl_2$，主要是增加 Ca^{2+} 浓度，加快 $Ca(OH)_2$ 结晶缩短诱导期，大多数有机外加剂对水化有延缓作用，最常使用的是各种木质素磺酸盐。

凡能影响水化速率的因素，基本上也都同样影响水泥的凝结时间。水泥熟料被粉磨成细粉后，与水相遇时就会在瞬间很快凝结（当水泥熟料的 C_3A 含量 $C_3A < 2\%$ 或水泥熟料迅速冷却时而极少析出 C_3A 晶体除外），使施工无法进行。加入适量石膏，不仅可调节其凝结时间，便于施工，同时还可改善水泥性能。例如，提高水泥强度，提高水泥耐蚀性、抗冻性抗渗性，降低干缩变形等。但是，石膏对水泥凝结时间的影响，并不与其掺加量成正比，而是突变的，当其掺加量超过一定数量时，若略有增加，则就会使凝结时间变化很大。若石膏的掺加量太少，则起不到作用；若石膏的加量太多，则会在水泥水化后期继续形成钙矾石，将使初期硬化的浆体产生膨胀应力，削弱强度，严重时，还会造成水泥安定性不良。国家标准限制了出厂水泥中石膏的掺加量，其根据便是使水泥的各种性能不会产生恶化的最大允许含量。

实际生产中，通过试验，选择在凝结时间正常时能达到最高强度的掺加量，称之为最佳石膏加量。

第二节　熟料矿物的水化

一、硅酸三钙的水化

硅酸三钙（C_3S）在水泥熟料中的含量约占 50%，有时高达 60%，因此，它的水化作用、水化产物及其所形成的结构对硬化水泥浆体的性能有很重要的影响。

硅酸三钙在常温下的水化反应，大体上可用下面的方程式表示

$$3CaO \cdot SiO_2 + nH_2O \Longrightarrow xCaO \cdot SiO_2 \cdot yH_2O + (3 - x)Ca(OH)_2$$

简写为　　　　　　　　$C_3S + nH \Longrightarrow C\text{-}S\text{-}H + (3 - x)CH$

上式表明，其水化产物为 C-S-H 凝胶和氢氧化钙。C-S-H 有时也被笼统地称为水化硅酸钙，它的组成不定，其 $N(CaO)/N(SiO_2)$（简写成 C/S）和 $N(H_2O)/N(SiO_2)$（简写为 H/S）都在较大范围内变动。C-S-H 按其 C/S 比可分为两类：当溶液的 CaO 浓度小于 2mmol/L 时，其 C/S 比为 0.8 ~ 1.5，称为 C-S-H（I）；当溶液的 CaO 浓度大于 2mmol/L 时，其 C/S 比为 1.5 ~ 2.0 称为 C-S-H（II）。硅酸三钙的水化速率很快，其水化过程根据水化放热速率-时间曲线，可分为五个阶段（图 2-7-1、图 2-7-2）。

（1）初始水解期

加水后立即发生急剧反应迅速放热，Ca^{2+} 和 OH^- 迅速从 C_3S 粒子表面释放，几分钟内 pH

值到 12,溶液具有强碱性,此阶段约在 15min 内结束。

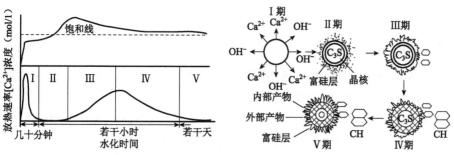

2-7-1 C_3S 水化放热速率和 Ca^{2+} 浓度变化曲线 　　图 2-7-2 C_3S 水化各龄期示意图

（2）诱导期

此阶段水解反应慢,又称静止期或潜伏期,一般维持 2～4h,是水泥能在几小时内保持塑性的原因。

（3）加速期

反应重新加快,反应速率随时间而增长,出现第二个放热峰,在峰顶达最大反应速率,相应为最大放热速率。加速期处于 4～8h,然后开始早期硬化。

（4）衰减期

反应速率随时间下降,又称减速期,处于 12～24h,由于水化产物 CH 和 C-S-H 从溶液中结晶出来而在 C_3S 表面形成包裹层,故水化作用受水通过产物层的扩散控制而变慢。

（5）稳定期

反应速率很低、基本稳定的阶段,水化完全受扩散速率控制。

在加水初期,水化反应非常迅速,但反应速率很快就变慢,进入了诱导期。在诱导期末水化反应重新加速,生成较多的水化产物,然后水化速率随时间的增长逐渐下降,影响诱导期长短的因素较多,主要是水固比、C_3S 的粒度、水化温度以外加剂等,诱导期的终止时间与初凝时间有一定的关系,而终凝时间则大致发生在加速期的中间阶段。

二、硅酸二钙的水化

β-C_2S 的水化与 C_3S 相似,也有诱导期、加速期等。但水化速率很慢,约为 C_3S 的 1/20。曾测得 β-C_2S 约需几十小时方达加速期,即使在几个星期以后也只有在表面上覆盖一薄层无定型的水化硅酸钙,而且水化产物层厚度的增长也很缓慢。β-C_2S 的水化反应可采用下式表示。

$$2CaO \cdot SiO_2 + nH_2O =\!=\!= xCaO \cdot SiO_2 \cdot yH_2O + (2-x)Ca(OH)_2$$

简写为 $\qquad C_2S + nH =\!=\!= C\text{-}S\text{-}H + (2-x)CH$

由于水化热较低,故较难用放热速率进行 β-C_2S 水化的研究。但第一个放热峰的高度却与 C_3S 相当;第二峰则相当微弱,甚至难以测量。有一些观测结果表明,β-C_2S 的某些部分水化开始较早,与水接触后表面就很快变得凹凸不平,与 C_3S 的情况极相类似,甚至在 15s 以内就会发现有水化物形成。不过以后的发展则极其缓慢。所形成的水化硅酸钙与 C_3S 生成的在 C/S 比和形貌等方面都无大差别,故也统称为 C-S-H。据有关测试表明,β-C_2S 在水化过程中水化产物的成核和晶体长大的速率虽然与 C_3S 相差并不太大,但通过水化产物层的扩散速率却要低 8 倍左右,而表面溶解速率则要相差几十倍之多。这表明 β-C_2S 的水化反应速率主要由表面溶解速率所控制;提高 C_2S 结构活性,选择合适的水化介质以及活化 C_2S 的研究正在进展中。

三、铝酸三钙的水化

铝酸三钙(C_3A)与水反应迅速,放热快,其水化产物组成和结构受液相 CaO 浓度和温度的影响很大。在常温,其水化反应依下式进行:

$$2(3CaO \cdot Al_2O_3) + 27H_2O \Longrightarrow 4CaO \cdot Al_2O_3 \cdot 19H_2O + 2CaO \cdot Al_2O_3 \cdot 8H_2O$$

简写为

$$2C_3A + 27H \Longrightarrow C_4AH_{19} + C_2AH_8$$

C_4AH_{19} 在低于 85% 的相对湿度下会失去 6mol 的结晶水而成为 C_4AH_{13}。C_4AH_{13} 和 C_2AH_8 都是片状晶体,常温下处于介稳状态,有向 C_3AH_6 等轴晶体转化的趋势。

$$C_4AH_{13} + C_2AH_8 \Longrightarrow 2C_3AH_6 + 9H$$

上述反应随温度升高而加速。在温度高于 35℃ 时,C_3A 会直接生成 C_3AH_6,在液相 CaO 浓度达到饱和时,C_3A 还可能依下式水化。

$$3CaO \cdot Al_2O_3 + 6H_2O \Longrightarrow 3CaO \cdot Al_2O_3 \cdot 6H_2O$$

简写为

$$C_3A + 6H \Longrightarrow C_3AH_6$$

在硅酸盐水泥浆体的碱性液相中,CaO 浓度往往达到饱和或过饱和,因此可能产生较多的六方片状 C_4AH_{13},足以阻碍粒子的相对移动,它认为是使浆体产生瞬时凝结的一个主要原因。在有石膏的情况下,C_3A 水化的最终产物与其石膏掺入量有关(表 2-7-1),其最初的基本反应是。

$$3CaO \cdot Al_2O_3 + 3(CaSO_4 \cdot 2H_2O) + 26H_2O \Longrightarrow 3CaO \cdot Al_2O_3 \cdot 3CaSO_4 \cdot 32H_2O$$

即

$$C_3A + 3C\text{-}\bar{S}\text{-}H_2 \Longrightarrow C_3A \cdot 3C\bar{S} \cdot H_{32}$$

C_3A 的水化产物　　　　　　　　　　表 2-7-1

实际参加反应的 $N(CaSO_4 2H_2O)/N(C_3A)$	水化产物
3.0	钙矾石(AFt)
3.0～1.0	钙矾石 + 单硫型水化硫铝酸钙(AFm)
1.0	单硫型水化硫铝酸钙(AFm)
<1.0	单硫型固溶体[$C_3A(C\bar{S},CH)H_{12}$]
0	水化铝酸三钙(C_3AH_6)

所形成的三硫型水化硫铝酸钙,称为钙矾石(Etringite)。由于其中的铝可被铁置换而成为含铝、铁的三硫型水化硫铝酸盐相,故常用 AFt 表示。

若 $CaSO_4 \cdot 2H_2O$ 在 C_3A 完全水化前耗尽,则钙矾石与 C_3A 作用转化为单硫型水化硫酸钙(AFt):$C_3A \cdot 3C\bar{S} \cdot H_{32} + 2C_3A + 4H \Longrightarrow 3C_3A \cdot 3C\bar{S} \cdot H_{12}$。

若石膏掺量极少,在所有钙矾石转变成单硫型水化硫铝酸钙后,还有 C_3A,那就形成 $C_3A \cdot 3C\bar{S} \cdot H_{12}$ 和 C_4AH_{13} 的固溶体。

水泥熟料中铁相固溶体以 C_4AF 作为代表。其水化速率较 C_3A 略慢,水化热较低,即使单独水化也不会引起快凝。其水化反应及其产物与 C_3A 很相似。氧化铁基本上起着与氧化铝相同的作用,相当于 C_3A 中一部分氧化铝被氧化铁所置换,生成水化铝酸钙和水化铁酸钙的固溶体。

$$C_4AF + 4CH + 22H \Longrightarrow 2C_4(A,F)H_{13}$$

在20℃以上,六方片状的 $C_4(A,F)H_{13}$ 要转变成 $C_4(A,F)H_6$。当温度高于50℃时,C_4AF 直接水化生成 $C_3(A,F)H_6$。

掺有石膏时的反应也与 C_3A 大致相同。当石膏充分时,形成铁置换的钙矾石固溶体 $C_3(A,F) \cdot 3C\bar{S} \cdot H_{32}$ 而石膏不足时,则形成单硫型固溶体,并且,同样有两种晶型的转化过程。在石灰饱和溶液中,石膏使放热速率变得缓慢。还须说明的是,铁相固溶体水化速率随 A/F 增大而加快。

第三节 硅酸盐水泥的水化

硅酸盐水泥,由多种水泥熟料矿物和石膏共同组成。当加水以后,石膏要溶解于水,C_3A 和 C_3S 很快与水反应。C_3S 水化时析出 $Ca(OH)_2$,故填充在颗粒之间的液相实际上不是纯水,而是充满 Ca^{2+} 和 OH^- 的溶液。水泥熟料中的碱也迅速溶于水。因此,水泥的水化在开始之后,基本上是在 $Ca(OH)_2$ 和 $CaSO_4$ 的溶液中进行。其中,$c(Ca^{2+})$ 取决于 $c(OH^-)$。若 $c(OH^-)$ 越高,则 $c(Ca^{2+})$ 越低。液相组成的这种变化,会反过来影响各水泥熟料的水化速率。石膏的存在,可略加速 C_3S 和 C_2S 的水化,并有一部分硫酸盐进入 C-S-H 凝胶。石膏的存在,改变了 C_3A 的反应过程,使之形成钙矾石。当溶液中石膏耗尽而还有多余 C_3A 时,C_3A 与钙矾石作用而生成单硫型水化硫铝酸钙。碱的存在,使 C_3S 的水化加快,水化硅酸钙中的 $N(CaO)/N(SiO_2)$ 比值增大。石膏也可与 C_4AF 作用而生成三硫型水化硫铝(铁)酸钙固溶体。当石膏的掺加量不足时,亦可生成单硫型水化硫铝(铁)酸钙固溶体。

因此,水泥的主要水化产物是 $Ca(OH)_2$、C-S-H 凝胶、水化硫铝酸钙和水化硫铝(铁)酸钙以及水化铝酸钙、水化铁酸钙等。硅酸盐水泥水化过程中的放热速率 v 与水化时间 t 的关系,如图2-7-3所示,产物形成如图2-7-4所示。

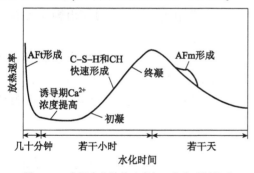
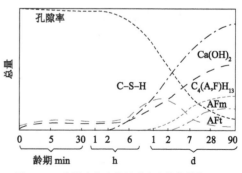

图2-7-3 水泥水化放热速率与 v 水化时间关系　　图2-7-4 水泥水化产物的形成和浆体结构发展

图2-7-3所示的曲线形式与 C_3S 的基本相同。可将硅酸盐水泥的水化过程简单地划分为3个阶段:

(1)钙矾石形成期

在钙矾石形成期,C_3A 率先水化,在石膏存在的条件下,迅速形成钙矾石,这是形成第1个放热峰的主要因素。

（2）C_3S 水化期

在 C_3S 水化期，C_3S 开始迅速水化，释放大量的热量，形成第 2 个放热峰。有时会出现第 3 个放热峰，或在第 2 个放热峰上出现一个"峰肩"。一般认为，这是由钙矾石转化成单硫型水化硫铝(铁)酸钙所引起的。当然，C_2S 和铁相亦不同程度地参与了这两个阶段的反应，生成相应的水化产物。

（3）结构形成和发展期

在结构形成和发展期，放热速率很低并趋于稳定。各种水化产物随着水化时间而增多，填入原先由水所占据的空间，再逐渐连接并相互交织，发展成为硬化的浆体结构。

第四节　硬化水泥浆体

一、水泥的凝结硬化过程

水化是水泥产生凝结化的前提，而凝结硬化则是水泥水化的结果。硬化水泥浆体是非均质的多相体系由各种水化产物和残存熟料所构成的固相以及存在于孔隙中的水和空气所组成，是固、液、气三相多孔体。有关水泥凝结硬化过程，硬化浆体结构的形成和发展，历来进行了不少研究。

结晶理论，认为水泥之所以能产生胶凝作用，是由于水化生成的晶体互相交叉穿插，联结成整体的缘故。水泥的水化、硬化过程是：水泥中各熟料矿物首先溶解于水，与水反应，生成的水化产物由于溶解度小于反应物，所以就结晶沉淀出来。随后熟料矿物继续溶解，水化产物不断沉淀，如此溶解沉淀不断进行，再由水化产物的结晶交联而凝结、硬化。

胶体理论，认为水泥水化后生成大量胶体物质，再由于干燥或未水化的水泥颗粒继续水化产生"内吸作用"而失水，从而使胶体凝聚变硬。将水泥水化反应作为固相反应的一种类型，与溶解沉淀反应的主要差别，就是不需要经过矿物溶解于水的阶段，而是固相直接与水反应生成水化产物，即所谓局部化学反应。然后，通过水分的扩散作用，使反应界面由颗粒表面向内延伸，继续进行水化，凝结、硬化是胶体凝聚成刚性凝胶的过程。

综合以上理论，把水泥的硬化分为三个时期：第一是溶解期，即水泥遇水后，颗粒表面开始水化，可溶性物质溶于水中至溶液达饱和；第二为胶化期，固相生成物从饱和溶液中析出。因为过饱和程度较高，所以沉淀为胶体颗粒，或者直接由固相反应生成胶体析出；第三则为结晶期，生成的胶粒并不稳定，能重新溶解再结晶而产生强度。

从水化产物形成及其发展的角度，提出整个硬化过程可分为三个阶段。

第一阶段：大约从水泥加水起到初凝为止。C_3S 和水迅速反应生成 CH 过饱和溶液，并析出 CH 晶体。同时石膏也很快进入溶液与 C_3A 和 C_4AF 反应，生成细小 AFt 晶体。在这一阶段，由于生成的产物层阻碍了反应进一步进行，同时，水化产物尺寸细小，数量又少，不足以在颗粒间架桥连接形成网络状结构，水泥浆体仍呈塑性状态。

第二阶段：大约从初凝到加水 24h 为止。水泥水化开始加速，生成较多的 CH 和钙矾石晶体，同时水泥颗粒开始长出纤维状的 C-S-H。由于钙矾石晶体的长大和 C-S-H 的大量形成、增长而相互交错连接成网状结构,水泥开始凝结,随网状结构不断加强,强度也相应增长,将剩留在颗粒之间空隙中的游离水逐渐分割成各种尺寸的水滴,填充在相应大小的孔隙之中。

第三阶段:加水24h以后,直到水化结束。这一阶段,石膏已基本耗尽,钙矾石开始转化为单硫型水化硫铝酸钙,还可能会形成 $C_4(A,F)H_{13}$。随着水化的进行,各种水化产物的数量不断增加,晶体长大,使硬化的水泥浆体结构更加致密,强度逐渐提高。

二、硬化水泥浆体的组成结构

(1)C-S-H 凝胶

C-S-H 的化学组成是不固定的,其 $c(Ca)/c(Si)$ 随液相中 $Ca(OH)_2$ 浓度的提高而增大,C-S-H 的组成随着水化进程而改变,其 Ca 与 Si 含量的比值随龄期的增长而下降。C-S-H 凝胶常含有 Al、Fe、S、Mg、K、Na 等杂质离子。

C-S-H 为无定型胶体状,粒子如以球形计,直径可能小于 10^{-6} m。其结晶程度极差,而且即使经过很长时间,结晶度仍然提高不多。C-S-H 的 X 射线衍射图上的弥散峰与 $Ca(OH)_2$ 的面网间距基本对应,所以这些近程有序的 C-S-H 凝胶具有类似 $Ca(OH)_2$ 的层状构造。也可认为,C-S-H 的结构主要受 $Ca(OH)_2$ 的支配,在 Ca—O 层的基础上,结合进若干 Si—O 基团。

另一方面,C-S-H 是一种由不同聚合度的水化物所组成的固体凝胶。C_3S、C_2S 矿物中的硅酸盐阴离子都以孤立的 $[SO_4]^{4-}$ 四面体存在。随着水化的进行,这些单聚物逐渐聚合成二聚物 $[Si_2O_7]^{6-}$ 及多聚物。

水泥浆体中的 C-S-H 凝胶会呈现各种不同的形貌。发现至少有以下四种。

第一种为纤维状粒子,称为 I 型 C-S-H,为水化初期从水泥颗粒向外辐射生长的细长条物质,长约 $0.5 \sim 2\mu m$,宽一般小于 $0.2\mu m$,通常在尖端上有分叉现象。亦呈现板条状或卷箔状、棒状、管状等形态。

第二种为网络状粒子,称为 II 型 C-S-H,呈互相联锁的网状构造。其组成单元也是一种长条形粒子,截面与 I 型相同,但每隔 $0.5\mu m$ 左右就叉开,而且叉开角度相当大。由于粒子间叉枝的交结,并在交结点相互生长,从而形成连续的三维空间网。

第三种是等大粒子,称 III 型 C-S-H,为小而不规则、三向尺寸近乎相等的球状颗粒,也有扁平碟状,一般不大于 $0.3\mu m$,当用扫描透射电镜(STEM)观测时,则显示出是由互相交织联结的箔片组合而成。通常在水泥水化到一定程度后才明显出现,在硬化浆体中常占相当数量。

第四种为内部产物,称 IV 型 C-S-H,即处于水泥粒子原始周界以内的 C-S-H,外观似斑驳状。通常认为是通过局部化学反应的产物,比较致密,具有规整的孔隙。其典型的颗粒或孔的尺寸不超过 $0.1\mu m$。

C-S-H 除具有上述的四种基本形态外,还可能在不同场合观察到呈薄片状、麦管状、珊瑚状以及花朵状等各种形貌,通过电镜观测,则发现 C-S-H 凝胶所呈现的形貌,不一定是明确的不同类别,它们都是由薄片状演变,沿某一个方位卷拢、起皱、碎裂而成。在很大程度上取决于形成时所占的空间以及形成的速率。而在形成以后在经受干燥或者断裂等过程中,又会发生进一步的变化。

(2)$Ca(OH)_2$

$Ca(OH)_2$ 具有固定的化学组成,纯度较高,仅可能含有极少量的 Si、Fe 和 S。结晶良好,属三方晶系,具层状构造,由彼此联结的 $Ca(OH)_6$ 八面体组成。结构层内为离子键,结合较强;而结构层之间则为分子键,层间联系较弱。

有些研究认为水泥浆体中还可能有无定形 $Ca(OH)_2$ 存在。

当水化过程到达加速期后,较多的 $Ca(OH)_2$ 晶体即在充水空间中成核结晶析出。其特点是只在现有的空间中生长,如果遇到阻挡,则会朝另外方向转向长大,甚至会绕过水化中的水泥颗粒而将其完全包裹起来,从而使其实际所占的体积有所增加。在水化初期,$Ca(OH)_2$ 常呈薄的六角板状,宽几十微米,用普通光学显微镜即可清晰分辨;在浆体孔隙内生长的 $Ca(OH)_2$ 晶体甚至肉眼可见。随后,长大变厚成叠片状。$Ca(OH)_2$ 的形貌受到水化温度的影响,对各种外加剂也比较敏感。

(3)三硫型水化硫铝酸钙

水化硫铝酸钙结晶完好,属三方晶系,为柱状结构。其基本结构单元柱为 $\{Ca_3[Al(OH)_6]\cdot 12H_2O\}^{3+}$,由 $Al(OH)_6$ 八面体再在周围各结合三个钙多面体组合而成,柱间的沟槽中则有起电价平衡作用的 SO_4^{2-} 三个,从而将相邻的单元柱相互联接成整体,另外还有一个水分子存在。所以钙矾石的结构式可以写成:$[Ca_3Al(OH)_6\cdot 12H_2O](SO_4)_{15}\cdot H_2O$,其中结构水所占的空间达钙矾石总体积的 81.2%;如以重量计,也达 45.9%。

事实上,在适当条件下,许多阴离子能与氧化钙、氧化铝和水结合成"三盐"或"高"盐型的四元水化物,其通式如下:

$$C_3A\cdot 3CaX\cdot mH_2O$$

式中:X——2 价阴离子,为 SO_4、CO_3,如为 1 价阴离子,则为 Cl_2^{-2}、$(OH)_2^{-2}$ 等;

　　　m——在完全水化状态下,通常为 30~32。

由此,当 X 为 SO_4 时,则为该四元水化物系列中常见的三硫型硫铝酸钙,即钙矾石($C_3A\cdot 3CaSO_4\cdot 32H_2O$)。

当 X 为 CO_3 时,即为"三盐"型碳铝酸钙 $C_3A\cdot 3CaCO_3\cdot 30H_2O$。如 X 为 Cl_2,则形成"三盐"型氯铝酸钙 $C_3A\cdot 3CaCl_2\cdot 30H_2O$,在结构上与钙矾石也大致相同。

此外,Al_2O_3 可以被 Fe_2O_3 所代替,从而得到相应的铁酸盐的复盐,即硫铁酸钙、碳铁酸钙、氯铁酸钙等,在有两种或更多的阴离子存在时,有可能生成更复杂的固溶体系列。

在硅酸盐水泥浆体中,钙矾石是上述各种固溶体系列中最多出现的水化产物,一般成六方棱柱状结晶,其形貌决定于实有的生长空间以及离子的供应情况。在水化的开始几小时内,常以凝胶状析出,然后长成针棒状等不同形状。

(4)单硫型水化硫铝酸钙及其固溶体

单硫型水化硫铝酸钙也属三方晶系,但呈层状结构。基本单元层为 $[Ca_2Al(OH)_6]^+$,层间则为 $1/2SO_4^{2-}$ 及 3 个 H_2O 分子。所以其结构式应为:$[Ca_2Al(OH)_6(SO_4)_{0.5}3H_2O]$,与钙矾石相似,也有很多种类的阴离子可以占据层间位置,组成所谓"单盐"型或"低盐"型的四元水化物,以下列通式表示:

$$C_3A\cdot CaY\cdot nH_2O$$

式中:Y——为 SO_4^2、CO_3^2、Cl^-、OH^- 以及 $[Al(OH)_4]^-$ 等;

　　　n——完全水化时通常为 10~12。

因此除单硫型水化硫铝酸钙 $C_3A\cdot CaSO_4\cdot 12H_2O$ 之外,也会相应地形成水化碳铝酸钙

$C_3A \cdot CaCO_3 \cdot 11H_2O$、水化氯铝酸钙 $C_3A \cdot CaCl_2 \cdot 10H_2O$ 等单盐型四元复盐。如 Y 为 OH^-，即为水化铝酸钙 C_4AH_{13}；而 Y 为 $[A(OH)_4]^-$ 时，则是 C_2AH_8。

也同样会由 Fe_2O_3 代替部分或全部 Al_2O_3，生成水化硫铁酸钙、水化碳铁酸钙、水化氯铁酸钙等单盐型铁酸盐的复盐。所以在水泥浆体中形成的单盐型水化物实际上既是固溶体，又是混合物。其 $c(Al)/c(Ca)$ 近于 0.5，$c(S)/c(Ca)$ 比偏低，一般是 $0.10 \sim 0.15$，而 $c(Si)/c(Ca)$ 比则在 0.05 左右。

与钙矾石相比，单硫酸盐中的结构水少，占总量的 34.7%；但其密度 1.95，当接触到各种来源的 SO_4^{2-} 而转变成钙石时，结构水增加，密度减小，从而产生相当的体积膨胀，是引起硬化水泥浆体体积变化的一个主要原因。

在水泥浆体中的单硫型水化硫铝酸钙，开始为不规则的板状，成簇生长或呈花朵状，再逐渐变为发展很好的六方板状，板宽几微米，但厚度不超过 $0.1\mu m$，相互间能形成特殊的边-面接触。另外，C_4AH_{13}、C_2AH_8 和单硫型水化硫铝酸钙等由于结构类似，都具有相似的结晶形态。

(5)孔及其结构特征

硬化水泥浆体是一非均质的多相体系，具有一定的机械强度和孔隙率，外观和性能与天然石材相似，常又称为水泥石。

水泥石的总孔隙率、孔径大小的分布以及孔的形态等，都是水泥石的重要结构特征。孔的分类如表 2-7-2 所示。

水泥石中孔的分类 表 2-7-2

类别	名称	直径	孔中水的作用	对水泥石性能的影响
粗孔	球形大孔	$1000 \sim 15\mu m$	与一般水相同	强度、渗透性
毛细孔	大毛细孔 小毛细孔	$10 \sim 0.05\mu m$ $50 \sim 10nm$	与一般水相同 产生中等的表面张力	强度、渗透性 强度、渗透性、高湿度下的收缩
凝胶孔	胶粒间孔 微孔 层间孔	$10 \sim 2.5nm$ $2.5 \sim 0.5nm$ $<0.5nm$	产生强的表面张力 强吸附水，不能形成新月形液面 结构水	相对湿度50%以下时收缩 收缩、徐变 收缩、徐变

(6)水及其存在形式

水泥石中的水可以分为结晶水、吸附水和自由水三类。结晶水又分为强结晶水和弱结晶水两种。强结晶水又称晶体配位水，以 OH^- 状态存在，并占有晶格上的固定位置，和其他元素有确定的含量比，脱水温度高，脱水过程将使晶格遭受破坏，如 $Ca(OH)_2$ 中的结合水。弱结晶水是占据晶格固定位置内的中性水分子。在 $100 \sim 200℃$ 以上就可以脱水，脱水过程并不导致晶格破坏，当晶体为层状结构时，又称层间水。

凝胶水包括凝胶微孔内所含水分及胶粒表面吸附的水分子，由于受凝胶表面强烈吸附而高度定向，属于不起化学反应的吸附水。毛细孔水是存在于几纳米至微米级的毛细孔中的水，结合力弱，脱水温度低。自由水又称游离水，属多余蒸发水，它的存在使水泥浆体结构不致密，干燥后水泥石孔隙增多，强度下降。

凡是经 $105℃$ 或(用干冰 $-79℃$) D-干燥的条件下能除去的水，称为可蒸发水。它主要是毛细孔水、自由水和凝胶水，还有水化硫铝酸钙和 C-S-H 凝胶中一部分结合不牢的结晶水；凡是经 $105℃$ 或 D-干燥仍不能除去的水分称为非蒸发水，即化学结合水。对于完全水化的水泥来说,化学结合水的质量为水泥质量的 23% 左右,化学结合水比容比自由水小,是水泥水化过程中体积减缩的主要原因。

由于水泥石主要由 C-S-H 凝胶组成,它一般只有几十至几百微米,故有巨大的固体内表面积,用气体吸附方法所测得的 C-S-H 凝胶的比表面积约为 $300m^2/g$,水化水泥的比表面积约为 $210m^2/g$。

第八章

硅酸盐水泥性能与化学侵蚀

第一节 硅酸盐水泥性能

硅酸盐水泥在建筑上主要用以配制砂浆和混凝土,其最重要的性质是强度和体积变化以及与环境相互作用的耐久性。为了便于施工,合理确定工艺参数,水泥拌水后的凝结时间也是重要的指标。另外,对于大体积工程或者在特殊条件下施工时,水化热也是水泥的一个重要性能。

一、体积密度与密度

水泥密度是指物料在没有空隙的状态下,单位体积的质量,习惯称其为比重。水泥密度对于某些特殊工程,如黏接工程、浇灌工程和油井堵塞工程等是重要的物理性质之一。因为这些工程均希望水泥较快地从浆体中下沉,生成致密的水泥石,故要求水泥的密度大一些。在测定水泥的比表面积、颗粒级配等物理性质时,须先测定水泥的密度。

硅酸盐水泥的密度主要取决于熟料煅烧程度、熟料矿物组成、水泥贮存条件及时间等。硅酸盐水泥熟料主要矿物的密度如表 2-8-1 所示。

主要矿物密度(g/cm^3) 表 2-8-1

矿物	C_3S	C_2S	C_3A	C_4AF	$f\text{-}CaO$
密度	3.25	3.28	3.04	3.77	3.34

贮存条件和时间将会不同程度地降低水泥密度,这是由于水泥中的游离 CaO 吸收了空气中的水分和 CO_2 生成了密度较小的 $Ca(OH)_2$(密度为 $2.23g/cm^3$)和 $CaCO_3$(密度为 $2.71g/cm^3$),同时熟料矿物水化生成的水化产物密度也较熟料矿物低。

熟料的煅烧程度对密度也有影响,一般来说生烧(或欠烧)熟料密度小,过烧熟料密度大。

常用的水泥混合材密度均小于熟料密度,因此,掺有大量混合材的水泥,其密度均低于硅酸盐水泥。各种水泥的密度范围如表 2-8-2 所示。

各种水泥的密度范围(g/cm^3)   表 2-8-2

水泥	密度	水泥	密度
硅酸盐水泥	3.1 ~ 3.2	火山质、粉煤灰硅酸盐水泥	2.7 ~ 3.1
普通硅酸盐水泥	3.05 ~ 3.2	高铝水泥	3.1 ~ 3.3
矿渣硅酸盐水泥	3.0 ~ 3.1	少熟料和无熟料水泥	2.2 ~ 2.8

二、细度

细度是表征粉状物料粗细程度的物理量,水泥细度影响水泥的凝结时间、硬化速率、强度、需水性、干缩性、泌水率、水化热、耐风化性等一系列性能。水泥细度不仅关系到生产的经济合理性,也关系到水泥产品的质量。

在磨制水泥时,既要充分发挥水泥的潜在胶凝性能,又要使水泥混凝土具有良好的耐久性能,还能符合节能要求的水泥颗粒组成应该是:0 ~ 10μm30%左右;10 ~ 30μm40%左右;30 ~ 60μm25%左右;大于60μm5%左右。生产1t水泥用于粉磨的电耗为 65 ~ 85kWh,约占生产水泥总电耗的70%,合理地控制细度,不但对提高质量,而且对节约能耗具有现实意义。

三、需水性

水泥的需水性通常有两种表示方法,一种是净浆标准稠度用水量;另一种是水泥胶砂流动度,净浆标准稠度用水量是指水拌制成特定塑性状态时,所需要的拌和水量和水泥质量的比,用百分数表示;水泥胶砂流动度是指水泥胶砂加水拌和之后,在特制的跳桌上进行振动,测量胶砂扩散后底部直径,用毫米表示,通常以达到一定流动度范围时胶砂的用水量来判断水泥需水性大小。

影响水泥需水性的因素有熟料成分、水泥的粉磨细度、混合材料种类及掺加量等。熟料矿物中铝酸钙(C_3A)需水性较大,硅酸二钙(C_2S)需水性较小,水泥中碱含量大,水泥需水性增大,水泥粉磨细度越细,需水性越大。使用的混合材料如烧黏土、沸石等需水性大,若掺加量大,则水泥需水性增大。掺加少量减水剂等表面活性物质,可大大降低水泥和混凝土的用水量。且需水性还会影响凝结时间、安定性等性能。

四、凝结时间

从矿物组成看,铝酸三钙水化最为迅速,硅酸三钙水化也快,数量也多,因而这两种矿物与凝结速度的关系最为密切。铝酸三钙的含量是控制水泥凝结时间的决定性因素。如果单将熟料磨细,铝酸三钙很快水化,就会在瞬间凝结。如铝酸三钙含量很少($C_3A < 2\%$),无法在溶液中达到要求浓度,或者掺加石膏等作为缓凝剂后,降低了铝酸三钙的溶解度,就不足以控制水泥的凝结。硅酸盐水泥在粉磨时通常都掺有适量石膏,其凝结时间受到硅酸三钙水化速度的制约,当 C-S-H 凝胶包围在未水化颗粒的周围后,会阻滞进一步的水化,产生自抑作用,从而会使凝结时间正常。

熟料矿物以及水化产物的物理结构,对凝结都有一定的影响。实验证明,同一矿物组成的水泥,煅烧制度的差别,凝结时间会有相应变化。如急速冷却的熟料凝结正常,而慢冷的熟料常会出现快凝现象。这是因为在缓慢冷却的条件下,能够使铝酸三钙充分析晶水化速度较快的缘故。

国家标准规定,硅酸盐水泥的初凝时间不得早于45min。不过,凝结时间会随水灰比的增加而延长,因此混凝土或砂浆的实际初凝时间,比用标准稠度水泥浆所测得的要延长。另外,温度升高,凝结时间缩短。

假凝是指水泥的一种不正常的早期固化或过早变硬现象。在水泥用水拌和的几分钟内,物料就显示凝结。假凝和快凝是不同的,前者放热量极小,而且经剧烈搅拌后,浆体又可恢复塑性,并达到正常凝结,对强度并无不利影响;而快凝或闪凝往往是由于缓凝不够所引起,浆体已具有一定强度,重拌并不能使其再具塑性。

假凝现象与很多因素有关,除熟料的 C_3A 含量偏高、石膏掺量较多等条件外,主要由于水泥在粉磨时受到高温,使二水石膏脱水成半水石膏的缘故。当水泥调水后,半水石膏迅速溶于水,溶解度大,部分又重新水化为二水石膏析出,形成针状结晶网状构造,从而引起浆体固化。

对于某些含碱较高的水泥,所含的硫酸钾会依式(2-8-1)反应:

$$K_2SO_4 + CaSO_4 \cdot 2H_2O = K_2SO_4 \cdot CaSO_4 \cdot H_2O + H_2O \qquad (2-8-1)$$

所生成的钾石膏结晶迅速长大,也会是造成假凝的原因。另外,即使在浆体内并不形成二水石膏等晶体所连生的网状构造,有时也会产生不正常的凝结现象。

实践表明,假凝现象在掺有混合材料的水泥中更少产生。实际生产时,为了防止所掺的二水石膏脱水,在水泥粉磨时常采用必要的降温措施。将水泥适当存放一段时间,或者在制备混凝土时延长搅拌时间等也可消除假凝现象。

五、强度

为了反映水泥在外力作用方式不同情况下的性能,常把水泥强度分为抗压强度、抗折强度、抗剪强度等,这些强度之间既有内在的联系又有很大的区别。水泥抗压强度是抗拉强度的 $10 \sim 20$ 倍,是抗折强度的 $5 \sim 10$ 倍。

水泥、混凝土的强度和石材、钢材、木材等建筑材料的强度相比有一个很大的区别,即水泥和混凝土都有一个凝结、硬化及强度由低到高的过程。这个过程的长短与水泥品种有关,通用水泥在 28d 以前强度增长速率很快,28d 以后增长变慢。所以国内外都用 28d 抗压强度来表示水泥和混凝土的强度水平,并把 28d 龄期作为它们达到强度基本稳定的龄期。

常用的水泥等级就是根据水泥强度发展规律,按强度值高低来划分的。习惯上,水泥等级的数值与水泥稳定龄期的抗压强度值相等或相关。由于不同水泥有不同的强度发展规律,因此不同的水泥品种的等级所代表的龄期也不同。如通用水泥的等级代表 28d 龄期应该达到的最低抗压强度,而快硬水泥、特快硬水泥的等级代表的是 3d 或 24h 以内应达到的最低抗压强度。

六、体积变化

水泥浆体在硬化过程中会产生体积变化,固相体积大大增加,而水泥-水体系的总体积则有所减缩。其原因是随着水化的进行,有些游离水已成水化产物一部分,从而使水化反应前后反应物和生成物密度不同。

以 C_3S 的水化反应为例,其化学与物理变化过程的计算与分析,如表2-8-3所示。

C_3S 的水化反应化学与物理变化分析与计算   表2-8-3

参数	$2(3CaO \cdot SiO_2) + 6H_2O = 3CaO \cdot 2SiO_2 \cdot 3H_2O + 3Ca(OH)_2$			
密度 $\rho(g \cdot cm^{-3})$	3.14	1.00	2.44	2.23
物质的量 $n(mol)$	228.33	18.02	342.46	74.10

参数	$2(3CaO \cdot SiO_2) + 6H_2O = 3CaO \cdot 2SiO_2 \cdot 3H_2O + 3Ca(OH)_2$			
摩尔体积 $V_m(cm^3 \cdot mol^{-1})$	72.72	18.02	140.35	33.23
在体系中所占体积 $V_i(cm^3)$	145.44	108.12	140.35	99.69
体系的总体积 $V(cm^3)$	$145.44 + 108.12 = 253.56$		$140.35 + 99.69 = 240.04$	
体系的体积变化率 $\Delta V/V$	-5.33%			
固相的体积变化率 $\Delta V_g/V_g$	65.04%			

硅酸盐水泥完全水化后,固相的体积是原来水泥体积的2.2倍。因此,固相体积填充着原先体系中水所占有的空间,使水泥石致密,强度及抗渗性增加,而由于水泥浆体的绝对体积的减缩,将在体系中产生一些减缩孔。

试验结果表明,水泥熟料中各单矿物的减缩作用,其大小顺序均按 $C_3A > C_4AF > C_3S > C_2S$ 的次序排列。所以,其减缩量的大小,常与 C_3A 含量呈线性关系。

七、泌水性

泌水性指水泥浆体所含的水分从浆体中析出的难易程度。而保水性则是水泥浆体在静置条件下保持水分的能力,是同泌水性相反的性能。制备混凝土若使用泌水性过大的水泥,在输送、浇注过程及静置凝结以前,多余的水就易析出,使水泥浆体和集料、钢筋之间黏结不牢,并形成较大的孔隙,使强度下降。

八、水化热

水化热是指物质与水化合时所放出的热。水泥的水化热又称为硬化热,是水化、水解和结晶等一系列作用的体现。

对于土木工程冬季施工而言,水化放热可提高浆体的温度,以保持水泥的正常凝结和硬化。但是,对于大型基础和堤坝等大体积工程,由于其内部热量不容易散失而使混凝土的温度升高20~40℃,与其表面的温度相差过大,产生温度应力而导致构筑物产生裂缝。

水泥水化放热的周期很长,但大部分热量是在3d以内放出的。水化热的大小与放热速率,取决于水泥熟料的矿物组成。一般规律为: C_3A 的水化热和放热速率最大; C_3S 和 C_4AF 次之; C_2S 的水化热最小,放热速率也最慢。有研究就表明水泥水化热与单矿物水化热具有比例加和性。影响水化热的因素很多,凡能加速水泥水化的各种因素,均能相应提高其放热速率。

第二节　硅酸盐水泥化学侵蚀

硅酸盐水泥硬化后,在通常的使用条件下,一般有较好的耐久性。但是,在环境介质的作用下,会产生很多化学、物理和物理化学变化而逐渐被侵蚀,侵蚀严重时会降低水泥石的强度,甚至会崩溃破坏。

对水泥耐久性有害的环境介质主要为:淡水、酸和酸性水、硫酸盐溶液和碱溶液等。影响侵蚀过程的因素很多,除了水泥品种和熟料矿物组成以外,还与硬化浆体或混凝土的密实度、抗渗性以及侵蚀介质的压力、流速、温度的变化等多种因素有关,而且往往数种侵蚀耦合作用同时并存,互相影响。因此,须针对侵蚀的具体情况加以综合分析,才能制定出实际的防护措施。

一、淡水侵蚀

硅酸盐水泥硬化浆体如不断受到淡水的浸泡和溶蚀时,其中一些组成如,$Ca(OH)_2$ 等,将按照溶解度的大小,依次逐渐被水溶解,产生溶出性侵蚀,最终导致破坏。

在各种水化产物中,$Ca(OH)_2$ 的溶解度最大(25℃时约为 1.2g/L),所以首先被溶解,如水量不多,水中的 $Ca(OH)_2$ 浓度很快就达到饱和程度,溶出作用也就停止,但在流动水中,特别在有水压作用且渗透性又较大的情况下,水流就不断将 $Ca(OH)_2$ 溶出并带走,不仅增加了孔隙率,使水更易渗透,而且液相中 $Ca(OH)_2$ 浓度降低,还会使其他水化产物发生分解。

$Ca(OH)_2$ 晶体首先被溶解,其次是高碱性的水化硅酸盐、水化铝酸盐等分解,成为低碱性的水化产物,最后会变成硅酸凝胶、氧化铝等无胶结能力的产物。研究发现,当 CaO 溶出 5% 时,强度下降 7%;而 CaO 溶出 24% 时,强度下降达 29%。

冷凝水、雪水、冰川水或者某些泉水,如果接触时间较长,会对混凝土表面产生一定破坏,但对抗渗性良好的硬化浆体或混凝土,淡水的溶出过程一般很慢,几乎忽略不计。

二、酸和酸性水侵蚀

当水中溶有一些无机酸或有机酸时,硬化水泥浆体就受到溶蚀和化学溶解双重作用,将浆体组成转变为易溶盐类,侵蚀明显加速,酸类离解出来的 H^+ 离子和酸根 R^-,分别与浆体所含 $Ca(OH)_2$ 的 OH^- 和 Ca^{2+} 结合成水和钙盐。

酸性水侵蚀作用的强弱,取决于水中的氢离子浓度。如 pH 值小于 6,硬化水泥浆体就可能受到侵蚀。pH 值越小,侵蚀越强烈。当 H^+ 离子达到足够浓度时,还能直接与水化硅酸钙、水化铝酸钙甚至未水化的硅酸钙、铝酸钙等起作用,使浆体结构遭到严重破坏。常见的酸多数能和浆体组分生成可溶性的盐。如盐酸和硝酸就能反应生成可溶性的氯化钙和硝酸钙,随后被水带走;而磷酸则会生成几乎不溶于水的磷酸钙,堵塞在毛细孔中,侵蚀的发展就慢,有机酸的侵蚀程度没有无机酸强烈,其侵蚀性也视其所生成的钙盐性质而定。醋酸、蚁酸、乳酸等与 $Ca(OH)_2$ 生成的钙盐容易溶解,而草酸生成的却是不溶性钙盐,还可以用来处理混凝土表面,增加对其他弱有机酸的抗蚀性。草酸、硬脂酸、软脂酸等摩尔量高的有机酸都与水泥石发生作用,生成相应的钙盐。有机酸的浓度越高,摩尔量愈大,则侵蚀性越严重。

无机酸与有机酸很多是在化工厂或工业废水中遇到,化工防腐已是一个重要的专业课题。自然界中大多数的天然水中有碳酸存在,大气中的 CO_2 溶于水中能使其具有明显的酸性(pH = 5.72),再加生物化学作用所形成的 CO_2,常会产生碳酸侵蚀。

碳酸与水泥混凝土相遇时,首先和所含的 $Ca(OH)_2$ 作用,生成不溶于水的碳酸钙。但是水中的碳酸还要和碳酸钙进一步作用,生成易溶于水的碳酸氢钙,从而使氢氧化钙不断溶失,且会引起水化硅酸钙和水化铝酸钙的分解。

当生成的碳酸氢钙达到一定浓度时,便会与剩下来的一部分碳酸建立起化学平衡;反应进行到水中的 CO_2 和 $Ca(HCO_3)_2$ 达到浓度平衡时就终止。实际上,天然水本身常含有少量碳酸氢钙,即具有一定的暂时硬度。因而,也必须有一定量的碳酸与之平衡。这部分碳酸不会溶解碳酸钙,没有侵蚀作用,称为平衡碳酸。

当水中碳酸超过平衡碳酸量时,剩余碳酸才能与 $CaCO_3$ 反应,称为侵蚀性碳酸;所以,水中的碳酸可以分成"结合的""平衡的"和"侵蚀的"三种。只有侵蚀性碳酸才对硬化水泥浆体有害,其含量越大,侵蚀越激烈。水的暂时硬度越大,则所需的平衡碳酸量越多,就会有较多的碳酸作为平衡碳酸存在。相反,在淡水或暂时硬度不高的水中,二氧化碳含量即使不多,但只要大于相应的平衡碳酸量,就可能产生一定的侵蚀作用。另一方面,暂时硬度大的水中所含的碳酸氢钙,与浆体中的 $Ca(OH)_2$ 反应,生成碳酸钙,可堵塞表面的毛细孔,提高致密度。

有试验表明,少量 Na^-、K^- 等离子的存在,会影响碳酸平衡向着碳酸氢钙的方向移动,因而能使侵蚀作用加剧。

三、硫酸盐侵蚀

绝大部分硫酸盐对于硬化水泥浆体都有显著的侵蚀作用,只有硫酸钡除外。在一般的河水和湖水中,硫酸盐含量不多,但在海水中 SO_4^{2-} 离子的含量常达 $2500 \sim 2700mg/L$。有些地下水,流经含有石膏、芒硝或其他硫酸盐成分的岩石夹层后,部分硫酸盐溶入水中,也会引起一些工程的明显侵蚀。这主要是由于硫酸钠、硫酸钾等多种硫酸盐都能与浆体所含的氢氧化钙作用生成硫酸钙,再和水化铝酸钙反应,生成钙矾石,从而使固相体积增加很多,分别为124%和94%,产生强大的结晶压力,造成膨胀开裂以至毁坏,如以硫酸钠为例,其作用如式(2-8-2)和式(2-8-3):

$$Ca(OH)_2 + Na_2SO_4 \cdot 10H_2O = CaSO_4 \cdot 2H_2O + 2NaOH + 8H_2O \qquad (2-8-2)$$

$$4CaO \cdot Al_2O_3 \cdot 19H_2O + 3(CaSO_4 \cdot 2H_2O) + 8H_2O =$$
$$3CaO \cdot Al_2O_3 \cdot 3CaSO_4 \cdot 32H_2O + Ca(OH)_2 \qquad (2-8-3)$$

在石灰饱和溶液中,当 $SO_4^{2-} < 1000mg/L$ 时,石膏由于溶解度较大,不会析晶沉淀。但钙矾石的溶解度要小得多,在 SO_4^{2-} 浓度较低的条件下就能生成晶体。所以,在各种硫酸盐稀溶液中(SO_4^{2-} 浓度为 $250 \sim 1500mg/L$)产生的是硫铝酸盐侵蚀。当硫铝酸盐达到更高浓度后,才转为石膏侵蚀或者硫铝酸钙与石膏的混合侵蚀。

阳离子的种类,例如硫酸镁就具有更大的侵蚀作用,首先与浆体中的 $Ca(OH)_2$ 依式(2-8-4)反应:

$$MgSO_4 + Ca(OH)_2 + 2H_2O = CaSO_4 \cdot 2H_2O + Mg(OH)_2 \qquad (2-8-4)$$

生成的氢氧化镁溶解度极小,易从溶液中沉析出来,使反应不断向右进行。而且,氢氧化镁饱和溶液的 pH 值为 10.5。水化硅酸钙不得不放出氧化钙,以建立使其稳定存在所需的 pH 值。但是硫酸镁又与放出的氧化钙作用,造成硫酸镁使水化硅酸钙分解。同时,Mg^{2+} 离子还会进入水化硅酸钙凝胶,使其胶结性能变差。而且,在氧氧化镁的饱和溶液中,水化硫铝酸钙也并不稳定。因此,除产生硫酸盐侵蚀外,还有 Mg^{2+} 离子的严重危害,常称为"镁盐侵蚀"。两种侵蚀的最终产物是石膏、难溶的氢氧化镁、氧化硅及氧化铝的水化物凝胶。

由于硫酸铵能生成极易挥发的氨气,因此成为不可逆反应,反应进行迅速:

$$(NH_4)_2SO_4 + Ca(OH)_2 = CaSO_4 \cdot 2H_2O + 2NH_3 \uparrow \qquad (2-8-5)$$

而且也会使水化硅酸钙分解,所以侵蚀严重。

四、含碱溶液侵蚀

通常水泥混凝土能够抵抗碱类的侵蚀,但如长期处于较高浓度(>10%)的含碱溶液中,也会发生缓慢的破坏。温度升高时,侵蚀作用加剧,其主要有化学腐蚀和物理析晶两方面的作用。

化学侵蚀是碱溶液与水泥石的组分间起化学反应,生成胶结力不强、易为碱液溶蚀的产物,代替了水泥石原有的结构组成:

$$2CaO \cdot SiO_2 \cdot nH_2O + 2NaOH \longrightarrow 2Ca(OH)_2 + Na_2SiO_3 + (n-1)H_2O$$

$$3CaO \cdot AlO_2 \cdot 6H_2O + 2NaOH \longrightarrow 3Ca(OH)_2 + Na_2O \cdot Al_2O_3 + 4H_2O$$

结晶侵蚀是由于孔隙中的碱液,因蒸发析晶产生结晶压力引起水泥石膨胀破坏。例如,孔隙中的 $NaOH$ 在空气中 CO_2 作用下,形成 $Na_2CO_3 \cdot 10H_2O$ 体积增加而膨胀。

五、提高水泥抗蚀性的措施

1)调整硅酸盐水泥熟料的矿物组成

减少水泥熟料中的 C_3S 含量可提高抗淡水溶蚀的能力,也有利于改善其抗硫酸盐性能。减少熟料中的铝酸三钙含量,而增加铁铝酸四钙含量,可提高水泥的抗硫酸盐性能。因为铁铝酸四钙的水化产物为水化铝酸钙和水化铁酸钙的固溶体 $C_3(A,F)H_6$,抗硫酸盐性能比 C_3AH_6 好。此外,水化铁酸钙能在水化铝酸钙周围生成薄膜,提高抗硫酸盐性能。

冷却条件对水泥熟料的耐蚀性也有影响。对于铝酸三钙含量高的熟料,采用急冷形成较多的玻璃体,可提高抗硫酸盐性能,对于含铁高的熟料,急冷对抗硫酸盐侵蚀反而不利,因为 C_4AF 晶体比高铁玻璃更耐蚀。

2)在硅酸盐水泥中掺混合材

掺入火山灰质混合材能提高混凝土的致密度,减少侵蚀介质的渗入量。另外,火山灰混合材中活性氧化硅与水泥水化时析出的氢氧化钙作用,生成低碱水化硅酸钙,从而消耗了水泥中的 $Ca(OH)_2$,使其在淡水中的溶蚀速度显著降低,并使钙矾石的结晶在液相氧化钙浓度很低的条件下形成,晶体膨胀特性比较缓和,除非生成的钙矾石数量很多,否则不易引起硫铝酸钙的膨胀破坏。

3)提高混凝土致密度

混凝土越致密,侵蚀介质就越难渗入,被侵蚀的可能性就越小。调查资料表明,混凝土往往是由于不密实过早破坏,有些混凝土,即使不采用耐蚀的水泥,只要混凝土密实,腐蚀就缓和,大量海港混凝土调查结果证实了这一结论。

第九章

掺混合材水泥

第一节 水泥混合材料及掺混合材水泥

在磨制水泥时,为改善水泥性能、调节水泥强度等级、增加水泥产量、降低能耗而掺入水泥中的人造或天然矿物材料,称为水泥混合材料。

混合材料中,大都是工业废渣,因此,水泥中掺加混合材料又是废渣综合利用的重要途径,有利于生态环境保护。实际生产的水泥中,大多数为掺混合材水泥,所用混合材数量占水泥产量 1/3~1/4 及以上。

一、混合材料的分类

水泥工业所使用的混合材料,通常按其性质分为活性和非活性两大类。

凡是天然的或人工的矿物质材料,磨成细粉,加水后本身不硬化(或有潜在水硬活性),但与激发剂混合并加水拌和后,不但能在空气中而且能在水中继续硬化者,称为活性混合材料。

按照成分和特性的不同,活性混合材料可分为各种工业炉渣(粒化高炉矿渣、钢渣、化铁炉渣、磷渣等)、火山灰质混合材料和粉煤灰三大类,它们的活性指标均应符合有关的国家标准或专业标准。

常用的激发剂有两类,碱性激发剂(硅酸盐水泥熟料和石灰);硫酸盐激发剂(各类天然石膏或以 $CaSO_4$ 为主要成分的化工副产品,如氟石膏、磷石膏等)。

非活性混合材是指活性指标达不到活性混合材要求的矿渣、火山灰材料、粉煤灰以及石灰石、砂岩、生页岩等材料。一般对非活性混合材的要求是对水泥性能无害。有些非活性混合材仅起填充作用,如砂岩,它不含与 $Ca(OH)_2$ 起反应的组分,但可改善水泥的颗粒组成,可能对水泥强度提高有利。但有些非活性混合材不仅仅起填充作用,如石灰石中 $CaCO_3$ 可与熟料中的 C_3A 作用生成水化碳铝酸钙 $CaCO_3 \cdot C_3A \cdot 11H_2O$,对水化硫铝酸钙起稳定作用,提高早期强度,但石灰石不含有能与 $Ca(OH)_2$ 反应的活性组分,因此它虽可促进水泥早期强度的发挥,但对后期强度没有贡献。因此非活性混合材与活性混合材的区别在于:非活性混合材不含有与 $Ca(OH)_2$ 起反应生成 C-S-H 凝胶的活性组分,即没有吸收 $Ca(OH)_2$ 的能力;另外它对水泥的后期强度基本无贡献,即掺非活性混合材的水泥强度与硅酸盐水泥强度的比值,基本上不因龄期变化而变化。

二、粒化高炉矿渣

高炉矿渣是冶炼生铁的废渣,高炉炼铁生产时,除了铁矿石和燃料(焦炭)之外,为了降低冶炼温度,还要加入相当数量的石灰石和白云石作为熔剂。它们在高炉内分解所得的氧化钙、氧化镁和铁矿石中的废石及焦炭中的灰分相熔化,生成主要组成是硅酸钙(镁)与铝硅酸钙(镁)组成的矿渣,密度为 $2.3 \sim 2.8g/cm^3$,比铁水轻,因而浮在铁水上面,定期从排渣口排出后,经急冷水淬处理便成粒状颗粒,即粒化高炉矿渣。一般粒化高炉矿渣多呈疏松多孔结构,体积密度 $800kg/m^3$,其玻璃体含量一般在85%以上,粒化高炉矿渣单独水化时具有微弱的水硬性,但与水泥、石灰、石膏在一起水化时却有很大的水硬性。

矿渣含有 SiO_2、Al_2O_3、CaO、MgO 等氧化物,其中前三者占90%以上,另外还含有少量的 MgO、FeO 和一些硫化物,如 CaS、MnS、FeS 等,在个别情况下,还可能含有 TiO_2、P_2O_3 和氟化物等。一些钢铁厂的高炉矿渣成分如表2-9-1所示。

部分钢铁厂的高炉矿渣成分(%) 表2-9-1

SiO_2	Al_2O_3	Fe_2O_3	MnO	CaO	MgO	S
38.28	8.40	1.57	0.48	42.66	7.40	—
32.27	9.90	2.25	11.95	39.23	2.47	0.72
40.10	8.31	0.96	1.13	43.65	5.75	0.23
41.47	6.41	2.08	0.99	43.30	5.20	—
38.13	12.22	0.73	1.08	35.92	10.33	1.10
38.83	12.92	1.46	1.95	38.70	4.63	0.05
27.01	15.13	2.08	17.74	33.15	2.31	

从上表可以看出,粒化高炉矿渣的化学成分与水泥熟料相似,只是氧化钙含量低而 SiO_2 偏高,各种粒化矿渣的化学成分差别很大,同一工厂生产的矿渣,化学成分也不完全一样。矿渣中的 CaO、SiO_2、Al_2O_3 等氧化物主要形成玻璃体。只含少量晶体矿物,主要有铝方柱石 $(2CaO \cdot Al_2O_3 \cdot SiO_2)$、钙长石 $(CaO \cdot Al_2O_3 \cdot 2SiO_2)$、硅酸二钙 $(2CaO \cdot SiO_2)$、硅酸一钙 $(CaO \cdot SiO_2)$,MgO 含量多时还有镁方柱石 $(2CaO \cdot MgO \cdot 2SiO_2)$、镁橄榄石 $(2MgO \cdot SiO_2)$。

矿渣的活性主要取决于化学成分和成粒质量,根据GBT 203—2008,对粒化高炉矿渣的质量要求是:

$$质量系数 K = \frac{CaO\% + MgO\% + Al_2O_3\%}{SiO2\% + MnO\% + TiO2\%} \geq 1.2 \qquad (2-9-1)$$

从上式可以看出,CaO 含量高的矿渣活性高,因为 CaO 是 β-C_2S 的主要成分。Al_2O_3 含量高,矿渣活性高,因为它在碱及硫酸盐的激发下,强烈地与 $Ca(OH)_2$ 及 $CaSO_4$ 结合,生成水化硫铝酸钙及水化铝酸钙,MgO 在一定范围内可降低矿渣溶液的黏度,促进矿渣玻璃化,从而对提高矿渣活性有利,SiO_2 含量增加,矿渣活性下降,因为它使矿渣形成低碱性硅酸钙和高硅玻璃体,另外,SiO_2 含量高的矿渣黏度大,易于形成玻璃体,MnO 使矿渣形成锰的硅酸盐和铝硅酸盐,其活性比钙硅酸盐和铝硅酸盐的活性低。TiO_2 与 CaO 作用生成无活性的 $CaO \cdot TiO_2$,消耗了对矿渣活性有利的 CaO。

矿渣的成粒质量对活性影响也很大。成粒质量除与其化学成分有关外,还与矿渣的熔融温度和冷却速度有关。矿渣熔融温度越高,冷却速度越快,则矿渣玻璃体含量越高,活性越好,质量越高。因此,为获得活性高的矿渣,就必须把熔渣温度迅速急冷到800℃以下。水淬法,即将熔融矿渣直接倾入水池水淬。由于从水池中取出的矿渣会有一定量的水分,而矿渣内含有 β-C_2S 矿物,所以储存时间不宜超过三个月,同时在烘干矿渣时,避免温度过高,以防止粒化矿渣产生"反玻璃化现象"(900℃左右玻璃体转变的晶体称为反玻璃化)而结晶,失去活性。

三、火山灰质混合材

凡以 SiO_2、Al_2O_3 为主要成分的矿物质原料,磨成细粉拌水后本身并不硬化,但与石灰混合,加水拌和成胶泥状后,既能在空气中硬化又能在水中硬化者,称为火山质混合材。用于水泥中的火山灰质混合材料,必须符合 GB/T 2847—2005 的有关规定。

火山灰质混合材按其成因可分为天然和人工两类。

天然火山灰质混合材有:火山灰、凝灰岩、浮石、沸石岩、硅藻土和硅藻石。人工的主要是工业副产品或废渣,如烧页岩、煤矸石、烧黏土、煤渣、硅质渣。

火山灰质混合材的化学成分以 SiO_2、Al_2O_3 为主,其含量约占70%,而 CaO 较低,多在5%以下。其矿物组成随其成因变化较大,天然火山灰的玻璃体含量一般在40%~50%。比表面积大,表面能大,但同时也带来易吸附水、在拌制水泥混凝土时需水量大和干缩性大的缺点。

实验表明,火山灰质混合材料的活性一般都不如矿渣,而天然的又不及人工的。如以硅酸盐水泥强度为100%,掺30%火山灰材料后,在28d 龄期,人工的相对强度为84%,而掺天然火山灰的只有80%。一年龄期,人工的接近100%,天然的约90%。

火山灰质混合材的活性的评价有两种方法,一种是化学法,另一种是物理法。

化学方法是将含30%火山灰的水泥20g 与100ml 水制成混浊液,于40±2℃的条件下养护7d 或14d,到养护龄期时,将溶液过滤滴定溶液中的 CaO、OH^- 的浓度(以 mmol/L 表示),以 CaO 为纵坐标,OH^- 为横坐标,在火山灰活性图(图2-9-1)上画点。

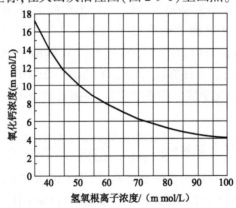

图2-9-1 评定火山灰性的曲线图

图中曲线为40±2℃条件下,CaO 在不同 OH^- 浓度时的溶解度曲线。当试验点落在曲线下方时,说明该试验材料能与熟料水化析出的 $Ca(OH)_2$ 作用,即具有火山灰性。反应试验点落在曲线上方,说明该材料不与 $Ca(OH)_2$ 反应,不具有火山灰性。如果试验点正好落在曲线上,则需在同一条件下重复进行试验。不过试验时间应延长到14d 龄期,若试验点落在曲线下方,仍说明材料具有火山灰性,只是活性发展较慢。

物理方法即强度对比试验法。常用水泥胶砂强度试验法,以火山灰材料抗压强度比来衡量。其含义是:

$$R_{比} = \frac{掺30\%火山灰的水泥28d抗压强度}{硅酸盐水泥28d抗压强度} \qquad (2\text{-}9\text{-}2)$$

按 GB/T 2847—2005 规定,其比值 R 应大于 65%。

此外,对人工火山灰质混合材,其烧失量不得超过 10%,SO_3 不得超过 3.5%。

四、粉煤灰

粉煤灰系火力发电厂煤粉锅炉收尘器所捕集的烟气中的微细粉尘。中国每年排灰量在 3000 万 t 以上。粉煤灰的排放,占用农田,堵塞江河,污染环境。粉煤灰是有一定活性的火山灰质混合材,利用它作混合材,既可增产水泥、降低成本,又可改变水泥的某些性能,变废为宝,化害为利。为了有效地推广粉煤灰作为混合材的利用,单独列有国家标准《用于水泥和混凝土中的粉煤灰》(GB/T 1596—2017)。

粉煤灰的化学成分是二氧化硅、三氧化二铝、氧化铁、氧化钙和未燃的碳。粉煤灰的化学成分波动范围为 SiO_2 35% ~60%,Al_2O_3 13% ~40%,CaO 2% ~5%,Fe_2O_3 2% ~12%,未燃尽碳(以烧失量表示)约 0.1% ~24%。其玻璃体含量为 50% ~70%,晶体部分主要是莫来石($3Al_2O_3 \cdot 2SiO_2$)、石英($\alpha\text{-}SiO_2$)还有赤铁矿、磁铁矿。粉煤灰粒度为 0.045mm 方孔筛筛余波动在 1% ~45%,比表面积为 200 ~390m^2/kg,小于 30μm 的颗粒约占 30% ~35%,粉煤灰真密度为 1.8 ~2.4g/cm^3,容积密度 520 ~880g/L。

粉煤灰的活性来源,主要来自低铁玻璃体,含量越高,活性也越高;石英、莫来石、赤铁矿、磁铁矿不具有活性,含量多则活性下降,玻璃体中 SiO_2 和 Al_2O_3 含量越高,活性也越高。粉煤灰越细,表面能越大,活性也越高。颗粒形状对活性也有影响,细小密实球形玻璃体含量越高,标准稠度需水量低,活性也高。不规则的多孔玻璃体含量多,粉煤灰标准稠度需水量增多。未燃碳粒增多,需水量增多,水泥强度降低。

粉煤灰经高温熔融,结构致密,水化速度比较慢。粉煤灰颗粒经过一年时间大约只有三分之一已水化,而矿渣颗粒水化三分之一只需 90d。在 28d 以前,粉煤灰活性发挥稍低于沸石、页岩渣等火山灰材料,但三个月以后的长龄期,与一般火山灰材料相当。这说明粉煤灰颗粒在 $Ca(OH)_2$ 作用下,需三个月的时间和逐步地受到侵蚀,积极地参与水化作用。掺30%粉煤灰的水泥 3 个月抗压强度增进率相当硅酸盐水泥 28d 的增进率(表 2-9-2)。

水泥抗压强度增进率(%)　　　　　　　　　　　　　　表 2-9-2

水　　泥	28d	3 月	6 月	1 年
硅酸盐水泥	88.8	99.2	102.3	100
掺30%粉煤灰的水泥	63.4	81.8	93.6	100
掺30%沸石的水泥	67.0	81.9	90.5	100
掺30%页岩渣的水泥	69.7	87.1	94.5	100

GB/T 1596—2017 规定了水泥生产中作活性混合材料的粉煤灰的技术要求。其中规定和煤一起煅烧城市垃圾或其他废弃物时、在焚烧炉中煅烧工业或城市垃圾时、循环流化床锅炉燃

烧收集的粉末均不包括在粉煤灰范围内。

粉煤灰分为两类,由无烟煤、烟煤煅烧收集的粉煤灰为 F 类粉煤灰,由褐煤、次烟煤煅烧收集的粉煤灰,氧化钙含量大于等于10%的粉煤灰为 C 类粉煤灰。

按用途分拌制砂浆、混凝土用粉煤灰(分为Ⅰ、Ⅱ、Ⅲ级),水泥活性混合材用粉煤灰(不分级)两类。

GB/T 1596—2017 还按照不同用途,规定了不同等级粉煤灰的理化性能,包括细度、烧失量、含水量、需水量比、安定性、游离氧化钙、密度、强度活性指数、氧化硅、氧化铝和氧化铁总质量含量等。另外,对脱硫粉煤灰中半水亚硫酸钙含量、粉煤灰放射性等理化性能做了限定。

五、其他混合材

(1)钢渣

钢渣是钢铁厂炼钢过程中产生的废渣,其主要化学组分和矿物相与硅酸盐水泥熟料类似,具有潜在的胶凝性能,被称为劣质的水泥熟料。但早期活性低、安定性差、易磨性差等因素限制其进一步开发利用。

通过预处理在源头上对钢渣进行改性,如碳化、水化消解游离氧化钙、单独超细制粉等措施,增加钢渣易磨性,提高胶凝活性,改善安定性,加大在水泥中的用量,实现钢渣大规模资源化利用。

(2)金属镁渣

金属镁以皮江法冶炼产出的含有硅酸二钙、氧化镁等成分的废渣可用作水泥混合材,GB/T 23933—2009 镁渣硅酸盐水泥(代号 P·M),规定了镁渣水泥的技术要求。由于皮江法镁渣中氧化镁含量较高,限制了镁渣掺量,而熔融法(马格内姆法)镁渣则是优质水泥混合材。

(3)铜锰冶炼渣

有色金属冶炼产生大量的废渣,具有一定的胶凝活性,但是必须注意重金属含量和放射性,使得作为混合才使用后,水泥产品满足环保生态的要求。

铜冶炼渣主要是铜冶炼生产过程中产生的熔炼渣、吹炼渣、水淬渣等,铜含量在 0.5% 以上,同时还含有 Fe、Zn、Pb、Co 等多种有价金属,其中铁的质量分数远高于铁矿石29.1%的平均工业品位,常被用作水泥生产中铁的校正原料。用作水泥混合材,必须符合《用于水泥和混凝土中的精炼渣粉》(GB/T 33813—2017)中有关质量技术要求。

电解锰渣是碳酸锰矿石经处理后的酸浸渣、硫化渣和阳极渣的混合体,经过 1200℃煅烧后的锰渣,主要化学成分为 SiO_2 和 CaO,且部分以 C_3S 和 C_2S 矿物相存在,其放射性和重金属浸出结果均小于标准值,当锰渣的比表面积为 $400m^2/kg$,掺量为 30%,其活性指数可达到95%。因此,锰渣可作为水泥混合材用于水泥生产。

(4)烧黏土、煅烧煤矸石

烧黏土、煅烧煤矸石都属于人工火山灰质混合材,其综合利用已得到重视。特别是烧黏土-石灰水泥的低碳烧制重新得到了重视,在传统硅酸盐水泥工业节能减排巨大压力下,烧黏土-石灰作为硅酸盐水泥混合材可以大幅度降低熟料用量,可降低三分之一水泥工业的碳排放。

(5)煤气化渣

以现代煤气化技术产生的煤化工废渣,是煤灰物质在气化炉中高温熔融水淬获得的,具有玻璃体含量高、含碳量高、产量大的特点,可作为人工火山灰物质用于水泥混合材。在使用前如含碳量高时,需进行脱碳预处理,含水量高时需进行烘干处理。

(6)污泥焚烧灰

中国城市污水污泥每年排放大约6500万t以上,污泥含水率通常为70%~95%,含有大量有机物,同时富集铅、铬、铜等重金属杂质。原状污泥体积容量大、运输困难,严重限制了其后续利用,需要脱水减量,降低污泥的含水率,常用的手段有浓缩、协同干化、污泥焚烧等。焚烧被认为是最彻底的处置方式。

污泥焚烧灰含有 Al_2O_3、SiO_2、CaO 等,同时具有部分活性,可用作水泥熟料生产原料,如用作水泥混合材,在掺量较低的情况下,不影响水泥强度,但随着污泥焚烧灰掺量增加,水泥标准稠度用水量增大,终凝时间延长,但对初凝时间影响较小,收缩降低,可起到补偿部分收缩的作用。同时污泥焚烧灰中重金属含量、磷钾含量对水泥性能的影响都需重视。

六、掺混合材的硅酸盐水泥

掺混合材硅酸盐水泥的基本组成材料是硅酸盐水泥熟料并掺加各种混合材料,国家标准对各种水泥的混合材料的品种和掺加量作了严格的规定,为了确保工程混凝土的质量,凡国标中未规定的混合材料品种,水泥厂禁止使用。

(1)矿渣硅酸盐水泥

凡由硅酸盐水泥熟料和粒化高炉矿渣、适量石膏磨细制成的水硬性胶凝材料称为矿渣硅酸盐水泥(简称矿渣水泥),代号 P·S。水泥中粒化高炉矿渣掺加量按质量百分数计为 20%~70%。

(2)火山灰质硅酸盐水泥

凡由硅酸盐水泥热料和火山灰质混合材料、适量石膏磨细制成的水硬性胶凝材料称为火山灰质硅酸盐水泥(简称火山灰水泥),代号 P·P。水泥中火山灰质混合材料掺加量按质量百分数计为 20%~50%。

(3)粉煤灰硅酸盐水泥

凡由硅酸盐水泥熟料和粉煤灰、适量石膏磨细制成的水硬性胶凝材料称为粉煤灰硅酸盐水泥(简称粉煤灰水泥),代号 P·F。水泥中粉煤灰掺加量按质量百分数计为 20%~40%。

(4)复合硅酸盐水泥

凡由硅酸盐水泥熟料、两种或两种以上规定的混合材料、适量石膏磨细制成的水硬性胶凝材料,称为复合硅酸盐水泥(简称复合水泥),代号 P·C,水泥中混合材料总掺加量按质量百分数计为 15%~50%。

第二节　提高掺混合材硅酸盐水泥早期强度的措施

掺混合材水泥有一个共同的特点是早期(3天、7天)强度偏低。因此,提高其早期强度是改善这类水泥使用条件的重要问题。一般认为,适当提高水泥熟料硅酸三钙和铝酸三钙含量,控制混合材的质量和掺量,提高水泥的细度,适当增加石膏掺入量,采用减水剂或早强剂等均可提高这类水泥的早期强度。

一、适当提高熟料中硅酸三钙和铝酸三钙含量

该两种矿物早期强度高,水化快,可提高水泥的早期强度。C_3A 含量增加可提高矿渣水泥的早期强度的例子如表 2-9-3 所示。

熟料矿物组成对矿渣水泥抗压强度的影响 表 2-9-3

熟料中矿物含(%)		水泥中矿渣含量	抗压强度(MPa)		
C_3S	C_3A	(%)	3d	7d	28d
55	8	50	6.9	11.8	25.9
55	10	50	10.0	23.0	34.9
55	12	50	15.0	21.0	35.0

二、控制混合材的质量和掺入量

对矿渣来说,要选用化学成分适当和水淬质量好的矿渣。其化学成分处于氧化钙-氧化铝-氧化硅三元相图中 C_2AS 和 C_2S 区时,矿渣水泥的早期和后期强度都较高。水淬好的,玻璃体多的矿渣,质量好。对火山灰质混合材来说,要选玻璃相含量高,活性 SiO_2 和活性 Al_2O_3 含量高者。

混合材掺入量越多,水泥强度下降越显著,而掺入量适当时,早期强度下降不大,后期强度下降也很小,有些(如掺矿渣者)后期(28d)强度还会有所提高,见表 2-9-4。

矿渣掺入量对矿渣水泥抗压强度的影响 表 2-9-4

矿渣掺入量	细度,0.08mm 方孔筛	抗压强度(MPa)		
(%)	筛余(%)	3d	7d	28d
0	5.2	21.0	31.8	47.1
20	5.0	18.5	31.8	52.2
40	5.5	13.6	27.3	48.3
60	5.7	7.7	16.1	41.7

三、提高水泥的粉磨细度

提高掺混合材的硅酸盐水泥的细度,对水泥强度,尤其是对早期强度的影响特别明显。表 2-9-5 列出了粉磨细度对矿渣水泥强度的影响。

粉磨细度对矿渣水泥抗压强度的影响 表 2-9-5

矿渣掺入量	比表面积	抗压强度(MPa)		
(%)	(cm²/g)	3d	7d	28d
0	2800	14.8	24.4	33.1
50	3500	10.4	19.4	26.5
50	4500	16.1	24.4	36.5
50	5500	23.4	31.1	46.9

水泥比表面积从 $3500cm^2/g$ 提高到 $4500cm^2/g$ 时,3d 强度甚至超过了纯硅酸盐水泥。因

此,在磨机有余力的情况下,用磨细的方法是提高矿渣水泥抗压强度最简单的有效措施。提高细度对火山灰质水泥特别是对粉煤灰水泥也非常有利。但过分提高水泥粉磨细度会降低磨机产量,增加电耗,提高水泥成本。因此,水泥的细度,必须结合工厂具体条件,根据综合技术经济指标确定。

增加熟料的细度,对水泥的早期强度有利,而矿渣磨细则有利于水泥后期强度的发展。因此,在粉磨早期强度要求较高的快硬矿渣硅酸盐水泥时,可采用二级粉磨流程。先在一般磨中将水泥熟料进行粗磨,然后在二级磨中与矿渣共同粉磨至成品。若矿渣掺量多,且水泥用于水工工程,则应采用矿渣适当磨细的流程。若矿渣与熟料的易磨性相差较大时,应采用分别粉磨再进行混合的工艺流程。

提高矿渣水泥的粉磨细度,除了提高早期强度外,还有利于改进矿渣水泥的和易性,减少泌水量。

四、适当增加石膏掺入量

当增加石膏掺入量可提高这类水泥的早期强度,特别是在熟料中硅酸三钙和混合材的 Al_2O_3 含量高、水泥细度较细的情况下更是如此,因为它有利于早期形成钙矾石。对矿渣硅酸盐水泥来说,石膏还是它的硫酸盐激发剂。但掺量也不宜过多,否则会引起膨胀,例如,国家标准规定矿渣水泥中三氧化硫含量不大于 4%,在工厂生产中,矿渣水泥石膏掺入量,以 SO_3 计,一般为 2.0% ~ 3.0%。

此外,在熟料 C_3A 含量和矿渣 Al_2O_3 含量高的矿渣水泥中,加入适量石灰石代替矿渣,也可提高其早期强度,这是由于 $CaCO_3$ 与水化铝酸钙可形成水化碳铝酸钙所致。

五、加入早强剂或减水剂

加入早强剂能促进水泥硬化,提高早期强度,常用的早强剂有氧化钙、氯化钙加亚硝酸钠、煅烧明矾石与石膏、氯化钠加三乙醇胺、亚硝酸钠加三乙醇胺和石膏等。加减水剂减少用水量,也能提高早期强度。

六、添加晶核剂和碳酸钙

研究表明,将水泥水化产物 C-S-H 凝胶纳米化,可以显著提高硅酸盐水泥的早期强度。包括碳酸钙和水泥水化凝胶甚至是废旧混凝土中的胶凝水化产物都具有促进水泥水化的作用,其早强的机理是为水泥水化提供晶核,加速水泥水化,与传统的早强剂相比,水泥后期强度不但不降低,还有不同程度的提升,可加大水泥中混合材的用量。

第十章
特性水泥、专用水泥与新型水泥

第一节 硫铝酸盐水泥与铝酸盐水泥

一、硫铝酸盐水泥

硫铝酸盐水泥是以适当成分的石灰石、矾土、石膏为原料,经低温(1300～1350℃)煅烧而成的以无水硫铝酸钙($C_4A_3\bar{S}$)和硅酸二钙(C_2S)为主要矿物(其中 $C_4A_3\bar{S}$ 含量高于 C_2S)组成的熟料,掺加适量混合材共同粉磨所制成的具有早强、快硬、低碱度等优异性能的水硬性胶凝材料,被称为继硅酸盐水泥和铝酸盐水泥之后的第三系列水泥。

20 世纪 50 年代末,国际文献开始报告关于 $C_4A_3\bar{S}$ 的研究成果。日本商业化生产快硬"零阿利特"水泥,其中含大量无水硫铝酸钙矿物,熟料的组成为:55% $C_4A_3\bar{S}$, 27% C_2S,5% $C\bar{S}$ 以及 4% C_4AF,即硫铝酸盐水泥,煅烧温度为 1250～1300℃,掺入 20% 的硬石膏粉磨至 $400m^2/kg$,其 3h、ld 和 28d 抗压强度分别为 29.4MPa、49.0MPa 和 82.5MPa。固定水泥含量为 $370kg/m^3$ 以及水灰比为 0.4,该水泥制得混凝土抗压强度比采用快硬波特兰水泥及减水剂的混凝土强度高 25%,且该水泥大规模用于快速硬化潮湿污泥以及固化重金属离子及含重金属离子的废弃物,如 Cr^{3+} 等。少数研究者得出硫铝酸盐水泥具备快硬、高早强和后期强度,且伴有轻微的膨胀和自应力性能,然而,大部分研究表明硫铝酸盐水泥水化过程中发生膨胀行为。

硫酸盐水泥的主要水化产物是 $Ca(OH)_2$、水化硅酸钙凝胶,以及少量水化硫酸钙和水化铁酸钙等,而水化硫铝酸钙由于形成条件的不同,又分成高硫型水化硫酸铝钙($3CaO \cdot Al_2O_3 \cdot CaSO_4 \cdot 32H_2O$)和低硫型水化硫铝酸钙($3CaO \cdot Al_2O_3 \cdot CaSO_4 \cdot 12H_2O$)两种。石膏在硫铝酸盐水泥水化过程中发挥着举足轻重的作用,一方面原料掺入生料中,经煅烧形成高活性无水硫铝酸钙;另一方面石膏作为缓凝剂掺入熟料中,水化生成钙矾石,影响着硫铝酸盐水泥的凝结时间和强度性能。

通常,石膏含量不足的条件下,将发生如下反应:

$$2C_4A_3\bar{S} + 2CaSO_4 \cdot 2H + 52H \longrightarrow C_6A\bar{S}_2H_{32} + C_4A\bar{S}_2H_{12} + 4AH_3 \qquad (2\text{-}10\text{-}1)$$

石膏含量充足的条件下,易于发生如下反应:

$$C_4A_3\bar{S} + 8CaSO_4 \cdot 2H_2O + 6Ca(OH)_2 + 68H_2O \longrightarrow 3C_6A\bar{S}_3H_{32} \qquad (2\text{-}10\text{-}2)$$

从上述反应式可以得知,石膏不足的情况下,熟料中的 $C_4A_3\bar{S}$ 矿物无法完全水化生成钙矾石,从而降低了水泥的强度性能,且凝结时间较快,不利于施工;若石膏掺量过量,则生成低硫型水化硫铝酸钙。只有 β-半水石膏,最后形成的 50% 的钙矾石伴随着膨胀,这主要是由于水泥颗粒表面晶体呈辐射生长所致;如所使用的为硬石膏,溶液中钙矾石晶体的形成过程不发生膨胀。

以矿物 C_4A_3S 复合的熟料已发展成硫铝酸盐水泥系列,主要包括普通硫铝酸盐水泥系列和高铁硫铝酸盐水泥(又称为铁铝酸盐水泥)。

(1)普通硫铝酸盐水泥:根据石膏掺入量和混合材的不同,这类水泥可分为五个品种:快硬硫铝酸盐水泥、膨胀硫铝酸盐水泥、自应力硫铝酸盐水泥、高强硫铝酸盐水泥、低碱度硫铝酸盐水泥。

(2)高铁硫铝酸盐水泥、快硬铁铝酸盐水泥、膨胀铁铝酸盐水泥、自应力铁铝酸盐水泥、高强铁铝酸盐水泥。

普通硫铝酸盐水泥熟料体系主要矿物组成为 C_4A_3S:55~75%,C_2S:8~37%,C_4AF:3~10%,熟料的烧成温度为 1350±50℃,其水泥具有高强、快硬、自应力等优良特性,同时由于其主要矿物之一的 $C_4A_3\bar{S}$ 中 CaO 含量低(36.8%)和形成温度低(1300℃),而与 C_2S 一样具有低能耗和低 CO_2 排放的特点。

《硫铝酸盐水泥》(GB/T 20472—2006),规定了硫铝酸盐水泥的术语与定义、组成材料、强度等级、自应力等级、技术要求、试验方法、检验规则、包装、标志、运输与贮存。

二、铝酸盐水泥

铝酸盐水泥是指以铝酸钙为主要矿物组成的铝酸盐水泥熟料,经磨细而制成的水硬性无机胶凝材料。根据需要,也可在磨制 $\omega(Al_2O_3)$ 大于 68% 的水泥时掺加适量的 α-Al_2O_3 粉。

根据《铝酸盐水泥》(GB/T 201—2015),铝酸盐水泥按 Al_2O_3 含量分为 4 个品种:CA-50、CA-60、CA-70 和 CA-80,其中 CA-50 又分 4 个强度等级,CA-60 又分两个强度等级(表 2-10-1)。

铝酸盐水泥的化学成分要求 表 2-10-1

类型	Al_2O_3	SiO_2	Fe_2O_3	$\omega(Na_2O) + 0.658\omega(K_2O)$	$\bar{S}$	Cl
CA50	$50\% \leqslant \omega(Al_2O_3) < 60\%$	≤9.0	≤3.0	≤0.5	≤0.2	
CA60	$60\% \leqslant \omega(Al_2O_3) < 68\%$	≤5.0	≤2.0			≤0.06
CA70	$68\% \leqslant \omega(Al_2O_3) < 77\%$	≤1.0	≤0.7	≤0.4	≤0.1	
CA80	$\omega(Al_2O_3) \geqslant 77\%$	≤0.5	≤0.5			

铝酸盐水泥熟料的主要矿物组成为 CA、CA_2、$C_{12}A_7$、C_2AS,还有微量的尖晶石(MA)和钙钛石($CaO \cdot TiO_2$)以及铁相(可能为 C_2F,也可能为 CF、Fe_2O_3 或 FeO)等。

铝酸盐水泥生产所采用的原料,为铝矾土和石灰石。

国外多采用熔融法生产铝酸盐水泥。原料不需磨细,可采用低品位的铝矾土。但是,在烧成时水泥熟料的单位质量热耗高,水泥熟料的硬度高,粉磨时电耗大。

采用回转窑烧成法,在烧成时水泥熟料的单位质量热耗低,粉磨时电耗低,可利用生产硅酸盐水泥的设备。但是,要采用优质原料,水泥生料要均匀,其烧成温度范围较窄(仅 50 ~ 80℃),烧成温度一般为 1300 ~ 1380℃。在煅烧中要采用低灰分燃料,以免灰分落入而影响物料的均匀性,造成结大块和熔融现象。另外,要控制好烧成带的火焰温度。由于水泥熟料凝结正常,因此水泥粉磨时不掺加石膏等缓凝剂。

对于铝酸盐水泥的生料配料,主要控制碱度系数(C_m)和铝硅比系数(n)。C_m 和 n 的数学表达式:

$$C_m = \frac{\omega_C - 1.87\omega_S - 0.7(\omega_F + \omega_T)}{0.55(\omega_A - 1.7\omega_B - 2.53\omega_M)} \qquad (2\text{-}10\text{-}3)$$

$$n = \frac{\omega_A}{\omega_S} \qquad (2\text{-}10\text{-}4)$$

式中:ω_C、ω_S、ω_F、ω_A、ω_B、ω_M——铝酸盐水泥生料中 CaO、SiO_2、Fe_2O_3、TiO_2、Al_2O_3、SO_3、MgO 的含量(质量分数,%)。

若 C_m 值高,则 CA 含量多,水泥凝结快,强度高;若 C_m 值低,则 CA 含量少而 CA_2 含量多,水泥凝结慢,强度低。当采用回转窑生产时,对于普通铝酸盐水泥,C_m 值一般选取为 0.75;对于快硬高强的铝酸盐水泥,C_m 值应控制为 0.8 ~ 0.9;若要求具有较好的耐高温性能,则 C_m 值应控制为 0.55 ~ 0.65 较为合适。n 值大,水泥强度高。

CA 是铝酸盐水泥的主要矿物,有很高的水硬活性,凝结时间正常,水化硬化迅速;CA_2 水化硬化慢,后期强度高,但早期强度却较低,具有较好的耐高温性能。

CA 的水化产物与温度关系很大。当环境温度低于 20℃时,主要生成 CAH_{10};当环境温度为 20 ~ 30℃时,转变为 C_2AH_8 和 $Al(OH)_3$ 凝胶;当环境温度高于 30℃时,则转变为 C_3AH_6 和 $Al(OH)_3$ 凝胶。

$C_{12}A_7$ 的水化与 CA 相似,结晶的 C_2AS 水化很慢,β-C_2S 水化生成 C-S-H 凝胶。

由于 CAH_{10} 和 C_2AH_8 逐步转变为 C_3AH_6 稳定相,温度越高,转变越快,同时晶型转变释放出大量游离水,孔隙率急剧增加,使得铝酸盐水泥的长期强度下降,特别是在温热环境下会明显下降,甚至引起工程破坏,因此,许多国家限制铝酸盐水泥应用于结构工程。

铝酸盐水泥的凝结时间要求,如表 2-10-2 所示。

铝酸盐水泥的凝结时间要求(min)　　　　　　　　　　表 2-10-2

水泥类型		初凝时间	终凝时间
CA50		≥30	≤360
CA60	CA60(Ⅰ)	≥30	≤360
	CA60(Ⅱ)	≥60	≤1080
CA70		≥30	≤360
CA80		≥30	≤360

当在铝酸盐水泥中加入 15% ~ 60% 硅酸盐水泥时,会发生"闪凝"现象。这是因为硅酸盐水泥析出 $Ca(OH)_2$,增大了液相的 pH 值的原因。

铝酸盐水泥的特点是其强度发展迅速。各类型铝酸盐水泥各水化时间的强度值要求,如表 2-10-3 所示。

铝酸盐水泥各水化时间的强度要求(MPa)　　　　　　　表 2-10-3

类　型		抗压强度				抗折强度			
		6h	1d	3d	28d	6h	1d	3d	28d
CA50	CA50-Ⅰ	≥20	≥40	≥50		≥3.0	≥5.5	≥6.5	
	CA50-Ⅱ		≥50	≥60			≥6.5	≥7.5	
	CA50-Ⅲ		≥60	≥70			≥7.5	≥8.5	
	CA50-Ⅳ		≥70	≥80			≥8.5	≥9.5	
CA60	CA60-Ⅰ		≥65	≥85	—			≥10.0	
	CA60-Ⅱ		≥20	≥45	≥85		≥2.5	≥5.0	≥10.0
CA70			≥30	≥40			≥5.0	≥6.0	
CA80			≥25	≥30			≥4.0	≥5.0	

铝酸盐水泥的另一特点,是在低温(5~10℃)时也能很好地硬化,而在气温较高(>30℃)的条件下养护,其强度剧烈下降。因此,铝酸盐水泥使用温度不得超过30℃,更不宜采用蒸汽养护。

铝酸盐水泥的抗硫酸盐性能好,因为水化时不析出 $Ca(OH)_2$。此外,水化产物含有 $Al(OH)_3$ 凝胶,使水泥石致密,抗渗性好。对碳酸水和稀酸($pH \geq 4$)也有很好的稳定性,但对浓酸和浓碱的耐蚀性不好。由于在高温下(>900℃),铝酸盐水泥会发生固相反应,烧结结合逐步取代水化结合,因此,铝酸盐水泥又有一定耐高温性,在高温下仍能保持较高强度,特别是低钙铝酸盐水泥,可用于制作各种高温炉的内衬。

铝酸盐水泥主要用于配制膨胀水泥、自应力水泥和1200~1400℃的耐热混凝土。

第二节　抗硫酸盐水泥、中低热水泥

一、抗硫酸盐水泥

抗硫酸盐硅酸盐水泥按其抗硫酸盐侵蚀程度分为中抗硫酸盐硅酸盐水泥和高抗硫酸盐硅酸盐水泥两类。以适当成分的硅酸盐水泥熟料,加入适量石膏,磨细制成的具有抵抗中等浓度硫酸根离子侵蚀的水硬性胶凝材料,称为中抗硫酸盐硅酸盐水泥,简称中抗硫水泥,代号 P·MSR。以适当成分的硅酸盐水泥熟料,加入适量石膏,磨细制成的具有抵抗较高浓度硫酸根离子侵蚀的水硬性胶凝材料,称为高抗硫酸盐硅酸盐水泥,简称高抗硫水泥,代号 P·HSR。

抗硫酸盐硅酸盐水泥适用于受硫酸盐侵蚀的海港、水利、地下、隧涵、引水、道路和桥梁基础等工程。

《抗硫酸盐硅酸盐水泥》(GB/T 748—2005),规定了中抗硫酸盐硅酸盐水泥、高抗硫酸盐硅酸盐水泥的定义、技术要求、试验方法和检验规则等。

二、中低热水泥

中低热水泥是中热硅酸盐水泥和低热矿渣硅酸盐水泥的统称。其主要特点为水化热低,适用于大坝和大体积混土工程。中热硅酸盐水泥是由适当成分的硅酸盐水泥熟料加入适量石膏磨细而成,简称中热水泥。

《中热硅酸盐水泥、低热硅酸盐水泥》(GB/T 200—2017)作了详细规定。

中热水泥熟料中,C_3A 含量不得超过 6%,C_3S 含量不得超 55%,f-CaO 不得超过 1.0%。

低热水泥熟料中 C_3S 含量不得超过 40%,C_3A 含量不得超过 6%,f-CaO 不得超过 1.0%。

各龄期水化热上限值和强度指标值分别如表 2-10-4 和表 2-10-5 所示。

中低热水泥各龄期强度指标(MPa)　　　　　　表 2-10-4

品种	强度等级	抗压强度			抗压强度			
		3d	7d	28d	3d	7d	28d	90d
中热水泥	42.5	≥12.0	≥22.0	≥42.5	≥3.0	≥4.5	≥6.5	—
低热水泥	32.5		≥10.0	≥32.5		≥3.0	≥5.5	≥62.5
	42.5		≥13.0	≥42.5		≥3.5	≥6.5	

中、低热水泥各龄期水化热下限值　　　　　　表 2-10-5

水泥品种	强度等级	水化热(kJ/kg)	
		3d	7d
中热水泥	42.5	≤251	≤293
低热水泥	32.5	≤197	≤230
	42.5	≤230	≤260

第三节　道路水泥、油井水泥、装饰水泥

一、道路水泥

由较高 C_4AF 含量的硅酸盐道路水泥熟料、0 ~ 10% 活性混合材和适量石膏磨细制成的水硬性胶凝材料,称为道路硅酸盐水泥(简称道路水泥)。《道路硅酸盐水泥》(GB/T 13693—2017)对相关技术指标做了规定。

对道路水泥的性能要求是:耐磨性好、收缩小、抗冻性好、抗冲击性好,有高的抗折强度和良好的耐久性。道路水泥熟料矿物组成要求为:

C_3A < 5%,C_4AF > 15%,f-CaO 不得大于 1.0%,代号 P·R,按照抗折强度分两个等级,P·R 7.5 和 P·R 8.5,各龄期强度如表 2-10-6 所示。

道路水泥强度指标(MPa)　　　　　　表 2-10-6

强度等级	抗折强度		抗压强度	
	3d	28d	3d	28d
7.5	≥4.0	≥7.5	≥21.0	≥42.5
8.5	≥5.0	≥8.5	≥26.0	≥52.5

另外,道路基层用水泥,多为缓凝水泥,见《道路基层用缓凝硅酸盐水泥》(GB/T

35162—2017)。

二、油井水泥

油井水泥专用于油井、气井的固井工程,又称堵塞水泥,它的主要作用是将套管与周围的岩层胶结封固,封隔地层内油、气、水层,防止互相窜扰,以便在井内形成一条从油层流向地面且隔绝良好的油流通道。

油井水泥的基本要求为:水泥浆在注井过程中要有一定的流动性和合适的密度;水泥浆注入井内后,应较快凝结,并在短期内达到相当强度;硬化后的水泥浆应有良好的稳定性和抗渗性、抗蚀性等。

油井底部的温度和压力随着井深的增加而提高,每深入 100m,温度约提高 3℃,压力增加 1.0~2.0MPa。例如,井深达 7000m 以上时,井底温度可达 200℃,压力可达到 125MPa,因此,高温高压,特别是高温对水泥各种性能的影响,是油井水泥生产和使用的最主要问题。高温作用使硅酸盐水泥的强度显著下降,因此,不同深度的油井,应该用不同组成的水泥。根据 GB/T 10238—2015,油井水泥分为六个级别,包括普通型(O)、中抗硫酸盐型(MSR)和高抗硫酸盐型(HSR)三类。各级别油井水泥适用范围如下:

A 级:在无特殊性能要求时使用,仅有普通型。

B 级:适合于井下条件要求中抗或高抗硫酸盐时使用,分为中抗硫酸盐型和高抗硫酸盐型两种类型。

C 级:适合于井下条件要求高早期强度时使用,分为普通型、中抗硫酸盐型和高抗硫酸盐型三种类型。

D 级:适合于中温中压的井下条件时使用,分为中抗硫酸盐型和高抗硫酸盐型两种类型。

G 级:是一种基本油井水泥,分为中抗硫酸盐型和高抗硫酸盐型两种类型。

H 级:是一种基本油井水泥,分为中抗硫酸盐型和高抗硫酸盐型两种类型。

油井水泥的物理性能要求包括:水灰比、水泥比表面积、15~30min 内的初始稠度,在特定温度和压力下的稠化时间,以及在特定温度、压力和养护龄期下的抗压强度。

油井水泥的生产方法有两种:一种是制造特定矿物组成的熟料,以满足某级水泥的化学和物理要求;另一种是采用基本油井水泥(G 级和 H 级水泥),加入相应的外加剂,以达到等级水泥的技术要求,采用前一方法往往给水泥厂带来较多的困难。

G 级水泥和 H 级水泥的矿物组成、质量标准、技术要求完全相同,不同的是水灰比,G 级为 0.44,而 H 级为 0.38。在化学成分要求上,中抗硫酸盐型要求 MgO≤6.0%,SO_3≤3.0%,烧失量≤3.0%,不溶物≤0.75%,C_3S = 48%~58%,C_3A≤8%,总碱量(Na_2O + 0.658K_2O)≤0.75%,高抗硫酸盐型除要求 C_3A≤3%,$(2C_3A + C_4AF)$≤24%,C_3S = 48%~65% 外,其余化学成分要求均与中抗硫酸盐型相同。在物理性能要求上不分类型,除水灰比外,G 级和 H 级的物理性能要求相同。其要求为:游离液含量≤5.9%;15~30min 内的初始稠度≤30Bc(水泥浆稠度的 Bearden 单位);52℃,35.6MPa 压力下的稠化时间为 90~120min;38℃常压养护 8h 的抗压强度≥2.1MPa;60℃常压养护 8h 的抗压强度≥10.3MPa。

油井和气井的情况十分复杂,为适应不同油气井的具体条件,有时还要在水泥中加入一些外加剂,如增重剂、减轻剂或缓凝剂等。

三、装饰水泥

装饰水泥指白色水泥(White Portland Cement)和彩色水泥(Colored Portland Cement),硅酸盐水泥的颜色主要由氧化铁引起,当 Fe_2O_3 含量在 3% ~4% 时,熟料呈暗灰色;在 0.45% ~0.7% 时,带淡绿色;而降低到 0.35% ~0.40% 后,接近白色。因此,白色硅酸盐水泥(简称白水泥)的生产主要是降低 Fe_2O_3 含量。此外,氧化锰、氧化钴和氧化钛也对白水泥的白度有显著影响,故其含量也应尽量减少,石灰质原料应选用纯的石灰石或方解石,黏土可选用高岭土或瓷石。生料的制备和熟料的粉磨均应在没有铁污染的条件下进行。其磨机的衬板一般采用花岗岩、陶瓷或耐磨钢制成,并采用硅质卵石或陶瓷质研磨体,燃料最好用无灰分的天然气或重油,若用煤粉,其煤灰含量要求低于 10%,且煤灰中的 Fe_2O_3 含量要低,由于生料中的 Fe_2O_3 含量少,故要求较高的煅烧温度(1500~1600℃),为降低煅烧温度,常掺入少量萤石(0.25% ~1.0%)作为矿化剂。

白水泥的 KH 与通常的硅酸盐水泥相近,由于 Fe_2O_3 含量只有 0.35% ~0.40%,因此 SM 较高(4 左右),铝率很高(20 左右)。主要矿物为 C_3S,C_2S 和 C_3A,C_4AF 含量极少。

白度(Whiteness),通常以白水泥与 MgO 标准白板的反射率的比值来表示,为提高熟料白度,在煅烧时宜采用弱还原气氛,使 Fe_2O_3 还原成颜色较浅的 FeO。另外,采用漂白措施,通常将刚出窑的熟料喷水冷却,使熟料从 1250~1300℃急冷至 500~600℃,可提高熟料白度,熟料存放一段时间(7d)也可提高白度。为提高水泥白度,在粉磨时应加入白度较高的石膏,同时提高水泥粉磨细度。

采用铁含量很低的铝酸盐或硫铝酸盐水泥生料,也可生产出白色铝酸盐或硫铝酸盐水泥。

用白色水泥熟料与石膏以及颜料共同磨细,可制得彩色水泥,所用颜料要求对光和大气具有耐久性,能耐碱而又不对水泥性能起破坏作用。需用的颜料有氧化铁(红、黄、褐红),二氧化锰(黑、褐色)、氧化铬(绿色)、赭石(赭色)、群青蓝(蓝色)和炭黑(黑色),但制造红、褐、黑等较深颜色彩色水泥时,也可用一般硅酸盐水泥熟料来磨制。

在白水泥生料中加入少量金属氧化物着色剂直接烧成彩色熟料,也可制得彩色水泥。《白色硅酸盐水泥》(GB/T 2015—2017)中规定,白水泥强度等级分为 32.5,42.5 和 52.5 三个等级。

第四节　新型水泥

一、生物医用水泥

生物医用水泥,又称骨水泥,在骨外科、整形外科、牙科用于替代、修复人体硬组织等领域具有广泛应用前景。

骨水泥是在人体生理条件下水化硬化成硬组织的,通常温度为 37℃,湿度 100%,具有固化时间可调、生物相容性好,易成型等特点。

无机类骨水泥主要有磷酸钙骨水泥(CPC)、硫酸钙骨水泥(CSC)、硅酸钙骨水泥(CSCs)几种类型,其中,硅酸钙骨水泥,特别是硅酸三钙(C3S)骨水泥的使用最为广泛。另外,也可以在其中进行金属掺杂,例如镁、锶、锌、钡、锆或稀土元素,使得骨水泥与水接触后凝固生成的羟基磷灰石(HAp)具有和骨成分相似的结构和良好的生物学特性。

二、地质聚合物水泥

地质聚合物水泥又称土聚水泥、地聚合水泥,它以烧黏土(偏高岭土)或其他以硅、铝、氧为主要元素的硅铝质材料、碱激发剂为主要原料,在低于150℃下甚至常温条件下养护,采用适当的工艺处理得到的具有与陶瓷性能相似的一种新型胶凝材料。

法国专家Davidovits最早研究制备地聚合水泥发现,地聚合水泥的Si/Al在2～20内变动时,其膨胀系数在4×10^{-6}℃～25×10^{-6}℃内变化,为制备地聚合水泥复合材料带来方便。

地聚合水泥在1000～1200℃之间不氧化、不分解;另一方面,密实的氧化物网络体系可以隔绝空气,保护内部物质不被氧化。经复合改性后,材料的抗压、抗拉、抗弯曲强度大幅度提高。同时高温性能好、不燃、隔热、无毒性气体释放。

地聚水泥可以用来固定有害金属离子。地聚合水泥的结构是由环状分子链构成的"类晶体"结构。环状分子之间结合形成密闭的空腔(笼状),可以把金属离子和其他毒性物质分割包围在空腔内;同时骨架中的铝离子也能吸附金属离子;金属离子还可参与地聚水泥结构的形成,因此,可以更有效地固定体系中的金属离子。

地聚合反应过程中,溶胶的形成和脱水反应速度比较快,网络骨架比较容易形成,因此可快速制得高强度制品,可应用于机场、道路、桥梁和军事设施的快速修建与修复等。

地聚合水泥网络结构中Si—O和Al—O在室温下较难与酸(HF酸除外)反应,可以用其制造耐酸材料。

与传统水泥材料相比,地聚合水泥材料的聚合程度较高。与陶瓷材料相比,地聚合水泥材料的结构为以环状链构成连续三维网络构架,有"类晶态"和"玻璃态"两种结构,不存在完全的晶体和晶界。地聚合水泥材料的许多性能与陶瓷相近,又称化学陶瓷。

地聚合反应过程是铝硅酸之间的脱水反应,这个反应在强碱性条件下是可逆的;另一方面,原料变成产物,除了脱水外没有物质损失。所以,地聚合水泥废料可循环利用。

由于使用强碱作为激发剂,地质聚合物水泥成本较高。

三、细菌水泥

细菌水泥,也称微生物水泥。最早在水泥中加入"修复"细菌和乳酸钙,建筑物出现裂缝时细菌繁殖并以乳酸为食,这一过程中生成的钙离子和碳酸根离子结合形成碳酸钙进行修复的水泥被称为细菌水泥。细菌水泥逐步被应用到固结多种材料中,微生物诱导碳酸钙沉积(MICP),即利用微生物代谢活动中矿化行为,诱导形成碳酸钙沉淀,其具有特殊的胶结作用,可作为一种新的生物胶凝材料。对细菌水泥能够胶结松散颗粒的原因比较统一的解释为,微生物诱导形成的方解石晶体在松散的颗粒之间充当桥梁作用,将松散的颗粒胶结成一个整体。

微生物诱导碳酸钙沉积技术(MICP)是一项生物介导技术,也是细菌水泥所用到的关键技术。在实际应用中,通过培育驯化巴氏芽孢杆菌在松散颗粒之间诱导碳酸钙沉积,由于微生物分泌的胞外聚合物及其双电层结构的存在,微生物趋向吸附于颗粒表面,通过新陈代谢活动提供碱性环境外,微生物由于细胞壁表面一般带有大量负电官能基团(如羟基、胺基、酰胺基、羧基等)而吸附溶液中的Ca^{2+},作为形核位点,有利于异质成核。如下式:

$$Ca^{2+} + CELL \Longrightarrow CELL - Ca^{2+}$$

微生物诱导生成碳酸钙沉淀的过程如图 2-10-1 所示:①溶液中的 Ca^{2+} 吸附于带负电荷的微生物细胞壁,同时通过尿素水解,CO_3^{2-} 和 NH_4^+ 被释放至微生物局部环境中;②在 Ca^{2+} 存在下,可能导致溶液局部过饱和,碳酸钙沉淀于细胞壁;③随着碳酸钙晶体的不断生长,微生物逐渐被包裹,限制营养物质的传输,导致细胞死亡;④微生物在碳酸钙晶体上留下印迹。也就是微生物诱导生成的碳酸钙上存在类似的坑蚀。正是松散颗粒间不断诱导沉积的碳酸钙,最终将松散颗粒胶结成为整体,并赋予其力学性能,材料内部生成碳酸钙含量越多,其内部孔隙减小越显著,宏观表现出来的力学性能(如强度、刚度、渗透性)就越优异。

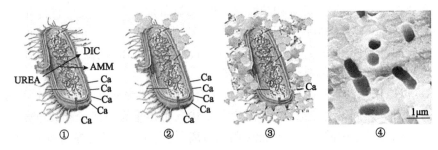

图 2-10-1　微生物诱导生成碳酸钙沉淀过程示意图

四、菱镁水泥

菱镁水泥也称索勒尔水泥、氧氯化镁水泥、氯氧镁水泥等。菱镁水泥一般是由镁质胶凝材料(也称轻烧氧化镁)和氯化镁溶液(称为调和剂)两部分调制而成的一种气硬性胶凝材料。其 MgO-MgCl-H_2O 三元体系的水化产物主要是 5·1·8 相[$5Mg(OH)_2 \cdot MgCl_2 \cdot 8H_2O$]和 3·1·8 相[$3Mg(OH)_2 \cdot MgCl_2 \cdot 8H_2O$]。5·1·8 相和 3·1·8 相皆为晶体结构,显微镜下一般是针杆状形态,但随着生长空间不同和受外来因素的影响,有时也呈颗粒、纤维束集合体,它们相互交叉搭接,穿插排列成网状结构,变成坚固的水泥石而产生较高的机械强度。

菱镁水泥在硬化时要释放出很高的热量,最高反应体系的中心温度可达 140℃,在夏季可能会超过 150℃。菱镁水泥水化热是普通水泥的 3~4 倍。

菱镁水泥可以轻易达到 62.5MPa。一般的轻烧镁粉胶凝材料的抗压强度均可达到 62.5MPa 以上,大部分可达到 90MPa 以上。试验表明,当轻烧镁粉与无机集料之质量比为 1:1 时,其一天的抗压强度可达 34MPa、抗折强度 9MPa,28d 抗压强度达 142PMa,抗折强度达 26MPa。

耐磨性是普通硅酸盐水泥的三倍,因此菱镁水泥适合生产地面砖及其他高耐磨制品。

菱镁水泥同时具备既耐高温、又耐低温的特性。菱镁水泥建材制品一般均有耐高温的特性,即使复合了玻璃纤维,也可耐火 300℃ 以上,被广泛用于生产防火板。菱镁水泥耐低温性能优异,在低温下也可生产,不需要外加防冻剂。

菱镁水泥不怕盐卤腐蚀,遇盐卤还会增加强度。可用于高盐卤地区。但由于其含有大量的氯离子,对钢铁制品具有很强的腐蚀性。

镁水泥制品在干燥空气中,其抗压和抗折度均随龄期而增长,密度一般只有普通硅酸盐制品的 70%,加入调和剂后,4~8h 就可以达到脱模的强度。初凝为 35~45min,终凝 50~60min,相当于快硬水泥。

菱镁水泥在凝结硬化后,形成高的密实度,毛细孔少,具备良好的抗渗性,在波瓦等屋面材料领域有着广阔的应用前景。

五、无熟料水泥

无熟料水泥是由活性混合材料(如粒化高炉矿渣、粉煤灰、火山灰、钢渣等)和碱性激发剂(如石灰等)或硫酸盐激发剂(如石膏),按比例配合、磨细而成。

无熟料水泥一般以它所采用的原料来命名,如石膏矿渣水泥、石膏化铁炉渣水泥、石灰烧黏土水泥、石灰粉煤灰水泥、赤泥硫酸盐水泥等。生产无熟料水泥,不但主要原料可以利用工业废渣,而且激发剂也可用工业副产品,如以磷石膏、氟石膏等代替天然石膏使用。

无熟料水泥的生产不经过生料制备和熟料烧成工序,耗能低。无熟料水泥的水硬性、强度等性能,取决于原料的性质和配合比。这类水泥的强度一般都较低,早期强度不高,但后期强度较高,抗水性、耐蚀性和耐热性较好,而抗冻性、大气稳定性较差,易风化,不宜长期贮存。适用于地下、水中和潮湿环境中的建筑工程,也可用于制作地坪、路面以及一般建筑;不适用于冻融交替频繁、要求早期强度较高、长期处于干燥地区的建筑工程。

在无熟料水泥中可掺入30%以下的硅酸盐水泥熟料制成少熟料水泥。熟料在水泥中不但起到碱性激发剂的作用,而且可提高水泥早期强度,改善水泥抗冻性和抗碳化性等。

六、贝利特水泥

贝利特水泥是由含量较高的 β 型硅酸二钙(俗称贝利特)为主要组成(其含量一般大于40%)的水泥,特点是水化热低、干缩小、耐高温、抗侵蚀、抗冻、抗渗等特性表现良好;水化产物 CH 少、碱度低、可大量利用低品位石灰石、较传统硅酸盐水泥熟料排放少等;制备的混凝土需水量较低、工作性能好、对混凝土外加剂有更好的适应性、体积稳定性好、抗化学侵蚀性和耐磨性好。

为了克服贝利特水泥早期强度低,可发展活性贝利特水泥、贝利特硫铝酸盐水泥、贝利特硫铁酸盐水泥、阿里尼特水泥、低温水泥等。

本篇参考文献

[1] 全国水泥标准化技术委员会.水泥的命名、定义和术语:GB/T 4131—2014[S].北京:中国标准出版社,2014.

[2] 全国水泥标准化技术委员会.通用硅酸盐水泥标准:GB 175—2020[S].北京:中国标准出版社,2020.

[3] 全国水泥标准化技术委员会.白色硅酸盐水泥:GB/T 2015—2017[S].北京:中国标准出版社,2020.

[4] 全国水泥标准化技术委员会.油井水泥:GB/T 10238—2015[S].北京:中国标准出版社,2015.

[5] 全国水泥标准化技术委员会.道路水泥:GB/T 13693—2017[S].北京:中国标准出版社,2017.

[6] 全国水泥标准化技术委员会.道路基层用缓凝硅酸盐水泥:GB/T 35162—2017[S].北京:中国标准出版社,2017.

[7] 全国水泥标准化技术委员会.抗硫酸盐硅酸盐水泥:GB/T 748—2005[S].北京:中国标准出版社,2005.

[8] 全国水泥标准化技术委员会.中热硅酸盐水泥、低热硅酸盐水泥:GB/T 200—2017[S].北京:中国标准出版社,2017.

[9] 全国水泥标准化技术委员会.铝酸盐水泥:GB/T 201—2015[S].北京:中国标准出版社,2015.

[10] 全国水泥标准化技术委员会.用于水泥和混凝土中的粉煤灰:GB/T 1596—2017[S].北京:中国标准出版社,2017.

[11] 全国水泥标准化技术委员会.用于水泥中的火山灰质混合材料:GB/T 2847—2005[S].北京:中国标准出版社,2005.

[12] 全国水泥标准化技术委员会.水泥、砂浆和混凝土中的粒化高炉矿渣粉:GB/T 18046—2017[S].北京:中国标准出版社,2017.

[13] 全国水泥标准化技术委员会.用于水泥中的粒化高炉矿渣:GB/T 203—2008[S].北京:中国标准出版社,2008.

[14] 全国水泥标准化技术委员会.镁渣硅酸盐水泥:GB/T 23933—2009[S].北京:中国标准出版社,2009.

[15] 全国水泥标准化技术委员会.用于水泥和混凝土中的精炼渣粉:GB/T 33813—2017[S]. 北京:中国标准出版社,2017.

[16] 全国水泥标准化技术委员会.砌筑水泥:GB/T 3183—2017[S].北京:中国标准出版社, 2017.

[17] 全国水泥标准化技术委员会.核电工程用硅酸盐水泥:GB/T 31545—2015[S].北京:中国标准出版社,2015.

[18] 全国水泥标准化技术委员会.水泥生料易烧性试验方法:GB/T 26566—2011[S].北京:中国标准出版社,2011.

[19] 全国水泥标准化技术委员会.水泥原料易磨性试验方法(邦德法):GB/T 26567—2011[S].北京:中国标准出版社,2011.

[20] 全国水泥标准化技术委员会.水泥压蒸安定性试验方法:GB/T 750—1992[S].北京:中国标准出版社,1992.

[21] 全国水泥标准化技术委员会.水泥化学分析方法:GB/T 176—2017[S].北京:中国标准出版社,2017.

[22] 中国建筑材料联合会.建筑材料放射性核素限量:GB 6566—2010[S].北京:中国标准出版社,2010.

[23] 全国水泥标准化技术委员会.水泥胶砂强度检验方法(ISO 法):GB/T 17671—2020[S]. 北京:中国标准出版社,2020.

[24] 全国水泥标准化技术委员会.粉煤灰中的铵离子含量的限量及检验方法:GB/T 39701—2020[S].北京:中国标准出版社,2020.

[25] 沈威,黄文熙,闵盘荣.水泥工艺学[M].北京:中国建筑工业出版社,1985.

[26] 苏达根.水泥与混凝土工艺[M].北京:化学工业出版社,2004.

[27] 曹文聪.普通硅酸盐工艺学[M].北京:武汉工业大学出版社,1996.

[28] 刘银,郑林义,等.无机非金属材料工艺学[M].合肥:中国科学技术大学出版社,2015.

[29] 周张健.无机非金属材料工艺学[M].北京:中国轻工出版社,2010.

[30] 钱春香,张旋.新型微生物水泥[M].北京:科学出版社,2019.

[31] 蔡玉良,吴建军,等.对流态化煅烧水泥熟料技术的再认识[J].中国水泥,2015,6:71-78.

PART 3 | 第三篇

玻璃工艺学

玻璃概述

第一节 玻璃的定义、特性与结构

一、玻璃定义

玻璃分为狭义玻璃和广义玻璃。狭义玻璃是指熔融物在冷却过程中不发生结晶的无机物质,仅指无机玻璃,它包括氧化物玻璃、非氧化物玻璃、非晶半导体。而广义玻璃是指具有转变温度(T_g)的非晶态材料,非晶态材料是指其原子的排列近程有序而远程无序,原子排列不具有平移周期性关系;当温度连续升高(或降低)时,在某个温度范围内发生明显结构变化,导致热膨胀系数、比热容等性质发生突变,这个温度范围所对应的性质转折点就是转变温度 T_g。非晶态材料包括无机玻璃、金属玻璃、有机玻璃等。

二、玻璃特性

玻璃是一种具有无规则结构的非晶态固体,其原子不像晶体那样在空间作长程有序排列,而近似于液体那样具有短程有序。玻璃像固体保持一定的外形,而不像液体那样能在本身的重力作用下流动。

玻璃态物质具有以下五个特性:

1.各向同性

玻璃态物质的质点排列总的来说是无规则的,是统计均匀的,因此,它的物理化学性质在任何方向都是相同的。

2.无固定熔点

玻璃态物质由固体转变为液体是在一定温度区域(软化温度范围)内进行的,它与结晶态物质不同,没有固定的熔点。

3.亚稳性

玻璃态物质一般是由熔融体过冷而得到的。在冷却过程中黏度急剧增大,质点来不及作有规则排列而形成晶体,没有释出结晶潜热(凝固热),因此,玻璃态物质比相应的结晶态物质含有较大的能量。它不是处于能量最低的稳定态,而是处于亚稳态。

4. 变化的可逆性

玻璃态物质从熔融状态冷却(或相反加热)过程中,物理化学性质产生逐渐和连续的变化,而且是可逆的。

从熔融态(液体)到固态过程中,内能与体积(或其他物理化学性质)在它的熔点发生突变。而冷却形成玻璃时,其内能和体积(或其他物理化学性质)却是连续的和逐渐的变化。

玻璃某些性能(如密度、折射率、黏度等)随着这一区间(或其附近)的温度变化的快慢而变化,例如玻璃的比容,随玻璃熔体降温速度的增大而增大。

玻璃的转变温度也随降温速度的增大而增高,T_g 温度与试验条件有关,玻璃在室温时的某些物理性能与转变区间热历史有密切的关系,它对玻璃性质有重要意义。

5. 可变性

玻璃的性质(在一定范围内)随成分发生连续和逐渐的变化。

三、玻璃结构假说

"玻璃结构"的概念是指离子-原子在空间的几何配置以及它们在玻璃中形成的结构形成体。正确地理解玻璃态的内部结构,有益于根据所需的玻璃性质确定玻璃成分,调整配方,从而指导玻璃工业生产实践。

近代玻璃结构的假说主要是晶子学说和无规则网络学说。

兰德尔(Randell)于 1930 年提出了玻璃结构的微晶学说,因为一些玻璃的衍射花样与同成分的晶体相似,认为玻璃由微晶与无定形物质两部分组成,微晶具有正规的原子排列并与无定形物质间有明显的界线,微晶尺寸为 1.0 ~ 1.5nm,其含量占 80% 以上,微晶的取向无序。列别捷夫在研究硅酸盐光学玻璃的退火中发现,在玻璃折射率随温度变化的曲线上,在 520℃附近出现突变,他把这一现象解释为玻璃中的石英"微晶"在 520℃的同质异变,认为玻璃是由无数"晶子"所组成,"晶子"不同于微晶,是带有点阵变形的有序排列分散在无定形介质中,且从"晶子"到无定形区的过渡是逐步完成的,两者之间并无明显界限。

玻璃的晶子学说揭示了玻璃中存在有规则排列区域,即有一定的有序区域,这对于玻璃的分相、晶化等本质的理解有重要价值,但初期的晶子学说把这些有序区域当作微小晶体,并未指出相互之间的联系,因而对玻璃结构的理解是初级和不完善的。

耐高温玻璃结构的无规则网络学说是 1932 年由查哈里阿森(Zachariasen)提出的,该学说借助于离子结晶化学的一些原则,描述了离子-共价键的化合物,如熔石英、硅酸盐和硼酸盐玻璃。由于共价键的因素,玻璃的近程有序与晶体相似,即形成氧离子多面体(三角体和四面体),多面体间顶角相连形成三度空间连续网络,但其排列是拓扑无序的。瓦伦(Warren)等人的 X 射线衍射结果先后都支持这一学说,随后,笛采尔(Dietzel)等人又从结构化学的观点,根据各种氧化物形成耐高温玻璃结构网络所起作用的不同,进一步区分为玻璃网络形成体、网络外体(或称网络修饰体)和中间体氧化物。

玻璃形成体氧化物应满足:

(1)每个氧离子应与不超过两个阳离子相连。

(2)在中心阳离子周围的氧离子配位数必须是小的,即为 4 或更小。

（3）氧多面体相互共角,而不共棱或共面。

（4）每个多面体至少有三个顶角是共用的。

碱金属离子被认为是均匀而无序地分布在某些四面体之间的空隙中,以保持网络中局部地区的电中性,因为它们的主要作用是提供额外的氧离子,从而改变网络结构,故它们称为"网络修饰体"。

比碱金属和碱土金属化合价高而配位数小的阳离子,可以部分地参加网络结构,故称为"中间体",如 BeO、Al_2O_3 和 ZrO_2 等。

无规则网络学说着重说明了玻璃结构的连续性、统计均匀性与无序性,可以解释玻璃的各向同性、内部性质的均匀性和随成分改变时玻璃性质变化的连续性等,因而在长时间内该理论占主导地位。

事实上,玻璃结构的晶子学说与无规则网络学说分别反映了玻璃结构这个比较复杂问题矛盾的两个方面。可以认为短程有序和长程有序是玻璃物质结构的特点,从宏观上看玻璃主要表现为无序、均匀和连续性,而从微观上又呈现有序、微不均匀性和不连续性。

目前,尚无统一的玻璃结构理论,晶子学说和无规则网络学说对于研究玻璃性质与现象,提供了较大的帮助。

第二节　玻璃的形成规律

一、热力学条件

从热力学角度来看,玻璃态物质(较之相应结晶态物质)具有较大的内能,因此,它总是有降低内能向晶态转变的趋势,所以通常说玻璃是不稳定的或亚稳的,在一定条件下(如热处理)可以转变为多晶体。玻璃一般是从熔融态冷却而成。在足够高温的熔制条件下,晶态物质中原有的晶格和质点的有规则排列被破坏,发生键角的扭曲或断键等一系列无序化现象,它是一个吸热的过程,体系内能因而增大。然而在高温下,$\Delta G = \Delta H - T\Delta S$ 中的 $-T\Delta S$ 项起主导作用,而代表熔效应的项居于次要地位,就是说溶液熵对自由能的负的贡献超过热熔 ΔH 的正的贡献,因此体系具有最低自由能组态,从热力学上说熔体属于稳定相。当熔体从高温降温,由于温度降低,$-T\Delta S$ 项逐渐转居次要地位,而与熔效应有关的因素(如离子的场强、配位等)则逐渐增强其作用。当降到某一定的温度时(例如液相点以下),ΔH 对自由能的正的贡献超过溶液熵的贡献,使体系自由能相应增大,从而处于不稳定状态。故在液相点以下,体系往往通过分相或析晶的途径放出能量,使其处于低能量稳定态。

一般说同组成的晶体与玻璃体的内能差别越大,玻璃越容易结晶,即越难于生成玻璃。

二、动力学条件

从动力学的角度讲,析晶过程必须克服一定的势垒,包括成核所需建立新界面的界面能以及晶核长大所需的质点扩散的激活能等。如果这些势垒较大,尤其当熔体冷却速度很快时,黏度增加很大,质点来不及进行有规则排列,晶核形成和长大均难于实现,从而有利于玻璃的形成。

事实上如果将熔体缓慢冷却,最好的玻璃生成物(如SiO_2和B_2O_3等)也可以析晶,反之,若将熔体快速冷却,使冷却速度大于质点排列成为晶体的速度,即使是金属亦有可能保持其高温的无定形态。

从动力学的观点看,生成玻璃的关键是熔体的冷却速度(即黏度增大速度),故研究物质的玻璃生成能力时,都必须指明熔体的冷却速度和熔体数量(或体积),如熔体数量小则冷却速度大则易形成玻璃。

表征冷却速度的标准,来衡量玻璃的生成能力。例如用晶体线生长速度(γ)的倒数($1/\gamma$),临界冷却速度(即能获致玻璃的最小冷却速度),以及乌尔曼(D. R. Uhlmann)提出的三 T 图等。

所谓三 T 图,是通过 T-T-T(温度-时间-转变)曲线法,以确定物质形成玻璃的能力大小。在考虑冷却速度时,必须选定可测出的晶体大小,即某一熔体究竟需要多快的冷却速度,才能防止产生能被测出的结晶。据估计,玻璃中能测出的最小晶体体积与熔体之比大约为10^{-6}。

另外,也有用三分之二规则作为衡量物质形成玻璃能力的粗略参数之一,即位于$T_g/T_m = 2/3$直线上方的物质易于形成玻璃,位于直线下方的物质不易形成玻璃。

另外,物质形成玻璃的能力与熔体阴离子基团的大小、原子间的化学键性、键强也有关系。

第三节 熔体与玻璃的相变

熔体和玻璃体的相变,主要指熔体和玻璃体在冷却和热处理过程中,从均匀的液相或玻璃相转变为晶相或分解为两种互不相溶的液相,这对改变和提高玻璃的性能,防止玻璃的析晶以及对微晶玻璃的生产具有重要意义。

从熔体或玻璃体中析出晶体,一般要经过两个步骤:先形成晶核然后晶体长大。晶核的形成表征新相的产生,而晶体长则是新相进一步的扩展。

成核过程,可分为均匀成核和非均匀成核。均匀成核是指在宏观均匀的玻璃中,在没有外来物参与下,与相界结构缺陷等无关的成核过程,又称本征成核或自发成核。非均匀成核是依靠相界、晶界或基质的结构缺陷等不均匀部位而成核的过程,又称非本征成核。相界一般包括:容器壁、气泡、杂质颗粒或添加物等与基质之间的界面,如分相而产生的界面,以及空气与基质的界面(即表面)等。

在生产实际中常见的是非均匀成核,而均匀成核一般不易出现。

当稳定的晶核形成后,在适当的过冷度和过饱和度条件下,熔体中的原子(或原子团)向界面迁移到达适当的生长位置,使晶体长大。晶体生长速度取决于物质扩散到晶核表面的速度和物质加入于晶体结构的速度,而界面的性质对于结晶的形态和动力学有决定性的影响。

玻璃在高温下为均匀的熔体,在冷却过程中或在一定温度下热处理时,由于内部质点迁移,某些组分分别浓集(偏聚),从而形成化学组成不同的两个相。此过程称为分相。分相区一般可从几十埃至几千埃,因而属于亚微结构不均匀性。这种微相区只有在高倍电子显微镜下,有时要在T_g点附近经适当热处理,才能观察到。

玻璃熔体中有两种不同类型的不混溶特性,一种是在液相线以上就开始发生分液,这种分相从热力学上说叫稳定分相(或稳定不混溶性)它给玻璃生产带来困难,玻璃一般具有层状结构或产生强烈的乳浊现象。另一种是在液线温度以下才开始发生分相,这种分相叫亚稳分相(或亚稳不混溶性)它对玻璃有重要的实际意义。现已查明,绝大部分玻璃系统都是在液相线下发生亚稳分相,分相是玻璃形成系统中的普遍现象。它对玻璃的结构和性质有重大的影响。

根据分相动力学知识,玻璃态物系的分相机理,可以分为早期阶段的成核、晶体生长和亚稳分解,以及后期阶段的成核、晶体生长和聚结、粗化。即亚稳分解机理和成核与晶体长大机理。

亚稳分解机理是起始浓度(成分)波动程度小,空间弥散范围大,后来波动越来越大,直到分相为止;而成核与晶体长大机理是成核时浓度(成分)变化程度大,而成核牵涉的空间范围小。

从结晶化学的观点解释氧化物玻璃熔体产生不混溶性(分相)的原因,认为氧化物熔体的液相分离是由于阳离子对氧离子的争夺所引起。在硅酸盐熔体中,桥氧离子已为硅离子以硅氧四面体的形式吸引到自己周围,因此,网络外体(或中间体)阳离子总是力图将非桥原子吸引到自己的周围,并按本身的结构要求进行排列。

分相对玻璃的性质有重要的作用,它对具有迁移性能如黏度、电导、化学稳定性等的影响较为敏感。分相对具有加和特性的另一类性质,如折射率、密度、热膨胀系数和弹性模量等不那么敏感。因此分相对于玻璃的析晶、着色都有明显的影响。

从热力学的观点,玻璃内能高于同成分晶体的内能,因此,熔体的冷却必然导致析晶。熔体的能量和晶体的能量之差越大,则析晶倾向越大。然而从动力学观点看来,由于冷却时熔体黏度增加快,析晶所受阻力甚大,故亦可能不析晶而形成过冷的液体。在液相线温度以上结晶被熔化,而在常温时固态玻璃的黏度极大,因此,都不可能析晶。析晶过程包括晶核形成和晶体生长两个阶段。成核速度和晶体生长速度都是过冷度和黏度的函数。对大多数硅酸盐熔体和玻璃来说,晶核形成的最大速度是在较低温度区,而晶体生长的最大速度在较高温度区。当熔体从高温冷却时,首先进入晶体生长范围区,此时熔体尚无晶核,故不能析晶;进入晶体生长范围区和成核范围区交叉区域,则容易析晶,但是在足够冷却速度下,迅速通过交叉区也容易获得玻璃体,避免析晶,继续冷却进入成核区,则晶体长大速度低,也不能析晶。而当熔体凝固再被加热经过成核区时则容易析晶。

玻璃的结构、成分、分相和工艺过程都是影响玻璃析晶的主要因素。

第二章
玻璃的性质

第一节　玻璃的密度

玻璃的密度是指单位体积的玻璃质量,常用单位为 kg/m^3。玻璃的密度主要取决于组成玻璃的原子质量,也与原子堆积紧密程度以及配位数有关,它是表征玻璃结构紧密程度的一个重要参数。测定玻璃密度可控制生产,借此掌握玻璃的成分变化情况,因此,成为现代玻璃工业生产主要控制参数之一。

一、影响玻璃密度的主要因素

1. 化学组成

玻璃的密度与化学组成关系十分密切,在各种玻璃制品中,石英玻璃的密度最小,为 $2200kg/m^3$,而普通钠钙硅玻璃约为 $2500 \sim 2600kg/m^3$。

在硅酸盐、硼酸盐、磷酸盐玻璃中引入 R_2O 和 RO 氧化物时,随着离子半径的增大,玻璃的密度增大。半径小的阳离子如 Li^+、Mg^{2+} 等可填充于网络间空隙之中,因此,虽然使硅氧四面体的连接断裂,但并不会引起网络结构的扩大。阳离子如 K^+、Ba^{2+}、La^{2+} 等,其离子半径比网络空隙大,因此,玻璃中加入前者使结构紧密度增加,加入后者则使结构紧密度下降。

同一氧化物在玻璃中的配位状态不同时,密度也将产生明显的变化。B_2O_3 从硼氧三角体〔BO_3〕转变为硼氧四面体〔BO_4〕或者中间体〔RO_4〕转变到八面体〔RO_6〕(如 Al_2O_3、MgO、TiO_2 等)均使密度上升。因此,连续改变这类氧化物含量至产生配位数变化时,在玻璃成分-性能变化曲线上就出现了极值或转折点。

在 $R_2O\text{-}B_2O_3\text{-}SiO_2$ 系玻璃中,当 $Na_2O/B_2O_3 > 1$ 时,B^{3+} 由三角体转变为四面体,玻璃密度增大,当 $Na_2O/B_2O_3 \leqslant 1$ 时,由于 Na_2O 不足,〔BO_4〕又转变成〔BO_3〕,使玻璃结构紧密,密度下降,出现"硼反常现象"。

在 $Na_2O\text{-}SiO_2$ 玻璃中,以 Al_2O_3 取代 Na_2O 时,当 Al^{3+} 处于网络外成为〔AlO_6〕八面体时,玻璃密度上升,当 Al^{3+} 处于〔AlO_4〕四面体中,〔AlO_4〕的体积大于〔SiO_4〕,密度下降,出现"铝反常现象"。

玻璃中含有 B_2O_3 时，Al_2O_3 对玻璃密度的影响更为复杂。由于〔AlO_4〕比〔BO_4〕稳定，所以，引入 Al_2O_3 时，先形成〔AlO_4〕，当玻璃中含 R_2O 足够多时，才能使 B^{3+} 处于〔BO_4〕。

2. 玻璃密度与温度及热历史的关系

随着温度的升高，玻璃密度下降，而比体积(即密度倒数)就会相应地增高。对于一般的工业玻璃，当温度从室温升高至 1300℃ 时，密度下降 6% ~ 12%。在弹性变形范围内密度的下降与玻璃的热膨胀系数有关。

玻璃密度还与热处理条件有关，淬冷的玻璃比退火的玻璃一般有较低的密度。例如风冷钢化玻璃，钢化前后的密度是不相同的。

在退火温度范围内，玻璃密度与退火温度、保温时间、降温速度呈现比较复杂的关系，具有如下规律：

(1)玻璃从高温状态冷却时，淬火(急冷)玻璃比退火(缓冷)玻璃的密度低；

(2)在一定退火温度下，保温一定时间后，玻璃的密度趋向平衡，而淬火玻璃处于较大的不平衡状态；

(3)冷却速度越快，偏离平衡密度的温度越高，因此，偏离平衡密度也就越大，另外也会使 T_g 温度越高。

玻璃析晶是一个结构有序化过程，因此，玻璃在析晶后密度是增加的。玻璃晶化(包括微晶化)后密度的大小主要决定于析出晶相类型。

目前测定玻璃密度的方法有密度瓶法、阿基米德法、静水力学称重法、沉浮法等。

二、密度在生产控制上的应用

在玻璃生产中常出现的事故如：料方计算错误、配合料称量差错、原料化学组成波动等，均可引起玻璃密度的变化。因此，各玻璃厂常用测定密度作为控制玻璃生产的手段。密度的测定方法简单、快速且准确，如再与其他的物理、化学分析等手段结合就能更全面地分析和查明事故的原因，从而达到更好地控制工艺生产的目的。玻璃密度的测量用流体静压称量法，比重瓶法和浮沉法来测定，常用浮沉法测定。

第二节 玻璃的黏度

一、黏度的定义

黏是指面积为 S 的二平行液层，以一定速度梯度 dv/dx 移动时需克服的内摩擦力 f

$$f = \frac{\eta S dv}{dx} \qquad (3\text{-}2\text{-}1)$$

式中：η——黏度或黏度系数，其单位为 Pa·s。

二、黏度参考点

玻璃黏度是玻璃的一个重要性质，它与玻璃的熔化、成型、退火、热加工和热处理等都有密切的关系。常用的黏度参考点如下：

（1）应变点，大致相当于黏度为 $10^{13.6}$ Pa·s 的温度，即应力能在几小时内消除的温度。

（2）转变点（T_g），相当于黏度为 $10^{12.4}$ Pa·s 的温度。

（3）退火点，大致相当于黏度为 10^{12} Pa·s 的温度，即应力能在几分钟内消除的温度。

（4）变形点，相当于黏度为 $10^{10} \sim 10^{11}$ Pa·s 的温度范围。

（5）软化温度（T_f），它与玻璃的密度和表面张力有关。相当于 $(3 \sim 15) \times 10^6$ Pa·s 之间的温度。

（6）操作范围，相当于成型时玻璃液表面的温度范围。操作范围的黏度一般为 $10^3 \sim 10^{6.6}$ Pa·s。

（7）熔化温度，相当于黏度为 10 Pa·s 的温度，在此温度下玻璃能以一般要求的速度熔化。

（8）自动供料机供料的黏度，$10^2 \sim 10^3$ Pa·s。

三、玻璃黏度与成分的关系

各常见氧化物对玻璃黏度的作用大致归纳如下：

（1）SiO_2、Al_2O_3、ZrO_2 等提高玻璃黏度。

（2）碱金属氧化物 R_2O 降低玻璃黏度。

碱土金属氧化物对玻璃黏度的作用较为复杂。一方面类似于碱金属氧化物，能使大型的四面体群解聚，引起黏度减小，另一方面这些阳离子电价较高（比碱金属离子大一倍），离子半径又不大，故键力较碱金属离子大，有可能夺取小型四面体群的氧离子于自己的周围，使黏度增大。应该说，前一效果在高温时是主要的，而后一效果主要表现在低温。碱土金属对黏度增加的顺序一般为：

$$Mg^{2+} > Ca^{2+} > Sr^{2+} > Ba^{2+}$$

其中 CaO 低温时增加黏度，高温时含量小于 10% ~ 12% 时降低黏度，当含量大于 10% ~ 12% 时增大黏度。

PbO、CdO、Bi_2O_3、SnO 等降低玻璃黏度。Li_2O、ZnO、B_2O_3 等都有增加低温黏度、降低高温黏度的作用。

四、玻璃黏度与温度的关系

玻璃的黏度随温度降低而增大，从玻璃液到固态玻璃的转变，黏度是连续变化的。

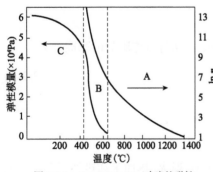

图 3-2-1　Na_2O-CaO-SiO_2 玻璃的弹性模量、黏度与温度的关系

所有实用硅酸盐玻璃，其黏度随温度的变化规律都属于同一类型，只是黏度随温度的变化速度以及对应于某给定黏度的温度有所不同，在 10Pa·s（或更低）至约 10^{11} Pa·s 的黏度范围内，玻璃的黏度由温度和化学组成决定，而从约 10^{11} Pa·s 至 10^{14} Pa·s（或更高）的范围内，黏度又是时间的函数。图 3-2-1 为 Na_2O-CaO-SiO_2 玻璃的弹性模量、黏度与温度的关系。

图中分 3 个温度区，在 A 区因温度较高，玻璃表现为典型的黏性液体，它的弹性性质近于消失，在这一温度区中黏度仅决定于玻璃的组成和温度，$\log\eta = a + b/T$

(a、b 为常数);当温度进入 B 区(转变区),黏度随温度下降而迅速增大,弹性模量也迅速增大,在这一温度区黏度除决定于组成和温度外,还与时间有关,$\log\eta = a'b'/T^2$(a'、b' 为常数);在 C 区,温度继续下降,弹性模量进一步增大,黏滞流动变得非常小,在这一温度区,玻璃的黏度又仅决定于组成和温度而与时间无关,$\log\eta = a + b/T$(a、b 为常数)。

生产上常把玻璃的黏度随温度变化的快慢称为玻璃的料性,黏度随温度变化快的玻璃称为短性玻璃,反之称为长性玻璃。

五、玻璃黏度的计算方法

关于玻璃黏度计算方法许多科学家做了大量研究工作,虽然尚无一套通用的计算方法能够适用所有玻璃体系,但可预测玻璃的温度黏度特征值。

1. 奥霍琴法

奥霍琴法黏度值计算时对应的温度常数如表 3-2-1 所示。

根据玻璃黏度计算相应温度常数   表 3-2-1

玻璃黏度 (Pa·s)	常 数 数 值				以 1% MgO 代替 1% CaO 时所引起相应的温度提高(℃)
	A	B	C	D	
10^3	-22.87	-16.10	6.50	1700.40	9.0
10^4	-17.49	-9.95	5.90	1381.40	6.0
10^5	-15.37	-6.25	5.00	1194.27	5.0
$10^{6.5}$	-12.19	-2.69	4.58	980.72	3.5
10^7	-10.36	-1.18	4.35	910.86	2.6
10^8	-9.71	0.47	4.24	815.89	1.4
10^9	-9.19	1.57	5.34	762.50	1.0
10^{10}	-8.75	1.92	5.20	720.80	1.0
10^{11}	-8.47	2.27	5.29	683.80	1.5
10^{12}	-7.46	3.21	5.52	632.90	2.0
10^{13}	-7.32	3.49	5.37	603.40	2.5
10^{14}	-6.29	4.01	5.24	561.50	3.0

此法适用于含有 MgO、Al_2O_3 的 Na_2O-CaO-SiO_2 系统的玻璃,如平板玻璃和瓶罐玻璃,适合的玻璃成分范围为(质量分数):Na_2O 12% ~ 16%,CaO + MgO 5% ~ 12%,Al_2O_3 0 ~ 5%,SiO_2 64% ~ 80%,可用下式计算:

$$T_\eta = Aw_1 + Bw_2 + Cw_3 + D$$

式中: T_η——某黏度值对应的温度(℃);

w_1、w_2、w_3——分别是 Na_2O、CaO + MgO、Al_2O_3 的质量分数(%);

A, B, C, D——分别为 Na_2O、CaO + MgO、Al_2O_3、SiO_2 的温度常数,随黏度值而变化。

如果玻璃成分中 $w(MgO) \neq 3\%$ 时,则 T_η 值须校正。

2. 富切尔法

如前所述黏度和温度的关系,可用富切尔方程式表示。

$$\lg\eta = -A + \frac{B}{T - T_0} \quad 或 \quad T = T_0 + \frac{B}{\lg\eta + A} \tag{3-2-2}$$

式中:A、B、T_0可从下式求出:

$A = -1.4788Na_2O + 0.8350K_2O + 1.6030CaO + 5.4986MgO - 1.5183Al_2O_3 + 1.4550$

$B = -6039.7Na_2O - 1439.6K_2O - 3919.3CaO + 6285.3MgO + 2253.4Al_2O_3 + 5736.4$

$T_0 = -25.07Na_2O - 321.0K_2O + 544.3CaO - 384.0MgO + 294.4Al_2O_3 + 198.1$

其中:Na_2O、K_2O、…——各组分的相对含量,即以SiO_2的摩尔分数为1%时,各组分(摩尔分数)与SiO_2之比(R_mO_n/SiO_2),各项数字系数从实验结果计算得出。实验温度范围500~1400℃。该实验式所算出的温度,其标准偏差为2.3~2.5℃。

该计算系统使用组成范围为:$SiO_2 = 1.00mol$,$Na_2O = 0.15 \sim 0.20mol$,$CaO = 0.12 \sim 0.20mol$;$MgO = 0.0 \sim 0.051mol$,$Al_2O_3 = 0.0015 \sim 0.0730mol$,该方法适用黏度范围为$10^2 \sim 10^{13}Pa \cdot S$。

3. 博—杰涅夫法

适用于瓶罐和器皿玻璃,此法不能直接用于计算一定温度下的黏度值,此法必须先知道接近待算玻璃成分在特定温度下的黏度值,然后再利用表3-2-2所列的数据,即可确定待计算玻璃在该黏度下的温度值。

氧化物置换1%SiO_2时保持恒值$\lg\eta$所需温度变化 表3-2-2

置换SiO_2氧化物	置换范围(质量分数%)	为保持下列黏度时所提高(+)或降低(-)的温度(℃)							
		$10^3Pa \cdot s$	$10^4Pa \cdot s$	$10^5Pa \cdot s$	$10^6Pa \cdot s$	$10^7Pa \cdot s$	$10^8Pa \cdot s$	$10^{10}Pa \cdot s$	$10^{12}Pa \cdot s$
Al_2O_3	0~5	+10.6	+9.0	+7.6	+7.0	+6.0	+5.0	+4.0	+3.0
Fe_2O_3	0~5	-9.0	-7.0	-5.0	-3.5	-2.5	-1.5	-0.5	0.0
MgO	0~5	-6.0	-3.5	-2.0	-0.5	0.0	+1.0	+2.0	+3.0
CaO	0~6	-23.0	-14.0	-9.0	-5.0	-2.0	+0.5	+4.5	+7.0
BaO	6~10	-16.0	-11.5	-8.0	-5.0	-2.6	-0.4	+3.0	+6.0
PbO	30~35	-10.5	-9.0	-8.0	-7.0	-6.0	-5.0	-4.0	-3.0
Na_2O	13~17	-14.0	-11.0	-9.0	-7.5	-6.5	-5.5	-4.5	-3.5
K_2O	15~30	-14.0	-12.0	-9.0	7.3	-6.0	-5.7	-4.2	-3.0

注:PbO 的数据属于钠铅硅玻璃,其他氧化物数据均为普通硅酸盐玻璃。

例如某铅晶质玻璃成分为(质量分数):SiO_2 56%,Na_2O 2%,K_2O 12%,PbO 30%,计算玻璃黏度$10^3Pa \cdot s$时的温度。已知玻璃成分为(质量分数):SiO_2 58%、Na_2O 3.5%、K_2O 13.5%、PbO 25%.玻璃黏度$10^3Pa \cdot s$时的温度为1060℃。

$T = 1060 + (2 - 3.5) \times (-14.0) + (12 - 13.5) \times (-14.0) + (30 - 25) \times (-10.5) =$

1049.5(℃)

六、玻璃黏度的测量

由于玻璃的组成不同,其对应的温度黏度特性曲线也会不同,由于目前尚无一套可以精确计算任何玻璃体系黏度的公式,因此,在现实科研生产过程中,必须借助于仪器设备来测量玻璃的温度黏度特性曲线。来指导玻璃生产及加工。玻璃黏度范围很宽($10^1 \sim 10^{15}$ Pa·s)。现在也没有任何一种仪器能够进行全范围玻璃黏度测量,一般采取分段测量黏度的方法进行,因此测量原理及测量仪器也是不同的。测量高温熔融态玻璃黏度 $10^1 \sim 10^5$ Pa·s 时,常用旋转法测定熔体的内摩擦力和利用斯托克斯(stoks)定律的落球法;$10^4 \sim 10^9$ Pa·s 时,常用 littleton 法,其中可包含软化点,将玻璃拉成直径(0.65 ± 0.1)mm 玻璃丝,长度230mm,检测玻璃丝加热时伸长速率变化;测定黏度 $10^{11} \sim 10^{15}$ Pa·s 时,膨胀仪法和弯杆法(又称弯曲梁法),其中黏度可包含退火点、应变点、转变点,膨胀软化点等所对应温度。

第三节   玻璃表面张力

一、玻璃表面张力的物理与工艺意义

玻璃的表面张力指玻璃与另一相接触的相分界面上(一般指空气),在恒温、恒容下增加一个单位表面时所做的功。单位为 N/m 或 J/m^2。硅酸盐玻璃的表面张力为($220 \sim 380$)× 10^{-3} N/m,比水的表面张力大 3~4 倍,与熔融金属数值相近。

熔融玻璃的表面张力在玻璃制品的生产过程中有重要意义,特别是在玻璃的澄清、均化、成型、玻璃液与耐火材料相互作用等过程中起着重大的作用。表面张力在一定程度上决定了气泡的成长和溶解,因而影响气泡从玻璃液中排除的速度。

在玻璃的成型过程中,人们借助玻璃的表面张力可使玻璃达到一定的形状,或使浮法玻璃获得优质表面。同样,也必须通过调整玻璃表面张力减少玻璃中的条纹,在生产薄玻璃时要用拉边器克服由于表面张力所引起的收缩。

二、玻璃表面张力与组成的关系

各种氧化物对玻璃的表面张力 σ 有不同的影响,如 Al_2O_3、La_2O_3、CaO、MgO 能提高表面张力;K_2O、PbO、B_2O_3、Sb_2O_3 等在加入量较大时,则能大大地降低表面张力;Cr_2O_3、V_2O_5、MoO_3、WO_3 等即使用量不大,也能显著地降低表面张力。例如,在锂硅酸盐玻璃中引入33%(质量分数)K_2O 可使表面张力从 317×10^{-3} N/m 降低到 212×10^3 N/m,而引入7%(质量分数)V_2O_5 表面张力降到 100×10^{-3} N/m。

氧化物对玻璃熔体与空气界面的表面张力影响可分为三类,如表3-2-3所示。第 I 类表面活性差的成分,第 II 类中间成分,第 III 类难熔而表面活性强的成分。

第 I 类氧化物与表面张力的关系,符合加和性法则,一般可用式(3-2-3)计算:

$$\sigma = \frac{\sum \overline{\sigma_i} \alpha_i}{\sum \alpha_i} \qquad (3\text{-}2\text{-}3)$$

式中：σ——玻璃的表面张力（N/m）；

$\overline{\sigma_i}$——氧化物的表面张力系数（表3-2-3）；

α_i——氧化物摩尔分数（%）。

各类成分对表面张力影响的分类　　　　　　　　　　　表 3-2-3

类型	氧　化　物	表面张力系数 $\overline{\sigma_i}$（1300℃时）	类型	氧　化　物	表面张力系数 $\overline{\sigma_i}$（1300℃时）
第 I 类表面活性差的成分	SiO_2	290	第 I 类表面活性差的成分	Na_2O	295
	TiO_2	250		CaF_2	420
	ZrO_2	350		Nb_2O_3	250
	SnO_2	350		Ta_2O_5	500
	Al_2O_3	380		GeO_2	260
	BeO	390		Y_2O_3	900
	MgO	520		La_2O_3、CeO_2、PrO_3、Gd_2O_3、Eu_2O_3	650~950
	CaO	510			650~950
	SrO	490		Dy_2O_3	650~950
	BaO	470		Ga_2O_3	600
	ZnO	450	第 II 类中间成分	K_2O、Tl_2O、PbO、Cs_2O、B_2O_3、Sb_2O_3、As_2O_5、P_2O_5、As_2O_3	无定值，一般较低，也可能负值
	CdO	430			
	MnO	390			
	FeO	490	第 III 类难熔而表面活性强的成分	Cr_2O_3、V_2O_5、SO_3、CrO_3、MoO_3、WO_3	无定值，一般为负值
	CoO	430			
	NiO	400			
	Li_2O	450			

第 II 类和第 III 类氧化物对熔体的表面张力的关系是复合函数，不符合加和性法则。由于这些成分的吸附作用，表面层的组成与熔体内的组成是不同的。

三、玻璃表面张力与温度的关系

从表面张力的概念可知，温度升高，质点热运动能增大，体积膨胀，相互作用力松弛，液气界面上的质点在界面两侧所受的力也随之减少，表面张力降低，因此，玻璃表面张力在特定温度范围内几乎成直线。

四、玻璃表面张力与气体的关系

干燥的非极性气体如氮气、氢气、氦气等对玻璃表面张力影响比较小，而极性气体水蒸气、二氧化硫、氨气、氯化氢对玻璃表面张力影响较大，通常会使表面张力变小。

五、玻璃表面润湿性及影响因素

在玻璃实际生产过程中，特别在金属与玻璃的封接过程中，经常遇到润湿性问题。玻璃与金属封接的密实与否,首先决定于玻璃对金属的润湿情况,润湿情况越佳,润湿角越小,则相互间黏附力越好,封接得越密实。

润湿能力取决于相邻两相的自由表面能之间的对比关系,以表面张力的大小表示。当液滴、固体表面和空气三者相互间的作用力达到平衡时,即可计算出润湿角 θ。

如果液体和固体间表面张力很大时,熔体趋向于收敛成球状,以减少两相界面,这时 θ 很大。$\theta > 90°$,称为液相不润湿固相;$\theta < 90°$,称为液相润湿固相。当 $\theta = 0$ 即 $\cos\theta = 1$ 时,则产生完全润湿;而当 $\theta = 180°$ 即 $\cos\theta = -1$ 时,则绝对不产生润湿。

玻璃的表面润湿性受很多因素影响,如气体介质、温度、化学成分。

(1)气体介质的影响 气体介质使玻璃熔融对固体表面的润湿过程有很大的影响。在空气的氧介质中润湿情况是比较好的,这种现象可以解释为在固体表面上形成了氧化物,而这种氧化物促进了润湿作用。

熔融玻璃液对纯净金属的润湿能力较差,但是在空气和氧气中状况就大为改观,这与金属表面氧化程度有关。在固体表面形成低价氧化物,则润湿情况好,所以含有 MoO_2、MnO、Cu_2O 的金属表面比含有 MoO_3、MnO_2、CuO 的金属表面润湿情况好得多。

(2)温度的影响 固体表面的润湿角 θ 随温度升高而减小,即温度升高润湿情况有所改善。

(3)化学组成的影响 玻璃化学组成对润湿有很大影响,比较含有 Li、Na、K 元素的玻璃润湿性,可以确定润湿能力随阳离子半径的减小而增加,亦即 K < Na < Li。

第四节　玻璃的力学性质

玻璃的力学性质包括玻璃的机械强度、玻璃弹性、玻璃硬度等。

一、玻璃的机械强度

玻璃是一种脆性材料,它的机械强度可用抗压、抗折、抗张、抗冲击强度等指标表示。玻璃之所以得到广泛应用,原因之一就是它的抗压强度高,硬度也高。由于它的抗折和抗张强度不高并且脆性较大,其应用受到了一定限制。为了改善这些性质,可采用退火、钢化(淬火)、表面处理与涂层、微晶化、与其他材料复合等方法。这些方法中有的可使玻璃抗折强度成倍甚至十几倍的增加。

二、玻璃理论强度与实际强度

所谓材料的理论强度,就是从不同的理论角度来分析材料所能承受的最大应力或分离原子(离子或分子)所需的最小应力。其值决定于原子间的键强度。但这只适用于不存在任何缺陷的情况。

玻璃的理论强度可通过不同的方式进行计算,其值大致为 $(1.0 \sim 1.5) \times 10^4 \text{MPa}$。由于晶体和无定形物质结构的复杂性,物质的理论强度可近似地按 $\sigma_{th} = x \cdot E$ 计算。E 为弹性模量,x 为与物质结构和键型有关的常数,一般 $x = 0.1 \sim 0.2$。按此式计算,石英玻璃的理论强度为 $1.2 \times 10^4 \text{MPa}$。

玻璃的实际强度通常要比理论强度低得多,一般为$(3 \sim 15) \times 10^2 MPa$,与理论强度相差$2 \sim 3$个数量级。这是因为玻璃的强度不仅与化学键强度有关,还与玻璃的脆性、玻璃表面的微裂纹、内部不均匀及缺陷的存在造成应力集中有关,其中表面微裂纹对玻璃强度的影响尤为严重。

三、影响玻璃机械强度的主要因素

1. 化学组成

不同组成的玻璃其结构间的键强也不同,如桥氧离子与非桥氧离子的键强不同,碱金属离子与碱土金属离子的键强也不一样,从而影响玻璃的机械强度。

石英玻璃的强度最高,含有R^{2+}离子的玻璃强度次之,强度最低的是含有大量R^+离子的玻璃。一般玻璃强度随化学组成的变化在$34.3 \sim 88.2 MPa$间波动。CaO、BaO、B_2O_3(15%以下)、Al_2O_3对强度影响较大,MgO、ZnO、Fe_2O_3等影响不大。各种组成氧化物对玻璃抗张强度的提高作用的顺序是:

$$CaO > B_2O_3 > BaO > Al_2O_3 > PbO > K_2O > Na_2O > (MgO, Fe_2O_3)$$

各组成氧化物对玻璃的抗压强度的提高作用的顺序是:

$$Al_2O_3 > (SiO_2、MgO、ZnO) > B_2O_3 > Fe_2O_3 > (BaO、CaO、PbO)$$

玻璃的抗张强度σ_F和抗压强度σ_C可按加和性法则计算(表3-2-4)。

$$\sigma_F = P_1 F_1 + P_2 F_2 + \cdots + P_n F_n$$

$$\sigma_C = P_1 C_1 + P_2 C_2 + \cdots P_n C_n$$

式中:P_1、P_2、$\cdots P_n$——玻璃中各组成氧化物的质量百分含量;

F_1、F_2、$\cdots F_n$——各组成氧化物抗张强度计算系数;

C_1、C_2、$\cdots C_n$——各组成氧化物的抗压强度计算系数。

计算玻璃抗张及抗压强度系数　　　　　　　　　　表3-2-4

系数	氧 化 物											
	Na_2O	K_2O	MgO	CaO	BaO	ZnO	PbO	Al_2O_3	As_2O_3	B_2O_3	P_2O_5	SiO_2
抗张强度	0.02	0.01	0.01	0.20	0.05	0.05	0.15	0.03	0.05	0.03	0.07	0.08	0.09
抗压强度	0.02	0.05	1.10	0.20	0.05	0.60	0.48	1.00	1.00	0.90	0.76	1.23

2. 玻璃中的宏观和微观缺陷

宏观缺陷如固体夹杂物(结石)、气体夹杂物(气泡)、化学不均匀(条纹)等常因与主体玻璃成分不一致、膨胀系数不同而造成内应力。同时由于宏观缺陷提供了界面,从而使微观缺陷(如点缺陷、局部析晶、晶界等)常常在宏观缺陷的地方集中,从而导致裂纹的产生,严重影响了玻璃的强度。

3. 微不均匀性

表面微裂纹是使玻璃强度大幅度降低的主要原因,但当玻璃表面缺陷消除后,测得的强度还是比理论强度低得多。通过电镜观察证实,这是由于玻璃中存在微相和微不均匀的结构,它们是由分相或形成离子群聚而致。微相之间易生成裂纹,且相互间的结合力比较薄弱,又因成分不同,热膨胀不一样,必然会产生应力,使玻璃强度降低。微相之间的热膨胀系数差别越大,冷却过程中生成微裂纹的数目也就越多。

不同种类玻璃的微不均匀区域大小不同,有时可达 20nm。微相直径在热处理后有所增加,而玻璃的极限强度与微相大小的开方成反比,因此微相加大,强度将降低。

4.温度

低温与高温对玻璃的影响不同,根据对 $-200℃ \sim +500℃$ 范围内的测试,强度最低值在 200℃ 左右。

最初随着温度的升高,热起伏现象有了增加,使缺陷处积聚了更多的应变能,增加了破裂的概率。当温度高于 200℃ 时,强度的递升可归于裂口的钝化,从而缓和了应力的集中。

玻璃纤维因表面积大,当使用温度较高时,可引起表面微裂纹的增加和析晶。因此,温度升高,强度下降。同时,不同组成的玻璃纤维的强度和温度的关系有明显的区别。

5.玻璃中的应力

玻璃液从高温下冷却成形,在制品内部总是存在一些分布不均的残余应力,这些应力都使强度降低。通过退火,能使玻璃中有害应力消除,并使整个结构固定,强度增加。如果制品进行淬冷(物理钢化)使其表面产生均匀的压应力,内部形成均匀的张应力,则能大大提高制品的机械强度。经过钢化处理的玻璃,其耐机械冲击和热冲击的能力比经良好退火的玻璃要高 5~10 倍。

6.周围介质

周围活性介质如水、酸、碱及某些盐类等对玻璃表面有两种作用:一是渗入裂纹像楔子(斜劈)一样使微裂纹扩展;二是与玻璃起化学作用破坏结构,例如使硅氧键断开。因此在活性介质中玻璃的强度降低,尤其是水引起强度降低最大。这可从下列各现象中反映出来:玻璃在醇中的强度比在水中高 40%,在醇中或其他介质中含水分越高,越接近水中的强度;在酸或碱的溶液中,当 $pH = 10 \sim 11.3$ 范围内(酸和碱都在 0.1mol/L 以下),强度与 pH 无关(与水中相同);在 1mol/L 的浓度时,对强度稍有影响,酸中减小,碱中增大;6mol/L 时各增减约 10%。

干燥的空气、非极性介质(如煤油等)、憎水性有机硅等,对强度的影响小,所以测定玻璃强度最好在真空中或液氮中进行,以免受活性介质的影响。相反,在 SO_2、CO_2 气氛中加热玻璃(例如明焰淬火),可使玻璃表面生成一层白霜,这是玻璃表面的碱金属离子与 SO_2 和 CO_2 酸性气体生成的 Na_2SO_4 和 Na_2CO_3。这层白霜极易被擦洗掉,结果使玻璃表面的碱金属氧化物含量减少,不仅增加了化学稳定性,而且提高了玻璃的强度,使玻璃表面碱金属氧化物含量减少,膨胀系数下降,将产生压应力,有利于强度进一步的提高。

7.玻璃的疲劳现象

在常温下,玻璃的破坏强度随加载速度或加载时间而变化。加载速度越大或加载时间越长,其破坏强度越小,短时间不会破坏的负荷,时间久了可能会破坏,这种现象称之为玻璃的疲劳现象。例如用玻璃纤维做试验,若短时间内施加为断裂负荷的 60% 的负荷时,只有个别试样断裂,而在长时间负荷作用下,全部试样都断裂。通常,测定时间如果延长 10 倍,强度将比在液氮温度(77 K)下测得强度值低 7%。

研究表明,玻璃的疲劳现象是由于在加载作用下微裂纹的加深所致。此时周围介质特别是水分将加速与微裂纹尖端的 SiO_2 网络结构反应,使网络结构破坏,导致裂纹的延伸,此谓应力腐蚀理论。通过对断裂速度的讨论,得出关于疲劳的一些论点:

(1)疲劳只在水分存在时出现,在真空中不出现疲劳现象。

(2)在温度很低时不出现疲劳,因为这时反应速度太小。

(3)温度升高,疲劳增大。

(4)疲劳与裂纹大小无关。

四、玻璃的硬度和脆性

1.玻璃的硬度

硬度是表示物体抵抗其他物体侵入的能力。

玻璃的硬度决定于化学成分,网络生成体离子使玻璃具有高硬度,而网络外体离子则使玻璃硬度降低。

石英玻璃和含有 $10\% \sim 12\% B_2O_3$ 的硼硅酸盐玻璃硬度最大,含铅的或碱性氧化物的玻璃硬度较小。各种氧化物组分对玻璃硬度提高的作用大致是:

$$SiO_2 > B_2O_3 > (MgO、ZnO、BaO) > Al_2O_3 > Fe_2O_3 > K_2O > Na_2O > PbO$$

一般玻璃硬度在莫氏硬度 $5 \sim 7$ 之间。

2.玻璃的脆性

玻璃的脆性,是指当负荷超过玻璃的极限强度时立即破裂的特性。玻璃的脆性通常用它破坏时所受到的冲击强度来表示。

冲击强度的测定值与试样厚度及样品的热历史有关,淬火玻璃的强度较退火玻璃大 $5 \sim 7$ 倍。

石英玻璃的脆性很大,向 SiO_2 中加入 R_2O 和 RO 时,所得玻璃的脆性更大,并且随加入离子 R^+ 和 R^{2+} 半径的增大而上升。对于含硼硅酸盐玻璃来说,B^{3+} 处于三角体时比处于四面体时脆性小。因此,为了获得硬度高而脆性小的玻璃,应该在玻璃中引入半径小的阳离子如 Li_2O、BeO、MgO、B_2O_3 等组分。

第五节　玻璃的热学性质

一、玻璃的热膨胀系数

玻璃的热膨胀系数对玻璃的成形、退火、钢化、玻璃与玻璃、玻璃与金属、玻璃与陶瓷的封接以及玻璃的热稳定性等都有重要意义。

玻璃的组成不同,其热膨胀系数也有较宽范围($5.8 \sim 150.0 \times 10^{-7}/℃$),甚至有些非氧化物玻璃的热膨胀系数超过 $200 \times 10^{-7}/℃$。

微晶玻璃的热膨胀系数可达到零膨胀或负膨胀系数,因此为玻璃开辟了新的应用领域。

当玻璃从温度 T_1 升到 T_2 时,其玻璃试样的长度从 L_1 变为 L_2,则玻璃的线膨胀系数 α 可用式(3-2-4)表示:

$$\alpha = \frac{L_2 - L_1}{l_1(T_2 - T_1)} = \frac{\Delta L}{l_1 \Delta T} \tag{3-2-4}$$

此式所得的 α 是温度 $T_1 \sim T_2$ 范围内的平均线膨胀系数。

设玻璃试样为一立方体,当温度从 T_1 升至 T_2 时,这个立方体的体积从 V_1 变为 V_2,则玻璃的体膨胀系数 γ 可用式(3-2-5)表示:

$$\gamma = \frac{V_2 - V_1}{(T_2 - T_1)V_1} = \frac{\Delta V}{\Delta T V_1} \tag{3-2-5}$$

由于 $V = L^3$,并且从式(3-2-4)得知 $L_2 = L_1(1 + \alpha \Delta T)$ 因此

$$\gamma = \frac{L_1^3(1 + \alpha \Delta T)^3 - L_1^3}{L_1^3 \Delta T} = \frac{(1 + \alpha \Delta T)^3 - 1}{\Delta T} \approx 3\alpha \tag{3-2-6}$$

根据式(3-2-4)线膨胀系数 α,就可以粗略估计体膨胀系数 γ。从测试技术角度来说,测定 α 要比测定 γ 简便得多,也精确得多。为此在讨论玻璃的热膨胀性质时,通常都是采用线膨胀系数 α。

二、影响玻璃热膨胀系数的主要因素

1. 化学组成

玻璃的热膨胀是离子作非线性运动引起的,所以玻璃的热膨胀系数取决于各种阳离子和氧离子之间的吸引力,即

$$f = \frac{2Z}{a^2} \tag{3-2-7}$$

式中:Z——阳离子的电价;

a——正负离子之间的距离。

f 愈大,离子间因热振动而产生的振幅越小,所以热膨胀系数就愈小,反之,热膨胀系数就大。Si—O 键的键力较大,所以石英玻璃的热膨胀系数最小。R^+—O 键的键力较小,故随着 R_2O 的引入和 R^+ 离子半径的增大,f 不断减小,以致热膨胀系数不断增大。RO 的作用和 R_2O 的作用相类似,只是它们对热膨胀系数的影响比 R_2O 小,R_2O、RO 氧化物对玻璃热膨胀系数影响的次序为:

$$Rb_2O > Cs_2O > K_2O > Na_2O > Li_2O$$

$$BaO > SrO > CaO > CdO > ZnO > MgO > BeO$$

玻璃的网络骨架对玻璃的膨胀起决定作用。Si—O 组成三维网络,刚性大,不易膨胀。而 B—O,虽然它的键能比 Si—O 大,但由于 B—组成〔BO_3〕层状或链状网络,因此 B_2O_3 玻璃的热膨胀系数比较大(152×10^{-7}/℃)。当〔BO_3〕三角体转变成〔BO_4〕四面体时,又能降低硼酸玻璃的热膨胀系数。同样,R_2O 和 RO 的引入,使网络断开,热膨胀系数 α 上升,而高键力高配位离子如 In^{3+}、Zr^{4+}、Th^{4+} 等处于网络空隙,对硅氧四面体起积聚作用,增加结构的紧密性,α 下降。

玻璃的热膨胀系数可以用加和性法则近似计算如下式:

$$\alpha = \alpha_1 P_1 + \alpha_2 P_2 + \cdots \alpha_n P_n$$

式中: α——玻璃的热膨胀系数;

α_1、α_2…α_n——硅酸盐玻璃中各氧化物的热膨胀计算系数(3-2-5);

P_1、P_2…P_n——玻璃中各氧化物质量百分含量。

硅酸盐玻璃中氧化物热膨胀计算系数($\times 10^{-7}$) 表 3-2-5

氧 化 物	适用温克曼肖特玻璃 (20~100℃)	适用瓶罐玻璃 (80~170℃)	适用器皿与艺术玻璃
SiO_2	0.267	0.28	0.1
B_2O_3	0.033	-0.60	-0.5
Li_2O	0.667	6.56	
Na_2O	3.330	3.86	4.9
K_2O	2.830	3.20	4.2
Al_2O_3	1.667	0.24	0.4
CaO	1.667	1.36	2.0
MgO	0.033	0.73	
ZnO	0.600		1.0
BeO	1.000	1.08	1.9
PbO	1.300		1.35

2. 温度

玻璃的平均热膨胀系数与真实热膨胀系数是不同的。从 0℃ 直到退火下限，α 大体上是线性变化，即 $\alpha - t$ 曲线实际上是由若干线段所组成的折线，每一线段仅适用于一个狭窄的温度范围，而且 α 是随温度升高而增大的。

3. 热历史

玻璃的热历史对热膨胀系数有较大影响,如图 3-2-2 所示。

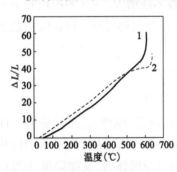

图 3-2-2 组成相同退火玻璃和淬火
玻璃热膨胀曲线图
1-退火玻璃;2-淬火玻璃

由上图可以看出,化学组成相同而热历史不同的两个玻璃样品的 $\Delta L/L - t$ 曲线,经过充分退火的玻璃 1 和未经退火的玻璃 2 其热膨胀曲线表现为:

(1)在约 330℃ 以下,曲线 2 在曲线 1 之上;

(2)在约 330~500℃ 之间,曲线 2 在曲线 1 之下;

(3)约在 500~570℃ 之间曲线 2 转折向下,这时玻璃试样 2 不是膨胀而是收缩;

(4)在 570℃ 处,两条曲线急转向上,这个温度就是 T_g 点。

(1)至(3)现象的存在是由于玻璃试样 2 中有较大应变而引起。由于应变的存在和在 T_g 点以下,玻璃内部质点不能发生流动。在 330℃ 以下,由于玻璃质点间距较大,相互间的吸引力较小,因此,在升温过程中表现出热膨胀较高。在 330~570℃ 之间,两种作用同时存在,即由于升温而膨胀和由于应变的存在而收缩(玻璃 2 是从熔体通过快冷得到的,它保持着较高温度时的质点间距,这一间距对于 330 ~ 570℃之间平衡结构来说是偏大的,因此要收缩)。在 330 ~ 570℃之间,膨胀大于收缩,而在 500 ~ 570℃之间则收缩大于膨胀。

除此之外,玻璃析晶后,玻璃微观结构的致密性,析晶相的种类、晶粒的大小和多少,以及晶体的结晶学特征等会影响玻璃的热膨胀系数,大多数情况下是使之降低。

第六节　玻璃的电学性质

一、玻璃的导电性

在常温下玻璃是电绝缘材料,但是随着温度的上升,玻璃的导电性迅速提高,特别在转变温度 T_g 以上,电阻率呈现快速下降,到熔融状态玻璃已成为良导体。玻璃的电阻率分为体积电阻率和表面电阻率两种,电阻率符号为 ρ_0,在没有说明的情况下,一般玻璃电阻率是指体积电阻率。各类玻璃的电阻率范围在 $10^{13} \sim 10^{18} \Omega \cdot cm$,多数在 $10^{13} \sim 10^{15} \Omega \cdot cm$,在熔融温度下电阻率为 $0.3 \sim 1.0 \Omega \cdot cm$。

利用玻璃在常温下较高的电阻率,可制造照明灯泡、电真空元件、高压绝缘子、电阻等绝缘体材料,利用玻璃在高温下较低电阻率,可实现玻璃电熔技术。

对于导电固体材料常用电导率表示通过电流的能力,电导率符号为 σ。其大小主要由带电粒子的浓度和它们的迁移速度所决定的,是电阻率的倒数。

二、玻璃的导电机理

一般硅酸盐玻璃为离子导电。离子导电是以离子为载流子,在外电场作用下,载流子由不规则的热运动转变为定向运动而显示出导电性。而某些过渡元素氧化物玻璃及硫属化物半导体玻璃,主要表现为电子导电。

载流子的离子通常是玻璃中的阳离子,主要是以玻璃中所含碱金属离子为主(如 Li^+、Na^+、K^+ 等),二价阳离子活跃度要小得多,因此在 $Na_2O\text{-}CaO\text{-}SiO_2$ 玻璃中,可以认为全部电流都由 Na^+ 传递,而 Ca^{2+} 的作用可以忽略不计。在常温下,玻璃中作为硅氧骨架或硼氧骨架的阴离子团在外电场作用下几乎没有移动的能力。当温度提高到玻璃的软化点以上时,玻璃中的阴离子开始参加电流的传递,随着温度的升高,参与传递电流的碱离子和阴离子数也逐渐增多。

三、玻璃的电阻率与成分的关系

玻璃导电是离子迁移所致,因此影响迁移离子数目和迁移离子速度的因素,是由玻璃成分决定的。

当碱金属离子浓度相同时,玻璃的电阻率与碱金属离子的键强和半径有关。虽然 K—O 键强较弱,但是 K^+ 半径大,阻碍了离子运动,Li^+ 情况相反。碱金属离子的电阻率排序为:$K^+ > Na^+ > Li^+$。二价金属离子对玻璃电阻率影响关系,按照离子半径增大电阻率上升趋势,其电阻率排序为:$Ba^{2+} > Pb^{3+} > Sr^{2+} > Ca^{2+} > Mg^{2+} > Be^{2+}$。

在石英玻璃中,无可迁移的离子,因此有良好的电绝缘性。在 200℃时其电阻率为 $10^{17} \Omega \cdot cm$,

即使在更高温条件下,石英玻璃还是一个很好的绝缘材料,例如在 1000℃ 时它的电阻率 $\rho \approx 10^6 \Omega \cdot cm$。然而,如果石英玻璃中含有微量杂质,特别是 Na_2O 时,就会使电阻率 ρ 迅速下降,例如含 $0.04 \times 10^{-6} Na^+$ 的石英玻璃在 300℃ 时的电阻率约为 $10^{13} \Omega \cdot cm$,而 Na^+ 的含量为 20×10^{-6} 时,电阻率即降低到 $5 \times 10^9 \Omega \cdot cm$。

在石英玻璃中随着碱金属氧化物的加入,形成 $R_2O\text{-}SiO_2$ 二元系统后,一则由于碱金属离子断网作用,使结构逐渐疏松,增大了离子迁移速度和迁移离子的数目,因此电阻继续显著减小。

当玻璃中同时存在两种以上的碱金属离子时,在玻璃组成与电导曲线上出现极值,即“混合碱效应”。从成分为 15%(摩尔分数) Cs_2O、85% SiO_2 的玻璃,逐步以别的碱金属氧化物取代 Cs_2O 时玻璃电阻率 ρ 极大值位置在摩尔分数 $x = 0.5$ 附近。而且碱金属离子之间的半径差别越大,极大值也越明显。必须指出,总的含碱量越低,“混合碱效应”将越不明显,这是因为离子间的相互作用将越微弱,同时“混合碱效应”随着温度的升高逐渐减弱。

二价金属氧化物也起断网作用,故也能降低玻璃的电导率,但与碱金属氧化物相比,因为其键强大,故作用不明显。当 $Na_2O\text{-}SiO_2$ 二元系统中,以二价金属氧化物取代部分 Na_2O 或 SiO_2 而形成三元系统时,玻璃的电导率都将降低。这是由于二价金属离子电荷高,它们自身不易迁移,而且填充了网络的空隙,从而堵塞了 Na^+ 迁移的通道,产生“压制效应”而致。

在含碱玻璃中引人 Al_2O_3 时对其电阻率有特殊的影响,当引入少量 Al_2O_3 时,玻璃的电阻率随之增加,到 $Al_2O_3/R_2O \approx 0.2$(摩尔比)时达最大值。进一步提高 Al_2O_3 的含量,因有较多的 [AlO_4] 四面体形成,而 [AlO_4] 四面体的体积大于 [SiO_4] 四面体,从而使结构松弛,网络空隙增大,碱金属离子活动性增加,电阻率开始降低,在比例为 $Al_2O_3/R_2O = 1$ 时,电阻率达到最小值。继续增加 Al_2O_3 的含量,则因所增加的 Al^{3+} 全部形成网络外体填充在网穴中,阻碍了 Na^+ 的迁移,使电阻率迅速上升。因此,为了保持高的绝缘性能,在含碱玻璃中加入大量的 Al_2O_3 是不适宜的。一般说,在低碱或无碱玻璃中加入 Al_2O_3 对玻璃电阻率的影响较小。

硼离子配位数的改变同样对电阻率有影响,当 [BO_3] 转变为 [BO_4] 时,结构致密,电阻率随之增加,反之亦然。在 $Na_2O\text{-}SiO_2$ 二元系统玻璃,B_2O_3 的引入不但起到补网作用,而且由于生成的 [BO_4] 四面体体积小于 [SiO_4] 四面体,使结构趋于紧密,网络间空隙减小,Na^+ 不易迁移,故电阻率上升。

高电场、高配位的离子如 Y^{3+}、La^{3+}、Zr^{4+} 和 Th^+ 等,这些离子将充塞于网络空隙,阻碍碱金属离子的活动,使玻璃电导率下降。

四、玻璃的电导率与温度的关系

玻璃的电导率随温度的升高而增大。

在 T_g 温度以下,由于玻璃结构是相对稳定的,因此电导率与温度呈直线关系,用式(3-2-8)表示。

$$\lg\sigma = A - \frac{B}{T} \tag{3-2-8}$$

式中:σ——电导率;

　A、B——与玻璃成分有关的常数,决定于可迁移离子的数目和电导活化能的大小。

当温度高于 T_g 时,玻璃结构中质点发生了重排,离子的电导活化能不再保持常数,$\lg\sigma$ 与

$1/T$ 的关系由直线转化为曲线,公式(3-2-8)不再适用,σ 随温度上升剧烈升高。玻璃这种结构变化在 $T_g - T_d$ 的温度范围内一直延续着。

自软化点以下,$\lg\sigma$ 与 $1/T$ 的关系曲线趋于平坦,此时电导率与温度的关系可用式(3-2-9)表示。

$$\lg\sigma = A - \frac{B}{T}e^{\left(\frac{-a}{T}\right)} \tag{3-2-9}$$

式中:A、B、a——与玻璃成分有关的常数。

在电真空工业,常用 T_{k-100} 作为衡量玻璃绝缘性能的评价依据,其含义为电阻率为 $\rho = 100M\Omega \cdot cm = 10^8\Omega \cdot cm$ 时所处的温度。T_{k-100} 越高,玻璃的电绝缘性能就越好。

五、玻璃电阻率与热处理的关系

当玻璃中存在应力时,电阻率就降低,因此未退火的玻璃电阻率约为退火玻璃的 1/3,玻璃退火越好,它的电阻率就越大。

玻璃经淬火后其电阻率比退火玻璃更低,为退火玻璃的 1/7 ~ 1/3,这是因为淬火玻璃保持了高温的疏松结构,离子迁移阻力较小。

对于含碱性氧化物的玻璃,使之完全析晶,其电阻率能增加几个数量级。玻璃局部析晶时,其电阻率则视碱性氧化物在晶相与玻璃相内的分配情况而定。

玻璃微晶化后同样能大大提高电绝缘性能,但根据析出晶相的种类及玻璃相的成分而有所不同。

此外,分相也会影响玻璃的电阻率,但不同的分相结构,影响也不同。如果电阻率大的相以相互隔离的滴状出现,玻璃的电阻率就会上升,反之亦然。如果分相后形成互相连通的结构,则需视各个相是直径相等的还是大小不均的,后者将大大提高电阻率。

六、玻璃的介电强度

当施加于电介质的电压超过某一临界值时,介质中的电流突然增大,这一现象称为电击穿。发生电击穿时的电压,称为临界电压(击穿电压)。电介质的耐击穿强度,又称介电强度,常用 V/cm 表示,cm 为试样的厚度。

玻璃的成分对介电强度有很大影响。通常引入能提高玻璃电阻率的氧化物可使玻璃的介电强度增大。例如玻璃中引入 SiO_2 能提高玻璃的介电强度,有些透明石英玻璃的介电强度可达 400kV/cm,不透明石英玻璃则在 150 ~ 200kV/cm。而引入碱金属氧化物时,则使玻璃的介电强度降低。例如厚度为 2 ~ 6mm 的工业玻璃,其极限电压为 30 ~ 70kV。

此外,玻璃的介电强度随温度的升高而降低,同时还与电压增高的速度、玻璃内部的缺陷以及电场的均匀与否有关,在用作大功率、高电压的绝缘零件时,要特别注意。

第七节　玻璃的光学性能

玻璃是一种高度透明的物质,可以通过调整成分、着色、光照、热处理、光化学反应以及涂膜等物理和化学方法,使之具有一定的光学常数,光谱特性,吸收或透过紫外线、红外线,受激辐射,感光,荧光,光变色,防辐照,光存储,显示性等一系列重要光学性能。本节仅在可见光(390~770nm)范围内(包括近紫外和近红外),讨论玻璃的折射率、色散、反射、吸收和透光。

一、玻璃的折射率

当光投射到玻璃时,一般会产生反射、透射和吸收,这三种现象与折射率有关。玻璃折射率可以理解为电磁波在玻璃中传播速度的降低(以真空中的光速为基准),用折射率来表示光速的降低,如式(3-2-10)所示。

$$n = \frac{C}{V} \tag{3-2-10}$$

式中:C、V——分别为光在真空和玻璃中的传播速度;

n——折射率。

光通过玻璃过程中,光波给出了一部分能量,于是引起光速降低,即低于它在空气或真空中的速度,用 Vg 表示光波在玻璃中的速度,如式(3-2-11)所示。

$$n = \frac{V_a}{V_g} \tag{3-2-11}$$

式中:n——玻璃相对于空气的折射率;

V_a——空气中的光速;

V_g——玻璃中的光速。

也可以用光的入射角的正弦与折射角的正弦之比,表示玻璃的折射率。

二、影响玻璃折射率的主要因素

1. 化学组成

(1)玻璃内部离子的极化率越大,玻璃的密度越大,则玻璃的折射率越大,反之亦然。例如铅玻璃的折射率大于石英玻璃的折射率。

(2)氧化物分子折射度 R_i[$R_i = V_i(n_i^2-1)/(n_i^2+2)$]越大,折射率越大;氧化物分子体积 V_i 越大,折射率越小。当原子价相同时,阳离子半径小的氧化物和阳离子半径大的氧化物都具有较大的折射率,而离子半径居中的氧化物(如 Na_2O、MgO、Al_2O_3、ZrO_2 等)在同族氧化物中有较低的折射率。这是因为离子半径小的氧化物对降低分子体积起主要作用,离子半径大的氧化物对提高极化率起主要作用。

Si^{4+}、B^{3+}、P^{5+} 等网络生成体离子,由于本身半径小,电价高,它们不易受外加电场的极化。不仅如此,它们还紧束缚(极化)它周围 O^{2-} 离子(特别是桥氧)的电子云,使它不易受外电场(如电磁波)的作用而极化(或极化极少)。因此,网络生成体离子对玻璃折射率起降低作用。

玻璃的折射率符合加和性法则,可用下式计算:

$$n = n_1P_1 + n_2P_2 + \cdots + n_nP_n$$

式中:P_1、$P_2 \cdots P_n$——玻璃中各氧化物的质量百分含量;

n_1、$n_2 \cdots n_n$——玻璃中各种氧化物的折射率计算系数(表3-2-6)。

玻璃各组成氧化物折射率计算系数　　　表 3-2-6

Li$_2$O	Na$_2$O	K$_2$O	MgO	CaO	ZnO	BaO	B$_2$O$_3$	Al$_2$O$_3$	SiO$_2$
1.695	1.590	1.575	1.625	1.730	1.705	1.870	1.460 ~ 1.720	1.520	1.475

2. 温度

当温度升高时,玻璃的折射率将受到两个作用相反的因素的影响:一方面温度升高,由于玻璃受热膨胀,使密度减小,折射率下降;另一方面,电子振动的本征频率(或产生跃迁的禁带宽度)随温度上升而减小,使紫外吸收极限向长波方向移动,折射率上升。因此,多数光学玻璃在室温以上,其折射率温度系数为正值,在 -100℃左右出现极小值,在更低的温度时出现负值。总之,玻璃的折射率随温度升高而增大。

3. 热历史

(1)将玻璃在退火温度范围内,保持一定温度,其趋向平衡折射率的速率与所处的温度有关。

(2)当玻璃在退火温度范围内,保持一定温度与时间并达到平衡折射率后,不同的冷却速度得到不同的折射率。冷却速度越快,折射率越低;冷却速度越慢,折射率越高。

(3)当两块化学组成相同的玻璃,在不同退火温度范围时,保持一定温度与时间并达到平衡折射率后,以相同的冷却速度冷却时,则保温时的温度越高,其折射率越小;若保温时的温度越低,其折射率越高。

退火不仅可以消除应力,而且还可以消除光学不均匀。因此,光学玻璃的退火控制是非常重要的。

三、玻璃的光学常数

玻璃的折射率、平均色散、部分色散和色散系数(阿贝数)等均为玻璃的光学常数:

1. 折射率

玻璃的折射率以及有关的各种性质,都与入射光的波长有关。因此为了定量地表示玻璃的光学性质,首先要建立标准波长。国际上统一规定以下列波长为共同标准。

钠光谱中的 D 线:波长 589.3nm(黄色);氢光谱中的 d 线:波长 587.6nm(黄色);

氢光谱中的 F 线:波长 486.1nm(浅蓝);氢光谱中的 C 线:波长 656.3nm(红色);

汞光谱中的 g 线:波长 435.8nm(浅蓝);氢光谱中的 G 线:波长 434.1nm(浅蓝)。

上述波长测得的折射率分别用 n_D,n_d,n_F,n_C,n_g,n_G 表示。

在比较不同玻璃折射率时,一律以 n_D 为准。

2. 色散

玻璃的色散,有以下几种表示方法。

(1)平均色散(中部色散)即 n_F 与 n_C 之差($n_F - n_C$),有时用 Δ 表示,即 $\Delta = n_F - n_C$。

(2)部分色散,常用的是 $n_d - n_D$,$n_D - n_C$,$n_g - n_G$ 和 $n_F - n_C$ 等。

(3)阿贝数,也叫色散系数、色散倒数,以符号 γ 表示:$\gamma = (n_D - 1)/(n_F - n_C)$。

(4)相对部分色散;如 $(n_D - n_C)/(n_F - n_C)$ 等。

光学常数最基本的是 n_D 和 $n_F - n_C$，因此可算出阿贝数。阿贝数是光学系统设计中消色差经常使用的参数，也是光学玻璃的重要性质之一。

四、玻璃的色散

玻璃的折射率随入射光波长改变的现象，称作色散。由于色散存在，白光可被棱镜分解成七色光。若入射光不是单色光，通过透镜时产生色散，将在显示屏上出现模糊的彩色光斑，造成色差而使透镜成像失真，这点在光学系统设计中必须予以考虑，并常用复合透镜予以消除。

光波通过玻璃时，其中某些离子的电子要随光波电场变化而发生振动。这些电子的振动有自己的自然频率（本征频率），当电子振动的自然频率同光波的电磁频率相一致时，振动就加强，发生共振，结果吸收了大量相应频率的光波能量。玻璃中电子振动的自然频率在近紫外区，因此，近紫外区的光受到较大削弱，绝大多数的玻璃，在近紫外区折射率最大并逐步向红光区降低，在可见光区玻璃的折射率随光波频率的增大而增大，大部分透明物质都具有这种正常的色散现象。

玻璃内部相邻离子相互间的作用，对于电子的振动也有影响，因此不同类型玻璃的色散曲线相似，但又不相同。

五、玻璃的着色

物质呈色的总的原因在于光吸收和光散射，当白光投射在不透明物体表面时，一部分波长的光被物体所吸收，另一部分波长的光则从物体表面反射回来因而呈现颜色；当白光投射到透明物体上时，如全部透过，则呈现无色，如果物体吸收某些波长的光，而透过另一部分波长的光，则呈现与透过部分相应的颜色。

根据原子结构的观点，物质所以能吸收光，是由于原子中电子（主要是价电子）受到光能的激发，从能量较低（E_1）的"轨道"跃迁至能量较高（E_2）的"轨道"，亦即从基态跃迁至激发态所致。因此，只要基态和激发态之间的能量差（$E_2 - E_1$）处于可见光的能量范围时，相应波长的光就被吸收，从而呈现颜色。

根据着色机理的特点，颜色玻璃大致可以分为：

1. 离子着色

钛、钒、铬、锰、铁、钴、镍、铜、铈、镨、钕等过渡金属在玻璃中以离子状态存在，它们的价电子在不同能级间跃迁，由此引起对可见光的选择性吸收，导致着色。玻璃的光谱特性和颜色主要决定于离子的价态及其配位体的电场强度和对称性。此外，玻璃成分、熔制温度、时间、气氛等对离子的着色也有重要影响。其中铈、镨、钕等内过渡元素由于价电子处于内层，为外层电子所屏蔽，周围配位体的电场对它的作用较小，故着色稳定，受上述因素的影响较小。

几种常见离子的着色如下：

（1）钛的着色

钛的稳定氧化态是 Ti^{4+}，钛还有氧化态 Ti^{3+} 的化合物，而氧化态为 Ti^{2+} 的化合物很少见。钛可能以 Ti^{4+}、Ti^{3+} 两种状态存在于玻璃中，Ti^{4+} 是无色的，但由于它强烈地吸收紫外线而使玻璃产生棕黄色。少量的钛、铁或钛、锰共同作用都能产生深棕色，含钛、铜的玻璃呈现绿色。

（2）钒的着色

钒可能以 V^{3+}、V^{4+} 和 V^{5+} 三种状态存在于玻璃中。钒在钠钙硅玻璃中产生绿色，一般认

为主要是由 V^{3+} 产生的, V^{5+} 不着色。在强氧化条件下, 钒易形成无色的钒酸盐。钒在钠硼酸盐玻璃中, 根据钠含量和熔制条件不同, 可以产生蓝色、青绿色、绿色、棕色或无色。

含 V^{3+} 的玻璃经光照还原作用会转变为紫色, 被认为是 V^{3+} 还原成 V^{2+} 所致。

(3) 铬的着色

铬在玻璃中可能以 Cr^{3+} 和 Cr^{6+} 两种状态存在, 前者产生绿色, 后者为黄绿色。在强还原条件下, 有可能完全以 Cr^{3+} 存在。Cr^{6+} 在高温下不稳定, 所以在玻璃中常以 Cr^{3+} 出现。铅玻璃熔制温度低, 则有利于形成 Cr^{6+}。

铬在硅酸盐玻璃中溶解度小, 给铬着色玻璃的生产带来困难。铬金星玻璃就是利用铬的溶解度小来制造的。

(4) 锰的着色

在高温熔制条件下, 高价锰被还原, 因此锰一般以 Mn^{2+} 和 Mn^{3+} 状态存在于玻璃中, 而在氧化条件下多以 Mn^{3+} 存在, 使玻璃产生深紫色。氧化越强, 着色越深。在铝硅酸盐玻璃中, 锰产生棕红色。Mn^{2+} 着色能力很弱, 近于无色。

(5) 铁的着色

铁在钠钙硅酸盐玻璃中有低价铁离子 Fe^{2+} 和高价铁离子 Fe^{3+} 两种状态, 玻璃的颜色主要决定于两者之间的平衡状态, 着色强度则决定于铁的含量。Fe^{2+} 着色很弱, Fe^{2+} 使玻璃着淡蓝色。

铁离子由于具有吸收紫外线和红外线的特性, 常用于生产太阳眼镜和电焊片玻璃。

在磷酸盐玻璃中, 在还原条件下, 铁有可能完全处于 Fe^{2+} 状态, 它是著名的吸热玻璃, 其特点是吸热性好, 可见光透过率高。

(6) 钴的着色

在一般玻璃熔制条件下, 钴常以低价钴 Co^{2+} 状态存在, 故实际上钴在玻璃中不变价, 着色稳定, 受玻璃成分和熔制工艺条件影响较小。根据玻璃成分不同, Co^{2+} 在玻璃中可能有 〔CoO_6〕和〔CoO_4〕两种配位状态, 前者颜色偏紫, 后者颜色偏蓝, 但在硅酸盐玻璃中多以 4 配位出现, 6 配位较少, 它较多地存在于低碱硼酸盐玻璃和低碱磷酸盐玻璃中。

钴的着色能力很强, 只要引入 0.01% Co_2O_3, 就能使玻璃产生深蓝色。钴不吸收紫外线, 在磷酸盐玻璃中与氧化镍共同作用制造黑色透短波紫外线玻璃。

(7) 镍的着色

镍与钴类似, 在玻璃中不变价, 一般以 Ni^{2+} 状态存在, 故着色也较稳定。Ni^{2+} 在玻璃中有〔NiO_6〕和〔NiO_4〕两种状态, 前者着灰黄色, 后者产生紫色。

玻璃的组成和热历史均影响 Ni^{2+} 的配位状态, 从而影响含镍玻璃的着色。

(8) 铜的着色

根据氧化还原条件不同, 铜可能以 Cu^0、Cu^+、Cu^{2+} 三种状态存在于玻璃中。Cu^{2+} 产生天蓝色, Cu^+ 无色, 原子状态的 Cu^0 能使玻璃产生红色和铜金星。Cu^{2+} 在红光部分有强烈吸收, 常与铬用于制造绿色信号玻璃。

(9) 铈的着色

铈可能以 Ce^{3+} 和 Ce^{4+} 两种状态存在于玻璃中。Ce^{4+} 强烈吸收紫外线, 但可见光区的透过率很高。在一定条件下, Ce^{4+} 的紫外吸收带进入可见光区, 使玻璃着淡黄色。

铈和钛可使玻璃产生金黄色, 在不同的基础玻璃成分下变动铈、钛比例, 可以制成黄、金黄、棕、蓝等一系列的颜色。

（10）钕的着色

钕以 Nd^{3+} 状态存在于玻璃中,它一般不变价,钕在玻璃中产生美丽的紫红色,可用于制造艺术玻璃。

2. 硫、硒及其化合物着色

（1）单质硫、硒着色

单质硫只是在含硼很高的玻璃中才是稳定的,它使玻璃产生蓝色。

单质硒可以在中性条件下存在于玻璃中,产生淡紫红色。在氧化条件下,其紫色显得更纯更美,但氧化又不能过份,否则将形成 SeO_2 或无色的硒酸盐,使硒着色减弱或失色。为了防止产生无色的碱硒化物和棕色的硒化铁,必须严防还原作用。

（2）硫碳着色

"硫碳"着色玻璃,颜色棕而透红,色似琥珀。在硫碳着色玻璃中,碳仅起还原剂作用,并不参加着色。一般认为它的着色是硫化物（S^{2-}）和三价铁离子（Fe^{3+}）共存而产生的。有人认为琥珀基团是由于〔FeO_4〕中的一个 O^{2-} 被 S^{2-} 取代而形成,玻璃中 Fe^{2+}/Fe^{3+} 和 S^{2-}/SO_4^{2-} 的比值对玻璃的着色情况有重要作用,一般说 Fe^{3+} 和 S^{2-} 含量越高,着色越深,反之着色越淡。

（3）硫化镉和硒化镉着色

硫化镉和硒化镉着色玻璃是目前黄色和红色玻璃中颜色最鲜明、光谱特性最好的一种玻璃。这种玻璃的着色物质为胶态的 CdS、$CdS \cdot CdSe$、$CdS \cdot CdTe$、Sb_2S_3 和 Sb_2Se_3 等,着色主要决定于硫化镉与硒化镉的比值（$CdS/CdSe$）。

氧化镉玻璃是无色的,硫化镉玻璃是黄色的,硫硒化镉玻璃随 $CdS/CdSe$ 比值的减小,颜色从橙红到深红,碲化镉玻璃是黑的。

镉黄、硒红一类的玻璃,通常是在含锌的硅酸盐玻璃中加入一定量的硫化镉和硒粉熔制而成,有时还需经二次显色。

3. 金属胶体着色

玻璃可以通过细分散状态的金属对光的选择性吸收而着色。一般认为,选择性吸收是由于胶态金属颗粒的光散射而引起。铜红、金红、银黄玻璃即属于这一类。玻璃的颜色很大程度上取决于金属粒子的大小。例如金红玻璃,金粒子 $< 20nm$ 为弱黄,$20 \sim 50nm$ 为红色,$50 \sim 100nm$ 为紫色,$100 \sim 150nm$ 为黄色,$> 150nm$ 发生金粒沉析。铜、银、金是贵金属,它们的氧化物都易于分解为金属状态,这是金属胶体着色物质的共同特点。为了实现金属胶体着色,它们先是以离子状态溶解于玻璃熔体中,然后通过还原剂或热处理,使之还原为原子状态,并进一步使金属原子聚集长大成胶体态,使玻璃着色。

4. 光致变色

光致变色玻璃是经长波紫外线或短波可见光照射后在可见光区产生光吸收（使颜色或透过率发生变化）而自动变色,在光照停止后又自动地恢复到原有的透明状态。光色玻璃可以长时间反复变色而无疲劳（老化）现象,其力学性能良好,化学稳定性优良,制备简单,可获得稳定的、形状复杂的制品。

光致变色玻璃用于制造变色眼镜、汽车、飞机、船舶和建筑物的自动调节光线的窗玻璃;还以用作光信息存储和记忆装置。光致变色玻璃制成光纤面板可用于计算机技术和显示技术、全息照相记录介质等。

5.扩散着色

扩散着色是将着色剂与某些黏合剂、填充物制成糊状涂覆于玻璃表面,并经适当热处理(一般在还原气氛下,才能使玻璃表面着色),使着色离子与玻璃中的碱金属离子进行交换,进入玻璃表层而使制品着色。

玻璃表面离子扩散着色的方法有:涂覆法、熔盐浸渍法和金属盐蒸气法。

扩散着色分为下述四个过程:

(1)将含有着色剂的糊膏涂覆于玻璃表面,并进行适当干燥,使着色离子扩散进入玻璃面层中;

(2)热处理过程;

(3)金属离子(Ag^+、Cu^+等)被还原为原子;

(4)原子聚集成胶体而着色。

离子扩散方法可以根据需要对无色玻璃制品进行局部表面着色,故可用于玻璃器皿的工艺装饰及温度计、玻璃仪器的印线和标记等着色。

第八节 玻璃的化学稳定性

玻璃抵抗气体、水、酸、碱、盐或各种化学试剂侵蚀的能力称为化学稳定性,可分为耐水性、耐酸性、耐碱性等。玻璃的化学稳定性不仅对于玻璃的使用和存放,而且对玻璃的加工,如磨光、镀银、酸蚀等都有重要意义。玻璃的化学稳定性取决于侵蚀介质的种类和特性及侵蚀时的温度、压力等。

一、水对玻璃的侵蚀

硅酸盐玻璃在水中的溶解过程比较复杂,水对玻璃的侵蚀开始于水中的 H^+ 和玻璃中的 Na^+ 进行交换,其反应为:

$$Si—O—Na^+ + H^+OH^- \Longrightarrow \equiv Si—OH + NaOH \qquad (3\text{-}2\text{-}12)$$

这一交换又引起下式反应:

$$Si—OH + 1.5H_2O \Longrightarrow HO—Si \equiv OH \qquad (3\text{-}2\text{-}13)$$

$$Si(OH)_4 + NaOH \Longrightarrow [Si(OH)_3O]^- Na^+ + H_2O \qquad (3\text{-}2\text{-}14)$$

反应式(3-2-14)的产物硅酸钠,其电离度要低于 NaOH 的电离度,因此,这一反应使溶液中 Na^+ 浓度降低,这就对反应式(3-2-13)有所促进。这三个反应互为因果,循环进行,而总的速度取决于离子交换反应式(3-2-12),因为它控制着 $\equiv Si—OH$ 和 NaOH 的生成速度。另一方面,H_2O 分子(区别于 H^+)也能对硅氧骨架直接起反应。

$$\equiv Si—O—Si \equiv + H_2O \Longrightarrow 2(\equiv Si—OH) \qquad (3\text{-}2\text{-}15)$$

随着这一水化反应的继续,Si 原子周围原有的四个桥氧全部成为 OH[如反应式(3-2-13)],这是 H_2O 分子对硅氧骨架的直接破坏。

反应产物 $Si(OH)_4$ 是一种极性分子,它能使周围的水分子极化,而定向地附着在自己的周围,成为 $Si(OH)_4 \cdot nH_2O$,或简单地写成 $SiO_2 \cdot xH_2O$,这是一个高度分散的 SiO_2-H_2O 系统,通常称之为硅酸凝胶,除有一部分溶于水溶液外,大部分附着在玻璃表面,形成一层薄膜,它具有较强的抗水和抗酸能力。有人称之为"保护膜层",并认为"保护膜层"的存在使 Na^+ 和 H^+ 的扩散受阻,离子交换速度越来越慢,以致停止。

二、酸对玻璃的侵蚀

除氢氟酸外,一般的酸并不直接与玻璃起反应,它是通过水的作用侵蚀玻璃。酸的浓度大,意味着其中水的含量低,因此,浓酸对玻璃的侵蚀能力低于稀酸。

水对硅酸盐玻璃侵蚀的产物之一是金属氢氧化物,这产物要受到酸的中和。中和作用起着两种相反的效果:一是使玻璃和水溶液之间的离子交换反应加速进行,从而增加玻璃的失重;二是降低溶液的 pH,使 $Si(OH)_4$ 的溶解度减小,从而减少玻璃的失重。当玻璃中 R_2O 含量较高时,前一种效果是主要的;反之,当玻璃含 SiO_2 较高时,则后一种效果是主要的。也就是说,高碱玻璃其耐酸性小于耐水性,而高硅玻璃则耐酸性大于耐水性。

三、碱对玻璃的侵蚀

硅酸盐玻璃一般不耐碱,碱对玻璃的侵蚀是通过 OH^- 破坏硅氧骨架($\equiv Si-O-Si \equiv$)而产生 $\equiv Si-O-$ 群,使 SiO_2 溶解在溶液中。所以,在玻璃侵蚀过程中,不形成硅酸凝胶薄膜,而使玻璃表面层全部脱落,玻璃侵蚀的程度与侵蚀时间呈线性关系。但玻璃受侵蚀不仅仅与 OH^- 的浓度有关,而且由于阳离子的种类不同,侵蚀程度也不相同,在相同 pH 的碱溶液中,不同阳离子的碱侵蚀强度顺序如下:

$$Ba^{2+} > Sr^{2+} > NH_4^+ > Rb^+ \approx Na^+ \approx Li^+ > Ca^{2+}$$

在碱的侵蚀中,阳离子对玻璃表面的吸附能力,有很大的影响。另外,侵蚀后玻璃表面形成的硅酸盐在碱溶液中的溶解度,对玻璃的侵蚀也有较大的作用。玻璃受碱侵蚀的过程分为如下三个阶段:

第一阶段:碱溶液中的阳离子首先吸附在玻璃表面上。

第二阶段:由于阳离子有束缚其周围 OH^- 的作用,因此,当阳离子吸附在玻璃表面的同时,玻璃表面附近的 OH^- 浓度相应增高,起着"攻击"和断裂玻璃表面硅氧键的作用。

第三阶段:$\equiv Si-O-Si \equiv$ 骨架破坏后,产生 $\equiv Si-O \equiv$ 群,最后变成了硅酸离子。有时它和吸附在玻璃表面的阳离子形成硅酸盐,并逐渐溶解在碱溶液中。$Ca(OH)_2$ 溶液的侵蚀能力之所以非常小,其原因就在于被侵蚀的玻璃表面生成溶解度小的硅酸钙的缘故。

此外,玻璃的耐碱能力,还与玻璃中含有的各种 R—O 键的强度有关。随着 R^+ 和 R^{2+} 半径的增大,玻璃的耐碱能力降低。高场强、高配位的阳离子能提高玻璃的耐碱性。

四、大气对玻璃的侵蚀

大气对玻璃的侵蚀,实质上是水汽、CO_2、SO_2 等对玻璃表面侵蚀作用的总和。玻璃受潮湿大气的侵蚀过程,首先开始于玻璃表面的某些离子吸附了大气中的水分子,这些水分子以 OH^- 离子基团的形式覆盖在玻璃表面上,形成一薄层。

如果玻璃化学组成中,K_2O、Na_2O 和 CaO 等组分含量少,这种薄层形成后,就不再继续发展;如果玻璃化学组成中含碱性氧化物较多,则被吸附的水膜会变成碱金属氢氧化物的溶液,这种碱没有被水移走,在原地不断积累。随着侵蚀的进行,碱浓度越来越大,pH 值迅速上升,最后类似于碱对玻璃的侵蚀,从而大大加速了对玻璃的侵蚀。因此,水汽对玻璃的侵蚀,先是以离子交换为主的释碱过程,后来逐渐过渡到以破坏网络为主的溶蚀过程。此外,各种盐类、化学试剂、金属蒸气等对玻璃也有不同程度的侵蚀,不可忽视。盛装药液和饮料用的玻璃瓶,在受到水或碱溶液的侵蚀后,有时会产生脱片现象。

五、影响玻璃化学稳定性的主要因素

1. 化学组成

(1) SiO_2 含量越多,即硅氧四面体〔SiO_4〕互相连接紧密,玻璃的化学稳定性越高。碱金属氧化物含量越高,网络结构越容易被破坏,玻璃的化学稳定性就越低。

(2) 离子半径小,电场强度大的离子如 Li_2O 取代 Na_2O,可加强网络,提高化学稳定性,但引入量过多时,又由于"积聚"而促进玻璃分相,反而降低了玻璃的化学稳定性。

(3) 在玻璃中同时存在两种碱金属氧化物时,由于"混合碱效应",化学稳定性出现极值。

(4) 以 B_2O_3 取代 SiO_2 时,由于"硼氧反常现象",在 B_2O_3 引入量为 16% 以上 (即 $Na_2O/B_2O_3 < 1$) 时,化学稳定性出现极值。

(5) 少量 Al_2O_3 引入玻璃组成,〔AlO_4〕修补〔SiO_4〕网络,从而提高玻璃的化学稳定性。通常,凡是能增加玻璃网络结构或侵蚀时生成物是难溶解的,能在玻璃表面形成保护膜的组分都可以提高玻璃的化学稳定性。

2. 热处理

退火玻璃比淬火玻璃的化学稳定性高,这是因为退火玻璃比淬火玻璃的相对密度大,网络结构比较紧密的缘故。当玻璃在含硫燃料燃烧气中退火时,其化学稳定性随着退火时间的增长和退火温度的提高而增加。部分的碱性氧化物转移到表面上,被炉气中的酸性气体(主要是 SO_2)所中和,而形成"白霜"(其主要成分为硫酸钠),通称为"硫霜化",因白霜易被除去而降低玻璃表面碱性氧化物的含量,从而提高玻璃的化学稳定性。相反如果在没有酸性气体的条件下退火,将引起碱在玻璃表面的富集,从而降低玻璃表面化学稳定性。

钠硼硅酸盐玻璃有时退火玻璃反而比淬火玻璃的化学稳定性低,这一反常现象是由于钠硼硅酸盐玻璃在退火过程中容易发生分相所引起的。

3. 温度

玻璃的化学稳定性随温度的升高而剧烈变化。在 100℃ 以下,温度每升高 10℃,侵蚀介质对玻璃侵蚀速度增加 50% ~ 150%,100℃ 以上时,侵蚀作用始终是剧烈的,只有含锆多的玻璃才是稳定的。

4. 压力

压力提高到 2.94 ~ 9.80MPa 以上时,甚至较稳定玻璃也可在短时间内破坏,同时 SiO_2 转入溶液中。

第三章

玻璃的生产工艺

第一节　玻璃原料与配合料

一、原料的选择

原料的选择与配合料的制备是玻璃生产工艺的重要组成部分,它直接影响玻璃制品的产量、质量与成本。因此,能否获得优质高产的配合料对后续的熔制工艺和成型工艺的关系极大。

在新品种玻璃投产前必须选用原料,有时为配合工艺要求,需要在日常生产中改变原料品种,因此选择原料是一项重要工作。不同的玻璃品种对原料的要求不尽相同,但也有一些选择原料的共同准则,这些准则是:

(1)原料的质量应符合玻璃制品的技术要求,其中包括化学成分稳定、含水量稳定、颗粒组成稳定、有害杂质少(主要指 Fe_2O_3)等;

(2)便于在日常生产中调整成分;

(3)适于熔化与澄清,挥发与分解的气体无毒性;

(4)对耐火材料的侵蚀要小。

原料应易加工、矿藏量大、分布广、运输方便、价格低等。对所选原料在使用前应进行破粉碎试验、熔制试验和制品的物性检验。

二、原料

玻璃原料通常分为主要原料及辅助原料。

主要原料:在一般玻璃中,它的主要成分有 SiO_2、Na_2O、CaO、Al_2O_3、MgO 等五种成分,为引入上述成分而使用的原料称为主要原料。

辅助原料:为使玻璃获得某种必要的性质,或为加速玻璃熔制过程而引入的原料通称为辅助原料。

1. 主要原料

1)引入 SiO_2 原料

二氧化硅是重要的玻璃形成体氧化物,以硅氧四面体 $[SiO_4]$ 的结构单元形成不规则的连续网络,成为玻璃的骨架。纯的 SiO_2 可以在 1800℃ 以上的高温下熔制成石英玻璃(SiO_2),熔点为 1713℃,在钠钙硅酸盐玻璃中 SiO_2 能降低玻璃的热膨胀系数,提高玻璃的热稳定性、化学稳定性、软化温度、耐热性、硬度、机械强度、黏度和透紫外光性能。当含量较高时,需要较高的熔化温度,而且可能导致析晶。引入 SiO_2 的原料主要有石英砂、砂岩。

(1)石英砂

石英砂也称硅砂,它主要由石英颗粒所组成。质地纯净的石英砂为白色,一般石英砂因含有铁的氧化物和有机质而呈淡黄色、红褐色。

石英砂的化学组成。它的主要成分是 SiO_2,另含有少量的 Al_2O_3、Na_2O、K_2O、CaO 等无害杂质。主要的有害杂质为氧化铁,它能使玻璃着成蓝绿色而影响玻璃透明度。有些石英砂中尚含有 Cr_2O_3,它的着色能力比 Fe_2O_3 大 30～50 倍,使玻璃着成绿色;TiO_2 使玻璃着成黄色,若与氧化铁同时存在可使玻璃着成黄褐色。

石英砂的颗粒组成。石英砂颗粒大小与颗粒组成对原料制备、玻璃熔制、蓄热室堵塞均有直接影响。通常颗粒度越细,其铝铁含量也越大。石英砂的粒径应在 0.15～0.8mm 之间。

石英砂的矿物组成。与其伴生的无害矿物有长石、高岭石、白云石、方解石等;与其伴生的有害矿物主要有赤铁矿、磁铁矿、钛铁矿等。

(2)砂岩

砂岩是石英砂在高压作用下,由胶结物胶结而成的矿岩,粉碎后的砂岩通常称为石英粉。根据胶结物的不同有二氧化硅(硅胶)胶结的砂岩、黏土胶结的砂岩、石膏胶结的砂岩等。砂岩的化学成分不仅取决于石英颗粒,而且与胶结物的性质和含量有关,如二氧化硅胶结的砂岩,纯度较高,而黏土胶结的砂岩则 Al_2O_3 含量较高。

一般来说,砂岩所含的杂质较少,而且稳定。其质量要求是含 SiO_2 98% 以上,含 Fe_2O_3 不大于 0.2%。砂岩的硬度高,接近莫氏硬度七级,开采比石英砂复杂,而且一般需经过破碎、粉碎、过筛等加工处理(有时还要经过煅烧再进行破碎、粉碎处理),因而成本比石英砂高。

(3)石英岩

石英岩系石英颗粒彼此紧密结合而成,它是砂岩的变质岩。石英岩硬度比砂岩高(莫氏七级),强度大。使用情况与砂岩相比,由于 SiO_2 含量较砂岩高,而杂质含量较砂岩低,故常用于无色玻璃制品。

(4)脉石英

脉石英的主要成分是孪生的石英结晶体,一般为无色、乳白色或灰色。无色透明的称为水晶。脉石英有明显的结晶面,常用作石英玻璃的生产原料。

不同的 SiO_2 原料矿其成分存在较大差异。水晶是制造石英玻璃重要原料。生产高档无色玻璃制品,必须选择杂质含量低的石英砂。砂岩和石英岩因含有大量有害杂质仅能生产对颜色没有严格要求的平板玻璃和瓶罐,因此,不同产品对 SiO_2 原料中的有害杂质有一定限制指标,如表 3-3-1 所示。

不同玻璃制品对 SiO_2 原料有害杂质的限制(% 质量分数)　　　　表 3-3-1

玻璃种类	Fe_2O_3	Cr_2O_3	TiO_2	玻璃种类	Fe_2O_3	Cr_2O_3	TiO_2
光学玻璃	<0.010	—	—	电光源	<0.05	—	—
晶质玻璃	<0.012	<0.001	<0.05	仪器玻璃	<0.02	—	—

玻璃种类	Fe_2O_3	Cr_2O_3	TiO_2	玻璃种类	Fe_2O_3	Cr_2O_3	TiO_2
无色玻璃	<0.020	<0.001	<0.10	医药玻璃	<0.02	—	—
磨光玻璃	<0.030	<0.002	—	普白瓶罐玻璃	<0.30	—	—
平板玻璃	<0.050	—	—	绿色瓶罐玻璃	<0.50	—	—

2)引入 Al_2O_3 原料

Al_2O_3 属于中间体氧化物,当玻璃中 Na_2O 与 Al_2O_3 的摩尔比大于 1 时,形成铝氧四面体并与硅氧四面体组成连续的结构网。当 Na_2O 与 Al_2O_3 的摩尔比小于 1 时,则形成八面体,为网络外体而处于硅氧结构网的空穴中。Al_2O_3 能降低玻璃的结晶倾向,提高玻璃的化学稳定性、热稳定性、机械强度、硬度和折射率,减轻玻璃对耐火材料的侵蚀,并有助于氟化物的乳浊,Al_2O_3 能提高玻璃的黏度。绝大多数玻璃都引入 1.0% ~3.5%(质量分数)的 Al_2O_3,一般不超过 8% ~10% 。在水位计玻璃和卤素灯玻璃等特种玻璃中,Al_2O_3 的含量可达 20% 以上。引入 Al_2O_3 的原料有氧化铝、氢氧化铝、长石、黏土、蜡石等。也可采用某些含 Al_2O_3 的矿渣和选矿厂含长石的尾矿。

(1)长石

常用的是钾长石($K_2O \cdot Al_2O_3 \cdot 6SiO_2$)、和钠长石($Na_2O \cdot Al_2O_3 \cdot 6SiO_2$),它们的化学组成波动较大,并且含有有害杂质 Fe_2O_3,因此,质量要求较高的玻璃不能使用长石。长石除引入 Al_2O_3 外,还可引入 Na_2O、K_2O、SiO_2 等。

由于长石能引入碱金属氧化物,减少了纯碱的用量,一般在低档玻璃中应用甚广。长石的颜色多以白色、淡黄色或肉红色为佳。常具有明显的结晶解理面,硬度 6.0 ~6.5,相对密度 2.4 ~2.8,在 1100 ~1200℃ 之间熔融。含有长石的玻璃配合料易于熔制,它是玻璃节能配方推荐使用原料。

对长石的质量要求:含 Al_2O_3 >16%,Fe_2O_3 <0.39%,R_2O($Na_2O + K_2O$) >12% 。

(2)高岭土

又称黏土($Al_2O_3 \cdot 2SiO_2 \cdot 2H_2O$),由于所含 SiO_2 及 Al_2O_3 均为难熔氧化物,所以在使用前应进行细磨。对高岭土的质量要求是:Al_2O_3 >25%;Fe_2O_3 <0.4% 。

(3)蜡石

蜡石($Al_2O_3 \cdot 4SiO_2 \cdot H_2O$),它是一种水化硅酸铝,主要矿物是叶蜡石,含有石英和高岭土。蜡石理论成分:SiO_2 66.65%、Al_2O_3 28.35%、H_2O 5.00%,相对密度 2.8 ~2.9,硬度 1.0 ~2.5。对蜡石要求:含 Al_2O_3 >25%,SiO_2 <70%,Fe_2O_3 <0.4%,而且成分要求稳定。蜡石常用于制造乳浊玻璃与玻璃纤维。

(4)氧化铝与氢氧化铝

氧化铝(Al_2O_3)与氢氧化铝[$Al(OH)_3$]都是化工产品,一般纯度较高。氧化铝在理论上含 100% 的 Al_2O_3,氢氧化铝理论上含 Al_2O_3 65.40%、H_2O 34.60% 。因它们的价格较贵,普通玻璃中不常用,只用于生产光学玻璃、晶质玻璃、无色玻璃、仪器玻璃、高档器皿、温度计玻璃等。

氧化铝为白色结晶粉末,相对密度 3.5 ~4.1,熔点 2050℃ 。

氢氧化铝为白色结晶粉末,相对密度 2.34,加热则失水而成 $\gamma\text{-}Al_2O_3$。$\gamma\text{-}Al_2O_3$ 活性大,易与其他物料化合,所以采用氢氧化铝比采用氧化铝容易熔制。同时氢氧化铝放出的水汽,可以调节火焰炉配合料的气体率,并有助于玻璃液的均化。但某些氢氧化铝的配合料在熔制时容易发生溢料(瀑缸)现象,常在配合料中加入氟化物如萤石或冰晶石来抑制。

对氧化铝的要求:含 $Al_2O_3 > 96\%$,$Fe_2O_3 < 0.05\%$。对氢氧化铝的要求:含 $Al_2O_3 > 60\%$,$Fe_2O_3 < 0.05\%$。

3)引入 Na_2O 原料

Na_2O 是玻璃网络外体氧化物,Na^+ 居于玻璃结构网络的空穴中。Na_2O 能提供游离氧使玻璃结构中的 O/Si 比值增加,发生断键,因而可以降低玻璃的黏度,使玻璃易于熔解,它是玻璃助熔剂。Na_2O 会增大玻璃的热膨胀系数,降低玻璃的热稳定性、化学稳定性和机械强度,所以不能引入过多,一般不超过 18%。

引入 Na_2O 的原料主要为纯碱和芒硝,有时也采用少量的硝酸钠和氢氧化钠。

(1)纯碱(学名碳酸钠 Na_2CO_3)

引入玻璃中 Na_2O 的重要原料,其分为结晶纯碱($Na_2CO_3 \cdot 10H_2O$)与煅烧纯碱(Na_2CO_3)两类。玻璃工业中一般采用煅烧纯碱。煅烧纯碱是白色粉末,易溶于水,极易吸收空气中的水分而潮解,产生结块,因此必须储存于干燥仓库内。

纯碱的主要成分是 Na_2CO_3,相对分子质量 105.99,理论上含有 Na_2O 58.53% 和 CO_2 41.17% 在熔制时 Na_2O 进入到玻璃中,CO_2 则逸出进入烟气。纯碱中含有少量硫酸钠、氧化铁等杂质。含氯化钠和硫酸钠杂质多的纯碱,在熔制玻璃时会形成"硝水"。

对纯碱的质量要求是:$Na_2CO_3 > 98\%$;$NaCl < 1\%$;$Na_2SO_4 < 0.1\%$;$Fe_2O_3 < 0.1\%$。

(2)芒硝(Na_2SO_4)

有无水芒硝和含水芒硝($Na_2SO_4 \cdot 10H_2O$)两类。使用芒硝不仅可以代碱,而且又是常用的澄清剂,为降低芒硝的分解温度常加入还原剂(主要为碳粉、煤粉等)。使用芒硝也有如下缺点:热耗大、对耐火材料的侵蚀大、易产生芒硝泡,当还原剂使用过多时,Fe_2O_3 还原成 FeS 而使玻璃着成棕色。对芒硝的质量要求是:$Na_2SO_4 > 85\%$;$NaCl < 2\%$;$CaSO_4 < 4\%$;$Fe_2O_3 < 0.3\%$;$H_2O < 5\%$。

(3)氢氧化钠(NaOH)

俗称苛性钠,相对分子质量40,相对密度2.2。其为白色结晶脆性固体,极易吸收空气中的水分和二氧化碳,变为碳酸钠,易溶于水,有腐蚀性。瓶罐玻璃厂可采用50%的氢氧化钠溶液,代替部分纯碱引入一定量的 Na_2O,来湿润配合料,降低粉尘,防止分层,缩短熔化过程。在粒化配合料中,同时用作黏结剂。氢氧化钠中一般含有 NaOH 95% ~99%,$Na_2CO_3 \leqslant 0.5\%$ ~ 1.0%,NaCl 0.2% ~3.5%,$Fe_2O_3 \leqslant 0.01\%$。

(4)硝酸钠($NaNO_3$)

又称硝石,我国玻璃厂都采用的化工产品。其相对分子质量85,相对密度2.25,含 Na_2O 36.5%。硝酸钠是无色或浅黄色六角形的结晶,在湿空气中能吸水潮解,溶解于水。熔点318℃,加热至350℃,则分解放出氧气。

$$2NaNO_3 = 2NaNO_2 + O_2 \uparrow \tag{3-3-1}$$

继续加热,则生成的亚硝酸钠又分解放出氮气和氧气。

$$4NaNO_2 = 2Na_2O + 2N_2 \uparrow + 3O_2 \uparrow \tag{3-3-2}$$

在熔制铅玻璃等需要氧化气氛的熔制条件时,必须用硝酸钠引入一部分 Na_2O。此外,硝酸钠比纯碱的气体含量高,有时为了调节配合料的气体率,也常用硝酸钠来代替一部分纯碱。

硝酸钠与白砒共同使用可起到澄清作用,并可作脱色剂和氧化剂。硝酸钠一般纯度较高,对它的质量要求:含 $NaNO_3 > 98\%$,$Fe_2O_3 < 0.01\%$,$NaCl < 1\%$。

硝酸钠应贮存在干燥的仓库或密闭箱中。

4)引入 CaO 原料

CaO 是二价碱土金属氧化物,它是网络外体氧化物,在玻璃中的主要作用是稳定剂,即增加玻璃的化学稳定性和机械强度。但含量较高时,能使玻璃的结晶倾向增大,而且易使玻璃发脆。在一般玻璃中 CaO 含量 $\leq 12.5\%$。

CaO 在高温时,能降低玻璃的黏度,促进玻璃的熔化和澄清,但当温度降低时,黏度增加得很快,对于手工成形将会有一定困难,但可以更好地适合高速成形机。含 CaO 玻璃成形后,退火要快,否则易爆裂。

CaO 可以通过方解石、石灰石、白垩、沉淀碳酸钙等原料来引入。含钙原料质量要求:CaO $\geq 50\%$,$Fe_2O_3 < 0.15\%$。

5)引入 MgO 原料

MgO 在钠钙硅酸盐玻璃中是网络外体氧化物。玻璃中以 3.5% 以下的 MgO 代替部分 CaO,可以使玻璃的硬化速度变慢,改善玻璃的成形性能。MgO 还能降低结晶倾向和结晶速度,增加玻璃的高温黏度,提高玻璃的化学稳定性和机械强度。但含镁玻璃极易产生玻璃脱片,因此在保温瓶玻璃和中性玻璃中慎用。

引入氧化镁的原料有白云石和菱镁矿等。

(1)白云石

白云石又叫苦灰石,是碳酸钙和碳酸镁的复盐,分子式为 $CaCO_3 \cdot MgCO_3$,理论上含 MgO 21.9%、CaO 30.4%、CO_2 47.7%。一般为白色或淡灰色,当含铁杂质多时,呈黄色或褐色,相对密度 2.80~2.95,硬度为 3.5~4.0。白云石中常见的杂质是石英、方解石和黄铁矿。对白云石的质量要求:含 MgO > 20%,CaO < 32%,$Fe_2O_3 < 0.15\%$。

(2)菱镁矿

菱镁矿亦称菱苦土,为灰白色、淡红色、肉红色。它的主要成分是碳酸镁 $MgCO_3$,相对分子质量 84.39,理论上含 MgO 47.9%、CO_2 52.1%。菱镁矿含 Fe_2O_3 较高,在用白云石引入 MgO 的量不足时,才使用菱镁矿。

有时也使用沉淀碳酸镁来引入 MgO,它与沉淀碳酸钙相似,优点是杂质较少,缺点是质轻,易飞扬,不易使配合料混合均匀。

6)引入 K_2O 原料

K_2O 也是网络外体氧化物,它在玻璃中的作用与 Na_2O 相似。K^- 的半径比 Na^+ 的大,钾玻璃的黏度比钠玻璃大,能降低玻璃的析晶倾向,增加玻璃的透明度和光泽等。K_2O 常引入于高级器皿玻璃、晶质玻璃、光学玻璃和技术玻璃中。由于钾玻璃有较低的表面张力,硬化速度较慢,操作范围较长,在压制有花纹的玻璃制品中,也常引入 K_2O。

引入 K_2O 的原料,主要为碳酸钾和硝酸钾。

(1)碳酸钾

碳酸钾(K_2CO_3),相对分子质量 138.2,理论上含 K_2O 68.2%、CO_2 31.8%。它是白色结晶粉末,相对密度 2.3。玻璃工业中采用的碳酸钾常用煅烧碳酸钾,在湿空气中极易潮解而溶于水,故必须保存于密闭的容器中,使用前必须测定水分。碳酸钾在玻璃熔制时,挥发损失较大,可达自身质量的 12%。

对于碳酸钾的要求:含 $K_2CO_3 > 96\%$, $Na_2O < 0.2\%$, $KCl + K_2SO_4 < 3.5\%$, 水不溶物 $< 0.3\%$, $H_2O < 3\%$。

(2)硝酸钾

硝酸钾(KNO_3),又称钾硝石、火硝,相对分子质量 101.11,理论上含 K_2O 46.6%。透明结晶,相对密度 2.1,易溶于水,在湿空气中不潮解,熔点 334℃,继续加热至 400℃ 则分解而放出氧气。

$$4KNO_3 = 2K_2O + 2N_2 \uparrow + 5O_2 \uparrow \qquad (3\text{-}3\text{-}3)$$

硝酸钾除往玻璃中引入 K_2O 外,也是氧化剂、澄清剂和脱色剂。要求:含 $KNO_3 > 98\%$, $KCl < 1\%$, $Fe_2O_3 < 0.01\%$。

2. 辅助原料

1)澄清剂

凡在玻璃熔制过程中能分解产生气体,或能降低玻璃黏度促使玻璃液中气泡排除的原料称澄清剂。常用的澄清剂可分为以下三类:

(1)氧化砷和氧化锑

均为白色粉末。它们在单独使用时将升华挥发,仅起鼓泡作用。与硝酸盐组合作用时,它在低温吸收氧气,高温放出氧气而起澄清作用。由于 As_2O_3 的粉状和蒸气都是极毒物质,目前已很少用,大都改用 Sb_2O_3。

(2)硫酸盐原料

主要有硫酸钠,它在高温时分解逸出气体而起澄清作用,玻璃厂大都采用此类澄清剂。

(3)氟化物类原料

主要有萤石(CaF_2)及氟硅酸钠(Na_2SiF_6)。萤石是天然矿物,是由白、绿、蓝紫色组成的微透明的岩石。氟硅酸钠是工业副产品。在熔制过程中,此类原料是以降低玻璃液黏度而起澄清作用。对耐火材料侵蚀大,产生的气体(HF、SiF_4)污染环境,目前已限制使用。

(4)硝酸盐

硝酸盐主要是硝酸钠、硝酸钾、硝酸钡。硝酸钡 $Ba(NO_3)_2$ 为无色透明结晶。由于硝酸钡分解温度较高,比硝酸钠和硝酸钾澄清效果好,常用于含钡的光学玻璃中。单独以硝酸盐为澄清剂时,其用量以硝酸钠为例,在钠钙硅酸盐玻璃中为配合料的 3%~4%,在硼硅酸盐玻璃中为 1%~2%,在铅玻璃中一般为 4%~6%;若在配合料中以硝酸钾代替硝酸钠,需要加入硝酸钠的 1.2 倍。硝酸盐常与白砒、三氧化二锑等共用。

2)着色剂

根据着色机理,着色剂可分为以下三类:

(1)离子着色剂

锰化合物的原料有:软锰矿(MnO_2)、氧化锰(Mn_2O_3)、高锰酸钾($KMnO_4$)。Mn_2O_3 使玻璃着成紫色,若还原成 MnO 则为无色。

钴化合物的原料有:绿色粉末的氧化亚钴(CoO)、深紫色的 Co_2O_3 和灰色的 Co_3O_4。热分解后的 CoO 使玻璃着成天蓝色。

铬化合物的原料有:重铬酸钾($K_2Cr_2O_7$)、铬酸钾(K_2CrO_4)。热分解后的 Cr_2O_3 使玻璃着成绿色。

铜化合物的原料有:蓝绿色晶体的硫酸铜($CuSO_4$)、黑色粉末的氧化铜(CuO)、红色结晶粉末的氧化亚铜(Cu_2O)。热分解后的 CuO 使玻璃着成湖蓝色。

镍化合物:镍化合物着色剂有一氧化镍、氢氧化镍、氧化镍,常用的是氧化镍。

一氧化镍(NiO),相对分子质量 74.7,为绿色粉末;氢氧化镍[$Ni(OH)_2$],相对分子质量 92.71,为绿色粉末;氧化镍(Ni_2O_3),相对分子质量 165.38,为黑色粉末。

镍化合物在熔制中均转变为一氧化镍,能使钾钙玻璃着色成浅红紫色,钠钙玻璃着色成紫色(有生成棕色的趋向)。

钒化合物:钒化合物着色剂有三氧化二钒、五氧化二钒。

钒的氧化物能使玻璃着成黄色(V^{5+})至黄绿色(V^{3+})、蓝色(V^{4+})。在硅酸盐玻璃中很少能保持 V_2O_5 或 VO_2,最后常分解成 V_2O_3,使玻璃呈黄绿色,但不如铬的氧化物着色能力强。钒氧化物用于制造吸收紫外线和红外线玻璃,如护目镜等。在强氧化条件下,用量为配合料的 3%~5%。

铁化合物:铁化合物着色剂有氧化亚铁和氧化铁,常用氧化铁。

氧化亚铁(FeO),黑色粉末,能将玻璃着成蓝绿色;氧化铁(Fe_2O_3),红褐色粉末,能将玻璃着成黄色。氧化铁与锰的化合物,或与硫及煤粉共同使用,使玻璃着成琥珀色。

硫(S):黄色结晶,在一般玻璃中,硫不会以单体存在,主要是形成硫化物(硫铁化钠和硫化铁)使玻璃着色棕色或黄色。硫必须与还原剂,如煤粉或其他含碳物质共同使用。在一般瓶罐玻璃中,硫常用硫酸钡引入,它的用量为配合料的 0.02%~0.17%,煤粉的加入量与硫酸钡的加入量大体相等。至于氧化铁因其需要量极少即可着色,一般原料中均含有一定数量,故不必另加。

(2)胶体着色剂

金化合物的原料有:三氯化金($AuCl_3$)的溶液,为得到稳定的红色玻璃,应在配合料中加入 SnO_2。

银化合物的原料有:硝酸银($AgNO_3$)、氧化银(Ag_2O)、碳酸银(Ag_2CO_3)。其中以 $AgNO_3$ 所得的颜色最为均匀,添加 SnO_2 能改善玻璃的银黄着色。

铜化合物的原料有:Cu_2O 及 $CuSO_4$,添加 SnO_2 能改善铜红着色。

(3)化合物着色剂

硒与硫化镉:常用原料有金属硒粉、硫化镉、硒化镉。单体硒使玻璃着成肉红色;CdSe 着成红色;CdS 使玻璃着成黄色;Se 与 CdS 的不同比例可使玻璃着成由黄到红的系列颜色。

锑化合物:往钠钙玻璃中加入三氧化二锑、硫和煤粉,在熔制过程中生成硫化钠,经过加热显色,硫化钠与三氧化二锑形成硫化锑的胶体微粒,使玻璃着成红色,俗称锑红玻璃。

3)脱色剂

主要指减弱铁氧化物对玻璃着色的影响。根据脱色机理可分为化学脱色剂和物理脱色剂两类。

化学脱色是借助于脱色剂的氧化作用,使玻璃被有机物沾染的黄色消除,以及使着色能力强的低价铁氧化物变成为着色能力较弱的三价铁氧化物(一般认为 Fe_2O_3 着色能力是 FeO 的 1/10),以便使用物理脱色法进一步使颜色中和,接近于无色,使玻璃的透光度增加。

常用的化学脱色剂有 As_2O_3、Sb_2O_3、Na_2S、硝酸盐等。

物理脱色是往玻璃中加入一定数量的能产生互补色的着色剂,使玻璃由于 FeO、Fe_2O_3、

Cr_2O_3、TiO_2所产生的黄绿色到蓝绿色得到互补。物理脱色常常不是使用一种着色剂而是选择适当比例的两种着色剂。物理脱色法可能使玻璃的色调消除,但却使玻璃的光吸收增加,即玻璃的透明度降低。玻璃中的含铁量超过 0.1% (质量分数)时,不能使用物理脱色方法制得无色玻璃。据某些玻璃厂的经验,如含氧化铁超过 0.06% 时,则玻璃脱色后呈现灰色,脱色效果不好。

常用的物理脱色剂有 Se、MnO_2、NiO、Co_2O_3 等。

4)乳浊剂

使玻璃产生不透明的乳白色的物质,称为乳浊剂。当熔融玻璃的温度降低时,乳浊剂析出大小为 $10 \sim 100nm$ 的结晶或无定形的微粒,与周围玻璃的折射率不同,并由于反射和衍射作用,使光线产生散射,从而使玻璃产生不透明的乳浊状态。玻璃的乳浊度与乳浊剂的种类、浓度(用量)、玻璃组成、熔制温度等有关。常用的乳浊剂有氟化物、磷酸盐、氧化锡、氧化锑、氧化砷等。

5)氧化剂和还原剂

在玻璃熔制时能分解放出氧的原料,称为氧化剂,反之,能夺取氧的原料称为还原剂。常用的氧化剂有硝酸盐、三氧化二砷、氧化铈等。常用的还原剂有碳(煤粉、焦炭粉、木炭、木屑)、酒石酸钾、锡粉及化合物(氧化亚锡、二氧化锡)、金属锑粉、金属铝粉等。

氧化还原指数,简称 Redox,指玻璃配合料或玻璃熔制过程中的氧化还原值。玻璃的氧化还原值除了受窑炉气氛的氧化还原性影响外,主要是由玻璃配合料的氧化还原值决定的。

氧化还原指数对玻璃熔制中的澄清过程,特别是对含硫小气泡的排除起着重要作用,同时对于玻璃的颜色(白色、琥珀色、绿色)也有不可忽略的作用和影响。不论是平板玻璃的生产,还是日用玻璃的生产,以至于电子玻璃生产,均应重视氧化还原指数的控制。

6)助熔剂

能促使玻璃熔制过程加速的原料称为助熔剂或加速剂。有效的助熔剂为氟化合物、硼化合物、钡化合物和硝酸盐等。

7)其他

玻璃工业所采用的原料主要是矿物原料与工业原料两类。随着工业发展,新的矿物原料不断发现,工业废渣、尾矿的不断增加,影响了环境,为此,应根据玻璃制品的要求而选用新矿与废渣来改变现有的原料结构。

目前采用的有含碱矿物、矿渣、尾矿,用它们来引入部分氧化钠。这些原料主要有以下品种:

(1)天然碱

其中含较多的 Na_2CO_3 和 Na_2SO_4,是一种较好的天然矿物原料,它的成分为:SiO_2 5% ~ 6%;Na_2CO_3 67%;Na_2SO_4 17%;Fe_2O_3 0.3%。

(2)珍珠岩

它是火山喷出岩浆中的一种酸性玻璃熔岩,其成分随各地而异,一般为灰绿、绿黑,并有珍珠状光泽。其主要成分为:SiO_2 73%;Al_2O_3 13%;R_2O 9%;Fe_2O_3 0.9%~4%。

(3)钽铌尾矿

其主要成分为:SiO_2 70%;Al_2O_3 17%;R_2O 8%;Fe_2O_3 0.1%。它是目前应用较多的一种代碱尾矿。

（4）碎玻璃

它是生产玻璃时的废品，常用作回炉料。对制品质量要求不高的小型企业也可全部采用碎玻璃来生产玻璃制品。

三、配合料

1. 配合料的要求与控制

对于配合料的主要要求：

（1）具有正确性和稳定性

玻璃配合料必须能保证熔制成的玻璃成分正确和稳定，为此必须使原料的化学成分、水分、颗粒度等保持稳定。并且要正确计算料方，根据原料成分和水分的变化，随时对配方进行调整。同时要经常校正称量工具，务求称量准确。

（2）具有一定的水分

用一定量的水，或含有湿润剂（减少水的表面张力的物质如食盐）的水，湿润石英原料（硅砂、砂岩、石英砂），使水在石英原料颗粒的表面上形成水膜。这层水膜可以溶解纯碱和芒硝达 5% ，有助于加速熔化。同时，原料的颗粒表面湿润后黏附性增加，配合料易于混合均匀，不易分层。加水湿润，还可以减少混合和输送配合料以及往炉中加料时的分层与粉料飞扬，有利于工人的健康，并能减少熔制的飞料损失（减少 5%）。

（3）具有一定气体率

为了使玻璃液易于澄清和均化，配合料中必须含有一部分能受热分解放出气体的原料，如碳酸盐、硝酸、硫酸盐、硼酸、氢氧化铝等。配合料逸出的气体量与配合料质量之比，称为气体率。

对钠钙硅酸盐玻璃来说，其气体率为 15% ~ 20% 。气体率过高会引起玻璃产生气泡，气体率过低则又使玻璃"发滞"，不易澄清。硼硅酸盐玻璃的气体率一般为 9% ~ 15% ，电熔炉气体率可以控制在 5% ~ 12% 。

（4）必须混合均匀

配合料在物理化学性质上必须均匀一致，如果混合不均匀，则纯碱等易熔物较多之处熔化速度快，难熔物较多之处，熔化就比较困难，甚至会残留未熔化的石英颗粒使熔化时间延长。这样就破坏了玻璃的均匀性，并易产生结石、条纹、气泡等缺陷，而且易熔物较多之处与池壁或坩埚壁接触时，易侵蚀耐火材料，也造成玻璃不均匀，因此必须保证配合料充分均匀混合。

（5）适当加入碎玻璃

碎玻璃配比合适，质量符合要求是保证配合料质量的重要环节。在配合料中加入适量的碎玻璃无论从经济角度，还是工艺方面都是有利的，但若控制不当，也会对玻璃组成控制和制品质量带来不利的影响。碎玻璃的用量，一般以配合料的 25% ~ 30% 较好。熔制钠钙硅酸盐玻璃时，碎玻璃的用量可达 50% 以上，视熔化工艺和设备水平而定，否则会降低玻璃质量，使玻璃发脆，机械强度下降。如果通过调整玻璃配方，还是可以加以改善的。对于高硅和高硼玻璃，其碎玻璃的含量可以高达 70% ~ 100% ，即可以完全使用碎玻璃，在添加澄清剂、助熔剂和补充某些挥发损失的氧化物（B_2O_3、Na_2O）后，进行二次重熔生产玻璃制品。有人认为如能补充挥发的氧化物，保持玻璃的成分不变并使玻璃充分均化，在使用大量碎玻璃时钠钙硅酸盐玻璃的机械强度也不会降低。

（6）避免金属和杂质混入

在整个配合料的制备过程中可能会混入各种金属杂质，如机器设备的磨损或部件中螺栓、螺母、垫圈等的掉落，原料拆卸过程中的包装材料及其他不应有的氧化物原料混入等。这些都会影响配合料的熔制质量，造成熔融玻璃澄清困难或制品色泽的改变。

2. 玻璃配料计算

配合料的计算，是以玻璃的质量分数和原料的化学成分为基础，计算出熔化100kg玻璃所需的各种原料的用量，然后再算出每副配合料中，即500kg或1000kg玻璃配合料各种原料的用量。

在精确计算时，应补足各组成氧化物的挥发损失，原料在加料时的飞扬损失，以及调整熔入玻璃中的耐火材料对玻璃成分的改变等。

计算配合料时，通常有预算法和联立方程式法，但比较实用的是采用联立方程式法和比例计算相结合的方法。列联立方程式时，先以适当的未知数表示各种原料的用量，再按照各种原料所引入玻璃中的氧化物与玻璃组成中氧化物的含量关系，列出方程式，求解未知数。

3. 配合料称量

对于配合料称量的要求是：既快速，又准确。如果称量错误就会使配合料报废或产品产生严重缺陷。

大中型工厂，多采用自动秤。其称量方法，有分别称量和累计称量两种。

（1）分别称量法

在每个粉料仓下面，各设一秤，原料称量后分别卸到皮带输送机上送入混合机中进行混合。这种称量法，适用于排式料仓。对于每个粉料，由于原料用量不同，可以选定适当称量范围的秤，称量误差较小，但设备投资多。

（2）累计称量

用一个秤依次称量各种原料，每次累计计算质量。秤可以固定在一处，也可以在轨道上来回移动（称量车），称量后直接送入混料机。这种称量法适用于塔式料仓和排式料仓。它的特点是设备投资少，但对每一种原料来说，都不能称量至全量或接近全量。称量精确度不高，而且它的误差是累积性的。

对称量设备，应定期用标准砝码进行校正，并经常维修。

4. 配合料的混合与均化

（1）混合工艺

配合料混合的均匀度不仅与混合设备的结构和性能有关，而且与原料的物理性质，如密度、平均颗粒组成表面性质、静电荷、休止角等有关。在工艺上，与配合料的加料量、原料的加料顺序、加水量及加水方式、混合时间以及是否加入碎玻璃等都有很大关系。

配合料的加料量与混合设备的容积有关，一般为设备容积的30%～50%。

碎玻璃对配合料的混合均匀度有不良影响。一般在配合料混合终了将近卸料时再行加入。配合料的混合时间，根据混合设备的不同，为2～8min，盘式混合机混合时间较短，而转动式混合机混合时间较长。

一料一秤的方式下,各种原料称好后都经过集料皮带送入混合机。集料皮带能使各种原料预混合。采用这种布置方式时,很大的优点是能合理安排各种原料加入混合机的先后顺序。在生产实际中,首先要尽量满足砂子与纯碱在配合料中能最充分地混合,不受其他原料的干扰,此外,要尽可能使粗粒度原料产生的分层作用不太明显。因此加料顺序一般是先加石英原料,在加入石英原料的同时,用定量喷水器,喷水湿润,然后按纯碱、长石、石灰石、原料的顺序进行加料。

湿式混合时,加水的方法基本有两种:一种是用有电磁阀控制的水表,另一种是用一台专用的水秤。后一种方法的好处是可以加入温度适宜的热水,但需要增设水秤。水秤一般布置在混合机附近,精度可适当调低。

(2)配合料的均匀度

玻璃配合料的质量,是根据其均匀性与化学组成的正确性来评定的。配合料的均匀性,是配合料制备过程操作管理的综合反映。一般用滴定法和电导法进行测定。

滴定法是在配合料的不同地点,取试样 3 个,每个试样约 2g 溶于热水,过滤,用标准盐酸溶液以酚酞为指示剂进行滴定,把滴定总碱度换算成 Na_2CO_3 来表示。将三个试样的结果加以比较,如果平均偏差不超过 0.5% 以上,即认为均匀度合格,或以测定数值的最小最大比率(%)表示。

电导法较滴定法快速。它是利用碳酸钠、硫酸钠等在水溶液中能够电离形成电解质溶液的原理,在一定电场作用下,离子移动,传递电子,溶液显示导电的特性,根据电导率的变化来估计导电离子在配合料中的均匀程度。一般也是在配合料的不同地点取试样 3 个,进行测定。

(3)配合料的混合设备

混合设备按结构不同可分为转式、盘式、桨叶式三大类。转式混料机有箱式、抄举式、转鼓式、V 式等。盘式有艾立赫式(动盘式)、KWQ(定盘式)和碾盘式。

小量配合料,可用混合箱(箱式混料机)进行混合。混合箱为正方形可以密封的木箱,按对角线的方向装在机架的转动轴上旋转,使配合料均匀混合。这种混合箱产量低,仅用于特种玻璃或科研工作。

常用的混合设备有抄举式混料机、转鼓式混料机、艾立赫式混料机、桨叶式混料机中,前两种混合设备利用原料的重力进行混合,后两种则利用原料的对流进行混合。

(4)配合料的运输与贮存

配合料的输送与贮存,既要保证生产的连续性和均衡性,也要考虑避免分层结块和飞料。

为了避免或减少配合料在输送过程中的分层和飞料现象,配料车间,应尽量靠近熔制车间,以减少配合料的输送距离,同时要尽量减小配合料从混料机中卸料与向窑头料仓卸料的落差,在输送过程中,注意避免振动和选用适当的输送设备。

输送配合料的设备有皮带输送机、单元料罐、单斗提升机。近年来,也有采取真空吸送式气力输送设备输送配合料。

配合料的贮存,以保证熔炉的连续生产为前提,贮存时间不宜过长,以免配合料中的水分减少,配合料产生分层、飞料和结块现象,一般不超过 8h。配合料的储存设备可以采用窑头料仓、单元料罐和料箱等。

第二节 原料的加工

为了使配合料均匀混合,加速玻璃的熔制过程,提高玻璃熔制质量,必须对原料进行加工处理。原料的加工处理主要从以下几个方面着手。

一、原料的干燥

湿的白垩、石灰石、白云石,精选的石英砂和湿轮碾粉碎的砂岩或石英岩、长石等,为了便于过筛入粉料仓储存和进行干法配料,必须加以干燥。可采用离心脱水、蒸气加热、回转干燥筒、热风炉干燥等进行干燥。

芒硝的水分超过 18% ~ 19% 时会结块和黏附在粉碎机械与筛网上,所以也应进行干燥,芒硝的干燥方法有三种:

(1)在高温下(650 ~ 700℃)采用回转干燥筒进行干燥。

(2)在较低温度下(300 ~ 400℃)采用隧道式干燥器或热风炉干燥器进行干燥。

(3)混入 8% ~ 10% 的纯碱,吸收芒硝中的水分,使之便于粉碎和过筛。

二、原料的破碎和粉碎

原料的破碎与粉碎,主要根据料块的大小、原料的硬度和需要粉碎的程度等来选择加工处理方法与相应的机械设备。

砂岩或石英岩是玻璃原料中硬度高、用量大的一种原料,一般采用颚式破碎机与对辊破碎机、反击式破碎机和圆锥破碎机,或颚式破碎机与湿轮碾配合,直接粉碎砂岩或石英岩。

石灰石、白云石、长石等常用颚式破碎机进行破碎,然后用锤式破碎机进行粉碎。

纯碱结块时用笼形碾或锤式破碎机粉碎。芒硝也用笼形碾或锤式破碎机粉碎。

三、原料的过筛

石英砂和各种原料粉碎后,必须经过过筛,将杂质和大颗粒部分分离,使其具有一定的颗粒组成以保证配合料均匀混合和避免分层。不同原料要求的颗粒不同,过筛时所采用的筛网也不相同。

过筛只能控制原料粒度的上限,对于小颗粒部分则不能分离出来。原料的颗粒大小是根据原料的密度,原料在配合料中的数量以及给定的熔化温度等来考虑的。一般如下:

(1)硅砂,通常通过 36 ~ 49 孔筛。

(2)砂岩、石英岩、长石,通过 81 孔筛。

(3)纯碱、芒硝、石灰石、白云石,通过 54 孔筛。

玻璃工厂常用过筛设备包括六角筛(旋转筛)、振动筛和摇动筛;也有使用风力离析器进行颗粒分级的。

四、原料的除铁

为了保证玻璃的含铁量符合规定要求,对于原料的除铁处理是十分必要的。除铁的方法很多,一般分为物理除铁法和化学除铁法。

物理除铁法包括筛分、淘洗、水力分离、超声波浮选和磁选等。筛分、淘洗和水力分离与超声波除铁,主要除去石英砂中含铁较多的黏土杂质,含铁的重矿物以及原料的表面含铁层。浮选法是利用矿物颗粒表面湿润性的不同,在浮选剂作用下,通入空气,使空气与浮选剂所形成的泡沫吸附在有害杂质的表面,从而将有害杂质漂浮分离除去。

磁选法是利用磁性,把各种原料中含铁矿物和机械铁除去,由于含铁矿物如菱铁矿、磁铁矿、赤铁矿、氢氧化铁和机械铁等都具有大小不同的磁性,选用不同强度的磁场,就可将它们吸引除去。一般采用滚轮磁选机(装在皮带运输机的末端)、悬挂式电磁铁(装在皮带运输机上面)、振动磁选机等。它们的磁场强度为 0.4 ~ 2T。

化学除铁法,分湿法和干法两种,主要用于除去石英原料中的铁化合物。湿法一般用盐酸和硫酸的溶液成草酸溶液浸洗。干法则在 700℃ 以上的高温下,通入氯化氢,使原料中的铁变为三氯化铁挥发除去。

五、工艺流程

若采用块状原料进厂都必须经过破碎、粉碎、筛分而后经称量、混合制成配合料,包括碎玻璃,通过输送设备送入窑头料仓,后经投料机加入玻璃熔制窑炉进行熔化。

第三节　玻璃的熔制

一、玻璃熔制过程概述

将合格配合料经过高温加热成符合成型要求的玻璃液的过程称为玻璃的熔制过程。玻璃的产量、质量、合格率、生产成本、燃料消耗、池窑寿命等都与玻璃的熔制有密切关系。玻璃熔制是整个生产过程顺利进行并生产出优质玻璃制品的重要保障。

各种配合料在加热形成玻璃的过程中,所发生复杂的物理化学过程,可分为五个阶段:硅酸盐形成阶段、玻璃形成阶段、玻璃液的澄清阶段、均化阶段、玻璃液的冷却阶段。

玻璃熔制过程研究常采用热台物相显微分析、差热分析、化学分析、蒸气压分析、气体分析、静态和动态的质量分析、岩相分析、X 射线分析、电镜分析等方法。以下分别叙述玻璃熔制的五个阶段:

1. 硅酸盐的形成

硅酸盐生成反应在很大程度上是在固体状态下进行的、配合料各组分在加热过程中经过一系列的物理的、化学的和物理化学变化。到这一阶段结束时配合料变成了由硅酸盐和剩余 SiO_2 组成的烧结物。对普通钠钙硅玻璃而言,这一阶段在 800 ~ 900℃ 终结。

从加热反应看,其变化可归纳为以下几种类型:

(1)多晶转化:如 Na_2SO_4 的多晶转变,石英晶形转变等。

(2)盐类分解:如 $CaCO_3 \longrightarrow CaO + CO_2 \uparrow$。

(3)生成低共熔混合物:如 Na_2SO_4-Na_2CO_3。

（4）形成复盐：如 $Na_2CO_3 + CaCO_3 \longrightarrow CaNa_2(CO_3)_2$。

（5）生成硅酸盐：如 $Na_2CO_3 + SiO_2 \longrightarrow Na_2SiO_3 + CO_2 \uparrow$；　$CaO + SiO_2 \longrightarrow CaSiO_3$。

（6）排除结晶水和吸附水：如 $Na_2SO_4 \cdot 10H_2O \longrightarrow Na_2SO_4 + 10H_2O$。

2. 玻璃的形成

烧结物继续加热时，在硅酸盐形成阶段生成的硅酸钠、硅酸钙、硅酸铝、硅酸镁及反应后剩余的 SiO_2 开始熔融，它们间相互熔解和扩散，到这一阶段结束时烧结物变成了透明体，再无未起反应的配合料颗粒，在 1200～1250℃ 范围内完成玻璃形成过程。但玻璃中还有大量气泡和条纹，因而玻璃液本身在化学组成上是不均匀的，玻璃性质也是不均匀的。

由于石英砂粒的熔解和扩散速度比之其他各种硅酸盐的熔解扩散速度慢得多，所以玻璃形成过程的速度实际上取决于石英砂粒的熔解扩散速度。

石英砂粒的熔解扩散过程分为两步，首先是砂粒表面发生熔解，而后熔解的 SiO_2 向外扩散。这两者的速度是不同的，其中扩散速度最慢，所以玻璃的形成速度实际上取决于石英砂粒的扩散速度。由此可知，玻璃形成速度与下列因素有关：玻璃成分、石英颗粒直径以及熔化温度。

除 SiO_2 与各硅酸盐之间的相互扩散外，各硅酸盐之间也相互扩散，后者的扩散有利于 SiO_2 的扩散。

硅酸盐形成和玻璃形成的两个阶段没有明显的界线，在硅酸盐形成阶段结束前，玻璃形成阶段就已开始，而且两个阶段所需时间相差很大，例如，以平板玻璃的熔制为例，从硅酸盐形成开始到玻璃形成阶段结束共需 32min，其中硅酸盐形成阶段仅需 3～4min，而玻璃形成却需要 28～29min。

3. 玻璃液的澄清

玻璃液的澄清过程是玻璃熔化过程中极其重要的一环，它与制品的产量和质量有着密切的关系。对通常的钠钙硅玻璃而言，此阶段的温度为 1400～1500℃。

在硅酸盐形成与玻璃形成阶段中，由于配合料的分解、部分组分的挥发、氧化物的氧化还原反应、玻璃液与炉气及耐火材料的相互作用等原因析出了大量气体，其中大部分气体将逸散于空间，剩余气体中的大部分将熔解于玻璃液中，少部分以气泡形式存在于玻璃液中，也有部分气体与玻璃液中某种组分形成化合物，因此，存在于玻璃液中的气体主要有三种状态，即可见气泡、物理溶解的气体、化学结合的气体。

随玻璃成分、原料种类、炉气性质与压力、熔制温度等不同，在玻璃液中的气体种类和数量也不相同。常见的气体有：CO_2、O_2、N_2、H_2O、SO_2、CO 等，此外尚有 H_2、NO_2、NO 及惰性气体。熔体的"无泡"与"去气"是两个不同的概念，"去气"的概念应理解为全部排除前述三类气体，但在一般生产条件下是不可能的，因而澄清过程是指排除可见气泡的过程。

以下介绍与玻璃澄清机理有关的几个主要方面。

1）在澄清过程中气体间的转化与平衡

澄清的实质是去除可见气泡，其基本过程为：首先使气泡中的气体、窑内气体与玻璃液中物理溶解和化学结合的气体之间建立平衡，再使可见气泡漂浮于玻璃液的表面或溶解于玻璃液中而加以消除。

在实际的情况下，要建立平衡是相当困难的，因为澄清过程中将发生极其复杂的气体交换:气体从过饱和玻璃液中分离而进入气泡或炉气中;气泡中所含的气体分离出来进入炉气或溶解于玻璃液中;气体从炉气中扩散到玻璃液中。玻璃液内溶解的气体、气泡中的气体及窑内气体间平衡关系是由该种气体在各相中的分压所决定。窑内气体分压的大小决定着玻璃液内溶解气体的转移方向,为了便于排出从玻璃液中分离出来的气体,窑内气体的分压必须小些,同时窑内气体的组成和压力必须保持稳定。另外,还与温度有关,高温下(1400~1500℃)气体的溶解度比低温(1100~1200℃)时小。综合上面所述的分析,可得出如下结论:气体间的转移与平衡取决于澄清温度、炉气压力与成分、气泡中气体的分压和种类、玻璃成分和气体在玻璃液中的扩散速率等。

2)在澄清过程中气体与玻璃液的相互作用

在澄清过程中气体与玻璃液的相互作用有两种不同的状态。一类是纯物理溶解,气体与玻璃成分不产生相互的化学作用;另一类是气体与玻璃成分间产生氧化还原反应,其结果是形成化合物,随后在一定条件下又析出气体,这一类在一定程度上还有少量的物理溶解。

(1)O_2与熔融玻璃液的相互作用。氧在玻璃液中的溶解度首先决定于变价离子的含量,O_2使变价离子由低价转为高价离子,如 $2FeO + 1/2O_2 \longrightarrow Fe_2O_3$。氧在玻璃液中的纯物理溶解度是微不足道的。

(2)SO_2与熔融玻璃液的相互作用。无论何种燃料一般都含有硫化物,因而炉气中均含有 SO_2 气体,它能与配合料、玻璃液相互作用形成硫酸盐,如:

$$xNa_2O \cdot ySiO_2 + SO_2 + 1/2O_2 \longrightarrow Na_2SO_4 \cdot (x-1)Na_2O \cdot ySiO_2 \qquad (3\text{-}3\text{-}4)$$

由上可知,SO_2在玻璃液中的溶解度与玻璃中的碱含量、气相中 O_2 的分压、熔体温度有关。单纯的 SO_2 气体在玻璃液中的溶解度较上述反应式小。

(3)CO_2与熔融玻璃液的相互作用。它能与玻璃液中某类氧化物生成碳酸盐而溶解于玻璃液中,如:

$$BaSiO_3 + CO_2 \longrightarrow BaCO_3 + SiO_2 \qquad (3\text{-}3\text{-}5)$$

(4)H_2O与熔融玻璃液的相互作用。熔融玻璃液吸收炉气中的水汽的能力特别显著,甚至完全干燥的配合料在熔融后其含水量可达 0.02%。当在 1450℃熔体中通 1h 的水蒸气后,其含水量可达 0.075%。H_2O 在玻璃熔体中并不是以游离状态存在,而是进入玻璃网络。如:

$$\equiv Si\text{---}O\text{---}Si \equiv \ + H_2O \longrightarrow 2(\equiv Si\text{---}OH) \qquad (3\text{-}3\text{-}6)$$

或

$$2(\equiv Si\text{---}O\text{---}Si \equiv) + Na_2O + H_2O \longrightarrow (\equiv Si\text{---}O\text{---}H\cdots\cdots O^-\text{---}Si \equiv) \qquad (3\text{-}3\text{-}7)$$

其他如 CO、H_2、N_2、惰性气体与玻璃液的相互作用,或化学结合,或物理溶解。

(5)CO与熔融玻璃液的相互作用。CO 是还原剂,它可以还原玻璃成分中的变价氧化物或部分非变价氧化物,而 CO 自身被氧化成 CO_2。CO 使氧化物氧化的速度很慢。

(6)H_2与熔融玻璃的相互作用。氢有效地参与硅酸盐熔体中易还原氧化物的相互作用。属于还原的氧化物有:Ag_2O、PbO、As_2O_3、Sb_2O_3、Bi_2O_3、Fe_2O_3 等,所有这些氧化物均能还原到元素。由于氢的扩散速度很大,因此所发生的还原过程也相当快。

在 1000℃时氢与石英玻璃的相互作用相当轻微,所看到的只是物理溶解,但是在高温条件下,氢能把四价硅还原到三价硅,从而形成—OH 基,其反应式如下:

$$SiO_2 + 1/2H_2 \longrightarrow SiO(OH) \qquad (3\text{-}3\text{-}8)$$

$$Si^{4+} + 2O^{2-} + 1/2H_2 \longrightarrow Si^{3+}O^{2-}(OH)^- \qquad (3\text{-}3\text{-}9)$$

4.玻璃液的均化

玻璃液的均化包括对其化学均匀和热均匀两方面的要求。在玻璃形成阶段结束后,在玻璃液中仍带有与主体玻璃化学成分不同的不均体,消除这种不均体的过程称玻璃液的均化。对普通钠钙硅玻璃而言,此阶段温度可低于澄清温度下完成,不同玻璃制品对化学均匀度的要求也不相同。

当玻璃液存在化学不均体时,主体玻璃与不均体的性质也将不同,这对玻璃制品产生不利的影响。例如,两者热膨胀系数不同,则在两者界面上将产生结构应力,这往往就是玻璃制品产生炸裂的重要原因;两者光学常数不同,则使光学玻璃产生光畸变;两者黏度不同,是窗用玻璃产生波筋、条纹的原因之一。由此可见,不均匀的玻璃液对制品的质量有直接影响。

玻璃液的均化过程通常按下述三种方式进行。

(1)不均体的溶解与扩散的均化过程

玻璃液的均化过程是不均体的溶解与随之而来的扩散。由于玻璃是高黏度液体,其扩散速度远低于溶解速度。扩散速度取决于物质的扩散系数、两相的接触面积、两相的浓度差,所以要提高扩散系数最有效的方法是提高熔体温度以降低熔体的黏度,但它受制于耐火材料的质量。

显然,不均体在高黏滞性、静止的玻璃液中仅依靠自身的扩散是极其缓慢的,例如,为消除1mm 宽的线道,在上述条件下所需时间为277h。

(2)玻璃液的对流均化过程

熔窑和坩埚内的各处温度并不相同,这导致玻璃液产生对流,在液流断面上存在着速度梯度,这使玻璃液中的线道被拉长,其结果不仅增加了扩散面积,而且会增加浓度梯度,这都加强了分子扩散,所以热对流起着使玻璃液均化的作用。

热对流对玻璃液的均化过程也有其不利的一面,加强热对流往往同时加剧了对耐火材料的侵蚀,这会带来新的不均体。

在生产上常采用机械搅拌,强制玻璃液产生流动的均化方法。

(3)因气泡上升而引起的搅拌均化作用

当气泡由玻璃液深处向上浮升时,会带动气泡附近的玻璃液流动,形成某种程度的翻滚,在液流断面上产生速度梯度,导致不均体的拉长。

在玻璃液的均化过程中,除黏度对均化有重要影响外,玻璃液与不均体的表面张力对均化也有一定的影响。当不均体的表面张力大时,则其面积趋向于减少,这不利于均化。反之,将有利于均化过程。

在生产上对池窑底部的玻璃液进行鼓泡,也可强化玻璃液的均化。对坩埚炉常采用往埚底压入有机物或无机气化物的方法,可产生大量气体达到强制搅拌的目的。

5.玻璃液的冷却

玻璃液的冷却是玻璃熔制的最后阶段,其作用是为了将玻璃液的黏度增高到成型制品所需的范围。冷却过程中玻璃液温度通常降低 200 ~ 300℃,冷却的玻璃液温度要求均匀一致,以有利于成型。为了达到成型所需黏度就必须降温,这就是熔制玻璃过程冷却阶段的目的。对一般的钠钙硅玻璃通常要降到 1000℃左右,再进行成型。

在降温冷却阶段有两个因素会影响玻璃的产量和质量,即玻璃液的热均匀程度和是否产生二次气泡。二次气泡(也称再生泡或灰泡),其特点是直径小(一般小于0.1mm)、数量多(每立方厘米玻璃中可达几千个气泡)、分布均,一旦形成则很难再消除,严重影响产品质量。因此在冷却过程中要特别防止二次气泡的产生。

在玻璃液的冷却过程中,不同位置的冷却强度并不相同,因而相应的玻璃液温度也会不同,也就是整个玻璃液间存在着热不均匀性,当这种热不均匀性超过某一范围时会对生产带来不利的影响,例如造成产品厚薄不均、产生波筋、玻璃炸裂等。

在玻璃液的冷却阶段,它的温度、炉内气氛的性质和窑压与前阶段相比有了很大的变化,因而可以认为它破坏了原有的气相与液相之间的平衡,要建立新的平衡。由于玻璃液是高黏滞液体,要建立平衡是比较缓慢的,因此,在冷却过程中原平衡改变了,虽不一定出现二次气泡,但又有产生二次气泡的内在因素。

研究表明,不同的玻璃所产生的二次气泡原因不尽相同,现归纳叙述如下:

1)硫酸盐的热分解

在已澄清的玻璃液中往往残留有硫酸盐,这些硫酸盐可能来自配合料中的芒硝,也可能是炉气中的 SO_2、O_2 与碱金属氧化物反应的结果。

$$Na_2O + SO_2 + 1/2O_2 \longrightarrow Na_2SO_4 \tag{3-3-10}$$

在以下两种情况下均能产生二次气泡。

(1)由于某种原因使已冷却的玻璃液重新加热,这导致硫酸盐的热分解而析出二次气泡。实践证明,二次气泡的生成量不仅取决于温度的高低,而且也取决于升温速率。较快的升温会加快二次气泡的形成。

(2)当炉中存在还原气氛时,亦能使硫酸盐产生热分解而析出二次气泡。

$$SO_4^{2-} + CO \longleftrightarrow SO_3^{2-} + CO_2 \tag{3-3-11}$$

$$SO_3^{2-} + SiO_2 \longleftrightarrow SiO_3^{2-} + SO_2 \tag{3-3-12}$$

2)玻璃流股间的化学反应

当一股含有硫化物的还原性玻璃流与一股含有硫酸盐的氧化性玻璃相遇时,由于生成更易分解的亚硫酸盐而可能生成 SO_2 的二次气泡。

$$S^{2-} + 3SO_4^{2-} \Longrightarrow 4SO_3^{2-} \tag{3-3-13}$$

$$SO_3^{2-} + SiO_2 \Longrightarrow SiO_3^{2-} + SO_2 \tag{3-3-14}$$

3)由耐火材料中小气泡的成核作用而引起的二次气泡

重钡光学玻璃在熔制后其气泡数量特别多,曾引起广泛的研究。有研究认为这种二次气泡是由玻璃液中过氧化钡的还原所造成。

$$BaO_2 \longleftrightarrow BaO + 1/2O_2 \tag{3-3-15}$$

也有研究认为是由于在硅酸盐阶段形成的 $BaSiO_3$ 在高于1200℃时是不稳定的,它产生分解。

$$BaSiO_3 \longrightarrow BaO + SiO_2 \tag{3-3-16}$$

若炉气中存在 CO_2,则

$$BaO + CO_2 \longrightarrow BaCO_3 \tag{3-3-17}$$

当玻璃液冷却到 1200℃时,$BaSiO_3$ 是稳定化合物,而 $BaCO_3$ 产生分解。

$$BaCO_3 + SiO_2 \longrightarrow BaSiO_3 + CO_2 \qquad (3\text{-}3\text{-}18)$$

此 CO_2 即为二次气泡的成分。

有研究则证实了重钡玻璃的二次气泡是因为玻璃液侵蚀了耐火材料而使空隙变成很多核泡,玻璃液中的过饱和气体进入核泡而变大。

4)溶解气体析出

气体的溶解度一般随温度的降低而升高,因而冷却后的玻璃液再次升高温度时将放出气泡。必须根据玻璃成分不同而采取不同冷却速度。例如,对铅玻璃应缓慢冷却,以有利于消除气泡。

二、影响玻璃熔制过程的因素

在玻璃生产中燃料耗量、熔窑生产率、窑的侵蚀、产品的质量、产品的成本等与玻璃熔制过程的状况密切相关。影响玻璃熔制过程的因素有:

1.玻璃成分

玻璃成分对玻璃熔制速度有很大的影响,例如玻璃中 SiO_2、Al_2O_3 含量提高时,其熔制速度就减慢;当玻璃中 Na_2O、K_2O 增加时,其熔制速度就加快。

2.配合料的物理状态

对熔制过程影响较大的因素有:

(1)原料的选择。当同一玻璃成分采用不同原料时,它将在不同程度上影响配合料的分层(如重碱与轻碱)、挥发量(硬硼石与硼酸)、熔化温度(铝氧粉 Al_2O_3 的熔点为 2050℃,钾长石为 1170℃)等。

(2)原料的颗粒组成。其中影响最大的是石英的颗粒度,这是由于它具有较高的熔化温度和小的扩散速度。其次是白云石、石灰石、长石的颗粒度。

3.熔窑的温度制度

熔窑的熔制温度是最重要的因素。温度越高,硅酸盐反应越强烈,石英颗粒的溶解与扩散越快,玻璃液的去泡和均化也越容易。试验表明,在 1450~1650℃范围内,每升高 10℃可使熔化能力增加 5%~10%。因此,提高熔窑温度是强化玻璃熔融,提高熔窑生产率的最有效措施。但必须注意:随着温度的升高,耐火材料的侵蚀将加快,燃料耗量也将大幅度提高。

4.采用加速剂和澄清剂

大部分加速剂是化学活性物质。它通常并不改变玻璃成分和性质,其分解产物也可组成玻璃成分,它们往往降低熔体的表面张力、黏度,增加玻璃液的透热性,所以加速剂往往也是澄清剂,澄清剂是用来加速玻璃液的澄清过程。

属于此类的物质有:硝酸盐、硫酸盐、氟化物、变价氧化物等。

5.采用高压与真空熔炼

在石英光学玻璃生产工艺中常采用真空和高压熔炼技术来消除玻璃液中的气泡。采用高压使可见气泡溶解于玻璃液中,采用真空法能使可见气泡迅速膨胀而排除。

6. 辅助电熔

在用燃料加热的熔窑作业中,同时向玻璃液通入电流使之增加一部分热量,从而可以在不增加熔窑容量情况下增加产量,这种新的熔制方式称为辅助电熔。一般分别设在熔化部、加料口、作业部,可提高料堆下的玻璃液温度 $40 \sim 70℃$,从而大大提高了熔窑的熔化率。

7. 机械搅拌与鼓泡

在窑池内进行机械搅拌或鼓泡是提高玻璃液澄清速度和均化速度的有效措施。

三、玻璃熔窑

玻璃熔窑的作用是把合格的配合料熔制成无气泡、条纹、析晶的透明玻璃液,并使其冷却到所需的成型温度。所以玻璃熔窑是生产玻璃的重要热工设备,它与制品的产、质量、成本、能耗等有密切关系。

玻璃熔窑可分为池窑与坩埚窑两大类。把配合料直接放在窑池内熔化成玻璃液的窑称池窑;把配合料放入窑内的坩埚中熔制玻璃的窑称为坩埚窑。凡玻璃品种单一、产量大的都采用池窑。若产品品种多、产量小的都采用坩埚窑。以下主要介绍池窑。玻璃池窑有各种类型,按其特征可分为以下几类:

1. 按使用的热源分类

(1)火焰窑。以燃烧燃料为热能来源。燃料有煤气、天然气、重油、煤等。

(2)电热窑。以电能作热能来源,它又可分为电弧炉、电阻炉及感应炉。

(3)火焰电热窑。以燃料为主要热源,电能为辅助热源。

2. 按熔制过程的连续性分类

(1)间歇式窑。把配合料投入窑内进行熔化,待玻璃液全部成型后,再重复上述过程。它是属于间歇式生产,所以窑的温度是随时间变化的。

(2)连续式窑。投料、熔化与成型是同时进行的。它是属于连续生产,窑温是稳定的。

3. 按废气余热回收分类

(1)蓄热式窑。由废气把热能直接传给格子体以进行蓄热,而后在另一燃烧周期开始后,格子体把热传给助燃空气与煤气,回收废气的余热。

(2)换热式窑。废气通过管壁把热量传导到管外的助燃空气达到废气余热回收。

4. 按窑内火焰流动走向分类

(1)横火焰窑。火焰的流向与玻璃液的走向呈垂直向。

(2)马蹄焰窑。火焰的流向是先沿窑的纵向前进而后折回呈马蹄形。

(3)纵火焰窑。火焰沿玻璃液流方向前进,火焰到达成型部前由吸气口排至烟道。

四、玻璃池窑与电熔窑

1. 横火焰池窑

玻璃厂大都采用火焰窑,或用重油,或用煤气为燃料。大中型平板玻璃厂一般均采用横焰蓄热式连续池窑来熔化玻璃,图 3-3-1 为其平面图,图 3-3-2 为其立面图。

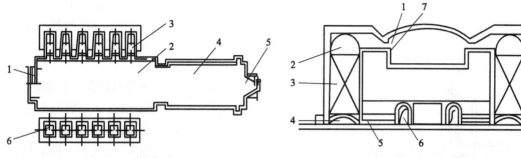

图 3-3-1 浮法窑平面图
1-投料口;2-熔化部;3、6-小炉;4-冷却部;5-流料口

图 3-3-2 浮法窑立面图
1-小炉;2-蓄热室;3-格子体;4-底烟道;5-联通烟道;6-支烟道;7-燃油喷嘴

从图 3-3-1 可以看出,配合料由投料口 1 进入熔化部 2,由窑的一侧的小炉 3 喷焰加热,火焰把热量传给配合料,熔化与澄清后的玻璃液进入冷却部 4,经流槽口 5 进入锡槽。燃烧后的废气进入另一侧的小炉 6。

从图 3-3-2 可以看出,燃烧后的废气进入小炉口 1,在蓄热室 2 中废气把热量传给格子体 3,使格子体的温度上升,废气经蓄热室下部烟道 4、联通烟道 5 进入支烟道 6,汇至总烟道由烟囱把废气排放于大气中。

通常每隔 20min 火焰就换向一次,即通过换向设备,使气流(废气与助燃空气)的流向相反。其过程为助燃空气经换向设备进入支烟道 6、联通烟道 5 进入蓄热室下部烟道 4,助燃空气在蓄热室 2 上升过程中,被已加热的格子体 3 所加热,它经小炉口 1 进入熔窑内火焰空间,与此同时,设在小炉口 1 下部的燃油喷嘴 7 同时喷射雾化油,与助燃空气形成火焰燃烧,它把燃烧热传给配合料以进行熔化,燃烧后废气进入另一侧的小炉口中。

上述类型的平板玻璃窑以重油为燃料,熔化温度为 1580~1600℃,熔化率为 2~2.5t/(m² · d),窑的使用周期为 5~8 年。

2. 电加热池窑

利用电能作为热源熔制玻璃在 1920 年以后才在工业上推行。电熔玻璃大致可分为三种方式:利用电阻发热体间接加热;利用高频电感应加热;利用电极通电能通入玻璃液内进行直接加热。

(1)利用电阻发热体间接加热电熔窑是利用装在盛放玻璃液容器以外的专门加热元件所产生的热量来加热的。如通过石墨芯柱或坩埚间接加热来熔制熔融石英玻璃和石英玻璃,或通过金属容器(通常用铂制)间接加热来熔制光学玻璃,也用于生产玻璃纤维。近年来,还发展了用二硅化钼电热元件间接加热的单坩埚窑熔制小批量的铅晶质玻璃、硼硅酸盐玻璃、光学玻璃或颜色玻璃。为了调节供料机供料槽中玻璃液的温度,也有采用硅碳棒或二硅化钼电热元件进行辐射加热。

(2)利用高频电感应加热高频感应的电熔窑系利用涡电流加热,有的在熔制玻璃的容器内(通常为铂制或石墨制)感应产生涡电流,或在盛装玻璃的容器里装入金属(例如锡),感应而产生涡流,以及在玻璃本身中感应而产生涡电流等。高频感应电熔窑适用于熔制某些光学玻璃和特种玻璃,如生产石英玻璃,常用石墨坩埚来加热。

(3)利用电极将电能送入到玻璃液直接加热,利用焦耳热熔化玻璃的电熔窑的应用最为广泛,它利用高温玻璃液在电场的作用下,直接使玻璃液获得热量,所以称为直接加热。

这种熔窑主要是在有廉价电力供应的地区,用来熔制含高挥发分的玻璃,深色玻璃和某些高质量的玻璃,或用于空气污染严重的场合。在火焰加热的池窑上采用电辅助加热也是一种直接加热的方式。

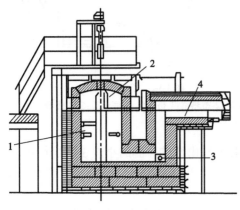

图 3-3-3 六角形垂直式电熔窑
1-两排水平电极;2-配合料耙杆;3-流液洞辅助电极;
4-供料槽

经过不断改进,发展了配合料覆盖式的电熔窑,即从熔化池上部加入配合料,使整个玻璃液面上经常保持着冷的配合料覆盖层,故上部空间温度很低(不超过 200℃),减少了热损失,形成了一种熔化面积小、玻璃液层较深的新窑型,即垂直熔化工艺。电熔窑的横断面积不限于矩形,有多角形或圆形,电极的形状和插入方式,可自由选择,从单层布置电极发展为二层、三层或四层等多层布置,每层电极的电流是分别可调的,以便于获得合理的温度分布,生产出高质量玻璃。图 3-3-3 是一种等边六角形窑型,垂直熔化全电熔窑,简称"VSM 型"。它的熔制过程从添加配合料、熔化、澄清是垂直方向进行的,其熔化率 $2 \sim 4t/(m^2 \cdot d)$,单位耗电量为 $0.8 \sim 1.5kW \cdot h/kg$ 玻璃。这种全电熔池窑自 20 世纪 60 年代由德国索尔格(Sorg)公司开发成功,是目前使用最多的一种窑型。

大型电熔窑每天可生产钠钙硅酸盐玻璃 200t 以上,每千克玻璃的耗电量约为 0.85kWh。从技术观点出发,没有什么原则可限制电熔窑的容量。它的耗电量系根据使用碎玻璃的用量、窑体保温状况、添加配合料的操作及电熔窑的窑龄等不同条件而略有变化。

电熔窑开始启动时,是用气体或液体燃料加热,也有用辐射元件加热的。有时先向窑内加入一层碎玻璃约 500mm 厚,直到把最下层电极淹没,即在窑上部空间用火焰加热使玻璃温度升高到 800℃ 左右,便向最下层电极通入电流,停止火焰加热,并继续加入配合料,使配合料不断熔化,玻璃液逐步上升,待玻璃液淹没下层电极时,即对该电极通电,直到液面上升至规定位置,电熔窑即可正常运转。

电熔窑常采用金属钼电极或氧化锡电极,电流密度前者可达 $1 \sim 2A/cm^2$,后者为 $0.3A/cm^2$。金属钼电极要防止空气中氧化,氧化锡电极则要注意其热稳定性。

全电熔池窑优点,大型池窑的热效率仅为 25% ~ 30%,而电熔窑为 75% ~ 80%;适合于熔制高质量玻璃;最适宜于熔制含高挥发物组分的玻璃、难熔玻璃和深色的颜色玻璃;节约挥发性原料;窑炉结构简单;大幅度降低环境污染等。

随着人们环保意识的增强,化石燃料价格上涨,环境排放指标提高,电熔窑必将越来越受到重视。

第四节 玻璃的成型

玻璃的成型是将熔融的玻璃液转变为具有几何形状制品的过程,这一过程称之为玻璃的一次成型或热端成型。玻璃必须在一定的黏度(温度)范围内才能成型。在成型时,玻璃液除做机械运动之外,还同周围介质进行连续的热交换和热传递。玻璃液首先由黏性液态转变为塑性状态,然后再转变成脆性固态,因此,玻璃的成型过程是极其复杂的过程。

热端成型的玻璃经过再次加工成为制品的过程,称为玻璃的再成型(再加工)或冷端成型,其方法可以分为两类:热成型和冷成型。后者包括物理成型(研磨和抛光等)和化学成型(高硅氧的微孔玻璃等)。玻璃的成型通常指热成型。

玻璃的成型方法有:吹制法(空心玻璃等)、压制法(烟缸、水杯等)、压延法(压花玻璃等)、浇铸法(光学玻璃等)、拉制法(平板玻璃、玻璃管等)、离心法(玻璃棉等)、烧结法(泡沫玻璃、工艺玻璃等)、喷吹法(玻璃微珠等)、浮法(平板玻璃等)、焊接法(仪器玻璃等)等。

上述成形方法,按照制品形状产生的方法,可分为有模成型和无模成型两大类,有模成型又分为单侧模(吹制、离心成形)和双侧模(压制成形)。

1. 浮法成型

浮法是指熔窑熔融的玻璃液在流入锡槽后在熔融金属锡液的表面上成型平板玻璃的方法。

熔窑的配合料经熔化、澄清、冷却成为 1150~1100℃ 左右的玻璃液,通过熔窑与锡槽相连接的流槽,流入熔融的锡液面上,在自身重力、表面张力以及拉应力的作用下,玻璃液摊开成为玻璃带,在锡槽中完成抛光与拉薄,在锡槽末端的玻璃带已冷却到 600℃ 左右,把即将硬化的玻璃带引出锡槽,通过过渡辊台进入退火窑。其过程如图 3-3-4 所示。

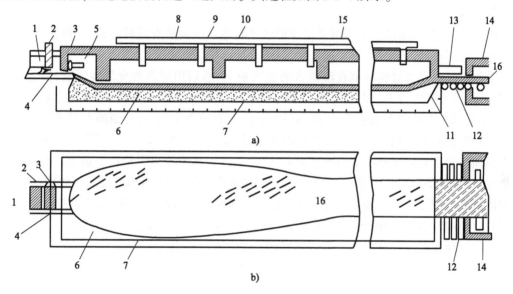

图 3-3-4　浮法玻璃生产工艺示意图

1-窑尾;2-安全闸板;3-节流闸板;4-流槽;5-流槽电加热;6-锡液;7-锡槽底部;8-锡槽上部加热空间;9-保护气体管道;10-锡槽空气分隔墙;11-锡槽出口;12-过渡辊;13-过渡辊电加热;14-退火炉;15-锡槽顶盖;16-玻璃带

2. 压制法

机械压制法与人工压制的部件是相同的,借助模具、压头和模环,但主要是采用滴料供料机供料和自动压机成形。其成形过程如图 3-3-5 所示。

压制法能生产多种多样的实心和空心玻璃制品,如玻璃砖、透镜、棱镜、绝缘子、电视显像管的面板及锥体、耐热餐具、光技术玻璃以及水杯、烟灰缸、糖缸、花瓶、盘、碟、碗等日用器皿。

压制法的特点是制品的形状比较精确,能压出外面带花纹的制品,工艺简便,生产能力较高,但是压制法的应用范围受到一定的限制。

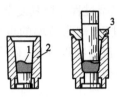

图 3-3-5 玻璃压制成型过程图

1-玻璃料;2-模具;3-模环;4-压头;5-玻璃制品

首先是压制品内腔的形状应该能容许冲头从中取出,也就是内腔不能向下扩大,同时内腔的侧壁上下不能有凹凸的地方。但是螺旋状的内腔可以成形,因为可以利用旋转的办法将冲头取出来。

第二是由于薄层的玻璃液与模具和冲头接触时,因冷却而黏度增大,会很快失去流动性。因此,用压制法不能生产薄壁和内腔在垂直方向上较长的制品。

另外,压制的制品表面不光滑,常有斑点和模缝。这些缺陷有时虽可以利用火抛光法使之减少,但由于玻璃表面张力的作用,也会使制品的棱角变圆,从而使压制的刻花器皿、花纹质量变坏。

3.压延法

压花玻璃、金属加丝玻璃等都可用压延法来制造。压延法有两种形式,一种是平面压延,另一种是辊间压延。

平面压延法是将玻璃液倒在浇铸台的金属板上,然后用耐热的金属辊压延,使之变为平板,然后在隧道窑中退火。由于工作台温度条件不同,玻璃液的温度高,很难建立稳定的温度制度,制造的平板玻璃表面不平整,玻璃板的下面常有很多小裂纹,在研磨和抛光时要磨去很厚一层玻璃,动力、材料和劳动力消耗都很大,而且要间歇作业,操作笨重都是它的缺点。

辊间压延法是将玻璃液流到承受板上,然后通过压延辊展成平板送去退火。在对辊压延的情况下,玻璃板的两面冷却的大致一样,玻璃与成形面接触的时间短,能采用较冷的玻璃液,这可以减少玻璃厚度上的温度梯度。玻璃比平面压延法质量好,研磨抛光时磨去量少,比较经济,但是存在着间歇作业的典型缺点,因而又进一步发展为连续延压法。

连续压延法的玻璃液由池窑的工作池沿流料槽连续流出,进入由两个用水冷却的中空压辊所组成的压延设备中,下面辊的直径比上面辊的直径大得多,压延成的玻璃经辊式输送机送入退火炉中进行退火。

压花玻璃和夹丝玻璃多采用辊压延法和连续压延法成型。各种压延法示意图如图 3-3-6所示。

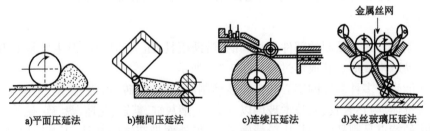

金属丝网

a)平面压延法   b)辊间压延法   c)连续压延法   d)夹丝玻璃压延法

图 3-3-6 压延成形类型

4.吹制法

机械吹制法可以分为压-吹法、吹-吹法、转吹法、带式吹制法等。

(1)压-吹法的特点是先用压制的方法制成制品的口部和初形,然后再移入成形模中吹成制品。因为初形是压制的,制品是吹制的,所以称为压-吹法。

成型时口模放在初形模上,由滴料供料机送来的玻璃液料滴落入初形模后,冲头即开始下压制成口部和初形。初形模可能是整体的,也可能由两部分组成。然后将口模连同初形移入成型模中,重热伸长并放下吹气头,用压缩空气将初形吹成制品。最后,将口模打开取出制品,送去退火。压-吹法主要生产广口瓶、小口瓶等空心制品,其成型过程的示意图如图3-3-7所示。

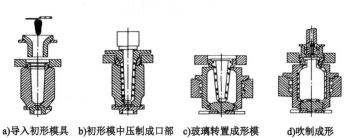

a)导入初形模具 b)初形模中压制成口部 c)玻璃转置成形模 d)吹制成形

图 3-3-7 压-吹法成型过程图

(2)吹-吹法的特点是先在带有口模的初形模中制成口部和吹成初形,再将初形移入成型模中吹成制品。因为初形和制品都是吹制的,所以称为吹-吹法。吹-吹法主用于生产小口瓶。不同类型的成形机口部成形的方式不同又分为翻转初形法、真空吹-吹法。

翻转初形吹制法的特点是用初形倒立的办法使滴料供料机送来的玻璃料滴落入带有口模的初形模内,用压缩空气将玻璃液向下压实形成口部(俗称扑气)。在口模中心有一个特制的型芯,称为顶芯子,以便使压下的玻璃液作出适当的凹口。为使口都能完全充实,不发生缺口等缺陷,口部形成后,口模中的顶芯子即自行下落,用压缩空气向形成的凹口吹气(倒吹气)形成初形,然后将初形翻转移入正立的成形模中,经重热、伸长、吹气,最后吹成制品。吹-吹法成型过程如图3-3-8所示。

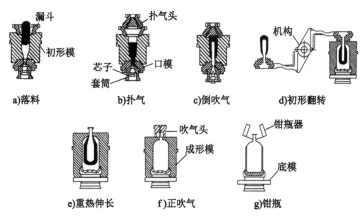

a)落料 b)扑气 c)倒吹气 d)初形翻转

e)重热伸长 f)正吹气 g)钳瓶

图 3-3-8 吹-吹法成型过程

真空吹-吹法的特点是采用真空吸口的办法,初型和成型均用压缩空气成型。林取制瓶机,初型模和成型模均正立,分别在两个转盘上,无须翻转。

5.拉制法

拉制法主要用于生产玻璃管、玻璃棒、平板玻璃、连续玻璃纤维等。

玻璃管的拉制成形方法总计有四种,分别是水平拉制法、垂直水平法、垂直引上拉管、垂直引下拉管。

6.其他成型法

如离心法主要用于玻璃棉成型,浇注法主要用于光学玻璃、艺术玻璃成型等。

第五节　玻璃的缺陷

玻璃体内由于存在着各种夹杂物,导致玻璃体均匀性遭到破坏,称为玻璃体的缺陷。不同用途的玻璃对玻璃质量求不同,光学玻璃、工艺玻璃和许多特种玻璃质量要求极高,一般的日用玻璃对玻璃质量要求相对较低。玻璃缺陷使玻璃质量大大降低,甚至严重影响玻璃的进一步成形和加工,或者造成大量的废品。

玻璃体缺陷的种类和它产生的原因是多种多样的。必须严格控制工艺参数,稳定配料,减少缺陷的产生。玻璃体的缺陷按其状态的不同,分成三大类:气泡(气体夹杂物)、结石(固体夹杂物)、条纹和节瘤(玻璃态夹杂物)。

一、气泡

玻璃制品常以气泡的直径及单位体积内的气泡个数来划分等级。制品中气泡的形状可呈球形、椭圆形、细长形,它的变形与成形过程有关。大部分气泡为无色透明的,也可呈有色的,如白色芒硝泡。气泡直径过小的称灰泡或尘泡。气泡中的气体有:O_2、N_2、H_2O、CO_2、CO、H_2、SO_2、H_2S、NO_2等。有时气泡为真空泡或空气泡。

通常气泡的形成有以下几种原因:

1.残留气泡的形成

在玻璃熔制过程中,粉料中的各种盐类等都将在高温下分解,放出的大量气体不断地从熔体中排除。熔体进入澄清阶段还继续排除气泡。为加速排除气泡,一般采用高温熔制以降低玻璃液的黏度,或加入降低表面张力的物质,或使窑内压力降低以使气泡逸出。但尽管如此,有些气泡仍然会残留在玻璃液内,或者由于玻璃液与炉气相互作用后又产生气泡而又未能及时排除,这就形成了残留气泡。

要防止这种缺陷,必须严格遵守配料与熔制制度,或调整熔制温度改变澄清剂种类和用量,或适当改变玻璃成分,使熔体的黏度和表面张力降低等。

2.二次气泡的形成

二次气泡的形成有物理和化学两种原因。

玻璃液澄清结束后,玻璃液处于气液两相平衡状态,若降温后的玻璃液又一次升温超过一定限度,原溶解于玻璃液中的气体由于温度增高而引起溶解度的下降,所以析出了极细小的、分布均匀的、数量极多的气泡,这就是二次气泡,属于物理原因。

在使用芒硝的玻璃液中,未分解完全的芒硝在冷却阶段继续分解而形成二次气泡;含钡玻璃由于过氧化钡在低温时的分解形成二次气泡;以硫化物着色的玻璃与含硫酸盐的玻璃接触也产生二次气泡等,属于化学原因。

由于二次气泡产生于玻璃液的低温状态下,其黏度很大,因而微小的气泡极难排除。

3. 耐火材料气泡的形成

玻璃液与耐火材料相互进行物理化学作用而产生气泡。

耐火材料本身有一定的气孔率,当与玻璃液接触后,因毛细管作用,玻璃液进入缝隙而将气体挤出而成气泡,耐火材料的气孔率比较大,因而放出的气体量是相当可观的。

耐火材料所含铁的氧化物对玻璃液中残留的盐类的分解起着催化作用,这使玻璃液产生气泡。

由还原焰烧成的耐火材料,在其表面上或缝隙中会留有碳素,这些碳素与玻璃液中的变价氧化物作用而生成气泡。

为防止这类气泡的产生,必须提高耐火材料的质量,降低气孔率,遵守作业制度,减少温度的波动。

4. 铁器引起的气泡

在冷修或热修玻璃熔窑时,可能会在窑中落入铁器,在很长时间内铁器将逐步氧化并溶解于玻璃液中,使玻璃着成褐色,而铁中的碳也将氧化成 CO 及 CO_2 而形成气泡。由此可见由铁器引起的气泡在其周界上伴随有褐色的玻璃膜。

5. 其他气泡形成的原因

由于粉料颗粒间的空气在高温熔化时未能及时排除,或成形时因挑料而带入的空气,或搅拌叶带入的空气等都可以形成空气泡。

当玻璃表面遭受急冷而使外层结硬,而内层还将继续收缩,这时只要内层中有极小的气泡就造成了真空条件,使极小的气泡迅速长大而形成了真空泡。

在玻璃电熔过程中,如果电流密度过大,在电极附近就会产生氧气泡。

二、结石

结石是出现在玻璃中的结晶夹杂物。结石是玻璃制品中最严重的缺陷,它破坏了玻璃制品的外观和光学均匀性,另外,由于结石与主体玻璃的热膨胀系数不同,因而在制品加热或冷却过程中造成界面应力,它是制品出现裂纹和炸裂的主要原因。根据结石的成因,可以分为以下几类:

1. 配合料结石

配合料结石是配合料中未熔化的颗粒,在大多数情况下是石英颗粒,色泽呈白色,其边缘由于逐渐溶解而变圆,其表面常有沟槽,在石英颗粒周围有一层 SiO_2 含量较高的无色圈,其黏度高不易扩散,常导致形成粗筋。石英颗粒的边缘往往会出现方石英和鳞石英的晶体。

配合料结石的产生不仅与配合料的制备质量有关,也与熔制的加料方式、熔制温度的高低与波动等有关。常见的结石有方石英及鳞石英。

2. 耐火材料结石

当耐火材料受到侵蚀剥落,或在高温下玻璃液与耐火材料相互作用后有些碎屑就可能夹杂到玻璃制品中而形成耐火材料结石。

窑碹、胸墙常用硅砖砌成,在高温下或者在碱性飞料的影响下会产生蚀变,有时形成熔溜物淌下,或以碹滴落入玻璃液中,这是耐火材料结石的另一种来源。

因此,要减少耐火材料结石,必须选用优质耐火材料。耐火材料的气孔率、结构致密度、显微结构的均匀度、砌筑质量、熔化温度、玻璃液本身的碱性程度、熔化分层、所用原料种类等都与结石有密切关系。

常见的耐火材料结石为铝硅质结石如莫来石、霞石、白榴石等。

3. 析晶结石

均质的玻璃液在一定温度下又析出晶体即为析晶结石。

玻璃中的析晶结石往往使玻璃产生迷漾的白点,或呈现具有明显结晶态的产物。析晶结石特别容易发生在两相界面上。例如,在玻璃液的表面上、气泡上、与耐火材料接触的界面上。

玻璃成分对产生析晶结石有明显的影响,因为成分不同其晶核生成速度及晶体成长速度都不同,在成分上应选择析晶倾向小的氧化物,降低易析晶氧化物的含量。

另外,对产生析晶有较大影响的是窑炉的温度制度与窑的结构,前者应使玻璃液尽量少在析晶温度范围内停留,而后者应尽量使玻璃液滞留的死角减少。

析晶结石通常有鳞石英与方石英(SiO_2)、硅灰石($CaO \cdot SiO_2$)、失透石($Na_2O \cdot 3CaO \cdot 6SiO_2$)、透辉石($CaO \cdot MgO \cdot 2SiO_2$)及二硅酸钡($BaO \cdot 2SiO_2$)等。

4. 硫酸盐夹杂物

玻璃熔体中所含硫酸盐若超过所能溶解的量,它就会以硫酸盐的形式成为浮渣析出,在冷却后硬化而成结晶体。

5. 黑色夹杂物

在玻璃中也常见黑色夹杂物,它们直接或间接由配合料而来,常见的有氧化铬晶体、氧化镍晶体、铬铁晶体等。

三、条纹、线道和节瘤

玻璃主体内存在的异类玻璃态夹杂物称为玻璃态夹杂物,包括条纹、线道和节瘤三种。条纹是早期形成的不均匀玻璃在液流作用下和在搅拌过程中被分散而尚未扩散均化的细小条带;线道多数是由于玻璃液中存在着尚未均化的、黏度高、表面张力大的玻璃在拉制成形过程中形成;节瘤则可能由结石经过高温与周围玻璃中组分长期作用而成,或可能由于熔窑碹滴转化而成玻璃状的团块。玻璃态夹杂物是一种较普遍的玻璃不均匀性方面的缺陷,在化学组成和物理性质方面,如折射率、密度、黏度、表面张力、热膨胀甚至色泽等与主体玻璃的有所不同,不仅影响制品外观,还可降低制品的机械强度、耐热性、化学稳定性等。

第六节　玻璃的退火

玻璃制品在高温成形过程中,若冷却条件不均衡,会产生永久应力。永久应力可导致玻璃制品强度下降甚至破裂,热稳定性降低,光学均匀性变差。为减小玻璃中的永久应力,提高玻璃的质量,必须将玻璃制品进行热处理,使其永久应力减弱或消失,这个热处理过程称为退火。

一、玻璃中的应力及其消除

玻璃中的应力一般可分为三类:热应力、结构应力及机械应力。

玻璃中的热应力是由于玻璃中存在温差而产生的应力,按产生特点可分为暂时应力和永久应力两类。

1. 暂时应力

在温度低于应变点时,处于弹性变形温度范围内(即脆性状态)的玻璃在经受不均匀的温度变化时所产生的热应力,随温度梯度的存在而存在,随温度梯度的消失而消失,这种应力称为暂时应力。

把温度低于应变点以下的、无应力的玻璃板进行双面均匀自然冷却,则玻璃表面层的温度急剧下降,由于玻璃的导热系数低,故内层冷却缓慢,由此在玻璃内部产生了温度梯度,沿厚度方向的温度场分布呈抛物线形,如图 3-3-9 实线所示。

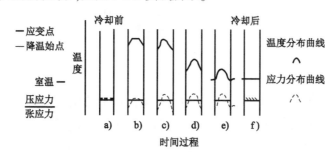

图 3-3-9 暂时应力产生与消除

玻璃在冷却过程中处于较低温度的外层收缩量应大于内层,但由于受到内层的阻碍而不能收缩到正常收缩量,所以外层产生了张应力,内层处于压缩状态而产生了压应力。这时玻璃厚度方向的应力分布是外层为张应力,内层为压应力,其应力分布呈抛物线形,如图 3-3-9 虚线所示。在玻璃中间的某层,压应力和张应力大小相等,应力方向相反,相互抵消,该层应力为零,称中性层。

玻璃继续冷却,当表面层冷却到室温后,表面温度不再下降,其体积也不再收缩,但内层温度高于外层,它将继续降温收缩,这样外层开始受到内层的拉引而产生压应力,此部分应力将部分抵消冷却开始时所受到的张应力,而内层收缩时受到外层的拉伸呈张应力,将部分抵消冷却开始时的压应力。随着内层温度不断下降,外层的张应力和内层的压应力不断相互抵消,当内外层温度一致时,玻璃中不再存在应力。

反之,若玻璃板由室温开始加热,直到应变点以下某温度保温时,其温度变化曲线与应力变化曲线恰与上述相反。

暂时应力虽然随温度梯度的消失而消失,但其应力值应严加控制,若超过了玻璃的抗张强度的极限,玻璃会发生炸裂。通常应用这一现象以骤冷的方法来切割玻璃制品及玻璃管、玻璃棒等。

2. 永久应力

当玻璃内外温度相等时所残留的热应力称为永久应力。将一块玻璃板加热到高于玻璃应变点以上的某一温度,待均热后板两面均匀自然冷却,经一定时间后玻璃中温度场呈抛物线分布,如图3-3-10所示。玻璃外层为张应力而内层为压应力,由于应变点以上的玻璃具有黏弹性,即此时的玻璃为可塑状态,在受力后可以产生位移和变形,使由温度梯度所产生的内应力消除。这个过程称为应力松弛过程,这时的玻璃内外层虽存在着温度梯度但不存在应力。当玻璃冷却到应变点以下,玻璃已成为弹性体,以后的降温与应力变化与前述的产生暂时应力的情况相同,待冷却到室温时虽然消除了应变点以下产生的应力,但不能消除应变点以上所产生的应力,此时,应力方向相反,即表面为压应力,内部为张应力,这种应力为永久应力,如图3-3-10所示。

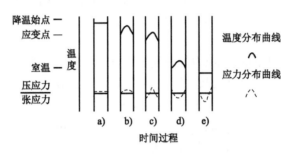

图 3-3-10 永久应力产生

3. 玻璃中的结构应力

玻璃因化学组成不均导致结构上的不均而产生的应力称结构应力。它是属于永久应力,玻璃即使经退火也不能消除这种应力。玻璃中的成分不均体,其热膨胀系数与主体玻璃不相同,因而主体玻璃与不均体的收缩、膨胀量也不相同,在其界面上产生了应力,所以,退火也不能消除这类应力。例如,当玻璃中存在结石、条纹和节瘤时,就会在这些缺陷的界面上引起应力。

4. 机械应力

由外力作用在玻璃上引起的应力,当外力除去时该应力随之消失,此应力称为机械应力。在生产过程中,若对玻璃制品施加过大的机械力也会使玻璃制品破裂。

二、玻璃的退火温度及退火温度范围

玻璃在成型过程中要经历由黏弹性体到弹性体的温度区域。在玻璃转变温度 T_g 至应变点温度(相应于黏应力为 $10^{13.6}$ Pa·s 的温度)范围内,玻璃中的质点仍然可以位移,能使应力松弛并消除结构上的不均匀性。但玻璃此时的黏度值已相当大,其外形的变化几乎测不出,这一黏度区域为玻璃退火区域。玻璃的退火温度范围随化学组成不同而不同,一般规定玻璃制品能在15min内消除全部应力或在3min内消除95%的内应力的温度称为退火上限温度(相当于 T_g);如果在16h内才能全部消除或在3min内仅消除5%的内应力的温度称为退火下限温度(相当于应变点温度)。退火温度上限与下限温度之间的温度称为退火温度范围。生产中,一般确定了最高退火温度就可以确定退火温度范围。

玻璃的退火温度与玻璃种类有关,平板玻璃的最高退火温度为 550~570℃;瓶罐玻璃为 550~600℃;大部分器皿玻璃为(550±20)℃;硼硅酸盐玻璃为 560~610℃;铅玻璃为 460~490℃。从化学组成上讲,能降低玻璃黏度的成分,都能降低退火温度。

三、玻璃的退火制度

玻璃的退火制度与制品的种类、形状、大小、应力的允许值以及退火炉内温度分布等情况有关。在制定玻璃退火制度时,要对这些因素进行综合考虑。

退火工艺过程分为加热、保温、慢冷及快冷四个阶段如图3-3-11所示。退火制度有直线式、阶段式、上弯式、下弯式等。这些退火制度各有利弊,目前大多采用直线式退火制度,即用较高的退火温度,随后按应力允许值要求以均匀速度降温到快冷阶段。所以从开始降温到快冷阶段的范围内退火曲线是一直线。直线式退火制度优点很多,如退火过程工艺简单,退火时间短、质量好及便于控制等。

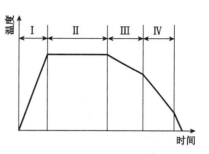

图3-3-11 玻璃制品退火各个阶段
Ⅰ-加热阶段;Ⅱ-保温阶段;Ⅲ-慢冷阶段;
Ⅳ-快冷阶段

1)加热阶段

不同品种的玻璃有不同的退火工艺。有的玻璃在成形后直接进入退火炉进行退火,称为一次退火;有的制品在成形冷却后再经加热退火,称为二次退火。所以加热阶段对有些制品并不是必要的。在加热过程中,玻璃表面产生压应力,所以加热速率可相应高些,例如20℃的平板玻璃可直接进入700℃的退火炉,其加热速率可高达300℃/min。考虑到制品大小、形状、炉内温度分布的不均性等因素,在生产中一般采用的加热速率为$20/a^2 \sim 30/a^2$(℃/min),对光学玻璃制品的要求更高,一般为$<5/a^2$,式中 a 为制品的厚度之半,其单位为cm。

2)均热阶段

把制品加热到退火温度进行保温、均热以消除应力。首先要确定退火温度,其次是保温时间。一般把比退火上限温度低20~30℃作为退火温度。退火温度除直接测定外,也可根据玻璃成分计算黏度为10^{12} Pa·s时的温度。当退火温度确定后,保温时间可按$70a^2 \sim 120a^2$进行计算,或者按应力容许值进行计算:

$$t = \frac{52a^2}{\Delta n} \tag{3-3-19}$$

式中:Δn——玻璃退火后容许存在的内应力(nm/cm)。

3)慢冷阶段

为了使玻璃制品在冷却后不产生永久应力,或减小到制品所要求的应力范围内,在均热后进行慢冷是必要的,以防止过大的温差。按下式计算冷却速度 h_0:

$$h_0 = \frac{6\lambda(1-\mu)n}{[E\alpha(a^2 - 3x^2)]} \tag{3-3-20}$$

式中:λ——导热系数;

E——弹性模量;

α——膨胀系数;

μ——泊松比;

a——板厚一半;

x——所测点距离。

对一般工业玻璃:

$$\alpha E / [6\lambda(1-\mu)] \approx 0.46$$
$$n = 0.46h_0(a^2 - 3x^2) = 1.3h_0(a^2 - 3x^2)$$

此阶段冷却速度的极限值为：$10/a^2$（℃/min），每隔10℃冷却速度增加0.2℃/min，所以可按下式计算：

$$h_t = h_0\left(1 + \frac{\Delta T}{300}\right) \tag{3-3-21}$$

式中：h_0——开始时的冷却速度；

h_t——在t℃时的冷却速度。

4）快冷阶段

玻璃在应变点以下冷却时，如前述只产生暂时应力，只要它不超过玻璃的极限强度，就可以加快冷却速度以缩短整个退火过程、降低燃料消耗、提高生产率。此阶段的最大冷却速度可按下式计算：

$$h_c = \frac{65}{a^2} \tag{3-3-22}$$

在生产上，一般都采用较低的冷却速度，这是由于制品或多或少存在某些缺陷，以免在缺陷与主体玻璃间的界面上产生张应力。对一般技术玻璃采用此值的15%~20%，甚至采用：

$$h_c < \frac{2}{a^2} \tag{3-3-23}$$

上述参数确定后，通常还在应用实践中加以调整。

第四章

玻璃深加工

建筑玻璃按其用途可分为两类,一类是透视采光用的窗用平板玻璃;另一类是作为墙体及内墙装饰用类材料,包括已广泛用于建筑墙体的玻璃马赛克、玻璃砖、微晶玻璃饰面板等。

玻璃深加工不仅增加了新的性能,扩大了用途,而且实现了一次产品的增值。平板深加工的产品主要有,钢化玻璃、夹层玻璃、中空玻璃、镀膜玻璃、雪花玻璃、喷砂玻璃和超薄电子玻璃等。

第一节　玻璃马赛克

玻璃马赛克是建筑材料中用量较大的内外墙饰面材料,它是陶瓷马赛克之后发展起来的一种玻璃墙体装饰材料,它色彩鲜艳,化学稳定性好,力学强度高,价格便宜且施工方便,加上它对阳光的漫反射使色泽更加优雅而倍受用户欢迎,不仅用于建筑物中,在居民住宅装饰、浴池、泳池、公共卫生等设施中也得到了广泛的使用。玻璃马赛克的生产方法有熔融法及烧结法两类,普遍采用的是熔融法。

一、熔融法

生产玻璃马赛克的最有效方法是池窑熔融连续压延工艺。其特点是产量高、质量好、成本低,尤其是色泽稳定、色差小。

1. 工艺流程

工艺流程为:原料→配料→池窑熔化→连续压延→退火→折断→挑选→拼装→粘贴纸皮→成品→入库。

一条年产 30 万 m² 玻璃马赛克的生产线,日需生料量为 10t,由于用量不大,所以各种原料均以粉料袋装进厂,库房储存。按玻璃马赛克配方进行配方计算、称量、机械混合、料罐输送至窑头料仓。

熔窑采用换热式双碹顶池窑,根据玻璃马赛克制品的特点(在制品中必须留有部分未熔化的砂粒),其窑底设计成斜坡式,配合料经高温熔化后,带有砂粒、气泡、不均体的玻璃液由斜坡流向出料口,过程中气泡大部分排除,不均体进一步均化,成为玻璃马赛克具有特定状态(砂粒、乳浊、彩色)的玻璃液。

压延后片状玻璃马赛克经网带输送机在密闭通道中低速度缓冷,退火后经挑选,拼排,贴纸而成产品。

2. 原料

玻璃马赛所用原料可为以下四类:主要原料、着色原料、乳浊原料及本厂回收的废马赛克。

主要原料有硅砂、石灰石、白云石、纯碱、硝酸钠、长石、三氧化二砷等。当生产乳白色玻璃马赛克时要求硅砂中的氧化铁的含量低于 0.25% 。

增色剂有重铬酸钾(生产黄绿色玻璃马赛克)、氧化钴(蓝色)、氧化锰(紫色)、硫化镉和锡粉(红色、橙色、黄色)、氧化镍(灰色)、硒粉(肉色)。

乳浊剂通常有以下四种乳浊剂。

砂子:为了制得不透明的玻璃马赛克,常在成分外加入 10%~20% 的石英砂,但用砂乳化玻璃只适用于有色玻璃马赛克,不加着色剂时,马赛克着色成灰色。

氟化物:是使用最多的一种,当引人 2%~3% F^- 时,玻璃就开始乳化,饱和乳浊度须引入 4%~5% F^- 。氟在玻璃熔化过程中的挥发量可达引入量的 40%~50% 。挥发量与引入氟化物的种类有关,挥发量减少顺序:氟化钠 > 萤石 > 氧化铝 > 氟硅酸钠 > 合成冰晶石 > 天然冰晶石。在各种氟化物中,天然冰晶石挥发量最小。

可增强乳浊程度的氧化物有 ZnO、CdO、PbO;能抑制乳浊晶体生长、防止析晶颗粒过大与表面粗糙的氧化物有 Al_2O_3、B_2O_3 等。

氟化物的挥发物会污染大气,氟化物对耐火材料侵蚀大。

磷化物:它在碱性玻璃中的挥发较多,可达 22%,当碱含量减少到 6%~7.5% 时,P_2O_5 的挥发量可减少到 3%~5% 。常用的磷化物有磷酸钙 $Ca(PO)_3$,骨灰(其中含磷酸钙达 67%~85% 及磷酸镁 $Mg_3(PO_4)_2$ 2%~3% 、$CaCO_3$ 1% 等),天然磷灰石等。

氧化铝:它乳浊玻璃液是一种物理现象,它与砂子作乳化剂一样,仅靠未熔颗粒的表面反射,加入量为玻璃液量的 5%~6%(指玻璃熔化后在料道加氧化铝砂的用量),若用来乳化彩色玻璃马赛克,为达到同一色调的纯正性其着色剂的用量增加近一倍。

在实际中常采用组合乳化剂,如氟硅酸钠与萤石组合,磷酸盐与氟化物组合。

3. 玻璃马赛克的配方

在玻璃配合料中加入一定量的着色剂就成为彩色玻璃马赛克。表 3-4-1 列出了它们的组成。

彩色玻璃马赛克成分 wt(%) 表 3-4-1

颜色	SiO_2	CaO	Al_2O_3	R_2O	ZnO	F^-	CdS	Se	酒石酸钾
红色	60	7	1.5	18	10	3.5	1.5	0.6	2
黄色	65	7	3	13	8	3.5	2.0	0.1	2
蓝色	70.5	8	3	15	—	2.5	0.015(CdO) 1(CuO)1.5(Cr_2O_3)		
白色	70	5.5	3	13	3	5.5			
绿色	67.5	8	2	15.5	—	3.5			

4. 压延系统

压延机是生产玻璃马赛克的成型设备。采用的压延机主要是对辊式。采用坩埚窑生产玻璃马赛克时则采用链板式压机。

熔制后玻璃液经出料孔流入压机的第一对辊,压成规定厚度与宽度的玻璃带,进入第二对辊时,由辊上的刀切成 20mm × 20mm 或 25mm × 25mm 正方形片,经过渡板进入网带传送机送入密闭的隧道式退火窑。

5. 折断、拼装、粘贴

玻璃马赛克带常用振打方式使联片成为单片,但产品易缺角崩边影响成品率。大型厂常采用折断机,通过多次机械力使玻璃带先横断,而后逐一纵断。

玻璃马赛克在折成小片后,须拼装成一联,每联的片数为 12 × 12 片或 15 × 15 片,而后用 80 ~ 120g/m² 的牛皮纸进行粘贴。

二、烧结法

1. 玻璃粉制备

把碎玻璃按颜色分类,用水进行冲洗后,送入球磨机粉碎,为提高粉碎效率与防尘,应往球磨机内加入 30% ~ 50% 的水,球磨中球与玻璃的质量比为 1 时,研磨 12h 出料,其细度为 60 目以下,经沉淀、干燥即成玻璃粉。

2. 配料、成型与烧成

黏合剂是硅酸钠水溶液,防泡剂是氧化锌和缩合磷酸盐(磷酸铝、磷酸镁、磷酸钙、磷酸钙镁等),填充剂是高岭土,其配比:玻璃粉 100 份,着色剂按需加入,氧化锌 3 份,硅酸钠溶液 8 份,磷酸盐 1.5 份,水 2 份,高岭土 3 份。

用 30t 磨擦压力机成型,压力为 25MPa。配合料总水分 7% ~ 10%。

着色剂添加量如表 3-4-2 所示,制品烧成温度为 700 ~ 800℃,烧成时间为 0.5 ~ 4h。

着 色 剂 添 加 量   表 3-4-2

玻璃马赛克颜色	无机颜料添加剂(%)
白色	氧化钛 1
浅绿色	蓝色料 0.5 + 黄色剂 0.1
粉红色	粉红色料 0.2 + 氧化钛 0.1
黄色	黄色料 0.5 + 氧化钛 0.1
黑色	氧化铁 0.2
绿色	蓝色料 0.5 + 黄色料 0.3

第二节　微晶玻璃

把加有晶核剂(或不加晶核剂)特定组成的玻璃在有控条件下进行晶化热处理,使原单一玻璃相形成有微晶相和玻璃相均匀分布的复相材料,称之为微晶玻璃。

一、组成的选择

微晶玻璃的综合性能主要决定于析出晶相的种类、微晶体的尺寸与数量、残余玻璃相的性质与数量,第一项由组成决定,后四项主要由热处理制度所决定。

微晶玻璃的原始组成不同,其晶相的种类也不相同。例如,晶相有 β-硅灰石、β-石英、氟金云母、霞石、二硅酸锂、铁酸钡、钙黄长石、堇青石等。各种晶相赋予微晶玻璃不同的性能。

β-硅灰石晶相具有建筑微晶玻璃所需性质。常用 $CaO\text{-}Al_2O_3\text{-}SiO_2$ 玻璃系统,成分如表 3-4-3 所示。

CaO-Al$_2$O$_3$-SiO$_2$微晶玻璃组成   表 3-4-3

颜色	SiO$_2$	Al$_2$O$_3$	B$_2$O$_3$	CaO	ZnO	BaO	Na$_2$O	K$_2$O	Fe$_2$O$_3$	Sb$_2$O$_3$
白色	59.0	7.0	1.0	17.0	6.5	4.0	3.0	2.0	—	0.5
黑色	59.0	6.0	0.5	13.0	6.0	4.0	3.0	2.0	6.0	0.5

二、建筑微晶玻璃的性能

建筑用微晶玻璃饰面板材与天然大理石、花岗岩的性能列于表 3-4-4。可以看出,含 β-硅灰石晶相的微晶玻璃在材料尺寸稳定性(热膨胀系数)、耐磨性(硬度)、抗冻性(吸水率及强度)、光泽度的持久性(耐酸耐碱)、强度(抗冲击强度和断裂强度)等均优于天然大理石及花岗岩。

建筑用微晶玻璃与大理石、花岗岩的性质   表 3-4-4

性　　能	β-硅灰石型微晶玻璃	大　理　石	花　岗　岩
30~380℃热膨胀系数($\times 10^{-7}$/℃)	62	80~260	80~150
密度(g/cm^3)	2.72	2.71	2.61
耐压强度(MPa)	118~549	90~230	60~300
莫氏硬度	6	3.5	5.5
维氏(100g)	600	130	130~570
吸水率(%)	0.00	0.02~0.05	0.23
热传导率[W/(cm^2·℃)]	17.17	21.7~23.0	20.9~23.0
耐酸性(1% H$_2$SO$_4$)	0.08	10.30	0.91
耐碱性(1% NaOH)	0.054	0.28	0.08

三、微晶玻璃的生产工艺

建筑微晶玻璃的生产方法有压延法和烧结法。

1. 原料

生产白色或色彩鲜艳的微晶玻璃时,一般都使用矿物原料和化工原料,使用的矿物原料有硅砂、石灰石、白云石、长石、毒重石。使用的化工原料有锌白、纯碱、钾碱、锑粉、硼砂、硼酸以及各种着色剂。

生产矿渣微晶玻璃时,原料以矿渣为主,如铁渣、矾矿渣等,它们的用量可达40%~50%,另加硅砂、黏土、化工原料,所得颜色以黑色为主,若加锌白可得灰白色微晶玻璃。

为加速晶核形成,一般都加入晶核剂,当氧化钙含量较高时也可不加晶核剂。常用的晶核剂有氟硅酸钠、氟化钙、硫化锌、硫化镁、铁矿石等。

所用着色剂与制造颜色玻璃相同。

2. 玻璃熔融

红色与黄色的微晶玻璃因使用硒粉其挥发量可达90%,所以常使用密封性好的坩埚炉熔化。其他色彩的微晶玻璃都使用池窑熔化,生产率,成本与质量一般均优于坩埚炉。建筑微晶玻璃的熔化温度为1450～1500℃,对玻璃液的质量要求与一般玻璃制品相同。

3. 成型

可采用吹制、压制、拉制、压注、离心浇注、重力浇注、烧结、浮法等各种成型方法,但生产板状微晶玻璃,以压延法和烧结法为主。

采用压延法时,其生产工艺与压延玻璃相同,玻璃液经流槽直接进入压延辊压延而成板状光面玻璃板。

烧结法是把玻璃液水槽中淬冷而成颗粒玻璃,或压延成板状后再水淬,采用这一方法可保证水淬后的颗粒具有规定的粒径。颗粒玻璃料经干燥、分级,以一定级配装模,经热处理烧结与核化、晶化而成板状微晶玻璃。

压延法的主要优点是玻璃板的表面与内部均无气泡,但成品率低。烧结法的优点是成品率高,但玻璃表面和内部气泡较多,表面气孔影响产品质量。

4. 晶化热处理

玻璃经晶化热处理后,才能形成微晶玻璃。热处理制度影响主晶相种类、大小、数量、制品的炸裂、气泡量与大小、产量、燃料消耗等。

在生产上热处理有两种制度,即阶梯式和等温式温度制度,如图3-4-1所示。

图中 t_1 为核化温度,在此温度下持续恒温以促使晶核生成,停留时间越长,其生成的晶核也越多;t_3 为晶化温度,在此温度下持续恒温以促使晶体成长,时间越长晶体越大,残余玻璃相的量越少;t_2 是等温式温度制度下的核化与晶化合一的热处理恒温温度,其值取在核化温度 t_1 以上,晶化温度 t_3 以下。

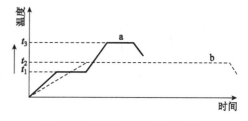

图3-4-1 微晶玻璃热处理温度曲线
a-阶梯式温度制度;b-等温式温度制度

若采用烧结法制取微晶玻璃,可以不加入晶核剂,而是利用颗粒表面的界面能的特点,在其界面诱发 β-硅灰石晶体,并由表及里地形成针状晶体,如图3-4-2所示。

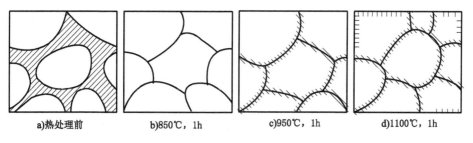

a)热处理前   b)850℃, 1h   c)950℃, 1h   d)1100℃, 1h

图3-4-2 烧结微晶玻璃的晶化过程

第三节 钢化玻璃

一、玻璃的增强

玻璃的实际强度大大低于玻璃的理论强度是由于在玻璃表面存在大量微裂纹,据测定,在 $1mm^2$ 的玻璃表面上有 300 个左右的微裂纹,它是在生产、加工及使用过程中产生的。玻璃的断裂属于脆性断裂,与其他材料的塑性断裂是不相同的。当塑性材料受力时,裂纹的尖端有着相当大的塑性变形区,因而减少了裂纹尖端的应力。而在玻璃的裂纹尖端并不存在塑性变形区,这导致应力集中,因裂纹扩展而断裂。另外,玻璃易受到四周环境的化学影响,例如,常遇到的是水对玻璃的腐蚀,它首先发生在裂纹处的新表面上,这导致产生应力腐蚀疲劳,它会加深裂纹的扩展。

玻璃强度与玻璃成分有一定的关系,但在实际上并不以调整玻璃成分来提高玻璃强度,因为它会影响制品的性能与熔制工艺制度。

由上可知,要增强玻璃制品采用以下方法 :

1. 避免表面损伤以减少微裂纹的产生

例如,在玻璃表面覆盖一层微晶材料;使表面生成一层胶质材料;在制品表面喷 $SnCl_4$ 以形成 SnO_2 层等。

2. 去除表面已存在的微裂纹

采用火抛光使微裂纹愈合;用氢氟酸均匀地腐蚀玻璃表面,并使裂纹尖端部分的曲率半径增大,减少应力集中等。

3. 抑制表面微裂纹的扩展

通过使整个玻璃处于压应力状态,达到在玻璃受张应力时裂纹不扩展的目的。最有效的方法是把玻璃进行热钢化和化学钢化。

二、玻璃的热钢化

1. 热钢化特性

把玻璃加热到一定温度后,在冷却介质中急剧均匀冷却,在此过程中玻璃的内层和表层将产生很大的温度梯度,由此产生的应力由于玻璃还处于黏滞流动状态而被松弛,所以造成了有温度梯度而无应力的状态。当玻璃的温度梯度逐渐消失,原松弛的应力逐步转为永久应力,就造成了玻璃表面有一层均匀分布的压应力层,如图 3-4-3a)所示(S 为玻璃厚度,Q 为压应力厚度层,o-o 为张应力最大面,o_1-o_1 过零应力立面)。

退火玻璃受载弯曲时,受力面为压应力,而下表面为张应力,如图 3-4-3b)所示(P 为应力,S 为玻璃厚度,o-o 零应力平面,o_1-o_1 过零应力立面)。当钢化玻璃受载弯曲时,其应力分布如图 3-4-3c)所示。由上可知,退火玻璃强度低于钢化玻璃。同理,当钢化玻璃骤冷时,表面产生的张应力与钢化玻璃表面存在的压应力相抵偿,因而钢化玻璃的热稳定性大大提高(表 3-4-5)。

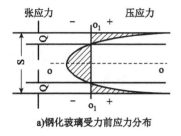
a)钢化玻璃受力前应力分布

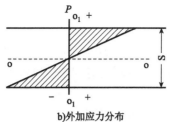
b)外加应力分布

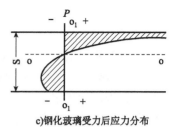
c)钢化玻璃受力后应力分布

图 3-4-3　钢化玻璃应力分布及受力

钢化玻璃与退火玻璃性能对比　　　　　　　　　　　　　表 3-4-5

品　　种	厚度(mm)	抗弯强度(Pa)	耐冲击(钢球高度 m)	耐热温差(℃)
普通窗玻璃	5	4.9×10^7	<0.5	60
钢化窗玻璃	5	1.47×10^8	>2.5	250

2. 工艺流程与设备

(1)玻璃的磨边、洗涤与干燥

(2)钢化加热炉

钢化加热炉有多种不同的形式,按其单项功能有电加热和燃气加热、吊挂式与卧式、间歇式与连续式、接触式和气垫式等。根据制品的种类(平钢化和弯钢化)、质量要求(高中低档)、能源(电、燃气)等而有多种组合形式。例如,当生产一般平钢化玻璃时,常采用电加热吊挂式间歇炉,而生产轿车用钢化玻璃则采用电加热、气垫型的连续式钢化加热炉。

(3)玻璃的热弯

凡弯钢化玻璃都必须在钢化前进行热弯,分为模压式、槽沉式和挠性弯曲成型三类。

①模压式热弯。按曲面玻璃所需形状,做阳模和阴模,在其外表面用玻璃布裹,把热塑玻璃热压而成。

②槽沉式热弯成型。在加热炉内,热塑玻璃在自重下弯曲而落在模具上。

③挠性弯曲成型。按弯钢玻璃所要求的曲面把挠性辊弯成所需形状。

(4)风栅

风栅是热钢化法的急冷设备。它可以分为箱式风栅和气垫式风栅两类。在箱式风栅中又可分为手风琴式风栅、固定式风栅和旋转式风栅等三种。箱式风栅是使用最广泛的风栅。

手风琴式风栅特点是在鼓风钢化时,在气压作用下,喷嘴前壁向前移动,在钢化结束停止供气时,在弹簧作用下恢复原位。其优点是玻璃板和喷嘴头部之间的距离可由 60mm 缩短为 25mm。

固定式风栅,为提高钢化玻璃的质量,利用偏心装置使风栅做圆周运动,为便于热弯后的玻璃进入风栅,常把风栅做成开启式的。

旋转式风栅,把固定风栅固定在旋转轴上即成旋转风栅。

气垫式风栅是新型风冷设备。其优点是钢化后应力均匀,无吊痕,因是连续钢化,所以产量大。玻璃板与气垫喷孔之间的距离为 0.025 ~ 2.5mm,玻璃板的移动速度为 2.5m/min,该种方法生产平面钢化玻璃时的最大规格可达 1520 × 2440mm,厚度为 3 ~ 8mm。

3. 热钢化工艺制度确定

1）炉壁温度的确定

平板玻璃的钢化温度一般都在 630～750℃，因此，炉壁温度选择在 750～850℃范围内是合适的，它的热辐射波长对玻璃是部分吸收，有利于玻璃内外层的均匀加热。

2）钢化温度的确定

常用以下两种方法来确定玻璃的钢化温度。

（1）应用经验公式确定：

$$T_c = T_g + 80 \qquad\qquad (3\text{-}4\text{-}1)$$

式中：T_c——钢化温度；

T_g——玻璃的转变温度，以理论计算来确定。

（2）以玻璃黏度为 $10^{7.5}$Pa·s 时的温度为钢化温度。

以经验公式来确定玻璃钢化温度的方法最常用。

3）炉子温度的确定

常用以下计算确定：

$$\log(T_v - T_c) = ct + \log(T_v - T_r) \qquad\qquad (3\text{-}4\text{-}2)$$

式中：T_v——炉子温度；

T_r——室温；

T_c——玻璃钢化温度；

t——加热时间；

c——与玻璃组成、厚度有关的常数。

4）电炉的宽度

选择炉膛宽度应考虑玻璃能否均匀加热。其与玻璃和辐射元件之间的距离、玻璃和炉膛砖之间的距离密切相关。此外，为使玻璃均匀受热，炉子上下前后可采用分区调节。

5）风冷时间

玻璃的过度冷却是使玻璃产生翘曲的原因之一。另外，为节约电能，应采用两段冷却法，即先急冷后缓冷，在急冷 15s 后，玻璃表面温度已降到 500℃以下，此时已不会再增加钢化强度，所以可以缓冷。

4. 影响热钢化的因素

热钢化产生的应力是二维各向同性的平面应力，只是随平板的厚度而变，习惯上把中心面上的张应力 σM 称"钢化程度"，简称钢化度，以此作为钢化的量值。

影响玻璃钢化度的因素有：淬火温度、介质的传热速率、玻璃厚度、玻璃组成等。

1）玻璃的淬火温度及玻璃厚度

玻璃开始急冷的温度称淬火温度。玻璃的钢化度决定于冷却时的应力松弛程度，它随淬火温度的提高而增大，当达到某一值时，应力松弛程度不再增加，钢化度趋于极值。

玻璃在急冷过程中，玻璃越厚，其内外温差就越大，应力松弛层相应越厚，所以钢化度就越大。厚玻璃比薄玻璃更易钢化的原因也在此。

2）冷却介质的对流传热速率

它表示淬火的冷却速率。对于风钢化，淬火的冷却速率是由风压、风温、喷嘴与玻璃间距离以及在排气过程中是否形成了热气垫等因素决定。

喷嘴与玻璃间距离对钢化度的影响,风温对钢化度有影响,例如,冬天的冷却速率比夏天大;冷却风受热后的热气流不能很快排除,将形成热气垫,这会妨碍玻璃板的进一步冷却,因而降低了钢化度,为此常加长喷嘴的长度。

3)玻璃组成

凡是能增加玻璃热膨胀系数的氧化物都能增加玻璃的钢化度。

三、化学钢化

在玻璃网络结构中,高价阳离子的迁移能力小,一阶的碱金属离子的迁移率最大。化学钢化就是基于玻璃表面离子的迁移(扩散)为机理的。其过程是把加热的含碱玻璃浸于熔融盐浴中处理,通过玻璃与熔盐的离子交换改变玻璃表面的化学组成,使得玻璃表面形成压应力层。

按压应力产生的原理可以分为以下几种类型:

1.低温型处理工艺

这种工艺是以熔盐中半径大的离子(K^+)置换玻璃中半径小的离子(Na^+),使玻璃表面挤压产生压应力层,这种压应力的大小取决于交换离子的体积效应,如下式:

$$\sigma = \frac{1}{3}\left(\frac{E}{1-\mu}\right)\frac{\Delta V}{V} \tag{3-4-3}$$

式中:σ——玻璃表面的压应力(MPa);

ΔV——由于离子交换产生的体积变化(m^3);

V——玻璃的体积(m^3);

E——弹性模量(MPa);

μ——泊松比。

置换的离子不同,其理论的压应力也不相同,如表3-4-6所示。这种离子交换工艺都是在退火温度下进行的,故称为低温型处理工艺。

不同离子所产生的理论压应力值　　　　　　　　　　表3-4-6

玻璃中离子	熔盐中离子	离子体积变化(ml/100g)	理论压应力(kg/cm^2)
Na^+	K^+	2.18	296
Li^+	Na^+	0.92	130
Li^+	K^+	3.10	410
Li^+	Rb^+	4.40	452
Li^+	Cs^+	6.65	813

2.高温型处理工艺

它是在转变温度以上,以熔盐中半径小的离子置换玻璃中半径大的离子,在玻璃表面形成热膨胀系数比主体玻璃为小的薄层,当冷却时,因表面层与主体玻璃收缩不一致而在玻璃表面形成压应力。这种压应力的大小取决于两者的热膨胀系数。用下式表示:

$$\sigma_s = E(1-\mu)^{-1}(\alpha_1 - \alpha_2)\Delta T \tag{3-4-4}$$

式中:σ_s——玻璃的表面压应力(MPa);

α_1、α_2——内外层的玻璃膨胀系数(K^{-1});

   E——弹性模量(MPa);

   μ——泊松比;

   ΔT——温差(K)。

3. 电辅助处理

上述两种工艺都是在浓度梯度情况下进行离子交换,促进离子交换另一途径是产生电场梯度,即使用电流以增大玻璃中离子迁移率。例如,对钠钙硅玻璃而言,无电场作用下的离子交换,在 365℃ 经 60min 后,渗透深度为 6.5μm;若同样为 365℃,施加 195V 电压,经 26min 后,其渗透深度为 33.6μm,时间缩短一半而深度大 4 倍以上。化学钢化后玻璃内部的应力分布,如图 3-4-4 所示。

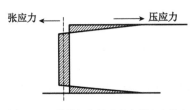

图 3-4-4　化学钢化的玻璃内部应力分布

4. 影响化学钢化强度的因素

(1)化学组成的影响。研究表明,含 Al_2O_3 的铝硅酸盐玻璃比普通的钠硅酸盐玻璃的钢化强度大,其压应力层也较厚。例如后者的最外表面的压力为 700～1000nm/cm,应力层厚 30～40μm 而前者相应为 15000nm/cm 和 150μm。其原因有二。其一,若 Al^{3+} 以 $[AlO_4]$ 进入网络,则 Na^+ 的扩散速度增大,离子交换速度增大,离子交换量增多;其二,形成了热膨胀系数极小的 β-锂辉石(β-$Li_2O \cdot Al_2O_3 \cdot 4SiO_2$)结晶,冷却后的玻璃表面能产生较大的压应力。

(2)热处理时间与温度的影响。在离子交换过程中,属不稳定扩散过程,时间与强度并不呈线性关系。

第四节　夹　层　玻　璃

它是由两片或两片以上的玻璃用合成树脂胶片(主要是聚乙烯醇缩丁醛 PVB 薄膜)黏结在一起而制成的一种安全玻璃。

安全夹层玻璃多用于汽车、船舶等。对安全要求高的夹层玻璃常用于防盗、防弹、飞机前风挡、水下建筑物、银行窗口等。除安全性能外,还可以有其他附加性能,例如具有遮阳、电讯、加热等性能。

一、一般夹层玻璃(SR)的生产工艺

其工艺流程如下:

1. 原片及中间膜片的洗涤与干燥

原片的洗涤是为了去除板面上的油污及杂物,中间膜片的洗涤是为了去除 $NaHCO_3$ 粉。

2. 洒粉

玻璃板洗涤干燥后,进行配对合片,为防止板面磨伤与防止热弯时的黏片,在合片前用硬度小的滑石粉喷洒在下玻璃的表面上,再把上玻璃合上。在铺中间膜前再扫去上下玻璃表面

上的滑石粉。

3. 热弯

在热弯炉中采用槽沉式进行玻璃热弯。常用的炉型有隧道式热弯炉(连续式)和单室热弯炉(间歇式),在热弯后仍在炉中进行降温和退火。其结构与钢化玻璃热弯炉相同。

4. 预热和预压

为驱除玻璃板与中间膜之间的残余空气以及使中间膜能初步黏住两片玻璃,必须进行预热和预压。预热是在 100～150℃ 的预热炉中进行,电加热时间为 3min。

5. 热压胶合

主要生产方法有两类:真空蒸压釜法和辊子法。

(1)真空蒸压釜法。把夹膜合片后的玻璃板放入蒸压釜中,先抽真空脱气,后加热预黏合,再继续加热胶黏而成。这类设备有立式油压釜和卧式气压釜之分。前者采用油作介质,用蒸气管把油加热到约 130℃,同时用泵把油压升到 1.5MPa,热压时间为 95min,而后换水冷却,取出后加入水温为 60～70℃ 的肥皂水池中,放置 60min 后清洗取出。后者用空气作介质,用蒸气管加热空气到 135～150℃,另外通入压力为 1.1～1.4MPa 的压缩空气,热压 90min 即成。

如前述,玻璃合片进入蒸压釜后先抽真空排气,所以不需要事先预热预压。在上述两种蒸压釜中,气压釜的优点是操作方便,但噪声较大,可达 80～100dB。

(2)辊子法。把夹膜合片后的玻璃板放在辊子上用夹辊排气,而后再加温加压而成。这种方法的优点是能自动化连续生产,但生产复杂形状的制品有困难。

二、抗贯穿性夹层玻璃(HPR)

汽车风挡玻璃采用两片 3mm 玻璃和一片 0.38mm PVB 胶片,改为 0.76mm 高抗贯穿能力胶片(HPR),汽车受到冲击时已无生命危险。

SR 夹层玻璃中间膜与玻璃之间的黏着力大,玻璃破碎时不易错位,所以中间膜易为锐利的玻璃边所切断。它的耐冲击性的抗贯穿高度为 1m。

HPR 夹层玻璃中间膜与玻璃之间的黏着力稍低,在受冲击破坏时,膜与碎片玻璃之间产生的位移量大于 SR。另外,由于其厚度增加一倍,所以因锐边产生的掰断的概率大大小于 SR,它的耐冲击性的抗贯穿高度大于 3.66m。

SR 与 HPR 夹层玻璃除采用膜片不同外,其他生产工艺均相同。

三、加天线的弯夹层玻璃

此种夹层玻璃用于汽车前风挡玻璃。它是在中间膜中焊入 0.10～1.10mm 的铜线,再把此中间膜夹在玻璃板中间经热压而成。

天线的预埋方法是用一支带电热的笔,在笔杆上装有一卷直径为 0.10～0.15mm 的铜质天线,笔尖为一滚子,铜线加热后,被笔尖的滚子压入 PVB 胶片中,而后按弯夹层玻璃的生产方法制造。

四、电热线夹层玻璃

把夹层玻璃中的电热线通电发热后,使玻璃保持一定温度,从而防止玻璃表面在冬季结露、结雾、结霜、结冰等现象。这种夹层玻璃多用于车船前风挡玻璃等。电热线常采用钨丝而不采用康铜丝,因为前者的丝径更细而不影响视线。

有关电热线夹层玻璃的技术参数如下:

(1)发热体的材料:采用中 15、18、21μm 的钨丝,也曾采用过中 24、27、30μm 的钨丝;

(2)阻抗:用调节线径、线距及回路等因素来调节其阻抗以满足功率的要求;

(3)电极材料:50μm 厚的镀银的铜板;

(4)导电极和接线端子:采用 0.1mm 厚的铍铜合金板;

(5)电压:当电压为 6~220V 时,耗电量为 30~550W·h/m^2。中间膜的温度在 60℃以下。

(6)透视性:由于使用的钨丝极细,不产生物像歪曲;

(7)透过率:厚 6mm 的一般夹层玻璃的透过率为 90%,而同厚度的电热线夹层玻璃为 89%;

五、导电膜夹层玻璃

在玻璃上喷涂四氯化锡溶液形成一层氯化锡导电膜而成为导电玻璃,而后按夹层玻璃生产方法制得导电膜夹层玻璃。由于这种玻璃不加电热线,故不影响视线。

导电膜的生产过程如下:玻璃板在工作台上喷涂铜铝板后,由链式推车机推入炉内加热,加热后的玻璃推入镀膜室,由五支喷嘴向玻璃板喷射四氯化锡溶液。在玻璃板的另一面的对称位置同样设置五支喷嘴,向玻璃板喷射空气,以使玻璃板两面的压力相等。喷涂结束后,把玻璃推出喷涂室取下,洗涤、干燥、待用。喷涂工艺的技术参数:炉温 600~650℃;喷液压力 0.2MPa;加热时间 5.5~6min;喷涂时间 1s;喷涂材料含 90%以上的 $SnCl_4$,添加有 $SbCl_2$、NH_4F 等;溶剂 CH_3OH 及 H_2O。

导电膜夹层玻璃的特性:

(1)发热材料:透明 SnO_2 薄膜。

(2)电极:喷涂铜及喷涂铅,宽度 6~10mm。

(3)阻抗:6~500eV/cm^2(±5%)。

(4)导电极端子的材料:0.1mm 铍铜板。

(5)使用电压:100V 以上。

(6)功率:

$$W = V^2/(d^2R) \qquad (W/m^2)$$

式中:d——电极间距离;

R——电阻;

V——电压。

(7)透视率:是几类导电玻璃中最佳的一种。

(8)透过率:与导电膜的厚度有关,一般均可达到 75%以上。

第五节 中空玻璃

中空玻璃是一种节约能源的玻璃制品,它主要用于采暖和空调的建筑中,特别适用于寒冷地区的建筑物中使用,另外也用于建筑物内部湿度很高而又必须防止凝结水的建筑物中。

它是在两片玻璃之间周边镶有垫条,从而构成一个充满干燥空气的整体,即中空玻璃。

一、中空玻璃的生产工艺

目前制造中空玻璃有三种方法,即胶结法、焊接法、熔接法,它们各有特点,如表 3-4-7 所示。从使用耐久性看,焊接法制造的中空玻璃比胶接法经久耐用,而熔接法具有更高的耐久性。从生产工艺看,胶接法是上述几种方法中最为简单的一种,由于胶接用的密封材料性质大有改进,所以目前主要以胶接法生产工艺为主。目前生产中空玻璃用胶接材料大多数为聚硫橡胶。

中空玻璃的三种生产方法   表 3-4-7

生产方法	胶接法	焊接法	熔接法
制造过程	玻璃与周边支撑框胶接	玻璃与周边支撑框焊接	两块玻璃板的周边加热后对接
边框材料	铝材、塑料、橡胶	金属条、槽形合金	不需要框架
封接材料	封口胶、玛蹄脂、PVB 薄膜	低熔点封接玻璃	无封接材料,玻璃厚为 3 ~ 4mm
生产规格	小于 14 ~ 15m^2	最大为 18m^2	小于 2.2m^2
干燥剂	硅胶	充分干燥空气	微真空

二、中空玻璃的性能

主要指导热、隔热、隔音及结露等性能(表 3-4-8)。

中空玻璃与窗玻璃的导热与隔热性能   表 3-4-8

玻 璃 类 型	玻璃厚 (mm)	空气层厚度 (mm)	导热系数 [(W/(m^2·℃))]	隔热值 [(W/(m^2·℃))]
窗玻璃	3	—	7.12	6.47
双层中空玻璃	3	6	3.60	3.41
双层中空玻璃	3	12	3.22	3.12

隔音性能:中空玻璃具有良好的隔音性能,总厚度为 12mm、空气层厚度为 6mm 的双层中空玻璃(常以 3 + 6 + 3 表示其厚度规格)能使噪音减少到 29dB。

结露性能:中空玻璃内部空气的露点应在 - 35℃ 以下。

第六节　镀　膜　玻　璃

一、概述

采用镀膜法对平板玻璃进行深加工是玻璃增添新的性质、拓宽新的用途的重要途径之一。在玻璃表面上进行镀膜可以分为四种类型:溶液沉积薄膜、化学蒸气沉积薄膜、物理蒸气沉积薄膜以及电化学沉积薄膜。

从溶液中沉积薄膜可以制成金属膜、氧化物膜及有机膜等。

从化学蒸气中沉积薄膜工艺又称 CVD 工艺,它已成为制膜方法中很重要的一类。它所产生的蒸气相经化学反应形成固体膜。这种反应或发生在玻璃表面上,或发生在到达玻璃表面之前。为加速这种反应过程,可用多种方法实现,如使用加热、高频电场、光辐射、电子轰击、表面催化等。

根据化学反应机理的不同,又可分为分解反应、氧化还原反应、水解反应、聚合反应以及转移反应。

从物理蒸气中沉积薄膜的工艺又称 PVD 工艺,是平板玻璃镀膜工艺中应用广泛的一种。它是由元素或化合物的气相直接凝结在玻璃表面上而成薄膜,PVD 镀膜通常包括三个步骤:采用真空、镀膜材料气化、在玻璃表面异相成核和核生长成膜。PVD 法有三种类型:蒸发镀膜、溅射镀膜、离子镀膜等。

电化学法是在高温下,通过电流把金属离子扩散入玻璃表面而成薄膜。在平板玻璃深加工中主要用于电浮法中以制造彩色玻璃。

二、气溶胶法

把金属盐类溶于乙醇或蒸馏水中而成为高度均匀的气溶胶液,然后把溶液喷涂于灼热玻璃的表面上。由于玻璃已被加热具有足够的活性,金属盐经一系列转化而在玻璃表面上形成一层牢固的金属氧化物薄膜。

此种镀膜法主要用来生产以下四类玻璃:吸收紫外线的玻璃、颜色玻璃、对阳光有部分吸收和反射的遮阳玻璃、半透明的镜面玻璃。

(1)吸收紫外线的薄膜涂层玻璃,铬、铁、钴、铜的氧化物的彩色薄膜是紫外线辐射的高效吸收剂。

氧化钴薄膜的光学性质决定于薄膜的厚度和合成条件,其光学性能如表 3-4-9 所示。

薄膜的光学性质 表 3-4-9

薄膜种类	紫外线区	可见光区		红外线区
	透光率(%)	透光率(%)	反射率(%)	透光率(%)
Co_3O_4	10~20	35~75	20~37	55~75
Cr_2O_3	10~25	45~55	—	50~65

氧化钴薄膜的制备与性质:把 10%~30% 的醋酸钴[$C_0(C_2H_3O_2)\cdot 4H_2O$]或硝酸钴[$Co(NO_3)_2\cdot 6H_2O$]溶于蒸馏水或酒精溶剂中而成溶液,其 pH 值为 5,然后把溶液喷雾到已加热到 600℃ 的玻璃表面上,经热分解得 Co_3O_4 薄膜。当玻璃表面温度高于 600℃ 时,玻璃表面上的 Co_3O_4 的量将减少。

Co_3O_4 薄膜的耐久性为:在室温的水中为 3h;在 10% 的 HNO_3 中为 20min;在 10% 的 NaOH 为 20min。

氧化铜薄膜的制备与性质:把由溶剂溶解的硝酸铜溶液喷雾到 600~700℃ 的玻璃表面上,经热分解而得 CuO 薄膜。若低于上述温度,则薄膜的力学强度将急剧降低。

在氧化物合成温度下,氧化铜 CuO 或氧化亚铜 Cu_2O 能与玻璃中 SiO_2 相互作用生成 $CuSiO_3$ 固结在玻璃表面上。氧化铜薄膜的耐磨性比氧化锡薄膜低 5/6,随着合成温度的提高,其力学强度随之增加。薄膜不易被湿气和沸水所破坏,但能为酸碱所破坏。合成氧化铜薄膜溶剂为水、乙醇、醋酸、丙酮等,不同溶剂并不影响薄膜的光学特性。

(2)颜色薄膜涂层,应用最广泛的是氧化铁、氧化铬、加有改性剂(Sb_2O_3、Bi_2O_3、V_2O_5)氧化锡等。

①氧化铁彩色薄膜。按其色调可分为三类,如表3-4-10所示

氧化铁彩色薄膜的分类   表3-4-10

类别	铁盐	溶液浓度	合成温度	薄膜颜色	晶相	光谱特性
第一类		<30		金黄色		太阳光谱透过率50%~75%
第二类	$Fe_2O_3 \cdot 6H_2O$	30%~60%	500~700℃	紫色	Fe_2O_3、Fe_2SiO_4	紫外线透过率降低10%~30%
第三类		>60%		紫线色		紫外线透过率为0%~10%

氧化铁薄膜的性质:合成温度高于500~700℃时,薄膜的均匀性、透明性、力学强度均有所提高;在组成中加入小于10%的锡或钛的混合物,则提高薄膜的力学强度和化学稳定性;薄膜对湿气和沸水是稳定的,对硫酸和盐酸是不稳定的;在标准条件下的耐磨性为1.5h。

②氧化铬彩色薄膜。Cr_2O_3可制得黄绿色彩色膜。溶液配制如表3-4-11所示:

氧化铬彩色薄膜溶液配比   表3-4-11

CrO_3	HCl(浓)	CH_5COOH(冰醋酸)	合成温度
20~30(质量)	36(容量)	64(容量)	700~800℃

铬酸酐CrO_3是深红色结晶物,能溶于盐酸、冰醋酸、水中。它与盐酸相互作用生成氯化铬,它溶于冰醋酸中:$CrO_3 + 2HCl \rightarrow CrO_2Cl_2$

CrO_2Cl_2受热分解得Cr_2O_3薄膜。Cr_2O_3薄膜有很高抗磨性和对大气稳定性,对侵蚀介质有高的耐久性。

③氧化锡彩色膜。它是无色薄膜,当加入各种着色物质时,可使氧化锡薄膜具有彩色。

在原始的氧化锡溶液中加入不同量的氧化锑Sb_2O_3时,可获得从浅蓝到紫蓝的色调。若加入铋盐则可得深绿色的彩色薄膜。氧化锡薄膜的光学特性,如表3-4-12所示。

氧化锡薄膜的光学特性   表3-4-12

薄膜种类	太阳光谱区				
	紫外线区	可见光区		可见光区	
	透射(%)	透射(%)	反射(%)	透射(%)	反射(%)
SnO_2	20~65	75~80	4~18	60~80	—
SnO_2(Sb)	10~50	35~80	4~25	35~50	10~30
SbO_2(Bi)	10~25	50~65	10~20	50~65	—

(3)遮阳玻璃膜。

可以分为两类:防止太阳辐射的薄膜(Ⅰ)和防止长波辐射的薄膜(Ⅱ)。

长波辐射是指室内各种物体自身辐射($\lambda > 300nm$),这种辐射为玻璃所吸收并引起强烈的加热。造成这种状况的原因是由于玻璃表面的热阻过低,当增加薄膜导电率时,薄膜内的自由电子有助于反射红外线。为此,常在膜溶液中添加有机物,如乙醇,以提高薄膜导电率。两类遮阳膜溶液配比如表3-4-13所示。

遮阳膜溶液配比　表 3-4-13

薄膜类型	$SnO_2 \cdot 5H_2O$	$SbCl_3$	HCl（浓）	H_2O	乙醇
I	100	20～50	6～30	100	—
Ⅱ	100	20～50	6～30	—	70～94

除采用 $SnO_2(Sb)$ 外，还可采用 Fe_2O_3、Co_3O_4 的膜溶液。

（4）镜面玻璃膜。

涂有 TiO_2、Fe_2O_3、Co_3O_4、CuO 的膜均可列入半透明镜面膜。

把 15%～20% 的氯化钛溶液溶于乙醇中而成膜液，其合成温度为 550～700℃。TiO_2 薄膜的硬度大、化学稳定性高、憎水性强、孔隙率小，所以它防止大气和各种侵蚀介质的能力强。

三、溶胶凝胶法

把金属醇化物的有机溶液在常温或近似常温中加水分解，经缩合反应而成溶胶，再进一步聚合生成凝胶。把具有一定黏度的溶胶涂覆（喷涂、浸涂、旋转涂膜）于玻璃表面，在低温中加热分解而成镀膜玻璃；若进行拉丝则成凝胶纤维，或使之全部凝胶化则成凝胶玻璃，再经低温加热制成玻璃纤维与块状玻璃。

这种方法广泛应用于镀膜，它可以改善玻璃的耐酸、耐碱与耐水性，保持力学强度，使玻璃具有导电性，制造彩色玻璃与光致变色玻璃等。这种方法可同样应用于金属或塑料基板上，以改善其性能。

1. 镀膜材料

金属醇化物、金属酸酯及金属氧化物的溶胶都可在玻璃表面涂膜，上述材料应符合四个要求：

①在乙醇或水中有充分的溶解度；②溶解了的物质在溶液蒸发后不生成晶体；③在加热后能生成均匀的固态膜；④溶胶对玻璃的浸润性要好并容易扩展成膜。

常用的金属醇化物有：$Si(OCH_5)_4$、$NaOCH_3$、$Pb(OC_5H_n)_2$、$Ca(OC_2H_5)_2$、$Al(OC_3H_7)_3$、$Sn(OC_3H_7)_2$、$Sr(OC_3H_7)_2$、$Zr(OC_2H_9)$、$La(OC_3H_6)_3$、$B(OC_2H_5)$、$Ba(OC_2H_5)_2$、$Ti(OC_3H_7)_4$。

常用的金属酸酯有：聚硅酸酯、硅酸酯、钛酸酯等。

2. 溶胶凝胶过程中的水解

往正硅酸四乙酯中添加一定量的水是发生水解反应，加水量少时将形成链状结构；当加水量大时，高分子之间发生交联聚合。加水量的多少决定了聚合物的结构状态。若由溶液拉制纤维，则聚合物应以链状结构为主。若制成块状玻璃应以交联聚合成大分子为主。涂膜工序介于两者之间，如表 3-4-14 所示。

不同制品加水量　表 3-4-14

产品类型	$Si(OC_2H_s)_4$ （g）	H_2O （g）	C_2H_5OH （ml）	HCl （mol）	$H_2O/Si(OC_2H_s)_4$ （mol）
拉制纤维	26	2.25	25	0.03	1
镀膜	25	23.7	28	0.03	11
制块	26	54	30	0.03	24

3. 催化

盐酸的作用可归纳为三点：

(1)盐酸可促进水解,起到催化剂的作用。在实际使用中也可采用硫酸、硝酸、醋酸或其他酸。

(2)使醇盐和乙醇、水不相溶的组成能均匀混合,并增加混溶量。

(3)起解胶作用,金属醇盐加水过快产生局部水解而生成沉淀。若存在盐酸,沉淀会自动溶解。

4. 膜厚

把原片玻璃在配制的溶胶中浸涂后,以一定的均匀速度提升,可得涂布匀的膜,例如,以 10cm/min 的速度均匀提升后,在干燥和加热后可获得 $0.2\mu m$ 厚的膜。一般一次操作只能达到 $0.1 \sim 0.3\mu m$ 厚的膜。为了要增加膜厚可采取几个途径,一是多次浸涂、干燥、加热。二是把溶胶液放置更长时间以使聚合度增加,随之溶胶液的黏度也增加,这样,膜厚也相应增加。三是添加增黏剂羟基丙基纤维素,使溶胶液的黏度增加。该法膜厚一般也不超过 $1\mu m$。

四、蒸发镀膜

常称真空镀膜。本工艺的特点是在真空条件下,材料蒸发并在玻璃表面上凝结成膜,再经高温热处理后,在玻璃表面形成附着力很强的膜层。现就有关技术关键分述如下。

1. 真空技术

进行 PVD 工艺的首要条件是在真空条件下进行操作。为了实现镀膜工艺,一般要求残余气体的压力在 $0.1 \sim 1Pa$ 之间。

真空泵可采用如下各类型的泵:旋转式油封泵(一个单级所能达到的最低压力约为 1Pa,而串联的一个双级可达到 $2 \times 10^{-1}Pa$)、罗茨泵(常压下启动,在 $1 \sim 10Pa$ 压强内较其他泵具有高的排气率)、扩散泵(极限压强约为 $5 \times 10^{-6}Pa$)、分子泵(极限压强为 $2 \times 10^{-8}Pa$)。由常压抽真空到某压力常采用多级式或混合组合式。表 3-4-15 为各类真空度的参数。

各类真空度参数 表 3-4-15

参　数	低 真 空	中 真 空	高 真 空	超高真空
压力(kPa)	$100 \sim 10^{-1}$	$10^{-1} \sim 10^{-4}$	$10^{-4} \sim 10^{-8}$	$< 10^{-8}$
平均自由程(cm)	$< 10^{-2}$	$10^{-2} \sim 10$	$10 \sim 10^{5}$	$> 10^{5}$
气流类型	黏性流	由黏性流过渡到分子流	分子流	分子流

2. 蒸发材料的选用

目前已有 70 多种元素和 50 多种无机化合物材料及多种合金材料可供选择,但应注意以下问题。

化学元素:难熔金属因其蒸发温度高而难以蒸发,而 Zn、Cd、Ga、Sn、Sb 虽易蒸发,但在凝结期间易与残余气体反应造成膜成分的波动。

化合物:简单组成的化合物在蒸发时常以原化学计量比成膜,但具有复杂负离子的化合物几乎都要离解,得不到原化学计量比的化合物膜。

卤化物:一些简单的卤化物可以无任何离解的蒸发,其中简单的氟化物是生产上常用的。

氧化物:可以应用低价氧化物使其分子蒸发,如 SiO_2、GeO、SnO、PhO 等。

硫化物:在蒸发时常产生离解,但在凝结时复合也很明显。例如,ZnS 在蒸发时可离解为 Zn 和 S,但在凝结时又成为 ZnS 的薄膜。

合金材料:蒸气成分与膜成分取决于其中各组分的蒸气压及活性系数是否相同或相近,若相差过大会形成分馏现象,易挥发的成分先气化。

3. 蒸发技术

按其分类有:直接电阻加热蒸发和间接电阻加热蒸发;间歇蒸发与连续蒸发。直接电阻加热蒸发是把蒸发材料制成线材或杆材,通过电流加热蒸发材料使之蒸发,已很少使用。

间接电阻加热的蒸发方法有多种多样:

容器加热蒸发源:蒸发材料可放在由 Mo、Ta、W、C 制成的容器中,或放在 Al_2O_3、BeO、BN、TiB_2 质的坩埚中,容器被电流加热后再加热蒸发源使之蒸发。

辐射加热蒸发源:一般由钨丝制成螺旋形热辐射体,把它置于开口坩埚之上以辐射加热蒸发源。这种方法适用于易挥发材料的蒸发。

电子束加热:目前已成为生产高纯膜普遍采用的方法。蒸发物放在用水冷却的坩埚中,使蒸发材料在高温蒸发过程中不与坩埚发生化学反应,高能电子在蒸发材料表面产生高温而使其蒸发。它可以用于高熔点的金属与绝缘材料的蒸发。另外,由于它能调节功率密度使工艺易于控制。连续蒸发加热:连续生产与制造厚膜时采用。

五、阴极溅射法镀膜

用惰性气体(He、Ne、Ar、Kr、Xe)的正离子轰击阴极固体材料,所溅出的中性原子或分子积淀在玻璃衬底上而成薄膜,这种镀膜方法称阴极溅射法。

1. 镀膜机理

两个电极安装在真空室内,其中用镀膜材料制成阴极靶,衬底支架为阳极,在其上放置待镀膜玻璃,此支架可加热或冷却。

镀膜前先抽气成真空,其压力为 $10^{-4}Pa$ 或更低,而后充以工作气体(惰性气体),压力为 $0.1\sim1Pa$,通电产生气体放电,在辉光放电中产生的正离子向负靶轰击,根据动量传递作用,主要是中性的粒子从靶中溅出,穿过工作气体而凝结在玻璃表面上。气体正离子的能量在 $10\sim5000V$ 之间。

在溅射过程中,材料的溅蚀量完全由离子冲撞固体材料上层晶格原子的动量传递所确定。

2. 气体放电

溅射过程是在有气体放电过程中产生的。气体放电主要有三类,即直流放电、高频放电及磁控放电。

(1)直流放电。

在两极之间加直流电压,开始时产生很少的电流,因为仅有几个电离粒子能对电流作贡献。增大电压后使荷电粒子获得足够的能量,以便通过碰撞产生更多的荷电粒子,这导致放电电流的增长,这种现象称为汤森德放电。

在一定条件下,能够发生雪崩过程。离子撞击阴极并在那里放出二次电子,它在阴极电场中被加速,与残余气体原子和分子相撞击,又产生新的离子。这些离子再次向阴极加速与碰撞,又产生新的二次电子,此时的放电是自持放电,气体开始发出辉光,电压骤降,电流上升,这种放电称正常放电,进一步增加功率,引起电流和电压上升,称为异常放电,这种放电适用于阴极溅射。

(2)高频放电。

它不同于直流电压溅射,主要表现为以下两点。其一,电子在负辉光区振动并获得足够多的能量进行更多的电离碰撞,所以它的放电不依赖于直流放电的二次电子发射,因而使"击穿"电压减小。其二,电极(靶)不再必须是导电的材料,也可包括绝缘体在内的其他各种材料。

(3)磁控放电。

正常的气体放电,由于仅有百分之几的气体粒子被离子化,所以它是一个效率低的源,而对溅射膜过程则需要更多的离子。为此,使用磁控放电,它迫使电子沿一平行于靶表面的螺旋形路线运动,因而使离子化的效率明显加快。

3. 溅射用材料

常用的溅射材料有:金属、半导体、合金、氧化物、氮化物(AlN、BN、HfN、Si_3N_4、TaN、TiN等)、硅化物(Cr_3Si、$MoSi_2$、$TiSi_2$、WSi_2、$ZrSi$)、碳化物(CrC_2、HfC、SiC、TaC、TiC、WC 等)、硼化物(CrB_2、HfB_2、MoB_2、TaB_2、TiB、WB 等)。

由上述材料可制成氧化物膜、氮化物膜以及碳化物膜等。

溅射过程采用高功率密度,靶材料容易过热,通常需要水冷以限制靶材料的扩散、离解、熔化和蒸发。

4. 溅射气体

通常采用惰性气体作工作介质,它与溅射阈值和溅射产额密切相关,如表 3-4-16 所示。

元素的阈能量(eV) 表 3-4-16

元素	Ne	Ar	Kr	Xe	元素	Ne	Ar	Kr	Xe
Al	13	13	15	18	Co	20	25	22	22
Ti	22	20	17	18	Ni	23	21	25	20
V	21	23	25	28	Cu	17	17	16	15
Cr	22	22	18	20	Ag	12	15	15	17
Fe	22	20	25	23	Zr	23	22	18	25

入射到阴极上,能发生溅射效应的离子所必须具有的最小能量称溅射阈值。每个入射离子所能溅射出的原子数称溅射产额,如表 3-4-17、表 3-4-18 所示。

500eV 气体离子对各种元素的溅射产额(原子/离子) 表 3-4-17

元素	He	Ne	Ar	Kr	Xe	元素	He	Ne	Ar	Kr	Xe
C	0.07	—	0.12	0.13	0.17	Fe	0.15	0.88	1.10	1.07	1.00
Al	0.16	0.73	1.05	0.96	0.82	Co	0.13	0.90	1.22	1.08	1.08
Si	0.13	0.48	0.50	0.50	0.42	Ni	0.16	1.10	1.45	1.30	1.22
Ti	0.07	0.43	0.51	0.8	0.46	Cu	0.24	1.8	2.35	2.35	2.05
V	0.06	0.48	0.65	0.62	0.63	Zr	0.02	0.38	0.65	0.51	0.58
Cr	0.17	0.99	1.18	1.39	1.55	Ag	0.20	1.77	3.12	3.27	3.32
Mn	—	—	—	1.39	1.43	Au	0.07	1.08	2.40	3.06	7.01

不同能量的 Ar⁺ 与各种材料碰撞的溅射产额(原子/离子) 表 3-4-18

靶电压(eV)	200	600	1000	2000	5000	10000
Ag	1.6	3.4	—	—	—	
Al	0.35	1.2	3.6	5.6	7.9	—
Au	1.1	2.8	—	—	—	
Cr	0.7	1.3	—	—	—	
Cu	1.1	2.3	3.2	4.3	5.5	6.6
Fe	0.5	1.3	1.4	2.0	2.5	
Ni	0.7	1.5	2.1			
Si	0.2	0.5	0.6	0.9	1.4	
Ti	0.2	0.6	—	1.1	1.7	2.1
Zr	0.3	0.75				
Al_2O_3	—	—	0.04	0.11		
SiO_2	—	—	0.13	0.4		

溅射膜的质量主要取决于靶的质量、靶的温度、衬底温度、等离子的能量、衬底电位、真空条件、设备的几何形状等。

5. 真空法与溅射法的比较

真空-凝结和溅射-凝结是不同的制膜法,表 3-4-19 列出了两种方法的比较。

真空法和溅射法的比较 表 3-4-19

真 空 法	溅 射 法
一、蒸气生成阶段	
由于是热过程,因此原子的动能较低(在 1500℃时 E = 0.1eV); 没有或仅有很少的荷电粒子; 对于合金,分馏蒸发; 对于化合物多半会离解	由于具有动量传递的离子轰击,所以原子的动能较高 (E = 1~40eV); 包括每个入射离子和反射的原离子,离子总数在 $10^{-3} \sim 10^{-1}$ 之间,对于合金相当均匀地溅射,对于化合物可能会离解
二、运输阶段	
蒸发粒子在高真空或超高真空中移动,所以粒子不碰撞或很少碰撞; 入射原子对衬底表面没有影响; 残余气体原子或分子的撞击数约在 $10^{15} \, cm^2 s^{-1}$; 膜质掺杂少,膜与支架的温度不变	溅射粒子在工作气体相对高的压力下移动; 有电荷转移过程,很容易发生化学反应; 入射离子和高能中性粒子对衬底表面有强烈影响(变粗糙、空透等); 工作气体、残余气体原子、分子、离子的撞击数约在 10^{17} $cm^2 s^{-1}$; 膜质掺杂多,衬底与膜的温度升高

六、离子镀法镀膜

离子镀膜实质上是把真空镀膜的蒸发工艺与溅射法的溅射工艺相结合的一种新工艺,即蒸发后的气体在辉光放电中,在碰撞和电子撞击的反应中形成离子,在电场中被加速,而后在玻璃板上凝结成膜。

在真空室形成自持辉光放电的等离子体后,蒸发材料在蒸发器中形成的蒸气与惰性气体离子(或活性原子、其他工作气体的离子)相碰撞,经电荷转移而电离,这些离子特别在阴暗区受到加速,在碰撞期间粒子将产生速率改变和飞行方向改变,这就导致高能粒子($1 \sim 100eV$)的无规则的积淀,入射到玻璃表面的离子(约2%高)和高能中性粒子将其大部分能量用来加热玻璃。

采用离子镀有以下优点。

(1)膜与玻璃表层有极强的附着力。其一,由于粒子的能量大,其中部分粒子将渗入玻璃表面层,其二,当玻璃温度提高时,膜与玻璃表层扩散能力增加,由上述两种原因增加了膜与玻璃表层的附着力。

(2)膜的密度高。通常与大块材料的密度相同。用高能荷电粒子或中性原子或分子对生长膜的连续轰击,能引起膜结构改变,使膜的密度接近材料密值。

(3)复杂形状待镀材料有相对均匀的镀层这是由于粒子在碰撞过程中飞行方向的改变而形成了无规色迹所致。

(4)高的镀膜率。在三种蒸发方法中,电阻加热坩埚的蒸发、用电子束枪蒸发、感应加热蒸发,采用感应加热蒸发所产生的离子数最多,采用电子束枪能获得高蒸发率,电阻加热蒸发的效率最低。

(5)玻璃被加热。离子在轰击前后的能量都几乎转变为热能,使玻璃温度升高达300℃,这有利于玻璃表面气体的解吸、镀膜过程中化学反应能力增强、膜与玻璃表层间的扩散增强等,以上可使膜的附着力增强及形成更致密的结晶膜。

除上述蒸发镀膜、阴极溅射镀膜及离子镀法镀膜三类镀膜外,还有反应离子镀膜和等离子体聚合作用镀膜两类。

反应离子镀膜:主要是从元素直接合成化合物膜的一种工艺。例如:$Ti + O_2 \longrightarrow TiO_2$,$2Ti + N_2 \longrightarrow 2TiN$。当用反应溅射,也能活化不易反应的气体,以便制备氮化物、碳化物、硼化物和它们的混合物膜。

等离子体聚合镀膜:在蒸发低分子的有机材料后,由于放电作用使低分子有机材料产生聚合反应,由低分子材料聚合成高分子材料,而后在各种待涂膜物上生成聚合物膜。

七、电浮法镀膜

在直流电的作用下,把浮在浮法玻璃表面上的熔融金属中的金属离子扩散入玻璃的表面层中,在含氢的保护气体的作用下,扩散入表面的离子成为胶体粒子而着色,或以离子着色。表3-4-20表示使用不同电极材料和不同组成的金属熔体在规定温度下得到不同的颜色。

金属熔体与电极材料　　　　　　　　　　　　　　　　表3-4-20

电 极 材 料	金属熔体	使用温度(℃)	熔体组成	颜 色
铜	铜-铋	700	8%铜+92%铋	粉红色
银	银-铋	650	63%银+37%铋	黄色
钴	钴-铋	850	3%钴+97%铋	兰色(离子着色)
镍	镍-铋	800	9%镍+91%铋	棕色
铅	铅	750	100%铅	灰色
铁(软钢)	铟	650~750	100%铟	茶色

表 3-4-20 中金属熔体合金中的铜,在直流电场下转入玻璃表层,而铋为助熔剂引入,不转入玻璃中去。

熔融金属液置于 900℃ 处的玻璃带上,并与之相接触,着色金属离子大量扩散入玻璃表层。金属离子的扩散量是与玻璃带温度、电流量、玻璃带的拉引速度、阳极的宽度等因素有关。在用铜铅合金作金属熔融液时,渗入玻璃表层中的铜铅含量约为 $30\mu g/cm^2$,而且大部分集中在离表面 $10\mu m$ 深处。

金属铜胶粒的平均直径约为 500nm;有色浮法玻璃的光学特性如下:

①透射光的颜色:棕色。

②可见光透过率:20% ~ 50% 。

③透射光的纯度:10% ~ 20% 。

④反射光的颜色:中性或浅棕色。

⑤可见光反射率:>15% ,通常为 22% ~ 26% 。

⑥反射光的纯度:<20% ,通常为 3% ~ 10% 。

八、化学沉积法

这是一种近似于制镜镀银工艺的间歇镀膜法,其遮阳系数和热阻值极佳。

这类制品的缺点是:膜层较软,须经过密封,不能在浸涂后再作钢化处理。

制造铜硼合金膜的化学沉积法的工艺流程如下:原片玻璃—表面清洗—敏化处理—活化处理—浸涂—镀后处理。表面清洗:使用重铬酸钾溶液进行清洗;敏化处理:把玻璃置于 $SnCl_2$ 的水溶液中,使玻璃表面吸附一层 Sn^{2+} 离子;活化处理:把敏化后的玻璃浸入氯化钯的水溶液中;浸涂:可采用如表 3-4-21 所示的配方表。

浸涂液配方及工艺控制 表 3-4-21

种 类	含量(g/L)
硫酸铜 $CuSO_4 \cdot 5H_2O$	15
硫酸镍 $NiSO_4 \cdot 6H_2O$	3
EDTA 二钠盐	15
酒石酸钾钠 $KNaC_4H_4O_6$	15
二甲基甲硼烷胺 $(CH_3)_2NH(BH_3)$	1
聚乙烯醇	0.00001 ~ 0.0001
十二烷基硫酸钠	0.01
pH 值	12.5
水	加至一升
操作温度	20 ~ 30℃

镀后处理:把镀膜玻璃置于 400 ~ 500℃ 电炉中加热 3 ~ 5min 后,玻璃呈棕色。或者把玻璃置于二甲基甲硼烷胺还原液中 12min 后玻璃呈棕红色。

第七节　超薄玻璃与柔性玻璃

一、超薄玻璃

随着中小尺寸的电子产品的广泛使用,超薄、超轻产品的设计逐渐成为市场主流。研究表明,玻璃的厚度小到一定程度后,玻璃脆性将大幅下降,裂纹扩展速度也大大减小。

一般把0.1~1.1mm厚度的玻璃称为超薄玻璃。因广泛应用于电子产品,超薄玻璃主要指超薄电子玻璃。

超薄玻璃的生产方式常用的有:浮法、下拉法、格法(平拉)法。康宁、旭硝子、电气硝子等公司不断研发超薄玻璃新产品,近年来在国际上率先生产出了厚度小于0.3mm的超薄玻璃。为了满足市场需求,国内外基板玻璃生产厂家竞相投资研发直接生产符合要求的超薄玻璃的组成、成形工艺及输送和包装工艺等,超薄电子玻璃相关生产技术成为各基板玻璃生产厂家竞争的核心技术。

超薄玻璃相关的标准主要有:GB/T 20314—2017《液晶显示器用薄浮法玻璃》,该标准中针对1.30mm、1.10mm、0.85mm、0.70mm、0.55mm厚度玻璃的各项性能参数进行确定。

二、柔性电子玻璃

柔性玻璃通常指厚度≤0.1mm的超薄玻璃。柔性是指玻璃可以弯曲,具有柔韧,能够弯曲不破裂。柔性玻璃相对于普通玻璃,不仅具有玻璃的硬度、透光性、耐热性、化学稳定性,还具有塑料的可弯曲、质轻、可加工性等特点。

柔性玻璃可用于手机及平板电脑等触摸面板、柔性显示器的基板、有机薄膜太阳能电池基板等领域。

玻璃属于脆性材料,机械强度及抗冲击强度低,玻璃柔性与玻璃厚度及玻璃缺陷具有密切关系。随着玻璃厚度的减小,玻璃弯曲变形量变大,玻璃弯曲强度增大,弹性模量与硬度不变,裂纹扩展速度减慢,有利于制备强度高的柔性玻璃。同时,玻璃本身存在的制备缺陷及后续加工造成的缺陷皆会引起宏观及微观缺陷的扩展及放大,降低玻璃强度,增加制备柔性玻璃的难度。因此,柔性玻璃的制备前提是玻璃厚度足够薄、表面质量高,这对柔性玻璃的制备方法提出了更高的要求,国外产品见表3-4-22。

国外公司柔性玻璃产品　　　　　　　　　　　　表3-4-22

公　司	产　　品	厚度(μm)	生　产　工　艺	玻　璃　组　成
康宁	Willow glass	100	溢流法	无碱玻璃
肖特	AF32eco	25~100	下拉法	硼玻璃
	D263Teco	70~250	下拉法	硼铝玻璃
旭硝子	Spool	40~50	浮法	钠钙硅玻璃
NEG	G-leaf	30	溢流法	无碱玻璃

柔性玻璃的制备方法包括,一次成型法和二次成型法。一次成型法主要包括溢流下拉法和浮法;二次成形法主要包含化学减薄法及再次拉引法。

1. 一次成形制备方法

1）溢流下拉法

溢流下拉法（图 3-4-5）是将原料按照一定比例混合，经过熔化制成玻璃液，玻璃液经过搅

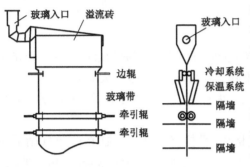

图 3-4-5　溢流下拉法成型示意图

拌、澄清后通过铂金通道流入溢流槽，溢满后玻璃液从槽两边溢流，沿着锥形部分均匀地向下流动，在锥形下部融合在一起，并下拉形成一大片玻璃。此方法由康宁公司发明并申请专利。

溢流下拉法利用玻璃自身重力进行拉薄，在整个成型和退火过程中不与外界固液界面接触，溢流下拉法由于玻璃板是在空气中形成，表面不会因成型过程而留下痕迹或损伤，制成的玻璃板表面纯净无瑕且光滑，无须再研磨抛光。

采用溢流下拉法制备柔性玻璃，其存在的难点是，要求溢流处玻璃黏度可准确与精准控制，在溢流口处整个板宽方向玻璃液溢出量是绝对的一致，这是溢流下拉法制备柔性玻璃的关键技术。同时，溢流下拉法产量小，板宽受溢流槽尺寸限制，板宽通常不足浮法玻璃板宽的一半。

采用溢流下拉法制备柔性玻璃的主要是美国康宁公司，在其丰富的溢流下拉法制备超薄玻璃的经验及技术积累上，2012 年发布了厚度为 100μm 的超薄可绕式屏幕玻璃，并命名为 Willow Glass。

2）浮法

浮法是目前最著名的平板玻璃制造技术，该法是将熔炉中熔融的玻璃液输送至液态锡床，因黏度较低，可利用拉边机来控制玻璃的厚度，随着流过锡床距离的增加，玻璃液便渐渐的固化成平板玻璃，再利用过渡辊将固化后的玻璃平板引出，再经退火、切割等后段加工程序而成。

浮法工艺相对于溢流下拉法，最大的特点是生产能力大、生产的玻璃面板宽。与溢流下拉法比，其优势是玻璃经过退火工艺参数精密控制的退火处理，玻璃残余应力低，再热收缩率低。

浮法劣势为制备的玻璃在制备过程中与锡液接触，玻璃表面质量不如溢流下拉法高，会影响柔性玻璃的成品率。虽然采用浮法工艺制备柔性玻璃存在多种技术难题，但目前国内外的大型玻璃公司如德国肖特、日本电气硝子和旭硝子已经能采用浮法工艺制备柔性玻璃。德国肖特公司从 2013 年开始批量供应厚度为 25～100μm 的卷状超薄玻璃。

日本电气硝子公司在"CEATEC JAPAN 2014"上，展出了厚度仅有 30μm 的超薄玻璃板"G-Leaf"等玻璃材料。2014 年 6 月，日本旭硝子公司在美国圣地亚哥市开幕的"Society for Information Display（SID）"展会上，展示了该公司生产的厚度只有 50μm 的超薄浮法玻璃"SPOOL"，并成功卷绕成长 100m、宽 1150 mm 的卷状产品。

3）狭缝下拉法

狭缝下拉法自 20 世纪初就在美国开始了研究，20 世纪 50 年代，德国也开始了狭缝下拉法制备玻璃板的研究。经过不断的改进，直至 20 世纪末，德国肖特公司才开发出能够制备质量优良的狭缝下拉技术。狭缝下拉法是将熔融好的玻璃液流入到狭缝上方，然后经过狭缝流出，在牵引辊的牵引下制备成玻璃板材。狭缝是由耐火材料一体制备而成，也可以由铂金漏板做成，如图 3-4-6 所示。

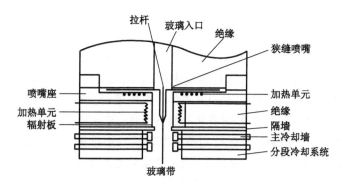

图 3-4-6　狭缝下拉法成型示意图

2. 二次成型制备方法

1) 化学减薄法

化学减薄法是针对玻璃的网络结构,采用不同的酸液对玻璃表面进行刻蚀以减薄玻璃厚度,达到柔性的目的。化学减薄的机理具体为:硅酸盐玻璃与二氧化硅一样,都是以硅氧四面体 $[SiO_4]$ 作为基本结构单元,其以顶角相连而组成三维架状结构。硅氧四面体中,Si_4^+ 为硬酸,更倾向于和硬的碱 F^- 结合,这是因为 F 的成键能力比 O 强,从而迫使 Si—O 键断裂,形成键能很大且稳定的 Si—F 键,再加上生成的 SiF_4 是气体,容易离开反应体系,更促进了反应的进行。通过利用液体溶液与玻璃表面进行化学反应,进而使玻璃面板厚度变小,达到柔韧可弯曲的目的。采用化学减薄法可以制备超薄 TFT—LCD 玻璃基板,但采用此法制备柔性玻璃,工艺需改进,以满足柔性玻璃柔韧性的要求。

化学减薄法主要有三种工艺:垂直浸泡法、喷淋法及瀑布流法。垂直浸泡法通过隔膜外室中彼此划分出了单元区,玻璃基板分别设置在单元区的各单元内。蚀刻溶液装在外室中,并供给至各单元。其后,从室的下端向上提供泡沫,由此使分别设置在各单元中的玻璃减薄。该方法的优点在于工艺简单,并且可以同时减薄多个玻璃基板。该方法减薄玻璃基板所需的时间长,当泡沫产生时引起玻璃基板所产生的残余物与玻璃基板表面碰撞,或者产生各种颗粒,以致在玻璃基板的表面上形成划痕或者在玻璃基板的内表面上形成颗粒,需后期进行清洗,且装置大,增加成本,并且表面质量差,不易制备出高强度的柔性玻璃。

喷淋法是通过喷嘴喷射蚀刻溶液到玻璃基板表面进行刻蚀以减少玻璃厚度,获得柔性。喷嘴设置在玻璃基板两侧,喷嘴将蚀刻溶液喷射在玻璃基板的两个表面以蚀刻玻璃基板的表面,由此减薄玻璃基板,得到柔性玻璃。该方法相较于浸渍技术的玻璃减薄方法,具有可处理大尺寸玻璃基板、可同时处理两面不同蚀刻要求,蚀刻溶液可有效回收利用等优点。但由于喷射压力高,会生成少量残余物,在玻璃基材表面产生酒窝形划痕及凹点,后续需抛光处理。对于柔性超薄玻璃,由于厚度极薄,在研磨抛光过程中,容易破碎,成品率低。

瀑布流法是将蚀刻溶液以固定流速或可变流速沿着玻璃基板的一个或两个侧面从玻璃基板上部流到下部,由此依靠重力作用沿着玻璃基板的两个侧面均匀流动,并因此精确控制蚀刻厚度。瀑布流法在处理中几乎不会产生残余物,划痕和凹点少,不需后期的磨抛处理,有利于制备高强度的柔性玻璃。

2) 再次拉引法

再次拉引法是垂直地保持玻璃基板并向下方输送,利用电炉等的加热工序将输送到下方的玻璃基板的下端加热至软化点附近,使软化后的玻璃基板向下方延伸,从而制造柔性玻璃基板。薄板玻璃基板的截面成为加热前的玻璃基板(即预成型坯)的相似形,因此通过提高预成型坯的尺寸精度,而能够高尺寸精度地制备出柔性玻璃。采用玻璃预成型坯为原板,预成型坯厚度小于0.3mm,缠绕于滚筒上,可进行连续生产;采用相邻两块玻璃板端部加热对接的方式实现原板的连续供应,再进行加热拉制的方式生产柔性玻璃;通过提高原板的厚度均匀性来得到厚度均匀性良好的薄玻璃;超薄无碱玻璃的制备方法,先熔制玻璃液,做成预成型坯,再加热拉薄,拉薄温度为1300~1360℃,可进行超薄无碱玻璃的小批量生产。如上所述,关于再次拉引法制备超薄玻璃的专利技术和研究很多,但付诸实际生产中少。

溢流下拉法拉制玻璃表面质量优良,但溢流砖两侧玻璃液汇集处,玻璃厚度10mm以上,在有限的垂直空间内,稳定拉制柔性玻璃,难度极大。浮法拉制玻璃表面平整,不易受气流波动,但浮法技术主要靠拉边机展薄,拉制柔性玻璃最少需要20对以上的拉边机。此外,浮法生产柔性玻璃一面含锡,对玻璃质量有较大影响。狭缝下拉法中狭缝宽度可调节,实现了对板根厚度的有效控制,非常适合柔性玻璃的拉制。同时,狭缝下拉法中铂金导流器的设计,可以使玻璃表面实现抛光,大大提高了玻璃表面质量。二次拉引法(图3-4-7)适合拉制超薄及柔性玻璃,但由于玻璃原片的限制,主要用于实验。

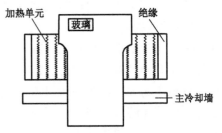

图3-4-7 二次拉引法成型示意图

随着柔性显示器、柔性太阳能电池等一系列新产品的推出,柔性玻璃作为一种新型特种玻璃,工业化生产规模生产和应用将逐步扩大。

3. 柔性玻璃加工技术

(1)柔性玻璃切边技术

都是采用激光切割的方式对超薄玻璃进行切割,采用CO_2激光切割器对玻璃边部指定区域进行加热,随后采用冷却剂对加热区域喷射冷却,由于急冷急热作用使玻璃分离。

也有首先使用金刚石轮或划针在玻璃表面产生初始缺陷,然后激光束加热玻璃表面,最后再局部冷却实现玻璃从裂缝处分离。也有用CO_2激光器熔穿玻璃边部,实现边部与中心分离,同时形成了火抛光的边部。

(2)柔性玻璃覆膜卷板技术

将聚合物层和挠性玻璃基材贴合,加热至一定温度,可以形成挠性玻璃-聚合物层叠结构进行卷绕。也有将多个单独的铂金薄片黏附在玻璃带上,然后对玻璃带进行卷绕。

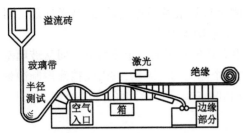

图3-4-8 柔性玻璃后加工工艺示意图

(3)柔性玻璃强化

由于柔性玻璃厚度低于$100\mu m$,化学钢化必须控制压应力层低于$30\mu m$,离子交换速率慢,便于精确控制,所以柔性玻璃多用化学钢化强化如图3-4-8所示。

柔性玻璃由于厚度太薄,极易受划伤、振动、冲击而破裂。为了能够使玻璃成卷,在玻璃的激光去边技术、覆膜卷板技术、柔性玻璃增强技术等方面需要深入研究。

本篇参考文献

[1] 田英良,孙诗兵.新编玻璃工艺学[M].北京:中国轻工业出版社,2009.

[2] 曹文聪,杨树森.普通硅酸盐工艺学[M].武汉:武汉工业大学出版社,1996.

[3] 彭寿,石丽芬,马立云,等.柔性玻璃制备方法[M].硅酸盐通报[J].2016,35(6):1744-1747.

[4] 郭振强,袁坚,淮旭光,等.柔性玻璃制备及加工技术进展[J].硅酸盐通报,2020,39(2):585-591.

[5] 高昆.柔性玻璃的生产及发展概况[J].玻璃,2020,41(4):17-20.

[6] BARRY CARTER C,GRANT NORTON M. Ceramic Materials[M]. New York:pringer Science Business Media,2013.

[7] 全国工业玻璃、特种玻璃标准化技术委员会.超薄玻璃导热系数试验方法 热流法:GB/T 38712—2020[S].北京:中国标准出版社,2020.

[8] 全国工业玻璃、特种玻璃标准化技术委员会.超薄玻璃柔韧性试验方法 两点弯曲法:GB/T 38686—2020[S].北京:中国标准出版社,2020.

[9] 全国工业玻璃、特种玻璃标准化技术委员会.超薄玻璃再热线收缩率试验方法 激光法:GB/T 38711—2020[S].北京:中国标准出版社,2020.

[10] 全国工业玻璃、特种玻璃标准化技术委员会.超薄玻璃再热线收缩率测试方法 膨胀仪法:GB/T 37991—2019[S].北京:中国标准出版社,2019.

[11] 全国工业玻璃、特种玻璃标准化技术委员会.触摸屏盖板用高铝硅玻璃:GB/T 36259—2018[S].北京:中国标准出版社,2018.

[12] 全国工业玻璃、特种玻璃标准化技术委员会.超薄玻璃弹性模量试验方法:GB/T 37788—2019[S].北京:中国标准出版社,2019.

[13] 全国工业玻璃、特种玻璃标准化技术委员会.晶显示器用薄浮法玻璃:GB/T 20314—2017[S].北京:中国标准出版社,2017.

[14] 全国工业玻璃、特种玻璃标准化技术委员会.平板玻璃:GB 11614—2009[S].北京:中国标准出版社,2009.

[15] 国家卫生与健康委员会.食品安全国家标准 玻璃制品:GB 4806.5—2016[S].北京:中国标准出版社,2016.

[16] 中国标准化研究院.玻璃容器 白酒瓶:GB/T 24694—2009[S].北京:中国标准出版

社,2009.

[17] 全国工业玻璃、特种玻璃标准化技术委员会.光伏真空玻璃:B/T 34337—2017[S].北京:中国标准出版社,2017.

[18] 全国工业玻璃、特种玻璃标准化技术委员会.光伏用玻璃光学性能测试方法:GB/T 30983—2014[S].北京:中国标准出版社,2014.

[19] 全国工业玻璃、特种玻璃标准化技术委员会.航空用铝硅玻璃:GB/T 34185—2017[S].北京:中国标准出版社,2017.

[20] 全国日用玻璃搪瓷标准化中心.玻璃瓶罐内应力试验方法:GB/T 4545—2007[S].北京:中国标准出版社,2007.

[21] 全国日用玻璃标准化技术委员会.玻璃容器耐内压力试验方法:GB/T 4546—2008[S].北京:中国标准出版社,2008.

[22] 全国日用玻璃标准化技术委员会.玻璃容器抗热震性和热震耐久性试验方法:GB/T 4547—2007[S].北京:中国标准出版社,2007.

[23] 全国日用玻璃标准化技术委员会.玻璃容器内表面耐水侵蚀性能测试方法及分级:GB/T 4548.2—2003[S].北京:中国标准出版社,2003.

[24] 全国日用玻璃标准化技术委员会.玻璃瓶罐抗机械冲击试验方法:GB/T 6552—2015[S].北京:中国标准出版社,2015.

[25] 全国建筑用玻璃标准化技术委员会.建筑用安全玻璃 第1部分:防火玻璃:GB 15763.1—2009[S].北京:中国标准出版社,2009.

[26] 全国建筑用玻璃标准化技术委员会.建筑用安全玻璃 第2部分:钢化玻璃:GB 15763.2—2005[S].北京:中国标准出版社,2006.

[27] 全国建筑用玻璃标准化技术委员会.建筑用安全玻璃 第3部分:夹层玻璃:GB 15763.3—2009[S].北京:中国标准出版社,2009.

[28] 全国建筑用玻璃标准化技术委员会.中空玻璃:GB/T 11944—2012[S].北京:中国标准出版社,2012.

[29] 全国建筑用玻璃标准化技术委员会.镀膜玻璃 第1部分:阳光控制镀膜玻璃:GB/T 18915.1—2013[S].北京:中国标准出版社,2013.

[30] 全国建筑用玻璃标准化技术委员会.镀膜玻璃 第2部分:低辐射镀膜玻璃:GB/T 18915.2—2013[S].北京:中国标准出版社,2013.

[31] 全国仪表功能材料标准化技术委员会.无色光学玻璃:GB/T 903—2019[S].北京:中国标准出版社,2019.

[32] 全国仪表功能材料标准化技术委员会.红外光学玻璃:GB/T 36265—2018[S].北京:中国标准出版社,2018.

[33] 全国汽车标准化委员会安全玻璃分技术委员会.汽车安全玻璃:GB 9656—2003[S].北京:中国标准出版社,2003.

[34] 中国建筑材料研究院玻璃与特种纤维研究所.防弹玻璃:GB 17840－1999[S].北京:中国标准出版社,1999.

[35] 全国工业玻璃、特种玻璃标准化技术委员会.高速动车组风挡玻璃及车体材料抗鸟撞、抗硬物冲击试验方法:GB/T 32058—2015[S].北京:中国标准出版社,2015.

［36］全国交通工程设施标准化技术委员会.路面标线用玻璃珠:GB/T 24722—2009［S］.北京:中国标准出版社,2009.

［37］全国玻璃纤维标准化技术委员会.连续玻璃纤维纱:GB/T 18371—2008［S］.北京:中国标准出版社,2008.

［38］全国绝热材料标准化技术委员会.绝热用玻璃板及其制品:GB/T 13356—2017［S］.北京:中国标准出版社,2017.

［39］全国绝热材料标准化技术委员会.建筑绝热用玻璃棉制品:GB/T 17795—2019［S］.北京:中国标准出版社,2019.

［40］全国玻璃仪器标准化技术委员会.玻璃 平均线热膨胀系数的测定:GB/T 16920—2015［S］.北京:中国标准出版社,2015.

［41］全国玻璃仪器标准化技术委员会.玻璃软化点测试方法:GB/T 28195—2011［S］.北京:中国标准出版社,2011.

［42］全国玻璃仪器标准化技术委员会.玻璃退火点和应变点测试方法:GB/T 28196—2011［S］.北京:中国标准出版社,2011.

［43］全国玻璃仪器标准化技术委员会.玻璃密度测度 沉浮比较法:GB/T 14901—2008［S］.北京:中国标准出版社,2008.

［44］全国玻璃仪器标准化技术委员会玻璃应力测试方法:GB/T 18144—2008［S］.北京:中国标准出版社,2008.

PART 4 | 第四篇

陶瓷工艺学

第一章

陶瓷概述

第一节 陶瓷的概念与分类

一、陶瓷定义

传统上,陶瓷的概念是所有以黏土为主要原料与其他天然矿物经过粉碎-混炼-成型-煅烧等过程而制成的各种制品。如日用陶瓷制品和建筑陶瓷、电瓷等都属于传统陶瓷。由于主要原料是取之于自然界的硅酸盐矿物(如黏土、长石、石英等),所以归属于硅酸盐材料和制品。陶瓷工业与玻璃、水泥、搪瓷、耐火材料等工业同属"硅酸盐工业"范畴。

随着科学技术的发展,出现了许多新的陶瓷品种,它们的生产过程与传统的陶瓷生产方法相似,但采用的原料已不仅是传统陶瓷原料,而是扩大到化工材料和合成矿物,甚至是非硅酸盐,非氧化物原料等无机非金属材料的范围中,出现了许多新的工艺。所以,广义的陶瓷是指用陶瓷生产方法制造的无机非金属固体材料和制品的统称。

陶瓷(Ceramics)一词在各国并没有统一的界限。在欧洲国家中,陶瓷一词是指包括各种陶瓷在内的广义的陶瓷。而美国和日本等国陶瓷(Ceramics)包括各种硅酸盐材料和制品在内的无机非金属材料的通称,不仅指陶瓷,还包括水泥、玻璃、搪瓷等材料。

二、陶瓷的分类

陶瓷通常分为普通陶瓷和先进陶瓷两大类。

1. 普通陶瓷

即传统陶瓷,又可分为日用陶瓷、工业陶瓷等。

日用陶瓷又分为两大类:陶器和瓷器。陶器包括粗陶器、普通陶器、精陶器;瓷器包括炻器、普通瓷器、细瓷器等。

工业陶瓷,又可分为建筑卫生陶瓷、化工陶瓷、电瓷、耐高温陶瓷等。

2. 先进陶瓷

即特种陶瓷,又分为两大类:结构陶瓷和功能陶瓷。

1）结构陶瓷

结构陶瓷可分为三大类：氧化物陶瓷、非氧化物陶瓷、陶瓷基复合材料。

（1）氧化物陶瓷

包括氧化镁陶瓷、氧化铝陶瓷、氧化铍陶瓷、氧化锆陶瓷、氧化锡陶瓷、莫来石陶瓷等。

（2）非氧化物陶瓷

包括碳化物陶瓷、氮化物陶瓷、硅化物陶瓷、硼化物陶瓷等。

（3）陶瓷基复合材料

陶瓷基复合材料是以陶瓷为基体与各种纤维复合的一类材料。包括纤维强化、晶须增强的氮化硅、碳化硅等高温结构陶瓷，氧化锆相变增韧复合陶瓷等。

2）功能陶瓷

功能陶瓷可分为三大类：电子陶瓷、热光磁学功能陶瓷、生物抗菌陶瓷等。

（1）电子陶瓷

电子陶瓷包括绝缘陶瓷、介电陶瓷、铁电陶瓷、压电陶瓷、热释电陶瓷、敏感陶瓷、磁性材料及导电、超导陶瓷。根据电容器陶瓷的介电特性有：高频温度补偿型介电陶瓷、高频温度稳定型介电陶瓷、低频高介电系数型介电陶瓷、半导体型介电陶瓷、叠层电容器陶瓷、微波介电陶瓷等。

（2）热光磁学功能陶瓷

耐热陶瓷、隔热陶瓷、导热陶瓷是陶瓷在热学方面的主要应用。其中，耐热陶瓷主要有 Al_2O_3、ZrO_2、MgO、SiC 等。陶瓷材料在光学方面包括光吸收陶瓷、陶瓷光信号发生器、光导纤维、透明陶瓷、激光陶瓷等。磁性陶瓷包括铁氧体软磁、硬磁陶瓷等。

（3）生物抗菌陶瓷

生物陶瓷材料可分为生物惰性陶瓷和生物活性陶瓷，生物陶瓷常用作生物硬质组织的代用品，可应用于骨科、整形外科、口腔外科、心血管外科、眼科及普通外科等方面。抗菌陶瓷在建筑陶瓷、卫生洁具等领域具有广泛应用。

第二节　陶瓷胎体组成、结构与性能

一、陶瓷胎体显微结构

陶瓷坯体经高温烧结成胎体。胎体的物理化学性质不仅与其化学成分有关，而且与其显微结构也有着密切联系。因此，探明胎体的化学成分、显微结构与性质三者之间的内在联系，根据胎体性质要求，可通过调整配方与工艺条件，获得符合要求的陶瓷胎体。

传统陶瓷坯料通常是指黏土、长石与石英三种主要矿物成分配制而成的长石质陶瓷胚料。不同类型的陶瓷，上述三种矿物成分的配合量不同，其胎体显微结构也不同，但他们的显微结构的形成机理基本相似，本节拟以使用最广泛的黏土—长石—石英三组分长石质瓷胚为例，说明陶瓷胎体显微结构及其形成机理。

瓷器的形成过程，实际上是坯料中各种原料组分产生一系列物理化学变化的过程。这些变化表现在宏观上为外形尺寸收缩、密度增加和强度显著提高，瓷器获得所要求的性能；体现在微观上，则是形成了新的物相，显微结构发生了实质性的变化。

黏土—长石—石英三组分瓷坯中黏土含量 40%～50%,长石 20%～35%,石英 20%～35%(矿物组成),烧成温度一般为 1250℃～1450℃。瓷胎相组成(按体积计)为玻璃相 40%～70%,残留石英(含方石英)8%～25%,莫来石 10%～30% 以及少量气孔。

一般陶瓷生坯的组织结构是尺寸较大的石英与尺寸小的长石两种颗粒均匀地分散在极细小的黏土连续基质中。理论上可认为每颗石英或长石颗粒表面都被足够细的黏土所包围。当然,长石与石英、长石与长石、石英与石英的接触在生坯中也是存在的。因此,陶瓷生坯中存在三种相界(除气相)即黏土—石英、黏土—长石与长石—石英。在烧成过程中,不仅进行着多种物质相界反应,而且也发生单相物理化学变化。

在 1000℃ 以前,主要是黏土矿物的物化变化,高岭石在 450～650℃ 迅速脱水分解成偏高岭石,温度提高,偏高岭石逐渐转变成铝硅尖晶石,当温度接近 10～50℃ 时,铝硅尖晶石转变成莫来石,石英在 573℃ 有晶型转变。当天然原料中存在杂质矿物时,还有杂质矿物的分解与氧化等物化反应。

瓷坯在 950～1000℃ 开始烧结,烧结时坯体开始强烈收缩,气孔开始消失,坯体趋于致密。1000℃ 以后的相界反应比较复杂。长石与黏土分解物(非晶态 SiO_2)或者石英颗粒,在 950℃ (当原料中含其他熔剂成分时温度更低)左右在接触点处出现低共熔点状熔体。温度继续升高到长石开始熔融温度(约为 1110℃)时,瓷坯中开始出现大量的熔体,相界接触点处的点状熔体发展成为熔体网络。在更高温度下,瓷坯中熔体增多且黏度降低,熔体开始填充气孔,坯体进一步收缩。

在 1200℃ 左右,长石熔体中碱离子扩散到黏土分解区,促使黏土形成一次鳞片状莫来石.在 1200～1250℃,莫来石和方石英突然增多,同时,由于长石熔体中 K_2O 量降低,中心部位组成向莫来石析晶区变化,导致在长石熔质中析出二次针状莫来石,与黏土接触的长石熔体边缘因溶解黏土物质,富集了 Al_2O_3,而析出二次针状莫来石。1250～1400℃ 温度范围内,液相促使扩散过程加剧,莫来石针状晶体线性尺寸发育长大。同时也有部分莫来石与石英被溶解,坯料中的石英原料,在烧成过程中主要是与长石形成低共熔点熔体或溶入长石熔体中提高熔体高温黏度,在其熔蚀边处析出二次犬齿状方石英以及在没有与熔质接触的边缘处经高温长时间保温转变成粒状方石英。此外,高岭石分解产物非晶 SiO_2 转变成极细小的方石英。

冷却时,由于冷却速度很快,而且玻璃熔体的黏度又很高,故没有长石与石英析出。瓷胎基本上保持了较高烧成温度下所具有的显微结构。

由上可见,一次莫来石、二次莫来石、残留石英、长石玻璃相、大小气孔等构成了普通陶瓷的显微结构。这种显微结构可以由原料的种类、配比、颗粒大小、坯料制备、成型手段、烧成制度等的不同而变化。

二、瓷胎的相组成

1)玻璃相

玻璃相是陶瓷显微结构中由非晶态固体构成的部分。它是由坯料中的熔剂组分熔融及其与石英、黏土等其他组分在一定温度下共熔,然后在冷却过程中凝结而成的。

在瓷胎中,玻璃相的含量与坯体的组成、原料的粉碎细度及烧成制度等因素有关,坯体中熔剂与易熔杂质越多,坯料颗粒越细。烧成温度高或高火保温时间愈长,则生成的玻璃相愈多。

玻璃相是日用陶瓷瓷胎主要组成之一,它的数量、化学成分与分布状态决定着瓷胎的性

质。玻璃相在瓷坯的形成过程中起以下几个作用:

(1)填满在烧成过程中所产生的空隙,获得烧结致密的胎体。

(2)溶解石英和高岭土的分解产物,促使莫来石晶体的成长。

玻璃相含量增加,将提高瓷坯的透光度。但含量过多时会使制品的骨架变弱,有增加变形的趋向;含量少时,不能填满坯体中所有空隙,增加气孔率,降低制品的机械强度和透光度。玻璃相最重要的性质是高温熔融状态下的黏度。高温黏度越高则瓷胎越不容易高温变形。长石质瓷坯在高温时随温度的不断提高液相量不断增加,但因长石熔体本身高温黏度大,熔体量在增加时伴随 SiO_2 含量增加,因熔体黏度提高以及在高温时液相中的大量莫来石存在构成骨架,因此瓷坯有较宽的烧成温度范围和对组成变化不太敏感的性质,同时也是能使瓷胎保持大量液相(使瓷胎具有致密及半透明性)而不变形的原因。

瓷胎玻璃相的化学组成大致为 SiO_2 64.7%, Al_2O_3 25.9%, Fe_2O_3 2.1%, TiO_2 1.2%, CaO 1.45%, MgO 2.3%, K_2O 0.9%, Na_2O 1.5%。

2)莫来石

莫来石晶体是形成瓷坯骨架的主要成分。一部分莫来石是高岭土矿物烧成过程中分解生产的新相,另一部分则是在长石玻璃中析出的针状莫来石晶体。

瓷胎中的莫来石在温度达到1200℃左右时,其生成量已接近饱和。这种莫来石晶体为鳞片状,若黏土区内无碱离子,它不会发育长大并保持鳞片状,若黏土区内出现碱离子时,鳞片状莫来石发育长大并重结晶就转变成二次针状莫来石,在高温时(1300~1420℃)莫来石只处于缓慢晶体生长过程。

莫来石晶体具有许多优良的性能,如机械强度高、化学稳定性好、电气绝缘性好、熔融温度高(1810~1830℃)、热膨胀系数小及热稳定性好等。瓷器的许多性能在很大程度上取决于莫来石的数量和性状,不少学者的研究指出,大量细微的针状莫来石晶体相互交织,较数量少而大的针状结晶要优。温度过高或保温时间过长时,会使结晶变大而数量趋少,而在配料中保证一定量的 Al_2O_3,有利于形成较多的莫来石晶相。

3)残余石英

瓷胎中残留石英是石英原料在烧成过程中与其他成分反应形成低共熔点熔体以及高温下熔解于熔体后残留下来的。石英溶解速度取决于石英原料类型,石英原始颗粒度,熔体化学成分,烧成温度与高温保温时间。脉石英溶解速度高于伟晶岩分离出来的石英与石英砂的溶解速度。石英颗粒愈细则其溶解速度愈快。含钠与钙的熔体提高石英的溶解速度。烧成温度愈高、保温时间愈长,则石英的溶解速度愈大。

残余石英与莫来石构成瓷坯的骨架,增加抵抗变形能力,提高强度和化学稳定性,但会降低热稳定性。

4)气孔

气孔是瓷坯显微结构中的气相成分,它是烧成时坯内气体没有被排除干净而残留在瓷胎之内的。

气孔的形成,有的是生坯孔隙中原有气体在烧成过程中没有充分排出所致,有的是坯料中含有的碳酸盐、硫酸盐、高价铁等物质在高温中分解放出气体所形成。坯体在未烧结前,气孔率可高达35%~40%,随着液相的产生与不断增加,气孔逐渐被填充,使气孔率降低,致密度增加。但是,有些气体,尤其是高温分解放出的气体,往往被黏度较大的熔体或其他物相所包裹,很难顺利地完全排除、这些无法排出的残留气体,随着烧成过程的完结,被压缩到最大限度而封闭于瓷胎之内。

气孔的存在会降低瓷坯的机械强度、绝缘性能、化学稳定性和透光性能,因此应将其控制到最少(多孔陶瓷除外)。增加坯料中的熔剂组分,提高原料的研磨细度和适当提高烧成温度都有利于降低气孔率。

瓷坯气体率指标通常以两种方法表示,一种是总气孔率,即试样总的气孔体积与试样总体积的比值。直接反应气孔与其他物相的比例关系,但测定比较烦琐。另一种是显气孔率或称开口气孔率,即试样表面或断面与大气相通的开口气孔的体积与试样总体的比值,它可以表征瓷坯表面气孔的比率,并间接反映瓷坯的致密化程度。因此,通过测定瓷坯的总气孔率或显气孔率来衡量瓷坯的烧结程度和成瓷质量。

三、陶瓷的性质

1.陶瓷的机械性质

（1）弹性模量

陶瓷材料为脆性材料,在室温下承载时几乎不能产生塑性变形,而在弹性变形范围内就产生断裂破坏。与其他固体材料一样,陶瓷的弹性可用弹性模量或杨氏模量（Young's Modulus）、剪切模量（Shear Modulus）和体积弹性模量（Bulk Modulus）表示,各模量之间通过泊松比相互联系。

（2）硬度

硬度（hardness）是材料抵抗局部压力而产生变形能力的表征。陶瓷材料属脆性材料,硬度测定时,在压头压入区域就会发生包括压缩剪断等复合破坏的伪塑性变形。因此,陶瓷材料的硬度很难与其强度直接对应起来。但硬度高、耐磨性好是陶瓷材料主要优良特征之一,硬度与耐磨性有密切关系。

用于测定陶瓷材料硬度的方法,主要是金刚石压头加载压入法,其中包括维氏硬度,显微硬度和劳克维尔硬度。

（3）机械强度

陶瓷材料在室温下的应力应变曲线显示,陶瓷断裂前几乎没有塑性变形。因此陶瓷材料室温强度测定只能获得一个断裂强度值,而金属材料则可获得屈服强度和极限强度。

陶瓷材料的室温强度是弹性变形抗力,即当弹性变形达到极限程度而发生断裂时的应力,强度与弹性模量及硬度一样,是材料本身的物理参数,它决定于材料的成分及组织结构,同时也随外界条件(如温度、应力状态等)的变化而变化。

陶瓷制品的耐压强度很高,而抗张强度较差,抗冲击强度很差,抗张与抗折强度远远低于耐压强度,不能负担较大的伸张应力,不善于抵抗剪切力;在静态负荷时,有相当高的强度,而在动应力作用下即突然施加外力(冲击)时,容易破坏。

瓷胎的机械强度与许多因素有关,不仅取决于各相的种类、化学成分、缺陷含量与分布状态,也与其表面所施釉的成分有关,至于晶体中的缺陷,对普通陶瓷来说,不是重要影响因素。

三组分瓷胎(除方石英瓷外)的机械强度主要取决于瓷胎体积40%～70%的玻璃相的机械强度。玻璃相是瓷胎中的连续相又是所有相组成中机械强度薄弱环节。

莫来石晶体机械强度比玻璃相高,特别是莫来石晶体交织成网状时,强度更高。瓷胎中的莫来石是玻璃相的骨架,一般说,骨架可以增加玻璃基质的机械强度,特别是高强度的网状莫来石晶体。莫来石与玻璃相的热膨胀系数比较接近,分别为 $4.5 \times 10^{-5}/℃$ 与 $3 \times 10^{-5} \sim 4 \times 10^{-6}/℃$。冷却时、两者不易发生明显的收缩应力,因此,增加莫来石含量可提高瓷胎强度,莫来石晶体越小,瓷胎结构越均匀,机械强度也越高。

石英强度也比玻璃相高。它们分布在玻璃相中也是骨架,也会作为骨架而提高玻璃基质的机械强度。但因石英与玻璃基质的热膨胀系数相差较大,冷却时有时玻璃相易发生微裂纹而降低强度,因此,石英对瓷胎的机械强度影响就显得比较复杂。

瓷胎表面釉层的热膨胀系数大于瓷胎热膨胀系效,将降低瓷器的机械强度;若釉热膨胀系数小于瓷胎热膨胀系数,可提高机械强度。

2. 陶瓷光学性质

(1) 白度

白度、光泽度与透光度都是表征入射光在陶瓷釉面和瓷胎上的作用结果,是衡量某些陶瓷制品质量的重要指标。

对日用瓷器,除颜色釉制品应具有匀净均一的色泽外,绝大多数制品是白色,高级细瓷要求釉面光润,色泽纯正,白度不低于 70%。

影响白度的因素主要有釉料的化学组成,坯体颜色、烧成气氛、烧成温度等。釉料组成中,着色氧化物选择性吸收使瓷胎呈色相应降低了白度,着色氧化物通常有 Fe_2O_3 与 TiO_2 等,坯体的颜色对釉面的白度有很大影响。对透明釉,通常坯体白度高时则釉面白度也高,若坯体颜色深,则釉面也呈色。对有色坯体常采用乳浊釉来提高制品白度。

烧成气氛也是影响釉面白度的因素之一。铁在氧化焰烧成时,瓷胎呈黄色,在还原焰烧成时,铁以 Fe 离子存在于玻璃相中,使玻璃相呈青色。

瓷胎中含有 3% 以下的碳素对白度影响不大,但更多的碳素会使瓷胎带上浅灰色调而降低白度。

提高白度可采用含铁钛等着色成分少的原料;对原料进行精选;对含铁极少的坯料采用还原焰烧成;对含钛高的坯料引入少量 CaO;引入一定量的滑石、磷酸盐矿物原料减弱呈色;对有色坯体使用乳白釉。

测定白度一般使用白度仪,利用瓷器表面反光的光电效应使试样与化学纯 $BaSO_4$ 标准片做对比,如 $BaSO_4$ 标准片百度作为 100%,那么一般日用细瓷应不低于 70%。

(2) 光泽度

日用陶瓷、艺术陶瓷与卫生陶瓷等通常要求表面有较好的光泽,以提高陶瓷外观质量并有利于清洗。而室内外装饰陶瓷就不宜表面光泽太强,甚至要求无光泽。

无釉陶瓷制品表面较粗糙(除自生釉瓷体),没有足够光泽,故所谓表面光泽是指带釉陶瓷的表面光泽。

光在瓷器表面上的反射有镜面反射与漫反射之分。表面光泽来源于表面对自然光(或白光)的镜面反射。镜面反射量越大则光泽越好。而镜面反射量取决于表面材料的折射率与表面平滑程度(在投射光强度恒定下)。陶瓷釉表面的反射率取决于釉玻璃表面层组成氧化物的种类与数量。但目前还难以使用加和法则计算釉玻璃的折射率,因为组成氧化物的折射率因子随釉的主成分不同而差别较大。一般说,PbO、TiO₂、BaO、Bi₂O₃、CdO、ZnO、SrO 与 CaO 加入釉玻璃中,釉玻璃的折射率较高。

陶瓷釉表面不是绝对平滑的表面,它的镜面反射率(即光泽度)不仅取决于釉玻璃的折射率,且与釉表面粗糙度有关。当表面粗糙度大于入射光波长时、表面除产生镜面反射外,还有漫反射,表面愈粗糙,漫反射量愈多,相应镜面反射量降低,光泽变弱。

釉面光泽度低的主要原因是坯釉配方设计与烧成工艺选择问题,导致釉层未充分成熟,釉表面有大面积针孔、橘釉、析晶、釉泡与波浪纹等缺陷。提高釉的始熔温度,可以碱少釉面针孔缺陷,降低釉的高温黏度,增加釉熔体流动性,减少釉面波浪纹和橘釉,并有利气泡排除。适当提高表面张力,可以拉平釉面。这都可以提高釉面的光泽度。

釉面光泽度的测定一般采用光电光泽度计进行,用硒光电池测量照射在釉表面镜面反射方向的反光量,并规定折射率 n = 1.567 的黑色平板玻璃的反光量为 100%,将被测釉面的反光能力与黑玻璃的反光能力相比,得到釉面光泽度,以百分比表示。

(3)透光度

透光度是日用陶瓷制品的重要性质之一,传统的薄胎瓷可用于制作灯具,就是因为它具有优良的透光性。光线照射到瓷胎时,约有4%的光能量被表面反射,部分光能量被瓷胎吸收,剩下光能量则透射过瓷胎,以镜面透射为主的瓷胎呈半透明性。

坯料着色氧化物的种类与数量、瓷胎相组成、玻璃相化学成分、晶体大小、瓷胎厚度以及透射光波长等因素决定了瓷胎的透光性。

玻璃相是瓷胎透光性的贡献者,适当增加玻璃相可以提高透光度。

Fe₂O₃ 与 TiO₂ 使瓷胎透光度降低,铁比钛更能降低透光性。

降低瓷胎透光性的另一原因是瓷胎中各种折射度不同的相所引起的散射,散射界面越多,各相间折射率差别越大,散射也越大。散射相尺寸越接近可见光波长,散射也越大。瓷胎中各相的折射率约为:玻璃基质1.5左右,石英1.55,莫来石1.61,气孔内气相1。石英晶体对半透明性影响不大。莫来石与玻璃相折射率相差较大,而且莫来石晶体的尺寸都很细小,接近可见光波长。由黏土转变过来并长大了的人字形莫来石晶体长度在 0.5μm 以下,直径为长度的 1/4 ~ 1/5。长石熔体中的针状莫来石也只有 1 ~ 3μm(长度),直径更细小,因此,莫来石对散射损失与透光性降低起着重要作用。气孔与玻璃相折射率差别更大,因此对透光性影响也更大。据资料报道,5%残留气孔率降低透光性的效果相当于50%莫来石的作用。

对于同一配方与同一生产工艺的瓷胎,其透光度随瓷胎厚度增加而降低,瓷胎的透光度一般为2% ~ 10%。

提高透光度的途径首先是增加玻璃相,调整玻璃相折射率,在保证制品质量的前提下,增加坯料配方中的熔剂原料与石英含量,相对减少黏土含量提高烧成温度,延长保温时间,采用还原焰操作、加大高温熔体的表面张力,细磨石英以及原料中引入一定量 Na₂O,CaO 与 BaO 等对石英溶解能力高的成分。

其次,减少气孔,选择含杂质少的原料,塑性料加强陈腐与真空练泥,注浆料应通过陈腐,慢速搅拌或真空脱气以减少浆料中的气体。

3. 陶瓷热稳定性

瓷胎经受剧烈温度变化而不破坏的性能称热稳定性。

瓷胎热稳定性除与其本身性质有关外,还与瓷胎的形状尺寸以及急冷介质的传热系数与流速有关。瓷胎形状复杂尺寸大的热稳定性差;急冷介质与瓷胎间的传热系数越大造成内外温差大而使瓷胎的热稳定性降低,加热和冷却时,当介质为水时,急冷介质流速增大则热稳定性也变差。

瓷胎组成中,石英含量愈高,颗粒愈粗,则热稳定性也愈差。降低石英含量,细磨石英,加入细瓷粉以及加入少量滑石都可提高瓷胎的热稳定性。

热稳定性一般都用加热急剧冷却的方法来直接测定、以试样出现裂纹或机械强度降低时所经受的热交换次数来衡量其热稳定性。测定时将试样加热到 100℃,维持 20min,取出投入冷水中急冷,擦干后仔细观察,如无裂纹或破损,再次加热,温度提高到 120℃,维持 20min,然后重新投入水中急冷如此反复进行,逐次加热温度均比前一次提高 20℃,直至试样出现碎纹或开裂为止,最后一次的温度与热交换次数即为试样所能达到的热稳定性指标。

4. 陶瓷化学稳定性

化学稳定性是陶瓷制品抵抗各种化学介质侵蚀的能力,通常用耐酸度或耐碱度来表示。它主要取决于坯料的化学组成和瓷坯的相组成。对带釉制品来说,化学稳定性则主要取决于釉的化学组成。

对瓷釉来说,含 SiO_2、Al_2O_3 较高,并有一定数量的 B_2O_3,会降低其耐碱性。以碱金属、碱土金属或其他二价金属氧化物(PbO)代替釉中的 SiO_2,会降低其耐碱性。二价金属氧化物中,BaO 和 PbO 降低耐碱性的作用最为明显,提高 ZrO_2、SnO_2 的含量能使釉的耐碱性提高,引入 5% 的 ZrO_2 就能使耐碱性有很大提高。

陶瓷制品抵抗氢氟酸的能力,随 Al_2O_3 含量提高,SiO_2 含量降低而增强。所以在瓷坯的相组成中,莫来石晶体抵抗氢氟酸的能力最强。瓷坯中的气孔降低了结构致密性,因而会严重降低化学稳定性。

5. 吸湿膨胀性

多孔性陶瓷制品的胎体暴露在潮湿空气中或在水中洗涤时,时间一长,就吸收水分而引起坯体膨胀,若胎体表面施釉,则釉面随之龟裂。这种现象称吸湿膨胀性或时效龟裂或后期龟裂。

在多孔性精陶胎体中,结晶相的吸湿膨胀很小,而非晶质相(含玻璃相)的吸湿膨胀明显。胎体的气孔率越高则吸湿膨胀越严重。在其他条件相同下,烧成温度提高将降低气孔率,从而减弱吸湿膨胀性。

坯料组成中减少碱金属氧化物含量,引入碱土金属氧化物,如加入石灰石、白云石或滑石等原料,可以提高玻璃相的化学稳定性,减少吸湿膨胀性。此外,CaO 还能促进坯体中生产较多的结晶相,较少玻璃含量,因此能降低坯体吸湿膨胀率。在精陶中引入 Al_2O_3 粉,对降低吸湿膨胀也有效果。高硅坯料比高铝坯料的吸湿膨胀率高。

吸湿膨胀试验一般采用高压釜法。试样放在高压釜中,在 10.5atm 下,用高温饱和蒸气加热 1h,以加速膨胀,缩短因吸湿膨胀而产生釉裂试样所需要的时间。根据精陶制品制釉的时间长短判断制品的后期龟裂趋向。

6. 气孔率和密度

陶瓷器从原始的土器,经陶器、炻器发展到瓷器,它们的组织结构是从粗松多孔,逐渐趋向致密。它们之间气孔率的高低和密度的大小,历来是人们鉴别和区分它们的重要指标。

一般用测定吸水量来间接判定制品的致密程度,判断是生烧还是正烧。按照国家标准,日用瓷应该质地致密,瓷化完全,吸水率不超过 0.5%,对于化学瓷和高压电瓷就应该要求更严了。至于陶器、炻器等,由于品种繁多,还没有一个统一的规定,一般认为炻器的吸水率应在 3% 以下,陶器的吸水率从 4% ~5% 开始,随着用途的不同,可高达 20% 左右。瓷器的密度为 $2.3 \sim 2.6 \mathrm{g/cm}^3$。

第二章

陶瓷原料

第一节　陶瓷天然原料形成与类型

一、陶瓷天然原料的形成

陶瓷及其他硅酸盐制品所用原料大部分是天然的矿物或岩石,其中多为硅酸盐矿物。这些原料种类繁多,资源蕴藏丰富,在地壳中分布广泛,这为陶瓷工业的发展提供了有利的条件。

众所周知,地球由地核、地幔、地壳组成,其尺度、温度和物理状态如图 4-2-1 所示。

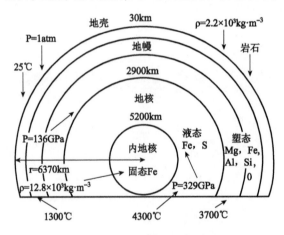

图 4-2-1　地球截面示意图

地壳的化学元素主要由氧、硅和铝等组成,见表 4-2-1、表 4-2-2。

地壳中主要元素的含量　　　　　　　　　　　　表 4-2-1

元　　素	重量百分比（%）	原子数百分比（%）	体积百分比（%）
氧	47.2	61.7	93.8
硅	28.2	21.0	0.9
铝	8.2	6.4	0.5

续上表

元　素	重量百分比(%)	原子数百分比(%)	体积百分比(%)
铁	5.1	1.9	0.4
钙	3.7	1.9	1.0
钠	2.9	2.6	1.3
钾	2.6	1.3	1.8
镁	2.1	1.8	0.3
氢	微量	1.2	0.0

火成岩中的主要氧化物及组成范围　　　　　　　　　表 4-2-2

组分(氧化物)	浓度(重量百分比%)	组分(氧化物)	浓度(重量百分比%)
SiO_2	30 ~ 78	MgO	0 ~ 40
Al_2O_3	3 ~ 34	CaO	0 ~ 20
Fe_2O_3	0 ~ 5	Na_2O	0 ~ 10
FeO	0 ~ 15	K_2O	0 ~ 15

地壳由岩石组成,由地球内部高温形成的熔融岩浆,被冷却变成岩浆岩,岩浆岩在地质作用下变成沉积岩、变质岩,各类岩石再被熔成岩浆,形成岩石圈循环,如图 4-2-2 所示。

岩浆岩主要成分为氧化硅和氧化铝的硅酸盐,通过一系列的鲍氏反应(图 4-2-3),岩浆岩形成陶瓷所用原料,即长石、云母和石英等。

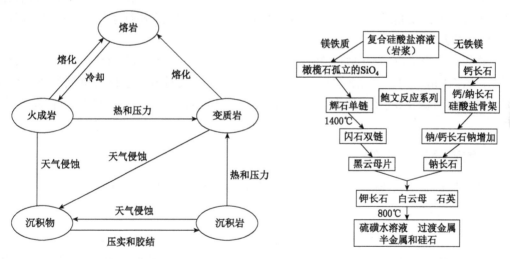

图 4-2-2　岩石圈循环示意图　　　　　　　图 4-2-3　鲍氏反应示意图

而黏土是由富含铝硅酸盐矿物的岩石如长石、伟晶花岗岩、斑岩、片麻岩等经过漫长地质年代的风化作用或热液蚀变作用而形成的。这类经风化或蚀变作用而生成黏土的岩石统称为黏土母岩。母岩经风化作用而形成的黏土产于地表或不太深的风化壳以下,母岩经热液蚀变作用而形成的黏土常产于地壳较深处。

风化作用包括物理风化、化学风化和生物风化等。物理风化作用是由于温度变化、冰冻、水力和风力的破坏而使岩石粉碎成细块和微粒,并给化学风化作用创造了大的侵袭面积。化学风化作用能使组成岩石的矿物发生质的变化。在大气中的二氧化碳、日光和雨水长时间的共同作用下,有时还加上矿泉、火山喷出的气体,含有腐殖酸的地下水的侵蚀,长石类岩石会发生一系列水化和去硅作用,最后形成黏土矿物。

长石及绢云母经风化作用转化为高岭石的反应大致如下:

$$K_2O \cdot Al_2O_3 \cdot 6SiO_2 + 2H_2O + H_2CO_3 \longrightarrow Al_2O_3 \cdot 2SiO_2 \cdot 2H_2O + K_2CO_3 + 4SiO_2$$

钾长石   高岭石

$$CaO \cdot Al_2O_3 \cdot 2SiO_2 \cdot + 2H_2O + H_2CO_3 \longrightarrow Al_2O_3 \cdot 2SiO_2 \cdot 2H_2O + CaCO_3$$

钙长石   高岭石

$$2(K_2O \cdot 3Al_2O_3 \cdot 6SiO_2 \cdot 2H_2O) + 2H_2CO_3 \longrightarrow 3(Al_2O_3 \cdot 2SiO_2 \cdot 2H_2O) + K_2CO_3 + 6SiO_2$$

绢云母   高岭石

$$Al_2O_3 \cdot 2SiO_2 \cdot 2H_2O + nH_2O \longrightarrow Al_2O_3 \cdot nH_2O + 4SiO \cdot nH_2O$$

高岭石   水铝石   蛋白石

上述反应生成的基本产物是 $Al_2O_3 \cdot 2SiO_2 \cdot 2H_2O$,称为高岭石,主要由它组成的黏土就是高岭土。此外还可溶性碳酸盐中,K_2CO_3 易被水冲走,$CaCO_3$ 在富含 CO_2 的水中逐渐溶解后也被水冲走,剩下的 SiO_2 以游离石英状态存在于黏土中。

上述反应的终点矿物是水铝石和蛋白石。但常因受条件的限制,反应往往尚未进行到底,就生成一系列的中间产物,成为各种不同类型的黏土矿物。

母岩不同,风化与蚀变条件不同,常形成不同类型的黏土矿物。由火山熔岩或凝灰岩在碱性环境中经热液蚀变则形成蒙脱石类黏土。由白云母经中性或弱碱性条件下风化可形成伊利石类(水云母类)黏土。

生物风化作用是由一些原始生物残骸,吸收空气中的碳素和氮素,逐渐变成腐殖土,使植物可以在岩石的隙缝中滋长,继续对岩石进行侵蚀。树根又对岩石进行着机械的风化作用,有时地层动物将深层的土翻到表面上来,经空气的作用使一些物质逐渐变细且发生质的变化。

二、陶瓷原料的类型

一般按原料的工艺特性划分为可塑性原料、瘠性原料、熔剂性原料和功能性原料四大类。

1. 可塑性原料

可塑性原料矿物组成主要是黏土矿物,它们均属层状构造的硅酸盐,其颗粒一般属显微粒度以下($<10\mu m$),并具有一定可塑性的矿物。如高岭土、多水高岭土、膨润土、瓷土等。可塑性原料在生产中主要起塑化和结合作用,它赋予坯料可塑性和注浆成形性能,保证干坯强度及烧后的各种使用性能如机械强度、热稳定性、化学稳定性等,它们是成型能够进行的基础,也是黏土质陶瓷的成瓷基础。

2. 瘠性原料

瘠性原料的矿物成分主要是非可塑性的硅、铝的氧化物及含氧盐。如石英、蛋白石、叶蜡石、黏土煅烧后的熟料、废瓷粉等。瘠性原料在生产中起减黏作用,可降低坯料的黏性,烧成后部分石英溶解在长石玻璃中,提高液相黏度,防止高温变形,冷却后在瓷坯中起骨架作用。

3. 熔剂性原料

熔剂性原料的矿物成分主要是碱金属、碱土金属的氧化物及含氧盐。如长石、石灰石、白云石、滑石、锂云母、伟晶花岗岩等。它们在生产中起助熔作用,高温熔融后可以溶解一部分石英及高岭土分解产物,熔融后的高黏度玻璃可以起到高温胶结作用,常温时也起减黏作用。

4. 功能性原料

除上述三大类原料以外的其他原料及辅助原料统称为功能性原料。如氧化锌、锆英石、色料、电解质等。它们在生产上不起主要作用,也不是成瓷的必要成分,一般是少量加入即能显著提高制品某些方面的性能,有时是为了改善坯釉料工艺性能而不影响到制品的性能,从而有利于生产工艺的实现。

陶瓷生产中,对于陶器每吨产品约需消耗原料 1.5t;对于瓷器每吨产品约需消耗原料 1.63t;陶瓷生产中釉用原料的消耗量一般为坯消耗量的 1/7 ~ 1/15;生产陶瓷产品的成本中,原料部分占 8% ~ 10%。

第二节 长 石 原 料

一、长石的主要类型

长石是地壳中分布最广的造岩矿物。从化学组成看,长石是一种碱金属(K、Na)或碱土金属(Ca、Ba)的无水铝硅酸盐。长石的主要类型见表4-2-3。

长石类矿物的化学组成及性质   表 4-2-3

名称	化 学 式	相 对 密 度	硬 度	熔点(℃)	外 观 色 泽
钾长石	$K_2O \cdot Al_2O_3 \cdot 6SiO_2$	2.56	6	1180 ~ 1220	肉红、浅黄、灰白
钠长石	$Na_2O \cdot Al_2O_3 \cdot 6SiO_2$	2.61 ~ 2.64	6 ~ 6.5	1100	无色、灰白
钙长石	$CaO \cdot Al_2O_3 \cdot 2SiO_2$	2.70 ~ 2.76	6 ~ 6.5	1550	无色、白、灰白
钡长石	$BaO \cdot Al_2O_3 \cdot 2SiO_2$	3.37	>6	1715	—

在自然界中,长石很少独立出产,通常含于花岗岩或其他岩石中。四种长石在自然界中以前三种居多,钡长石较少见。这几种基本类型的长石,由于其结构相似,彼此可以混合形成固溶体,其中,钾长石与钠长石在高温时可以形成连续固溶体,但温度降低,则可混性减弱,固溶体会分解,这种长石也称条纹长石。钠长石与钙长石可按任何比例混溶,形成连续的类质同象系列,低温也不分离,就是常见的斜长石。钾长石与钙长石任何情况均互不混溶,钾长石与钡长石则可形成不同比例固溶体。

由于长石的互溶特性,故地壳中单一的长石很少见,多数是几种长石的互溶物,按其化学组成和结晶化学特点,有较重要的两个系列。

1)钾钠长石系列

钾长石由于形成的温度不同,有三种同质多象变体:高温型的透长石,生成温度在 900℃以上;中温型的正长石,生成温度在 650℃ ~ 900℃;低温型的钾微斜长石,生成温度在 650℃以下。

条纹长石是钠长石以规则的白色条纹排列在肉红色的钾长石中,用肉眼或显微镜可看出。

2)钠钙长石系列

钠长石与钙长石的互溶物称斜长石系列,按组不同分为:钠长石(含钙长石<10%)、斜长石(含钙长石10%~90%)和钙长石(含钙长石>90%)。斜长石又可分为更长石、中长石、拉长石、培长石。

陶瓷工业上常用的长石是钾长石、钾微斜长石、钠长石和斜长石中富含钠长石的斜长石。至于钙长石和钡长石,因其熔融温度较高,不能单独作为熔剂原料。

二、长石的一般性质

钾长石一般呈粉红色或肉红色,个别的呈灰白色、灰色、浅黄色。相对密度2.56~2.59,莫氏硬度6~6.5,理论熔点1220℃,理论组成为K_2O 16.9%,Al_2O_3 18.4%,SiO_2 64.7%。

钠长石一般呈白色或灰白色,相对密度2.61~2.64,莫氏硬度6~6.5,理论熔点1100℃,理论组成为Na_2O 11.8%,Al_2O_3 19.4%,SiO_2 68.8%。钾微斜长石基本性质与钾长石相似。

三、长石的熔融特性

长石在陶瓷坯料中是作为熔剂使用的,为了使坯料便于烧结而又防止变形,一般希望长石具有较低的熔化温度,较宽的熔融凝度范围,较高的高温黏度以及良好的溶解其他物质的能力,上述性能与长石的成分及杂质的含量有关。

理论上长石是一种结晶物质,具有一定的熔点。但实际上,长石经常是几种长石的混熔物,又含有一些石英、云母和铁的化合物等杂质,所以陶瓷生产中使用的长石没有固定熔点,在一个不太严格的温度范围内逐渐软化熔融,变为玻璃态物质。煅烧实验证明,长石变为滴状玻璃体的温度并不低,一般在1200℃以上,并随其粉碎细度、升温速度、气氛性质等条件而异。其熔融温度范围一般为:

钾长石1130~1450℃;钠长石1020~1250℃;钙长石1250~1550℃。

钾长石熔融温度范围宽,与钾长石的熔融反应有关。钾长石从1130℃开始软化熔融,在1220℃时分解,生成白榴石与SiO_2熔体,成为玻璃态黏稠物,其反应式如下:

$$K_2O \cdot Al_2O_3 \cdot 6SiO_2 \longrightarrow K_2O \cdot Al_2O_3 \cdot 4SiO_2 + 2SiO_2$$

温度再升高,逐渐全部变成液相,由于钾长石的熔融物中存在白榴石和硅氧熔体,故黏度大、气泡难以排出,熔融物呈稍带透明的乳白色,体积膨胀7%~8.65%。在陶瓷坯料中以选用正长石或微斜长石为宜。

钠长石的开始熔融温度较钾长石低,其熔化时没有新的晶相产生,液相的组成和未熔长石的组成相似,形成的液相黏度较低,故熔融范围较窄,且其黏度随温度的升高而降低的速度较快,所以一般认为在坯料中使用钠长石容易引起产品变形。但钠长石在高温时对石英、黏土、莫来石的溶解速度快,溶解度也大,故用于配釉时较为合适。也有人认为,钠长石有利于提高瓷坯的瓷化程度和半透明性,关键在于控制好烧成制度,根据具体要求制订出合理的升温曲线。

如将长石原矿煅烧至熔融状态,可得到白色乳浊状和透明玻璃状的层状体,白色层为钾长石,而透明层为钠长石。在钾钠长石中若K_2O含量多,熔融温度较高,熔融后液相的黏度也大。若钠长石较多,则完全熔化成液相的温度就剧烈降低,即熔融温度范围变窄。另外,若加入 CaO 和 MgO,则能显著地降低长石的熔化温度和黏度。

钙长石的熔化温度较高,高温下的溶液不透明,黏度也小,冷却时容易析晶,化学稳定性也差。斜长石的化学组成波动范围较大,无固定熔点,熔融范围窄,熔体黏度较小,半透明性强。

钾长石熔融成玻璃体后,其中含有许多气体,呈乳浊状,故透明度较钠长石差。在欧洲,人们常先将长石于800℃左右煅烧后再使用,这样,不仅有利于粉碎,而且制成的制品有较高的透明度。

四、长石在陶瓷生产中的作用

(1)常温时起减黏作用:长石与石英一样是非可塑性原料,在坯体中起瘠化作用,可缩短干燥时间,减少干燥收缩和变形。

(2)高温时起助熔作用:长石在高温下熔融,形成黏稠的玻璃熔体,长石是坯料中碱金属氧化物的主要来源,能降低陶瓷坯体的绕结温度,有利用成瓷和降低烧结温度,熔融后的长石熔体能溶解部分高岭土分解产物和石英颗粒,能促进高岭土残余物的颗粒相互扩散渗透,因而加速莫来石晶体的形成和发育,赋予坯体一定的机械强度和化学稳定性。

(3)长石熔融成玻璃态后,填充于各结晶颗粒之间,有助于坯体致密和减少空隙,有助于瓷坯的机械性能和电气性能的提高,并改善瓷的透明度和敲击时的声响。

(4)长石在釉料中是主要熔剂。

第三节 石 英 原 料

SiO_2 在自然界的存在形式有两种:一种以硅酸盐矿物状态存在,另一部分则以独立状态存在,成为单独的矿物体,由于造岩成矿的条件不同,SiO_2 有多种状态和同质多象变体。从最纯的结晶态二氧化硅(水晶)到无定形的二氧化硅(蛋白石)均属于石英的范畴。

一、石英的主要类型

石英的主要类型有:脉石英、石英砂、硅质砂岩、石英岩、隐晶质石英和无定形石英。

二、石英的一般性质

1. 物理性质

石英的外观视其种类不同而异,有的呈乳白色,有的呈灰色,半透明状态。断面具玻璃光泽或脂肪光泽,莫氏硬度为7,相对密度依晶形而异,变动范围2.21~2.65,但硅藻土的相对密度只有1.9~2.4。因石英的硬度较高,不易粉碎,可先经1000℃左右煅烧急冷后,使内部发生崩裂,便于粉碎。

2. 化学性质

脉石类和石英岩的 SiO_2 含量较高,达95%~99%;砂岩含 SiO_2 90%~95%;硅藻土含 SiO_2 较低,为80%~90%,石英中的杂质成分有 Al_2O_3、Fe_2O_3、TiO_2、CaO、MgO 等,这些杂质是成矿

过程中残留的夹杂矿物带入的,主要有碳酸盐、长石、云母、铁的氧化物、金红石等,此外,尚有一些微量的液态和气态包裹物。

石英具有很强的耐酸性,除氢氟酸外,一切酸类(包括王水)对它都不产生作用。当石英和碱性物质接触时,能起反应生成可溶解性硅酸盐,在高温中与碱金属氧化物作用生成硅酸盐与玻璃态物质。

石英材料的熔融温度范围取决于二氧化硅的形态和杂质的含量。硅藻土的熔点一般是1400~1700℃,无定形二氧化硅约在1713℃熔融。脉石英、石英岩和砂岩在1750~1770℃熔融,但当杂质含量达3%~5%时,却在1690~1710℃时熔融。当含有5.5% Al_2O_3 时,其低共熔融点温度会降低至1595℃。

三、石英在加热过程中的晶型转化

石英是由硅氧四面体互相以顶角相连向三维空间扩展而成的架状结构。由于它们以共价键连接,连接之后又很紧密,因而空隙很小,其他离子不易侵入网穴中,致使晶体纯净,硬度与强度高,熔融温度也高。由于硅氧四面体之间的连接在不同的条件与温度下呈现出不同的连接方式,石英可呈现出各种晶型。石英在加热过程中,可以产生八种变体,具体转化过程如图4-2-4所示。

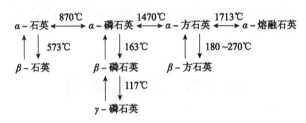

图4-2-4　石英晶型转化图

石英在自然界中大部分以β-石英的形态稳定存在,只有少部分以磷石英或方石英的介稳状态存在。石英晶型转化根据其转化时的情况可分为两种。

1. 高温型迟缓转化(横向转化)

这种转化由表面开始逐步向内部进行,转化后发生结构变化,形成新的稳定晶型,因而需要较高的活化能。转化进程迟缓,转化时体积变化较大,并需要较高的温度和较长的时间。为了加速转化,可以添加细磨的矿化剂或助熔剂。

2. 高低温型快速转化(纵向转化)

这种转化进行迅速,转化是在达到转化温度之后,晶体表里瞬间同时发生的,转化后结构不发生特殊变化,因而转化较容易进行,体积变化不大,转化为可逆的。

石英晶型转化的结果引起如体积、相对密度、强度等变化,其中对陶瓷生产影响较大的是体积变化。石英晶型转化过程中的体积变化值见表4-2-4。

石英的几个主要转化及其体积和相对密度的变化　　　　表4-2-4

温度(℃)	晶型变化	体积变化(%)	相对密度变化
117	γ-磷石英→β-磷石英	+0.2	2.27~2.24
163	β-磷石英→α-磷石英	+0.2	2.24~2.23

续上表

温度(℃)	晶型变化	体积变化(%)	相对密度变化
128	β-方石英→α-方石英	+2.8	2.32 ~ 2.60
573	β-石英→α-石英	0.82	2.65 ~ 2.60
矿化剂存在			
867	α-石英→α-磷石英	+16	2.60 ~ 2.23
1470	α-磷石英→α-方石英	+4.7	2.23 ~ 2.21
1020	α-石英→α-方石英	+15.4	2.60 ~ 2.21
1728	α-方石英→熔融石英	+0.1	2.21 ~ 2.20
—	石英玻璃→α-方石英	-0.9	2.20 ~ 2.21

可以看出,迟缓转化体积变化值大;而快速转化的体积变化则很小。单从数值上看,迟缓转化会出现严重问题,但实际上由于它们的转化速度非常缓慢,转化时间长,加上高温下液相的缓冲作用,因而使得体积的膨胀特别缓慢,抵消了固体膨胀应力所造成的破坏作用,对生产过程的危害反而不大。而高低温型的转化,虽然体积膨胀值很小,但因其转化迅速,又是在干条件下进行转化,破坏性强,危害大。

陶瓷制品在其煅烧过程中都不可能使石英顺次完全全部转化,而只能在本身的烧成温度范围内,实际转化为相应的晶型。普通陶瓷烧成温度一般都在1250 ~ 1400℃,同时陶瓷坯料又是多组分配料,因此石英在烧成过程中的转化与理想状态下的转化差别很大。

从转化示意图可以看出,由α-石英→α-磷石英或α-方石英时,不论有无矿化剂存在,都需先经由半安定方石英阶段,然后才继续转化下去。

石英在转化为半安定方石英的过程中,颗粒会开裂,如有矿化剂存在,矿化剂液相会沿着裂缝侵入内部,促使半安定方石英转为磷石英。如无矿化剂存在或矿化剂很少时,就转为方石英,而颗粒内部仍保持部分半安定方石英。

上述转化均在1200℃以后明显进行,而在1400℃之后则强烈进行,就日用陶瓷来讲,烧成温度达不到使之继续转化的条件,所以陶瓷制品烧成后得到的是半安定方石英和少量的其他晶型。在这一转化过程中,体积变化可高达15%以上,无液相存在时破坏性强,有液相存在时,可减缓不良影响。

半安定方石英一般认为是在磷石英稳定温度范围内形成的,光学各向同性,结构近似于方石英。形成温度在1200 ~ 1250℃范围,处于稳定状态,冷却后可以保持下来。

利用石英晶型膨胀作用,预烧块状石英急速冷却,使结构破坏,强度降低,便于粉碎。一般预烧温度为1000℃左右,具体情况需视其温度高低、时间长短、冷却速度快慢等因素而定。总的体积膨胀2% ~ 4%的体积变化能使块状石英疏松开裂。此外,制品在烧成与冷却过程中,在晶型转化的温度阶段,应适当控制升温和冷却速度,以保证制品不致开裂。

四、石英在陶瓷生产中的作用

(1)烧成前石英是瘠性料,可调节泥料可塑性,降低坯体干燥收缩,缩短干燥时间并防止坯体变形。

（2）在烧成时，石英的加热膨胀可部分地抵消坯体收缩的影响。在高温下石英能部分溶解于液相中，增加熔体的黏度。而未溶解的石英颗粒，则构成坯体的骨架，可防止坯体发生软化变形等。

（3）在瓷中，合理的石英颗粒能提高瓷器坯体的强度，使瓷坯的透光度和白度得到改善。

（4）在釉中石英是玻璃质主要组分，增加含量能提高釉的熔融温度与黏度，并减少釉的热膨胀系数。同时它是决定釉的机械强度、硬度、耐磨和耐化学侵蚀等性质的主要原料。

五、熟料和瓷粉

将部分黏土预先煅烧成熟料，也是一种瘠性原料。熟料加入坯料中，能降低坯料的可塑性，同时能减少坯料的收缩，有利于减少坯体的变形和开裂。

在坯料中加入废瓷粉能和石英一样起瘠性作用，减少干燥收缩，在烧成中能起熔剂作用。并减少坯体的灼减量和烧成收缩，有利于克服产品的变形，提高产品质量。用废瓷粉代替部分石英不会产生因晶型转变而引起的体积变化，对瓷胎的某些性能，如高硅质瓷的热稳定性和机械强度也有所改善。

在釉料中加入废瓷粉能增加坯釉适应性，提高釉的始熔温度，减少釉中气泡，提高釉面光泽度。

废瓷粉在坯料中的使用量可达 12% ~ 20%，最好用没有施釉的素坯或与坯料配方组成相同的瓷垫片。在釉料使用量为 10% ~ 25%，不论施釉或未施釉的废瓷都可使用，但已经彩绘的废瓷不能使用。

由于废瓷附有釉层，而且配方组成上可能不一致，故在利用时，必须分批粉碎，分批检验。

第四节　黏　土　原　料

一、黏土的概念

黏土是一类含水的铝硅酸盐矿物，具有可塑性，在工艺上称其为可塑性原料。将黏土与适量的水调和后，可塑造成各种形状，干燥后能保持塑成的形状，经高温煅烧后仍能不失原状，且变得如岩石般坚硬。黏土的颗粒微细，一般小于 $10\mu m$。黏土中的主要矿物均属于层状硅酸盐，如高岭石、水云母、蒙脱石等。

二、黏土的分类

1. 按成因分类

（1）原生黏土：又称一次黏土、残留黏土，是母岩风化崩解后在原地残留下来的黏土。这类黏土因风化而产生的可溶性盐类溶于水中，被雨水冲走，只剩下黏土矿物和石英砂等，故其质地较纯，耐火度高，但颗粒大小不一，可塑性差。高岭土常为原生黏土。

（2）次生黏土：又称二次黏土、沉积黏土，是由风化生成的黏土，经雨水、河流、风力作用而搬运至盆地或湖泊水流缓慢的地方沉积下来而形成的黏土层。由于漂流迁移而沉积下来的黏土颗粒很细,可塑性较好,而且在漂流和沉积过程中夹带了有机质和其他杂质。

2. 按可塑性分类

(1)高可塑性黏土:又称软质黏土、结合黏土,其分散度大,多呈疏松土状。如黏性土、膨润土、木节土、球土等。

(2)低可塑性黏土:又称硬质黏土,其分散度小,多呈致密块状、石状。如叶蜡石、焦宝石、碱石、瓷石等。

3. 按耐火度分类

(1)耐火黏土:耐火度在1580℃以上,是比较纯的黏土,含杂质少。天然耐火黏土的颜色较为复杂,但灼烧后多呈白色,为细陶瓷、耐火制品、耐酸制品的主要原料。

(2)难熔黏土:耐火度1350~1580℃,含易熔杂质10%~15%。可作炻器、陶器、耐酸制品及墙地砖原料。

(3)易熔黏土:耐火度在1350℃以下,含有大量的机械杂质,其中对陶瓷生产危害性最大的是黄铁矿,在一般烧成温度下它能使制品产生气泡、熔洞等缺陷,多用于建筑砖瓦和粗陶器等制品。

4. 按黏土的组成矿物分类

根据矿物的结构与组成的不同,陶瓷工业所用黏土中的主要黏土矿物有高岭石类、蒙脱石类、伊利石(水云母)类和水铝英石(水铝石)类等。

三、黏土的组成

黏土的组成包括化学组成、矿物组成和颗粒组成。

1. 化学组成

黏土的化学组成可以通过传统的化学分析法或近代的仪器分析法获得。分析项目主要包括 SiO_2、Al_2O_3、Fe_2O_3、TiO_2、CaO、MgO、K_2O、Na_2O 及 I. L9 项,其中 I. L 称灼烧减量(也称烧失量),它是指黏土矿物在加热过程中化合水的排除,碳酸盐、硫酸盐的分解和有机物的挥发等物理化学变化所引起的质量减轻。当黏土比较纯净,杂质含量少时,I. L 可近似地作为化合水的量。

黏土的化学组成在生产上有着重要的意义。

(1)成分与矿物组成 如果分析数据中只有 SiO_2、Al_2O_3 和 H_2O 三项,而 Al_2O_3 的含量接近39.5%,同时没有或很少有其他氧化物,则可认为它是比较纯的高岭石。当黏土的化学组成中碱性杂质较多时,则主要矿物可能是蒙脱石类或伊利石类。若化学组成以摩尔数比来表示,当 SiO_2/Al_2O_3 或 SiO_2/R_2O_3 的摩尔数比在2左右时,可能是高岭石和多水高岭石;在3左右时可能是富硅高岭土、伊利石或拜来石;在4左右时可能是蒙脱石、叶蜡石。

(2)成分与烧后色泽 黏土烧后色泽主要受 Fe_2O_3 和 TiO_2 等显色氧化物的影响,分析结果中 Fe_2O_3、TiO_2 的含量高低,可作烧后色泽判断的依据(表4-2-5)。如在还原气氛下烧成,由于有部分 Fe_2O_3 被还原成为 FeO,则呈色一般为青、蓝灰到蓝黑色,这时的 Fe_2O_3 也和碱金属、碱土金属氧化物一样,起着熔剂的作用,会降低黏土的耐火度。

Fe₂O₃含量对黏土烧后呈色的影响 表 4-2-5

Fe₂O₃含量(%)	在氧化焰中烧成时的呈色	适于制造的品种
<0.8	白色	细瓷、白炻器、细陶器
0.8	灰白色	一般细瓷、白炻器
1.3	黄白色	普通瓷、炻器
2.7	浅黄色	炻器、陶器
4.2	黄色	炻器、陶器
5.5	浅红色	炻器、陶器
8.5	紫红色	普通陶器、粗陶器
10.0	暗红色	粗陶器

（3）成分与耐火度 K_2O、Na_2O、CaO、MgO 等碱金属和碱土金属氧化物具有助熔作用，在分析结果中，如果这类氧化物的含量高，可以判定该黏土易于烧结，绕结温度低。如果 Al_2O_3 含量高，而同时 K_2O 等碱性成分含量又低，则这种黏土较耐火，烧结温度高。

（4）成分与成形性能 从化学组成数据可以推断黏土的主要矿物类型，进而估计其成形性能。另外，如分析数据中 SiO_2 含量很高，说明其中除黏土矿物外，还夹杂有游离石英，这种黏土的可塑性不会太好，但干燥收缩小。如果在高岭石类黏土中烧失量高于 14%、在叶蜡石黏土中烧失量高于 5%、在多水高岭石和蒙脱石类黏土中烧失量高于 20%、在瓷石中烧失量高于 8%，则说明黏土中所含的有机物或碳酸盐过多，这种黏土的可塑性较好，但烧成收缩较大。

（5）产生膨胀或气泡的可能性。黏土中的 Na_2O 和 K_2O，一般存在于云母、长石和伊利石矿物中，也有可能以钠、钾的硫酸盐存在 当以云母状态存在时，它的结构水要在较高温度下（1000℃以上）排出，这是引起黏土膨胀的一个原因。

黏土中的 CaO、MgO 往往是以碳酸盐或硫酸盐的形式存在，如含量多，在煅烧时会有大量 CO_2、SO_2 等气体排出，操作不当时容易引起针孔和气泡。

使黏土产生膨胀的另一原因是 Fe_2O_3 的存在。氧化气氛下，温度在 1270℃以下，Fe_2O_3 是稳定的，如果温度继续升高则 Fe_2O_3 将按下式分解而放出氧气，引起膨胀。

$$6Fe_2O_3 = 4Fe_3O_4 + O_2\uparrow；\quad 2Fe_2O_3 = 4FeO + O_2\uparrow$$

对于评价制造粗陶器的低级黏土来说，它们的化学分析数据意义不大，重要的是它们的工艺性能。

2. 矿物组成

黏土的矿物组成可通过两种方法获得：一种是用示性分析法测定出黏土中的主要矿物（如热分析、电镜分析等）；另一种是根据化学组成或根据显微镜检验的结果计算其矿物组成。

一般将黏土中的矿物分成两类，即黏土矿物和杂质矿物。

1）黏土矿物

（1）高岭石类。

高岭石类矿物包括高岭石，地开石、珍珠陶土和多水高岭石等。高岭石是常见的黏土矿物，其主要组成是较纯净的黏土称为高岭土（俗称为瓷土）。高岭土首先在中国江西景德镇东部的高岭村发现，高岭土的主要矿物成分是高岭石和多水高岭石。高岭石的矿物实验式为：$Al_2O_3 \cdot 2SiO_2 \cdot 2H_2O$，其理论组成为 Al_2O_3 39.53%、SiO_2 46.51%、H_2O 13.96%。

纯度越高的高岭土其耐火度越高,烧后越洁白,莫来石晶体发育越多,从而机械强度、热稳定性、化学稳定性越好。但其分散度较小,可塑性较差。反之,杂质越多,耐火度越低,烧后不够洁白,莫来石晶体较少,但其分散度较大,可塑性较好。

(2)蒙脱石类。

一般将除蛭石以外的具有膨胀晶格的黏土矿物总称为蒙脱石类矿物(也称为微晶高岭石类矿物)。以蒙脱石为主要矿物的黏土叫膨润土,矿物实验式一般表示为 $Al_2O_3 \cdot 4SiO_2 \cdot nH_2O$ (n 通常大于1)。

蒙脱石容易碎裂,故其颗粒极细,可塑性好,干燥强度大,但干燥收缩大。由于蒙脱石中的 Al_2O_3 含量较低,又吸附了其他阳离子,杂质较多,故烧结温度较低,烧后色泽较差。在陶瓷坯料中膨润土使用量不宜过多,一般在5%左右。釉浆中可掺用少量膨润土作为悬浮剂。

蒙脱石类矿物包括蒙脱石、拜来石(贝得石)、绿脱石(绿高岭石)和皂石四种。

叶蜡石,其化学式为 $Al_2O_3 \cdot 4SiO_2 \cdot H_2O$,是由细微的鳞片状晶体构成的致密块状,质软而富于脂肪感,相对密度2.8左右。叶蜡石原料含较少的结晶水,加热至500~800℃缓慢脱水,总收缩不大,膨胀系数较小且其与温度呈直线关系,具有良好的热稳定性和很小的湿膨胀,所以适用于配制快速烧成的陶瓷坯料,是制造要求尺寸准确或热稳定性好的制品的优良原料。

(3)伊利石类(水云母类)。

伊利石(水云母)类矿物是白云母经强烈的化学风化作用转变为蒙脱石或高岭石的中间产物,其成分与白云母相似,具有黏土性质,是南方瓷石中的主要黏土矿物之一。

伊利石类矿物的基本结构虽与蒙脱石相仿,但因其无膨胀性,且其结晶也比蒙脱石粗,因此可塑性较低、干燥强度小,而干燥收缩较小,烧结温度比高岭石低。

(4)水铝英石类。

水铝英石是一种非晶质的含水硅酸铝,它的结构可能是由硅氧四面体和金属离子配位八面体任意排列而成。水铝英石 SiO_2/Al_2O_3 的摩尔数比在0.4~8之间变化。水铝英石在自然界并不多见,往往少量地包含在其他黏土中,在水中能形成胶凝层,包围在其他黏土颗粒上,从而提高黏土的可塑性。

2)杂质矿物

(1)石英及母岩残渣。

石英经常是长石的共生矿物,在风化后常保存其原有形态,特别在一次黏土中游离石英是常见的杂质之一。其他未风化的母岩残渣还有长石和云母等。这些杂质对黏土的可塑性和干燥后强度产生不良影响。工厂多采用淘洗法(或用水力旋流器)将黏土中的粗颗粒杂质除去。对于含石英较多的黏土,若在原料细碎和配方上采取措施,也可不经淘洗,直接配料,这样可提高原料的利用率,降低生产成本。

(2)碳酸盐及硫酸盐类。

黏土中钙质、镁质不纯物,常以碳酸盐、硫酸盐等形式存在,如方解石、石膏、白云石等。如果这些矿物是以微细的颗粒均匀分布于黏土中,其影响不大。如以粗颗粒存在,则往往对产品的烧成产生不良的影响,导致产品炸裂和出现熔洞。黏土中如含有可溶性硫酸盐,能使制品表面形成白霜,这是由于坯体在干燥时,可溶性盐随水分的蒸发面在坯体表面析出所致。

(3)铁和钛的化合物

黏土中的铁常以赤铁矿 Fe_2O_3、磁铁矿 Fe_3O_4、黄铁矿 FeS_2、褐铁矿 $Fe_2O_3 \cdot nH_2O$ 等形式存

在,黑云母、角闪石等都是含铁硅酸盐矿物。铁的化合物都能使坯体呈色。特别是黄铁矿,因其硬度大,不易粉碎,其颗粒在烧成时会使坯体形成黑色斑点(烧成后颗粒可膨胀 15 倍以上)。

钛常以金红石、锐钛矿和板钛矿(TiO_2)等形式存在于黏土中。钛与铁的化合物共存时,在还原焰中烧成呈灰色,在氧化焰中烧成呈浅黄或象牙色。

(4)有机杂质。

黏土中含有一定数量的有机质,故多呈灰色,甚至黑色。有机质是因植物残骸沉积起来与黏土共生的结果。有机质多,可增加黏土的可塑性,但过多会造成产品表面的针孔和气泡。

3. 颗粒组成

黏土的可塑性、干燥性能和烧成性能均受其颗粒大小及形状的影响。黏土中各种尺寸的颗粒的质量分数称颗粒组成。测定黏土颗粒组成的方法很多,生产上常用的方法是筛分析和沉降分析,此外还可用离心法或显微镜法来测定颗粒大小。

散状黏土的颗粒组成包括两部分:一部分为黏土物质细颗粒($<2\mu m$);另一部分为非可塑性的夹杂物,如砂粒及页岩,它们的颗粒大小不一。硬质黏土经过粉碎后的颗粒组成与粉碎工艺操作有关。

黏土颗粒分散度愈大,则其可塑性愈好,干燥强度愈高,烧成时易于烧结,烧后气孔率小,机械强度高,有利于提高成品的白度与半透明度。黏土颗粒一定级配能获得最大的堆积密度,过分延长研磨时间,反而会降低可塑性,而且制品收缩大,容易变形。表 4-2-6 是黏土质点的大小对其物理性质的影响。

黏土质点的大小对其物理性质的影响　　　　　　　　　　表 4-2-6

质点平均直径(μm)	100g 颗粒表面积(cm)	干燥收缩(%)	干燥强度($kg \cdot cm^{-2}$)	相对可塑性
8.50	13×10^4	0.0	4.6	无
2.20	392×10^4	0.0	14.0	无
1.10	794×10^4	0.6	47.0	4.40
0.55	1750×10^4	7.8	67.0	6.30
0.45	2710×10^4	10.0	130.0	7.60
0.28	3880×10^4	23.0	296.0	8.20
0.14	7100×10^4	30.5	498.0	10.20

四、黏土的工艺性能

黏土的工艺性质主要取决于黏土的矿物组成、化学组成和颗粒组成。

1. 黏土的可塑性

黏土与适量的水混练后形成泥团,这种泥团在外力作用下产生变形但不开裂,当外力去除以后,仍然保持其形状不变,黏土的这种性质称为可塑性。

(1)影响可塑性的因素

黏土达到可塑状态时有固体和液体两种形态,因此黏土具有可塑性的必要条件是有液体存在,黏土可塑性和液体的种类、性质、数量有关。

影响黏土可塑性的主要因素有:黏土颗粒的分散度、黏土颗粒的形状、水的用量等。颗粒越小,分散程度越大,比表面积越大,可塑性就越好。如黏土中含有胶体物质,则可塑性大大提高。薄片状颗粒比棱角形颗粒易于结合和相对滑动,故有较好的可塑性。黏土与水之间,必须按照一定的数量比例配合,才能产生良好的可塑性。水含量不够,可塑性体现不出来或不完全,水量过多则变为泥浆又失去可塑性。各种黏土的可塑水量,可通过实验测定。

(2)可塑性的调节

可塑性太差不易成形,可塑性太高则调和水多,其结合性好,但干燥收缩大,易引起变形和开裂。

提高可塑性的措施有:淘洗除去非可塑性矿物组成;多次练泥,陈腐处理;加入适当的胶体物质。

降低可塑性的措施有:加入减黏原料,如熟瓷粉、石英、瘠性黏土等;部分黏土预烧作为熟料使用。

(3)可塑性的测定

常用的测定方法有可塑性指标和可塑性指数两种。

可塑性指标是可塑性的直接测定方法,用可塑指标仪测定,是利用一定大小的泥球在受力情况下所产生的变形大小与变形力的乘积来表示黏土的可塑性。

$$S = (D \cdot H)P \tag{4-2-1}$$

式中:S——黏土的可塑性指标($kg \cdot cm$);

　　D——试验前泥球的直径(cm);

　　H——破坏时泥球的高度(cm);

　　P——破坏时对泥球施加的力(kg)。

可塑性指数表示黏土呈可塑状态时的含水率变化范围。

$$W = W_{液} - W_{塑} \tag{4-2-2}$$

式中:W——黏土的可塑性指数;

　　$W_{液}$——黏土呈可塑性时的最高含水率;

　　$W_{塑}$——黏土呈可塑性时的最低含水率。

低可塑性泥料的可塑性指数在 1% ~7% ,中等可塑性泥料的在 7% ~15% ,高可塑性泥料 >15% 。

2. 黏土的离子交换性与膨化性

黏土颗粒由于其表面层的断键和晶格内部离子的被置换而带有电荷,能够吸附其他异性离子。在水溶液中,这种被吸附的离子又可被其他相同电荷的离子所置换。这种性质称为黏土的离子交换性。

离子交换能力的大小可用离子交换容量来表示。它指 pH =7 时每 100g 干黏土所吸附能够交换的阳离子或阴离子的毫摩尔数,单位为 mmol/100g。

黏土离子的交换容量的大小和黏土的种类有关。此外还取决于分散度大小。黏土的离子交换容量还和粒子的带电机理、结晶程度和有机物含量有关。如紫木节土中有机质多,其中—OH^- ,—$COOH^-$ 等活性基团具有吸附阳离子能力,加上结晶程度低,类质同晶置换,故阳离子交换容量达 25.2mmol/100g,远高于纯高岭土的阳离子交换容量(苏州土为 7.0mmol/100g)。

黏土加水后体积膨胀的性质为黏土膨化性,其大小用膨胀容来表示,它由两部分组成,即内膨胀容——指结构层间;外膨胀容——指颗粒间。通常膨胀容指用 1g 干黏土吸水膨胀后的体积表示,单位 cm^3/g。如祖堂山黏土为 $6.5cm^3/g$,黑山膨润土为 $2.5cm^3/g$,紫木节土为 $1.5cm^3/g$。

3. 黏土的结合性

黏土的结合性是指黏土能黏结一定细度的瘠性物料形成可塑泥团,并有一定干燥强度的性能。这一性能是坯体干燥、修坯、上釉等能够进行的基础,也是配料调节泥料性质的重要因素。黏土的结合性主要表现为其能黏结其他瘠性物料的结合力的大小,它与黏土的成因、产状、矿物组成、杂质及粒度等因素有关。

生产上常用测定由黏土制作的生坯的抗折强度来间接测定黏土的结合性。实验中通常是在黏土中加入标准石英砂(标准石英砂的颗粒组成:$0.25 \sim 0.15mm$ 为 70%,$0.15 \sim 0.09$ mm 为 30%),以其能保持可塑泥团时的最高加砂量来表示。加入的砂量越多,结合能力越强。见表 4-2-7。

黏 土 的 结 合 性 表 4-2-7

分类	仍能保持可塑泥团的最高加砂量(%)	分类	仍能保持可塑泥团的最高加砂量(%)
结合黏土	50	非可塑黏土	20
可塑黏土	20 ~ 50	石状黏土	不能形成可塑泥团

4. 黏土的触变性

泥浆或可塑泥团受到振动或搅拌时,黏度会降低而流动性增加,静置后又逐渐恢复原状。这种性质称为触变性。黏土的触变性在生产中对泥料的输送和成形加工有较大影响。生产中一般希望泥料有一定触变性。泥料触变性过小时,成形后生坯的强度不够,影响脱模与修坯的质量。而触变性过大的泥浆在管道输送过程中会带来不便,注浆成形时回浆困难,成形后生坯也易变形。因此控制泥料的触变性,对满足生产需要,提高生产效率和产品质量有重要意义。

黏土的触变性主要取决于黏土的矿物组成、颗粒大小与形状、含水量、使用电解质种类与数量、泥料(包括泥浆)的温度等。黏土的触变性与黏土矿物结构的遇水膨胀有关。溶剂水分子渗入黏土矿物颗粒中有两种情况,一种是水分子仅渗入黏土颗粒之间,如高岭石和伊利石颗粒;另一种是水分子还可渗入单位晶胞之间。蒙脱石在这两种情况都存在,因此蒙脱石的遇水膨胀要比高岭石和伊利石高,矿物颗粒也较细,其触变性较大。黏土颗粒越细,活性边表面越多,形状越不对称,越易呈触变性。球状颗粒不易显示触变性。此外,触变效应与吸附离子及吸附离子的水化有关。黏土吸附的阳离子其价数越小或价数相同而离子半径越小时,其触变效应越大。

泥浆的触变性与含水量有关。含水量高的泥浆,不易形成触变结构;反之易呈触变现象。温度对泥料的触变性亦有影响。温度升高,黏土质点的热运动剧烈,使黏土颗粒间的联系力减弱,不易建立触变结构,从而使触变现象减弱。

黏土泥浆的触变性以厚化度(也称稠化度)来表示。泥浆的厚化度是泥浆放置 30min 和 30s 后其相对黏度之比,即:

$$泥浆厚化度 = \frac{t_{30min}}{t_{30s}} \tag{4-2-3}$$

式中:t_{30min}——100mL 泥浆放置 30 min 后,由恩氏黏度计中流出的时间;

t_{30s}——100mL 泥浆放置 30 s 后,由恩氏黏度计中流出的时间。

5. 黏土的干燥收缩与烧成收缩

黏土泥料干燥时,因水分蒸发,颗粒之间的距离缩小而产生体积收缩,称为干燥收缩。烧成时,由于产生液相填充于空隙中,并生成了某些结晶物质,又使体积进一步收缩,称为烧成收缩。两种收缩构成黏土的总收缩。表 4-2-8 列出了黏土矿物组成与其收缩的关系。

各类黏土的收缩范围
表 4-2-8

黏土种类	高岭石类	伊利石类	蒙脱石类	叙永石类
干燥收缩(%)	3~10	4~11	12~23	7~15
烧成收缩(%)	2~17	9~15	6~10	8~12

测定收缩时以直线尺寸或体积尺寸来表示,体积收缩近似于直线收缩的 3 倍(误差 6%~9%)。

6. 黏土的烧结性

当黏土被加热到一定温度时(一般超过 950℃),由于易熔物的熔融而开始出现液相,液相填充在未熔融颗粒之间的空隙中,靠其表面张力作用的拉紧力,使黏土的气孔率下降,密度提高,体积收缩,变得致密坚实,当气孔率下降到最低值,密度达到最大值时的状态,称为烧结状态。烧结时的对应温度称为烧结温度(图 4-2-5 中的 t_2)。黏土烧结后,如果温度继续上升,会出现一个稳定的阶段,在此阶段中,气孔率和体积密度不发生显著变化,持续一段时间后,当温度继续升高时,气孔率开始逐渐增大,密度逐渐下降,出现过烧膨胀。从开始烧结到过烧膨胀之间的温度间隔称为烧结温度范围(图 4-2-5 中的 $t_2 \rightarrow t_3$)。

从化学组成来看,碱性成分多,游离石英少的黏土易于烧结,烧结温度也低。从矿物组成来看,膨润土、伊利石类黏土比高岭石类黏土易于烧结,烧结后的吸水率也低。纯耐火黏土烧结范围约 250℃,优质高岭土约 200℃,不纯的黏土约 150℃,伊利石类黏土仅 50~80℃。

烧结范围越宽,烧成操作易掌握,易得到均匀的制品。因此,黏土的烧结性是制定烧成制度、选择烧成温度范围、确定坯釉配方、选择窑炉等的主要参考依据。

生产上常用吸水率来反映原料的烧结程度,一般要求黏土原料烧后的吸水率 <5%。

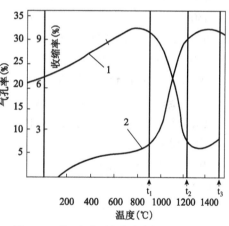

图 4-2-5 黏土加热时的收缩率与气孔率曲线
1-气孔率曲线;2-收缩率曲线

7. 黏土的耐火度

耐火度是耐火材料的重要技术指标,它表征材料抵抗高温作用而不熔化的性能。一定程度上它指出了材料的最高使用温度,并作为衡量材料在高温作用时承受高温程度的标准。

由于天然黏土是多组分的混合物,加热没有一定的熔点,只能随着温度的上升在一定范围内逐渐软化熔融,直至全部变为玻璃态。

黏土的耐火度主要取决于其化学组成。Al_2O_3 含量高其耐火度就高,碱类氧化物能降低黏土的耐火度。通常可根据黏土原料中的 Al_2O_3/SiO_2 比值来判断耐火度,比值越大,耐火度越高,烧结范围也越宽。

耐火度的测定采用三角锥法。这种方法是将黏土按照规定标准做成一定规格的截头三角锥,使其在规定的条件下与标准测温锥同时在高温下加热,对比其软化弯倒情况,当三角锥靠自重变形而逐渐弯倒,顶点与底盘接触时的温度就是它的耐火度。也可根据黏土的化学组成,按以下经验公式进行近似的计算:

$$t_{耐} = (360 + W_A - W_{MO})/0.228 \tag{4-2-4}$$

式中:$t_{耐}$——黏土的耐火度($℃$);

W_A——黏土中当 Al_2O_3 和 SiO_2 总量换算为 100% 时 Al_2O_3 的质量分数($\%$);

W_{MO}——黏土中当 Al_2O_3 和 SiO_2 总量换算为 100% 时所有熔剂氧化物的质量分数($\%$)。

五、黏土的加热变化

黏土在加热过程中的变化包括两个阶段:脱水阶段和脱水后产物的继续转化阶段。

1. 脱水阶段

黏土中的结构水大部分都在 $450 \sim 650℃$ 时排出,但在比这低的温度下,也有少量的水被除去,在更高的温度下,残余的结构水可继续排出。

下面以高岭土为例,详细说明黏土在加热过程中发生脱水、分解、析晶等物理化学变化。

$100 \sim 110℃$:吸附水与自由水被排除。

$110 \sim 400℃$:其他矿物杂质带入水的排除(如多水高岭石,氢氧化铁,石膏中的水等)。

$400 \sim 450℃$:结构水开始缓慢排除。

$450 \sim 650℃$:结构水迅速排除,量迅速增加,此时黏土晶格遭到破坏,产生一个热效应。

$650 \sim 800℃$:脱水缓慢下来,到 $800℃$ 时排水近于结束。

$800 \sim 1000℃$:残余水排除完毕。

脱水过程中,自 $600℃$ 开始,高岭石生成偏高岭石:

$$Al_2O_3 \cdot 2SiO_2 \cdot 2H_2O \longrightarrow Al_2O_3 \cdot 2SiO_2 + 2H_2O \tag{4-2-5}$$

偏高岭石是接近于高岭石结构的产物,但并不完全是晶体,在 $900℃$ 以前是稳定的,只有一些物理现象如气孔率和收缩的改变。

膨润土在 $100℃$ 左右有大量的层间水排出,至 $500 \sim 800℃$ 结构水排出。瓷石在 $100 \sim 120℃$ 之间排出吸附水,在 $400 \sim 700℃$ 绢云母失去结构水,其急剧脱水在 $600 \sim 700℃$ 进行。

2. 脱水后产物继续转化阶段

高岭石脱水后的产物偏高岭石,自 $900℃$ 开始,转化为由 $[AlO_6]$ 和 $[SiO_4]$ 构成的尖晶石型结构,同时发生强的放热效应,自 $900℃$ 开始,液相逐渐出现,随着温度的升高,液相数量增多。其反应如下:

$$2(Al_2O_3 \cdot 2SiO_2) \longrightarrow 2Al_2O_3 \cdot 3SiO_2 + SiO_2 \tag{4-2-6}$$

$1050 \sim 1100℃$,$Al - Si$ 尖晶石开始转化为莫来石:

$$3(2Al_2O_3 \cdot 3SiO_2) \longrightarrow 2(3Al_2O_3 \cdot 2SiO_2) + 5SiO_2 \tag{4-2-7}$$

$1200 \cdot 1400℃$,莫来石晶体发育长大,结晶大量出现,游离石英转变为方石英,伴随弱的放热效应。

其他类型的黏土矿物的加热变化稍有不同。含碱的黏土矿物(伊利石及绢云母)在 $350 \sim$

600℃放出结构水后,在800℃~850℃时晶格受到破坏。莫来石从1100℃开始形成,玻璃质从950℃开始出现。在850~1200℃形成的尖晶石会溶解在1300℃时形成的玻璃体中。蒙脱石在600℃以下不发生实质性的变化,这一温度以上失去结构水,800~850℃发生变化,在1100℃左右形成尖晶石,并溶解于玻璃相中。在1050℃以后,会形成莫来石。蒙脱石失去层间水时,其晶体结构与叶蜡石相同。叶蜡石的结构水在500~600℃时排出,形成非晶体的无水叶蜡石。在1300℃以上,则形成莫来石。叶蜡石在形成莫来石时,会有较多的方石英生成,因此反应物的膨胀率比高岭石的高,又因脱水量较少,所以烧成收缩也小。

莫来石是一种针状或细柱状晶体,化学组成在$3Al_2O_3 \cdot 2SiO_2$至$2Al_2O_3 \cdot 3SiO_2$之间,一般写成$3Al_2O_3 \cdot 2SiO_2$。相对密度3.15,熔融温度1810℃,机械强度高,热稳定性好,化学稳定性强,它赋予陶瓷优良的性能。

伴随着化学变化的产生,也出现了物理性质的改变:

(1)气孔率从900℃开始下降,至1200℃以后下降最为迅速。

(2)失重现象发生在450~650℃的脱水温度范围内。

(3)收缩始于600~650℃,1000℃前收缩慢,之后收缩急剧增加,到1250~1350℃时收缩终止。

(4)温度超过烧结温度范围时,气孔增加,坯体膨胀。

六、黏土在陶瓷生产中的作用

(1)黏土赋予坯泥一定的可塑性,是陶瓷坯体可塑成形的工艺基础。

(2)黏土使注浆泥料及釉料具有悬浮性和稳定性。

(3)黏土在坯料中结合其他非可塑性原料,使坯泥具有一定的干坯强度。

(4)黏土是瓷坯中Al_2O_3的主要来源,也就是烧成时生成莫来石的主要来源。

第五节 其 他 原 料

一、长石的代用品

长石虽然是地壳中较普遍的一种矿物,但多数与其他矿物共生,适用于陶瓷工业的钾钠长石并不多,而且为了充分利用资源,降低成本,就需要采用长石的代用品:

1)霞石正长岩

霞石正长岩中含有霞石(20%左右)、正长石(65%~70%)以及少量角闪石和云母(10%~15%)等矿物,不含斜长石和石英。

霞石的化学组成与长石类似,化学式为$K_2O \cdot Al_2O_3 \cdot 2SiO_2$。其不同点是碱金属含量比长石高,而$SiO_2$含量则比长石低,是一种$SiO_2$在贫乏的环境下形成的碱性岩。由于霞石正长岩在1060℃烧结,1150~1200℃熔融,因而它可代替长石作为助熔剂使用。

霞石正长岩应用于陶瓷坯料中(代替部分或全部长石),将会显著降低坯体的烧成温度,扩大烧结范围,降低烧成收缩,从而减少坯体的烧成变形,且Al_2O_3的含量比长石高,有利于瓷坯机械强度的提高。在釉料中霞石正长岩玻璃较长石玻璃的热膨胀系数小,能减少釉裂。

2）伟晶花岗岩

伟晶花岗岩是一种颗粒较粗的岩石（与细晶花岗岩相对应）。其矿物组成主要是石英、正长石、斜长石以及少量白云母、角闪石等。其中长石60%～70%，石英25%～30%。

伟晶花岗岩可代替长石作助熔剂。化学组成中SiO_2含量高，用于陶瓷工业的要求是游离石英<30%。且这种岩石的Fe_2O_3含量较高，使用时应进行磁选。对坯体白度要求不高的陶器、炻器，它是一种价廉物美的长石代用品。

3）含锂矿物

可用作陶瓷原料的含锂矿物有：锂辉石、锂云母、透锂长石和磷锂铝石等。

含锂矿物是优良的熔剂，与钾、钠有类似的化学作用，Li_2O的分子质量比K_2O、Na_2O都低得多，用Li_2O置换等质量的K_2O、Na_2O，则Li_2O的摩尔数比K_2O、Na_2O都多，所以其熔剂作用大于K_2O、Na_2O。此外，锂质玻璃溶解石英的能力也比长石更大，可降低烧成温度、提高热稳定性。

其特点是热膨胀系数特别小，有时甚至表现为负值，这对制造耐热炊具及要求热稳定性特别好的无膨胀陶瓷是十分重要的。

含锂矿物用于釉料，可降低熔融温度，减小热膨胀系数，防止釉裂，增加坯釉适应性。

4）风化长石（瓷石）

瓷石是长石类矿物风化生成高岭石的中间过渡产物。传统细瓷生产以"瓷石＋黏土"为基础配方。

瓷石的主要矿物是石英和水云母类矿物（绢云母、伊利石），并含有若干高岭土、长石及少量碳酸盐。由于其本身就含有构成瓷坯的各种成分，并具有制瓷工艺与烧成所需要的性质很早就用于瓷器生产。

瓷石中由于绢云母的存在，它具有一定的可塑性，在烧成时，绢云母中的K_2O和长石中的碱性成分产生熔剂作用，游离石英起减黏作用，是良好陶瓷原料，但瓷石的风化程度不够完全，单独成瓷，可塑性难以满足成形性能的要求，同时因Al_2O_3含量不足，成瓷温度低，烧成时易变形。采用瓷石与黏土配料，完全可以不用长石和石英而生产出很好的瓷器。

二、碳酸盐类原料

在陶瓷的坯釉中，常使用碳酸盐类矿物，少量掺入到坯釉中，能与黏土中的SiO_2和Al_2O_3形成低共熔物，从而降低制品的烧成温度，这类原料称助熔剂原料。

1）方解石和石灰石

其化学式为$CaCO_3$，理论组成：CaO 56%，CO_2 44%。

$CaCO_3$三方晶系品种称为方解石。无色透明的方解石称冰洲石。石灰石为方解石的隐晶质集合体。它们是石灰岩的主要矿物组成。大理岩是石灰岩在高温高压下经重结晶而形成的变质岩。由海洋生物遗骸所形成的土块状或泥土状白色软质方解石称白垩。

方解石大多数为无色或乳白色，杂质污染时可呈暗灰、黄、褐等色。有玻璃光泽，性脆，莫氏硬度为3，相对密度2.6～2.7。在稀盐酸中极易溶解并急剧起泡。将方解石加热到900℃以后开始分解。

在制备坯料时，方解石分解前起瘠化作用，分解后起助熔作用，它和坯料中的黏土及石英在较低温度下起反应，降低烧成温度，缩短烧成时间，并能增加坯体的透明度，使坯釉结合牢固。

方解石是高温釉的一种主要原料,能降低熔融温度,促使釉层玻化,提高釉的弹性、光泽和透明度。

2）菱镁矿

又称苦土,化学式为 $MgCO_3$,理论组成:MgO 为 47.8%,CO_2 为 52.2%。

菱镁矿在 400~500℃时开始分解,800℃分解完全。

由于 $MgCO_3$ 比 $CaCO_3$ 的分解温度低,所以含有 $MgCO_3$ 的陶瓷坯料在烧结开始前就停止逸出 CO_2。同时,MgO 所形成的玻璃质黏度较大,玻化范围很宽。此外,MgO 还可以减弱坯体中由于 Fe、Ti 化合物所产生的黄色,促进瓷坯的半透明性,提高坯体的机械强度。菱镁矿也可以用作釉的熔剂。

3）白云石

白云石是 $CaCO_3$ 和 $MgCO_3$ 的复盐,化学式为 $CaMg(CO_3)_2$,理论组成:CaO 为 34.4%,MgO 为 21.7%,CO_2 为 47.9%。

白云石一般呈淡灰色,玻璃光泽,性脆,莫氏硬度 3.5~4,相对密度 2.8~2.9。

白云石的分解温度在 730~830℃,分解时 $MgCO_3$ 先行分解,$CaCO_3$ 则在 900℃左右才进行分解。在高温下煅烧白云石,其熔点很高,是一种重要的碱性耐火材料。

白云石用于 1230~1350℃温度成熟的坯料时,能降低烧成温度,增加坯体透明度,促进石英的溶解和莫来石的生成,故坯内石英含量可高些,但必须相应地降低长石的含量。

如用它代替坯内的 $CaCO_3$,则可增加坯体的烧结范围 20~40℃。

三、镁硅酸盐类原料

1）滑石

滑石是含水镁硅酸盐矿物,化学式为 $3MgO \cdot 4SiO_2 \cdot H_2O$,理论组成:MgO 为 31.7%,$SiO_2$ 为 63.5%,H_2O 为 4.8%。一般呈鳞片状致密集合体,纯净的滑石为白色,莫氏硬度为 1,相对密度 2.7~2.8,易于切割和富有滑腻感。

滑石可用作日用瓷、工业瓷、电瓷及陶瓷釉的原料:

(1)在瓷坯中加入少量滑石(1%~2%),能降低烧成温度,加宽烧成温度范围,提高制品的透明度,同时能加速莫来石的生成,提高制品的机械强度和热稳定性。

(2)在瓷坯中加入较多滑石(34%~40%),在烧成中滑石的硅酸镁和黏土中的硅酸铝反应生成堇青石($2MgO \cdot 2Al_2O_3 \cdot 5SiO_2$),它的膨胀系数小,可提高产品热稳定性。

(3)滑石用量在 50%或更多时,烧成形成的斜顽火辉石($MgO \cdot SiO_2$)与堇青石占 35%~50%,这种产品具有高的机械强度、热稳定性和较高的介电常数,可用作高频绝缘材料及高机械强度、高绝缘性能的制品。

(4)当坯料中滑石占 70%~90%,所成制品称块滑石制品,主要是由斜顽火辉石晶体所组成,其特点是具有高的机械强度、小的介电损失,可用作无线电仪器中的高频及高压绝缘材料。

(5)滑石质坯体的特点是:成形困难,烧成范围窄(10~20℃),高温容易变形,热稳定性差,容易炸裂等。生滑石不易被水润湿,不易粉碎,在采用挤压成形时,由于片状颗料的定向排列,纵向开裂的倾向很大。解决的办法是将滑石预烧到 1350℃左右(具体温度随其组织结构而异),以破坏其片状结构。

(6)在釉中滑石作助熔剂原料,能降低釉料的熔融温度和膨胀系数,提高釉的弹性,促使坯釉中间层的生成,从而改善制品的热稳定性,用于乳浊釉还可增加乳浊效果。

滑石在加热过程中,600℃以前,吸湿水的排除。600℃以后,结构水开始排除,晶格内部进行重新排列,一部分 SiO_2 离析出来,余下的 SiO_2 与 MgO 结合成偏硅酸盐(顽火辉石)。加热反应式如下:

$$3MgO \cdot 4SiO_2 \cdot H_2O \longrightarrow 3(MgO \cdot SiO_2) + SiO_2 + H_2O$$

$$滑石顽 \qquad\qquad \gamma\text{-}火辉石 \qquad\qquad\qquad (4\text{-}2\text{-}8)$$

2)蛇纹石

蛇纹石化学式为: $3MgO \cdot 2SiO_2 \cdot 2H_2O$。结晶状态有一种是纤维蛇纹石,另一种是鳞片状蛇纹石。一般蛇纹石性较软,外观呈绿色或暗绿色,玻璃光泽,莫氏硬度23,相对密度 $2.5 \sim 2.7$。

蛇纹石在加热过程中,$500 \sim 700℃$ 失去结构水。

$1000 \sim 1200℃$ 分解为镁橄榄石和游离石英:

$$2(3MgO \cdot 2SiO_2) \longrightarrow 3(2MgO \cdot SiO_2) + SiO_2 \qquad (4\text{-}2\text{-}9)$$

1200℃之后,游离 SiO_2 与部分橄榄石结合生成斜顽火辉石:

$$SiO_2 + 2MgO \cdot SiO_2 \longrightarrow 2(MgO \cdot SiO_2)$$

镁橄榄石属岛状构造硅酸盐,呈橄榄绿色,硬度高,熔点1910℃。

因蛇纹石常与橄榄石共生,含有较高的铁质(高达 $7\% \sim 8\%$),故一般只用作耐火材料,堇青石质匣钵、有色的炻器、地砖、耐酸陶器等。可代替烧滑石使用。在使用前应在1400℃左右预烧,以破坏其鳞片状和纤维状结构,易于细磨成形,并可挑选出有色杂质。

四、硅灰石、透辉石和透闪石

1)硅灰石

硅灰石是偏硅酸钙类矿物,化学式为 $CaO \cdot SiO_2$,理论组成: CaO 48.25%, SiO_2 51.75%。天然硅灰石通常存在于变质石灰岩中,由酸性岩浆和方解石发生变质交代作用而生成。常和石英、方解石、透辉石、石榴石、绿帘石等共生而组成矽卡岩。

$$SiO_2 + CaCO_3 \longrightarrow CaSiO_3 + CO_2 \qquad (4\text{-}2\text{-}10)$$

天然硅灰石一般呈白色、乳白色,灰色纤维状、块状或柱状晶体的集合体,莫氏硬度 $4.5 \sim 5$,相对密度 $2.8 \sim 2.9$,熔点1540℃。

天然硅灰石有两种晶型,即低温型 β-硅灰石和高温型的 α-硅灰石。β-硅灰石在1120℃转变为高温型的 α-硅灰石,但转变非常缓慢,这是因为 β-硅灰石是链状硅酸盐,而 α-硅灰石是环状硅酸盐,相变时需要一定的时间。随着温度升高,转变时间会缩短,如1200℃需40h,1300℃只需0.5h。

陶瓷工业中硅灰石的用途非常广泛,可用于制造日用陶瓷、釉面砖、低损耗电瓷及陶瓷釉料等,也有用来生产卫生陶瓷、磨具、火花塞等。

硅灰石作为陶瓷原料时有以下特点。

(1)硅灰石本身不含有机物和结晶水,受热分解时不放出气体,它本身的干燥收缩和烧成收缩都小,硅灰石的膨胀系数也较小,且膨胀系数随温度的变化而均匀变化。

硅灰石和黏土配成坯料时,高温下会生成钙长石和方石英:

$$Al_2O_3 \cdot 2SiO_2 + CaO \cdot SiO_2 \longrightarrow CaO \cdot Al_2O_3 \cdot 2SiO_2 + SiO_2$$

$$偏高岭石 \qquad 硅灰石 \qquad\qquad 钙长石 \qquad\qquad 方石英 \qquad (4\text{-}2\text{-}11)$$

这一反应的体积收缩为 9% 左右,适于配制快速烧成的坯料。

(2)硅灰石颗粒为针状晶体,可快速干燥,且容易压制成形,不致分层。

(3)硅灰石在坯体中有助熔作用,可降低坯体烧结温度。用它代替方解石和石英配釉时,釉面不会因析出气体而产生釉泡和针孔。但用量过多时影响釉面光泽。

(4)硅灰石坯体中的针状硅灰石晶体交叉排列成网状,周围由钙长石和石英加固,所以产品的机械强度较高。且产品中含碱金属极少,而碱土金属氧化物较多,后期吸湿膨胀较小。

(5)硅灰石坯体的烧成温度范围较窄,加入 Al_2O_3、ZrO_2、SiO_2 或钡锆硅酸盐等,以提高坯体中液相的黏度,可扩大硅灰石质瓷的烧成范围。

2)透辉石

透辉石是偏硅酸钙镁,化学式为 $CaO \cdot MgO \cdot 2SiO_2$,理论化学组成为:$CaO$ 25.9%、MgO 18.5%、SiO_2 55.6%。透辉石与硅灰石一样都属于链状结构硅酸盐矿物,常含有铁、锰、铬等成分,色呈浅绿或淡灰,玻璃光泽,莫氏硬度 6~7,相对密度 3.3。透辉石无晶型转变,纯透辉石熔融温度为 1391℃。

透辉石在陶瓷中的应用与硅灰石类似,既可作为助熔剂使用,也可作为主要原料。由于透辉石与硅灰石的性质相似,不含有机物和结构水,膨胀系数也不大(250~800℃ 时 7.5 × 10^{-6}),其收缩也小,故透辉石坯料可制成低温烧成的陶瓷坯体,适宜于快速烧成。由于透辉石中的 Mg^{2+} 可与 Fe^{2+} 进行完全类质同象置换,天然产的透辉石都含有一定量的铁,在生产白色陶瓷制品时,透辉石原料需要控制和选择。

3)透闪石

透闪石为含水的钙镁硅酸盐,其化学式为 $2CaO \cdot 5MgO \cdot 2SiO_2 \cdot H_2O$,理论化学组成为:$CaO$ 13.8%、MgO 24.6%、SiO_2 58.8%、H_2O 2.8%。FeO 的含量有时可达 3%,还有少量 Na、K、Mn 等,其中(OH^-)也可由 Cl、F 等置换。透闪石色白或灰,莫氏硬度 5~6,相对密度 3 左右。透闪石可能伴生有方解石、白云石,也可能伴生透辉石或橄榄石以及石英等。

透闪石作为钙镁硅酸盐在陶瓷中的应用与硅灰石、透辉石相似,常作为墙地砖主要原料使用。透闪石陶瓷原料可快速烧成,但因晶体结构中含有少量结构水,排出温度较高(1050℃ 左右),故不适于一次低温快速烧成。另外,透闪石矿常有碳酸盐矿伴生,烧失量大,气孔率难以控制,在使用前应注意拣选。

五、磷酸盐类原料

1)骨灰

骨灰是脊椎动物的骨骼经一定温度煅烧后的产品。主要成分是磷酸钙 $Ca_3(PO_4)_2$,还含有少量的碳酸钙、磷酸盐等其他杂质。

骨灰一般由猪、羊、鱼等动物的残骨或经骨胶厂提胶后的骨渣煅烧获得,煅烧温度可在 900~1300℃ 任意选择。煅烧温度低,残留一些有机质,有利可塑性提高,但煅烧时一定要通风良好,避免碳化发黑。

骨头煅烧前应煮沸或用蒸气脱脂洗净,煅烧后在球磨机上长时间细磨(10~20h),达到通过 70 目筛,可呈现微弱的可塑性,磨后烘干备用。

骨灰为灰白色粉末,熔点为 1720℃。

在陶瓷工业中,骨灰可作助熔剂,同时还具有乳浊作用,当冷却后反复加热就愈能增加乳浊性和白度,在釉中加入适量骨灰能增加光泽。

"骨灰瓷"是以 50% 左右的骨灰与高岭土、长石、石英等配制的,具有良好的透明度、乳白、装饰性强的特点,但其烧成温度范围很窄,高温时易变形,热稳定性及抗酸碱侵蚀能力较差。

2)磷灰石

磷灰石是磷酸钙的天然矿物,有两种产物;一种是氟磷灰石 $Ca_5(PO_4)_3F$,另一种是氯磷灰石 $Ca_5(PO_4)_3Cl$。自然界中通常以氟磷灰石居多,但两者可以形成完全的固熔体,两者的物理性质相似。

磷灰石外观呈白、绿色等,玻璃光泽,性脆,莫氏硬度 5,相对密度 3.18 ~ 3.21。

由于磷灰石与骨灰的化学组成相似,故可部分代替骨灰生产骨灰瓷,坯体的透明度好。

将磷灰石少量掺入长石釉中,能提高釉的光泽度,使釉具有柔和感,但用量不宜过多,如果 $P_2O_3 > 2\%$,易使釉发生针孔、气泡,还会使釉难熔。

第六节　陶瓷原料质量要求

一、陶瓷原料的质量要求

1. 陶瓷原料的基本质量要求

陶瓷原料种类繁多,在生产中的作用各有不同,对不同的原料有不同的质量要求。但除颜色釉外,凡白色的陶瓷制品,其原料中的烧后着色物质要尽量少。

2. 黏土质量要求

《建筑卫生陶瓷用原料黏土》(GB/T 26742—2011)《高岭土及其试验方法》(GB/T 14563—2020),《日用陶瓷用高岭土》(QB/T 1635—2017)等规定了陶瓷工业用黏土的质量要求。

3. 对长石的质量要求

长石作为熔剂性原料,要求其中含 K_2O 和 Na_2O 尽可能多,着色氧化物尽可能少;对于其他氧化物(如 SiO_2 和 Al_2O_3 等)的含量也应有一定的范围。建材行业标准《长石》(JC/T 859—2000),轻工行业标准《日用陶瓷用长石》(QB/T 1636—2017)对其质量与技术要求做了相应的规定。

4. 对石英的质量要求

不同的产品和用途,对石英的质量要求也不同,但都要求 SiO_2 含量要高,而着色氧化物要低,其他如 Al_2O_3、MeO、K_2O、Na_2O 必须尽可能少,以便适合工艺配方的要求。石英的种类较多,一般优质石英中 SiO_2 含量在 97% 以上,着色氧化物常在 0.3% 以下。《日用陶瓷用石英》(QB/T 1637—2016)规定了日用陶瓷用石英产品分类、技术要求、试验方法、检验规则等。

5. 对滑石的质量要求

滑石是生产镁质瓷(如滑石质日用瓷)的主要原料,滑石也是釉料的常用熔剂原料,行业标准《日用陶瓷用滑石粉》(QB/T 1636—2017)规定其质量技术要求。

6. 对其他原料的质量要求

对于其他原料,可根据其类别和作用,归入黏土、石英、长石和滑石等类型中去,但同时还要根据其本身特点作出不同的要求。

对于作为釉用熔剂的方解石,因某些釉需少量用作熔剂,故要求成分要纯。根据其理论含量而提出相应的要求,如 CaO 在 55% 左右,灼烧减量在 43% 左右,酸不溶物应在 1% 以下,着色氧化物亦应越少越好,一般不应超过 0.5%。

使用含锂矿物,是为了取其中的 Li_2O 降低烧成温度和改善某些釉面性能。可根据实际情况,要求含锂矿物的 Li_2O 含量,可在其理论值以下规定(锂云母由于化学组成不稳定,Li_2O 为 1.23% ~ 5.90%),同时亦应对其他成分作相应的规定。

二、陶瓷原料的合理使用

陶瓷原料主要为天然矿物原料,随着技术的发展,对原料的要求越来越高。尽管各种黏土的矿物组成相近,但由于形成条件的不同,不同矿床的黏土原料往往具有较大差别的物理及化学性质。因此,天然出产的原料使用前需进行精选、加工。

为了使陶瓷原料资源得到充分利用,原料分等级供应不同要求的工厂,加工后的废料可部分加入配合料中,或再加工供给其他工业部门使用。

一般来说,就地取材是合理而经济的。但是,避免用高质量的原科生产一般产品的现象,或用劣质原料进行高级产品生产的现象。在陶瓷生产的集中区建设原料加工基地,用先进的技术开采、加工原料,逐步做到布局合理的陶瓷原料供应网,同时加强科学管理,实现原料标准化生产与供应。

第三章

坯料

第一节　坯料配方

坯料是陶瓷原料经过配料和加工后,得到的具有成形性能的多组分混合物。一般要求坯料配方准确,各组分混合均匀,粒度细度符合工艺要求,并且含较少的气体。根据成形方法,坯料可以分为:塑性成形用坯料;注浆成形用坯料;半干压坯料;干压坯料;热压铸坯料等。

一、坯料组成表示方法

坯料组成的有多种表示方法,不同表示方法之间可进行相互换算。

1. 实验式表示法

陶瓷坯料以各种氧化物的摩尔比来表示,这种表示方法叫作化学实验式表示法,简称实验式。

陶瓷工业常用的氧化物并不多,从性质上可分为三类,碱性氧化物:K_2O、Na_2O、Li_2O、ZnO、BaO、FeO、BeO、MnO、SrO、CaO、PbO、CdO、MgO。中性氧化物:Al_2O_3、Fe_2O_3、Sb_2O_3、Cr_2O_3。酸性氧化物:SiO_2、TiO_2、ZrO_2、MnO_2。

若以"R"代表某一元素,则碱性氧化物包括 R_2O 和 RO 两种,中性氧化物为 R_2O_3,酸性氧化物为 RO_2。通常把 B_2O_3 和 P_2O_5 列入 RO_2 中计算。

实验式中各氧化物的排列顺序如下:

$$\left.\begin{matrix} a\,R_2O \\ b\,RO \end{matrix}\right\} \cdot c\,R_2O_3 \cdot d\,RO_2$$

碱性氧化物在前,其次为中性氧化物,最后是酸性氧化物。式中的 a、b、c、d 分别为各氧化物的摩尔数,用来表示各氧化物之间的相互比例。

为便于进行比较,对于坯式是将中性氧化物(R_2O_3)摩尔数调整为 1;对于釉式则是将碱性氧化物($R_2O + RO$)的摩尔数总和调整为 1。

一种釉面砖的坯式为:

$$
\left.\begin{array}{l}
0.036\mathrm{K_2O}\\
0.027\mathrm{Na_2O}\\
0.080\mathrm{CaO}\\
0.268\mathrm{MgO}
\end{array}\right\}\cdot
\left.\begin{array}{l}
0.987\ \mathrm{Al_2O_3}\\
0.013\ \mathrm{Fe_2O_3}
\end{array}\right\}\cdot
\left\{\begin{array}{l}
5.3321\mathrm{SiO_2}\\
0.027\ \mathrm{TiO_2}
\end{array}\right.
\tag{4-3-1}
$$

若欲将其碱性氧化物摩尔数总和调整为1,只需将四种碱性氧化物系数相加:

$$0.036 + 0.027 + 0.080 + 0.268 = 0.411$$

用其和除各氧化物系数即得:

$$
\left.\begin{array}{l}
0.088\mathrm{K_2O}\\
0.065\mathrm{Na_2O}\\
0.195\mathrm{CaO}\\
0.652\mathrm{MgO}
\end{array}\right\}\cdot
\left.\begin{array}{l}
2.401\ \mathrm{Al_2O_3}\\
0.032\ \mathrm{Fe_2O_3}
\end{array}\right\}\cdot
\left\{\begin{array}{l}
12.946\mathrm{SiO_2}\\
0.0667\ \mathrm{TiO_2}
\end{array}\right.
\tag{4-3-2}
$$

式中 Al_2O_3 和 SiO_2 的系数大,据此可以判断上式为坯式。釉式中 Al_2O_3 和 SiO_2 的系数小。如:

硬瓷的坯式为:$1(R_2O + RO)\cdot(3\sim5)Al_2O_3\cdot(15\sim21)SiO_2$

硬瓷的釉式为:$1(R_2O + RO)\cdot(0.5\sim1.2)Al_2O_3\cdot(6\sim12)SiO_2$

软瓷的坯式为:$1(R_2O + RO)\cdot(1.8\sim3.0)Al_2O_3\cdot(10\sim23)SiO_2$

软瓷的釉式为:$1(R_2O + RO)\cdot(0.1\sim0.4)Al_2O_3\cdot(2\sim4)SiO_2\cdot(0\sim0.5)B_2O_3$

借助实验式,通过计算酸性系数($C\cdot A$)可大致判断材料的物理性能。酸性系数以下式计算:

$$C\cdot A = \frac{R O_2}{R_2O + RO + 3\ R_2O_3} \tag{4-3-3}$$

硬瓷釉的酸性系数为 $1.8\sim2.5$,软瓷釉为 $1.4\sim1.6$,可见随着酸性系数的增加,软瓷釉逐渐向硬瓷釉转变。酸性系数增大,坯体的脆性增加强度降低,高温易变形,烧成温度也降低。

2. 化学组成表示法

以坯料中各氧化物之间的组成的质量分数来表示配方组成的方法,称为化学组成表示法。又称氧化物质量分数表示法。它列出化学组成中对坯体性能起主导作用的 SiO_2 和 Al_2O_3 的含量,有害杂质 Fe_2O_3、TiO_2 的含量,能降低烧成温度的熔剂如 K_2O、Na_2O、CaO、MgO 的含量以及灼减量。这种表示方法的优点是能较准确的表示出坯料的化学组成,同时能根据其含量多少估计出这个配方的烧成温度的高低、收缩大小、产品的色泽以及其他性能的大致情况。

3. 示性矿物组成表示法

坯料配方组成以纯理论的黏土、石英、长石等矿物来表示的方法,叫作示性矿物组成表示法,又称示性分析法,简称矿物组成法。

普通陶瓷生产过程中,把使用的各种原材料所含的同类矿物合并在一起,用黏土、石英、长石三种矿物的质量分数计算出来,因为同类矿物再坯料中所起的作用基本上是相同的,但这些矿物的种类很多,性质上也有所差异,他们在坯料中的作用也有差别,因此这种表示方法也只能较粗略地反映一些情况,但用矿物组成进行配料计算是比较方便的。

4. 实际配料比表示

这是生产中最常见的表示方法,既是直接列出所用的各种原料的质量百分比。如某厂釉面砖坯体的配方为:磷矿渣 50%、蜡石 35%、紫木节土 15%。如卫生瓷乳浊釉的配方为:长石 33.2%、石英 20.4%、苏州高岭土 3.9%、广东锆英石 13.4%、氧化锌 4.7%、煅烧滑石 9.4%、石灰石 9.5%、碱石 5.5%。这种表示方法的优点是便于直接进行配料。缺点是由于各厂原料成分不同,因而缺乏可比性,不能直接引用,而且若原料成分变化,则配方也必须进行相应调整。

二、坯料配方计算

1. 坯式的计算

1)已知坯料化学组成计算坯式

计算步骤如下:

(1)用各氧化物的相对分子质量去除该氧化物的百分含量,得各氧化物的摩尔数。

(2)以中性氧化物 R_2O_3 的摩尔数为基准,令其和为1,计算各氧化物的相对摩尔数,并作为相应氧化物的系数。

(3)按照碱性氧化物、中性氧化物、酸性氧化物的顺序排列出坯式。

【例题】 已知坯料的化学全分析如表 4-3-1 所示,试计算其坯式。

坯料的化学成分质量分数(%)   表 4-3-1

SiO_2	Al_2O_3	Fe_2O_3	TiO_2	CaO	MgO	K_2O	Na_2O	灼减	合计
67.08	21.12	0.23	0.43	0.35	0.16	5.92	1.35	2.44	99.08

(1)计算各氧化物的摩尔数(4-3-2)

各氧化物的摩尔数   表 4-3-2

SiO_2	Al_2O_3	Fe_2O_3	TiO_2	CaO	MgO	K_2O	Na_2O
1.1169	0.2072	0.0014	0.0054	0.0062	0.0040	0.0629	0.0218

(2)以中性氧化物摩尔数总和为基准,令其为1,计算相对摩尔数(表 4-3-3)

中性氧化物 $Al_2O_3 + Fe_2O_3$ 摩尔数总:$0.2072 + 0.0014 = 0.2086$,以此除以各氧化物的摩尔数:

各氧化物的相对摩尔数   表 4-3-3

SiO_2	Al_2O_3	Fe_2O_3	TiO_2	CaO	MgO	K_2O	Na_2O
5.354	0.9930	0.0070	0.0259	0.0297	0.0192	0.3015	0.1045

(3)按碱性、中性、酸性氧化物的顺序排列出坯式

$$\left.\begin{array}{l} 0.3015K_2O \\ 0.1045Na_2O \\ 0.0297CaO \\ 0.0192MgO \end{array}\right\} \cdot \left.\begin{array}{l} 0.993\ Al_2O_3 \\ 0.007\ Fe_2O_3 \end{array}\right\} \cdot \left\{\begin{array}{l} 5.354SiO_2 \\ 0.0259TiO_2 \end{array}\right.$$

若化学组成中未包含灼减,则仍照上述程序计算,所得坯式的结果不变,即灼减对实验式没有影响。

2)已知坯式计算化学组成

已知某坯式,求该坯料各氧化物的百分含量。

$$\left.\begin{array}{l} 0.158K_2O \\ 0.121Na_2O \\ 0.073CaO \\ 0.01MgO \end{array}\right\} \cdot \left.\begin{array}{l} 0.987\,Al_2O_3 \\ 0.013\,Fe_2O_3 \end{array}\right\} \cdot 4.794\,SiO_2$$

（1）计算各氧化物的质量（表4-3-4）

各氧化物的质量（摩尔数乘以分子量，g）　　　　表4-3-4

SiO_2	Al_2O_3	Fe_2O_3	CaO	MgO	K_2O	Na_2O	合计
288.12	100.67	2.076	4.095	0.403	14.852	7.502	417.715

（2）用各氧化物重量除以氧化物重量总和，乘以100（保留两位小数，表4-3-5）

化学组成（%）　　　　表4-3-5

SiO_2	Al_2O_3	Fe_2O_3	CaO	MgO	K_2O	Na_2O	合计
68.98	24.10	0.50	0.98	0.10	3.56	1.79	100.01

2. 示性矿物组成计算

（1）若化学组成中含有一定数量的K_2O、Na_2O、CaO，则可认为是由长石类矿物引入的。若其中Na_2O比K_2O含量少得多，可认为Na_2O是杂质而把两者的合量KNaO计算为钾长石。

（2）化学组成中A_2O_3的总量减去长石带入的Al_2O_3剩余的可认为是高岭土引入的，但若化学组成中在扣除钾长石量后SiO_2量不足时，多余的Al_2O_3可认为是由水铝石$Al_2O_3 \cdot H_2O$引入的。

（3）根据灼烧减量判断，若原料中有碳酸根存在，则MgO可认为是由菱镁矿$MgCO_3$引入，CaO可认为是由石灰石$CaCO_3$引入的，但若不存在碳酸根，则认为灼减是水，此时MgO可认为由滑石$3MgO \cdot 4SiO_2 \cdot 2H_2O$或蛇纹石$3MgO \cdot 4SiO_2 \cdot 2H_2O$引入。

（4）若灼烧减量主要是结晶水，且在扣除高岭土及滑石等矿物中的结晶水后还有一定数量，可认为化学组成中Fe_2O_3是由褐铁矿$Fe_2O_3 \cdot 3H_2O$引入；若灼减量已扣完，则Fe_2O_3可作赤铁矿计算。

（5）TiO_2一般可认为由金红石提供。

（6）除去以上各种矿物中所含的SiO_2量后，剩余的SiO_2可作为游离石英。

3. 根据矿物组成计算配方

在进行配方计算时，若要求坯料达到预想的矿物组成，并已知原料的示性分析时，应根据原料的组成和性能，确定一定的比例，依次递减计算，从而得出各种原料的配入量。

若坯料的矿物组成已经确定，又知所用原料的化学全分析时，要求进行配方计算，可先将原料的化学组成换算为矿物组成，再计算配方，当已知瓷坯和原料的化学组成要求计算配料量时，应先分析瓷坯中某种氧化物应由哪种原料提供，再根据这种氧化物在该种原料中的含量，计算其用量。有时为满足成型工艺需要而使用两种黏土配料时，可根据需要的配合比例，逐项从坯料成分中扣除其对应的含量，最终剩余量中若某氧化物仍较大时可选用纯原料补足，若无剩余或剩余量甚微则计算结束。最后根据各种原料的配合量算出其百分比。

4. 根据化学组成计算配方

（1）已知坯料和原料的实验公式欲计算坯料的配方，可以坯料实验公式中所列的每种氧化物相对摩尔数为基准，依次减去所用原料的相对摩尔数，最后换算为各种原料质量百分比，用理论组成的原料计算配方是一种特殊情况。

（2）已知坯式和原料的矿物组成欲计算原料配比，可根据坯式算出所需各种矿物的质量百分组成（应与原料所含矿物一致），然后用代数法或图解法计算。

（3）已知坯式和原料的化学组成欲计算配方。

自然界中的原料很少由一种纯的矿物组成，往往是由几种不纯的矿物组成，所以很少用理论组成的矿物来计算，一般原料都只给出它的化学组成数据。此时可先将坯式换算成化学组成，然后计算配方。

第二节　坯料的制备

一、塑性坯料制备

1. 可塑料性能

旋压、滚压、挤压、手工拉坯等成形方法所用坯料均为塑性坯料。对塑性坯料的要求是含水量要少而可塑性要好，空气含量要尽可能低，坯料中各种原料颗粒与水分混合均匀。

当塑性坯料受到外力作用，产生应力变形时，既不同于悬浮液的黏滞流动，也不同于固体的弹性变形，而是同时含有弹性-塑性的流动变形过程，这种变形过程是"弹性-塑性"体所特有的力学性质，称为流变性。

随着应力的加大，在达到它的屈服点以后，泥料的弹性随应力的增大而减小，开始出现塑性变形。这时去掉应力，泥料不能恢复原来状态，并且随应力的增大，塑性变形也增加，直至达到破裂点，泥料开始出现裂纹或断裂。从屈服点到破裂点这个塑性变形范围叫延伸变形量。

一般认为适合操作的泥团，应该有一个足够高的屈服值，以防偶然的变形；还要有一个足够大的允许变形量或延伸变形量，以便成形时不发生破裂。增加含水量则屈服值降低，允许变形量增加；降低含水量则屈服值提高而允许变形量减少。可以用屈服值与允许变形量的乘积来表示泥团的成形能力或成形性能。

泥料的弹性变形是由于所含瘠性物料与空气的弹性作用以及黏土矿物颗粒的溶剂作用而产生的。塑性变形则是黏土本身的可塑性所赋予的。

增加 SiO_2 含量，提高弹性变形，降低塑性变形。增大分散度，提高塑性变形，降低弹性变形。提高 Al_2O_3 含量，则离子交换量大，塑性变形增大。增多水分含量则降低屈服点，增宽允许变形量。应力作用缓慢则变形量和触变厚化度均增大，屈服点也相应提高。

允许变形量越大，则塑性坯料的成形性能越好

测定塑性坯料流变性的方法是将塑性坯料放在具有一定截面积的管子中（金属管或瓷管均可），在管子的一端用与管子内径相配合的活塞施加压力，使塑件坯料从另一端挤出去，并用计时器记录挤出用时。

2. 可塑料的制备流程

1）干法中碎、湿法球磨

该流程的特点是，干法配料准确，湿法球磨细度高且混合均匀，可塑性相对提高，但软、硬

质原料同时进磨影响球磨效率,不便于连续化生产,劳动强度大,特别是干法轮碾或雷蒙机粉碎时粉尘大。

2)湿法轮辗、湿法球磨工艺

湿法轮碾,可以克服粉尘大的问题,目前在国内应用最普遍,湿法装磨(压力入磨或真空入磨)可以大大降低劳动强度,提高装磨效率,但这种方法配料准确性较差,所需的泥浆池、泥浆泵多。

3)湿法细碎、泥浆混合

该流程硬质原料单独入磨,软、硬质泥浆按体积配合,球磨效率高,但配料准确性差,所需的浆池和泥浆泵多,适用十多种配方及大规模生产的工厂。

4)干法细碎、加水调和

该流程可以省去劳动度高而效率低的球磨工序和压滤工序,且便于连续生产,但坯料的均匀性和可塑性均较差,而且雷蒙磨中带进0.1%～0.3%的铁,而干法除铁效率很低。

3.可塑料制备要点

1)原料的预处理和精选

(1)石英的预煅烧

在粉碎前先将石英煅烧到900～1000℃然后急冷,有利于对石英的粉碎,可使着色氧化物显露出来,便于检选。

(2)硬质原料如石英、长石要在洗石机中洗去表面的污泥、碎屑,用人工敲去夹杂的云母、铁质等有害矿物。黏土需要预先风化,冬季可促使原料分散崩裂,便于粉碎,夏季可增加腐殖酸作用,提高可塑性。此外,对含游离杂质较多的黏土有时需用淘洗法或水力旋流法去除杂物,用湿式磁选机除去料浆中的铁质。

2)原料的粉碎

硬质原料的粉碎分为:粗碎(处理后原料粒度为40～50mm),中碎(处理后原料粒度为0.3～0.5mm),细碎(粒度<60μm)。一般粗碎使用颚式破碎机,中碎使用轮辗机和雷蒙机。

陶瓷工业中细碎普遍采用间隙式球磨机,且多采用湿磨,它即可细碎又可混合,球磨机筒体的长径比一般小于2,为不致污染原料,球磨机的村板和磨球采用硬质岩石或瓷质的磨球,也可使用橡胶内衬。

3)泥浆的筛分、除铁、搅拌

(1)配合料球磨成泥浆后,在压滤前须经过筛除铁,过筛一般采用振动筛或六角回转筛。

(2)除铁,原料通常通过磁选机或永久磁铁除去强磁性物质(如金属铁、磁铁矿)。

对泥浆除铁多采用蜂窝状过滤式湿法磁选机,其结构由壳体、线图、筛格板、进浆漏斗及出浆口等部分组成。当线圈通直流电后使筛格板的铁芯被磁化,泥浆由漏斗加入,然后在静水压的作用下,由下往上经过筛格板,则含铁杂质被吸住,而净化的泥浆由溢流槽流出。筛格板应定时取出,进行冲洗。

(3)搅拌,常用的泥浆搅拌机有螺旋浆式和框式搅拌两种,目前多用螺旋浆式搅拌机。搅拌浆池一般为六角形或八角形,可防止泥浆在池内形成圆周运动失去搅拌作用。

4)泥浆脱水

湿法球磨的出磨泥浆水分在60%左右,而可塑泥料的水分只有19%～25%,因此泥浆必须经过脱水,除去多余水分。用隔膜泵将泥浆由搅拌池抽至板框式压滤机脱水,广泛采用的是间歇式压滤机,压滤后的泥料水分在 22% ~ 25% ,压滤机工作压力 0.8 ~ 1.2MPa,工作周期 1 ~ 1.5h。高压榨泥机,其工作压力 2MPa,泥饼水分 20.5%左右,最高的工作压力 7.5MPa,泥饼水分仅 15.5% ,工作周期仅 18 ~ 45min. 生产中为缩短压滤周期常通蒸汽至泥浆中,使之加热到 40 ~ 60℃ ,以降低泥浆的黏度从而提高压滤速度。

5)陈腐

将泥料放置在一定温度、一定湿度的环境下贮存一定时间,使泥料中的水分分布更加均匀,黏土颗粒充分水化产生离子交换,细菌使有机物分解为腐殖酸,从而提高了泥料的可塑性。泥浆进行陈腐还可降低黏度,提高流动性。

6)练泥

分为粗练和真空练泥。粗练在捏练机或卧式双轴练泥机中进行,目的是使泥料的水分、组成分布均匀。真空练泥在真空练泥机中进行,它不仅使泥料的水分、组成均匀,而且能使泥料中气体降至 0.5% ~ 1%以下,提高泥料的可塑性、致密度,泥浆经过练泥、抽真空、挤出成为泥条后,直接送去成型。由于黏土是片状颗粒,在练泥机中受力产生定向排列,在干燥和烧成时易产生不同方向上的不均匀收缩,从而在坯体断面上产生"S"形开裂。适当增加瘠性物料用量,练泥机机体、螺旋叶片、机嘴的设计合理,以及控制泥料水分和加泥时的均匀性,可减少"S"形开裂的缺陷。

二、注浆料的制备

1. 对泥浆的质量要求

1)细度

浇注用的泥浆一般细度为万孔筛筛余小于 1% ,泥浆还应有适当的颗粒组成。

2)水分

在保证流动性及成型性能的前提下,水分越少越好,通常为 28% ~ 35% ,生产上习惯用控制泥浆密度的方法来控制含水率,泥浆密度一般为 1.65 ~ 1.85g/cm³ ,一般小件制品可取下限,而大件制品取其上限。

3)流动性

泥浆的流动性要好,保证注浆时泥浆能充满整个模型,生产上习惯用控制相对黏度即流动度来控制流动性. 要求瓷坯 10 ~ 15s,精陶坯 15 ~ 25s,相对黏度主要与泥浆的含水率和稀释用电解质的种类和数量有关,生产上通过加入电解质来获得含水率低,流动性好的浓泥浆。

4)触变性

用稠化度来衡量,等于 100ml 泥浆在恩氏黏度计中静置 30min 后流出时间与静置 30s 后流出时间的比值,一般希望泥浆稠化度较小,以便于管道输送又能保证成坯。通常瓷坯用泥浆的稠化度控制在 1.8 ~ 2.2,精陶坯控制在 1.5 ~ 1.6。

5)悬浮性

浆料中的固体颗粒能较长时间呈悬浮状态,这样便于泥浆的输送及贮存,在成型过程中也不易分层。

2. 注浆料的制备流程及选择

注浆料的制备流程大致与可塑料制备流程中泥浆压滤前的流程相似,所不同的是注浆料中必须加入电解质以稀释泥浆,获得流动性好、含水率低的浓泥浆。

3.泥浆的稀释

泥浆的稀释要控制下列工艺参数。

1)合理控制泥浆的比重和颗粒细度

当泥浆的密度过大,或颗粒过细时,颗粒间距较小,颗粒间引力较大,泥浆的流动阻力就大,当引力大于胶粒间的斥力时就会聚沉,反之,如果泥浆的密度过小,或颗粒太粗,则会降低成坯速度和坯体强度,泥浆也会因颗粒沉淀而破坏稳定性。

2)添加电解质及其稀释机理

根据泥浆的组成和性质,选用合适的电解质作稀释剂是泥浆制备的重要措施之一。

在黏土-水系统中,黏土颗粒由于断键、同晶取代(如硅氧四面体中的 Si^+ 被 Al^+ 所取代,铝氧八面体中的 Al^{3+} 被二价的 Mg^{2+}、Ca^{2+} 所取代),总是带有电荷的(通常为负电荷)。由于水化作用,被黏土颗粒吸附的只能是水化阳离子。距离粒子表面越远,引力也越弱,吸附阳离子浓度就越小,黏土颗粒周围形成包括吸附层和扩散层的水化膜。黏土胶团形成了三个不同层次:胶核(黏土颗粒本身)、胶粒(胶核加吸附层)、胶团(胶粒加扩散层),胶团结构见图 4-2-1。当黏土颗粒移动时,只有吸附层随之移动。吸附层表面对溶液存在电位差,称之为 ζ 电位。胶粒的 ζ 电位大,则胶粒之间的斥力大,不易相互聚合产生絮凝从而使泥浆稳定,流动性也好。

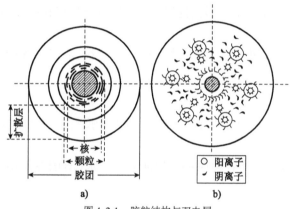

图 4-2-1 胶粒结构与双电层

ζ 电位主要取决于扩散层厚度和胶核表面电荷密度并与它们成正比关系(式 4-3-4)。

电解质中的一价阳离子(H^+ 除外)的电价比二价、三价的要小,但水化离子的半径却比二价、三价阳离子的大,因此在泥浆中加入由一价阳离子(Na^+)组成的电解质后,由于一价离子(H^+ 除外)吸附能力弱,所以进入胶团吸附层的离子数少,使整个胶粒呈现的负电荷较多,同时,一价离子水化能力强,进入扩散层较多,使扩散层厚度增加,水化膜加厚,导致 ζ 电位增加使泥浆的稳定性、流动性增强。此外,泥浆的 pH 值对泥浆的稳定也有重要意义,因为黏土颗粒是片状的,一般边上带正电,面上带负电,如果加入电解质后使溶液呈碱性(OH^- 过剩)则可使部分颗粒边上也带负电,从而防止颗粒的边-面之间因带不同电荷而相互吸引导致凝聚,促使泥浆稀释。

$$\zeta = \frac{4\pi\sigma d}{\varepsilon} \tag{4-3-4}$$

式中:σ——胶核表面电荷密度;

d——扩散层厚度;

ε——分散介质介电常数。

陶瓷工业用电解质分无机和有机两大类(多为相应钠盐),最常用的有水玻璃、纯碱(Na_2CO_3)、三聚磷酸钠、六偏磷酸钠、腐殖酸钠等,生产中常同时用水玻璃和纯碱作电解质以调整吸浆速度和坯体强度。

三、压制粉料的制备

1. 对粉料的工艺要求

1)水分

压制粉料分为干压和半干压两种,干压粉料含水率3%~6%,半干压粉料含水率7%~14%。

2)颗粒度

干压粉料的颗粒细度可控制在6400孔/cm^2筛筛余0.5%~1%。

压制料中团粒约占30%~50%,其余是少量的水和空气,团粒是由几十个甚至更多的坯料细颗粒、水和空气所组成的集合体,团粒大小要求在0.25~3mm,团粒大小要适合坯体的大小,最大团粒不可超过坯件厚度的七分之一并以球状为好。

3)流动性

为使粉料在模型中填充致密、均匀、良好的流动性,粉料可制成一定大小的球状团粒。

4)自由堆积密度

粉料造粒后能使自由堆积密度增加,光滑的球状颗粒、适当的级配有利于提高自由堆积密度。

2. 粉料造粒制备流程

常用的粉料制备流程有三种,即普通造粒法、泥饼干燥打粉法和喷雾干燥造粒法。

1)普通造粒法

该法又称干粉混合法,是将各种原料干粉加适量的水(有的在水中加入适量黏结剂),混合均匀(通过混料机)后过筛造粒。

2)泥饼干燥打粉法

该法是将压滤后的泥饼通过火坑、链板干燥机或余热干燥室等干燥设备干燥至一定水分,再经过打粉机破碎成一定粒度的粉料,过筛后制成。

3)喷雾干燥造粒法

该法是用喷雾器将制好的料浆喷入干燥塔进行干燥造粒,雾滴中的水分在塔内受热空气的干燥作用在塔内蒸发而使料浆成球状团粒,完成造粒过程。雾化方式可分为压力式和离心式两类。喷雾干燥工艺得到的球状团粒流动性好、生产周期短、产量大,可连续生产,劳动强度也大为降低,为现代化大规模生产所广泛采用。

第四章

成型

第一节 可塑成型

可塑成形法是利用模具或刀具等工艺装备运动所造成的压力、剪力或挤压力等外力,对具有可塑性的坯料进行加工,迫使坯料在外力作用下发生可塑变形而制作坯体的成形方法。

一、旋压成型

旋压成型又称刀压成型,是利用型刀和石膏模进行成型的一种可塑成型方法,可将定量的坯泥投入石膏模中,将石膏模置于模座中,使之旋转,然后将型刀慢慢置于泥料上,由于型刀和模型的相对运动,使泥料在型刀的压挤和刮削作用下沿着模型的工作面均匀延展成坯料,多余的泥料贴附于型刀的排泥板上清除,型刀的工作弧线形状与模型工作面的形状构成了坯件的内外表面,面型刀口与模型工作面之间的距离决定了坯件的厚度。图 4-4-1 为旋压成型示意图。

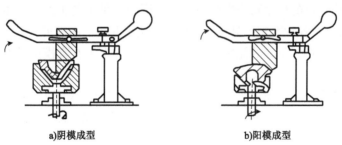

a)阴模成型　　　　　　　　　　b)阳模成型

图 4-4-1 旋压成型示意图

旋压成型可分为阳模成形和阴模成形,前者适用于生产扁平制品,如盘碟等,后者适用于生产深腔空心制品,如杯、碗等。

二、滚压成型

滚压成型是由旋压成型发展而来,它采用具有回旋体的滚头代替型刀作为主要成型部件。成型时,滚头和模型分别绕自己的轴线以一定速度同方向旋转,泥料在滚头"滚"和"压"的作用下延展成坯体。

在滚压成型过程中,坯泥是均匀展开的,受力大小比较缓和、均匀,坯体成型后组织结构均匀。其次,滚头与坯泥接触面积大,成型压力大,受压时间长,坯体密度和强度相应增大。另外,由于滚头的"滚碾"而使坯体表面光滑,无须再加水"赶光",表面质量好。再加上滚压成形的生产效率高,易于组织机械化和自动化流水线,改善了劳动条件等优点,所以在日用陶瓷行业得到广泛应用。

滚压成型也分为两种方式:阳模滚压和阴模滚压,如图4-4-2所示,阳模滚压是用滚头来确定坯体外表的形状和大小,又称外滚,它适用于扁平宽口坯体和坯体内表面有花纹的产品。阴模滚压是用滚头形成坯体的内表面,又称内滚,它适用于成形口径小的深腔制品。

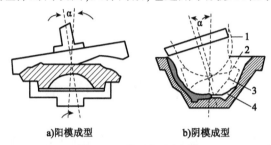

a)阳模成型   b)阴模成型

图4-4-2 滚压成型示意图

1-成型初阶段的滚压头位置;2-泥饼;3-滚压头的最终位置;4-成型的坯体

热滚压可采用加热装置(通常用电加热)把滚头加热到一定温度(通常为120℃左右),当滚头接触泥料时,滚头表面产生了一层蒸汽膜,可防止泥料黏滚头。采用热滚,对泥料水分要求不严格,适应性好。

第二节 注浆成型

注浆成型方法是目前日用陶瓷生产中普遍采用的一种工艺手段。它主要于生产壶类、瓶类、罐类等小口器物及各种雕塑产品,可满足批量化工业生产的需求。

注浆成型方法是将制备好的泥浆注入石膏模型中,由于石膏模型具有透气和吸水性能,泥浆接触模型以后,泥浆中的水分会逐渐被吸入模型壁中,泥浆中的细小颗粒会随着模型的形状而均匀地排列成一个稠泥层,当稠泥层达到人们预期的厚度时,即可将模型中多余的泥浆倒出。待稠泥层中的水分被模型继续吸收,达到独立成型后,即可将此坯体取出,干燥待修。

注浆成型工艺不适用于生产盘、碗、宽浅形的器物,因这些制品器壁较薄,上下双吃浆成型,在坯体收缩过程中容易开裂。

一、空心注浆

空心注浆是将泥浆注入预先制好的石膏模内,根据坯体需要的厚度,按测定泥浆凝固的时间,到时将多余的泥浆倒出,成型空心的造型坯体。等石膏吸附的坯体失去部分水分,坯体收缩,并有一定的强度,脱离石膏模后,开模(脱模)取出,放入烘房中干燥处理,再加修整即成,如壶、罐、瓶类造型及雕塑等异形产品,均可采用此种成型方法,如图4-4-3所示。

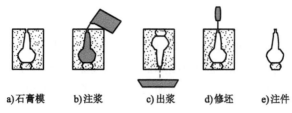

a)石膏模　b)注浆　c)出浆　d)修坯　e)注件

图4-4-3　空心注浆花瓶的操作示意图

二、实心注浆

根据产品的需要制成内外合模。泥浆注满内外合模之间,没有多余的泥浆。它可以按需要制成不同厚薄的坯体,并可避免变形。但此方法比空心注浆难度大。主要是由于泥浆中的气体不易从坯体中排除,泥浆难于注满,且易出现泡孔,故多用真空注浆和压力注浆等方法,如调羹(针匙)、鱼盘(长盘)等,均可用此种成型方法,如图4-4-4所示。

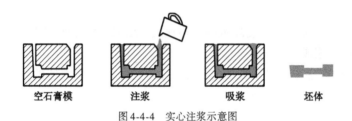

空石膏模　　　注浆　　　吸浆　　　坯体

图4-4-4　实心注浆示意图

三、注浆成型原理

1.成型过程

注浆成型可以分为吸浆成坯和巩固脱模两个阶段。

(1)吸浆成坯阶段

在这一阶段,由于石膏模的吸水作用,先在靠近模型的工作面上形成一薄泥层,随后泥层逐渐增厚达到所要求的坯体厚度。在此过程的开始阶段,成形动力是模型的毛细管力的作用,靠近模壁的水,溶于水的溶质质点及小于微米的坯料颗粒被吸入模内的毛细管中,由于水分被吸走,使泥浆颗粒相互靠近,依靠模型对颗粒,颗粒对颗粒的范德华吸附力而贴近模壁。形成最初的薄泥层。另外,在浇筑的最初阶段,石膏模中的 Ca^{2+} 离子与泥浆中的 Na^+ 离子进行交换,也促进了泥浆凝固成泥层。在薄泥层形成后的成型过程中,成型动力除模型的毛细管力外,还有泥浆中的水通过薄泥层向模内扩散的作用。其扩散动力为泥层两边水分的浓度差和压力差。随着泥层的增厚,水分扩散阻力增大。当泥层增厚到预定的坯厚时,即倒出余浆。

(2)巩固脱模阶段

雏坯成型后,并不能立即脱模,而必须在模内继续放置,使坯体水分进一步降低。通常将此过程称之为巩固脱模阶段。在这一过程中,由于模型继续吸水及坯体表面水分蒸发,坯体水分不断减少,伴有一定的干燥收缩。当水分降低到某一点时,坯体内水分减少的速度会急剧变小,此时由于坯体的收缩并且有了一定强度,便可以进行脱模操作。

2. 影响注浆成型主要因素

(1)泥浆的性能

泥浆中固体粒子越细,细颗粒含量越多,离子表面积越大,形成的坯层越致密,水在泥层中的渗透速度便降低,从而使吸浆成坯的速度降低。塑性原料的亲水性比瘠性原料大,所以注浆料中塑性原料较多时,模型的吸水量相应增加,也会降低吸浆成坯速度。

(2)控制模型的吸水能力

模型的吸水能力与模型的气孔率及模壁厚度有关,模型吸水能力过小,成坯速度慢,但吸水能力过大,又会因最初形成的薄泥层比较致密,降低后一阶段水的渗透速度,导致成坯速度下降,控制熟石膏粉与水的适当比例及模壁厚度可以使石膏模有一个适当的吸水率来满足注浆成型的需要。

(3)泥浆压力

增大泥浆压力能显著提高吸浆成坯速度,采用增大泥浆压力或减少泥层一边的压力等方法来缩短成型时间,这就是生产中采用的压力注浆、真空注浆和离心注浆等方法的原因。

(4)泥浆的温度

减小水的黏度或相对密度来提高水的渗透速度,从而缩短成型时间,生产上常用提高泥浆温度的方法来缩短注浆成型时间。

强化注浆成型的方法,使注浆成型时间缩短,而且还能改善生坯的致密度、强度、收缩等性能。

3. 对泥浆工艺性能要求

(1)泥浆的流动性,保证成形时泥浆能充满模型的各个部位,空浆后得到的坯体表面平滑光洁,并且可以减少或避免注件气泡、缺泥及泥缕等缺陷产生。

(2)泥浆的触变性,触变性太大不仅管道输送难,而且注坯体脱模后会变形和软塌;触变性太小,则泥浆悬浮性较差,模内难以形成一定厚度的坯体,成坯后脱模也困难。泥浆中黏土含量较多,含水率太低,固相颗粒太细或稀释剂用量不当,均会使触变性增大。

(3)泥浆的稳定性,良好的稳定性能保证泥浆在较长时间存放时不发生沉淀、分层和触变性变坏。泥浆中固相颗粒大小适宜、泥浆密度适当及注浆料中黏土和稀释剂用量合理、都有利于提高泥浆稳定性。

(4)泥浆渗透性,泥浆应具有一定的渗透性。如果渗透性太差,势必延长成坯时间,容易黏模,脱模困难。空心注浆时还会出现坯件内部分层或"溏心",造成变形,坯裂等缺陷。坯料中塑性好的黏土引入过多,电解质用量过多,颗粒太细都会造成渗透性降低。而在坯料中配入一定量的瘠性料,有助渗透性提高。

(5)泥浆的含水率,在保证流动性的前提下,含水率要尽量地低。泥浆含水率在30% ~ 35%,相对密度在1.65 ~ 1.9,通过合理的选择稀释剂的种类和用量,可以在保证流动性的前提下,使泥浆水分尽可能降低。

在生产中,泥浆性能常用泥浆相对密度、稠度、稠度比、水分等指标来控制,而通过测定泥浆的吸浆速度、脱模情况、坯体的含水率则能反映出泥浆的成型性能。

4.注浆成型对石膏模的性能要求

（1）设计合理,易脱模,各部位吸水均匀,保证坯体各部位干燥收缩一致。

（2）孔隙率大,吸水性能好,孔隙率在30%～40%,模型在出烘房时,须保持含水率4%～6%,最大许可含水率18%～20%,过干会引起制品干裂,同时模子使用寿命缩短,过湿会延长成坯时间,甚至难以成型。

（3）翻制模型时,应严格控制石膏与水比例,保证有一定吸水性与机械强度,并使模型质量稳定。

第三节　压制成型与热压铸成型

一、压制成型

压制成型法在陶瓷成型中运用最多的一种是干压成型法,干压成型法是在粉料中加入一定量的有机黏合剂,而后注入钢模,在压力机上加压形成具有一定形状的坯体,如图4-4-5所示。

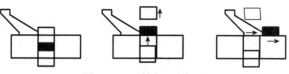

图4-4-5　压制成型示意图

压制成型的坯体水分含量低,坯体致密,收缩小。产品的形状尺寸准确,质量高。另外,成型过程简单,生产量大,便于机械化的大规模生产,对于具有规则几何形状的扁平制品尤为适宜。前压制成型广泛用于建筑陶瓷,耐火材料等产品的生产。

二、压制坯体质量影响因素

1.成型压力

压模的压力大于颗粒的变形阻力、受压空气的阻力、粉料颗粒之间的摩擦力时,坯料的颗粒才开始移动、变形、互相靠拢、坯料被压紧。同时,由于压力的不等强传递过程,致使压力随着离压模模面距离的增大而递减,离开压模面越远的泥料层受到的压力越小,结构越疏松。

过大的压力易引起残余空气的膨胀而使坯体开裂,另外固体颗粒过大的弹性变形会使坯体产生裂纹。因此,选择适宜的压制压力对压制成型至关重要。成型压力取决于坯体的形状、厚度、粉料的特性及对坯体致密度的要求。坯体厚、质量要求高,粉料流动性小、含水率低、形状复杂,则压制压力要求大。

2.粉料的工艺性能

（1）粒度和粒度分布

干压粉料的粒度直接影响坯体的致密度、收缩和强度。粉料团粒大小在0.25～2mm,最大的团粒不可超过坯体厚度和七分之一。

267

团粒的粒度级配以达到紧密堆积为最好,这时气孔率最低,有助于坯体致密度的提高。粒度级别多而级配合理时,气孔率最低,用太细或太粗的粉料都不能得到致密度高的坯体。

团粒的形状以接近圆球状为宜。由于颗粒表面粗糙,颗粒互相交错咬合,形成拱桥形空间,增大孔隙率,这种现象称为拱桥效应,细颗粒堆积在一起更容易形成拱桥。

（2）粉料的含水率

含水率高的坯料,内摩擦力较小,坯料流动性好,可塑性好,施加不大的压力就能使它压缩,但干燥收缩就会增大。无论采用干压或者是采用半干压,在生产中应严格控制粉料含水率的波动范围,同时也应注意粉料水分分布的均匀程度。

（3）粉料的流动性

粉料流动性决定成型时在模型中的充填程度。流动性好的粉料在成型时能较快地填充模型的各个角落,同时也有利于压制过程的进行。粉料的流动与颗粒之间的内摩擦力及粉料颗粒的形状、大小、表面状态和粒度分布等工艺因素有关。

3. 加压方式

对坯料加压的方式有单向、双向和多向加压。

单向加压,在压力的传递过程中要克服粉粒间的摩擦力和粉料与模壁间的摩擦力,会使坯体结构受压不均匀导致结构不均匀。当坯体较厚时,将形成低压区和死角,影响坯体的致密度和均一性。

两面加压,即上下两面都加压力。两面加压又有两种,一种是两面同时加压,这时粉料之间空气易被挤压到模型中部,使生坯中部的密度较小;另一种是两面先后加压,这样空气容易排出,生坯密度大且较均匀。两面加压时坯件各部位的致密度相对均匀,缺点是模具结构较复杂,另外,在加压过程中采用真空抽气和振动也有利于生坯致密和均匀性的提高。

4. 加压速度和时间

干压粉料中由于有较多的空气,在加压过程中,应该有充分的时间保证空气排出,因此,加压速度不能太快,最好是先轻后重多次加压,达到最大压力后要维持一段时间,保证空气有机会排出,加压的速度和时间与粉料的性质、水分和空气排出速度有关,一般最好加压2~3次。

5. 成型模具

模具决定成型的质量。模具是由产品的外形来决定的,但由于产品外形的不合理,决定了模具设计得不合理,影响成型质量。因此,有时需对产品的外形做一些修改,使得模具设计合理。一个合理的模具设计,要便于粉料填充和移动,脱模要方便,结构简单,便于排气,装卸方便,壁厚均匀,节约材料等。在模具加工中应注意尺寸准确、配合精密、模具光滑等要求。模具可用工具钢等制成。

三、热压铸成型

热压铸成型是在热压铸机上进行的,其基本原理是利用石蜡受热熔化后具有塑性和流动性、冷却后能凝固的特点,将瘠性陶瓷原料与热石蜡熔液混合均匀,形成流动性良好的可塑浆料,使用金属模具,在一定的压力下将浆料压入模具内,并在持续压力下充满整个模具且凝固,除去压力拆除模具后,即得到所需形状的蜡坯,蜡坯在冷凝状态时能保持其形状不变。热压铸在成型形状复杂的小件产品时具有明显的优势,是生产小件、复杂、异形陶瓷制品的主要成型方法之一。

热压铸成型产品尺寸较准确,光洁度好,结构紧密,基本不需要后续加工;对生产设备要求不高,一般氧化物原料、非氧化物原料、各种矿物原料及复合原料均可用。该成型方法现已广泛用于结构陶瓷、纺织陶瓷、电子陶瓷、密封陶瓷、绝缘陶瓷、化工陶瓷零部件以及抗热震陶瓷制品等。热压铸成型的缺点是产品密度和质量稳定性偏低,后续排蜡周期长、能耗大,有环保问题,不宜成型壁薄、大而长的产品。

四、等静压成型

等静压成型是将待压试样置于高压容器中,利用液体介质不可压缩的性质和均匀传递压力的性质从各个方向对试样进行均匀加压,当液体介质通过压力泵注入压力容器时,根据流体力学原理,其压强大小不变且均匀地传递到各个方向。此时高压容器中的粉料在各个方向上受到的压力是均匀的且大小一致的。通过上述方法使瘠性粉料成型致密坯体的方法称为等静压法。

等静压成型时液体介质传递的压力在各个方向上是相等的。弹性模具在受到液体介质压力时产生的变形传递到模具中的粉料,粉料与模具壁的摩擦力小,坯体受力均匀,密度分布均一,产品性能有很大提高。

干式等静压(图4-4-6)。将弹性模具半固定,不浸泡在液体介质中,而是通过上下活塞密封。压力泵将液体介质注入高压缸和加压橡皮之间,通过液体和加压橡皮将压力传递使坯体受压成型。

湿式等静压(图4-4-7)。将预压好的坯料包封在弹性塑料或橡胶模具内,密封后放入高压缸内,通过液体传递使坯体受压成型。常用的冷等静压机的工作压力可高达 $6500kg/cm^2$。

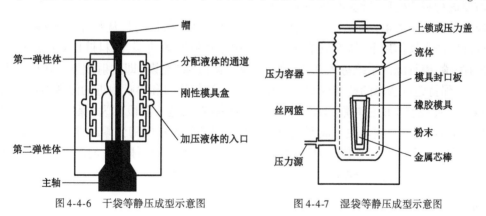

图 4-4-6 干袋等静压成型示意图 　　　图 4-4-7 湿袋等静压成型示意图

第四节 挤压与注射成型

一、挤压成型

挤压成型是从冶金技术发展起来的,是指将炼制好并通过真空除气的泥料置于挤制筒内,是借助螺杆或柱塞的挤压作用,强行通过机嘴挤出各种形状的坯件,例如棒状、管状等,如

图4-4-8所示。产品的形状取决于挤制机的机嘴和型芯结构,挤压成型法的技术关键是练泥机、成型机的选择,粉末粒度分布,黏结剂、润滑剂的选择和模具的设计。挤制法的优点是:连续生产,效率高,污染小,易于自动化操作,该方法已为电子瓷工业所广泛使用,其缺点是:挤嘴结构复杂,加工精度要求高。

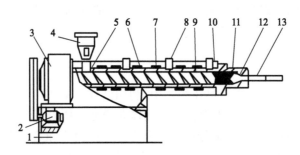

图4-4-8　单螺杆挤出机结构示意图

1-机座;2-电动机;3-传动装置;4-料斗;5-料斗冷却区;6-料筒;7-加热器;8-热电偶;9-螺杆;10-过滤网多孔板;11-加热器;12-机头;13-挤出物

二、注射成型

陶瓷注射成型又称注塑成型。是传统粉末冶金技术与塑料成型工艺相结合而发展起来的一门新的近净尺寸成型技术。注射成型使用的坯料不含水,由陶瓷瘠性粉料和结合剂(热塑性树脂、润滑剂、增塑剂等有机添加物构成),经注射成型机,在130～300℃温度下注射到金属模腔内,借助高分子聚合物在高温下熔融、低温下凝固的特性来进行成型的。成型后的坯体在烧结前要进行脱塑处理(除去有机添加剂)。

成型过程如图4-4-9所示,对模具调整好尺寸位置后,塑化物料从料斗加入料筒中受热,在螺杆旋转的摩擦作用下,转变成塑性泥料,并积存在料筒的前端,泥料被柱塞或螺杆向前推挤,经过喷嘴、模具浇注系统进入并充满型腔,这一阶段称“充模”即注射成型。在模具中泥料冷却收缩,保持施压状态的柱塞或螺鱼雷腔原料杆,迫使浇口和喷嘴附近的泥料不断补充入模中(补料)。使模腔中的物料能形成形状完整而致密制品,这一阶段称为“保压”,即原料补给。当成型结束后,即可脱模。注射成型能制造出复杂形状的高精度陶瓷零部件,且易于自动化生产。该技术适合制备湿坯强度大,尺寸精度高,机械加工量少,坯体均一的产品,适于大规模生产,但是具有陶瓷坯体需要脱脂、毛坯易变形、容易形成气孔等缺点。

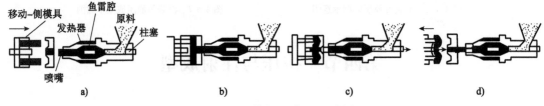

图4-4-9　注射成型工艺过程示意图

注射成型与热压铸成型有很多相似之处,两者都经过瘠性料与有机添加剂混合,成型、排蜡三个主要工序;都是在一定温度和压力下成型。不同的是,热压铸成型用的浆料须在浇注前加温制成可流动的蜡浆,而注射成型用的是粒状的干粉料,成型时将粉料填入缸桶内加热至塑性状态,在注入模具的一瞬间,由于高温和高压的作用,坯料呈流动状态,充满模具的空间;此外,热压铸成型压力为0.3~0.5MPa,注射成型的压力则高得多,一般为130MPa。

三、胶态注射成型

陶瓷的注射成型与胶态成型的主要差别在于陶瓷的注射成型属于塑性成型,胶态成型属于浆料成型。陶瓷胶态注射成型,即利用专有的注射设备与胶态原位成型工艺所提供的新型固化技术,实现陶瓷材料的胶态注射成型,不仅避免了传统陶瓷注射成型使用大量有机物所造成的脱脂困难,而且实现了陶瓷胶态成型的注射过程,实现了水基非塑性浆料的注射成型,既具有胶态原位凝固成型坯体均匀性好,又具有注射成型自动化程度高的特点。

该工艺的流程如图4-4-10和图4-4-11所示。首先分别配制A料和B料,将陶瓷粉料、分散剂、引发剂加入去离子水中球磨制备成B料。两者储存在不同的容器中,成型时充分混合后注入模具型腔,保压真空泵模具一定时间。脱模取出成型的水泵坯体,经过干燥、排胶、烧结,得到陶瓷制品。

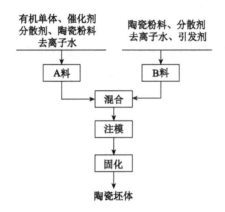

图4-4-10 胶态注射成型工艺流程图

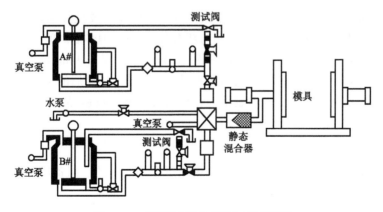

图4-4-11 陶瓷胶态注射成型机工作示意图

第五节　石膏成型模具制作

在陶瓷工业中,成型模具同样起着重要的作用。模具按材料分类,有石膏模具、无机材料多孔模、金属模、有机弹性模等;按用途分类,有注浆模具、旋压和滚压模具、挤出模具、塑压模具、干压模具和等静压模具等,而以石膏模具应用最为广泛。

一、石膏的性能

石膏即含水硫酸钙,其分子式为 $CaSO_4 \cdot 2H_2O$,是自然界里硫酸盐中分布最广的一种矿物。天然石膏中除主要成分为二水硫酸钙的石膏外,还有主要成分为无水硫酸钙的硬石膏,及介于两者之间的其他石膏。纯净的二水石膏其颜色为白色,莫氏硬度为2,相对密度介于2.2~2.4,其外观形态呈块状、纤维状、雪花状等,在水中溶解度极小,有少许滑腻感。天然石膏矿由于含有杂质而呈现多种颜色。

二水石膏中有 3/4 的结晶水与硫酸钙结合比较疏松。1/4 结晶水则与硫酸钙结合较牢固。因此,二水石膏在加热时首先排出 3/4 结晶水而变成半水石膏(俗称"熟石膏"),然后在更高的温度下排出剩下的 1/4 结晶水而成无水石膏。排出 3/4 结晶水的温度为150℃,排出剩余的 1/4 结晶水的温度为180℃。

二、熟石膏的制备

浇注模型用的是半水石膏,又称熟石膏,由于加热条件不同、半水石膏有两种晶型,即 β-半水石膏和 α-半水石膏。

1. β-半水石膏

β-半水石膏是在干燥大气中、常压下炒制而得的。一般将生石膏粉置于装有搅拌机的凸底铁锅内,经160~170℃炒制,通常用玻璃片(棒)插入石膏粉中,以不黏石膏粉时的温度为宜。炒制温度高低,要根据各地石膏的化学组成而定。炒制时要搅拌均匀,升温不宜过急,防局部过烧。如炒制旧石膏粉,其温度的控制与新石膏粉相似,但炒制时间宜适当延长。

炒制温度适宜的石膏粉,调水达到正常稠度,其初凝时间在 4min 以上,终凝时间在 6~25min。硬化后的石膏块用小刀切断,其断面光滑且无气泡。炒制后的半水石膏,包装储存,严防受潮吸湿而失去胶凝性。由于刚炒制得的石膏粉反应能力较强,故宜在干燥处存放半个月后再使用。

2. α-半水石膏

α-半水石膏是在水蒸气存在的条件下加热加压脱水制得的。制备过程是:先将块状石膏进行拣选、洗涤、粗碎,然后送入密闭的蒸汽釜中在130℃及 1.5~3 atm 下蒸压 3~5h,在蒸压阶段,3/4 结晶水脱离二水石膏晶格,变成独立于二水石膏晶格之外的游离结晶水,而原来的 $CaSO_4$ 晶格随着溶解和再结晶作用形成针状或粒状 α-半水石膏晶体。蒸压后再在 150~170℃ 的干燥室内干燥,使游离结晶水汽化脱出。最后将其粉碎,细度用大于100目筛控制。

制备 α-半水石膏时,石膏纯度愈高,则熟石膏中 α-半水石膏的含量愈高。通常模用石膏

中 α-半水石膏量最好在95%以上,蒸压时的块度以 20~50mm 为宜、块度太大会延长蒸压时间;块度太小,透气性差,脱水反应不均匀,也会影响质量。

蒸汽压力和蒸压时间是制备 α-半水石膏的主要条件,提高蒸汽压力可相应缩短蒸压时间,但压力大于 294kPa 时,脱水反应速度便没有明显变化。比较适宜的蒸压时间是 5h,时间再延长,反而降低石膏的强度。

3. 两种半水石膏的比较

β-半水石膏是规则的片状晶体,晶粒的孔隙和裂纹较多;而 α-半水石膏是具有针状结晶,比表面积小、水化性能较差。调制标准稠度的石膏浆所需的水量,β-半水石膏比 α-半水石膏要多 1 倍,注模操作试验表明,用 α-半水石膏调制的石膏浆流动性能较好,初凝时间长,便于真空搅拌操作。α-半水石膏的另一特点是抗折强度随着水膏比的增加而显著提高。试验表明,当水膏比从 1:1.5 增加到 1:1.8 时其模型抗折强度从 3.75MPa 提高到 5.21MPa。

根据两种晶型半水石膏的特点,通常选用 β-半水石膏制作注浆成形用模,选用 α-半水石膏制作滚压模具,棱角清晰,工作面光洁,强度高,使用次数提高近一倍。

三、石膏模的制造

1. 石膏浆的调制

通常塑性成形用模的调和水为 70%~80%(以干石膏为基准),注浆用模为 80%~90%。石膏浆中调和水比半水石膏水化成二水石膏所需水量高得多,这个多余水量与模型的性能有密切关系。多余水量越高,模型吸水率越高,而机械强度相应越低。反之,则吸水率低而强度高,此外,对棱角较多的模型与形状复杂的模型,调和水量应相应增大些。

调制石膏浆时。只能将石膏粉倒入调和水中而不能将水倒入石膏粉中,否则易结团块,不易搅匀。

石膏浆中加入少量亚硫酸纸浆废液、$NaHCO_3$ 或糊精可以增加浆体流动性。为了增加母模与石膏模座的强度,可以加入少量普通硅酸盐水泥。

2. 石膏模的制造

1)模型的设计

(1)准确留出放尺余量。坯体有干燥和烧成收缩,模型即应按其收缩留出放尺。在测出坯体总收缩率后,即可根据烧后尺寸直接计算出放尺尺寸。

计算放尺时,制品的垂直方向与口径应有不同,因为黏土矿物的片状结晶多以平行于石膏表面作定向排列。此外,各类制品的形状不同,横直之间的比率不同,即使是同一配料,其横直收缩率也并不完全一样,必须经过实际测定,再定出各部分的收缩。

(2)考虑开模和脱模。例如壶类模型,可以上下对开模,也可以垂直对开模时,采用上下对开模,翻制模型简单,模型变小,成形操作方便。

(3)复杂模型要考虑分剖。要求块数少,装模卸模容易。

(4)注浆孔、排浆孔及出气孔等的位置安排要便于操作,保证制品质量。

(5)实心注浆用模型的空间部分应保证均匀一致,符合坯体规格要求。

2)制母模

母模也称模种,是制备大量翻制工作模的原始种子。可供制造母模的材料有金属(铁、钢、铜、铝、锡）、石膏、水泥、硫黄、橡胶、硬木、瓷器、聚氯乙烯、环氧树脂等。金属母模表面光滑，规格准确，不易走祥，经久耐用。大量生产的盘碗类母模最好采用金属铸造（以铜、铝最好）。一般产量不大或非永久性生产的品种，为了节约成本，可用石膏制造母模。

制造石膏母模，可先用石膏浆浇出石膏毛坯，然后按图纸车制成形。制成后表面涂抹一层洋干漆酒精溶液，使表面光润，不起吸水作用，并可提高硬度。

硫黄模种的强度比石膏大，因而比石膏耐用，它的表面光滑容易加工，规格一致，可抵得上金属模种而成本比金属低。

3）工作模型的浇注

制模时先将母模擦干净，表面均匀地涂一层脱模剂，常用的脱模剂有各种植物油、煤油和肥皂水等，然后将模套合好、加固，调制石膏浆后浇注，获得石膏模具。

釉

第一节　釉的作用与特点

一、釉的作用

釉是施于陶瓷坯体表面的一层极薄的物质,它是根据坯体性能的要求,利用天然矿物原料及某些化工原料按比例配合,在高温作用下熔融而覆盖在坯体表面的富有光泽的玻璃质层(渗彩釉及自释釉例外)。

釉的作用如下:

(1)使胚体对液体和气体具有不透过性,提高了其化学稳定性。

(2)覆盖于坯体表面,给瓷器以美感。

(3)防止沾污坯体。平整光滑的釉面,即使有沾污也容易洗涤干净。

(4)使产品具有特定的其他性能。如电绝缘性、抗菌性能、生物活性、红外辐射性能等。

(5)改善陶瓷制品的性能。釉面产生均匀的压应力,改善陶瓷制品的力学性能、热性能、电性能等。

二、釉的特点

一般认为釉是玻璃体,具有与玻璃相似的物理化学性质。如各向同性;由固态到液态或相反的变化是一个渐变的过程,无固定的熔点;具有光泽;硬度大;能抵抗酸和碱的侵蚀(氢氟酸和热碱除外);质地致密,不透水和不透气等。但是,釉又和玻璃有不同的地方,归纳起来,有如下几个方面:

(1)从釉层显微结构上看,除玻璃相外,还有少量晶相和气泡,其衍射图谱中往往出现晶体的衍射峰。

(2)釉不是单纯的硅酸盐,经常还含有硼酸盐、磷酸盐或其他盐类。

(3)大多数釉中含有较多的氧化铝,氧化铝是釉的重要组分,而玻璃中氧化铝的含量则相对较少。

(4)釉的熔融温度范围比玻璃要宽。

坯与釉之间的反应直接影响釉的化学性质及釉面状态。釉与坯体在高温下相互作用,使釉中的组分,特别是碱性氧化物和坯体充分反应而渗入坯体;同时也促进坯体中的成分进入釉层,形成晶体。

釉在坯体表面熔融过程中,会发生一系列物理和化学变化。其中包括:

(1)釉本身的物化反应,如制釉原料脱水、分解、氧化、熔融等。

(2)釉与坯接触处的物化反应,釉料中某些组分渗入坯体,坯体中成分与釉料反应,形成坯釉中间层。

第二节　釉的物理化学性质与性能测试方法

一、釉的熔融性能

1. 釉的熔融温度范围

为了表征釉的熔化进程与釉面成熟的相互关系,通常将釉处于成熟状态时所对应的熔化范围称为釉的熔融温度范围。该范围的下限指釉的软化变形点,习惯上称之为釉的始熔温度。上限温度是指釉的完全熔融温度,也称为流淌温度,超过此温度,釉将呈现明显的流动现象"过烧"。而在熔融温度范围内、釉熔体呈现较好的熔融状态,并能均匀地铺展在坯体表面,形成光亮、平滑的釉层。

在陶瓷生产中,如果始熔温度较低、则意味着釉将过早熔化,使坯体表面过早地被釉熔体所封闭、阻碍坯中残余气体排出,易造成制品起泡或针孔等缺陷。同时,釉过早熔融又会渗入具有较大气孔率的坯体中,从而引起"干釉"现象。但始熔温度过高时、又可能影响到釉的正常成熟并使熔融范围变窄、易产生生釉或流釉缺陷。过宽的熔融范围又会加大上、下限间的坯釉反应差别、使上限温度附近容易发生结晶作用及熔剂成分的挥发,难以获得质量均一的釉面。

釉的熔融温度通常采用的检测方法有两种:

(1)在釉粉中加入少量的有机黏合剂(如糊精),制成截头三角锥、然后与标准测温锥一起放入电炉中,以测定三角锥顶点弯曲到接触底座时的温度,作为釉的始融温度。

(2)采用高温显微镜检测技术来确定釉的熔融温度范围,可以将釉的软化和熔融的各个步骤用照相的方法记录下来。

将被检测的釉科干粉末制成3mm高的小圆柱体,放入电炉中,在加热过程中试样熔融与底盘平面形成半圆球时,该温度为釉料的始熔温度,以试样熔融呈扁平状,试样高度降至起始高度1/3时的温度为釉的流淌温度(上限温度)。

2. 釉熔体的黏度和表面张力

熔化的釉料能否在坯体表面铺展成平滑的优质釉面,与釉熔体的黏度和表面张力有关。

1)釉熔体的黏度

在成熟温度下,釉的黏度过大,则流动性差、不仅影响釉熔体的铺展与均化,而且阻碍气体的逸散,造成釉面不平、不亮、橘釉、针孔和釉泡等缺陷。黏度过小,则导致流釉、堆釉和干釉等缺陷,流动性适当的釉料,既能填补坯体表面的一些凹坑,还有利于釉与坯之间的相互作用,生成中间层。

测定釉的黏度一般是测定其相对黏度,以其在熔融状态时的相对流动度来比较。测定时可将釉干粉与适量黏合剂制成一定尺寸的小圆球,把釉球放入一块 $45°$ 角倾斜的流动版上的圆槽内,圆槽与一直形槽相连,加热至成熟温度,釉球熔融并在直槽内流动,冷却后测出釉在槽内流动的长度,用此长度来表征釉的黏度。测定时一般与一个良好的釉料进行对比。

釉料成分中的 K_2O 和 Na_2O,由于 R-O 健力弱,容易给出游离氧,对网络结构的破坏性强,因而能较大地降低熔体的黏度,其中 Na_2O 更强一些。Li_2O 具有与 Na_2O、K_2O 类似的断网作用,而且由于 Li^+ 离子半径小,极化能力大,在高温熔体中能便利地移动,因此能更为显著地降低釉的高温黏度。碱土金属氧化物对黏度的影响较为复杂,一方面在高温时引起黏度减小,其降低黏度的作用随离子半径增大而增大,顺序为:

$$Mg^{2+} < Ca^{2+} < Sr^{2+} < Ba^{2+}$$

另一方面,当温度降低时,黏度增大。其增大顺序一般为:

$$Mg^{2+} > Ca^{2+} > Sr^{2+} > Ba^{2+}$$

其他二价金属氧化物,如 ZnO、PbO 对黏度的影响与碱土金属氧化物基本相同,但在低温下黏度变化缓慢。Al_2O_3 在釉熔体中不仅参加网络,并且有补网作用,所以会增加釉的黏度。

B_2O_3 的影响比较特殊,在高温下难以形成 BO_4 四面体,故能降低釉的高温黏度。但低温时,当加入量 $<15\%$ 时,氧化硼处于 BO_4 状态,黏度随 B_2O_3 含量增加而增大。TiO_2,ZrO_2,SiO_2 都增加釉熔体的黏度。

2)釉熔体的表面张力

釉熔体的表面张力过大,阻碍气体的排除与熔融液的均化,在高温时对坯体的润湿性不好,容易造成"缩釉"(滚釉)缺陷;表面张力过小,则容易产生"流釉",并使釉面气泡破裂时所形成的针孔难以弥合。

碱金属氧化物对降低表面张力作用较强,离子半径越大,其降低效应越显著,降低顺序为:

$$Li^+ < Na^+ < K^+$$

碱土金属离子降低釉熔体表面张力有类似的规律,但降低幅度不如碱金属离子大,降低顺序为:

$$Mg^{2+} < Ca^{2+} < Sr^{2+} < Ba^{2+} < Zn^{2+} < Cd^{2+}$$

PbO 由于 Pb^{2+} 离子的极化率大,因而明显地降低釉的表面张力。三价氧化物(如 Fe_2O_3、Al_2O_3)随阳离子半径增大,表面张力增大。B_2O_3 能显著降低表面张力。SiO_2 对表面张力的影响取决于它的硅酸盐成分,当钠存在时,SiO_2 降低表面张力,而在铅硅熔体中,SiO_2 有时能增大表面张力。

表面张力随着温度的升高而略有降低,两者几乎成直线关系。温度每升高 $100℃$,表面张力减小 1%。

窑内气氛对釉熔体的表面张力也有影响。在还原气氛下的表面张力约比在氧化气氛下增大 20%。在还原气氛下釉熔体表面发生收缩,其下面的新溶液就会浮向表面。色釉,尤其是制熔块釉时,采用还原气氛的理由就是利用这种现象使其着色均匀。基于这个原因,采用还原焰烧成容易消除釉中气泡。

3）釉熔体与坯的化学作用

在坯与釉生成中间层的过程中，一方面釉中的碱性组分通过溶解和渗透不断向坯中扩散；另一方面坯中的组分也逐渐向釉中迁移。因此，其结果使坯、釉之间形成了一个不仅在化学组成上，而且在性质上介于两者之间的中间层，厚度一般为 $15 \sim 20 \mu m$。它既可以使坯、釉紧密地结合在一起，又可以有效地调和坯、釉性质上的差异并改善釉面质量。

为了使坯釉之间能够相互作用而获得良好的中间层，必须使它们的化学组成保持适当的差别，做到酸碱适度。如果坯体的酸性较强，则釉应为中等酸性；若坯的酸性中等，那么釉就应为弱酸性，假如坯的酸性较弱，则釉就应接近中性或很弱的碱性。如果坯和釉的组成相差过大，则酸、碱性相差过大，则由于坯与釉进行强烈的作用、会产生釉被坯体所吸收的干釉现象。反之，相差太小甚至趋于一致的话，那么反应就难于进行，对中间层的生成不利、使坯釉结合不好。通常，可根据 $SiO_2/(R_2O + RO)$ 摩尔数比来确定坯釉的酸碱性，要使坯、釉酸碱适度，就要使它们两者比值的差别适当。

二、釉的膨胀系数和坯釉适应性

高温下，釉形成熔体附于坯体表面。冷却时，熔体逐渐凝结固化，并与坯结合形成统一体。为了保证固化釉层与坯体的良好结合，必须使两者的膨胀系数相适应。

釉的膨胀系数大于坯的膨胀系数，在冷却过程中，釉的收缩大于坯体收缩，釉层受到坯体的拉伸作用，产生拉伸弹性变形，釉中便留永久张应力。张应力常用负号表示，故具有张应力的釉又称为负釉，当其张应力值超过釉的抗张强度极限，釉层即被拉断，形成龟裂。

相反，当釉的膨胀系数小于坯时，釉层在本身收缩的过程中，同时还受到坯体较大的压缩作用，使之产生压缩弹性变形，而在釉层中留下永久压应力。压应力常用正号表示，故具有压应力的釉又称为正釉，若其压应力超过釉的抗压强度极限，就会使釉层剥落。釉面应力情况如图 4-5-1 所示。

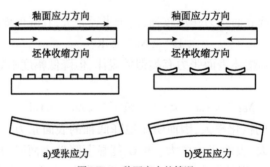

图 4-5-1 釉面应力的情况

釉作为脆性材料，其抗压强度远大于抗张强度，在釉层中保留适当的压应力，有利于消除表面的微裂纹，改善表面质量，还能够增大抵御外界应力的能力，提高制品的机械性能和热稳定性。

釉的膨胀系数过大时，可以按照以下方法进行调整：

（1）增加 SiO_2 的含量，同时降低碱性氧化物熔剂的含量。

（2）加入 B_2O_3 或提高 B_2O_3 含量以取代部分 SiO_2，使釉的熔融温度降低。

（3）加入低摩尔质量的碱性氧化物，按同摩尔数之比取代高摩尔质量氧化物熔剂，如以

CaO 取代 MgO,实际上,这样就相应提高了 SiO_2 的质量含量。

三、釉的机械性质

釉的机械性质包括釉层强度、弹性和釉面硬度。

一般情况下, CaO、MgO 有利于抗张强度的提高,而 K_2O, Na_2O 却会降低抗张强度.釉的弹性通常以弹性模量来表示。弹性模量愈小、弹性愈好。釉的强度好,一方面可以补偿坯与釉之间接触层新产生的应力,另一方面还能够缓冲机械外力的作用。釉的弹性模量与釉的化学组成有关,一般来说,碱金属氧化物降低釉的弹性模量,使弹性提高。碱土金属氧化物能提高弹性模量,其中影响最大的是 CaO,导致弹性降低, B_2O_3 的含量不超过 12% 时,能提高弹性模量,若含量增加,则弹性模量降低。

釉面硬度是体现釉层抵抗刻画能力的指标,直接影响使用性能。釉面硬度与釉的组成,烧成温度及显微结构密切相关。 SiO_2 含量的增加,会使釉面硬度显著提高。但如果烧成温度达不到而不能使其充分熔融,残留下石英晶体则反而降低釉面硬度。 Al_2O_3、B_2O_3、CaO、MgO、ZnO 等都对提高釉面硬度起促进作用。釉面硬度一般采用莫氏硬度和显微硬度(维氏硬度)来表示,瓷器釉面的硬度为莫氏硬度 6~7。

四、釉的光学性质

釉的光泽度是衡量陶瓷釉面质量的一个重要指标,取决于釉的反射率,而反射率 R 与折射率 n 的关系是: $R = (n-1)^2/(n+1)^2$,因此,反射率随折射率的增加而迅速提高,釉层折射率越高,光泽度越好。采用高折射率的原料(表 4-5-1),可以制成光泽度很高的釉层。

玻璃中各氧化物的折射率

表 4-5-1

氧 化 物	折 射 率	氧 化 物	折 射 率
SiO_2	1.475	ZnO	1.96
B_2O_3	1.414~1.61	CaO	1.83
Al_2O_3	1.49	MgO	1.63
Sb_2O_3	2.02	K_2O	1.58
PbO	2.46~2.50	Na_2O	1.59
BaO	2.01		

决定釉面光泽度的另一个重要因素是釉层表面的光滑程度。因为釉表面对入射光反射效应依赖于镜面反射率。釉面越平滑,镜面反射率越大,表面光泽越强。如果釉层表面粗糙不平,就会增加漫反射,从而导致光泽度降低。因此,保持釉面平整光滑是提高釉光泽度的重要措施。

第三节 釉的分类与制釉原料

一、釉的分类

1)按照烧成温度分类

(1)低温釉:烧成温度小于1120℃。

（2）中温釉：烧成温度介于 1120～1300℃。

（3）高温釉：烧成温度高于 1300℃。

2）按照烧成后的釉面特征分类

透明釉、透明釉、乳浊釉、虹彩釉、无光釉、半无光釉、金属光泽釉、闪光釉、偏光釉、荧光釉（发光釉）、单色釉、多色釉、变色釉、结晶釉、金星釉、裂纹釉、纹理釉、水晶釉、抛光釉等。

3）按照制备方法分类

（1）生料釉：直接将全部原料加水，制备成釉浆。

（2）熔块釉：将配方中的一部分原料预先熔融制成熔块，然后再与其余原料混合研磨制成釉浆。其目的在于消除水溶性原料及有毒性原料的影响。

（3）盐釉：在煅烧至接近烧成温度时，向燃烧室中投入食盐、锌盐等，使之汽化挥发并与坯体表面作用形成一层薄釉层。这种釉在化工陶瓷中应用较广。

（4）其他：如自释釉、渗彩釉。

4）按主要溶剂或碱性组分类

（1）长石釉：溶剂的主要成分是长石或长石质矿物。釉式中 $K_2O + Na_2O$ 摩尔数大于等于 0.5。

（2）石灰釉：主要溶剂为钙的化合物（如碳酸钙），碱性组成中可以含有、也可以不含有其他碱性氧化物，釉式中 CaO 的摩尔数大于 0.5。

（3）镁质釉：为了克服石灰釉熔融范围较窄、烧成难以控制的缺点，在石灰釉中引入白云石和滑石，使釉式中 MgO 的摩尔数大于等于 0.5。

（4）其他釉：若釉式中某两种碱性成分的含量明显高于其余碱性成分，其釉即以两种成分相称，如 CaO 和 MgO 含量处于较高比例（一般大于等于 0.7），即为石灰镁釉。此外，还有锌釉、锶釉、铅釉、石灰锌釉、铅硼釉等。

5）其他分类

按照着色剂分：铜红釉、镉硒红釉、铁红釉、铁青釉、玛瑙红釉；按照显微结构分：玻璃态釉、析晶釉、结晶釉、分相釉；按照物理特性分：低膨胀釉、半导体釉、耐磨釉、抗菌釉；按照用途分：装饰釉、接釉、底釉、面釉、丝网印花釉、商标釉、餐具釉、电瓷釉、化学瓷釉等。

二、制釉原料

釉用原料既有长石、石英、黏土等各类天然矿物原料，也有不同类型的化工原料。

1）引入 SiO_2 原料

在绝大多数釉组成中 SiO_2 含量占 50% 以上，日用陶瓷釉中一般含有 60%～75%。SiO_2 可提高熔融温度、提高釉的黏度、增加釉对水溶性和化学侵蚀的抵抗能力、增加釉的机械强度和硬度、降低釉的膨胀系数等。

SiO_2 组分除由长石、黏土等硅酸盐原料提供外，主要由石英原料提供。釉用石英原料的种类与坯料相同，但纯度要求更高，通常要求烧后呈白色，容易粉碎，其化学组成为：$SiO_2 > 99%$，$Al_2O_3 < 0.1%$，$FeO < 0.05%$，$CaO < 0.1%$，$MgO < 0.1%$，$K_2O + Na_2O < 0.15%$。

2）引入 Al_2O_3 原料

Al_2O_3 是网络中间体气化物，可提高釉的硬度和机械强度、以及釉的耐化学侵蚀能力，降低釉的膨胀系数，提高玻化能力，但含量过多会明显增大釉的难熔程度和釉熔体的黏度。

Al_2O_3 主要由黏土获得，长石或瓷石也带入一部分 Al_2O_3。在釉中引入黏土原料，除满足

Al_2O_3 组分要求外,更重要的是能提高釉浆的悬浮性、稳定性及增加釉层在坯体上的附着力和强度。选用优质高岭土,而不选用含 Fe_2O_3 量高、结合性差的黏土。

3)引入 K_2O、Na_2O、Li_2O 原料

K_2O、Na_2O、Li_2O 均系网络外体氧化物。在釉熔融过程中,它们都其有极强的"断网"作用,能显著降低釉的熔融温度和黏度,是釉的主要溶剂组分。K_2O 和 Na_2O 都明显增大釉的膨胀系数,降低釉的热稳定性、化学稳定性和机械强度,而 Li_2O 的助熔作用更强,用锂置换钠则降低热膨胀系数,提高釉的光泽度、化学稳定性和弹性。

引入 K_2O 和 Na_2O 的原料主要是钾、钠长石和釉用瓷石。钠长石与钾长石比较,釉易于熔融但光泽不佳,釉的最佳钾钠比(K_2O/Na_2O)应不低于 2。K_2CO_3、$NaCO_3$、KNO_3 和 $NaNO_3$ 等化工原料仅在熔块中部分采用。Li_2O 用锂辉石、锂云母、透锂长石引入。

4)引入 CaO 原料

CaO 是二价的网络外体氧化物,能在高温下放出游离氧,破坏网络结构,使熔体黏度降低,有助于釉熔融,是良好的高温熔剂组分。但温度较低时,Ca^{2+} 离子力求满足自己的配位要求,又能连接网络断点,使结构紧密、黏度增加,而加速熔体的固化。与碱金属氧化物相比,CaO 能降低釉的膨胀系数,提高釉面硬度、化学稳定性和机械强度,并能促进与坯体的良好结合。

在某些釉配方中如含有一定成分的 CaO,在赤热温度作用下将立即与黏土中 SiO_2 起强烈化学反应,当温度超过 1150℃ 更为明显,CaO 用量不得超过 18%,否则将提高釉的耐火度,并在釉中析出微小结晶,导致釉层失透。这也是形成无光釉的方法之一。

CaO 通常以石灰石、方解石,大理石、白垩等钙质碳酸盐或硅灰石引入。采用白云石、小白矸等原料时要考虑所带入的 MgO 含量。对硅灰石的开发和研究结果表明,硅灰石本身不带灼碱,釉烧过程中,不仅避免了分解气体对釉面质量的影响,而且使干釉层的收缩降低,有利于与坯附着。

5)引入 MgO 原料

MgO 也是二价网络外体氧化物,在釉中的作用与 CaO 类似,高温下提供游离氧,是强助溶剂、增加釉的流动性,温度降低时则提高黏度,只是在程度上较 CaO 弱些。但它能增大助熔范围,降低釉的膨胀系数,促进中间层的形成,从而减弱釉的发裂倾向。

引入 MgO 的原料有菱镁矿、滑石、白云石和其他含镁的原料。采用菱镁矿时,用量不宜过多,最好不要超过 6%,否则将明显产生缩釉缺陷。以滑石引入 MgO 时既可克服缩釉现象,同时又可提高釉的抗气氛能力,还可以获得一定的乳浊渡,从而提高釉面白度。但生滑石的鳞片状结构及高温下分解排气对釉料研磨、釉浆使用及釉面质量也会产生一些不良影响,因此,通常都将滑石煅烧后使用。用白云石引入 MgO 时,不会产生乳浊,能提高其透光性,常被用于透明釉配方中。

6)引入 ZnO 原料

在许多类型的釉中,如炻器釉、建筑陶器釉、瓷器釉等,ZnO 是很重要的成分,它是一种强熔剂,能在较大范围内起到良好的助熔作用,并可增加釉的光泽、提高釉面白度、降低膨胀系数、提高折射率,促进乳浊,由于 ZnO 在釉熔体中有很强的结晶倾向,在透明釉中引入不宜过多,一般控制在 5% 以下。作为结晶剂可作为结晶釉的主要成分。

ZnO 由锌白引入。锌白呈白色或淡黄色,颗粒细。使用前必须煅烧。生锌白细度大、活性高,与水接触后在颗粒表面生成胶凝氢氧化锌层,使釉浆稠化。

7）引入 PbO 原料

PbO 是强助熔剂，能与 SiO_2 和 B_2O_3 化合形成玻璃。它的特点是能显著增大釉的折射率，赋予釉面极好的光泽，增加釉的抗张强度和弹性。但会大大降低釉面硬度，并须在氧化气氛下釉烧，因此有毒性，其使用受到一定限制或必须制成熔块。

引入 PbO 的原料主要是铅丹（Pb_3O_4）、密陀僧（PbO）和铅白[$2PbCO_3 \cdot (Pb(OH)_2)$]。铅丹为橙红色粉末，又称红丹，加热至 500℃ 以上则分解放出氧气。

密陀僧又称黄丹，是一种黄色粉末，常含有 Pb，且易被还原，不常采用。铅白为白色粉末，亦称为碱式碳酸铅，加热至 400℃ 分解。

8）引入 B_2O_3 原料

B_2O_3 是强助熔剂，适量引入釉中能显著降低釉的熔融温度，降低釉的膨胀系数，增大釉对光的折射率，提高光泽度，提高釉面硬度和弹性，阻止其他化合物结晶倾向，可避免釉失透现象发生，对着色氧化物的溶解性很强。

引入 B_2O_3 的原料为硼酸、硼砂和含硼矿物。

硼酸（H_3BO_3）是鳞片状白色结晶粉末，相对密度为 1.44，易溶于水，185℃ 熔融并分解，300℃ 完全失水变成 B_2O_3。

硼砂（$Na_2B_4O_7 \cdot 10H_2O$）为白色菱形结晶粉末，相对密度为 1.72，易溶于水。加热时于 320℃ 失去全部结晶水，成为无水硼砂。无水硼砂熔点为 741℃，沸点为 1575℃，同时分解。由于含水硼砂在空气中即能风化，因此应在密闭状态下储藏，否则会因失去部分结晶水而导致成分的变化，影响配料的准确性。

含硼矿物主要有：硼镁石（$MgHBO_3$），钠硼钙石（$NaCaB_3O_9 \cdot 8H_2O$）和硅钙硼石[$Ca_2B_2(SiO_4)_7(OH)_7$]。

9）引入 BaO 原料

BaO 在碱土金属氧化物中的助熔作用最强，并能显著提高釉的折射率，增加釉面光泽。

BaO 主要由碳酸钡引入，$BaCO_3$ 为白色粉末，有毒，相对密度为 4.43，不溶于水而溶于酸，即使有少量胃酸也会溶解，因此吸入人体内极为危险。$BaCO_3$ 分解温度在 1360℃ 左右，但在 SiO_2 和其他碱性组分存在时，在 700℃ 以下即能分解，并生成硅酸盐。天然的碳酸钡称为重毒石，因有较多的杂质，很少采用。

也可以用硫酸钡（$BaSO_4$）、氢氧化钡[$Ba(OH)_2$]或硝酸钡[$Ba(NO)_2$]等引入 BaO。由于含钡原料均有毒性，所以使用时应特别注意。

10）其他原料

在瓷釉中常用的原料还有骨灰、锆英石、碳酸锶、瓷粉等。

在瓷釉中加入 ZrO_2 或锆英石（$ZrSiO_4$）可提高釉面白度和耐磨性，而且能增大抗釉面龟裂性和釉面硬度，实验表明引入 7% 锆英石可提高白度 8% 左右。

在釉中引入煅烧骨灰可提高光泽度，并使釉面柔润。

碳酸锶对降低釉的熔融温度，提高光泽度，扩大烧成范围有利。例如在日用瓷釉中以氧化锶代替氧化钙，可增加釉的流动性和溶解度，降低软化温度，少许提高膨胀系数。在含锆釉中，以锶化物代替 CaO 或 BaO，将促进坯、釉中间层的化学反应。

瓷粉加入釉中，以取代少部分长石，可以提高釉的熔融温度和降低釉的黏度，还可以减少釉面针孔，提高白度。

此外,釉中常采用一些乳浊剂如 SnO_2、TiO_2、ZrO_2、锑化合物、氟化物、磷酸盐等,也有用一些着色剂以增加艺术感,如锰、钴、镍、铜的氧化物或化合物等。

第四节 釉料配方及计算

一、釉料配方

釉的表示方法和坯体一样,可以用各氧化物的质量分数表示或各种原料的实际配料量来表示,也可用实验公式(釉式)表示。

合理的釉料配方对获得优质釉层是极其重要的,在设计与确定釉料配方时要求掌握以下几个原则。

1)根据坯体的烧结性质来调节釉的熔融性质

通常要求釉具有较高的始熔温度,以保证坯体内残余气体的顺利排出和避免釉泡、针孔等缺陷的产生。同时,要求有较宽的熔融温度范围(一般不小于30℃),并且釉的成熟温度低于或接近于坯体的烧成温度,在此温度范围内,熔融状态的釉能均匀铺展于坯体表面,冷却后形成平整光滑的釉面。

2)使坯、釉的膨胀系数相适应

当釉层承受一定压应力时,不仅能防止釉层龟裂,而且能获得较好的热稳定性并且抵御外界应力,因此,要求釉的膨胀系数略低于坯体的膨胀系数,使之形成正釉。两者相差的程度取决于坯釉的种类和性质。

3)坯、釉的化学性质要适应

釉的组成波动范围广,为了保证坯釉紧密结合,形成良好的中间层,应使两者的化学性质既要相近,又要保持适当的差别,一般以坯釉的酸度系数来控制。细瓷坯料酸度系数 $C \cdot A = 1 \sim 2$,硬瓷釉 $C \cdot A = 1.8 \sim 2.5$,软瓷釉 $C \cdot A = 1.4 \sim 1.6$。

4)釉的弹性模量与坯的弹性模量相匹配

坯、釉结合状况与釉的弹性及抗张强度有关。既要求釉质地坚硬,使用时难以磨损,有较高的抗张强度,又要求它具有与坯相匹配的弹性模量,通常使釉的弹性模量 E 略小于坯的弹性模量 E。

5)合理选用制釉原料

釉用原料种类较多,性能差异较大。在选择釉料时既要考虑能否满足釉的化学组成,又要注意原料本身的化学组成、工艺特性、物理性状和加热变化情况,同时还应考虑成本及资源情况。

二、设计方法和步骤

1.掌握必要的资料

(1)掌握坯料的化学与物理性质,如坯体的化学组成、膨胀系数、烧结温度、烧结温度范围及气氛等。

(2)明确釉料本身应达到的性能要求(如白度、光泽度、透光度、化学稳定性)及制品的性能要求(如机械强度、热稳定性、耐酸碱性、釉面硬度等)。

(3)制釉原料的化学组成、纯度及工艺性能等。

(4)釉料制备过程中的工艺条件。

2. 拟定配方组成

1)借助成功的经验配方加以理论上的调整

釉料配方可能是用化学组成百分数表示或用实验公式来表示的。调整时,以变动化学组成的百分数或实验公式中的氧化物摩尔数或是两种氧化物的摩尔数之比来配成一系列的釉,然后通过制备、烧成并测定它们的物理性质,找到符合要求的配方。

2)利用釉组成—釉成熟温度图与有效经验

研究者对不同温度适用的生料釉组成,按实验式的要求统计制成生料釉摩尔组成与温度的关系图。如在碱性氧化物等于 1 的情况下,无论碱性组分的种类如何改变,釉的成熟温度总是随着 Al_2O_3 和 SiO_2 的增加而提高。而且在 Al_2O_3 缓慢增加的同时,SiO_2 都以较大幅度增加。据此可以拟出釉料配方,如要配置 1250 ~ 1350℃ 的釉料用图查出近似釉式为:

$$\left.\begin{array}{l}(0.2 \sim 0.3)(K_2O + Na_2O)\\(0.7 \sim 0.8)(CaO + MgO)\end{array}\right\} \cdot (0.4 \sim 0.7)Al_2O_3 \cdot (4.5 \sim 7.5)SiO_2$$

结合在 1250 ~ 1350℃ 烧成的实用釉经验,Al_2O_3 摩尔数为 0.3 ~ 0.7;SiO_2 摩尔数为 3 ~ 7;$SiO_2/RO = 4 \sim 6$;$SiO_2/Al_2O_3 = 7 \sim 10$;$R_2O/RO = 3/7$,再结合实际情况加以调整。

3. 参照测温锥标准成分确定组成

测温锥在达到其标写温度时,锥体弯倒,锥顶尖会触及底盘。如制品在此标定温度下烧成时,釉料达不到充分熔化的流动状态。显然,釉料的化学组成与该标定温度下测温锥的组成应有很大差异。经验表明,如参照测温锥组成设计釉料配方,则应选择比烧成温度低 4 ~ 5 个锥号的测温锥化学组成作为计算的依据。这种方法适用于长石釉、高温瓷釉及熔块釉配方的配制。

4. 配方试验

根据拟定的组成范围,采用原料进行配方试验。对实验结果进行测定、分析、科学处理,找出符合要求的最佳配方。优选配方经过小试、中试的全面考查和调整,并在确认符合设计要求时,再投入生产。

三、釉料配方的计算

配制釉料原料一般为较纯的矿物原料或化工原料。为简化计算,常用原料理论组成获得近似效果。

生料釉的配方计算与坯料计算方法基本一致。但在选用原料时,不宜使用可溶性原料,因为:

(1)干燥或素烧的坯体在施釉过程中,能吸收可溶性原料于坯体内,假设此种可溶性原料为 Na_2CO_3,吸入坯体内可使坯质软化,同时,釉中减少这种成分会使釉的熔化温度提高,坯釉组成都受影响。

(2)干燥时,由于毛细管的作用可溶性原料会逐渐被带至表面而浓缩,使生釉成分不均匀分布产生缺陷。

（3）釉中含有可溶性成分，能溶解着色氧化物，使着色氧化物不能均匀分布，影响色泽。

每种原料至少能提供一种以上的氧化物，当采用能提供两种以上氧化物原料时（如长石、黏土等），应注意在供给釉中一种氧化物的同时而不使所含的其他氧化物超过需要的量。为了提高釉浆的悬浮性和结合强度，增加釉的附着性，在釉式中要保留 $0.05 \sim 0.10 mol$ 的 Al_2O_3 由黏土引入，其余的 Al_2O_3 则由煅烧黏土供给，用煅烧黏土代替生黏土可防止釉在干燥或烧成初期发生龟裂。

【例题】 按下列釉式计算配方量

$$\left.\begin{array}{r}0.25 K_2O \\ 0.13 ZnO \\ 0.56 CaO \\ 0.06 MgO\end{array}\right\} \cdot 0.58\ Al_2O_3 \cdot 4.50\ SiO_2$$

（1）确定引用原料的种类

采用钾长石满足釉式中 K_2O，方解石满足 CaO，MgO 由烧滑石引入，ZnO 由锻烧氧化锌满足。釉式中的 Al_2O_3 除长石引入外，采用 $0.1 mol$ 软质高岭土，余量由烧高岭土满足。SiO_2 不足由石英补充。

（2）计算各种原料用量

计算过程及结果列入表（4-5-2）中，若要精确计算，应根据所用原料的实际化学成分进行逐项满足，计算方法同坯料配方的计算方法相同。

制釉原料配方量计算

表4-5-2

原　　料	摩　尔　数	分　子　量	质　　量	质量分数（%）
钾长石	0.25	556.8	139.20	32.69
方解石	0.56	100.0	56.00	13.15
烧滑石	0.02	361.3	7.23	1.70
烧氧化锌	0.13	81.4	10.58	2.48
软质高岭土	0.10	258.1	25.81	6.06
烧高岭土	0.23	222.3	51.11	12.00
石英	2.26	60.1	135.83	31.90
合计			425.76	99.98

四、熔块釉

熔块制备的目的是将可溶性原料变为不溶于水的状态，将有毒性原料成为毒性较小的形式，减少相对密度大的原料易于沉淀的现象等。有些原料如碳酸钾、碳酸钠、硼砂、硼酸等，在生料釉中不能使用，而在熔块釉中却可以采用。制备熔块时，挥发物放出，釉的收缩减小，各成分间都成为极其致密的结合状态。使用时，熔块釉更易成熟，密度大。对有毒原料如密陀僧、铅丹及碳酸钡等，将其制成熔块可减少毒性影响。对于色料和颜色釉，熔块法可使之分布均匀，被广泛地使用。

1. 熔块的配合规则

计算熔块釉配方，首先要掌握熔块的配合规则，以保证其熔融反应能充分进行和熔后质量稳定。

(1)所有水溶性原料、有毒原料、相对密度特别大的原料都要配入熔块。

(2)熔块中酸性氧化物、与碱性氧化物的摩尔数比应在$1:1\sim3:1$之间。此项规定是确保玻璃熔块的形成能力和适宜的熔制温度。

(3)熔块中Al_2O_3与碱性氧化物的摩尔数比应小于0.2。因为Al_2O_3能显著增大熔体黏度,若引入量过多,会影响熔块的正常熔融和均化。

(4)熔块中若含B_2O_3,则SiO_2与B_2O_3的摩尔数比需大于2,因硼酸盐玻璃的水溶性较大,只有以部分组分固溶于SiO_2结构网络,才能保证其化学稳定性。

(5)熔块中R_2O与RO的摩尔数比应小于1。R_2O–SiO_2玻璃水溶性大,有加入RO组分能形成结构紧凑、化学稳定的复合硅酸盐玻璃,使熔块达到使用要求。

2.熔块釉的计算

已知釉式,求其配方量与生料釉算法一样。

(1)确定配入熔块的原料。

生产上很少使用全熔块釉(特殊情况除外),因为全部采用高温熔制后瘠性玻璃熔块制备釉浆,其悬浮稳定性差,施釉操作困难,且会严重影响釉层各部位成分的均一性及减弱对坯体的附着强度,因此实用熔块釉都用一定生料量。

除水溶性和有毒性原料必须配入熔块外,钙质原料也配入熔块。碳酸钙分解气体在熔制熔块时排出,而不致对釉面产生不良影响。若以生料引入,在较低的釉烧温度下,石英颗粒不易被充分熔化,在不影响熔块正常烧制的情况下,亦应配入熔块。

为保证釉浆的悬浮稳定性,黏土原料应留有适当数量(0.05mol以上)以生料配入。对于滑石、长石、锌白等原料,应根据具体情况而定。但若以生料引入,滑石和锌白须煅烧后使用。

(2)列出熔块中各氧化物的摩尔组成,算出总量并用配合规则验证。

根据摩尔组成,算出重量组成,按照熔块配合规则逐一验证,最后计算出熔块的配方。

第五节　釉料制备工艺

一、生料釉料制备

陶瓷厂所使用的釉料多为生料釉,其中白釉均为生料釉,颜色釉等则不全是生料釉。

(1)与坯料比较,对制釉所用原料的纯度要求更高。对石英长石等要严格洗选,进行净化。

(2)用于生料釉料的原料应不溶于水。

(3)对于石英等原料均采取先煅烧然后使用的方法。制釉用黏土可以采用部分煅烧过的黏土,以降低釉层收缩率,提高釉浆流动性。钾长石配釉可以将长石先行煅烧,避免长石中的K_2O、Na_2O在球磨搅拌等水溶剂中被浸出来,施釉后K_2O、Na_2O在制品的角棱等局部集中,造成该局部成熟温度降低而到规定的成熟温度时则该局部过火起泡。

(4)釉料的研磨细度影响釉浆质量和釉面质量。釉料愈细则釉浆稠度愈高,同时干燥收缩也愈大,施釉后易出现裂纹。

陶瓷厂对釉料细度的要求一般为 10000 孔/cm² 筛筛余量 0.02。要使釉料达到此种细度要求,有的要研磨 100h 甚至更长时间,然而由于长时间湿式研磨,会出现某些原科(如长石)中的碱性成分的浸出,导致釉浆稠度不稳定现象,这可以采用解胶剂,以增加釉浆的悬浮性。

釉浆的稠度对上釉速度和釉层厚度起着重要作用。浓度大的釉浆会使釉层加厚,而且容易出现堆釉等上釉不均匀现象。但是浓度太小的釉浆,在同一操作情况下,会使釉层过薄而在烧成时容易产生干釉现象。

釉浆浓度可用密度计进行测量,一般釉浆密度控制在 $1.3 \sim 1.5 \mathrm{g/cm^3}$。

本流程中(图 4-5-2),料:球:水 = 1:1.8:0.5;磨 70h 分析细度,要求 400 目筛筛余 < 0.2%;生产上过 160 ~ 180 目筛,无筛余。

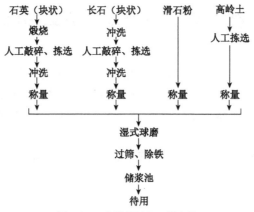

图 4-5-2　生料釉制备工艺流程

石英和长石煅烧冲洗后敲碎剔除杂质这一工序是极为重要的。人工敲碎时,一面敲碎(块度约 10mm)一面拣选,把带色的铁质矿物,角闪石等杂质予以剔除,然后把敲碎拣选过的石英,长石分别装在车上,再用水冲洗,晾干后即可称量投球磨。

分析细度指的是从球磨机中提取釉浆样品进行分析,要求过 400 目筛筛余 < 0.2%,而实际生产上过筛要求考虑效率,用 160 ~ 180 目筛。

高岭土中如石英块和着色物质(如黑云母)都必须仔细剔除。

二、熔块釉料制备

熔块釉包括熔块和生料两部分。

为了保证熔块料混合均匀,所有原料都必须预先制成粉料。长石,石英等硬质原料一般经干碾过筛即可与化工原料混合入坩埚炉或池炉或回转炉熔制;也有经硬质干式轮碾后还要干式球磨的;土类原料先经烘干再进行球磨;化工原料可直接过筛,对其中结块的也须经干碾后过筛。

将原料制成粉料是为了混合均匀,但原料过细在池炉中易被烟气带走而改变组成。

配料称量时要求配比准确、混合均匀、通常用轮碾式混合机、球磨机或反复过筛的方法混合熔块料。

熔制熔块的温度对保证熔块质量也很重要。通常认为高温、快速熔制能保证熔块熔融透彻,又能防止过多的易挥发物挥发(图 4-5-3)。

化工原料 → 称量

矿物原料 → 洗选 → 煅烧 → 粗碎 → 洗选 → 轮碾 → 过筛 → 干球磨 → 称量 → 混合 → 熔化（坩埚炉或池炉）→

冷水急淬 → 熔块拣选 → 熔块库 → 称量 → 湿球磨 → 过筛、除铁 → 釉浆

高岭土 → 拣选 → 称量

图 4-5-3　熔块釉制备工艺流程

熔块熔体经水淬成粒后可缩短釉料研磨时间。

熔块的熔制按产量大小而决定采用坩埚炉、池炉或回转炉。

熔制熔块的间歇式坩埚炉与熔制玻璃的坩埚炉相似。

第六节　施釉及釉缺陷控制

施釉前,生坯或素烧坯均需进行表面的清洁处理,以除去积存的尘垢或油渍,保证釉层的良好附着。清洁处理的方法可以用压缩空气在通风柜内进行吹扫,也可以用海绵浸水后进行湿抹,或者以排笔、毛刷等蘸水洗刷。然后按照规定的工艺标准调整釉浆相对密度并搅拌均匀。

施釉时视器形和要求不同而采用不同的方法。下面介绍几种常用的施釉方法。

一、浸釉

浸釉是将坯件浸入釉浆中,停留适当时间后迅速提出。这种方法不仅适用于日用瓷及其他小件制品的通体一次上釉,而且普遍用来给壶、瓶、杯、罐等制品施外釉。浸釉法要求生坯具有一定的强度或采用素烧坯,否则容易被浸散碎裂。它要求操作者手法熟练,速度均一,并定时搅动釉浆,以确保釉层厚度一致。

浸釉时釉层的厚度取决于坯体的吸水率、釉浆的相对密度及浸釉的时间。

二、荡釉

荡釉法适用于中空器物如壶、瓶、罐等施内釉。将釉浆注入空心坯件内,上下左右摇动,使釉浆涂敷于坯件的内表面,然后倒出余浆。倒出余浆时很有讲究,因为釉浆如果从一边倒出,则釉层厚薄不均。有经验的工人倒余浆时动作快,釉浆从圆周均匀流出,使釉层均匀。

三、浇釉

浇釉是利用浇洒的方法,把釉浆浇于坯件之上。对于大件制品,如缸类,通常是舀取釉浆从上到下均匀地浇洒于静止的坯件上,靠釉的重力流淌完成施釉过程。生坯的强度较差时,不宜采用浸釉法施釉,也常采用浇釉法。施釉时,把盘、碟类坯件放于镟钵车上,然后把釉浆浇至坯件中央,釉浆在离心力的作用下均匀地流散于整个表面,余浆从坯体边沿被甩出,并收集循环使用。这种方法也被称为旋釉或轮釉,它不仅适用于强度低的坯件,而且得到的釉层均匀。

四、喷釉

喷釉是利用压缩空气将釉浆雾化喷于坯体的表面。此法常用于壁薄、易碎的高档制品、釉

下彩装饰制品及某些大型瓷板等。

喷釉的工具是喷枪,气源是空气压缩机,工作压力一般控制在 $300\sim400\mathrm{kPa}$,为防止喷釉过程中的雾粒对人体的危害,操作室内必须有吸尘设备。

五、刷釉

刷釉是用毛笔蘸取釉浆涂刷于坯体之上。这种方法不适用于大批量生产,而多用于在同一坯体上施几种不同的釉或用于补釉。

六、施釉缺陷及控制

在施釉时,要适当选择釉的相对密度,釉浆密度过小,则在坯体上形成的釉层过薄,不易消除制品表面上的粗糙痕迹,且使烧成后釉面光泽不良;釉浆密度过大,施釉操作不易掌握,坯体内部有棱角的地方往往上不到釉,施釉后釉面容易开裂,烧后在制品表面上可能产生堆釉现象。

釉料粉碎过细时,则釉浆的黏度过大,含水过多,在干燥的坯件上施釉后,釉面容易产生龟裂或釉层卷起与坯体脱离等现象。釉层愈厚,这种缺陷愈显著。

釉料的粉碎细度不足时,则釉浆黏附力小、釉中的组分易沉降,且釉层与坯件的附着不牢固。如果发现釉的附着性不良时,可加入适量的凝胶剂或有机质物料加以防止。

釉料中加入的可塑性物料过多,造成釉的黏度过大时,施釉后容易发生龟裂、釉层卷起等现象。此时应调整可塑物料的配合量,或将部分黏土原料预烧,以减小黏附能力。

由黏结力过强的坯料形成的坯体,水的渗透较为困难,在施釉时往往产生开裂缺陷;尤其使用浓度小的釉更为严重。这是由于坯体的组织过于致密,缺乏渗透性,施釉时坯体表面吸收水分而膨胀,坯体内部则由于水分难以渗透进去,使坯体内外膨胀不一致,所以发生开裂。在黏性过强的坯料中应加入减黏原料来增加坯体的吸水性,此外,也可以将坯体先行素烧来增加其吸水性。

由黏力过小的坯料形成的坯体,施釉时容易破损,操作也比较困难。此时,可增加坯中可塑性原料或对坯件先行素烧,以增加坯体的强度。

剥脱是釉最容易发生的缺陷之一,烧成后釉面呈鳞片状,点滴状或粒状,其产生的主要原因是由于烧成前釉与坯的附着不充分而引起。

第六章

干燥与烧成

第一节　干　　燥

干燥是从含水的物料中排除其所含水分的工艺过程。陶瓷生产中,需要将40%含水泥浆通过喷雾干燥塔制得含水6%的成型粉料;或将22%含水的泥饼干燥成水分符合要求的粉料;注浆成型的坯体、半干压坯体均需经过干燥才能进行施釉或入窑烧成。

一、干燥原理

干燥的目的就是脱出物料的物理结合水,而物理结合水又分为自由水和大气吸附水。当物料表面水蒸气分压等于物料表面温度下饱和水蒸气分压时,自由水蒸发,物料收缩,又称收缩水。大气吸附水是存在物料毛细管中和细颗粒表面的水,处于分子力场所控制范围内,水分从物料中排除时,水蒸气的分压小于物料表面温度饱和蒸汽分压,物料不收缩,达到蒸汽压平衡时不能继续排除,又称平衡水分,与干燥介质的温度和相对湿度相关。

陶瓷坯体干燥过程中,坯体收缩取决于自由水含量与排除,而气孔则与大气吸附水含量与排除相关。

假定在干燥过程中坯体不发生任何化学变化,干燥介质恒温恒湿则干燥过程包含了四个阶段。

1)升速干燥

也叫加热阶段,坯体表面被加热升温,水分不断蒸发,直到表面温度达到干燥介质的湿球温度,坯体吸收的热量与蒸发水分所消耗的热量达成动态平衡,则干燥过程进入了等速阶段。由于升速阶段时间很短,所以此阶段排出水量不多。

2)等速干燥阶段

该阶段的特征是干燥介质的条件(温度、湿度、速率等)恒定不变,水分由坯体内部迁移到表面的内扩散速度与表面水分蒸发扩散到周围介质中去的外扩散速度相等。水分源源不断地由内部向表面移动,表面维持润湿状态,水分气化仅在表面进行,自由水不断地蒸发排出。因为干燥介质条件不变,坯体表面温度也维持不变,等于干燥介质的湿球温度。因此,此阶段干燥速率和传热速率保持恒定不变,其干燥速率主要取决于干燥介质的条件。

3)降速干燥阶段

在干燥过程中,当坯体中的自由水大部分排除时,干燥速度即开始降低,从等速至降速阶段过渡的含水率(一般取平均值)称为临界含水率。到达临界含水率以后,坯体的干燥是排除其中毛细管中的水分和含水矿物中的物理吸附水,坯体略有收缩,所以此阶段坯体内不会产生干燥收缩的应力,干燥过程进入安全状态。

临界含水率因坯体的性质不同而异,同一材料如干燥速度增大,坯体的成形水分愈大,临界含水率愈高,坯体物料愈厚,临界含水率愈大;干燥空气温度高,临界含水率低。在恒定的干燥条件下,通过干燥速度曲线的测定和绘制可以确定其临界含水率。

降速干燥阶段又可分两个小阶段,在第一小阶段,坯体内毛细管中水分蒸发,而且,蒸发面不断地减小,坯体的表面上开始出现已干斑点。第二小阶段,坯体的一切毛细管内已经没有水,此时蒸发移入坯体内部进行,坯体内部生成的水蒸气克服坯体及边界层的阻力进入四周空气中。

在降速干燥阶段,坯体用于蒸发水分的热消耗降低,加热坯体的热量增加,因此坯体的温度将逐渐升高,力求达到坯体周围的介质的温度,此时的坯体水分与周围空气介质之间成平衡状态。

4)平衡阶段

当坯体干燥到表面水分达到平衡水分时,表面干燥速度降为零,因为表面蒸发与吸附达成动态平衡。此时坯体与周围介质也达成平衡状态,平衡水分的多少取决于坯体的性质和周围介质的温度与湿度,这时坯体中的水分叫干燥最终水分。坯体的干燥最终水分不应低于贮存时的平衡水分,否则干燥后将再吸水至达到平衡水分。

二、生坯的干燥制度

干燥制度是根据产品的品质要求来确定干燥方法及其干燥过程中各阶段的干燥速度、影响干燥速度的参数(干燥介质的种类、温度、湿度、流量与流速等)。理想的干燥制度是在最短时间内获得无干燥缺陷生坯的制度。

1)介质温度

干燥速率直接受介质温度的影响。建筑瓷砖常用的坯体都有一个允许的极限温度,并不是越高越好。

陶瓷坯体属于多孔介质,其导热性较差,干燥过程中容易产生温度梯度使干燥收缩不一致,导致产生变形或者开裂。在同一温度环境中,介质的相对湿度低,吸水的能力就高。

温度越高,空气的饱和蒸汽压越大,它与坯体内部气压之间的差值即干燥的驱动力就越强。从提高干燥速率的角度考虑,高温理论上能使水分在坯体内部迁移速率增大。但是温度高意味着消耗能量大,排出的干燥废气温度同样也高,热能利用效率相对就低。因此干燥介质热能利用的最优策略并非温度愈高愈好。

此外,干燥介质温度高于常规干燥工艺温度,吸湿能力过强使得坯体表面水分蒸发过快,导致内外水分迁移速率不一致。当这种不一致的步调达到一定极限时,坯体表面就出现坯体外部收缩大,而内部收缩小,形成表面张力,当坯体强度比这种张力小时,表面就产生开裂。另一方面,表面干得太快,不仅表层干燥后形成多孔介质的壳层,不利于热量传导至内部,而且随着干燥的进行,坯体表面的蒸汽压进一步降低,其蒸发速率反而减慢。

如果较高温、较高湿度的干燥介质用于快速干燥的初期阶段,因为坯体厚度方向上湿度梯度较平缓,且表层湿分又是热的良导体,理论上可以加快坯体的干燥速率而又不致产生开裂。

2)介质湿度

陶瓷生产中干燥介质主要来源于窑炉排烟段送来的高温尾气、燃烧机产生的热烟气或者来自急冷段的余热风,湿度最大的为排烟段送来的烟气,其次为燃烧机烟气,湿度最小的为余热风。

介质湿度过高不仅会出现结露现象,而且会影响干燥周期。介质湿度过低,虽然吸湿能力很强,能加快干燥速度,但是坯体在急剧的干燥收缩中容易开裂。因而合理的保持和变化介质湿度是保证坯体品质的关键所在,在坯体湿分达到临界点以前,严格控制干燥介质的湿度,使排湿速率得到控制,以避免开裂;而在临界点以后,调整介质的温湿度使之达到高温、低湿,缩短干燥时间提高干燥效率。生产中常用的方法是提高空气的温度,在湿分含量不变的情况下,降低其相对湿度,且可增大对流换热系数。

3)介质流速

陶瓷坯体干燥主要通过对流来交换热量,提高介质对流速度不仅能提高坯体的对流传热,而且流速越快坯体表面被带走的湿分就越多。相反流速越慢,蒸发出来的水蒸气没被及时带走反而有可能影响干燥速率。一般情况下,要保证干燥质量的前提下加大流速,比较好的做法是在干燥进行至降速段,增大流速来减少干燥时间提高干燥效率。

三、影响干燥速度的因素

1)影响内扩散的因素

所谓内扩散,是指坯体内部水分扩散至坯体表面的过程,主要借助于扩散渗透力和毛细管力,服从扩散定律。内扩散有两种形式,即水分的热湿传导与湿传导。所谓热湿传导是指由于温度差而引起的水分传导。温度差引起水分子的动能、水在毛细管内的表面张力、空隙中空气压强的不等,导致水分子由高温处向低温处移动。湿传导则是由于水分浓度差(湿度差)而引起的水分传导。湿度差使水分子从高湿处向低湿处移动。可见,热湿传导方向与温度梯度(热流方向)一致,而湿传导方向与湿度梯度方向一致。如果热湿传导与湿传导方向一致,则内扩散速度将大大加快,反之将降低内扩散速度。因此,影响生坯内扩散的几个主要因素可归纳如下:

(1)组成坯体物料的性质,粗颗粒、瘠性物料含量多的坯体,其所在的毛细管粗、内扩散阻力小而利于内扩散速度的提高。

(2)生坯温度,生坯温度升高,毛细管中弯月面的表面张力也降低,则内扩散阻力减小,可提高内扩散速度。为了加快处于降速干燥阶段的生坯内水分的扩散速度,可采取一定措施使坯体的温度梯度与湿度梯度方向一致,从而加快内扩散的速度。例如当采用电热干燥、微波干燥、远红外干燥等方法时,可以向生坯中自由水直接提供能量使之转化为热能,达到坯体的热、湿传导方向一致,这就比从外部施加热量能更有力的加强内扩散,提高干燥速度。

(3)坯体表面与内部的湿度差,湿扩散的速度与湿度梯度成正比,湿度差愈大,则湿扩散速度愈大,相应内扩散速度也提高。

2)影响外扩散的因素

所谓外扩散是指坯体表面水分气化,并通过水气膜向外界扩散的过程。外扩散的动力是坯体表面的水蒸气气压与周围介质的水蒸气分压之差。差值愈大,则外扩散速度愈大。

因此,影响外扩散的主要因素有干燥介质与生坯表面的蒸汽分压、干燥介质与生坯表面的温度、干燥介质的流速、方向及生坯表面蒸汽膜的厚度和能量的供给方式等。这些因素综合作用于坯体表面,决定了水分从坯体表面扩散至干燥介质中的速度。传统的干燥就是靠提高这种外扩散速度来加快干燥速度,如热空气干燥法。而现代的干燥方法是以增强输入电热能、辐射能等来降低周围干燥介质蒸汽分压,加大气体流速,控制气体流向等方法来提高外扩散速度。

3) 其他影响因素

坯体中水分的内扩散和外扩散是影响干燥速度的主要因素,此外,还有以下几个因素对干燥速度有一定影响。

(1) 干燥方式

传统的干燥方式如热风干燥则速度较慢,热风-红外线干燥,使坯体在开始干燥时所必需的热量由红外线供给,保证坯体的内部温度高于外表面温度,造成坯体的热扩散与湿扩散的方向一致。另外,微波-真空干燥能更加提高干燥速度。

(2) 坯体的厚度和形状

坯体厚度的影响主要是在降速干燥阶段。在降速干燥阶段,坯体厚则内扩散阻力大、速度低,则干燥速度小。同时,如坯体形状过于复杂,则干燥速度不能太快,以避免各部分收缩不均匀造成开裂。

(3) 干燥器的结构及坯体在干燥器中的放置方式与位置

干燥器的结构是否合理,也会在一程度上影响坯体的干燥速度。例如远红外干燥器的结构,应考虑辐射面与被干燥坯体的位置尽可能靠近,而辐射的形状与干燥坯体形状尽可能相似,以便充分利用辐射能。同时,坯体在干燥器中的放置部位与方式,要考虑坯体的受热与蒸发面积,以便提高干燥速度。

四、生坯的干燥方法

陶瓷坯体的干燥,古老的方法是采用自然干燥,它是借助于大气的温度和空气的流动来排除水分,即自然对流干燥。

由自然干燥发展到人工干燥,最简单的干燥设备是烘干房。它是利用热风进行干燥,即强制对流干燥,包括间歇式干燥器,隧道式干燥器、链式干燥器、辊道式干燥器、自动立式干燥器等。

热空气干燥是利用热空气对流传热作用,干燥介质(热空气)将热量传给坯体(或泥浆),使坯体(或泥浆)的水分蒸发而干燥的方法。这种干燥方法,其设备较简单,热源易于获得,温度和流速易于控制调节,若采用高速定位热空气喷射,还可以进行快速干燥。一般的热空气干燥,干燥介质流速小,小于1m/s。因此,对流传热阻力大,传热较慢,影响了干燥速度,而快速对流干燥则可使气流速度达到 10~30m/s,而且由于是间歇式操作,因此,可以保证热扩散与湿扩散方向趋于一致,可大大提高干燥速度。有资料表明,采用热空气快速干燥,一般日用瓷坯带模 5~10min 可脱模,白坯干燥只需要 10~30min,墙地砖坯体(100mm×200mm×10mm)从含水 7.5% 干燥到 1.0%,只需要 10~15min。

利用电热干燥及高频干燥、微波干燥、红外干燥、热泵干燥、太阳能干燥等新技术也得到了推广和应用,即辐射干燥。常用的干燥器包括近中红外干燥器,远红外干燥器,微波干燥器等。

第二节　坯体在烧成过程中的物理化学变化

陶瓷坯体的烧成过程十分复杂,无论采用何种工艺(一次或二次烧成等)、何种窑炉烧成,在焙烧过程的各个阶段均将发生一系列物理化学变化。原料的化学组成、矿物组成、粒度大小、混合的均匀性以及烧成的条件,影响烧成过程的物理化学变化,而这些变化的类型和规律,对于制定出合理的烧成工艺,选择或设计窑炉,确定相应的热工制度,分析烧成缺陷都十分重要。

一、低温阶段

低温阶段(室温小于300℃)也可称干燥阶段

进入烧成窑炉的坯体一般已经过干燥,但仍含有一定数量的残余水分(约2%以下)。本阶段的主要作用是排除坯体内的残余水分,其温度一般在300℃(有的认为是270℃)以下。随着水分的排除,组成坯体的固体颗粒逐步靠拢,因而发生少量的收缩,但这一收缩并不能完全填补水分遗留的空间,故对土质坯体表现为气孔率增加、强度提高;对由非可塑性原料制成的坯体(加黏合剂者除外)则表现为疏松多孔、强度降低。

本阶段坯体水分含量是影响安全升温速度的首要控制因素。若入窑坯体水分含量超过3%,则必须严格控制升温速度,否则由于水分激烈气化,易导致坯体开裂。若入窑坯体水分小于1%,升温速度可以加快。由于本阶段窑内气体中水气含量较高,故应加强通风使水气及时排除,有利于提高干燥速度,应控制烟气温度高于露点,防止在坯体表面出现冷凝水,使制品局部胀大,造成水迹或开裂缺陷。此外烟气中的SO_2气体在有水存在条件下与坯体中的钙盐作用,生成$CaSO_4$析出物,$CaSO_4$分解温度高,易使制品产生气泡缺陷。

本阶段坯体内基本不发生化学变化,故对气氛性质无特殊要求。

二、中温阶段

中温阶段(300~950℃)又称分解与氧化阶段,是陶瓷烧成过程的关键阶段之一。瓷坯中所含的有机物、碳酸盐、硫酸盐以及铁的氧化物等,大都要在此阶段发生氧化与分解,此外还伴随有晶型转变、结构水排除和一些物理变化。

1. 氧化反应

(1)碳素和有机物的氧化

陶瓷坯釉原料一般含有不同程度的有机物和碳素,其中北方的紫木节土、南方的黑泥等含量较多。压制成型时,坯料中有时加入了有机添加剂,坯体表面沾有润滑油。此外燃烧烟气未燃尽的碳粒可能沉积在坯体表面,这些物质在加热时均会发生氧化反应。其反应式为:

$$C_{有机物} + O_2 \longrightarrow CO_2 \uparrow \quad (350℃以上) \tag{4-6-1}$$

$$C_{碳素} + O_2 \longrightarrow CO_2 \uparrow \quad (600℃左右) \tag{4-6-2}$$

$$S + O_2 \longrightarrow SO_2 \uparrow \quad (250~920℃) \tag{4-6-3}$$

上述反应应在釉面熔融、气孔封闭前结束,否则易产生烟熏、起泡等缺陷。

（2）铁的硫化物氧化

$$FeS_2 + O_2 \longrightarrow FeS + SO_2\uparrow \quad （350\sim450℃） \quad (4\text{-}6\text{-}4)$$

$$4FeS + 7O_2 \longrightarrow 2Fe_2O_3 + 4SO_2\uparrow \quad （500\sim800℃） \quad (4\text{-}6\text{-}5)$$

FeS_2是一种十分有害的物质，应在此阶段把它全部氧化成Fe_2O_3。否则，一旦釉面熔融、气孔封闭，再进行氧化，逸出的SO_2气体就可能使制品起泡，而生成的Fe_2O_3又易将制品表面污染成黄、黑色。

2. 分解反应

（1）结构水的分解、排除

坯料中各种土原料和其他含水矿物（如滑石、云母等），在此阶段进行结构水（或称结晶水）的排除。一般土矿物脱水分解的起始温度为$200\sim300℃$，但剧烈脱水温度和脱水速度则取决于原料矿物组成、结晶程度、制品厚度和升温速度等。例如高岭土的脱水温度为$500\sim700℃$，后期脱水速度较快；蒙脱石脱水温度为$600\sim750℃$；伊利石脱水温度为$400\sim600℃$，后两者脱水速度较和缓；滑石在$600℃$以上脱水后，晶格内部重排，形成偏硅酸盐和活性SiO_2。

升温速度对脱除结构水有直接影响，快速升温时，结构水的脱水温度移向高温，而且比较集中。

（2）碳酸盐的分解

陶瓷坯体中含有碳酸盐类物质，其分解温度一般在$1050℃$以下，形成对应的氧化物。

（3）硫酸盐的分解

陶瓷坯体中的铁硫酸盐，分解温度一般在$650℃$左右，其主要反应为：

$$Fe_2(SO_3)_3 \longrightarrow Fe_2O_3 + 3SO_2\uparrow \quad （560\sim750℃） \quad (4\text{-}6\text{-}6)$$

$$MgSO_4 \longrightarrow MgO + SO_3\uparrow \quad （900℃以上） \quad (4\text{-}6\text{-}7)$$

3. 石英的多晶转化和少量液相的生成

石英在配方中一般用量较多，在本阶段将发生多晶转化。在$573℃$，β-石英转变为α-石英，伴随体积膨胀0.82%；在$867℃$，α-石英缓慢转变为α-鳞石英，体积膨胀14.7%。在$900℃$附近，长石与石英，长石与分解后的土颗粒，在接触位置处有共熔体的液滴生成。

随着结构水和分解气体的排除，坯体质量急速减小，密度减小，气孔增加。根据配方中土、石英含量会发生不同程度的体积变化。后期由于少量熔体的胶结作用，使坯体强度相应提高。

为保证氧化分解反应在液相大量出现以前进行彻底，本阶段应注意加强通风，保持良好的氧化气氛；控制升温速度，保证有足够的氧化分解反应时间，必要时可进行保温，同时减小窑内上下温差。

三、高温阶段

高温阶段（$950℃\sim$最高烧成温度）是烧成过程中温度最高的阶段。在本阶段坯体开始烧结，釉层开始熔化。由于各地陶瓷制品坯、釉组成和性能的不同，对烧成温度（即最高烧成温度）和烧成气氛（又称焰性）的要求也不相同。北方大都采用氧化焰烧成，南方大都采用还原焰烧成，这是由于两地原料铁、钛含量不同的缘故。在用还原焰烧瓷器时，本阶段又可细分为氧化保温、强还原和弱还原三个不同气氛的温度阶段。由氧化保温转换为强还原以及由强还原转化为弱还原这两个温度点的高低，还原气氛的浓度，俗称"两点一度"，在生产上尤为重要。

1. 氧化保温阶段

此阶段是上一阶段氧化分解阶段的继续,其目的是使坯体内氧化分解反应在釉层封闭以前进行彻底,如 $MgSO_4$ 等的分解反应。

如果氧化未进行充分即转换到强还原,说明还原过早或气氛转换温度点过低,则坯体内沉碳烧不尽,易造成釉泡或烟熏缺陷。这种因氧化不充分导致的釉泡称氧化泡。相反的情况是还原过迟或气氛转换温度点过高,此时坯体烧结、釉面封闭,还原介质难以渗透入坯体内,起不了还原 Fe_2O_3 的作用,且易造成高温沉碳,从而产生阴黄、花脸、釉泡、烟熏等缺陷。

由此,从氧化保温到强还原的气氛转换温度点十分重要,一般应控制在釉面熔融前150℃左右(在 1000 ~ 1100℃ 之间)。另外,保温时间的长短取决于窑炉的结构与性能、烧成温度的高低、坯体致密度与厚度等。一般情况是若窑内温差大,烧成温度较低,升温速度快,坯体较厚、密度较大时,保温时间应延长。

2. 强还原阶段

强还原阶段要求气氛中 CO 的浓度为 3% ~ 6%,基本无过剩氧存在,空气过剩系数相应为 $a = 0.9$ 左右。

强还原的作用主要在于使坯体中所含的氧化铁 Fe_2O_3 还原成氧化亚铁 FeO,后者能在较低温度下与二氧化硅反应,生成淡蓝色易熔的玻璃态物质硅酸亚铁 $FeSiO_3$,改善制品的色泽,使制品呈白里泛青的玉色。另外,玻璃相黏度减小促使坯体在低温下烧结,由于液相量增加和气孔降低,相应提高坯体的透光性。

强还原的另一作用是使硫酸盐物质在较低温度下分解(1080 ~ 1100℃),使分解出的 SO_2 气体在釉面玻化前排出。而在氧化气氛中,硫酸盐的分解温度较高。此外,若坯体由于氧化进行得不完全,在釉熔融后而引起的脱碳反应也在本阶段进行。

主要反应式如下:

$$Fe_2O_3 + CO \longrightarrow 2FeO + CO_2 \uparrow \quad (1000 \sim 1100℃) \qquad (4\text{-}6\text{-}8)$$

$$2Fe_2O_3 \longrightarrow 4FeO + O_2 \uparrow \quad (1250 \sim 1370℃ 还原焰为 108 \sim 1100℃) \qquad (4\text{-}6\text{-}9)$$

$$FeO + SiO_2 \longrightarrow FeSiO_3 \uparrow \quad (1150℃) \qquad (4\text{-}6\text{-}10)$$

$$Na_2SO_4 \longrightarrow Na_2O + SO_3 \uparrow \quad (1200 \sim 1370℃ 还原焰为 1080 \sim 1100℃) \qquad (4\text{-}6\text{-}11)$$

$$CaSO_4 + CO \longrightarrow CaSO_3 + CO_2 \uparrow \quad (1080 \sim 1100℃) \qquad (4\text{-}6\text{-}12)$$

$$CaSO_3 \longrightarrow CaO + SO_2 \uparrow \qquad (4\text{-}6\text{-}13)$$

$$C + CO_2 \longrightarrow 2CO \uparrow \quad (1100℃) \qquad (4\text{-}6\text{-}14)$$

本阶段升温应缓慢,使坯体中还原、分解反应产生的气体能够顺利排除。

3. 弱还原阶段

当还原反应结束,釉料开始成熟,即应及时转换为弱还原阶段。若再继续使用强还原气氛,不仅沾污釉面而且浪费燃料。此时从理论上说可以采取中性焰,但实际上中性焰难以达到,为了防止制品中低价铁重新氧化成高价铁,故在强还原之后宜改烧弱还原焰。弱还原气氛以烟气中 CO 浓度为 1.5% ~ 2.5%,相应空气过剩系数约 0.95 为宜。强还原转弱还原的温度点约 1250℃ ,过高或过低都将影响制品质量。

在此阶段,由熔融长石和其他低共熔物形成的液相(玻璃相)大量增加。由于液相的表面张力作用,促使坯体内颗粒重新排列紧密,而且使颗粒互相胶结并填充孔隙,颗粒间距缩小,坯体逐渐致密。同时,由前一阶段高岭石脱除结构水生成的偏高岭石在约 1050℃ ,生成一次莫来石晶体与非晶质二氧化硅,后者在高温下转变为方石英晶体。由长石熔体中析出的针状莫来石称二次莫来石。莫来石晶体长大并形成"骨架",坯体强度增大,逐渐被"烧结"。

高温阶段发生的物理变化有:

(1)强度有很大提高。

(2)由于玻璃相物质填充于坯体内的孔隙使气孔率下降到最小值,吸水率降低。

(3)体积收缩,密度增大。

(4)色泽改变,坯体由淡黄色、青灰色变为白色,光泽度增加。

本阶段若升温过于急速,突然出现大量液相,使釉面封闭过早,易产生冲泡、发黄等缺陷。特别是对于两个气氛转换点的温度应把握准确。其次应注意控制还原气氛的浓度、减小窑内温差等。

四、高温保温阶段

为使坯体内部物化反应进行更加完全,促使坯体的组织结构趋于均一,尽量减小窑炉各处的温差,在升温的最后阶段进行高温保温和选择适当的止火温度是非常重要的。止火温度即是烧成温度,它有一个波动范围,对烧结范围宽的坯料,可适当提高止火温度,而减少保温时间;对烧结范围窄的坯料,可适当降低止火温度,而延长保温时间。前段升温速度快,窑内温差大时亦应延长保温时间;装窑密度大时则应适当减少保温时间,这是因为密度大,吸热多,止火后散热慢,无形中加长了保温时间,避免造成过烧。

一般陶器最高烧成温度为 1150 ~ 1250℃ 保温时间在 1h 以内;一般精陶素烧温度为 1220 ~ 1250℃ ,保温 2 ~ 3h;日用瓷烧成温度为 1280 ~ 1400℃ ,保温 1 ~ 2h。当采用低温快速烧成时如釉面砖(精陶)一般烧成温度为 1150 ~ 1250℃ ,采用低温快速烧成配方时,最高烧成温度为 950 ~ 1000℃ ,在辊道窑内整个烧成周期为 30min 左右,高温保温时间不过 1min 左右。

五、冷却阶段

冷却阶段也可细分为急冷、缓冷和最终冷却三个阶段。从最高烧成温度(高火保温结束)到 850℃ 为急冷阶段。此时坯体内液相还处于塑性状态,故可进行快冷而不开裂。快冷不仅可以缩短烧成周期,加快整个烧成过程,而且可以有效防止液相析晶和晶粒长大以及低价铁的再度氧化。从而可以提高坯体的机械强度、白度和釉面光泽度。冷却速度可控制在 150 ~ 300℃/h。

从 850℃ 到 400℃ 为缓冷阶段。850℃ 以下液相开始凝固,初期凝固强度很低。此外在 573℃ 左右,石英晶型转化又伴随体积变化。对于含碱和游离石英较多的坯体更要注意,因含碱高的玻璃热膨胀系数大,加之石英晶型转变,引起的体积收缩应力很大,故应缓慢冷却。冷却速度可控制在 40 ~ 70℃/h。若冷却不当将引起惊釉缺陷。

从 400℃ 到室温为最终冷却阶段,一般可以快冷,降温速度可控制在 100℃/h 以上,但由于温差逐渐减小,冷却速度提高实际受到限制。对于含大量方石英类陶坯,在晶型转化区间仍应缓冷。

第三节　烧成制度

烧成制度一般包括温度制度、气氛制度和压力制度。温度和气氛是根据不同的产品来确定的,而压力制度是保证温度和气氛制度实现的条件,三者互相影响,共同影响着烧制产品质量和烧成工艺顺利进行。

一、温度制度

温度制度一般用烧成温度曲线来表示。用来表示坯体烧成时由室温加热升温到烧成温度,以及由烧成温度冷却至室温的温度-时间变化情况。

烧成曲线的内容包括各阶段的升温速度、最高烧成温度(止火温度),保温时间和冷却速度。

1. 各阶段的升温速度

通常升温速度与烧窑所需的全部时间成反比,而各阶段时间的长短又与窑炉的种类,转窑容量、坯体的物理性质、坯体的厚度及所含杂质的种类与数量等有密切关系。

低温阶段,此阶段实际上是坯体干燥的延续。升温速度主要取决于进窑坯体的含水率、坯体厚度、窑内实际温差和装坯量。

氧化分解阶段,升温速度主要取决于原料的纯度和坯件的厚度,此外也与气体介质的流速与火焰性质有关。原料纯且分解物少,制品较薄时,则升温可快些;如坯体内杂质较多且制品较厚,氧化分解费时较长或窑内温差较大、都将影响升温速度,故升温速度不宜过快;当温度尚未达到烧结温度以前,结合水及分解的气体产物排除是自由进行的,而且没有收缩,因而制品中不会产生应力,故升温速度可加快。随着温度升高,坯体中开始出现液相,应注意使碳素等在坯体烧结和釉层熔融前燃尽;一般当坯体烧结温度足够高时,可以保证气体产物在烧结前逸出,而不致产生气泡。

高温阶段,此阶段升温速度取决于窑的结构、装窑密度以及坯件收缩变化的程度和烧结范围宽度等。当窑的容积太大时,升温过快则窑内温差大,将引起高温反应不均匀。坯体中的玻璃相出现的速度和数量对坯的收缩产生不同程度的影响,应根据不同收缩情况决定升温速度。在高温阶段的主要现象是收缩大,但如能保证坯体受热均匀,收缩一致,则升温较快也不会引起应力而使制品开裂或变形。对坯体烧结前适当保温是使坯体内外温度均匀,减小温差的有效措施。

2. 烧成温度

致密陶瓷制品,烧成温度应选定在烧结温度范围之内,达到烧结温度后制品致密度最大,收缩率最大,气孔率、吸水率最小。因此烧成温度通常可通过测定试样的相对密度、气孔率或吸水率等来确定。对于多孔陶瓷制品因不要求致密烧结达到一定的气孔率及强度后即可终止加热,所以其烧成温度低于其烧结温度。在烧成过程中达到烧结温度上限后,如果继续升温称为过烧。过烧后坯体的气孔率又会增大,致密度下降,制品的其他性能也发生很大的变化。

烧成温度的高低取决于坯料的组成、坯料所要求达到的物性指标、坯体开始软化的温度和烧成速度的快慢等因素。对于烧结温度范围宽的坯料,可选择在上限温度,以较短的时间进行烧成,对于烧结温度窄的坯料,则宜选择在下限温度,以较长的时间进行烧成。

3. 保温时间

一般在氧化阶段结束将转入还原之前进行一次保温(中火保温)。至将近止火时又需进行一次保温(高火保温)。保温的目的是拉平窑内温差,使全窑产品的高温反应均匀一致。保温时间的长短取决于窑的结构、大小、窑内温差情况,坯件厚度及大小以及制品所要求达到的玻化程度。通常容积较大的窑,因升温速度较慢,为使全窑坯体达到同一玻化程度,其止火温度可以较小窑时稍低,而保温时间须较长。

4. 冷却速度

一般瓷器中玻璃相的转变温度在 $830 \sim 800℃$ 的范围内,低于此温度,塑性消失,并会发生残余石英的晶型转化。无论是液相由塑性状态转变为弹性状态,或是晶型发生转变,都会引起坯体变化而产生应力。在 $850℃$ 以下至 $400℃$ 的冷却时应适当放慢冷却速度,以防止出现惊裂;至 $400℃$ 以下,热应力变小,冷却速度又可适当加快。

二、气氛制度

燃料燃烧是复杂的过程,包括:

氧化过程:

$$C + O_2 \longrightarrow CO_2 \uparrow$$

$$2H_2 + O_2 \longrightarrow 2H_2O \uparrow$$

$$CH_4 + 2O_2 \longrightarrow CO_2 \uparrow + 2H_2O \uparrow$$

$$2CO + O_2 \longrightarrow CO_2 \uparrow$$

还原过程:

$$CO_2 + C \longrightarrow 2CO \uparrow$$

$$H_2O + C \longrightarrow CO + H_2 \uparrow$$

前四个过程按理论进行时,称之为中性焰。此时进入的空气正好燃烧尽所提供的燃料。当前面四个过程是在导入过量空气的情况下进行,在转化后还残存氧气时,便得到氧化焰。当四个过程是在空气不足的情况下进行,在转化后还有未燃尽的可燃物(CH_4,H_2)存在时,便获得还原焰,这时自动出现后两个过程。

1. 氧化焰

氧化焰是在空气供给充分,燃烧完全的情况下所产生的一种无烟而透明的火焰。燃烧产物的主要成分是 CO_2 与剩余氧气,不含可燃物质,氧含量在弱氧化焰时为 $2\% \sim 5\%$,强氧化焰时大于 5%。

陶瓷制品烧成时,在低温阶段对气氛没有特殊要求,从 $400 \sim 1000℃$,要求氧化气氛,而且是从弱到强,到临近大火阶段要以强氧化焰平烧一个时期(称为中火保温),其作用在前期是使坯体内水分蒸发,后期是使有机物与碳酸盐氧化分解完全,使坯体得到正常收缩,为进入还原期打好基础。

在充分供给空气时,如过剩空气量过多,会使升温停滞或温度下降,从而浪费燃料,理想的方法应该是使燃料得到完全燃烧,而且又尽可能地限制导入过剩空气。在使用固体燃料时,如不供给过剩空气,就很难燃烧充分。一般总是或多或少有一点过剩空气,才能获得完全燃烧。

在使用固体燃料时,很难烧成一贯不变的氧化焰,因为每次投入燃料,必先有一段还原焰,此时烟气急剧喷出,要经过一定时间才能有纯正的氧化焰。

2. 还原焰

还原焰是在空气供给不充分、燃烧不完全的情况下所产生的一种有烟而混浊的火焰,此时空气过剩系数小于1,在0.7~0.9燃烧产物内含有的CO和H_2,在2%~7%(弱还原焰取下限,强还原焰取上限),且无游离O_2存在(至多不大于1%)。

还原焰对含铁量高的瓷器坯体来说是必不可少的过程,但在坯体含铁量低时也可不用还原焰,始终用氧化焰烧成到底。有时在坯料中加入微量钴盐(0.02%),可使钴的青色冲淡Fe_2O_3的黄色而呈白色。

精陶制品由于坯料中熔剂含量不多,且烧成温度不高,坯内只形成少量的玻璃相,不可能形成易熔的低铁硅酸盐,因而在第一次素烧时不要求用还原焰。在第二次釉烧时更应注意避免还原焰,因为所用易熔釉中含有氧化铅,在还原焰中会被还原成金属铅而使制品呈黑色。

至于粗陶器、炻器、土器等,由于坯料内多数含有较高的Fe_2O_3和TiO_2,陶器轴料中也含有一定量着色金属氧化物或它们的盐类,烧后能使制品呈现黄、红、棕、紫等颜色,只有采用强氧化气氛烧成,才能使制品色泽鲜艳,没有采用还原焰的必要。

3. 中性焰

理论上中性焰是进入的空气量恰好能燃尽燃料,空气过剩系数为1,而无剩余的CO或O_2存在。事实上纯粹的中性焰很难获得,它总是稍偏于氧化或稍偏于还原。在瓷釉熔化以后直至坯体完全瓷化和釉充分熔融发光这一阶段,没有再用还原焰的必要,但也不应采用氧化焰,否则会将已还原的铁质重新氧化,而中性焰不易获得,因此常用轻微的还原焰代替。

在还原阶段控制烟气中游离氧的含量,在实践中比增加CO的含量更为重要,有时在还原阶段尽管CO含量不低,但如果游离氧偏高(>1%),就会影响釉面,使釉发黄。

测定还原气氛的强弱,使用气体分析仪可获得比较准确的数据。

三、压力制度

对于使用燃料燃烧供热的窑炉,窑内气体(烟气及空气)的压力对窑内温度和气氛有决定性的影响。通过调节窑炉的有关设备(烧嘴、风机、闸板等),控制窑内各部分气体压力呈一定分布就是压力制度。

(1)压力制度,直接影响到气氛制度。例如:油烧隧道窑压力分布一般为:预热带为负压,烧成带,冷却带为正压,零压位控制在预热带和烧成带之间,有利于气氛制度的稳定。预热带呈负压,可使排烟畅通,保证预热带的氧化气氛。烧成带保持微正压,可以有效地阻止外界冷空气侵入窑内,有利于保证烧成带的还原气氛。零压位在预热带与烧成带之间,便于分隔焰性,使氧化、还原清楚。如果压力制度破坏了,窑内气氛也就随之改变。例如,烧成带如果出现较大的负压,窑内的还原气氛就破坏了,制品就可能出现发黄缺陷。

(2)压力制度直接影响到窑内的温度制度。

(3)压力的大小直接影响入窑空气量及出窑的烟气量,又直接影响预热效果、燃烧效果和冷却速度等。

窑内的压力一般是借助倾斜式压力计等测压仪表来测定的。

第四节 烧成方法与窑炉

一、一次烧成与二次烧成

普通陶瓷的生产流程有一次烧成和二次烧成之分。所谓一次烧成又称本烧,是指经成型、干燥或施釉后的生坯,在烧成窑内一次烧成陶瓷产品的工艺路线。所谓二次烧成是指经过成理干燥的生坯先在素烧设备内进行素烧,然后经检选、施釉等工序后再进入窑内进行釉烧——二次烧成。

一般陶瓷二次烧成时的素烧温度有时比釉烧温度低,即先行低温素烧(600~900℃),而后再行高温釉烧,使坯、釉同时达到最高烧成温度(成瓷)。素烧的主要目的在于使坯体具有足够的强度,能够进行施釉,减少破损,并具有良好吸附釉层的能力;此外,部分氧化分解反应也可在这一阶段完成,减小了釉烧时的物质交换数量。

对于精陶制品,进行二次烧成时多是素烧温度比釉烧温度高,以素烧为主,素烧的最终温度是烧成温度。釉烧的只是将熔融温度较低的釉料熔化,均匀分布于坯体表面,形成紧密的釉层。

有些精陶制品如釉面砖,也有素烧温度与釉烧温度接近,甚至稍高。骨灰瓷有低温(850~900℃)素烧、高温釉烧,也有高温素烧、低温釉烧。在确定是采取高温素烧还是低温素烧时,应考虑坯釉的组成、坯体的烧结(成瓷)温度及所用釉的适宜熔融温度。

二、二次烧成的特点

(1)素烧时坯体中已进行氧化分解反应,产生的气体已经排除,可避免釉烧时因釉面封闭后排气造成"桔釉""气泡"等缺陷,有利于提高釉面光泽度和白度。

(2)素烧时气体和水分排出后,坯体内有大量的细小孔隙,吸水性能改善,容易上釉,且釉面质量好。

(3)经素烧后坯体机械强度提高,适应施釉、印花等工序机械化,降低半成品的破损率。

(4)素烧时坯体已有部分收缩,故釉烧时收缩较小,有利于防止产品变形。

(5)素烧后经过检选,不合格素坯可再用,提高釉烧合格率,减少原料损失。

三、一次烧成的特点

(1)干生坯直接上釉,入窑烧成,工艺流程简化,坯体周转次数减少,为生产过程全线联动,实现自动化操作创造了条件。

(2)提高劳动生产率1~4倍。

(3)基建投资、烧成设备投资及占地可减少1/3~2/3。

(4)节约能源。采用低温一次快速烧成工艺制造釉面砖,比原来二次烧成节约能耗

86.75%,而采用二次低温快速烧成,一般只能节省40%的能源。

一般来说,对于批量大,工艺成熟,质量要求不是很高的产品,可以进行一次烧成。但一次烧成要求坯、釉必须同时成熟,如果处理不好,则原料、釉及窑具损失大,而且由于质量下降影响经济效益,这种情况宜采用二次烧成。也有把经过一般装饰(喷、淋釉或丝网印)的二次烧成面砖,通过再次施釉彩饰和三次烧成,其产品高贵华丽、精美无比,其价格可达普通面砖的几十倍。

四、烧成窑炉

1. 烧成窑炉的分类

烧成陶瓷的热工设备是窑炉。

根据所用燃料可以分为:煤烧窑、重(渣)油烧窑,轻柴油烧窑、煤气烧窑、天然气烧窑等。由于节约能源和保护环境的要求,陶瓷工业理想燃料是清洁燃气和电力。

根据制品与火焰是否接触可以分为明焰窑、隔焰窑和半隔焰窑三种。

明焰窑内火焰与制品直接接触,传热面积大,传热效率高,且可方便调节烧成气氛(焰性)。但明焰烧成时,对于上釉制品和表面质量要求高的制品就必须采用净化煤气或轻柴油作燃料,以免污染制品;隔焰窑内火焰沿火道流动,借助隔焰板(一般是 SiC 质)以辐射方式加热窑道内制品,由于火焰不接触制品,故不会造成制品污染,烧成质量较好,对燃料要求也较宽,但制品在充满空气的氧化气氛中烧成,气氛很难调节。若将隔焰板上开孔,使火道内部分气体进入窑内与制品接触,从而便于调节窑内气氛,这种窑就是半隔焰窑。

根据烧成的作用可以分为素烧窑、釉烧窑和烤花窑。

根据烧成过程的连续与否可以分为:间歇式窑、连续式窑。

2. 间歇式窑

间歇式窑是将一批坯体码入窑内,关上窑门按一定升温制度加热,使坯体经过烧成过程的各个阶段,冷却至一定温度后,再打开窑门将烧好的制品取出。其特点是,生产分批间歇进行,窑炉安装、烧、冷、出四个阶段顺序循环。

倒焰窑是间歇式窑的一种。图4-6-1为倒焰窑结构示意图。这种窑的外形可为圆形或矩形。容积可大可小,一般不超过 150m³ 窑内码放制品,窑墙四周设有若干燃烧室,火焰从喷火口喷入窑内上升至窑顶后,再经制品周围的火道向下,通过分布在窑底的多个吸火孔,入窑下支烟道、总烟道,最后由烟囱排出窑外。

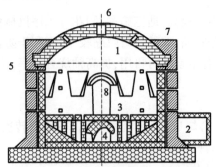

图 4-6-1　间歇式陶瓷窑炉示意图

1-窑室;2-燃烧室;3-吸火口;4-主烟道;5-观测孔;6-窑顶孔;7-窑箍;8-窑门

倒焰窑生产方式灵活,由于火焰自上而下加热制品,故水平温度均匀;但倒焰窑热利用较差,燃料消耗高,劳动强度大。这种窑适合烧成批量不大,大件或特殊制品。这种窑型目前已限制发展。

另一种间歇式窑是梭式窑(又称抽屉式窑、车底式窑),其结构如图4-6-2所示。梭式窑内地面上装有轨道,制品码在窑车上推入窑内,车面上砌有吸火孔,两侧墙上设有燃烧室。火焰入窑加热制品,烟气经吸火孔支烟道。再通过端墙上的烟道,由烟囱排出。窑车上砌有窑门,推入带窑门的窑车,窑室即自动封闭,排烟口也即接通。

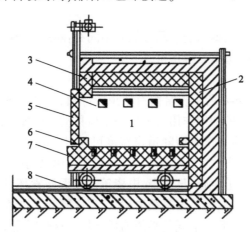

图4-6-2 梭式窑结构示意图

1-窑室;2-窑墙;3-窑顶;4-烧嘴;5-升降窑门;6-支烟道;7-窑车;8-轨道

梭式窑生产方式更加灵活,劳动强度小,能够烧成不同质量要求的产品,但燃料消耗仍较连续式窑高。现代梭式窑利用煤气、油或电加热,窑内轨道有单轨、双轨或三轨。三轨,即窑内并排三辆窑车。窑内容车数由产量决定,现在最大容积可达$60m^3$用于烧成卫生瓷时,生产能力达500件/班,烧成周期8h,梭式窑也适于卫生瓷的重烧,由于气氛控制方便也适合广场砖等要求还原烧成的产品。

3. 连续式窑

连续式窑的特点是窑内分为预热、烧成、冷却等不同带,各部位的温度不随时间变化。坯体由窑的入口端进入,在输送装置带动下,经预热、烧成、冷却各带,完成全部烧成过程,然后由窑的出口端送出。连续式窑的一般工作流程如图4-6-3所示。

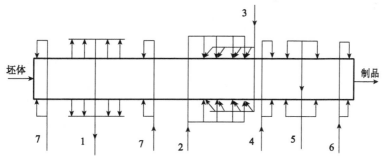

图4-6-3 连续式窑的工作流程

1-废气排出窑外;2-燃料;3-助燃空气;4-急冷空气;5-抽出热风;6-最终冷却送风;7-气幕

在窑的中部设燃烧室,火焰喷射入窑内形成高温。通常把窑温由950℃至最高烧成温度的区段称烧成带,坯体入窑至烧成带的区段称预热带,烧成带到制品出窑口间的区段称冷却带。烧成带的高温燃烧产物向压力较低的预热带流动,预热反向移动的坯体,同时降低本身的温度,到预热带头部后,可利用风机将低温废气排出窑外。一般在窑头还设有封闭气幕以防止外界冷风吸入窑内,预热带中部有搅拌气幕用以减少窑内断面温差,在需要转换烧成气氛的位置有气氛转换气幕,用以分隔焰性并使整个坯垛内外充分氧化。在冷却带头部可送入急冷风形成急冷区,窑尾利用集中送风形成最终冷却区,冷却带中部是缓冷区,两股冷风从中部利用热风机抽出。

连续式窑的类型很多。根据输送制品方式的不同有:隧道窑、辊道窑、输送带式窑、气垫窑等。现在使用较广泛的是隧道窑和辊道窑。

1)隧道窑

隧道窑的外形,如图4-6-4所示。窑内有轨道或导轨,坯体码放在窑车上或推板上,不论是窑车或推板都是靠推车机的顶推作用由入口向出口移动。推板型窑阻力大,一般较小,多是隔焰窑,陶瓷生产上用得较少。窑车型隧道窑宽度可超过2m,长度可超过100m,产量大。有明焰、隔焰、半隔焰三种燃烧方式;燃料用煤、用油、用气和用电均有。

现在多采用隧道窑烧成卫生瓷、日用瓷、电瓷等。釉面砖素坯可以叠放,故也适用隧道窑烧成。隧道窑用窑车输送制品,窑车蓄热损失很大,不仅降低了热利用率而且限制了产量的提高。此外窑室上下温差大,克服上下温差必须消耗能量。这是隧道窑的主要缺点。

2)辊道窑(又称辊底窑)

辊道窑的构造如图4-6-5所示,由数百根互相平行的辊子组成辊道,在传动装置带动下,所有的辊子均向相同的方向旋转,使放在其上的坯体由入口向出口移动,经过窑内烧成陶瓷制品。高温区用瓷辊,其余区用钢辊,辊子直径一般为25~50mm,长度2m左右,最长的达3.27m。

图4-6-4 卫生瓷明焰裸烧隧道窑

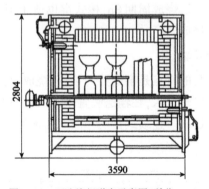

图4-6-5 卫生瓷辊道窑示意图(单位:mm)

一般在辊道窑的烧成带和预热带安装有燃烧器,向窑内供入热量。隔焰、半隔焰的辊道窑以重油或煤为燃料,但窑内温度、气氛不够均匀,热成质量和热利用效果均不如明焰窑。明焰辊道窑以净化煤气、LPG或轻柴油为燃料,自动化程度很高,产量大,质量好,热效率高,单位产品消耗的能源少。

辊道窑特别适合墙地砖类产品的烧成,表4-6-1列出了用隧道窑和辊道窑二次烧成釉面砖时的对比数据,由表可见,用辊道窑烧成时总单位热耗仅为隧道窑的41%。

隧道窑和辊道窑二次烧成釉面砖时的对比数据　　　　　　表 4-6-1

窑型	燃料	烧成方式	烧成时间(h)		单位热耗(MJ/kg)		总单位热耗(MJ/kg)	热效率(%)
			素烧	釉烧	素烧	釉烧		
辊道窑	冷煤气	明焰裸烧	0.67~0.75	0.58~0.72	2.52	1.89	4.42	70~82
隧道窑			37.5	20.3	6.26	4.48	10.74	30~40

第五节　陶瓷烧成新技术

陶瓷材料作为工程材料和功能材料的重要组成部分,在新能源、通信电子、半导体、航空航天等工业领域具有广阔的应用前景。但是由于陶瓷粉体多为离子键或共价键化合物,采用传统烧结工艺制备致密陶瓷材料所需的烧结温度较高,保温时间较长,进而影响陶瓷材料的各项性能。为了降低烧结温度、缩短烧结时间、提高烧结致密度与材料性能,研究人员先后开发了多种烧结技术,包括热压烧结、热等静压烧结、放电等离子烧结、闪烧、冷烧结以及振荡压力烧结等。新的烧结技术,可显著降低陶瓷材料的烧结温度,缩短烧结时间,提升材料的各项性能,从而使陶瓷材料的应用范围得以扩展。

一、热压烧结(HP)

热压烧结由于加热加压同时进行,粉料处于热塑性状态,有助于颗粒的接触扩散、流动传质过程的进行,因而成型压力仅为冷压的1/10;还能降低烧结温度,缩短烧结时间,从而抵制晶粒长大,得到晶粒细小、致密度高和机械、电学性能良好的产品。无须添加烧结助剂或成型助剂,可生产超高纯度的陶瓷产品。热压烧结的缺点是过程及设备复杂,生产控制要求严,模具材料要求高,能源消耗大,生产效率较低,生产成本高。热压烧结包括普通热压烧结和反应热压烧结等,装置示意图如图 4-6-6 所示。

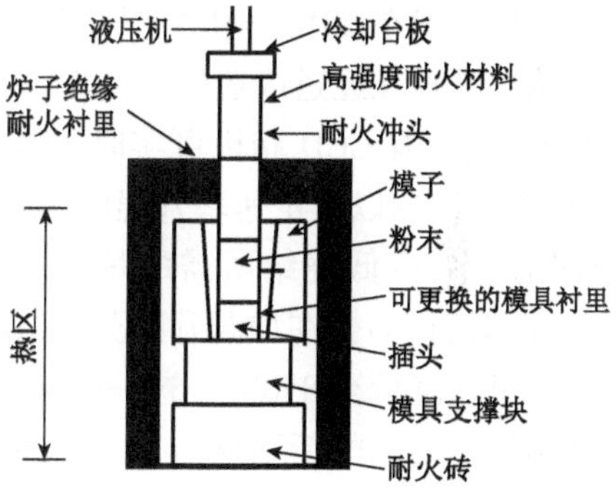

将热压作为制造陶瓷的手段而加以利用的实例有:氧化铝、铁氧体、碳化硼、氮化硼等工程陶瓷。

图 4-6-6　热压烧结基本要素示意图

二、热等静压烧结(HIP)

热等静压烧结是指通过高温和各向均衡的高压气体的共同作用,使陶瓷粉末、坯体或预烧体达到烧结致密化的工艺方法。适用于制造形状复杂的制品,可提高制品的致密度和性能。

为了克服无压烧结和热压烧结工艺所存在的这些缺陷,人们开发出热等静压烧结工艺。

热等静压烧结是使材料(粉末、素坯或烧结体)在加热过程中经受各向均衡压力,借助于高温和高压的共同作用促进材料致密化的工艺。该工艺 1955 年由美国研制成功,其最初主要应用于粉末冶金领域,随着设备所能达到的温度和压力的不断提高,又成功地应用到陶瓷领域。

热等静压包括包套热等静压(HIP)和无包套热等静压等,装置示意图如图4-6-7所示。

热等静压烧结技术的特点:可在较低烧结温度下制备出微观结构均匀、晶粒较细且完全致密的材料;可制备出形状复杂的产品和纳米陶瓷。

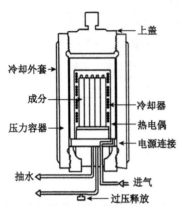

图4-6-7　热等静压烧结示意图

三、放电等离子烧结(SPS)

放电等离子烧结技术开创性地将直流脉冲电流引入烧结过程,压头在向材料施加压力的同时也充当电流通过的载体。与传统烧结技术通常利用发热体辐射加热不同,SPS技术借助大电流通过模具或导电样品产生的热效应来加热材料。对于绝缘样品,通常使用导电性良好的石墨作为模具材料,利用模具的电阻热使样品快速升温;对于导电样品,则可以使用绝缘模具,使电流直接通过样品进行加热。其升温速率可达1000℃/min,当样品温度达到设定值后,经过短时间保温即可完成烧结。SPS技术具有烧结温度低、保温时间短、升温速率快、烧结压力可调控、可实现多场耦合(电—力—热)等突出的优点。除Al_2O_3、ZrO_2等常见陶瓷外,SPS技术也可用于许多难烧结材料的制备,如ZrB_2、HfB_2、ZrC、TiN等超高温陶瓷。

四、闪烧(FS)

闪烧技术在2010年由科罗拉多大学首次报道,将待烧结陶瓷素坯被制成"骨头状",两端通过铂丝悬挂在经过改造的炉体内,向材料施加一定的直流或交流电场。炉体内有热电偶用于测温,底部有CCD相机可实时记录样品尺寸。以3YSZ为例,研究人员发现与传统烧结相比,若在炉体内以恒定速率升温时,对其施加20V/cm的直流电场场强,可以在一定程度上提高烧结速率,降低烧结所需的炉温。随着场强的增强,烧结所需炉温持续降低。当场强为60V/cm时,样品会在炉温升高至约1025℃时瞬间致密化;当场强提高至120V/cm时,烧结炉温甚至可以降低至850℃。这一烧结技术被称为"闪烧",即在一定温度和电场作用下实现材料低温极速烧结的新型烧结技术。通常有如下3个现象会伴随FS发生:①材料内部的热失控;②材料本身电阻率的突降;③强烈的闪光现象。

五、冷烧结(CS)

美国宾夕法尼亚州立大学Randall课题组受水热辅助热压工艺启发,提出一种"陶瓷CS工艺"新技术,与传统的高温烧结工艺不同,陶瓷CS工艺通过向粉体中添加一种瞬时溶剂并施加较大压力(350~500 MPa)从而增强颗粒间的重排和扩散,使陶瓷粉体在较低的温度(120~300℃)和较短的时间下实现烧结致密化,为低温烧结制造高性能结构陶瓷和功能陶瓷创造了可能。

研究显示,利用CS技术,在100℃以下使ZnO材料实现了大于90%的理论体积密度,300℃左右的CS样品的平均导电率类似于1400℃下传统烧结的样品。

六、振荡压力烧结(OPS)

在粉末烧结过程中引入动态振荡压力替代现有的恒定静态压力,OPS 技术强化陶瓷致密化的机理研究表明,振荡压力赋予的新机制,包括颗粒重排、晶界滑移、塑性形变以及形变引起的晶粒移动、气孔排出等。因此,采用 OPS 技术可充分加速粉体致密化、降低烧结温度、缩短保温时间、抑制晶粒长大等,从而制备出具有超高强度和高可靠性的硬质合金材料和陶瓷材料,以满足极端应用环境对材料性能的更高需求。

OPS 技术制备的 Si_3N_4-SiC_w 复相陶瓷强度比 HP 技术制备的复相陶瓷具有更强的界面结合强度,并获得了更高的力学性能(从 HP 试样的 989 MPa 提高至 OPS 试样的 1133 MPa)和断裂可靠性。

七、超高压与爆炸烧结

爆炸粉末烧结是利用炸药爆炸产生的能量,以冲击波的形式作用于物质粉末,在瞬态、高温、高压下发生烧结的一种材料制备技术,烧结时间几十微秒,作用压力可达 0.1～100GPa。爆炸烧结具有超高压力、快熔快冷、无须添加烧结助剂等优点。在较低温度进行超高压固结,使粉末颗粒在高的压力驱动下进行体扩散和塑形流动,促进粉末烧结,是保持粉末超微结构的有效方法。采用超高压(一般指 GPa 级以上)抑制了原子迁移,阻碍了晶粒长大,有利于纳米材料的制备。在超高压烧结过程中,加热方式可以是传统加热方式,也可以是微波、中频或者样品直接通电方式,实现快速加热。

爆炸烧结包括直接爆炸烧结和间接爆炸烧结,间接爆炸又包括单面飞片烧结、单活塞烧结和双活塞烧结,其烧结装置如图 4-6-8 所示。图 4-6-9 为直接爆炸装置示意图。

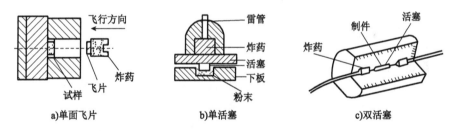

图 4-6-8　间接爆炸烧结示意图

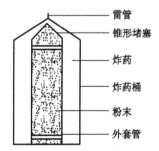

图 4-6-9　直接爆炸烧结装置示意图

第六节 陶瓷3D打印(增材)制造技术

陶瓷增材制造以陶瓷粉体为基本原材料,制备出适应各类增材制造工艺的粉末、浆料、泥坯等形态的原材料,然后通过各种增材制造工艺以及相应辅助工艺,实现陶瓷零件的制造。

陶瓷增材制造可用于传统陶瓷行业,实现复杂结构陶瓷制品的定制化快速制造;也可用于生物医疗领域,以生物陶瓷材料代替钛合金等金属材料,实现可降解、再生的植入物的制造;还可以进行高性能陶瓷功能零件的制造,拓宽工程陶瓷的应用领域。

一、陶瓷增材制造工艺

陶瓷增材制造实际上是利用增材制造设备对陶瓷粉体或浆料等进行直接或间接成型的技术。

直接加工技术包括采用高能束(如激光)直接选择性熔化陶瓷粉末实现逐层成型[即激光选区熔融(Selected Laser Melting, SLM)]。直接加工工艺的效率较高,SLM工艺可得到具有高致密度和高力学性能的产品,但由于温度梯度控制难度较大等原因,零件内部残余热应力较大,制件尺寸也受到较大限制。

间接加工工艺可采用的增材制造工艺方法较多,例如激光选区烧结(Selected Laser Sintering,SLS)、三维打印(Three-Dimensional Printing, 3DP)、立体光固化(SLA)、自由挤出成型(EFF)等,分别以粉末、浆料、泥坯等形态的原材料制造出陶瓷素坯,经后续烧结工艺实现陶瓷零件的制造。

二、常用陶瓷增材制造技术

1)激光选区熔融(SLM)

采用陶瓷粉体为原料,不添加有机黏合剂,直接在激光束的作用下,实现选择区内的粉体颗粒熔融烧结,无需后续的烧结工艺。工作原理是激光在选择的区内熔融颗粒后,工作台下降,刮刀铺覆粉体层,激光再熔融,逐层再铺覆、再熔融,实现立体陶瓷零件的直接制造。

2)激光工程化净尺寸成型(LENS)

它是一种将激光选区烧结(SLS)与激光熔覆成形(LCF)技术结合起来的新型增材制造技术,选取熔融同时直接送粉,效率较SLM高。

3)激光选区烧结(SLS)成型

采用陶瓷粉体为原料,一种方法是不添加有机黏合剂,直接在激光束的作用下,实现粉体颗粒的素坯烧结,素坯后续在高温下烧结致密化。另一种激光选区烧结是陶瓷粉体添加有机黏合剂,激光将有机黏合剂加热后,陶瓷颗粒被黏结成型,后续进行排黏、高温烧结获得陶瓷产品,是比较成熟的工艺。

4)立体光固化法(SLA)

SLA的基本原理是采用光敏液体为原料,光敏液体经激光扫描,被扫描区的液体薄层产生光聚合反应,从而形成零件的一个薄层截面;然后逐层累加成为实体零件。所使用的可光固化陶瓷浆料一般分为树脂基陶瓷浆料和水基陶瓷浆料(图4-6-10)。SLA是应用广泛的一种快速原型制造工艺,成型精度较高,成型零件的孔隙率较大,可通过合理的后期致密化处理加以克服。

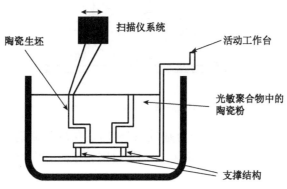

图4-6-10　光固化成型工艺示意图

5)其他成型工艺

面曝光光固化是一种面照射的光固化技术,又叫掩膜光固化(MSL)、掩膜投影光固化(MPSL)等。它是一种一次性固化要成型零件整层图案的光固化技术。与激光扫描相比,这种技术具有分辨率高、固化厚度小、成型速度快、可以实现微型零件固化等特点。

叠层制造技术(LOM)利用薄层材料,用激光器先在每一层上切割出零件分层后的轮廓,再去除的区域切割出方格。然后利用热辊压将涂有黏接剂的这一层薄层材料黏接到前一层上。在加工完整个零件后,去除切割出方格的区域,即得到加工的零件。这种技术可以用带状的陶瓷素坯作为薄层材料,通常应用于电子陶瓷领域。

三维打印技术(3DP)通过向粉床中特定区域喷涂黏合剂以黏结粉体来实现一层的制造,然后在下降一层厚度的粉床中再平铺一层粉体,进行下一层的制造。这种技术制造完成的陶瓷素坯被包裹在粉床中,由于有了周围粉体的支撑作用,可以加工出复杂形状和悬垂结构而不用增加支撑结构。这一技术可以加工各种陶瓷粉体,应用范围包括铸造模具、型芯、生物陶瓷支架等。

直接喷墨打印技术(DIP)是一种采用陶瓷浆料替代墨水,将传统的喷墨打印机改造后把陶瓷浆料喷射出来堆积成型的工艺,该工艺常需要炭黑支撑。

自由挤出成型技术(EFF)通过喷嘴将黏度较高的陶瓷与胶体混合材料挤出,而后按照每一层的路径进行成型,逐层制造。不同的混合材料需要利用不同的方式固定挤出后的形状,然后再进行后处理得到陶瓷零件。这种技术需要对混合材料的黏度进行控制,以得到连续可控的挤出过程,混合材料的成分对于最后成型的零件质量有很大的影响。

熔融沉积式(FDM)也属于挤出成型,可以采用颗粒状混合料,也可以采用陶瓷粉与热弹性树脂做成的柔性线材作为耗料,进行熔融沉积成型(图4-6-11)。

以上技术大体可分为三类:第一类基于激光技术的陶瓷增材制造技术,第二类是基于喷墨挤出技术的陶瓷增材制造技术,第三类是基于数字光处理技术的陶瓷增材制造技术。这些成型方法的出现,拓展了增材制造技术在陶瓷领域的应用。

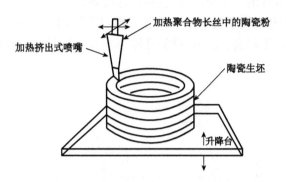

图 4-6-11　熔融沉积加工工艺示意图

3D 打印(增材制造)是以数字模型为基础,将材料逐层堆积制造出实体物品的新兴制造技术,具有个性化、快速化和节约化等特点,在陶瓷材料领域具有广阔的应用前景。

本篇参考文献

[1] 曹文聪.普通硅酸盐工艺学[M].武汉:武汉工业大学出版社,1996.

[2] 陆小荣.陶瓷工艺学[M].长沙:湖南大学出版社,2005.

[3] 刘银等.无机非金属材料工艺学[M].合肥:中国科学技术大学出版社,2015.

[4] 周张健.无机非金属材料工艺学[M].北京:中国轻工出版社,2010.

[5] Barry Carter C,Grant Norton M. Ceramic Materials[M]. New York:Springer Science Business Media, 2013.

[6] 谢志鹏,许靖堃,安迪.先进陶瓷材料烧结新技术研究进展[J].中国材料进展,2019,9:821-830.

[7] 连芩,武向权,田小永,等.陶瓷增材制造[J].现代技术陶瓷,2017,38(4):267-277.

[8] 全国建筑卫生陶瓷标准化技术委员会.陶瓷砖:GB/T 4100—2015[S].北京:中国标准出版社,2015.

[9] 全国建筑卫生陶瓷标准化技术委员会.陶瓷砖试验方法　第1部分:抽样和接收条件:GB/T 3810.1—2016[S].北京:中国标准出版社,2016.

[10] 全国建筑卫生陶瓷标准化技术委员会.陶瓷砖试验方法　第2部分:尺寸和表面质量的检验:GB/T 3810.2—2016[S].北京:中国标准出版社,2016.

[11] 全国建筑卫生陶瓷标准化技术委员会.陶瓷砖试验方法　第3部分:吸水率、显气孔率、表观相对密度和容重的测定:GB/T 3810.3—2016[S].北京:中国标准出版社,2016.

[12] 全国建筑卫生陶瓷标准化技术委员会.陶瓷砖试验方法　第4部分:断裂模数和破坏强度的测定:GB/T 3810.4—2016[S].北京:中国标准出版社,2016.

[13] 全国建筑卫生陶瓷标准化技术委员会.陶瓷砖试验方法　第5部分:用恢复系数确定砖的抗冲击性:GB/T 3810.5—2016[S].北京:中国标准出版社,2016.

[14] 全国建筑卫生陶瓷标准化技术委员会.陶瓷砖试验方法　第6部分:无釉砖耐磨深度的测定:GB/T 3810.6—2016[S].北京:中国标准出版社,2016.

[15] 全国建筑卫生陶瓷标准化技术委员会.陶瓷砖试验方法　第7部分:有釉砖表面耐磨性的测定:GB/T 3810.7—2016[S].北京:中国标准出版社,2016.

[16] 全国建筑卫生陶瓷标准化技术委员会.陶瓷砖试验方法　第8部分:线性热膨胀的测定:GB/T 3810.8— 2016[S].北京:中国标准出版社,2016.

[17] 全国建筑卫生陶瓷标准化技术委员会.陶瓷砖试验方法　第9部分:抗热震性的测定:GB/T 3810.9—2016[S].北京:中国标准出版社,2016.

［18］全国建筑卫生陶瓷标准化技术委员会.陶瓷砖试验方法　第 10 部分:湿膨胀的测定:GB/T 3810.10—2016［S］.北京:中国标准出版社,2016.

［19］全国建筑卫生陶瓷标准化技术委员会.陶瓷砖试验方法　第 11 部分:有釉砖抗釉裂性的测定:GB/T 3810.11—2016［S］.北京:中国标准出版社,2016.

［20］全国建筑卫生陶瓷标准化技术委员会.陶瓷砖试验方法　第 12 部分:抗冻性的测定:GB/T 3810.12—2016［S］.北京:中国标准出版社,2016.

［21］全国建筑卫生陶瓷标准化技术委员会.陶瓷砖试验方法　第 13 部分:耐化学腐蚀性的测定:GB/T 3810.13—2016［S］.北京:中国标准出版社,2016.

［22］全国建筑卫生陶瓷标准化技术委员会.陶瓷砖试验方法　第 14 部分:耐污染性的测定:GB/T 3810.14—2016［S］.北京:中国标准出版社,2016.

［23］全国建筑卫生陶瓷标准化技术委员会.陶瓷砖试验方法　第 15 部分:有釉砖铅和镉溶出量的测定:GB/T 3810.15—2016［S］.北京:中国标准出版社,2016.

［24］全国建筑卫生陶瓷标准化技术委员会.陶瓷砖试验方法　第 16 部分:小色差的测定:GB/T 3810.16—2016［S］.北京:中国标准出版社,2016.

［25］全国建筑卫生陶瓷标准化技术委员会.建筑卫生陶瓷用原料黏土.GB/T 26742—2011［S］.北京:中国标准出版社,2011.

［26］全国非金属矿产品及制品标准化技术委员会.高岭土及其试验方法:GB/T 14563—2020［S］.北京:中国标准出版社,2020.

［27］全国日用陶瓷标准化技术委员会.日用陶瓷用高岭土:QB/T 1635—2017［S］.北京:中国标准出版社,2017.

［28］全国日用陶瓷标准化技术委员会.日用陶瓷用石英:QB/T 1637—2016［S］.北京:中国标准出版社,2016.

［29］全国日用陶瓷标准化技术委员会.日用陶瓷用滑石:QB/T 1638—2017［S］.北京:中国标准出版社,2017.

［30］全国日用陶瓷标准化技术委员会.日用陶瓷用长石:QB/T 1636—2017［S］.北京:中国标准出版社,2017.

［31］全国陶瓷标准化中心.日用瓷器:GB/T 3532—2009［S］.北京:中国标准出版社,2009.

［32］中国轻工业联合会.日用陶瓷名词术语:GB/T 5000—2018［S］.北京:中国标准出版社,2018.

［33］中国轻工业联合会.日用陶瓷分类:GB/T 5001—2018［S］.北京:中国标准出版社,2018.

［34］全国建筑卫生陶瓷标准化技术委员会.防滑陶瓷砖:GB/T 35153—2017［S］.北京:中国标准出版社,2017.

［35］全国陶瓷标准化中心.骨质瓷器:GB/T 13522—2008［S］.北京:中国标准出版社,2008.

［36］全国建筑卫生陶瓷标准化技术委员会.大规格陶瓷板技术要求及试验方法:GB/T 39156—2020［S］.北京:中国标准出版社,2008.

［37］全国文物保护标准化技术委员会.古陶瓷热释光测定年代技术规范:GB/T 37909—2019［S］.北京:中国标准出版社,2019.

［38］全国建筑卫生陶瓷标准化技术委员会.陶瓷外墙砖通用技术要求:GB/T 37214—2018［S］.北京:中国标准出版社,2019.

PART 5 | 第五篇

耐火材料工艺学

第一章

概述

第一节　耐火材料的定义和分类

一、定义

作为一种耐高温的基础材料,耐火材料是指耐火度不低于1580℃的一类无机非金属材料。各国对其定义虽有所差别,但其基本概念是相同的,即耐火材料是用作高温窑炉等热工设备的结构材料,以及工业用高温容器和部件的材料,并能承受相应的物理化学变化及机械作用。

二、分类

大部分耐火材料是以天然矿石(如耐火黏土、硅石、菱镁矿、白云石等)为主要原料制造的,采用某些工业原料和人工合成原科(如工业氧化铝、碳化硅、合成莫来石、合成尖晶石等)也日益增多,因此,耐火材料的种类很多。通常按其共性与特性划分类别,其中按材料的化学矿物组成分类是一种常用的基本分类方法。按材料的制造方法、材料的性质、材料的形状尺寸及应用等来分类,也是一种常用的分类方法。

按矿物组成可分为氧化硅质、硅酸铝质、镁质、白云石质、橄榄石质、尖晶石质、含碳质、含锆质耐火材料及特殊耐火材料。按制造方法可分为天然矿石和人造制品。按其使用方式可分为块状制品和不定形耐火材料。按热处理方式可分为不烧制品、烧成制品和熔铸制品。按耐火度分为普通、高级及特级耐火制品。按化学性质可分为酸性、中性及碱性耐火材料。按其密度可分为轻质及重质耐火材料。按其制品的形状和尺寸可分为标准砖、异形砖、特异形砖、管和耐火器皿等。还可按其应用分为高炉用、水泥窑用、玻璃窑用、陶瓷窑用耐火材料等。

第二节　耐火材料的组成、性质及应用

耐火材料在使用过程中,在高温下受到物理、化学、机械等作用,会产生熔融软化、微溶蚀与磨损,甚至产生崩裂损坏等现象,导致操作中断,并且污染物料。耐火材料在高温下测定的

某些性质,如耐火度、荷重软化点、热震稳定性、抗渣性、高温体积稳定性等,反映了在一定温度下耐火材料所处的状态,或者反映了在该温度下它与外界作用的关系。因此耐火材料的质量取决于它的性质,而若干性质又取决于耐火材料的化学与矿物组成。根据常温下耐火材料的某些性质如气孔率、体积密度、真密度和耐压强度等,可以预知耐火材料在高温下的使用情况。

一、耐火材料的组成

耐火材料的组成包括化学组成和矿物组成。化学组成是耐火材料的基本特征。根据耐火材料中各种化学成分的含量及其作用,通常将其分为主成分、杂质以及外加成分。在耐火材料的化学成分固定的前提下,由于成分分布的均匀性及加工工艺的不同,导致耐火制品组成中的矿物种类、数量、晶粒大小、结合状态都会产生差别,从而造成制品的性能差异。因此,耐火材料的矿物组成也是决定其性质的重要因素。耐火材料的矿物组成一般可分为主晶相、次晶相及基质相三大类。

二、耐火材料的性质

耐火材料的性质包括物理性质、力学性质、热学性质、电学性质及使用性质。

耐火材料的使用性质实质上是表征其抵抗高温热负荷作用的同时,还受其他化学、物理化学及力学作用而不易损坏的性能。这些性质不仅可用于判断材质的优劣,还可根据使用时的工作条件,直接考察它在高温下的适用性。

1. 耐火度

耐火材料在高温作用下到特定软化程度的温度,表征材料抵抗高温作用的性能。耐火材料的耐火度取决于材料的化学与矿物组成和它们的分布情况。耐火度是评价耐火材料的一项重要技术指标,但是不能作为制品使用温度的上限。

2. 荷重软化温度

耐火材料在一定的重力负荷和热负荷共同作用下达到某一特定压缩变形时的温度,是对耐火材料在恒定荷重持续升温下所测定的高温力学性质。它是表征耐火材料抵抗重力负荷和高温热负荷共同作用而保持稳定的能力。

荷重软化温度的高低主要取决于制品的化学与矿物组成,在一定程度上与其宏观结构有关,主要取决于三个方面:

(1)存在的结晶相、晶体构造和性状,即晶体是否形成网络骨架或以孤岛状分散在液相中,前者变形温度高,后者变形温度由液相的含量及黏度决定,因此显微组织结构对制品荷重变形温度影响显著;

(2)晶相和液相的数量及液相在一定温度下的黏度;

(3)晶相与液相的相互作用。

根据荷重软化温度,可以判断耐火材料在使用过程中在何种条件下失去荷重能力,以及高温下制品内部的结构情况。荷重软化温度仅能作为耐火材料的最高使用温度的参考值。

3. 高温体积稳定性

耐火材料在高温下长期使用时,其外形体积保持稳定不发生变化(收缩或膨胀)的性能称为高温体积稳定性。一般以制品在无重负荷作用下重烧体积变化百分率或重烧线长变化百分率来衡量其优劣。由耐火材料的重烧变化可以判别制品的高温体积稳定性,从而保证砌筑体的稳定性,减少砌筑体的缝隙,提高其密封性和耐侵蚀性,避免砌筑体整体结构的破坏,也可判断耐火制品的生产工艺制度和方法的正确性。

4. 耐热震性

又称热震稳定性、耐急冷急热性,是耐火制品抵抗温度急剧变化而不破坏的能力。耐火材料在使用过程中,常受到强烈的急冷、急热作用,如间歇生产的窑炉、窑炉点火及停火和停火检修等情况。在很短的时间内工作温度变化很大,耐火材料内部就会因为温度的急剧变化而产生应力。当这种应力超过制品的结构强度时,便发生开裂、剥落,甚至造成砌体和窑具的崩裂。这种应力的大小,主要取决于制品的组织结构、热膨胀性、导热性及弹性模量等因素。

5. 抗渣性

指耐火材料在高温下抵抗熔渣及其他熔融液体侵蚀而不易损毁的性能。

抗渣性与材料的化学与矿物组成、微观和宏观结构密切相关。耐火材料与熔融液直接接触的窑炉和窑具等高温设施,极易受熔渣侵蚀而损坏。耐火材料不直接与熔融体接触,但是固态物料、烟气中的尘料与其接触,一些气态物质也可在耐火材料上凝结,它们都可在高温下与耐火材料反应形成熔融体,或形成性质不同的新物质,或使耐火材料中形成的一些组分分解,导致耐火材料损毁。因此,提高耐火材料的抗渣性,对提高窑具、炉衬及其砌筑体的使用寿命,提高热工设备的热效率和生产效率,降低成本,减少产品因耐火材料而引起的污染,提高产品质量都具有实际意义。

6. 耐真空性

指耐火材料在真空和高温下使用时的耐久性。通常在常温下耐火材料的蒸气压都很低,可以认为是极稳定而不易挥发的。但在高温减压下使用时,其中一些组分极易挥发,且在真空下熔渣沿材料中毛细管渗透的速度明显加快,从而造成耐火材料的损毁。因此要提高材料的耐真空性,应选择蒸气压低和化学稳定性高的化合物来构成,生产工艺中还应提高材料的致密性。

7. 制品形状的规整性和尺寸的准确性

正确的形状和准确的尺寸对于砌筑体的严密性和使用寿命有很大的影响,对砌筑施工也提供了有利的条件。一般来说砖缝在砌筑体中是最薄弱和最易损坏的部分,很容易被熔渣和侵蚀性气体渗入和侵蚀。如果制品的形状不规整,尺寸不准确,不仅砌筑施工不便,而且会使砖缝过大,砌筑体的质量低劣。砌筑体因砖缝干缩和烧缩造成体积不稳定,会导致砖块脱落和砌体开裂,甚至倒塌,且扩大熔渣和气体同耐火制品的接触表面,加速侵蚀,造成砌体局部损坏,影响砌体使用寿命。因此,为便于施工,特别是保证砌体的整体质量,耐火制品的形状必须规整,尺寸必须准确。这是耐火制品的一项重要技术指标。

通常,制品的尺寸公差,是否有扭曲变形、缺边掉角等都应作为其质量标准中的重要指标,按制品的种类和使用条件,规定其最高限度值,用以评价产品质量是否合格,并对合格产品划分等级。

耐火制品的形状规整性和尺寸的准确性,主要受耐火原料、加工装备和工艺制度等控制。当然,储存与运输方式也会有影响。原料成分稳定,装备精良,生产工艺制度合理和操作正确,可以获得形状与尺寸合格的产品。妥善的储存,特别是精心的包装和装卸都是避免产品再损坏和缺边、掉角的重要保证。

三、耐火材料的应用领域

耐火材料主要作为高温作业领域的基础材料,应用的部门极为广泛。其中应用最为普遍的是在各种热工设备和高温容器中作为抵抗高温作用的结构材料和内衬。在冶金工业中,炼焦炉主要是由耐火材料构成;在建材工业中,如水泥工业、玻璃工业、陶瓷工业中的窑炉或其内衬都必须用耐火材料来构筑;其他如化工、动力、机械制造等工业高温作业部门中的各种煅烧炉、烧结炉、加热炉、锅炉及其附设火道、烟道、保温层等也须使用耐火材料。对耐火材料的基本要求包括:

(1)能抵抗高温热负荷,不软化、不熔融。且具有高的耐火度。

(2)能抵抗高温热负荷作用,体积不收缩和仅有均匀膨胀,且具有高的体积稳定性,残存收缩且残存膨胀要小,无晶型转变及严重体积效应。

(3)能抵抗高温热负荷和重负荷的共同作用,不丧失强度,不发生蠕变和坍塌,且具有相当高的常温强度和高温热态强度,高的荷重软化温度和高的抗蠕变性。

(4)能抵抗温度急剧变化或受热不均的影响,不开裂,不剥落,且具有好的耐热震性。

(5)能抵抗熔融液、尘和气的化学侵蚀,不变质,不蚀损,且具有良好的抗渣性。

(6)能抵抗火焰和炉料、料尘的冲刷、撞击和磨损,表面不损耗,且具有相当高的密实性和常温、高温下的耐磨性。

(7)能抵抗高温真空作业和气氛变化的影响,不挥发,不损坏,且具有低的蒸气压和高的化学稳定性。

(8)外形整齐,尺寸准确,质优价廉,易于运输、施工和维修等。

(9)对有特殊要求的耐火材料还应考虑其导热性、导电性及透气性等。

耐火材料生产工艺原理

第一节 耐火材料原料

一、耐火原料分类

耐火材料是由各种不同种类的耐火原料在特定的工艺条件下加工生产而成。耐火材料在使用过程中会受到各种外界条件的单独或复合作用,因此要有多种具有不同特性的耐火材料来满足特定使用条件,所用耐火原料种类也是多种多样的。

耐火原料的种类繁多,分类方法也多种多样。

按原料的生成方式可分为天然原料和人工合成原料两大类,天然矿物原料是耐火原料的主体。天然耐火原料的主要品种有:硅石、石英、硅藻土、蜡石、黏土、铝矾土、蓝晶石族矿物原料、菱镁矿、白云石、石灰石、镁橄榄石、蛇纹石、滑石、绿泥石、锆英石、珍珠岩、铬铁矿和石墨等。天然原料通常含杂质较多,成分不稳定,性能波动较大,只有少数原料可直接使用,大部分都要经过提纯、分级甚至煅烧加工后才能满足耐火材料的生产要求。

人工合成耐火原料可以达到人们预先设计的化学矿物组成与组织结构,质量稳定,是现代高性能与高技术耐火材料的主要原料。常用的人工合成耐火原料有:莫来石、镁铝尖晶石、锆莫来石、堇青石、钛酸铝、碳化硅等。

按耐火原料的化学组分,可分为氧化物原料与非氧化物原料。

按化学特性,耐火原料又可分为酸性耐火原料,如硅石、黏土、锆英石等;中性耐火原料,如刚玉、铝矾土、莫来石、铬铁矿、石墨等;碱性耐火原料,如镁砂、白云石砂、镁钙砂等。

按照其在耐火材料生产工艺中的作用,耐火原料又可分为主要原料和辅助原料。主要原料是构成耐火材料的主体。辅助原料又分为结合剂和添加剂。结合剂的作用是使耐火材料坯体在生产与使用过程中具有足够的强度。常用的有亚硫酸纸浆废液、沥青、酚醛树脂、铝酸盐水泥、水玻璃、磷酸及磷酸盐、硫酸盐等,有些主要原料本身就具有结合剂的作用,如结合黏土;添加剂的作用是改善耐火材料生产或施工工艺,或强化耐火材料的某些性能,如稳定剂、促凝剂、减水剂、抑制剂、发泡剂、分散剂、膨胀剂、抗氧化剂等。

按耐火原料的化学矿物组成、开采或加工方法、特性以及在耐火材料中的作用进行综合分类。表5-2-1为耐火原料的综合分类表,表5-2-2为耐火材料的种类与所用耐火原料。

耐火原料的综合分类   表 5-2-1

耐火原料分类	主要品种(原料举例)
硅质及半硅质	硅石(脉石英、石英岩、石英砂岩、燧石岩),熔融石英,硅微粉,叶蜡石,硅藻土
黏土质原料	高岭土,球黏土,耐火黏土(软质黏土、硬质黏土、半软质黏土),焦宝石
高铝质原料	铝矾土,蓝晶石族原料(蓝晶石、红柱石、硅线石),合成莫来石(莫来石、锆莫来石)
氧化铝质原料	氢氧化铝,氧化铝(煅烧氧化铝、烧结氧化铝、板状氧化铝),电熔刚玉(电熔刚玉、电熔亚白刚玉、电熔棕刚玉、电熔致密刚玉、锆刚玉)
碱性原料	轻烧菱镁矿,烧结镁砂,电熔镁砂,海水镁砂,白云石砂,合成镁白云石砂,镁钙砂
尖晶石族原料	镁铝尖晶石,镁铬砂,铬铁矿
镁铝硅质原料	镁橄榄石,蛇纹石,滑石,绿泥石,海泡石
碳质原料	天然鳞片石墨,状石墨,焦炭,石油焦,烟煤及无烟煤
锆基原料	锆英石,斜锆石,氧化锆,锆刚玉,锆莫来石
低膨胀原料	合成董青石,钛酸铝,熔融石英,含锂矿物
非氧化物原料	碳化硅,氧化硅,赛隆,氧化硼,氮化硅,碳化硼
结合剂	有机结合剂(天然结合剂、合成结合剂、合成树脂、石油及煤的分馏物),无机结合剂(铝酸盐水泥、硅酸盐、磷酸及磷酸盐、硫酸盐、溶胶、结合黏土等)
添加剂	稳定剂,促凝剂,增塑剂,减水剂,分散剂,抑制剂,发泡剂,抗氧化剂

耐火材料的种类与所用原料   表 5-2-2

耐火材料种类	主 要 原 料	辅 助 原 料
硅质	硅石、废硅砖	石灰、铁鳞、亚硫酸纸浆废液
黏土质	黏土熟料	结合黏土、水玻璃等
高铝质	铝矾土熟料	结合黏土、工业氧化铝,蓝晶石族原料
刚玉质	电熔或烧结刚玉、莫来石、氧化铝	结合黏土、蓝晶石族原料、磷酸铝等
碳质	炭黑、无烟煤、沥青焦、石墨	酚醛树脂、煤焦油、沥青、结合黏土
碳化硅质	碳化硅	结合黏土、氧化硅微粉、硅粉、纸浆废液
镁质	烧结镁砂、电熔镁砂	纸浆废液、卤水
铬质	铬铁矿、镁砂	卤水、纸浆废液
镁铬质	铬铁矿、电熔或烧结镁砂	卤水、硫酸镁、纸浆废液
白云石质	白云石砂、镁砂	煤焦油、酚醛树脂
镁碳质	镁砂、石墨	酚醛树脂、金属添加物
莫来石质	合成莫来石、刚玉	结合黏土、蓝晶石族矿物
莫来石董青石质	合成莫来石、焦宝石、黏土	氧化铝、蓝晶石族矿物、滑石
锆英石质	锆英石砂	纸浆废液

二、选矿提纯

天然矿物原料通常有贫矿与富矿,成分不均匀,质量波动较大的特点,直接用于耐火材料会给生产工艺带来麻烦并造成质量不稳定,有时甚至无法使用,因此需要经过选矿富集和分级。选矿是利用多种矿物的物理和化学性质的差别,将矿物几何体的原矿粉碎,并分离出多种矿物加以富集的过程。

选矿的作用有：

(1)将矿石中的有用矿物和脉石矿物相互分离,富集有用矿物。

(2)除去矿石中的有害杂质。

(3)尽可能地回收有用的伴生矿物,综合利用矿产资源。

选矿的主要方法有浮选、磁选、重选、电选(静电选)、光电选、手选、化学选矿、摩擦与跳汰选矿以及按粒度、形状与硬度的选矿等。对耐火原料来说,采用何种选矿方法或几种选矿方法的组合,取决于原料中各种矿物的物理性质,如颗粒大小与形状、密度滚动摩擦与滑动摩擦、润湿性、电磁性质、溶解度等。

按照颗粒的形状来选矿用于具有片状的或针状的结晶(如云母、石墨、石棉等)矿物。这种形状的颗粒,大部分都通不过圆孔筛。

按照密度来进行选矿的原理,是由密度相差很大而颗粒大小相同的矿物构成的松散物料,经过淘洗或空气分离器,密度大的矿物降落在近处,而密度小的矿物则落在较远处。

浮选法选矿是利用矿物被液体所润湿程度的差别来进行的。放入液体中的固体矿物会力图突破液体的表面层,而表面层由于表面张力的作用会给予其以反作用力。当矿物细磨后并放入液体中时,其中某些矿物可能不被液体润湿,浮在其表面上,而另一些矿物可能被润湿而沉底。

重液选矿法亦称重介质选矿法,这是一种利用矿物的密度差在重液中进行分离的方法。

根据 H. B. 约翰逊的矿物分类,各种不同矿物对不同的电极极性,其导电性和飞散距离亦不相同。当电压为负时,导电的矿物称为正整流性矿物;电压为正时,导电的矿物称为负整流性矿物。不受极性影响的矿物称全整流性矿物。在相同整流性矿物中,临界电位各不相同,只有达到该矿物的临界电位后才能导电。利用整流性和临界电压的不同,在静电选矿机上可把不同矿物分离。

磁力选矿法是基于不同的矿物具有不同的磁导率。例如 Fe、Ni、Co 及其化合物,很容易被磁铁吸引,而有些物质则不被磁铁吸引。电磁选矿通常用来除掉耐火原料中的杂质(主要是铁质)。

电渗选矿法的原理是利用悬浊液的质点(如黏土、高岭土)带有电荷(一般为负电),电流通过悬浊液时带电的微粒向带有相反电荷的电极移动,并沉积在其表面上。

化学方法提纯是目前制备高纯原料的重要手段。它是利用一系列化学及物理化学反应使矿物分离。例如,用海水或卤水制备高纯氧化镁。这种方法的缺点是反应过程复杂、成本高。耐火原料常用的选矿方法见表5-2-3。

耐火原料常用选矿方法   表 5-2-3

耐 火 原 料	选 矿 方 法	耐 火 原 料	选 矿 方 法
蓝晶石	浮选,重选,磁选	叶蜡石	磁选,浮选
硅线石	浮选,磁选	滑石	手选,光电选,浮选,磁选,干法风选
红柱石	手选,磁选,重介质选	锆英石	重选,浮选,电选,磁选
鳞片石墨	浮选,重选	蛭石	手选,风选,静电选,重选,浮选
土状石墨	手选	硅藻土	干法重选,湿法重选
高岭土	重选,浮选,磁选,化学选	菱镁矿	热选,浮选,重选,化学选矿

三、耐火原料的煅烧

大部分用作耐火材料骨料的原料都需经过高温煅烧。硅石、叶蜡石等耐火原料,由于在加热过程中会发生体积膨胀或收缩很小,可不经预先煅烧而直接制砖。除这些原料外,耐火原料有的含结晶水,有的为碳酸盐矿物,加热时会释放出水分或排出 CO_2,会伴随有较大的体积收缩;有的原料加热时产生晶型变化,会伴随较大的体积变化。

原料煅烧时会产生一系列物理化学变化,形成熟料,用熟料为原料,能够改善制品的成分和结构,保证制品的体积稳定和外形尺寸的准确性,提高制品的性能。

原料煅烧过程中主要发生两大变化:其一是物理化学变化,根据原料不同可能涉及吸附水、结晶水以及有机物的排出,分解反应、相变、固相反应等;其二是烧结,烧结的主要目的是降低气孔率,达到一定的体积密度。作为耐火材料,不但天然原料需要烧结,合成原料也需要烧结,不同原料烧结存在很多共性。

烧结的基本推动力是系统表面自由能减少,通过物质迁移而实现的。影响烧结的因素主要有如下三方面:

(1)原料的颗粒尺寸与分布以及晶体完整程度。通常,颗粒尺寸越小,晶体的缺陷越多,则越容易烧结。

(2)添加物的种类和数量。添加物的作用是与主烧结相形成固溶体活化晶体或生成液相而加速传质过程,或抑制晶粒长大、控制相变等。

(3)烧结工艺条件。如烧结温度、升温速度与气氛、坯体密度及热压压力等均对烧结有较大影响。

有的耐火原料很难烧结,因为它具有较大的晶格能和较稳定的结构,质点迁移需要较高的活化能,即活性较低之故。例如,高纯天然白云石真正烧结需要 1750℃ 以上的高温,而提纯的高纯镁砂,需 1900~2000℃ 以上才能烧结。这会给高温设备、燃料消耗等方面都带来了一系列新问题。所以,根据原料特点和工艺要求提出了原料的活化烧结、轻烧活化、二步煅烧及死烧等概念。

(1)活化烧结。早期的活化烧结是通过降低物料粒度,提高比表面和增加缺陷的办法实现的,要把物料充分细磨(一般小于 $10\mu m$),在较低的温度下烧结制备熟料。但是,单纯依靠机械粉碎来提高物料的分散度是有限的,能量消耗大幅增加。

(2)轻烧活化。用化学法提高物料活性,研制降低烧结温度促进烧结的工艺方法提出了轻烧活化,即轻烧—压球(或制坯)—死烧。轻烧的目的在于活化。菱镁矿加热后,在 600℃ 时会出现等轴晶系方镁石,650℃ 出现非等轴晶系方镁石,等轴晶系方镁石逐渐消失,850℃ 完全消失。这些 MgO 晶格,由于缺陷较多,活性高,在高温下加强了扩散作用,促进了烧结。轻烧温度对活性有很大的影响,它直接关系到熟料的烧结温度及体积密度。试验指出,低温分解的 $Mg(OH)_2$ 具有较高的烧结活性,MgO 雏晶尺寸小,晶格常数大,因而结构松弛且具有较多的晶格缺陷。随着分解温度升高,雏晶尺寸长大,晶格常数减小,会在接近 1400℃ 时达到方镁石晶体的正常数值。一般来讲,对于已确定的物料,总有一个最佳轻烧温度。$Mg(OH)_2$ 的轻烧温度通常为 900℃ 左右。轻烧温度过高会使结晶度增高,粒度变大,比表面和活性下降;轻烧温度过低则可能有残留的未分解母盐而妨碍烧结。

(3)二步煅烧。20 世纪 60 年代的研究证明,"二步煅烧"有明显的效果,即轻烧—压球—

死烧工艺。在1600℃以下,可制成高纯度、高密度的烧结镁石,$w(MgO)$高达99.9%,密度可达3.4g/cm³。这样就基本解决了高纯镁砂(杂质总含量小于2%)的烧结问题。该工艺也推广到由浮选镁精矿制取高纯高密度镁砂上。

二步煅烧对制备高纯度、高密度的镁砂,合成镁白云石砂开辟了新的途径。但是,二步煅烧与一次煅烧相比,工艺过程较复杂,燃耗较大,所以对于纯度不高的物料,如杂质总量达到4%的镁砂,可不必强调采用二步煅烧工艺。死烧的目的在于使物料达到完全烧结。

四、耐火原料的合成

天然原料经上述工艺加工,其质量和品种仍不能满足多品种的耐火材料需求,因此需要人工合成耐火原料,合成原料可按使用目的人为地控制其化学组成和物相组成,具有优于天然原料的多种性能。控制合成原料的化学组成和物相组成是通过控制所用原料和合成过程两个环节实现的。自然界中存在但不具开采价值而又十分重要的耐火原料则可通过人工合成而得到。

合成原料的方法有烧结法、熔融(电熔)法、化学法等。

1. 烧结法

烧结法合成耐火原料是以天然原料或工业原料,经过细磨、均化和高温煅烧形成预期的矿物相。

(1)均化

均化对烧结法合成耐火原料尤其重要。要想得到物相均匀的合成原料,应把所使用的天然原料、工业原料和添加物严格计量,充分混合细磨,使其组分高度均匀的分散。湿法混磨工艺能最大限度地保证合成原料的均匀性。

(2)成型

成型方法根据均化的方式而定。均化为干法,成型方法有压球机压球、成球盘成球、压砖机压坯三种方法。均化为湿法,成型方法为挤泥成条状或方坯状。

(3)烧成

坯体经干燥后,入窑烧成。烧结法合成原料实际上是配合料在高温下的烧结,常用的烧结设备有竖窑、回转窑及隧道窑。小批量合成料可用倒焰窑、梭式窑。

2. 熔融(电熔)法

熔融(电熔)法通过高温熔融的方法获得预期的矿物组成原料,熔融法较烧结法工艺过程简化,熔化温度高,合成的原料纯度较高且晶体发育良好,因此某些性能比烧结法好,它是未来十分有发展前途的耐火原料合成方法。与烧结法不同,该方法还具有部分除去杂质的作用,如用矾土为主要原料的电熔莫来石,可除去大部分的氧化铁和部分氧化钛。

3. 化学法

化学方法提纯是目前制备高纯原料的重要手段。它利用一系列化学及物理化学反应达到使矿物分离的目的。例如,矾土矿用拜耳法制取工业氧化铝,用海水或卤水制备高纯氧化镁。但这种方法的缺点是反应过程复杂、成本高。

4. 其他方法

除上述方法外,还有其他特有的方法。例如,制造碳化硅为硅石、焦炭在电阻炉内加热到

2000~2500℃,通过反应生成;合成氮化硅通过金属硅粉直接氮化反应生成,合成温度一般为1200~1450℃。

二氧化硅微粉(简称硅微粉)也称 SiO_2 粉尘、硅微粉、硅灰等,是冶炼铁合金和金属硅的副产品)在高温冶炼炉内,石英约在 2000℃下被炭还原成液态金属硅,同时也产生 SiO 气体,随炉气逸出炉外。SiO 气体遇到空气时被氧化成 SiO_2,即凝聚成非常微小且具有活性的 SiO_2 颗粒。经干式收尘装置收集,即得到硅灰。

合成方法中,以烧结法和熔融法为主。部分合成原料的生产工艺见表 5-2-4。

部分合成原料的生产工艺特点 表 5-2-4

合成原料种类	原　　料	电熔或煅烧温度(℃)	窑 炉 类 型
电熔刚玉	工业氧化铝	≥2100	电弧炉
烧结刚玉	工业氧化铝	1750~1950	高温竖窑、隧道窑
烧结莫来石	工业氧化铝、硅石、矾土、高岭土	1600~1750	回转窑、隧道窑
镁铝尖晶石	工业氧化铝、矾土、菱镁矿	1700~1850	回转窑
镁钙砂	菱镁矿、白云石、石灰石	1650~1700	回转窑、竖窑
董青石	滑石、高岭石、菱镁矿、氧化铝等	1300~1420	回转窑等

五、原料的加工

1. 破粉碎

生产耐火材料用耐火熟料(或生料)的块度,通常具有各种不同的形状和尺寸,其大小可由粉末状至粒径 350mm 左右的大块。另外,由实验和理论计算表明,单一尺寸颗粒组成的泥料不能获得紧密堆积,必须由大、中、小颗粒组成的泥料才能获得致密的坯体。因此,块状耐火原料经拣选后必须进行破粉碎,以达到制备泥料的粒度要求。

耐火原料的破粉碎,是用机械方法(或其他方法)将块状物料减小成为粒状和粉状物料的加工过程,习惯上又称为破粉碎,具体分为粗碎、中碎和细碎。粗碎、中碎和细碎的控制粒度根据需要进行调整。粗碎、中碎和细碎分别选用不同的设备。

1)粗碎(破碎)

物料块度从 350mm 破碎到小于 50~70mm。粗碎通常选用不同型号颚式破碎机。其工作原理是靠活动颚板对固定颚板做周期性的往复运动,对物料产生挤压、劈裂、折断作用而破碎物料的。

2)中碎(粉碎)

物料块度从 50~70mm 粉碎到小于 5~20mm。中碎设备主要有圆锥破碎机、双辊式破碎机、冲击式破碎机、锤式破碎机等。圆锥破碎机的破碎部件是由两个不同心的圆锥体,即不动的外圆锥体和可动的内圆锥体组成的,内圆锥体以一定的偏心半径绕外圆锥中心线作偏心运动,物料在两锥体间受到挤压和折断作用被破碎。双辊式破碎机是物料在两个平行且相向转动的辊子之间受到挤压和劈碎作用而破碎。冲击式破碎机和锤式破碎机是通过物料受到高速旋转的冲击锤冲击而破碎,破碎的物料获得动能,高速冲撞固定的破碎板,进一步被破碎,物料经过反复冲击和研磨,完成破碎过程。

3)细碎(细磨)

物料粒径从 5~20mm 细磨到小于 0.088mm 或 0.044mm,甚至约 0.002mm。细碎设备有筒磨机、雷蒙磨机(又称悬辊式磨机)、振动磨机、气流磨机和搅拌磨等。

影响耐火原料破粉碎的因素,主要是原料本身的强度、硬度、塑性和水分等,同时也与破粉碎设备的特性有关。

在耐火材料生产过程中,将耐火原料从粒径 350mm 左右的大块破粉碎到 0.088~5mm 的各粒度料,通常采用连续粉碎作业,并根据破粉碎设备的结构和性能特点采用相应的设备进行配套。例如,采用颚式破碎机、双辊式破碎机、筛分机、筒磨机,或者采用颚式破碎机、圆锥破碎机、筛分机、筒磨机等进行配套,对耐火原料进行连续破粉碎作业。

连续破粉碎作业的流程通常有两种,即开流式(单程粉碎)和闭流式(循环粉碎)。

(1)开流式粉碎的流程简单,原料只通过破碎机一次。但是,要使原料只经过一次粉碎后完全达到要求的粒度,其中必然会有一部分原料成为过细的粉料,称为过粉碎现象。过粉碎不但降低粉碎设备的粉碎效率,而且不利于提高制品的质量。

(2)闭流式粉碎时原料经过破碎机后被筛分机将其中粗粒分开,使其重新返回破碎机与新加入的原料一起再进行粉碎。显然,闭流式粉碎作业的流程较复杂,需要较多的附属设备。但采用闭流式粉碎时,破碎机的粉碎效率较高,并可减少原料的过粉碎程度。在耐火材料生产中,原料粗碎通常采用开流式,而中碎系统采用闭流式循环粉碎。

原料在破粉碎过程中不可避免地会带入一定量的金属铁杂质,这些金属铁杂质会对制品的高温性能和外观造成严重影响,必须采用有效方法除去。除铁方法有物理除铁法和化学除铁法。物理除铁法是用强磁选机除铁,对颗粒和细粉选用不同的专用设备。化学除铁法是采用酸洗法除铁。对于白刚玉等高纯原料,用该方法除铁才能保证原料的高纯度。除铁设备有耐酸泵、耐酸缸、搅拌机、离心机、干燥机和打粉机等。

2. 筛分

筛分是指破粉碎后的物料,通过一定尺寸的筛孔,使不同粒度的原料进行分离的工艺过程。耐火原料经破碎后,一般是大中小颗粒连续混在一起,为了获得符合规定尺寸的颗粒组分,需要进行筛分。

筛分过程中,通常将通过筛孔的粉料称为筛下料,残留在筛孔上粒径较大的物料称为筛上料,在闭流循环粉碎作业中,筛上料一般通过管道重返破碎机进行再粉碎。

根据生产工艺的需要,借助于筛分可以把颗粒组成连续的粉料,筛分为具有一定粒度上下限的几种颗粒组分,如 1~3mm 的组分和小于 1mm 的组分等。有时仅筛出具有一定粒度上限(或下限)的粉料,如小于 1~3mm 的全部组分或大于 1mm 的全部组分等。要达到上述要求,关键在于确定筛网的层数和选择合理的筛网孔径前者应采用多层筛,后者可采用单层筛。筛分时,筛下料的粒度大小不仅取决于筛孔尺寸,同时也与筛子的倾斜角、粉料沿筛而的运动速度、筛网厚度、粉料水分和颗粒形状等因素有关。在生产时,改变筛子的倾斜角或改变沿筛面的运动速度,就可在一定程度上调整筛下料的颗粒大小。

目前,耐火材料生产用的筛分设备主要有振动筛和固定斜筛两种,前者筛分效率高达90%以上,后者则一般为 70% 左右。

3. 粉料储存

耐火原料经粉碎、细磨、筛分后,一般存放在储料仓内供配料使用。粉料储存在料仓内的最大问题是颗粒偏析。因为在粉料颗粒中一般都不是单一粒级,而是由粗到细的连续粒级组成的,只是各种粉料之间颗粒大小和粒级之间的比例不同而已。当粉料卸入料仓时,粗细颗粒就开始分层,细粉集中在卸料口的中央部位,粗颗粒则滚到料仓周边。当从料仓中放料时,中间的料先从出料口流出,四周的料随料层下降,而分层流向中间,然后从出料口流出而造成颗粒偏析现象。

生产中解决储料仓颗粒偏析的方法主要有:①对粉料进行多级筛分,使同一料仓内的粉料粒级差值小些;②增加加料口,即多口上料;③将料仓分隔。

第二节 坯料制备

一、配料

根据耐火制品的要求和工艺特点,将不同材质和不同粒度的物料按一定比例进行配合的工艺称为配料。规定的配合比例也称配方。

确定泥料材质配料时,主要考虑制品的质量要求,以保证制品达到规定的性能指标。经混练后坯料要具有必要的成型性能,同时还要注意合理利用原料资源,降低成本。

1. 粒度组成

泥料中颗粒组成含意包括:颗粒的临界尺寸、各种大小颗粒的百分含量和颗粒的形状等。颗粒组成对坯体的致密度有很大影响。只有符合紧密堆积的颗粒组成,才有可能得到致密坯体。

不同尺寸的圆球体堆积状态计算表明,通常向大颗粒的组分中加入一定数目尺寸较小的颗粒,使其填充于大颗粒的间隙中,则堆积物间隙可进一步降低。假如向第一组球内引入第二组球,其尺寸比第一组球小,第二组球在空隙内也能以配位数为8的方式堆积,则混合物的空隙下降为14.4%。依此类推,再加入体积更小的第三、第四组球,则空隙还会进一步下降,见表5-2-5。当三组分球作最紧密堆积时,气孔率下降显著;当组分大于3时,气孔率下降幅度减小。

多组分球体堆积特征 表5-2-5

球 体 组 分	球体体积(%)	气孔率(%)	气孔率下降(%)
1	62	38	—
2	58.6	14.4	23.6
3	64.6	5.4	9.0
4	98	2	3.4
5	99.2	0.8	1.2

在工艺上主要是用来满足耐火制品气孔率、热震稳定性以及透气性的要求,但实际应用时,除考虑最紧密堆积原理外,还须根据原料的物理性质、颗粒形状、制品的成型压力、烧成条件和使用要求全面考虑并加以修正。

最紧密堆积的颗粒,可分为连续颗粒和不连续颗粒。

图 5-2-1 给出不连续二组分填充物堆积密度的计算值和实验值。由图可见,堆积密度最大的组成为:55% ~ 65% 粗颗粒,10% ~ 30% 中颗粒,15% ~ 30% 细颗粒。

用不连续颗粒可以得到最大的填充密度,但其缺点是将产生严重的颗粒偏析,这是不实际的。实际生产中,还是选择级配合理的连续颗粒,通过调整各粒级配的比例量达到尽可能高的填充密度。

在连续颗粒系列中,设 D 是最大颗粒粒径,d 是任意小颗粒的粒径,y 是粒径 d 以下的含有量,若取配合料总量为 100% ,则:

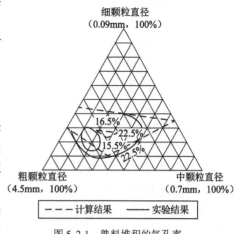

图 5-2-1 熟料堆积的气孔率

$$y = 100 \left(\frac{d}{D} \right)^q \tag{5-2-1}$$

式中:q——值随颗粒形状等因素变化,实际上取 $0.3 \sim 0.5$ 时,该颗粒系列构成紧密堆积;

d——最小颗粒尺寸。

根据有关文献,适应于耐火材料颗粒组成的计算公式为:

$$y = 100 \left[\alpha + (1 - \alpha) \left(\frac{d_1}{D} \right)^n \right] \tag{5-2-2}$$

式中:α——系数,取决于物料的种类和细粉的数量等因素。一般情况下,$0 < \alpha < 0.4$;

n——指数,与颗粒的分布及细粉比例有关,$n = 0.5 \sim 0.9$;

D——临界颗粒尺寸。

式中物料的堆积密度与物理化学性质以及 D、n 和 α 值有关。

在一定范围内,试样气孔率随细粉的增加而降低。当 $\alpha = 0.31$ 和 $\alpha = 0.32$ 时,临界粒度为 3mm 和 4mm 的物料,从其紧密堆积时的颗粒组成计算得知,小于 0.06mm 的颗粒应占 34% 和 42% 。

在耐火制品生产中,通常力求制得高密度砖坯,为此常要求泥料的颗粒组成应具有较高的堆积密度。要达到这一目的,只有当泥料内颗粒堆积时形成的孔隙被细颗粒填充,后者堆积时形成的孔隙又被更细的颗粒填充,在如此逐级填充条件下,才可能达到泥料颗粒的最紧密堆积。在实际配制泥料时,要按照理论直接算出达到泥料最紧密堆积时的最适宜的各种粒度的直径和数量比是困难的,但是按照紧密堆积原理,通过实验所给出的有关颗粒大小与数量的最适宜比例的基本要求,对于生产有重要的指导意义。

通过大量的试验结果表明,在下述条件下能获得具有紧密堆积特征的颗粒组成。

(1)颗粒的粒径是不连续的,即各颗粒粒径范围要小。

(2)大小颗粒间的粒径比值要大些,当大小粒径间的比值达 5 ~ 6 以上时,即可产生显著的效果。

(3)较细颗粒的数量,应足够填充于紧密排列的颗粒构成的间隙中。当两种组分时,粗细颗粒的数量比为 7:3;当三种组分时为 7:1:2,其堆积密度较高。

(4)增加组分的数目,可以继续提高堆积密度,使其接近最大的堆积密度。

上述最紧密堆积理论,只是为获得堆积密度大的颗粒组成指出了方向,在实际生产中并不完全按照理论要求的条件去做。这首先是因为粉料的粒级是连续的,要进行过多的颗粒分级将使得粉碎和筛分程序变得很复杂;其次,虽然能紧密堆积的颗粒组成是保证获得致密制品具有决定性意义的条件,但在耐火制品生产过程中还可以采用其他工艺措施,也同样能提高制品的致密度。另外,原料的性质、制品的技术要求和后道工序的工艺要求等,都要求泥料的颗粒组成与之相适应。因此,在生产耐火制品时,通常对泥料颗粒组成提出的基本要求是:

(1)应能保证泥料具有尽量大的堆积密度。

(2)满足制品的性质要求:如要求热稳定性好的制品,应在泥料中适当增加颗粒部分的数量和增大临界粒度;对于要求强度高的制品,应增加泥料的细粉量;对于要求致密的抗渣性好的制品,可以采取增大粗颗粒临界粒度和增加颗粒部分的数量,从而提高制品的密度,降低气孔率,如镁碳砖。

(3)原料性质的影响。如在硅砖泥料内,要求细颗粒多些会使砖坯在烧成时易于进行多晶转化;而镁砖泥料中的细颗粒过多则就易于水化,对制品质量不利。

(4)对后道工序的影响。如泥料的成型性能,用于挤泥成型应减小临界粒度,并增大中间粒度数量;用于机压成型的大砖,应增加临界粒度。

普通耐火制品为三级配料,这类制品如普通黏土砖、高铝砖等。制造耐火制品用泥料的颗粒组成多采取"两头大,中间小"的粒度配比,即在泥料中粗、细颗粒多、中间颗粒少。因此,在实际生产中,无论是原料的粉碎或泥料的制备,在生产操作和工艺检查中,对大多数制品的粉料或泥料,只控制粗颗粒筛分(如 2～3mm 或 1～2mm)和细颗粒筛分(如小于 0.088mm 或小于 0.5mm)两部分的数量。

中、高档耐火制品采用多级配料,如镁碳砖、铝碳滑板砖、刚玉砖等,根据制品的性能要求配料更为细致。

2. 原料组成

原料组成除规定原料粒度比例外,还有原料种类比例,所用原料的性质及工艺条件应满足制品类型和性能要求。

(1)从化学组成方面看,配料的化学组成必须满足制品的要求,并且应高于制品的指标要求。因为要考虑到原料的化学组成有可能波动,制备过程中可能引入的杂质等因素。

(2)配料必须满足制品物理性能及使用要求。在选择材质时应考虑原料的纯度、体积密度、气孔率、类型(烧结料或电熔料)等。

(3)坯料应具有足够的结合性,因此配料中应含有结合成分。有时结合作用可由配料中的原料来承担。但有时主体原料为瘠性料的,则要由具有黏结能力的结合剂来完成。如纸浆废液、糊精、结合黏土和石灰乳等。纸浆废液不影响制品化学组成,而结合黏土和石灰乳影响制品化学组成。所选用的结合剂应当对制品的高温性能无负面作用,黏土和石灰乳可分别用作高铝砖和硅砖的结合剂。

3. 配料方法

通常配料的方法有质量配料法和容积配料法两种。

质量配料的精确度较高,一般误差不超过 2% ,是目前普遍应用的配料方法。质量配料用的称量设备有手动称量秤、自动定量秤、电子秤和光电数字显示秤等。上述设备中,除手动称量秤外,其他设备都可实现自动控制。它们的选用应根据工艺要求、自动控制水平以及操作和修理技术水平而定 。

容积配料是按物料的体积比来进行配料,各种给料机均可作容积配料设备,如皮带给料机、圆盘给料机、格式给料机和电磁振动给料机(不适用于细粉)等。容积配料一般多适用连续配料,其缺点是配料精确性较差。

二、混练

混练是使不同组分和不同粒度的物料同适量的结合剂经混合和挤压作用达到分布均匀和充分润湿的泥料制备过程。混练是混合的一种方式,伴随有一定程度的挤压、捏合、排气过程在内。坯料混合最终目的旨在使坯料中成分和性质均匀,即在单位质量或体积内具有同样的成分和颗粒组成。

影响泥料混练均匀的因素很多,如合理选择泥练设备,适当掌握混练时间,以及合理选择结合剂并适当控制其加入量等,都有利于提高泥料混练的均匀性。另外,加料顺序和粉料的颗粒形状等对泥料混练的均匀性也有影响,如近似球形颗粒的内摩擦力小,在混练过程中相对运动速度大,容易混练均匀,棱角状颗粒料的内摩擦力大,不易混练均匀,故与前者相比都需要较长的混练时间。

1.混合混练设备

在耐火材料生产中根据不同用途和目的,常用的混合混练设备有预混合设备、造粒设备、混练设备等。

1)预混合设备

预混合设备是生产各类耐火材料过程中,混合细粉、微粉和微量添加剂时所使用的设备,可使细粉和微量添加剂充分混合均匀。常用的预混合设备有螺旋锥型混合机、双锥型混合机及 V 型混合机等。

2)混练设备

(1)湿碾机

湿碾机是利用碾轮与碾盘之间的转动对泥料进行碾压、混练及捏合的混合设备。常见的是底部下传动盘转湿碾机及少量上部传动碾陀转的湿碾机,这些设备笨重,混合过程中物料易被粉碎,动力消耗大。但由于其结构简单,在耐火材料厂尚未被完全替代。新型湿碾机碾轮与碾盘之间的间距可调整,以减少对物料的粉碎。

(2)行星式强制混合机

行星式强制混合机的中心立轴有一对悬挂轮、两副行星铲和一对侧刮板,盘不转,中心立轴转,带动悬挂轮、行星铲和侧刮板顺时针转。行星铲又作逆时针自转,泥料在三者之间为逆流相对运动,在机内既做水平运动又被垂直搅拌,5~6min 可达到均匀混合,而颗粒不破碎。根据工艺需要,可以增添加热装置。

该机效率高、能耗低、混合均匀;整机密封好、无粉尘、噪声低;出料迅速、干净;可混合干料、半干料、湿料或胶状料。

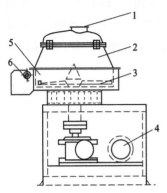

图 5-2-2　600L 高速混合机

1-入料口；2-锥形壳体；3-旋转叶片；

4-传动装置；5-碾盘；6-出料门

（3）高速混合机

高速混合机由混合槽、旋转叶片、传动装置、出料门以及冷却、加热装置等部分组成，结构如图 5-2-2 所示。

混合槽是由空心圆柱形碾盘、锥台形壳体和圆球形顶盖等组成的容器。下部碾盘为夹套式结构，由冷却、加热装置向夹套供冷水或热水，控制物料混合温度。

主轴上安装特殊形状的搅拌桨叶，构成旋转叶片。旋转叶片的转速在工作过程中可以变化，从而使物料得到充分的混合。

参与混合的各种原料及结合剂由上部入料口投入，电动机通过皮带轮、减速机带动旋转叶片旋转，在离心力的作用下，物料沿固定混合槽的锥壁上升，向混合机中心做抛物线运动，同时随旋转叶片做水平回转，处于一种立体旋流状态。对于不同密度、不同种类的物料易于在短时间内混合均匀，混合效率比一般混合机高一倍以上。混合后的物料由混合槽的侧面出料门排出。为适应某些物料混合温度要求，由冷却、加热装置对物料进行冷却、加热和等温调控，从而获得高质量的混料。

高速混合机不破碎泥料颗粒，混合均匀，混料效率高，能控制泥料温度，特别适用于混合含石墨的耐火泥料。该机在生产高级含碳耐火材料制品中得到广泛使用。

（4）强力逆流混合机

强力逆流混合机是应用逆流相对运动原理，使物料反复分散、掺和的混合设备。由旋转盆、搅拌星高速转子、固定刮板、卸料门、液压装置、机架及密封护罩等部分组成。

在混合机的料盘中，偏心安装搅拌星与高速转子。料盘以低速顺时针方向旋转，连续不断地将物料送入中速逆时针转动的搅拌星的运动轨迹内，借助料盘旋转及刮料板的作用，将料翻转送入高速逆时针旋转的高速转子运动的轨道内进行混料。在连续的、逆流相对运动高强度混练过程中，物料能够在很短的时间内混合均匀一致，达到所需的混合程度。

3）混练时间

在泥料混练时，通常混练时间越长，混合得越均匀，在泥料混合初期，均匀性增加很快但当混合到一定时间后，再延长混合时间对均匀性的影响就不明显了。因此，对于不同类型混合机械所需混合时间是有一定限度的。

物料中瘠性料的比例、结合剂与物料的润湿性等影响混练的难易程度，因此不同性质的泥料对混练时间的要求也不同，如用湿碾机混练时，黏土砖料为 4～10min，硅砖料为 15min 左右，镁砖料则 20min 左右，铝碳滑板砖料约为 30min。混练时间太短，会影响泥料的均匀性；而混练时间太长，又会因颗粒的再粉碎和泥料发热蒸发而影响混料的成型性能。因此，对不同砖种泥料的混练时间应加以适当控制，为了减少湿碾机混练时的再粉碎现象通常可调节湿碾机的碾陀与底盘间的间距，使碾陀与底盘之间留有 40～50mm 的间隙。

4）混练顺序

用湿碾机混练泥料时，加料顺序会影响混练效果。通常先加入颗粒料，然后加结合剂，混合 2～3min 后，再加细粉料，混合至泥料均匀。若粗细颗粒同时加入，易出现细粉集中成小泥团及"白料"。

泥料的混练质量对成型和制品性能影响很大,混练泥料的质量表现为泥料成分的均匀性(化学成分、粒度)和泥料的塑性。在高铝砖实际生产中,通常以检查泥料的颗粒组成和水分含量来评定其合格与否,混练质量好的泥料,细粉形成一层薄膜均匀地包围在颗粒周围,水分分布均匀,不单存在于颗粒表面,而且渗入颗粒的孔隙中;泥料密实,具有良好的成型性能,如果泥料的混练质量不好,则用手摸料时有松散感,这种泥料的成型性能较差。

2. 困料

"困料"就是把初混后的泥料在适当的温度和湿度下储放一定的时间。泥料困料时间的长短,主要取决于工艺要求和泥料的性质。困料的作用包括如下几个方面。

(1)让水分、结合剂及其他添加剂通过毛细管的作用在泥料中分布均匀。

(2)让泥料中的某些化学反应有时间充分完成以减少对后续工序的影响或提高泥料的性能。

困料的作用随泥料性质不同而异,如黏土砖料,是为了使泥料内的结合黏土进一步分散,从而使结合黏土和水分分布得更均匀些,充分发挥结合黏土的可塑性能和结合性能,以改善泥料的成型性能;而对氧化钙含量较高的镁砖泥料进行困料,则为了使 CaO 在泥料中充分消化,以避免成型后的砖坯在干燥和烧成初期由于 CaO 的水化而引起坯体开裂;又如,对用磷酸或硫酸铝作胶结剂的泥料进行困料,主要是去除料内因化学反应产生的气体等。

困料的主要目的是增加混料的塑性,改善成型性能。通常困料时,应避免泥料水分的散失,困料后的泥料有时需经第二次混合,是否需要困料与第二次混合,需根据生产实际过程而定。困料延长生产周期,增加成本,因此,并非一定需要。

随着耐火材料生产技术水平的发展和原料质量的提高(如半干料机压成型法的普遍应用和高压力液压机的采用),使大部分耐火制品在生产过程中省略了晒料工序,从而简化了耐火材料生产工艺。

第三节 成型与干燥

一、成型方法类型

耐火坯料借助外力和模型,成为具有一定尺寸、形状和强度的坯体或制品的过程称为成型。

成型是耐火材料生产过程的重要环节,耐火材料的成型方法很多,多达十余种,按坯料含水量的多少,成型方法可分为如下 3 种:

(1)半干法:坯料水分为 5% 左右。

(2)可塑成型:坯料水分为 15% 左右。

(3)注浆法:坯料水分为 40% 左右。

对于一般耐火制品,大多采用半干法成型。至于采用什么成型方法,主要取决于坯料性质、制品形状尺寸以及工艺要求。可塑法有时用来制造大的异形制品,注浆法用来生产空薄壁的高级耐火制品。除上述方法外,还有振动成型、热压注成型、熔铸成型以及热压成型等。其中,耐火材料机压成型、可塑成型、注浆成型、等静压成型、热压与挤出成型均与陶瓷生产成型方法相同。

二、特色成型方法

1. 振动成型法

振动成型方法的原理是物料在每分钟3000次左右频率的振动下,坯料质点相撞击,动摩擦代替了质点间的静摩擦,坯料变成具有流动性的颗粒。由于得到振动输入的能量颗粒在坯料内部具有三度空间的活动能力,使颗粒能够密集并填充于模型的各个角落而将空气排挤出去,因此,在很小的单位压力下能得到较高密度的制品。在成型多种制品时,振动成型能够有效地代替重型的高压砖机,成型那些需要手工成型或捣打成型的复杂异型和巨型大砖,大大提高了劳动生产率,减轻劳动强度。振动成型也适用于成型密度相差悬殊的物料和成型易碎的脆性物料。由于成型使物料颗粒不受破坏,所以适于成型易水化的物料,如焦油白云石、焦油镁砂料等。

振动成型时泥料在振动作用下,大大减少了泥料内部以及泥料对模板的摩擦力,泥料颗粒具有较好的流动性,具有密聚和填满砖模各部位的能力,能在很小的单位压力作用下就能得到较高密度的制品。振动成型装置的激振器(或称振动器、振动子)有机械的、压气的或液压的,目前以机械式的激振器居多。

振动成型具有下列优点:①设备结构简单,易于自制,造价低,所需动力较小操作简单;②在正确选择工艺因素和振动成型参数的条件下,所成型的砖坯密度较高且比较均匀,气孔率较低,耐压强度高,外形规整,棱角完好;③采用振动成型时,对砖模的压力和摩擦力很小,故对模板的材质要求不高。但是,振动成型设备的零部件都应具有较高的强度和刚度,要采用抗振基础;④振动成型设备的噪声较大,必须采用隔音设备等。

振动成型机的结构和形式有很多种,其中以"加压振动式"最为简单实用,我国有些工厂用这种振动成型设备生产焦油白云石等转炉炉材大砖。

采用振动成型时,工艺因素和振动过程参数对制品性能影响很大,试验表明,振动成型时,振动频率与振幅、结合剂种类、结合剂数量、水分、颗粒级配、加压压力等对制品的性能都有影响。

2. 捣打成型法

捣打成型是用捣锤捣实泥料的成型方法。捣打成型适用半干泥料,采用风动或电动捣锤逐层加料捣实。

用风动捣锤时,动力为压缩空气。空气压缩机给出的压力为 $0.7 \sim 0.8MPa$ 时,在端面积为 $60cm^2$ 的捣锤作用下,即能够在坯料单位表面积上受到使泥料足够致密的压力;在空气压缩机生产率为 $10m^3/min$ 的情况下,可同时安排 $6 \sim 7$ 名工人操作,一个气锤的生产率可达 $200kg/h$。

捣打成型既可在模型内成型大型和复杂型制品,也可在炉内捣打成整体结构,捣打的模型可用木模型或金属模型。

捣打成型的泥料水分一般在 $4\% \sim 6\%$ 范围内,在生产大型制品时,泥料的临界粒度应比机压成型适当增大,如 $6 \sim 9mm$,以提高坯体的体积密度。捣打成型由于是分层加料,在加料前必须将捣打坚固的料层挤松,然后进行加料。捣打成型操作劳动强度大,使用悬挂式减震工具可适当改善操作条件。

3.熔铸成型法

熔铸成型方法是物料熔化后浇铸成型的方法。熔铸法制造耐火制品一般使用配有调压变压器的三相电弧炉。砖料在电弧炉内熔化,然后将熔液例入耐高温的模型中,经冷却、退火后切割成所需形状的制品。

熔铸耐火材料具有晶粒大、结构致密、机械强度高、耐侵蚀等一系列优良性能。可以制造尺寸大的制品,主要用于玻璃熔窑。玻璃工业用熔铸耐火材料有锆刚玉和刚玉质等多种产品。

制造熔铸耐火材料的配合料有粉状和粒状两种。其中粒状料不产生粉尘飞扬,可用容量大的电炉生产,物料组成准确,投料可机械化。配合料的熔化在电弧炉中进行,利用电弧放电时在较小空间集中巨大的能量而获得3000℃以上的高温,将物料很快熔化。浇铸时倾斜炉体,使熔液从出料口流出,经流料槽流入预制和装配好的耐火模型中。模型可用石英砂、刚玉砂或石墨板制成,要求模型具有不低于1700℃的耐火性能、好的透气性和耐冲击强度、与熔体不产生反应以及良好的抗热震性。

在电热熔化过程中,物料组成会发生变化,如在高温下 SiO 挥发,以及 Fe_2O_3 受碳电极的还原形成金属铁等。铸件在降温过程中,由于表皮部分温度急剧下降,而中心部分硬化速度较慢,在铸件内部产生热应力形成裂隙。为了消除这种应力,铸件要进行退火,以保证质量。

退火实际上就是控制铸件的硬化和冷却速度。退火有两种方式:一种是自然退火,将铸件连同铸模一起放入保温箱中,使其自然缓慢冷却;另一种是可控退火,将表皮已硬化的铸件脱模后放入小型隧道窑中,按规定的退火曲线进行缓慢冷却。可控退火的铸件质量优于自然退火铸件。

三、耐火材料成型砖坯干燥

成型砖坯一般含水率较高(3.5% 以上),而且强度较低,如果直接进入烧成工序,就会因烧成初期升温速度较快,水分急剧排出而产生裂纹废品。同时,在运输、装窑过程中也会容易产生较多的破损。

耐火材料成型砖坯干燥原理同陶瓷坯体干燥原理一样。

耐火材料大中型企业多采用隧道干燥器对砖坯进行干燥,干燥时间以推车间隔时间表示。推车时间间隔的确定应考虑如下因素:物料的性质和结构、砖坯的形状和大小、坯体最初含水率和干燥终了对残余水分的要求、干燥介质的温度、湿度和流速、干燥器的结构等。通常推车间隔时间为15 ~ 45 min,大型和特异型制品在进入干燥器之前,应自然干燥24 ~ 48 h 再进入干燥器,以防止干燥时过快而出现开裂。

干燥器内压力制度,一般应采用正压操作,防止冷空气吸入。如采用废气作为干燥介质时,应采用微负压或微正压操作,避免烟气外逸,影响工人健康。

砖坯干燥残余水分根据下列因素确定:

(1)砖坯的机械强度应能满足运输装窑的要求。

(2)满足烧成初期能快速升温的要求,不致因过热蒸气发生裂纹,以及镁质制品不致因水化产生裂纹。

(3)制品的大小和厚度,通常形状复杂的大型和异型制品的残余水分应低些。

(4)不同类型烧成窑有不同的要求。残余水分过低是不必要的,因为要排出最后的这一部分水分,不但对干燥器来讲是不经济的,而且过干的砖坯因脆性会给运输和装窑带来困难。干燥砖坯残余水分的要求一般为:黏土制品2.0% ~1.0%;高铝制品2.0% ~1.0%;硅质制品0.5% ~1.0%;镁质制品小于1.0%。

耐火制品的干燥设备有隧道干燥器、室式干燥器以及其他类型的干燥器。干燥方式分为:自然干燥、气体介质强制对流干燥、微波干燥、电干燥等。

第四节 烧 成

烧成是指对砖坯进行煅烧的热处理过程。烧成是耐火材料生产中最后一道工序。制品在烧成过程中发生一系列物理化学变化,随着这些变化的进行,气孔率降低,体积密度增加,使坯体变成具有一定尺寸形状和结构强度的制品。另外,通过烧成过程中一系列物理化学变化,形成稳定的组织结构和矿物相,以获得制品的各种性质。

一、烧成过程中的物理化学变化

耐火材料在烧成过程中的物理化学变化,是确定烧成过程中的热工制度(烧成制度)的重要依据。

烧成过程中的物理化学变化主要取决于坯体的化学矿物组成、烧成制度等。不同的坯体物理化学反应不尽相同,耐火制品大致可分为以下几个主要阶段:

(1)坯体排出水分阶段(10 ~200℃)。在这一阶段中,主要是排出砖坯中残存的自由水和大气吸附水。水分的排除,使坯体中留下气孔,具有透气性,有利于下一阶段反应的进行。

(2)分解、氧化阶段(200 ~1000℃)。此阶段发生的物理化学变化因原料种类而异。发生化学结合水的排出、碳酸盐或硫酸盐分解、有机物的氧化燃烧等。此外,还可能有晶型转变发生或少量低温液相的开始生成。此时坯体的质量减轻,气孔率进一步增大,强度亦有较大变化。

(3)液相形成和新相生成阶段(1000℃以上)。此时分解作用将继续完成,并随温度升高其液相生成量增加,液相黏度降低,某些新矿物相开始形成,并开始进行溶解重结晶。

(4)烧结阶段。坯体中各种反应趋于完全,液相数量继续增加,由于液相的扩散、流动、溶解沉析传质过程的进行,颗粒在液相表面张力作用下,进一步靠拢而促使坯体致密化,体积缩小,气孔率降低,烧结急剧进行。同时,结晶相进一步成长而达到致密化即所谓"烧结"。

(5)冷却阶段。从最高烧成温度至室温的冷却过程中,主要发生耐火相的析晶、某些晶相的晶型转变、玻璃相的固化等过程。在此过程中坯体的强度、密度、体积都有相应的变化。

二、烧成的工艺过程

烧成的工艺过程包括装窑、烧窑和出窑三道工序。

装窑的方法及质量对烧窑操作及制品的质量有很大影响,它直接影响窑内制品的传热速率、燃烧空间大小及气流分布的均匀性,同时也关系到烧成时间及燃料消耗量。装窑的原则是砖垛应稳固,火道分布合理,并使气流按各部位装砖量分布达到均匀加热,不同规格、品种的制品应装在窑内适当的位置,最大限度利用窑内有效空间以增加装窑量。装窑操作按照预先制定的装砖图进行,装砖图规定砖坯垛高度、排列方式、间距、不同品种的码放位置、火道的尺寸和数量等。

装窑的技术指标有装窑密度(t/m^3)、有效断面积(m^2)、加热有效面积(m^2/m^3)等。制品在窑中的加热速度与有效断面积、加热有效面积和加热的均匀性有关。

烧窑操作按着已确定的烧成制度进行。对间歇窑来说,烧成都要经过升温、保温、降温3个阶段,而连续式窑炉则只需保持窑内各部位的温度和推车制度。烧成过程中为了保证烧成温度制度和烧成气氛,还应注意保持窑内的压力制度。为了保证制品的质量均匀性和稳定性,应尽量消除和降低窑内温差。

将烧好的制品从窑内取出或从窑车上卸下的过程称出窑。出窑操作时应注意轻拿轻放避免出窑过程对制品的损伤,不同砖号和品种制品应严格分开。

三、烧成制度的确定

烧成制度包括如下几个部分。

温度制度:最高烧成温度、保温时间、升温与冷却制度。

烧成气氛:氧化气氛、还原气氛。

压力制度:正压操作、负压操作。

1. 温度制度

温度制度包括升温速度、最高烧成温度、在最高烧成温度下的保温时间及冷却速度等。总的来说,就是温度与时间的关系,生产上也称作温度曲线。

1)升温速度和冷却速度

窑内单位时间内升高(或降低)的温度称为升温速度(或冷却速度)。在烧成过程中,升温速度或冷却速度的允许值取决于坯体在烧成或冷却过程中所能承受的应力。这种应力主要来源于两个方面:一是烧成过程中的温度梯度和热膨胀或收缩造成的热应力;另一个是由于制品内部一系列物理化学反应,如化学反应、晶型转变、重结晶、晶体长大等导致的体积变化而产生的应力。在工艺制度已经确定的条件下,如何保证产品的质量,是确定烧成制度应考虑的问题。

坯体加热时不出现裂纹的最大升温速度 dT/dt,从理论上(以厚度为 2b 的平板为例)可以表示为:

$$\frac{dT}{dt} = \frac{\sigma_1(1-\mu)}{\alpha \cdot E} \cdot \frac{\lambda}{c \cdot \rho} \cdot \frac{3}{b^2} \tag{5-2-3}$$

式中: σ_1 ——坯体的抗拉强度;

μ ——泊松比;

α ——坯体的热膨胀系数;

E ——弹性模量;

λ ——导热系数;

c ——比热容;

ρ ——坯体密度。

由上式可知,坯体加热时的最大升温速度与膨胀系数 α、弹性模量 E、抗拉强度 σ_1、导温系数[$\lambda/(c \cdot \rho)$] 等因素有关。此外,还受坯体厚度、形状复杂程度等的影响。在实际生产中,通常可参考坯体加热时的线变化值,作为确定各温度范围升温速度和制定合理烧成曲线的依据。若在烧成过程中发生化学反应或相变面导致发生较大体积膨胀的情况下,在发生相变与反应的温度范围内应降低升温或冷却速度,甚至在相应温度下保温一段时间,使反应与相变过程平稳进行,减少开裂的可能性。

在生产实际中,特别是在大型连续式生产窑炉中,在多个温度范围内控制升温或降温速度有一定困难。在某些窑炉中,如隧道窑则需通过调整窑炉的结构与使用烧嘴的数量在一定条件下改变升温速度。

2) 最高烧成温度

最高烧成温度简称为烧成温度,是烧成制度中最重要的部分。在烧成温度下物料完成必需的物理化学变化,达到所要求的组成、结构与性能。烧成温度是指被烧物料本身在窑炉中应达到的最高温度,这一温度是由火焰温度来保证的,火焰温度应高于烧成温度。火焰通过辐射、对流等传热方式将热量传给被烧物料以保证被烧物料达到烧成温度。因此,火焰温度及火焰传热方式对烧成温度有决定性的影响。

3) 保温时间

为了使制品在烧成过程中能均匀烧成并反应充分,需要在最高烧成温度下保温一段时间,即所谓"保温时间"。一般认为,保温时间越长,反应越充分。但反应速度随时间延长而减慢,过分地延长保温时间使能耗增加。因此,在不影响制品性质的前提下,缩短保温时间,可以降低能耗。

保温时间与最高烧成温度有较密切的关系。通常若烧成温度高则保温时间可缩短,较低的烧成温度则需要较长的保温时间。实际生产中常需要根据产量及对产品质量的要求调整。此外,窑炉的结构、燃烧器的布置形式、燃料燃烧方式、窑炉操作等因素都影响保温时间。对隧道窑来说,烧成带燃烧器的个数决定保温时间。也可通过改变推车制度而改变保温时间。

2. 烧成气氛

烧成时窑内的气氛分为氧化气氛和还原气氛。当空气过剩系数大于1,燃烧中提供的空气量大于理论燃烧空气量时,窑内为氧化气氛。反之当空气过剩系数小于1,向燃烧提供的空气量小于理论燃烧空气量时,燃烧产物中有 CO 等可燃成分存在,窑内为还原气氛。实际生产中,一般采用弱氧化或弱还原气氛。

气氛性质对制品的组成及性质有一定影响。烧成气氛,要根据物料的组成和性质及加入物决定。如硅砖烧成时在高温状态下,要求窑内保持还原气氛,使制品烧成缓和,形成足够的液相,有利于鳞石英的成长;而镁砖烧成时则应在弱氧化气氛下进行。

3. 压力制度

窑内气体压力对耐火材料生产及窑炉的控制有很大影响。通常,窑内气体的压力是以它与大气压之差(表压)来表示的。若窑内气体的压力大于大气压,称之为"正压",若窑内的气体压力小于大气压,压力差为负值,称之为"负压";窑内气体压力等于大气压则称之为零压。

窑内气体的压力对窑内气氛及窑况有较大影响。当窑炉为负压操作时,窑外的空气就可能进入窑内,冷空气的进入会影响窑内温度分布的均匀性,改变空气过剩系数。因此,当要求窑内为还原气氛时,通常会采用正压操作。正压操作时,若窑内的压力过大,则会使窑内的高温气体外泄,使窑外环境恶化,严重时还会损坏窑炉上的金属构件。因此,无论是正压操作还是负压操作,窑内气体的压力与大气压之差都不宜太大。通常采用微正压或微负压操作。

窑炉的压力制度是指窑炉压力与烧成时间或窑炉位置的关系。在间歇式窑中为压力与时间的关系,在隧道窑中指压力与位置的关系。

第五节 加工与成品选拣

一、机械加工

多数耐火材料制品不需机械加工,即可进入下道工序,但有些耐火材料制品需要机械加工。

(1)对于尺寸公差要求高的耐火材料制品,通常按生产工艺生产的制品不能满足要求,需要经过机械加工达到公差要求,如一些窑炉用的组合砖等。

(2)一些功能耐火材料形状特殊,使用组装要求严密配合。如钢铁连铸用的铝碳"三大件",成型的坯体在车床和铣床上按要求的尺寸加工成各种需要的半成品后送往烧成工序进行烧成。滑板的工作板面平整度要求小于0.03mm,因此滑板砖需要上磨床加工。有的滑板需要经过2~3次磨面加工。

(3)特殊耐火材料。如熔铸耐火材料,熔铸的坯料需切割加工,才能达到要求的尺寸;如玻璃窑用的烧结致密铬、致密锆砖,其生产工艺为:造粒料分批装入包套模具,等静压成型,经高温烧后的制品坯料,再经过切割机、铣磨机进行铁磨加工才成为尺寸符合要求的制品。

机械加工的材料多数为金刚石、碳化硅材质。机械加工的设备有切割机、铁磨机、钻床、车床等。

二、成品拣选

从原料粉碎起,经一系列加工制造工序,直至烧成出窑的耐火制品,其外形尺寸不可能全部是合格品,存在着一些外形质量不符合要求的废品。成品拣选工作,就是拣选工按国家标准或有关合同条款对不同耐火制品的外形要求、规定的检验项目及技术要求,对成品进行逐个检查,剔除不合格品;根据标准规定或使用要求,将合格品进行分级,以保证出厂的耐火制品外形质量符合标准规定的等级。

成品拣选的基本要求是掌握国家标准对不同耐火制品的外形质量要求,以及各项检验项目的检查方法,并在成品拣选过程中能熟练应用。这样才能在拣选过程中做到快速、准确。否则就会出现两种情况:一种是把废品当成合格品,影响制品的使用寿命;另一种是把合格品当做废品,造成浪费。

耐火制品的外形检验项目包括外形尺寸、缺陷和生烧。

1. 外形尺寸

耐火制品在拣选过程中,首先是检查制品形状、尺寸是否符合图纸要求。制品外形尺寸的检验方法,是用钢尺按标准对不同制品和不同级别尺寸允许偏差的要求,对制品各部位(如砖的长度、宽度、厚度或其他部位)进行测量,正确判定合格与否。

2. 缺陷

(1)扭曲,耐火制品在烧成过程中出现的弯曲变形称为扭曲。标准中对制品扭曲的规定,按制品外形质量要求、等级、对砌筑质量的影响和制品被测面的长度,各不一样。扭曲的检验方法是将制品的被检查面放在平板上(此板面积应大于制品被检查的面积),保持自然平稳。然后,将塞尺沿着板面平滑地插入平板与制品间所构成的最大缝隙内。耐火制品的扭曲检查方法还有钢平尺—楔形规法。

(2)缺角、缺棱,不同品种的耐火制品,根据它们的使用条件、外形质量要求和等级不同,在标准中对缺角、缺棱的深度有明确的规定,少数品种(如塞头砖)还对缺棱长度进行限制。缺角、缺棱的检验,是使用专门制造的可紧密套在制品棱角上的带有沿规定方向滑动的刻度尺的测角器和测棱器进行检验的。测量制品缺角深度时,对于直角形制品,使用立方体形测角器,沿立方体中心对角方向进行测量;对于非直角形制品,使用三棱体形测角器沿三棱体中心线方向进行测量。制品缺棱深度的测量方法,是沿制品两面夹角的等分线方向测量缺棱的最深处;有长度限制的,同时测量缺棱的全长。

(3)熔洞,耐火制品的熔洞,指砖面上低熔物质的熔化造成的凹坑。标准中对用于与熔体直接接触的耐火制品表面(工作面)有较严格的控制。

检验耐火制品熔洞时,一般是先用金属小锤轻敲制品表面因低熔物而产生的熔化空洞和显著的变色部分,然后用钢尺测量熔洞的最大直径。

(4)裂纹,凡是制品的某一部分的组织结构分裂,而从制品表面可以看出来的缝隙,叫作裂纹。对各种耐火制品的裂纹规定也是根据其使用条件而有所不同。检验时将钢丝自然插入裂纹的最宽处,但不得插入肉眼可见的颗粒脱落处。凡 0.25mm 钢丝不能插入的裂纹,其宽度用 <0.25mm 表示;凡 0.25mm 钢丝能够插入而 0.5mm 钢丝不能插入的裂纹,其宽度用 0.26～0.5mm表示;依此类推。

对裂纹长度的检验,直线裂纹可用钢尺直接测量;弯曲裂纹,可用软线随其弯曲程度来量,然后伸直用钢尺量出具体数值。

3. 生烧品(或称欠烧品)

凡采用同一工艺生产的制品,烧成后外观颜色与正常生产的制品有显著不同,尺寸胀缩不足,称为生烧品。判断生烧品时,除制品的上述因素外,还应参照制品烧成情况和理化性能鉴定进行综合评定。被判断为生烧品的制品,即按不合格品处理。

第三章

硅酸铝质耐火材料 与硅质耐火材料

第一节　硅酸铝质耐火材料

　　硅酸铝质耐火材料是以 Al_2O_3 和 SiO_2 为基本化学组成的耐火材料。根据制品中 Al_2O_3 和 SiO_2 的含量,硅酸铝质耐火材料分三类:半硅质耐火材料, Al_2O_3 含量 15% ~ 30% ;黏土质耐火材料, Al_2O_3 含量 30% ~ 46% (我国 30% ~ 48%);高铝质耐火材料, Al_2O_3 含量大于 46% (我国 > 48%), Al_2O_3 含量大于 90% 的称为刚玉质耐火材料。

一、硅酸铝质耐火材料生产的物理化学基础

　　硅酸铝质耐火材料属 Al_2O_3-SiO_2 系统内的不同组分比例的耐火材料系列。其主要化学组成是 Al_2O_3 和 SiO_2 ,还有少量起熔剂作用的杂质成分, 如 TiO_2、Fe_2O_3、CaO、MgO、R_2O 等。图 5-3-1 是 Al_2O_3-SiO_2 系统相图。从图中可以看出随材料中 Al_2O_3/SiO_2 比值的不同,晶相组成发生变化,所得到的耐火材料制品的品种、性能及用途也不同。

　　从图中可知,在 1470℃ 以上系统内存在三个晶相:方石英、莫来石和刚玉以及一个液相。莫来石 ($3Al_2O_3 \cdot 2SiO_2$) 是 Al_2O_3 含量从 71.8% ~ 77.5% 的固溶体,是此系统在中唯一的二元化合物。方石英的熔点为 1713℃ ,莫来石的熔点为 1850℃ ,刚玉的熔点 2050℃ 。

　　在石英-莫来石系统中,存在的固相为莫来石和方石英。莫来石数量随 Al_2O_3 含量增高而增多,熔融液相数量相应减少。从熔融曲线(液相线)看出:

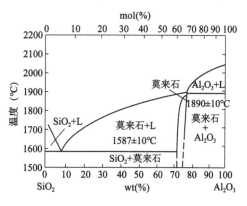

图 5-3-1　Al_2O_3-SiO_2 系统相图

当系统中 Al_2O_3 含量低于15%时,液相线陡直,当成分略有波动时,完全熔融温度明显地改变。因此,从共熔点组成到 Al_2O_3 含量为15%范围内的原料,不能作为耐火材料使用。系统中 Al_2O_3 含量大于15%至莫来石组成点的一段范围内,液相线平直,成分的少量波动不会引起完全熔融温度的太大变化,且随 Al_2O_3 含量增多而提高。

从平衡相图中看出,温度由1595℃上升到1700℃左右,液相线较陡,液相量随温度升高而增加的速度较慢。1700℃以上时,液相线较平,液相量随温度升高迅速增加。这一特征决定了黏土制品的荷重软化温度不太高而荷重软化温度范围宽的基本特点。在莫来石–刚玉系统中, Al_2O_3 含量越高,刚玉量也越多。因此,属于这一系统中的高铝制品,具有比黏土制品好得多的耐火性质。

综上所述, Al_2O_3-SiO_2 系统中,在高温下的固、液相的数量及其比例、共熔温度的高低、完全熔融温度的高低、完全熔融温度,以及液相数量随温度升高的增长速度等因素决定着制品的高温性质。因此,凭借理论分析可以判断制品的耐火性质。杂质的存在会降低耐火材料的耐火性质和高温力学性质。在天然原料中,均含有5~6种常见的杂质氧化物,主要有 TiO_2、Fe_2O_3、CaO、MgO、R_2O 等。从它们分别与 Al_2O_3-SiO_2 构成的三元系统分析可知, R_2O 的危害最大,即使其存在的数量很低($<1\%$),也会使制品在1000℃左右就能生成共熔液相,明显地降低了制品的耐火性和高温力学性质。在使用过程中,含有碱类成分的熔渣或气体均会对硅酸铝质耐火材料产生严重的腐蚀作用。

但 Al_2O_3-SiO_2 系统相图所表示的是反应处于平衡状态,而硅酸铝质制品在一般生产工艺条件下,通常不可能达到平衡状态,并且由于杂质成分的影响、液相在高温下所表现的特性的影响,都可能使制品的实际组成与理论组成不一致。

二、黏土质耐火材料

黏土质耐火材料是用天然的各种黏土作原科,将一部分黏土预先煅烧成熟料,并与部分生黏土配合制成 Al_2O_3 含量为30%~16%的耐火制品。属于弱酸性耐火材料,主要制品有黏土砖和不定形耐火材料。黏土砖采用半干压成形,在1250~1350℃烧成,对于 Al_2O_3 含量高的制品在1350~1380℃氧化气氛下烧成。生产简便,价格便宜,应用广泛。一般按耐火度的高低,将黏土质耐火制品划分为四个等级:特等(耐火度不低于1750℃);一等(耐火度不低于1730℃);二等(耐火度不低于1670℃);三等(耐火度不低于1580℃),黏土耐火制品的性质在较大范围内波动。表5-3-1和表5-3-2为各等级黏土砖主要性能。

黏土砖的主要性能 表 5-3-1

制品名称	牌　号	Al_2O_3(%) 不小于	Fe_2O_3(%) 不大于	耐火度(℃) 不低于	显气孔率(%) 不大于	常温耐压强度 (MPa)不小于
黏土砖	ZGN-42	42	1.6	1750	15	58.8
	GN-42	42	1.7	1750	16	49.0
	RN-42	42		1750	24	29.4
	RN-40	40		1730	24	24.5
	RN-36	36		1690	26	19.6
	N-1			1750	22	29.4

黏土砖的主要性能(续)   表 5-3-2

制品名称	牌　号	荷重软化温度(℃) 不低于	导热系数 [W/(m·℃)]	重烧线变化(%) 1450℃,2h
黏土砖	ZGN-42	1450	3.01 + 2.1 × 10³t	0 ~ 0.2(3h)
	GN-42	1430		0 ~ 0.3(3h)
	RN-42	1400		0 ~ 0.4
	RN-40	1350		0 ~ 0.3(1350℃)
	RN-36	1300		0 ~ 0.5(1350℃)
	N-1	1400		+0.1 ~ 0.4(1400℃)

黏土质耐火材料的性质及高温性能取决于制品的化学组成。其耐火度、高温耐压强度、荷重软化温度随 Al_2O_3 含量增加而提高,杂质的存在会使这些性能降低。制品长期在高温下使用,会产生残余收缩,一般为 0.2% ~ 0.7%,不超过 1%。黏土质耐火材料耐热震性较好,普通黏土砖 1100℃ 水冷循环次数 10 次以上,许多熟料制品达 50 ~ 100 次或更高。黏土质耐火材料属弱酸性耐火材料,因此能抵抗弱酸性渣的侵蚀,对强酸性和碱性炉渣抵抗能力较差。提高制品的真密度,降低气孔率,能提高制品的抗渣性能。增大 Al_2O_3 的含量,抗碱侵蚀能力提高,随 SiO_2 含量的增加,抗酸性渣的能力增强。

黏土质耐火材料用途广泛,凡无特殊要求的砌体均可使用黏土砖,因此可广泛用于高炉、热风炉、均热炉、退火炉、烧结炉、锅炉、钢浇注系统以及其他热工设备,尤其适用于温度变化较大的部位。

三、高铝质耐火材料

Al_2O_3 含量大于 48% 的硅酸铝质耐火材料统称为高铝质耐火材料。按 Al_2O_3 含量的多少划分为三个等级:Ⅰ 等($Al_2O_3 > 75\%$),Ⅱ 等($Al_2O_3 = 60\% ~ 75\%$);Ⅲ 等($Al_2O_3 = 48\% ~ 60\%$)。根据矿物组成可分为:低莫来石质(包括硅线石质)及莫来石质($Al_2O_3 = 48\% ~ 71.8\%$),莫来石-刚玉质及刚玉-莫来石质($Al_2O_3 = 71.8\% ~ 95\%$);刚玉质($Al_2O_3 = 95\% ~ 100\%$)。

随着制品中 Al_2O_3 含量的增加,莫来石和刚玉成分的数量也增加,玻璃相相应减少,制品的耐火性随之提高。从图 5-3-2 可知,当制品中 Al_2O_3 含量小于 71.8% 时,制品中唯一高温稳定的晶相是莫来石,且随 Al_2O_3 含量增加而增多。对于 Al_2O_3 含量在 71.8% 以上的高铝制品,高温稳定的晶相是莫来石和刚玉,随 Al_2O_3 含量增加,刚玉量增多,莫来石减少,相应地提高制品的高温性能。

烧结莫来石可以用铝和硅的氧化物或其他化合物以及铝硅酸盐,按化学计量配比,通过高温烧结来合成。质量好的合成莫来石,莫来石含量应达到 95%,这一指标控制了它的化学纯度。烧结莫来石晶体细小,当烧结条件一定时,原料纯度愈高,莫来石晶体尺寸愈小,晶体长大亦较困难。当含有 5% ~ 10% 玻璃相时,莫来石晶体则可发育成柱状自形晶,其长度可达 10μm 左右。图 5-3-2a)为含莫来石 90% 左右的烧结莫来石结晶形貌。当其中玻璃相含量增加时,例如含莫来石 80% 的材料,充分烧结的莫来石晶体发育良好,但可明显看出莫来石为玻璃相胶结的状况,如图 5-3-2b)所示。图 5-3-2c)为蓝晶石(Al_2O_3 63.1%,SiO_2 36.9%)单晶在

1400℃烧成的莫来石化形貌,这些集束状晶簇是由玻璃相胶结起来的细柱状莫来石,呈定向排列。

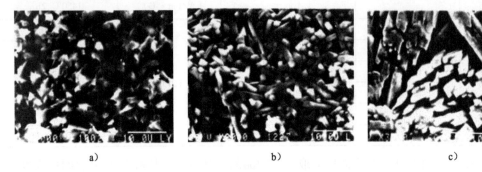

图 5-3-2　烧结莫来石不同显微结构

制品的烧成温度取决于矾土原料的烧结性。用特级及Ⅰ级矾土熟料(体积密度≥2.80g/cm³)时,原料的组织结构均匀,杂质 Fe_2O_3、TiO_2 含量偏高,使坯体易烧结,但烧成温度范围较窄,易引起过烧或欠烧。采用Ⅱ级矾土熟料(体积密度≥2.55g/cm³)时,由于莫来石化造成的膨胀和松散效应,使坯体不易烧结,故烧成温度略高。采用Ⅲ级矾土熟料(体积密度≥2.45g/cm³)时,组织致密,Al_2O_3 含量低,烧成温度较低,一般略高于多熟料黏土制品的烧成温度 30~50 ℃。高铝制品在氧化焰中烧成。由于高铝质耐火材料中的 Al_2O_3 含量超过高岭石的理论组成,所以,其使用性质较黏土质耐火材料优异,如较高的荷重软化温度和高温结构强度,以及优良的抗渣性能等。

高铝质耐火材料的荷重软化温度是一项重要性质。实验结果表明它随制品中 Al_2O_3 含量的变化而变化,如图 5-3-3 所示。

Al_2O_3 含量低于莫来石理论组成时,制品中平衡相为莫来石-玻璃相。莫来石含量因 Al_2O_3 含量的增加而增加,荷重软化温度也相应提高。

高铝质耐火制品的耐热震性比黏土质耐火制品差,850℃水冷循环 3~5 次。这主要是由于刚玉的热膨胀性比莫来石高,无晶形转化的原因。而且Ⅰ、Ⅱ等高铝质耐火制品耐热震性比Ⅲ等高铝质耐火制品差些。

在生产过程中可以通过采取调整泥料颗粒组成的办法改善制品的颗粒结构特性,从而改善其耐热震性。近年来,在高铝质制品的配料中加入一定数量的合成堇青石($2MgO \cdot 2Al_2O_3 \cdot 5SiO_2$)制造高耐热震性的高铝质制品,取得了明显的效果。

高铝质耐火材料的抗渣性也随 Al_2O_3 含量的增加而提高。降低杂质含量,有利于提高抗侵蚀性。

高铝制品与黏土制品相比,具有良好的使用性能,因此比黏土制品具有较长的使用寿命,成为目前建材工业应用较广泛的耐火材料之一。水泥窑的烧成带、玻璃熔窑的某些部位,以及高温隧道窑都采用高铝砖作窑材。

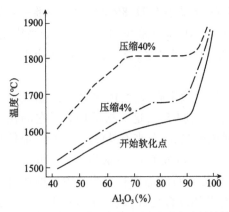

图 5-3-3　高铝制品的荷重软化温度与氧化铝含量的关系

第二节　硅质耐火材料

硅质耐火材料是以 SiO_2 为主成分的耐火材料。主要制品有硅砖、不定形硅质耐火材料及石英玻璃制品。

硅质耐火材料是典型的酸性耐火材料。其矿物组成：主晶相为鳞石英和方石英，基质为石英玻璃相。硅质耐火材料对酸性炉渣抵抗能力强，但受碱性渣强烈侵蚀；荷重软化温度高；残余膨胀保证了砌筑体具有良好的气密性和结构强度；耐磨、导热性好；热震稳定性低，耐火度不高，因此限制了它的广泛应用。硅砖主要用于焦炉、玻璃熔窑、酸性炼钢炉，以及其他热工设备。

一、硅质耐火材料生产的物理化学原理

制造硅质耐火材料的主要原料是硅石（硅质岩石），其主要成分是 SiO_2，SiO_2 在不同的温度下以不同的晶型存在，在一定条件下相互转化。在晶型转变时，伴随较大的体积变化，从而在制品中产生应力。所以了解 SiO_2 各种晶型的性质和他们之间的转化条件，以及矿化剂对 SiO_2 晶型的影响，对硅质制品的制造和正确、合理使用均有重大的意义。

1.二氧化硅的多晶转变

SiO_2 在常压下有八种形态，即 β-石英、α-石英、γ-鳞石英、β-鳞石英、α-鳞石英，β-方石英、α-方石英和石英玻璃。如图 5-3-4 所示。

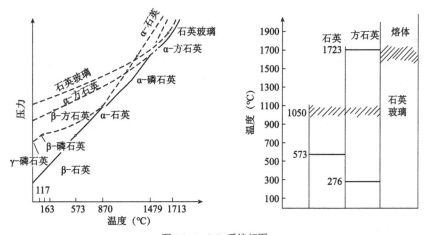

图 5-3-4　SiO_2 系统相图

在生产硅质制品时，希望制品内的 SiO_2 以鳞石英和方石英的形式存在。方石英的熔点是 1713℃，鳞石英的熔点是 1670℃，石英的熔点是 1600℃。因此在制品中，方石英含量增多，有利于提高其耐火度及抗渣性。在硅质耐火材料生产工艺中，由于烧成温度控制在 1430℃ 以下，所以不会有方石英相出现，这时形成的稳定相只有鳞石英，亚稳方石英则被称为无定形过渡相，以石英颗粒内部显微裂纹填充相存在。只有当石英颗粒表面为接触液相时，才能生成鳞片状或粒状亚稳方石英。实际的相变过程如图 5-3-5 所示。但从体积稳定性来看，方石英在

晶型转变时,体积变化最大(±2.8%),而鳞石英最小(±0.4%),有较好的体积稳定性。同时,鳞石英具有矛头双晶互相交错成网状结构(图 5-3-6),从而使制品具有较高的荷重软化温度及机械强度。因此,鳞石英是比较有利的变体。制品内的残余石英在高温使用条件下会继续进行晶型转变。产生较大的体积膨胀而引起结构松散。所以一般希望烧成制品中含有大量的鳞石英,方石英次之,而残余石英愈少愈好。残存石英是硅砖中体积效应最大的未平衡相,它对再热体积稳定性影响较大。图 5-3-7 为细晶石英岩颗粒转化后的显微结构,其中大部分石英已转化为亚稳方石英。

$$\alpha\text{-石英} \xrightarrow{>1250℃} \text{亚稳方石英} \begin{array}{c}\text{无规则形态}\\\text{团粒状}\end{array} \xrightarrow[+\text{液相}]{>1350℃} \alpha\text{-磷石英} \xrightarrow{>1470℃} \alpha\cdot\text{方石英}$$

$$\xrightarrow{>1723℃} \text{石英玻璃} \xrightarrow{\text{晶化}}$$

图 5-3-5 SiO₂系实际相变关系图(未列入低温型各相)

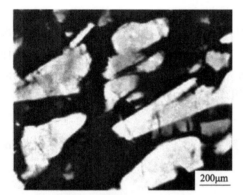

图 5-3-6 鳞石英具有矛头双晶

2. 矿化剂

石英在高温下转变为鳞石英和方石英,必细要有矿化剂的"矿化"作用。因此,矿化剂几乎是制造硅质制品不可缺少的物质。但矿化剂对制品性能也有不利的一面,即加入矿化剂会降低制品的耐火性。在制造硅砖时,理想的矿化剂应该是既能在高温下促进石英的转化,又对制品性能影响很小,而且比较经济和易得。

在硅砖的实际生产中,广泛采用的矿化剂有石灰(CaO)、铁鳞(FeO + Fe₂O₃)、MnO 以及 FeO 含量高的平炉渣等。其中最常用的是 FeO 和 CaO。虽然 CaO 的矿化作用差,但当原料中有 Al₂O₃ 等少量杂质时,以 CaO 为矿化剂可在较低的温度(约 1170 ℃) 开始出现液相。因此,CaO 仍旧是一种较强的矿化剂。石灰往往是以石灰乳的形式加入,由于石灰乳具有黏性,它能使松散的硅砖泥料黏结在一起,产生一定的塑性,有利于成形相提高砖坯强度。矿化剂一般集中分布在基质中,与石英细粒充分作用,形成鳞石英结晶网络是硅砖显微结构中的另一特征。在透射光路系统下,显微镜下可以观察到楔形双晶的鳞石英结晶形貌(图 5-3-7)。在反射光路系统下可观察到晶间玻璃相的分布状态(图 5-3-8)。

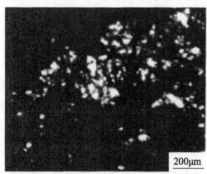
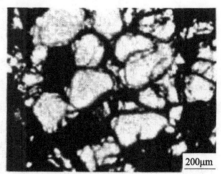

图 5-3-7 硅砖中的残存石英

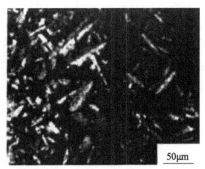

图 5-3-8　硅砖中的双晶鳞石英

二、硅砖的生产工艺要点

硅砖是指以 SiO_2 含量不低于 97 % 的硅石(主要矿物是石英)为原料,加入少量矿化剂,经一系列工序加工而制成的硅质耐火材料。硅砖与其他耐火材料的生产工艺不同之处在于:原料不经煅烧,直接经破碎、粉碎后配用;需加入矿化剂,生产中采用的矿化剂主要有轧钢皮(铁鳞)、平炉渣、硫酸渣、软锰矿等,我国多用轧钢皮作矿化剂;对轧钢皮的要求是 $FeO + Fe_2O_3 >$ 90%,需经球磨使粒度大于 0.5mm 的不超过 1% ~ 2%,小于 0.088mm 的不小于 80%;石灰是以石灰乳的形式加入坯料中,烧成前起结合剂的作用,结合砖坯内的石英颗粒,增加坯体干燥强度,烧成过程中起矿化剂作用,促进石英的转变;对石灰的要求是应含有 90% 以上的活性 CaO,$CaCO_3$ 和 $MgCO_3$ 不应超过 5 % ,Al_2O_3、Fe_2O_3、SiO_2 不超过 5%,石灰的块度应不小于 50mm,小块(<5mm) 含量不超过 5%,大块内部与表面的颜色应相同,不应掺有熔渣、灰分等杂质,也可采用硅酸盐水泥代替石灰作结合剂使用。

三、白泡石砖与石英制品

(1)白泡石(quarzitic sandstone)是一种天然的耐火材料,我国四川、贵州、湖北等地盛产这种矿石。产地不同,成分稍有差异,其主要组成 SiO_2 含量73% ~ 90% ,Al_2O_3 7.6% ~ 21%。它是一种半酸性耐火材料。白泡石的主要晶相为石英。石英呈均匀的颗粒状,硅铝酸盐和碳酸盐黏结在一起,如高岭石常是白泡石中石英颗粒的胶结物。

白泡石的耐火度波动在 1650 ~ 1730℃ 之间,含铁量较大的黄色白泡石的耐火度为 1560℃ ,白泡石的荷重软化温度为 1570 ~ 1630℃ ,密度为 2.51 ~ 2.61g/cm³,真密度为 2.06 ~ 2.61g/cm³。

白泡石的热膨胀系数比一般耐火材料大。1m 长的白泡石加热至 1200℃ ,其膨胀量可达 10mm 以上。白泡石在不同方向上的热膨胀数值并不相同,甚至可相差 1 倍以上。因此,白泡石砖在砌筑时必须留膨胀缝,但是经过 1450℃ 烧结的熟白泡石热膨胀系数极小,砖体体积无明显变化。

白泡石耐玻璃液侵蚀性较好,在 1450℃ 下使用,抗无碱玻璃侵蚀的性能仅次于石英砖。在 1300℃ 下使用抗侵蚀性能更好。使用寿命可达一年以上。因此,在玻璃池窑熔化部位使用时应考虑强制冷却。目前,有些小型玻璃窑用它砌筑池壁和池底,或用在池窑拉丝通路口等。

(2)石英玻璃制品,熔融石英制品是以石英玻璃为原料而制得的再结合制品。SiO_2 含量大于 99.5% 的熔融石英的膨胀系数为 $0.54 \times 10^{-6}/℃$,它具有热震稳定性好,耐化学侵蚀(特别是酸和氯),耐冲刷,高温强度大,能抵抗高温下有害介质的侵入。常用作陶瓷匣钵、棚板等窑具。由于其烧成时收缩小,可以制得尺寸精确的制品。缺点是在 1100℃ 以上长期使用时,会向方石英转变(即高温析晶),促使制品产生裂纹和剥落。

在制造工艺过程中应注意石英玻璃中杂质含量、分散度、温度和保温时间对石英玻璃结晶化的影响。

第四章

镁质耐火材料

镁质耐火材料是指以镁石作原料,以方镁石(MgO)为主要矿物组成,MgO含量在80%~85%以上的耐火材料。镁质耐火材料属碱性耐火材料,抵抗碱性物质的侵蚀能力较好,耐火度很高,是炼钢碱性转炉、电炉、化铁炉以及许多有色金属火法冶炼炉中使用最广泛的一种重要耐火材料,也是玻璃熔窑蓄热室、水泥窑和陶瓷窑炉高温带常用的耐火材料。

第一节 镁质耐火材料生产的物化基础

一、镁质耐火材料的主晶相

镁质耐火材料的主成分是氧化镁,主晶相是方镁石。许多镁质耐火材料制品中还含有硅酸盐、尖晶石或其他部分。

1. 方镁石

多由煅烧碳酸镁制得,有的国家也从海水中提取。方镁石是MgO的唯一结晶形态,属等轴晶系,NaCl型结构。其晶格常数和真密度分别随煅烧温度的升高而减小和提高。其化学活性随煅烧温度的升高而降低。提质耐火材料的主晶相是由化学活性较低的方镁石(也称烧结镁石或死烧镁石)构成的。镁质耐火制品中MgO含量越多,说明制品中方镁石含量愈多。

较低温度(如1000℃)煅烧得到的方镁石,晶格常数较大,晶体缺陷较多,活性极高,极易与水或大气中的水分进行水化反应,即$MgO + H_2O \rightarrow Mg(OH)_2$。并伴有很大的体积效应,不易直接作为耐火材料使用。

方镁石的晶体尺寸和形状既与烧成或电熔条件有关,也与杂质含量有关。电熔方镁石晶体巨大,多呈直边直接结合[图5-4-1a)],纯度较低的烧结镁砂,方镁石多呈次圆粒状,晶间有硅酸相(图5-4-1b))。海水镁砂制造的高纯镁砖中方镁石晶体较小且含有较多晶内气孔,晶间基本没有胶结相,如图5-4-1c)所示。用显微学方法研究高纯材料方镁石的结晶情况宜用浓HF蚀象以显示晶界。依作用时间和温度的不同,方镁石受不同程度的侵蚀并在反光下显现一定的颜色。

2. 镁方铁矿

也称为方镁石富氏体。当MgO与铁介质或在还原气氛下与铁的氧化物接触时,在MgO-

FeO系统中(5-4-2)由于Mg^{2+}和Fe^{2+}的离子半径相近,故极易互相置换,形成连续固溶体[$(Mg,Fe)O$],称镁方铁矿(图5-4-2)。

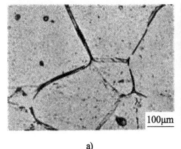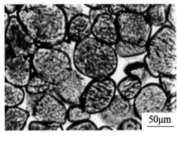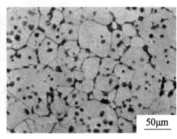

a)   b)   c)

图5-4-1　不同来源镁砂显微结构

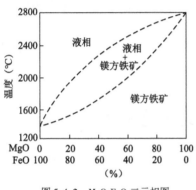

图5-4-2　MgO-FeO二元相图

在此种情况下构成镁质耐火材料的主晶相。镁方铁矿的真密度随铁固溶体量的增加而增大。MgO吸收大量的FeO而不生成液相。如MgO、FeO质量比各占50%,开始出现液相的温度为1850℃,完全液化温度超过2000℃。所以镁质耐火材料对含铁炉渣有良好的抵抗能力。

二、镁质耐火材料的结合相

镁质耐火制品的高温性质,除了取决于主晶相方镁石以外,还受其间的结合相控制。若结合相为低熔点物相,则制品在高温下抵抗热、重负荷和耐侵蚀性能会显著降低。反之,若结合相以高熔点晶相为主,则上述性能改善;若主晶相间无异组分存在,主晶相间直接结合,则制品的上述性能会显著提高,而且,方镁石间结合相的种类和赋存状态还会影响制品的其他使用性能。因此,研究和探讨结合相和结合状态及其对镁质耐火制品性能的影响和质量的控制意义重大。

1. 铁酸镁(镁铁尖晶石)

当方镁石与铁的氧化物在氧化气氛中如在空气中接触时,方镁石与Fe_2O_3,在600℃即开始形成铁酸镁($MgO \cdot Fe_2O_3$,简写MF)。当温度提高到1200~1400℃反应就更加活跃。铁酸镁具有尖晶石类($RO \cdot R_2O_3$)结构,故又称镁铁尖晶石。在空气中$MgO-Fe_2O_3$系统相图如图5-4-3所示。铁酸镁的分解温度为1720℃。在方镁石中的熔解度随温度升高而增加。从图5-4-3可看出,即使MgO吸收大量的Fe_2O_3后耐火度仍很高,所以镁质耐火材料抗铁炉渣能力好,这是其他耐火材料无法相比的。铁氧化物是镁质材料中的主要杂质,但其危害性不及SiO_2、CaO。

当固熔铁酸镁的方镁石由高温向低温冷却时,所溶解的铁酸镁可再从方镁石晶粒中以各向异性的枝状晶体或晶粒包裹体沉析出来。如温度再升高,在冷却时沉析出的此种晶内尖晶石可能又发生可逆溶解,如此温度循环,发生溶解-沉析变化,并伴有体积效应。有些含Fe_2O_3高达5%~10%的镁砖,当SiO_2和CaO极少时,高温性能并不坏。目前有一种适用于冶金工业的高铁镁砖,胶结相为MF和C_2F($2CaO \cdot Fe_2O_3$),图5-4-4为一种高铁镁砖的显微结构。

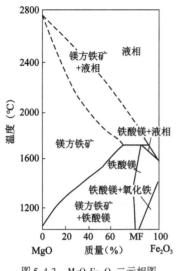

图 5-4-3 MgO-Fe$_2$O$_3$ 二元相图

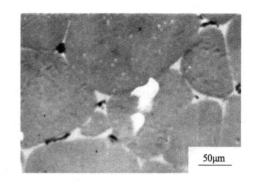

图 5-4-4 结合相为 C$_2$F 镁砖显微结构

2. 镁铝尖晶石

在镁质耐火材料中,由于天然原料菱镁矿不可避免地含有 Al$_2$O$_3$ 杂质,有时为改善镁质耐火材料基质的高温性能,人为地加入含有 Al$_2$O$_3$ 的组分。当 Al$_2$O$_3$ 同方镁石在 1500℃ 附近共存时,如在镁质耐火材料烧成过程中及在高温下使用时,即可经固相反应形成镁铝尖晶石(MgO·Al$_2$O$_3$,简写 MA)。若所用原料为 γ-Al$_2$O$_3$,则此种反应在 γ-Al$_2$O$_3$ 转向 α-Al$_2$O$_3$ 的温度下(约 1000℃)可急速进行。MgO-Al$_2$O$_3$ 系统相图如图 5-4-5 所示。

从图 5-4-5 中可见,方镁石与尖晶石在约 1500℃ 以上有明显互溶现象,并形成固溶体,且随温度的升高溶解量增加。在 1995℃,MgO 可溶 Al$_2$O$_3$ 16%,但 MA 可溶 MgO 10% 左右。虽然 MgO 与 MA 的低共熔温度为 1995℃,但 MgO 溶解 Al$_2$O$_3$ 或当 MA 溶解 MgO 形成固溶体后,出现液相的温度皆高于 MgO 和 MA 两相的最低共熔点。当固溶 Al$_2$O$_3$ 的 MgO 从高温下冷却时,MA 也可由 MgO 晶体内沉析于表面,并伴有体积效应。

3. 镁铬尖晶石

在镁质耐火材料中,主要是在镁铬砖中,除含有方镁石等矿物外,还含有镁铬尖晶石(MgO·Cr$_2$O$_3$,简写 MK)。此种尖晶石与方镁石的关系如 MgO-Cr$_2$O$_3$ 二元系统相图 5-4-6 所示。在自然界中很少有纯镁铬尖晶石,多与其他金属离子构成复合尖晶石,一般形式为(Mg,FeO)·(Cr,Al,Fe)$_2$O$_3$。MgO-MK 最低共熔温度大于 2300℃。MK 与 MgO 在高温互溶,溶解量随温度升高而增大,随冷却而沉析,但溶解的起始温度和溶解最高量不尽相同。在 1600℃ 时 MgO 可溶 Cr$_2$O$_3$ 10% 以上,在 2350℃ 附近可溶 Cr$_2$O$_3$ 达 40%,介于 MF 和 MA 之间。

4. 硅酸盐相

在镁质天然原料菱镁矿中往往还含有 CaO 和 SiO$_2$ 等杂质,故在镁质耐火材料中与方镁石共存的还有一些硅酸盐相。这些硅酸盐相可由 MgO-CaO-SiO$_2$ 三元系统相图(图 5-4-7)看出。在 MgO-CaO-SiO$_2$ 三元系统中,按共存的平衡关系,与方镁石共存的硅酸盐相依系统中的 CaO/SiO$_2$ 比值不同而异。如图 5-4-7 中 III、IV、V 和表 5-4-1 所示。

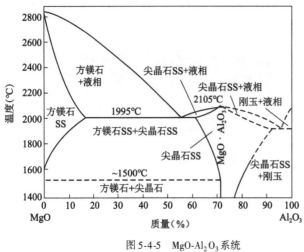

图 5-4-5　MgO-Al₂O₃ 系统

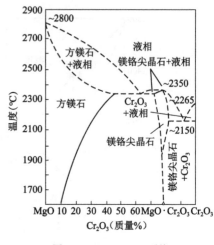

图 5-4-6　MgO-Cr₂O₃ 系统

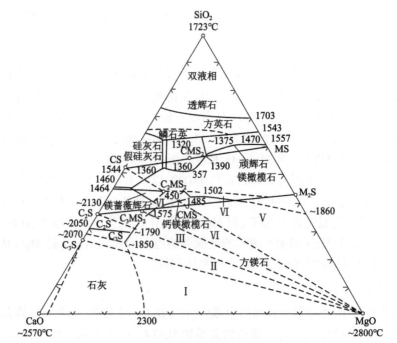

图 5-4-7　MgO-CaO-SiO₂ 三元系统相图

与方镁石共存的硅酸盐矿物　　　　　　　　　　表 5-4-1

CaO/SiO_2	分子比	0	0～1	1	1.0～1.5	1.5	1.5～2.0	2
	质量比	0	0～0.93	0.93	0.93～1.4	1.4	1.4～1.87	1.87
硅酸盐矿物		M_2S	M_2S～CMS	CMS	CMS～C_3MS_2	C_3MS_2	C_3MS_2～C_2S	C_2S

　　由表 5-4-1 可见，当系统中的 CaO/SiO_2 比由 0 到 2 时，与方镁石共存的硅酸盐分别为镁橄榄石（$2MgO \cdot SiO_2$，简写 M_2S）、钙镁橄榄石（$CaO \cdot MgO \cdot SiO_2$，简写 CMS）、镁蔷薇辉石（$3CaO \cdot MgO \cdot 2SiO_2$ 简写 C_3MS）和硅酸二钙（$2CaO \cdot SiO_2$，简写 C_2S）。其中镁橄榄石熔点较高，为 1890℃，M_2S-MgO 最低共熔温度为 1860℃；钙镁橄榄石在 1498℃ 即分解熔融；镁蔷薇辉

石在1575℃分解熔融;硅酸二钙熔点最高,为2130℃,C_2S-MgO共熔温度为1800℃。因而,当CaO/SiO_2比远小于1(质量比远小于0.93)或≥2(质量比≥1.87)时,由于与方镁石共存的是高熔点的镁橄榄石或硅酸二钙,故存在此种硅酸盐相的镁质制品在高温下出现液相的温度很高;而当Ca/SiO_2比在1~2(质量比在0.93~1.87)之间时,由于存在易熔的钙镁橄榄石和镁蔷薇辉石,镁质制品出现的液相温度很低,远低于方镁石的熔点。

第二节 镁质耐火材料的主要品种、性能及应用

一、镁质耐火材料品种

镁质耐火制品的一般生产过程是以较纯净的菱镁矿或由海水、盐湖水等提取的氧化镁为原料,经高温煅烧制成烧结镁石(硬烧镁石、死烧镁石),或经电熔制成电熔镁石等熟料,然后将熟料破碎、粉碎,依制品品种经相应配料,再依次经坯料制备、成形、干燥和烧成等工艺过程成为制品。主要品种有:

(1)普通镁砖,是以烧结镁石为原料,经1500~1600℃烧结而制成,含MgO 91%左右,是以硅酸盐结合的镁质耐火制品。为防止生成FeO~MgO固溶体,使氧化铁生成MF,既能促进制品烧结,又不显著降低耐火性能,故一般在弱氧化气氛下烧结。

(2)镁铝砖,以烧结镁石为主要原料,加入适量富含Al_2O_3的原料(如高铝矾土或生、熟料均可),1580~1620℃的温度烧结而成,含MgO 85%左右、Al_2O_3 5%~10%,是以方镁石为主晶相,由镁铝尖晶石结合镁质耐火制品。

(3)镁铬砖,由40%~80%的烧结镁砂和20%~60%铬铁矿,在1650℃烧制而成,镁铬砖也可用电熔浇铸,生产熔铸镁铬砖。其主晶相为方镁石,结合相为镁铬尖晶石。镁铬砖在烧成过程中,气氛对其结构影响很大。氧化气氛下很多尖晶石进入与方镁石形成的固溶体中,而铬铁矿相中的FeO则被氧化,氧化气氛引起方镁石的晶粒长大和抗析尖晶石的增加,还原气氛则使金属氧化物还原为铁-铬金属。

(4)镁硅砖,是以高硅镁石经高温煅烧成镁硅砂作为原料,经1620~1650℃烧制而成,含SiO_2 5%~11%。CaO/SiO_2分子比≤1。它是由镁橄榄石($2MgO \cdot SiO_2$)结合的镁质耐火材料。

(5)镁钙砖,以高钙的烧结镁石为原料,经1600~1680℃烧制而成,含CaO 6%~10%,CaO/SiO_2分子比≥2,主晶相为方镁石。它是由硅酸三钙和硅酸二钙结合的镁质耐火材料。

(6)直接结合镁砖,以高纯烧结镁砂为原料,经烧结制成,含MgO 95%以上,是方镁石晶粒间直接结合的镁质耐火材料。

(7)镁碳砖,以烧结镁石或电熔镁石为主要原料,并加入适量石墨和含碳的有机结合剂,经高压成形制成,含C 10%~40%,是碳结合的镁质耐火制品。

(8)不烧结镁质制品及不定形镁质耐火材料等。

二、镁质耐火材料的应用

1. 普通镁砖

能经受高温热负荷、流体的流动冲击和钢液与强碱性熔渣的化学侵蚀。因此,凡遭受上述

作用的冶炼炉的内衬,如平炉、转炉、电炉、化铁炉、有色金属冶炼炉、均热炉和加热炉的炉床,以及水泥窑和玻璃窑蓄热室等处都可使用此种耐火制品。但因其耐热震性较差,故不宜使用于温度急剧变化之处。另外,由于其热膨胀性较大和荷重软化温度较低,用于高温窑炉炉顶时必须用吊挂方式。

2. 镁钙砖和镁硅砖

可用于与普通硅砖使用条件相同之处,但由于这些制品荷重软化温度较高,且镁钙砖抗碱性渣的性能更良好,镁硅砖也具有抗各种渣的能力,故适用范围更为广泛。如镁钙砖用于受碱性渣侵蚀处效果更佳。但此种制品耐热震性较差,易崩裂,镁硅砖还可用作平炉或玻璃熔窑蓄热室上部温度变化小的格子砖。

3. 镁铝砖

可代替普通镁砖,用于上述部位效果良好。因为此种制品耐热震性优良,荷重软化温度也较高,故也可用于遭受周期性温度波动之处,如用于平炉炉顶、水泥窑高温带和玻璃熔窑蓄热室等处,使用效果明显优于普通镁砖。也可用于其他高温窑炉如高温隧道窑等的炉顶。按 MgO-MgAlO₄ 相平衡图,1995℃ Al₂O₃ 在系统中的最大溶解量为 17% ~ 18%。这一数据是在相平衡实验中短暂时间过程得出的结果。但在较低温度下,经热处理之后,可使多量 MA 溶于聚晶长大的方镁石之中。在长期高温作用下,砖体中的方镁石,特别是砖体表面的方镁石发生向热延伸生长,原砖中的封闭气孔也同时发生变形。脱溶粒状 MA(10μm)的分布状态如图 5-4-8 所示。

4. 镁铬砖

通过铬矿和镁砂之间的固相反应生成八面体自形尖晶石的过程是二次尖晶石粒子聚集重结晶的典型例子(图 5-4-9)。当聚集颗粒表面物质供应充足,并有足够空间时,则可形成完整的等轴八面体尖晶石。在光学显微镜下,这是形成直接结合的过渡组成二次尖晶石所特有的形貌特征,并附生于与方镁石相接触而新增的表面上。宜在高温、渣蚀和温度急剧变化的条件下使用。用在与镁铝砖相似的工作条件之处,如在平炉炉顶、有色金属冶炼炉、水泥窑的高温带和玻璃窑蓄热室中,效果更佳。但不宜使用在气氛频繁变化的条件下。

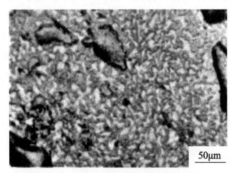
图 5-4-8 含等粒状小颗粒脱溶相的方镁石

图 5-4-9 二次尖晶石粒子聚集的自形镁铬尖晶石

5. 镁碳砖

其抗渣性良好,不易产生结构剥落,而且耐热震性好,不易产生热崩裂,故宜用于受渣蚀严重和温度急变之处。此种制品现已成为氧气炼钢转炉炉衬和电炉炉壁的主要材料。在盛钢桶中也广泛应用。但是此种材料不宜直接在强氧化气氛中使用。

6. 直接结合镁砖

具有较高的高温强度和优良的抗蚀性,用于遭受高温、重荷和渣蚀严重之处,使用效果一般都优于上述普通镁质耐火制品。

三、镁质耐火材料的性能

镁质耐火材料的性能见表5-4-2。

几种镁质耐火材料的主要性质

表5-4-2

项 目		类 别									
		普通镁砖			镁硅砖	镁铝砖	镁铬砖				镁碳砖
		MZ-91	MZ-89	MZ-87	MGZ-82	ML-80AB	MgGe-20	MgGe-16	MgGe-12	MgGe-8	MGIBB
化学成分(%)		MgO≥91	MgO≥89	MgO≥87	$MgO≥82$ $SiO_2 5～10$	MgO≥80 $Al_2O_3 5～10$	MgO≥40 $Cr_2O_3≥20$	MgO≥45 $Cr_2O_3≥16$	MgO≥55 $Cr_2O_3≥12$	MgO≥60 $Cr_2O_3≥8$	MgO 76～79 C13～15
		CaO≤3	CaO≤3	CaO≤3	CaO≤2.5						
主要矿物组成		方镁石	镁橄榄石	钙镁橄榄石	方镁石 镁橄榄石	方镁石 镁铝尖晶石	方镁石 镁铬尖晶石				方镁石 石墨
耐火度(℃)≥						2100					
最高使用温度(℃)		～1700			1650～1700	1650～1700	～1750				
气孔率(%)≤		18	20	20	20	18 20	23	23	23	24	5
体密度(g/cm³)		2.6～3.0			2.6	2.8	～2.8				2.86～2.96
比热 (KJ/(kg·℃))		$0.97+2.89×10^{-4}t$					$0.789+3.47×10^{-4}t$				
导热系数 (W/(mK))		$48.52～29.08×10^{-3}t$									
热膨胀系数	温度 t/℃	20～1000			20～700	20～1000					
		$14.3×10^{-6}$			$11×10^{-6}$	$10.6×10^{-6}$					
常温耐压(MPa)≥		58.8	49	39.2	39.2	39.0 29.4	24.5				39.2
荷软温度(℃)≥		1550	1540	1520	1550	1580 1600	1550	1550	1550	1530	
耐热震(次)		2～3				≥3	>25				
抗渣性		好			好	好	好				特好

第五章

熔铸耐火材料与轻质耐火材料

第一节 熔铸耐火材料

熔铸耐火材料指原料及配合料经高温熔化后浇铸成一定形状的制品。配合料的熔融方法有电熔法和铝热法两种。电熔法是在电弧炉或电阻炉中熔化配合料。铝热法是利用铝热反应 $(2Al + Fe_2O_3 \longrightarrow 2Fe + Al_2O_3 + Q)$ 放出的热量将配合料熔化。电熔法是目前生产熔铸耐火材料的主要方法。

熔铸耐火制品的一般生产工艺为:原料制备→加工→配料→混合加工→熔融→浇铸成形→热处理→机械加工。

熔铸耐火制品的种类很多,目前应用最广泛的是熔铸锆刚玉砖。其他熔铸制品有熔铸莫来石砖、熔铸锆莫来石砖、熔铸刚玉砖,以及石英质、镁质、尖晶石及镁橄榄石质等熔铸制品。熔铸制品与烧结法制品相比,有以下特点:制品很致密,气孔少,密度大;机械强度高;高温结构强度大;导热性高,抗渣性好。

一、熔铸莫来石耐火材料

熔铸莫来石制品主要用高铝矾土或工业氧化铝、黏土或硅石作为配料,在电弧炉内经 1900~2200℃熔融,再用砂模浇铸成形及热处理制成,其主要矿物成分是莫来石。熔铸莫来石耐火材料可作为玻璃熔窑中温度低于1150℃区域的砌筑体。熔铸莫来石制品的性能和化学组成见表5-5-1。

熔铸莫来石制品的性能和化学组成

表 5-5-1

项　　目	指　　标	化学成分	含量(%)
体积密度(g/cm³)	2.90~3.30	Al_2O_3	70.1~75.47
显气孔率(%)	<10	SiO_2	19.32~21.6
常温耐压强度(MPa)	250~500	Fe_2O_3	0.92~1.90
耐火度(℃)	1740~1800	MgO	0.23~0.70

项　目	指　标	化学成分	含量(%)
荷重软化开始温度(℃)	1700	CaO	0.16~1.50
热膨胀率(20~1000℃,%)	0.60~0.65	TiO_2	3.4

二、熔铸锆刚玉耐火材料

以精选的锆英石矿砂或锆英石砂经脱硅处理的产品和工业氧化铝为原料,首先将粉状原料混合制成料球,在电弧炉内经2000℃左右熔化,然后将熔液浇铸入砂模或金属模内成形,经热处理和机加工而成。

这种制品用于直接与金属液和熔渣接触处,是抵抗侵蚀的良好材料,是玻璃熔窑受侵蚀最严重的关键部位不可缺少的材料,也用于金属冶炼炉和容器中受渣蚀严重的地方。但是,这种材料不宜用于900~1150℃范围内温度频繁变化的部位。此种材料也可用烧结法生产。同理,也可生产锆莫来石砖。几种含锆耐火材料的主要技术指标见表5-5-2。

几种含锆耐火材料的主要技术指标　　　　　　　　　　表5-5-2

项　目	锆英石砖	烧结锆刚玉砖	熔铸锆刚玉砖
主要化学成分(%)	$ZrO_2$38~65 $SiO_2$28~52	$ZrO_2$10~20 $Al_2O_3$70~80	$ZrO_2$33~40; $Al_2O_3$45~51 $SiO_2$10~16
主要矿物组成	锆英石	刚玉、斜锆石	斜锆石、刚玉
耐火度(℃)	1825~1850	—	—
气孔率(%)	8~25(总)	15~23	0.1~0.15
体积密度(g/cm³)	2.7~4.25	2.92~2.93	3.4~3.7
线膨胀率(1000℃,%)	0.3~0.6	—	0.7~0.8
常温耐压强度(MPa)	25~430	13.7~22.7(抗折)	>300
荷重软化温度(℃)	1400~1750	—	>1700
残存线收缩率(1500℃,2h,%)	0~+2	—	—
耐热震性	好	很好	较好
抗渣性	好	好	耐熔融玻璃液侵蚀性好

三、熔铸高铝耐火材料

熔铸高铝耐火材料的结晶特性和结构形式在很大程度上取决于化学组成和向模型中浇铸熔体的温度。

纯氧化铝无添加时熔融制得的高铝熔体具有较低黏度,其结晶能力强。由于熔体来不及排除气体,因而形成的铸件有大量气孔,难以获得致密均匀的铸件。常加入少量碱性氧化物。

355

以生成 β-Al_2O_3,可以减少铸件的气孔率,获得致密均匀的铸件,含有 6.5% 碱性氧化物的 β-Al_2O_3 耐火材料,只有一个结晶相 β-Al_2O_3,其熔体的组成与结晶相的组成相同,铸件表面晶体的大小和中心晶体的大小大致相同,当它的熔体结晶时,会出现体积增大现象。因此,这种耐火材料不会析出液相,对碱蒸气和温度变化是稳定的,但和玻璃液接触会很快被破坏,因此,只能用于玻璃窑的上部结构。a-Al_2O_3,和 $(a+\beta)$-Al_2O_3 耐火材料纯度高、杂质含量少、玻璃相含量低、不会污染玻璃液,可用于玻璃窑与玻璃液接触部位。

高铝耐火材料比锆刚玉耐火材料具有更高导热性和热膨胀性。高铝耐火材料组成和性能见表 5-5-3。

高铝耐火材料的组成和性能   表 5-5-3

组成和性能		$\alpha - Al_2O_3$		$(\alpha+\beta) \cdot Al_2O_3$			$\beta - Al_2O_3$
		匈牙利	匈牙利	苏联	法国	意大利	法国
化学组成（%）	SiO_2	0.25	0.25	$5 \sim 8$	1.09	1.83	0.12
	ZrO_2	—	—	—	—	—	—
	TiO_2	0.2	0.2	0.5	0.02	—	0.03
	Al_2O_3	99	$97.5 \sim 99.5$	93	95	94.65	94
	Fe_2O_3	0.25	0.2	0.7	0.06	0.14	0.07
	CaO	—	—	0.6	0.28	0.23	0.12
	MgO	—	—	0.4	痕量	—	0.08
	$K_2O + Na_2O$	0.4	1	0.6	3.58	3	5.17
	B_2O_3	—	—	—	—	—	—
气孔率(%)		$10 \sim 12$	$5 \sim 6$	$3 \sim 5$	$3 \sim 6$	$1 \sim 5$	$15 \sim 17$
体积密度(g/cm³)		3.0	3.3	3	3.1	3.23	2.88
真密度		3.9	3.96	3.2	3.3	3.88	3
耐火度(℃)		>1850	>1850	—	—	>1850	—
荷重软化温度(℃)		1930	1900	1750	1760	1850	1750
导热系数 [W/(m·℃),1000℃]		4.5	4.5	4.5	4.5	4.5	3
平均热膨胀系数 (20~1500℃)		85×10^{-7}	91×10^{-7}	90×10^{-7}	45×10^{-7}	90×10^{-7}	90×10^{-7}

第二节   轻质耐火材料

轻质耐火材料是指气孔率高、体积密度低、热导率低的耐火材料。轻质耐火材料的特点是具有多孔结构(气孔率一般为 $40\% \sim 85\%$)和高的隔热性。

轻质耐火材料有多种分类方法:

(1)按体积密度分类。体积密度为 $0.4 \sim 1.3g/cm^3$ 的为轻质耐火材料;低于 $0.4g/cm^3$ 的为超轻质耐火材料。

（2）按使用温度分类。使用温度在 600～900℃ 为低温隔热材料;900～1200℃ 为中温隔热材料;超过 1200℃ 的为高温隔热材料。

（3）按制品形状分类。一种是定型的轻质耐火砖,包括黏土质、高铝质、硅质以及某些纯氧化物轻质砖等;另一种是不定形轻质耐火材料,如轻质耐火混凝土等。工业窑炉砌体蓄热损失和炉体表面散热损失,一般的占燃料消耗的 24%～45%。用热导率低、热容量小的轻质砖做炉体材料,可节省燃料消耗;同时,由于窑炉可以快速升温和冷却,故能提高设备生产效率;还能减轻炉体质量,简化窑炉构造,提高产品质量,降低环境温度,改善劳动条件。

轻质耐火材料的特点是气孔率较大,组织疏松,抗渣性能差,熔渣会很快地侵入这类材料制成的砖体气孔内,使之碎裂,因此不能用于直接接触熔渣和液态金属的部位;力学强度低,耐磨性能差;热稳定性不好;不能用于承重结构,也不宜用于与炉料接触、磨损严重的部位。

由于轻质耐火材料存在上述缺点,因此,在工业窑炉中一般不用于与炉料接触的炉膛部位以及有炉渣、受流速大的热气流冲刷、机械振动大的部位。轻质耐火材料多用作窑炉的隔热层、内衬或保温层。

一、轻质耐火材料的生产方法

1. 燃烬加入物法

这是目前制造轻质耐火制品常用的方法,可用以生产轻质黏土砖、轻质高铝砖和轻质硅砖等。主要加入物为锯末、木炭、煤粉等,也有的加入聚氯乙烯空心球。泥料含水量为 25%～35%。为改善其成形性能,混合好的泥料,须经困料。成形采用可塑法。料坯经干燥,在 500～1000℃ 氧化气氛中,将可燃物完全燃尽,最后在 1250～1300℃ 下烧成。与其他生产方法相比,制品体积密度较大,一般为 $1.0～1.3g/cm^3$,强度较高,使用温度可达 1350～1400℃。

2. 泡沫法

泡沫法主要用于生产轻质高铝砖。首先,将由高铝熟料、结合黏土或再加锯末组成的混合料加水,制成含水 25%～30% 的浆状泥料,送入打泡机中制造泡沫,混合均匀。然后用泡沫饱和的泥浆进行浇注,连同模具一起干燥,在 1300～1350℃ 下烧成。最后进行烧制品修整,保证其尺寸准确。这种制品气孔率高,体积密度一般为 $0.9～1.01g/cm^3$。

泡沫法采用的起泡剂主要是松香皂溶液,稳定剂用水胶和钾明矾调制而成。

3. 化学法

化学生产方法有很多,都是利用加入物在泥浆中发生化学反应,产生气泡来实现的,如在泥浆中加入白云石和硫酸,就可发生化学反应产生气泡。其反应式为:

$$MgCa(CO_3)_2 + 2H_2SO_4 === MgSO_4 + CaSO_4 + 2H_2O + 2CO_2 \uparrow$$

再如,将有外加物的泥浆再加入促凝剂半水石膏($CaSO_4 \cdot 0.5H_2O$),然后注入模具中,在模具中产生气泡,体积膨胀。促凝剂的加入量以浆料膨胀升到模具指定位置凝固完毕为宜。连模具一起干燥。脱模后在 1240～1300℃ 烧成制品。

4. 多孔材料法

用天然的硅藻土或人造的黏土泡沫熟料、氧化铝或氧化锆空心球等多孔原料制取轻质耐火材料。

二、几种主要轻质耐火材料的性能

1. 轻质硅砖

是以硅石为原料,采用燃烬加入物法或化学法制成含 SiO_2 91% 以上的多孔轻质砖,也可制成不烧制品。

轻质硅砖的一些性能与致密硅砖相接近。但其体积密度为 $0.9 \sim 1.10 g/cm^3$,耐压强度为 $1.96 \sim 5.83 MPa$;导热性较低,350℃时导热系数为 $3.49 \sim 4.19 W/(m \cdot ℃)$;抗热震性有所提高;高温下有微小的残余膨胀,1450℃时的膨胀率小于 0.2%。

2. 轻质黏土砖

是含 Al_2O_3 30% ~46% 的具有多孔结构的轻质耐火制品,通常采用可塑泥料燃烬加入物或泥浆泡沫法或化学法制成。

轻质黏土砖体积密度为 $0.75 \sim 1.2 g/cm^3$;耐压强度为 $0.98 \sim 5.88 MPa$;300℃时的导热系数为 $0.795 \sim 2.93 W/(m \cdot ℃)$。使用温度一般为 900 ~1250℃,最高使用温度为 1200 ~1400℃。

3. 轻质高铝砖

指 A_2O_3 含量在48%以上,主要由莫来石与玻璃相,或刚玉相与玻璃相组成的具有多孔结构的耐火制品。其性能优于轻质硅砖和轻质黏土砖。

轻质高铝砖的气孔率为 66% ~76%;体积密度为 $0.4 \sim 1.35 g/cm^3$;耐压强度为 $1.45 \sim 7.84 MPa$;350℃和500℃时导热系数分别为 $0.2 \sim 0.5 W/(m \cdot ℃)$ 和 $2.9 \sim 5.82 W/(m \cdot ℃)$;重烧线变化小;耐热震性较好。可以长期在 1250 ~1350℃ 下使用,最高使用温度为 1350 ~1650℃。当 Fe_2O_3 和 SiO_2 含量很少时,能抵抗 H_2、CO 等还原性气体的作用。用轻质高铝砖砌筑的窑炉内可以通人氢、氮、甲烷等保护性气体,使被处理的工件不氧化。轻质高铝砖是加热炉、退火炉用的优质节能型筑炉材料。

采用工业氧化铝及高铝矾土等原料生产的轻质高铝砖和轻质刚玉砖,耐火度高达 1800℃,最高使用温度可达 1650℃。

4. 轻质混凝土

轻质混凝土是用轻质骨料和粉料,加胶结剂、外加剂,按一定数量比例配合制成混合料,直接浇注成具有多孔结构的整体式炉衬或制成多孔制品。它除具有混凝土的特性外,还具有绝热、保温和体轻等轻质材料所具有的性能,并有一定的承重能力。目前,这种材料发展较快,应用较广。轻质混凝土的性能主要与轻质骨料、粉料及胶结剂的性能和用量有关。

加气耐火混凝土是用耐火材料、胶结剂和外加剂按比例配合,采用化学法制造的具有多孔结构的耐火混凝土。它具有强度高、导热能力低、体积密度小和使用温度较高等优点。

5. 其他轻质制品及性能

(1)硅藻土制品,硅藻土制品是以天然硅藻土为主要原料制成。天然硅藻土是藻类有机物腐败后形成的一种松软多孔矿物,具有良好的绝热性能。主要成分为 SiO_2,主要杂质有 MgO、Al_2O_3、Fe_2O_3 和 CaO 等。硅藻土制品的体积密度为 $0.45 \sim 0.68 g/cm^3$,气孔率 >72%;耐压强度低,约为 $0.39 \sim 6.8 MPa$;400℃时导热系数为 $0.19 \sim 0.938 W/(m \cdot ℃)$;耐火度为1280℃,最高使用温度为 900 ~1000℃。

(2)膨胀蛭石,膨胀蛭石是一种铁、镁质含水硅酸盐类矿物,其组成为$(Mg.Fe)_3 \cdot H_2O \cdot (Si,Al,Fe)_4 \cdot O_{10} \cdot 4H_2O$。具有薄片状结构,层间含水 5% ~10%,受热后体积膨胀,形如蠕动水蛭,取名蛭石。体率膨胀率为 10 ~30 倍。膨胀后的体积密度为 0.1 ~0.3g/cm³;吸水率达 40%;常温导热系数为 0.523 ~0.628W/(m·℃);耐火度为 1300 ~1370℃。使用温度为 900 ~1000℃。

(3)石棉,石棉是一种具有纤维状结构,可分剥成微细而柔软的纤维的材料总称。常用石棉为蛇纹石石棉(温石棉),其化学组成为 $3MgO \cdot 2SiO_2 \cdot 2H_2O$,并含有少量 Fe、Al、Ca 等杂质。纤维轴向抗张强度可达 294MPa,加热到 600 ~700℃时结构水全部逸出,强度降低,进而变脆、粉化和剥落,1500℃时纤维熔融。

石棉制品导热系数为 1.21 ~3.022W/(m·℃),介电性良好;具有耐热、耐碱、绝热、绝缘和防腐等性能。可制成各种型材。最高使用温度为 500 ~550℃,长期使用温度应低于 500℃。

(4)珍珠岩制品,珍珠岩是酸性玻璃质火山熔岩。将天然珍珠岩在 400 ~500℃下脱水后急热至 1150 ~1380℃,体积急剧膨胀,得到体积密度为 0.04 ~0.065g/cm³,导热系数为 0.523W/(m·℃)的膨胀珍珠岩绝热材料。其耐火度为 1280 ~1360℃,安全使用温度为 800℃。膨胀珍珠岩制品具有化学稳定性好、绝热、隔音、防火、阻燃等特性。

(5)水渣和矿渣棉,水渣是将冶金熔渣用冷水冲入水池急冷后得到的轻而疏松的散粒状物料。矿渣棉是将熔融高炉渣用高压蒸气喷射成雾状,冷却后制成的纤维状渣棉。它们的主要特点是能耐高温、导热系数小,可制成多孔绝热制品,可在 900℃以下使用。

(6)漂珠,漂珠是由发电厂锅炉燃烧煤粉时产生的高温熔融煤灰骤冷形成的玻璃质球体。质地轻、中空、能漂于水面,故称漂珠。其矿物组成包括玻璃相约 80% ~85%,莫来石相 10% ~15%,其他 5%,因其主要相组成为玻璃相,故在高温下易析晶,漂珠开始析晶温度一般为 1100℃。漂珠可制成各种绝热制品。它的耐火度为 1610 ~1730℃。软化变形温度 1200 ~1250℃。最高使用温度为 900 ~1200℃。

第三节 耐火纤维

一、耐火纤维的性能

耐火纤维是纤维状的耐火材料,是一种新型高效绝热材料,它既具有一般纤维的特性(如柔软、强度高、可加工成各种棉、绳、带、毡、毯等),又具有普通纤维所没有的耐高温、耐腐蚀性能,并且大部分耐火纤维抗氧化,克服了一般耐火纤维的脆性。目前,耐火纤维的生产和应用得到迅速的发展,各种高温窑使用耐火纤维后,节能效果显著提高。它的主要性能有:

(1)耐高温,最高使用温度可达 1250 ~2500℃。

(2)低热导率,耐火纤维在高温下导热能力很低,导热系数很小,如 1000℃时,硅酸铝质耐火纤维的导热系数仅为黏土砖 20%,为轻质黏土砖的 38%。

(3)体积密度小,耐火纤维的体积密度仅为 0.1 ~0.2g/cm³,为一般黏土砖的 1/10 到 1/20,为轻质黏土砖的 1/5 到 1/10。

(4)化学稳定性好,除强碱、氟、磷酸盐外,几乎不受其他化学物质的侵蚀。

(5)抗热震性好,无论是耐火纤维材料或是制品抗热震性都比耐火砖好。

(6)热容量低,耐火纤维材料的热容量只有耐火砖的1/72,为轻质黏土砖的1/42。用耐火纤维做窑衬,蓄热损失小,节省燃料,升温快,对间歇式作业窑炉尤为明显。另外,耐火纤维还具有柔软、易加工、施工方便等特点。

二、耐火纤维的生产方法

耐火纤维的生产方法主要有以下几种:

(1)熔融喷吹法:原料在高温电炉内熔融,形成稳定流股引出,用压缩空气或高压蒸汽喷吹成纤维丝。

(2)熔融提炼法和回转法:高温炉熔融物料形成流股,再进行提炼,或通过高速回转的滚筒而成纤维。

(3)高速离心法:用高速离心机将流股甩成纤维。

(4)胶体法:将物料配制成胶体盐类,并在一定条件下固化成纤维坯体,最后熔烧成纤维。此外,还有载体法、先驱体法、单晶拉丝法和化学法等。

三、耐火纤维制品及性能

除冶金工业部门外,石油化工、电子、机械、交通等部门对耐火纤维的需要越来越迫切。为了简化施工操作和满足使用要求,耐火纤维还可加工成棉、绳、带、毡等各种制品。

(1)石棉,可作为填充物及隔热材料,直接用于热工设备,也是加工制品的主要原料。纤维长短不齐混杂在一起,体积密度小,填充性能好。

(2)纤维毡,将纤维交错黏压,成为具有一定强度的毡制品。可加结合剂,亦可不加。英国与比利时生产纤维制品时,采用特殊结合剂,纤维长25cm以下,扭转180°不破坏。纤维毡可作为高温板材,施工时无须留膨胀缝,毡的宽度通常为600~900mm或1200mm,成板状或圆筒状,也可根据施工要求确定尺寸。

(3)湿纤维毡,纤维毡用胶状的铝质和硅质无饥结合剂浸渍,装入塑料袋中,使其呈湿润状态贮存。施工时可根据需要,剪裁、切割成各种不同形状。

(4)纤维带,在硅酸铝纤维中加入5%~10%有机纤维或结合剂,或者只加入无机结合剂。前者在常温使用时能保持其强质与扭曲性,后者缺乏挠曲性。生产方法与一般造带法相近,亦用造带机生产。

此外,尚有纤维绳、布、纤维大块及各种形状的产品,还有纤维水面、纤维喷涂料、捣打料和浇灌料等不定形耐火材料产品。我国生产的硅酸铝质耐火纤维的化学组成如表5-5-4所示。

硅酸铝质耐火纤维的化学组成及性能　　　　　　　　表5-5-4

制品	化学组成(%)							纤维长 (mm)	纤维直径 (μm)	使用温度 (℃)
	Al_2O_3	SiO_2	Fe_2O_3	TiO_2	Cr_2O_3	K_2O	Na_2O			
普通硅酸铝纤维	45~51	49~52	<1.2	0.2~0.85	—	0.2	0.2	20~250	2~5	<1000
高纯硅酸铝纤维	49~52	49~51	≤0.2	<0.2	—	0.2	0.24	20~250	2~5	<1100

续上表

制品	化学组成(%)							纤维长	纤维直径	使用温度
	Al_2O_3	SiO_2	Fe_2O_3	TiO_2	Cr_2O_3	K_2O	Na_2O	(mm)	(μm)	(℃)
含铬硅酸铝纤维	46~51	46~48	0.3~0.8	—	3.2~5.5	0.1	0.25	20~100	2~5	<1150~1200
高铝质纤维	55~62	35~45	0.2~0.5	0.2~0.3	—	0.2	0.25	10~100	2~5	<1150~1200

四、耐火纤维的分类和使用温度

耐火纤维的分类和使用温度如图5-5-1所示。

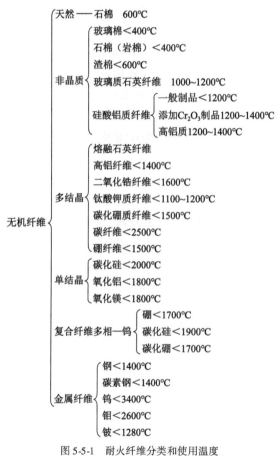

图5-5-1 耐火纤维分类和使用温度

第四节 氧化铝、氧化锆空心球及其制品

一、氧化铝球及其制品

随着科学技术的发展,新型的空心球材料在国内外已经引起了各方面的注意。在国外已

经有玻璃、陶瓷及碳素材质的空心球,并开始应用在许多科学技术领域中。用这种空心球制成的砖或制品,除了耐高温、保温性能好以外,还具有较好的热震稳定性和较高的强度,因空心球材料的体积密度小、热容小,可以提高高温炉的传热效率,缩短生产周期,还能大大减小炉体的质量,能直接作为高温窑炉的内衬。氧化铝空心球及其制品能在1800℃环境中长时间使用,在高温下也具有较好的化学稳定性和耐侵蚀性,在氢气气氛下使用非常稳定。

将氧化铝原料用电弧炉熔融至2000℃左右,将熔融液倾倒出来,与此同时,用高压空气吹散流液,使熔液分散成小液滴,在空中冷却的过程中,因表面张力作用即成氧化铝空心球。将所得的空心球过筛,除去细粉和碎片、颗粒等,再磁力除铁,选球机除掉破球,将成品氧化铝空心球包装,即可作为成品出厂。

制造氧化铝空心球制品通常采用70%的氧化铝空心球与30%的烧结氧化铝细粉,以硫酸铝结合,用木模加压振动成形。坯体经干燥后,根据不同情况,采用高温烧成或轻烧成为制品。

氧化铝空心球制品可以直接作为一般高温窑炉、热处理炉及高温电炉的内衬材料。近年来,有的钼丝炉、二硅化钼炉等高温电炉也开始采用氧化铝空心球制品作为内衬材料。氧化铝空心球及其制品除用作高温保温材料外,也可作为耐火混凝土的轻质骨料、填料以及化工生产中的触媒载体等。

由于氧化铝空心球制品在氢气等还原气氛中非常稳定,国外已经将其使用在石油化工工业中,用作气体分解炉的内衬。

二、氧化锆空心球及其制品

氧化锆的熔点为2700℃,是一种高级耐火材料,导热系数约为氧化铝的一半,隔热性能更好。作为一种高温保温材料,氧化锆空心球及其制品可以在更高温度下使用,且能在2200℃环境中长时间使用,有很大的发展空间。但氧化锆在一定的温度下,会发生晶型转变,不能稳定地使用。氧化锆稳定化的研究在1950年前后就已开始,此后人们又对氧化锆空心球进行了研究。

将锆英石砂与一定量的焦炭、铁屑及稳定剂石灰石在电弧炉中熔融,使氧化锆分离,就能使50%以上的氧化锆成为立方晶型。将冷却后的熔块粉碎、磁选及筛分,所得稳定的氧化锆具有如下组成:$ZrO_2 + CaO$ 97% ~ 99%、SiO_2 0.1% ~ 0.7%、Fe_2O_3 0.20% ~ 0.70%、TiO_2 0.30% ~ 1.00%。再将稳定的氧化锆在倾注式电弧炉中熔融;熔至一定温度时倾倒溶液,同时用流速约为30m/s、压力约为0.45 MPa的水冲散熔液,则获得氧化锆空心球。再经磁选、选球等工序制取制品。

对于氧化锆空心球的研制工作,一般将氧化锆粉碎并与氧化钙混合,再用三相电弧炉熔融至一定温度,用高压空气喷吹制的质量较好的氧化锆空心球。其堆积密度为1.2g/cm³左右,含$ZrO_2$95.39%、CaO3.91%。

氧化锆空心球及其制品可以直接作为2200~2400℃高温炉的内衬,也可用作超高温炉的炉衬材料以及真空感应炉的充填材料;除此以外,还用在连续铸钢用的水口,在电子工业上用于制造陶瓷电容器、电视机的耐高压电容器的烧成用耐火架子砖。

第六章
不定型耐火材料

不定型耐火材料是由合理级配的粒状和粉状料与结合剂共同组成的不经成型和烧成而可以直接使用的耐火材料。通常,对构成此种材料的粒状料称骨料,对粉状料称掺合料,对结合剂称胶结剂。这类材料无固定的外形,可制成浆状、泥膏状和松散状,因而也通称为散状耐火材料。用此种耐火材料可构成无接缝的整体构筑物,故还称为整体耐火材料。不定型耐火材料的种类很多,可依所用耐火物料的材质分类,也可按所用结合剂的品种分类。按工艺特性划分的各种不定型耐火材料的主要特征见表5-6-1。

不定型耐火材料的主要特征 表5-6-1

种 类	主 要 特 征
浇注料	以粉粒状耐火物料与适当结合剂和水等配成,具有较高流动性,多以浇注或(和)振实方式施工,结合剂多用水硬性铝酸钙水泥,用绝热的轻质材料制成者称轻质浇注料
可塑料	由粉粒状耐火物料与黏土等结合剂和增塑剂配成,呈泥膏状,在较长时间内具有较高可塑性。施工时可轻捣或压实,经加热获得强度
捣打料	以粉粒状耐火物料与结合剂组成的松散状耐火材料,以强力捣打方式施工
喷射料	以喷射方式施工,分湿法施工和干法施工两种,因主要用于涂层和修补其他炉衬,而分别称为喷涂料和喷补料
投射料	以投射方式施工
耐火泥	以细粉状耐火物料和结合剂组成,有普通耐火泥、气硬性耐火泥、水硬性耐火泥和热硬性耐火泥之分,加适当液体制成的膏状和浆状混合料,常称为耐火泥膏和耐火泥浆,用于涂抹时,也称为涂抹料

不定型耐火材料的化学和矿物组成主要取决于所用粒状和粉状耐火材料,还与结合剂的品种和数量有密切关系。由不定型耐火材料构成的构筑物或制品的密度主要与组成材料及其配比有关。同时,在很大程度上取决于施工方法和技术。一般而论,与相同材质的烧结耐火制品相比,多数不定型耐火材料由于成型时所加外力较小,在烧结前甚至烧结后的气孔率较高;在烧结前构筑物可能因某些化学反应而有所变动,有的中温强度可能稍有降低;由于结合剂和其他非高温稳定材料的存在,其高温下的体积稳定性可能稍低;由于其气孔率较高,有的还受结合剂的影响,可能耐侵蚀性较低,但抗热震性一般较高。

第一节　浇注耐火材料

浇注料是一种由耐火材料制成的粒状和粉状材料。使用这种耐火材料时要加入一定量的结合剂和水分。它具有较高的流动性,适用于以浇注方法施工。为改善其性能,还可另加塑化剂、减水剂、促硬剂等。由于其基本组成、施工和硬化过程与土建工程中用的混凝土相同,也常称之为耐火混凝土。

一、浇注料用的瘠性耐火原料

1. 粒状料

可由各种材质的耐火原料组成。硅酸铝质熟料和刚玉材料最常用,其他如硅质、镁质、铬质、锆质和碳硅质材料也常用,根据需要而定。也可用轻质多孔材料和纤维耐火材料制成。

一般以烧结良好的吸水率为 1% ~ 5% 的烧结材料作为粒状料,可获得较高的强度。

2. 粉状料

常采用与粒状料材质相同但等级更优良的作为粉状料,使浇注料的基质与粒状料的品质相当。粉状料的粒度应合理,其中应含一定数量粒度为数微米的超细粉。为避免在高温下基质的收缩与粒状料的膨胀之间产生较大的变形差而引起内应力,导致结合层之间产生裂纹,从而降低耐侵蚀性,应尽量选用热膨胀系数较小的粒状料。在构成基质的组分中应加入适量的膨胀剂。

二、浇注料用的结合剂

结合剂是浇注耐火材料中不可缺少的重要组分。在未经高温烧结前,结合剂将瘠性物料黏结为整体,并使构筑物或制品具有一定强度。可作为不定型耐火材料结合剂的物质很多,按其化学组分可分为无机和有机结合剂两种,按其硬化特点可分为气硬性、水硬性、热硬性和陶瓷结合剂。浇注料所用的结合剂多为具有自硬性或加少量外加剂即可硬化的无机结合剂。使用最广泛的是高铝水泥、水玻璃和磷酸盐。

(1)高铝水泥,是制造浇注料的主要结合剂,也可用以配制喷射料和投射料及耐火泥,不宜同易水化的碱性瘠性料配合。

(2)水玻璃,化学式为 $Na_2O \cdot nSiO_2$ 或 $Na_2O \cdot nSiO_2 \cdot xH_2O$。模数 n 越大,黏结能力越强。不定型耐火材料用的水玻璃多是黏稠状液体,相对密度为 1.30 ~ 1.40,模数为 2.0 ~ 3.0。水玻璃除不宜与极易水化的白云石类材料配合外,与其他任何瘠性材料都可配制成各种不定型耐火材料,但由水玻璃结合的不定型耐火材料,不宜水浸和受潮。

(3)磷酸及磷酸盐结合剂,用磷酸与一些耐火材料接触后反应生成的酸式磷酸盐(如磷酸与黏土质或高铝质耐火材料反应形成 $Al(H_2PO_4)_3$ 或直接使用这类酸式盐作结合剂,固其具有相当的胶凝性,可将一些不定型耐火材料黏结成整体,故应用最为广泛,在配制不定型耐火材料时都可用磷酸铝。特别是酸性和中性瘠性料,由磷酸铝结合或与其他结合剂配制成复合结合剂,可制成特性优良的不定型耐火材料结合体。

三、浇注料的配制与施工

浇注料的各种原料确定以后,首先要经过合理的配合,再搅拌制成混合料,有的混合料须困料。按混合料的性质采取适当方法浇注成形并养护,最后将已硬化的构筑物,经正确的烘烤处理后投入使用。

四、浇注料的性质

(1)强度:浇注料中粒状料的强度一般要高于结合剂硬化体的强度及其与颗粒之间的结合强度,故浇注料的常温强度实际上取决于结合剂硬化体的强质。高温强度也受结合剂的控制。

(2)耐高温性能:若所用粒状和粉状料具有良好的耐火性,而结合剂既熔点高又不与耐火物料发生反应形成低熔物,则浇注料必定具有相当高的耐火性。若所用粒状和粉状料的材质一定,则浇注料的耐高温性在相当大的程度上受结合剂所控制。通常,浇注料中结合剂量增加,则浇注料的耐火度及硬化后的高温体积稳定性、抗渣性降低。浇注料的耐热震性比同材质的烧结制品优越,这是因为浇注料硬化体能吸收或缓冲热应力和应变。

第二节 可塑耐火材料及其他不定型耐火材料

一、可塑耐火材料

可塑耐火材料也叫可塑料,是一种在较长时间内具有较高可塑性呈软泥膏状的不定型耐火材料。它是由合理级配的颗粒和细粉并加入适当的结合剂、增塑剂和水充分混炼而成。颗粒和细粉可用各种耐火原料制备,一般占总量的 70% ~ 85%,使用最广泛的是硅酸铝质耐火原料。结合剂多为黏土和其他化学结合剂(如水玻璃、硫酸、硫酸铝等)。

可塑耐火材料的凝结硬化程度也主要取决于结合剂的作用。为了改进原软质黏土作结合剂的可塑料在施工后硬化缓慢和强度低的缺点,常用气硬性和热硬性结合剂。磷酸铝是使用最广泛的一种热硬性结合剂,施工后,经干燥可获得很高的强度。

可塑耐火材料在高温下具有良好的烧结性和较高的体积稳定性,在硬化前可塑性较高,硬化后具有一定的强度。目前,可塑耐火材料广泛应用于各种工业窑炉的捣打内衬,也可用于热工设备内衬的局部修补。

二、其他品种不定型耐火材料

不定型耐火材料的种类很多,除了耐火混凝土和可塑料时外,广泛使用的其他品种还有捣打料、喷射料和投射料以及耐火泥。

1. 捣打料

捣打料是一种呈松散状的以强力捣打方法进行施工成型的不定型耐火材料,主要由耐火原料制成的级配合理的颗粒、细粉以及适量的结合剂或胶结组成。

捣打料中粒状料所占比例很高,而结合剂和其他组分所占比例很低,甚至可以全部由粒、粉料组成。因此,粒状和粉状料的合理级配是重要的环节。粒、粉料的材质根据使用要求选定。无论是用何种材质,由于捣打料主要用于与熔融物直接接触之处,要求粒、粉必须具有高的体积稳定性、致密性和抗渣性,必要时还要求具有绝缘性。通常,都采用经高温烧结或熔融的材料。结合剂根据粒、粉料的材质和使用要求选定,可以用硅酸钠、硅酸乙酯、硅胶,以及镁的氯化盐、硫酸盐、磷酸盐,以及有机沥青、树脂、软质黏土、磷酸、磷酸铝等。在捣打料中不用各种水泥作结合剂。

捣打料的耐火性和耐熔融物侵蚀的能力,可通过选用优质耐火原料,采用正确配比和通过强力捣实而获得。与耐火烧注料和可塑料相比,高温下它具有较高的稳定性和抗渣性,捣打料可在常温下施工,主要用于与熔融物料直接接触的部位作炉衬材料。

2. 喷射料和投射料

喷射料是以喷射方式进行施工的散状耐火材料。主要由级配合理的粒状和粉状耐火原料以及适当的结合剂组成。粒、粉料的材质根据使用要求而定。喷射料采用以压缩空气为动力的喷射机具进行喷射施工,主要用于在冷态下修补和修筑炉衬,也适用于热态下修补炉衬。

喷射料的附着性是其重要性质之一。影响附着性的最主要因素是混合料本身的黏结性,黏结性好的混合料附着性强。喷射料的耐火性、抗渣性与材质有关,与耐火浇注料相比,由于喷射施工可使构筑物的密度得到提高,因而抗渣性也较高。

投射料的组成和性质与喷射料相同,只是将喷射施工法改为高速运转(以 50～60m/s 的线速度)的投射机具,直接将混合物投射于基底之上,构成结构致密的构筑物。

3. 耐火泥

耐火泥是由粉状物料和结合剂组成的供调制泥浆用的不定型耐火材料,主要用作砌筑耐火砖砌体的接缝和涂层材料。

耐火泥具有良好的流动性和可塑性,便于施工,硬化后应具有必要的黏结性,以保证与砌体或基底结为整体,使之具有抵抗外力和耐熔渣侵蚀的作用;应有与砌体或基底材料相同或相当的化学组成,以免不同材质间发生危害性化学反应,避免从耐火泥处首先蚀损;应具有与砌体或基底材料相近的热膨胀性,以免互相脱离,使耐火泥层破裂;体积要稳定,以保证砌体和保护层的整体性和严密性。

耐火泥的配制主要是制备和选用粉状料和结合料。粉料可选用材质与砌体或基底材料相同或相近的各种烧结充分的熟料和其他体现稳定的耐火原料,将其制成细粉。通常根据粉料的材质将耐火泥分为黏土质、高铝质、硅质和镁质等。粉料的粒度依使用要求而定,其极限粒度一般小于 1mm,有的还小于 0.5mm 或更细,按砖缝或涂层厚度而定,一般不超过最小厚度的 1/3。

制造普通耐火泥用的结合剂为塑性黏土。欲要求耐火泥在常温和中温下具有较快的硬化速度和较高的强度,同时又要求其在高温下仍具有优良性质,应掺入适当的化学结合剂,配制成化学结合耐火泥或复合耐火泥。化学结合耐火泥中依结合剂的凝结硬化特点分为气硬性、水硬性和热硬性 3 种耐火泥。其结合剂分别为水玻璃、水泥和磷酸。

耐火泥浆硬化后,除在各种温度下都具有较高强度外,还具有收缩小、接缝严密、抗渣性强的特点,因而广泛用作各种工业窑炉砌筑的接缝材料或涂料。

第七章

含碳质耐火材料

含碳质耐火材料是指由碳化物为主要组成的耐火材料,属于中性耐火材料。其中,以无定形碳为主要组成的称碳素耐火材料;以结晶型石墨为主要组成的称为石墨耐火材料;以 SiC 为主要组成的称碳化硅耐火材料。

第一节　碳素耐火材料与石墨耐火材料

一、碳素耐火材料

主要品种是碳砖,因其尺寸较普通耐火制品大,常称碳块。其他品种有供砌筑块和捣固内衬用碳素糊。

原料是低灰分(小于 8%)的无烟煤和灰分少、强度高、挥发分少而无水的煤焦、煤沥青和石油沥青焦。为使坯料具有良好的可塑性,可加入适量的石墨。结合剂采用含碳较高的有机物。如采用软化点为 65~70℃ 的中温焦油沥青,并混入部分煤焦油,加入量为 15%~20%。坯料经混炼后在热态下成形,然后冷却定型。在隔绝空气的情况下烧成,烧成温度为 1000~1300℃。在隔绝空气的情况下缓慢降温。冷却后按所需尺寸进行机械加工即得产品。

碳砖含游离碳 94%~99%,其余为灰分。气孔率为 15%~25%,常温耐压强度为 30~60MPa。这种无定形碳是不熔的,仅在 3500℃ 升华,在常温下是稳定的和呈化学惰性的。在高温下燃烧生成 CO 和 CO_2,故只要高温下不和氧接触,它就具有很高的高温强度,抵抗高温热负荷能力强,长期使用不软化。碳砖导热性好,耐热震性好。

碳砖可用于高温下受化学溶液、熔融金属和熔渣侵蚀的部位,还可用于温度急剧变化之处。不宜用于高温下与氧化性气体和水蒸气接触之处。此制品比电阻较低,可作为电导体。碳糊是用石油焦、沥青焦或无烟煤、冶金焦为原料,经破碎、粉碎和分级后按要求配料,结合剂常用软化点为 65~75℃ 的中温沥青。混合料经混炼即制成碳糊。

二、石墨耐火材料

是由石墨为主要原料和主要组成的耐火制品。主要品种为石墨黏土制品,还有石墨碳化硅等制品。

石墨黏土制品是以石墨、耐火黏土熟料和可塑性耐火黏土为原料,经配料、多次混料及困料,采用可塑法或半干压法及等静压成形,埋在碳匣钵中,或在强还原气氛下,或对制品表面涂氧化保护层后烧成,烧成温度为 1000 ~ 1150℃。主要品种有石墨黏土坩埚、蒸馏罐、铸钢用塞头砖、水口砖,以及盛钢桶砖等。制品有较高的强度,相当高的耐金属液和熔渣侵蚀的能力,热膨胀性较低,导热性较高,耐热震性较强。故可作为直接接触熔融金属的耐火材料。石墨制品还用于浮法玻璃窑的平板限制器部位。

为提高石墨制品的耐高温能力,以 SiC 代替熟料,以焦油沥青代替结合剂黏土,并经焦化处理,制成石墨碳化硅制品、碳化硅石墨制品、石墨碳化硅和碳的复合制品。由此种 SiC-C 系材料制成连续铸钢用浸入式水口,使用效果好。另外还可制成 Al_2O_3-C 系、ZrO_2-C 系制品。

第二节 碳化硅耐火制品

SiC 耐火制品是以碳化硅为原料和主晶相的耐火材料。目前,其主要品种有以下几类:黏土和氧化物结合 SiC 制品,碳结合 SiC 制品,氮化物结合 SiC 制品,自结合和再结晶 SiC 制品。另外,还有半碳化硅制品。

一、黏土和氧化物结合的碳化硅制品

用耐火的可塑性较强的耐火黏土(10% ~ 15%)与 SiC(50% ~ 90%)以及其他瘠性耐火材料配合,加亚硫酸纸浆废液或糊精等作结合剂,以生产黏土耐火制品的方法制成。在氧化气氛下,经 1350 ~ 1400℃烧成。

在配料中可用纯净 SiO_2 细粉代替结合黏土,其他生产方法同上。在坯体烧成时,SiO_2 组分在 SiC 颗粒表面形成薄膜,将 SiC 颗粒结合为整体。

此种制品可用于陶瓷匣钵、棚板等窑具及焦炉碳化室的耐火材料,还可作炼铁高炉炉腰、炉腹和炉身内衬,金属液的出液孔砖和输送金属液的通道砖和管砖,各种加热炉内衬和换热器管材等。含碳耐火制品的主要性能见表 5-7-1。

含碳耐火制品的主要性能 表 5-7-1

项 目	碳 砖	碳化硅石墨砖	氧化物结合碳化硅砖	氮化物结合碳化硅砖	再结晶碳化硅砖
主要化学成分(%)	C 94 ~ 99	SiC 20 ~ 80 石墨 60 ~ 30	SiC > 85,SiO_2 10	SiC 70 ~ 80 Si_3N_4 15 ~ 25	SiC ≈ 100
主要矿物组成	无定形碳	a-碳化硅,石墨	a-碳化硅	a-碳化硅、氮化硅	a-碳化硅
耐火度(℃,不低于)	3000	—	1800	—	—
气孔率(%)	<24	10 ~ 22	13 ~ 16	10 ~ 18	0.5 ~ 32
体积密度(g/cm^3)	1.5 ~ 1.8	1.9 ~ 2.2	2.55 ~ 2.62	2.5 ~ 2.8	2.1 ~ 3.3
比热[KJ/(kg·℃)]	0.837	—	$0.963 + 0.146 \times 10^{-3}t$	—	$0.963 + 0.146 \times 10^{-3}t$

续上表

项　目		碳　砖	碳化硅石墨砖	氧化物结合碳化硅砖	氮化物结合碳化硅砖	再结晶碳化硅砖
导热系数[W(m·℃)]		$30.51+20.93 \times 10^{-3}t$	—	$209.34 \sim 104.67 \times 10^{-3}t$		$371.69-0.343t+1151 \times 10^{-5}t^2$
平均热膨胀系数	温度(℃)	—	—	$20 \sim 900$	$20 \sim 1200$	$20 \sim 900$
	$10^{-4}/℃$	$5.2 \sim 5.8$	—	2.93	3.8	$2.93 \sim 4.8$
常温耐压强度(MPa)		$30 \sim 60$	>40	$100 \sim 120$	>100	$68.6 \sim 3700$
荷重软化温度(℃)		不软化	>1600	1800	>1600	>1700
耐热震性(次)		>25	—	>30	好	$50 \sim 150$
抗渣性		极好,易氧化	—	—	好,抗氧化	很好
最高使用温度(℃)		2000				1800

二、氮化硅结合的碳化硅制品

此种制品是由氮化硅(Si_3N_4)将 SiC 晶粒结合为整体而构成的耐火制品。Si_3N_4 是一种耐高温的材料,在1900℃分解为氮和被氮所饱和的硅熔融物。Si_3N_4 有两种晶型:低温型 α-Si_3N_4 和高温型 β-Si_3N_4。在低于1400℃时能生成 α 型,在较高温度下生成 β 型,加热时约在1500℃发生 α-β 型转化。通常用反应烧结法,在1400℃左右制成者为 α 和 β 的混合体(工业氮化硅)。除标明外,Si_3N_4 即指 α 和 β 型混合体。

Si_3N_4 的合成方法可借 $SiCl_4$ 与氨反应,或用 SiO_2 与碳、氮反应。但最简单的方法是以硅与氮气反应:

$$3Si + 2N_2 \longrightarrow Si_3N_4$$

该反应在950℃便可发生,但非常缓慢。在1200℃以上反应速度显著增高,温度达1300 ~ 1400℃时反应速度最快,超过1600℃时,Si_3N_4 的生成量反而减少。限制反应平衡的另一重要因素是硅粉的粒度,粒子较粗的硅粉是不可能反应完全的。如图5-7-1所示,硅粒表面氮化形成 Si_3N_4,而中心部位仍为硅的残余物。

Si_3N_4 常温和高温耐压强度高,荷重软化温度高达1800℃以上。Si_3N_4 强度高、硬度大,是一种耐磨材料;导热性较高,是一种耐热性很强的材料,也是一种耐酸液、耐金属液和熔渣侵蚀的材料。高温条件下,Si_3N_4 在氧气或水蒸气作用下可被氧化而析出方石英。其耐氧化温度可达1400℃。在还原性气氛中最高使用温度可达1870℃。

图5-7-1 硅粉粒部分氮化后的结构

以 Si_3N_4 作为结合剂生产 SiC 制品,一般皆采用反应烧结的方法,特别是多采用硅氮直接反应法。此法是将小于44μm 的 SiC 细粉与细粉状硅混合,经成形制成多孔坯体,在电炉中于1300 ~ 1350℃条件下,充 N_2,坯体在 N_2 中加热反应生成 Si_3N_4($3Si+2N_2 \Longequal Si_3N_4$)。由于与 SiC 形成强力结合的氮化键,从而将 SiC 颗粒结合为坚固的整体。坯体的形状在氮化前后几乎没有变化,因而可生产形状很规整的产品。

此种制品可且完全可代替氧化物结合的碳化硅制品,用于各种高温设备中,而且适用于工作温度更高、重负荷更大、温度变化更剧烈的条件。

三、自结合和再结晶的碳化硅制品

自结合 SiC 耐火制品是指原生的 SiC 晶体之间由次生的 SiC 晶体结合为整体的制品。再结晶 SiC 耐火制品是原生的 SiC 晶体经过再结晶作用而结合为整体的制品。

自结合碳化硅耐火制品按 SiC/C 比,将 SiC 和石油焦配合,一般控制 C 含量约占 15% ~ 30%。若 SiC 颗粒较粗,应少加,反之应多加。然后将混合料挤压或等静压制成多孔坯体,坯体的气孔及与 Si 加 C 形成次生 SiC 的量相适应,以能形成次生 SiC 连续相为宜。由于坯体在常温下无可塑性和结合强度,成形前应在 SiC 与石油焦的混合料中加少量有机结合剂,如糊精、淀粉或其他树脂乙醇溶液等,制成可塑性混合料。最后,将坯体于 1950 ± 20℃ 下,在氩气中用熔融硅浸渍。根据制品尺寸,按过一定时间(如小型制品 2 ~ 4h),碳熔于熔融物中,熔融硅定向扩散,硅碳直接反应,生成次生碳化硅。在此烧结条件下,硅还与碳发生多相反应,也生成次生碳化硅,从而使坯体烧结。自结合碳化硅制品也可以采用固相反应烧结法,但一般需加入适量外加剂,以促进反应及烧结。一般在 2000 ~ 2200℃ 中性气氛下烧结。

再结晶碳化硅耐火制品多利用常压烧结法制成高密度制品。首先向碳化硅细粉中加入少量添加剂,如 0.3% ~ 0.8% 的硼和 1.5% 的碳或 1.1% 左右的铝和碳,混合后经浇注或等静压或半干压成形制成坯体。然后,将坯体置于氩气或还原气氛中,在大气压力下,经 1950 ~ 2100℃ 高温处理,使坯体在无液相的条件下,通过 SiC 在凸面颗粒处蒸发,而在凹面及平坦表面颗粒共生作用,使制品达到烧结。当坯体中有添加剂时,因易形成固熔体,使碳化硅晶界能降低,促进物质迁移,加速烧结。如加硼和碳,硼和碳形成 B_4C,并与 SiC 再形成 $Si(C,B)$,促进 SiC 烧结,使 SiC 晶体间生成 SiC 再结晶连生体,烧结成为坚实的坯体。

制品的主要性能见表 5-7-1。此种制品可广泛用于受高温和承受重负荷以及受磨损和有强酸和熔融物侵蚀之部位,如用于热处理的电加热炉、均热炉和加热炉的烧嘴及滑轨,各种高温焙烧炉内的轨道和高负重窑具,马弗炉内衬和匣钵等。其中再结晶 SiC 制品使用效果尤为突出。

四、半碳化硅制品

此制品是 SiC 含量在 50% 以下的耐火制品。它可以分为黏土熟料 SiC 制品、高铝 SiC 制品、莫来石 SiC 制品、锆英石 SiC 制品等。由于这类制品含有 50% 以下的 SiC,其热震稳定性、导热性和强度显著提高。目前工业中应用较多的是黏土熟料 SiC、高铝 SiC 和刚玉 SiC 制品。

无机非金属材料工业窑炉用耐火材料

第一节 水泥窑用耐火材料

水泥自 1824 年诞生以来,近 200 年间生产技术历经多次变革。水泥熟料的煅烧设备,最初是间歇作业的土立窑,1885 年出现了回转窑,以后在回转窑规格扩大的同时,窑的形式和结构也都有了新的发展,除直筒窑以外,曾出现窑头扩大、窑尾扩大以及两端扩大的窑型,窑尾曾装设了各种热交换装置,如格子式热交换器、悬挂链条等。1930 年德国伯力鸠斯公司研制了立波尔窑,用于干法生产,1951 年在西德出现并于 1953 年正常运行的第一台悬浮预热器(简称"SP 窑")和继之 1971 年在日本从 SP 窑的基础上发展成的第一台预分解窑(简称"PC 窑")是水泥窑发展的里程碑。以悬浮预热和窑外分解技术为核心的新型干法水泥生产,采用了现代最新的水泥生产工艺和装备,正在逐步取代湿法、老式干法及半干法生产,独占鳌头,把水泥工业推向一个新的阶段。

一、传统水泥窑用耐火材料

最早人们开始用立窑生产水泥熟料,全窑使用含 Al_2O_3 30% ~40% 的单一品种——黏土砖。直到转窑开始被用来生产水泥熟料,仍然沿用立窑上的这一经验。20 世纪 30 年代中叶,少数转窑烧成带开始使用高铝砖,出现了按熟料生产工艺要求来分带选用不同材质耐火材料的新概念。20 世纪 40 年代起开始采用碱性砖用于烧成带,两侧配有高铝砖,其余部位使用黏土砖。进入 20 世纪 50 年代,这一基本格局开始奠定,并沿袭至今。在 20 世纪 70 年代,随着耐火材料制造和使用技术日趋成熟,生产能力为 1000t/d 的湿法窑、立波尔窑、带预热锅炉的干法窑等传统窑上,往往将普通镁铬砖或普通白云石砖用于烧成带,磷酸盐结合高铝砖或普通高铝砖用于过渡带和冷却带,黏土砖用于其他工艺带,再配以少量碳化硅砖、隔热砖和耐火浇注料。表 5-8-1 是传统水泥耐火材料的配置。

传统水泥窑耐火材料的配置 表 5-8-1

工艺部位	材料品种	立波尔窑各部位长度	干法窑各部位长度		湿法窑各部位长度	
			带篦式冷却机	带筒式冷却机	带篦式冷却机	带筒式冷却机
燃烧器	高铝质耐火浇注料	—	—	—	—	—
卸料段	高铝质浇注料,高铝质砖	$\sim 1D$	$\sim 1D$	$\sim 1.5D$	$\sim 1D$	$\sim 1.5D$
烧成带	碱性砖,高铝质砖	$4D$	$4D$	$4D \sim 5D$	$4D \sim 5D$	$4D \sim 5D$
过渡带	高铝质砖	$2D$	$3D$	$3D$	$3D$	$3D$
分解带	高铝质砖	$2D$	$2D$	$2D$	$2D$	$2D$
预热部位	工作层黏土砖,耐碱砖,隔热层用隔热砖	$6D$	$6D$	$6D$	$14D \sim 25D$	$14D \sim 25D$
进料端	耐火浇注料	$\sim 1m$	$\sim 1m$	$\sim 1m$	$\sim 1D$	$\sim 1D$
链带	高铝耐磨砖,耐火浇注料	—	—	—	$10D \sim 15D$	$10D \sim 15D$
冷却机中温区	黏土砖	$2/3 L$	$2/3 L$	$2/3 L$	$2/3 L$	$2/3 L$

注:D 为窑筒体钢板的有效内径(mm);L 为冷却机内砌筑耐火衬里部位的有效长度(mm)。

二、新型干法水泥窑用耐火材料

新型干法窑具有窑温度较高、窑速较慢、碱侵蚀较重、结构复杂和节能要求较高等工艺特点,促使为之服务的耐火材料及其使用技术进行全面更新(表 5-8-2)。

2000 ~ 4000 t/d 新型干法窑耐火材料的配置 表 5-8-2

工 艺 部 位		工作层材料	隔热层材料
燃烧器		刚玉质耐火浇注料	—
预热器及联结管道		普通耐碱砖、耐碱浇注料	硅酸钙板、硅藻土板、轻质浇注
分解炉		抗剥落高铝砖、耐碱砖、耐碱浇注料	同上
三次风管		高强耐碱砖、耐碱浇注料	同上
篦式冷却机		抗剥落高铝砖、碳化硅复合砖、高铝质浇注料、高铝质砖	同上
窑门罩		高铝质砖、高强耐火浇注料	同上
回转窑	前后窑口	高铝质耐火浇注料、抗剥落高铝砖	—
	下侧过渡带	抗剥落高铝砖、碱性砖	—
	烧成带	碱性砖	—
	分解带	碱性砖、抗剥落高铝砖	—
	预热带	耐碱隔热砖、黏土砖、抗剥落高铝砖	—

自 20 世纪 80 年代初起,这些材料的制造和使用技术基本定型,大体说来在大型 SP 窑和 PC 窑的窑筒内,直接结合镁铬砖用于烧成带,尖晶石砖与易挂窑皮且热震稳定性能较好的镁铬砖用于过渡带,高铝砖用于分解带,隔热型耐碱黏土或普通黏土砖用于窑筒后部,耐火浇注料或适用的耐火砖用于前后窑口;在预热系统内,普通耐碱黏土砖及耐碱浇注料用于拱顶,高

强耐碱黏土砖用于三次风管,并配用大量的耐碱浇注料、系列隔热砖和系列硅酸钙,在窑门罩和冷却机系统内,除选用上述部分使用材料外,还配用碳化硅砖和碳化硅复合砖、系列隔热砖、系列耐火材料浇注料、系列碳酸钙板和耐火纤维材料等七大类 30 余种耐火材料。在 2000t/d 的水泥窑上的建设用量共达 1600t 以上,日常生产中消耗用量达 400t 以上。

三、水泥工业常用的几种耐火材料

1. 碱性耐火材料

碱性耐火材料具有耐高温煅烧和耐化学侵蚀能力较强的优良特性,是实现水泥窑生产优质产品、高产、低消耗和长期安全运转的关键性窑衬材料。但它也具有易受潮变质、热膨胀率大、导热系数高和热震稳定性较差的缺点。适用于水泥窑的进口和国产碱性耐火材料主要包括直接结合镁铬砖、半直接结合镁铬砖、普通镁铬砖、白云砖、含锆和不含锆的各类特种镁砖、尖晶石和化学结合不烧镁铬砖等。

随着熟料煅烧以煤代油的变化、节能要求的提高,新型干法水泥窑窑衬耐腐蚀要求的增加,以及减轻,甚至防止铬公害、加强环境保护的需求,在水泥窑用耐火材料上已出现了低铬甚至无铬的碱性耐火材料。

1) 低铬甚至无铬碱性耐火材料

普通镁铬砖含 Cr_2O_3 常达 8% ~ 10%,直接结合镁铬砖中高达 10% ~ 16%。掺加铬矿石的有利作用是显著改善砖的热震稳定性。但它们在水泥窑特别是新型干法水泥窑中使用时易遭碱侵蚀,生成六价铬的 K_2CrO_4 等矿物向环境释放,用后残砖中 $3CA \cdot CaCrO_3$ 等含六价铬的水溶性矿物也污染下游水源,会造成人畜的铬伤害。为提高碱性砖的耐侵蚀性能,并减轻甚至消除对环境造成的铬伤害,国外多年来致力于开发利用低价镁铬砖、无铬特种镁砖和新型白云石砖等碱性耐火材料,已获成功。中国铬矿石资源贫乏又僻处新疆和西藏,目前已大量出口含铬合金钢的制造,因而价格飞涨。在水泥窑上以低铬、无铬碱性砖来代替高铬的普通镁铬砖和直接结合镁铬砖的要求更为迫切。

2) 低铬镁铬砖

国外直接结合镁铬砖以海水镁砂为主要原料。砖内铬矿石的含量较多,含 Cr_2O_3、Fe_2O_3 高达 16% ~ 25%,铬矿石和方镁石直接结合,结合相以含复合尖晶石为特征,呈刚性结合,其最大优点是能耐高温。在 1500℃ 热态下抗折强度高和蠕变率小,因而使砖的热震稳定性能、抗碱侵蚀能力和抗氧化还原气氛变化的能力都有相当牺牲,特别是在开停较频繁的窑上和使用含碱较高的原燃料时,不得不缩短其使用寿命。

3) 无铬特种镁砖

对能力高达 6000 ~ 10000 t/d 的 PC 窑来说,耐高温和热震稳定性都极为重要,人们便相应地发展了尖晶石结合纯度较高的无铬特种镁砖,主要用于过渡带。

2. 系列耐碱砖

耐碱砖具有优良的耐碱侵蚀性能,在一定温度下能与窑料和窑空气中的碱化合物反应,并在砖面上迅速形成封闭性的致密保护釉层,防止了碱的继续内渗和砖的"破裂"损坏,是水泥回转窑,特别是新型干法窑不可缺少的窑衬材料之一,系列耐碱砖包括普通耐碱砖、高强耐碱砖、耐碱隔热砖以及拱顶型耐碱砖等,系列耐碱砖主要成分和主要性能见表 5-8-3。

系列耐碱砖主要成分和主要性能   表 5-8-3

材 料 名 称	Al_2O_3 含量（%）	常温抗压强度（MPa）	荷重软化温度（$T_{0.6}$, ℃）	耐 碱 性	相 应 标 准
普通耐火砖	25 ~ 30	≥25	≥1250	一级	JC 496—92
高强耐火砖	25 ~ 30	≥60	≥1200	一级	企业标准
耐碱隔热砖	25 ~ 28	≥15	≥1200	一级	企业标准
拱顶型耐碱砖	30 ~ 35	≥30	≥1280	一级	企业标准

3. 高铝质砖

高铝质砖具有极高的抗压强度和荷重软化温度以及较好的热震稳定性能。由于其价廉质优,生产厂家多,因而被广泛应用于各种水泥窑上。各种类型的磷酸盐结合的高铝砖,均以强度较高、热震稳定性能好为特征,但它们在高温下蠕变较强烈,所以用于拱顶部位时以煅烧高铝砖为好。

中国建材院开发的水泥窑用抗剥落、耐碱侵蚀、低导热高铝砖在世界范围内问世最早,后在宁国、冀东、珠江、江西、上海等不少水泥厂广泛应用,颇受好评,从这种砖的特性来看,对其他工业领域的窑炉也会有良好适应性,颇具发展前途。

在高铝砖内,引入少量 ZrO_2。ZrO_2 呈单斜与四方形之间的相变,导致微裂纹的存在和热震稳定性能的改善。选择适当的颗粒级配使砖的显气孔率提高,但强度也提高,降低了其导热系数和热膨胀性。在水泥窑内使用砖面形成薄层的釉状膜,保护砖不受进一步的侵蚀,适用于水泥窑的高铝质砖,主要包括磷酸盐结合高铝砖、磷酸盐结合高铝质耐磨砖、抗剥落高铝砖、化学结合高铝砖以及普通高铝砖等。

4. 系列耐火浇注料

耐火浇注料具有生产工艺简单,生产能耗少,使用灵活方便等优点,在水泥窑系统内,特别是在结构复杂的预热器系统内的应用日趋普遍。

适用于水泥窑的耐火浇注料主要包括刚玉质浇注料、高铝质浇注料、耐碱浇注料和轻质浇注料。水泥窑耐火浇注料的主要性能应符合表 5-8-4 的要求。

耐火浇注料的主要性能   表 5-8-4

材 料		常温耐压强度（MPa）		常温抗折强度（MPa）		线变化率（%）	相 应 标 准
		110℃烘后	1100℃烧后	110℃烘后	1100℃烧后	1100℃烧后	
刚玉质浇注料	高强型	≥60	≥70	≥6	≥7	±0.5	JC 498—92
	低水泥型	≥80	≥100	≥8	≥9	0.5	JC 498—92
高铝质浇注料	普通型	≥40	≥25	≥4	≥2.5	0.4	企业标准
	低水泥型	≥80	≥80	≥10	≥12	0.4	企业标准
钢纤维增强浇注料	普通型	≥70	≥40	≥9	≥5.5	0.4	JC 499—92
	低水泥型	≥70	≥80	≥10	≥10	0.4	JC 499—92
耐碱浇注料	普通型	≥40	≥20	≥5	≥12.5	（1000℃烧后）-0.5 ~ 0	GB 10695—89
	低水泥型	≥70	≥70	≥7	≥7	（1000℃烧后）0 ~ +0.5	—

5.隔热材料的性能

水泥窑系统常用的隔热材料有隔热砖、隔热板和隔热(轻质)浇注料,它们的主要性能应符合表5-8-5的要求。为保证砖衬砌筑方便、质量优良和使用效果良好,除耐火材料的内在质量及其均匀性以外,对砖的外在形式质量也必须严加控制,这对于大型窑来说更为重要。

隔热材料的性能　　　　　　　　　　　表5-8-5

材料名称及牌号	体积密度 (kg/m³)	抗压强度 (MPa)	抗折强度 (MPa)	导热系数 [W/(m·k)]	最高使用 温度(℃)	相应标准
高温硅酸钙砖 I—200	200	—	≥0.4	≤0.06(20℃)	1050	企业标准
高温硅酸钙砖 I—230	230	—	≥0.5	≤0.07(20℃)	1050	企业标准
隔热砖 CB9	≤600	≥2.5	—	≤0.19(350℃)	900	企业标准
高强隔热砖 CB10	≤1200	≥9.8	—	≤0.32(350℃)	900	企业标准
高强硅藻土砖 GG—0.7a	≤700	≥2.5	—	≤0.20(300℃)	900	GB 3996—83
轻质浇注料 LT—10	≤1000	≥3.0(110℃烘干后)	—	≤0.28(350℃)	1000	企业标准
轻质浇注料 LT—9	≤900	≥2.5(110℃烘干后)	—	≤0.25(350℃)	900	企业标准
耐火纤维毡	130~220	渣球含量>0.25mm ≤5%	加热线收缩 (1150℃×6h)≤4%			GB 3003—82

第二节　陶瓷窑用耐火材料

陶瓷工业用耐火材料主要包括砌窑材料、窑具和辊子,它们是构筑陶瓷窑炉的主要材料,正确使用性能良好的耐火材料,不仅能保证窑炉的正常运行,提高热效率,而且还能延长窑炉寿命,保证产品质量,达到高效节能的目的。

陶瓷用耐火材料的分类:陶瓷工业用耐火材料以堇青石-莫来石、碳化硅、各类陶瓷纤维、氧化铝(辊棒)、各类轻质耐火砖等为主,这五类材料占陶瓷工业用耐火材料的90%以上。将这五类制品的使用现状介绍如下:

1)堇青石-莫来石制品

这类制品过去主要用作窑具,但最近几年新建窑炉的窑顶及梭式窑的窑墙也开始使用此类材料。

2)碳化硅制品

碳化硅制品分为氧化物结合 SiC、重结晶 SiC、渗硅反应烧结 SiC、Si_3N_4 结合 SiC 以及无压烧结 SiC。其中,氧化物结合 SiC 普遍用于日用陶瓷、卫生陶瓷生产的一级窑具。

3)陶瓷纤维

陶瓷纤维的品种主要有普通硅酸铝纤维,高铝硅酸铝纤维,含 Cr_2O_3、ZrO_2 或 B_2O_3 的硅酸铝纤维、多晶氧化铝纤维和多晶莫来石纤维等。一些新的陶瓷纤维品种不断出现,如镁橄榄石纤维,SiO_2-CaO-MgO 系陶瓷纤维、Al_2O_3-CaO 系陶瓷纤维和一些特殊的氧化物纤维等。

陶瓷纤维在陶瓷窑炉上的应用如下:

(1)窑炉的膨胀缝、金属部件的间隙处、辊道窑两端头转动部分辊棒间隙处、吊顶式窑炉的接缝处、窑顶、窑车及接头处均可采用陶瓷纤维材料填充或密封。

(2)陶瓷窑炉外层多采用陶瓷散棉或陶瓷纤维毡(板)作保温隔热材料,可以减小窑壁厚度、降低窑壁表面温度;纤维本身有弹性和填充性,可缓解砖壁膨胀热应力,提高窑炉气密性,纤维热容小,对快速烧成有帮助。

(3)内衬材料。根据使用区间温度要求的不同,选择合适的陶瓷纤维作为内衬材料,可以使窑壁厚度小,质量减轻,降低成本,节约烘窑时间。

(4)用于全纤维窑炉、窑壁和炉衬。纤维炉衬的蓄热量仅为砖砌炉衬的 1/10~1/30,质量为其 1/10~1/20。可减轻炉体质量,降低结构费用,还可提高烧成速度。

4)氧化铝(辊棒)

建筑陶瓷窑炉向大型化发展,辊道窑具有烧成周期短、产品规格大、烧成温度高的特点。

生产墙地砖的氧化铝辊棒产品向超高温、超韧、超长度方向发展。氧化铝辊棒是辊道窑中最关键的耐火材料,在窑炉中起承载和输送产品的作用。

5)轻质耐火砖

陶瓷工业用轻质耐火材料是耐火度不低于 $1580℃$、体积密度为 $0.6~1.0$ g/cm³ 的无机非金属材料。

陶瓷窑炉是陶瓷行业投资较大的设备,它的性能好坏不仅决定陶瓷制品品质的优劣,而且还关系到企业的经济效益。作为窑炉关键材料之一的耐火材料对窑炉的设计指标起着重要的保证作用。陶瓷工业的发展和窑炉技术水平的不断提高,对耐火材料提出了更高的要求。其荷重软化温度、重烧线变化、耐热震、导热系数、高温抗折强度等性能指标对窑炉的热工性能、升温速率、维修周期和使用寿命有重要的影响。因此,进一步深入认识现代陶瓷窑炉与新型耐火材料的关系是十分重要的。

选择性能优良、质量上乘、节能效果好的耐火材料是设计建造一座好的陶瓷窑炉的前提。当代窑炉工作者在窑炉的设计中除了要应用先进的全自动控制技术外,还必须采用新型的、具有节能性的筑炉材料,以推进窑炉的轻体化。

耐火材料是陶瓷工业窑炉的主要构筑材料,随着工业窑炉的大型化、高效化和自动化,炉窑操作条件日趋苛刻,对耐火材料的生产和使用提出了更高的要求。能源消耗急剧增长,供需矛盾日益紧张,工业窑炉节能已成为发展生产的关键环节之一。因此,应根据具体的陶瓷工业窑炉结构特点及热工制度和生产工艺条件,正确选择和合理使用相应的耐火材料,研究开发新型优质耐火材料,以进一步保证高温炉窑的高效运行,提高炉窑的使用寿命,降低耐火材料消耗和节能。选择耐火材料时,除了要符合设计要求外,基本上考虑两个方面:

(1)选择体积密度小、蓄热少、热震性能好、重烧线变化小、机械强度好的耐火材料。

(2)选择轻质耐火材料如耐火纤维及其制品时,应重点考察其耐久性及抗化学腐蚀性能。

第三节　玻璃窑用耐火材料

一、玻璃熔窑概述

玻璃熔窑是制备玻璃的热工设备,通常用耐火材料构成,利用燃料的化学能、电能或其他能源产生热量,造成可控的高温环境(分布和气氛),使玻璃配合料在其中经过传热、传质和动量传递,完成物理和化学变化,经融化、澄清,均化和冷却等阶段,为生产提供一定数量和质量的玻璃液。

二、玻璃窑用耐火材料分类

1. 熔铸耐火材料

玻璃液有很强的侵蚀耐火材料的能力。侵蚀是玻璃窑用耐火材料的主要损毁机制,因此,在玻璃熔窑中与玻璃接触的部位和上部结构关键部位等耐火材料受侵蚀严重处,大都使用熔铸耐火材料。我国熔铸耐火材料有 Al_2O_3-ZrO_2-SiO_2 和 Al_2O_3 两大系列。常用的品种有氧化法 33 号、36 号、41 号锆刚玉砖,熔铸 α-β 氧化铝砖和 β-氧化铝砖 5 种,此外还有熔铸氧化铝流槽砖和熔铸十字形格子砖等。

2. 烧结耐火材料

为防止玻璃液的侵蚀,在熔窑不与玻璃液接触的部位,如碹顶、蓄热室、胸墙等部位,常常采用烧结耐火材料。

(1)碱性耐火材料,包括高纯镁砖、直接结合镁铬砖,镁铝砖、镁橄榄石砖、镁锆砖等。

(2)锆质耐火材料,包括高致密型、致密型、压制锆英石砖和烧结锆刚玉砖等。烧结锆刚玉砖、锆英石砖等也可用于池底铺面砖和熔制硅酸盐玻璃的池壁砖。

(3)不定型耐火材料,包括锆英石捣打料、锆英石质热补料、锆英石质火泥等以及镁质、氧化铝质不定型耐火材料。

(4)隔热保温材料,主要有无石棉耐高温硬质硅酸钙制品。

下面以平板玻璃窑为例,介绍不同部位的耐火材料的使用:

(1)池底:黏土大砖 + 锆英石或锆刚玉(AZS)捣打料。

(2)熔化部池壁:33 号无缩孔氧化法电熔 AZS 砖铺面,要求不高时也可在热点以前的池底用烧结 AZS 砖铺面,熔化部池壁采用整块 33 号、36 号、41 号氧化法电熔 AZS 砖砌筑。池壁砖液线部位应采用风冷或水冷,其他部位可以采用无石棉硅酸钙板保温。

(3)冷却部:熔铸 α-β 氧化铝砖铺面,要求不高时可用 33 号无缩孔氧化法电熔 AZS 砖。冷却部池壁采用 α-β 氧化铝熔铸砖,要求低时也可以采用 33 号氧化法倾斜浇铸的 AZS 砖;融化区胸墙采用 33 号无缩孔氧化法电熔 AZS 砖;澄清区和冷却部胸墙采用优质硅砖,要求高时可用 β-氧化铝熔铸砖;L 吊墙的鼻部采用 33 号电熔 AZS 烧结锆莫来石复合砖,两种砖通过机械咬合连接,复合砖以上使用优质锆莫来石砖,最上层使用优质硅砖。

(4)玻璃的后墙和传统的前脸墙可采用优质硅砖;熔化部大碹采用优质硅砖,碹顶先用不定型材料密封,再铺设保温层。大碹主要的损毁机理是向上钻蚀形成"鼠洞",它是窑内逸出的碱蒸气冷凝在砖缝,侵蚀硅砖,低黏度的侵蚀产物沿砖缝流失,导致缝隙进一步扩大所致。

(5)蓄热室中无特殊要求的格子砖,在 1300 ~ 1500℃采用97% ~ 98%和95% ~ 96%级的镁砖砌筑,在 800 ~ 1100℃采用直接结合镁铬砖,在 800℃以下使用低气孔黏土砖,但为避免铬公害,镁铬砖可用镁锆砖(方镁石骨料 + 镁橄榄石 + 斜锆石基体)或纯尖晶石砖代替。要求高的玻璃窑蓄热室格子砖,在高温部位使用熔铸 AZS 十字形格子砖。

本篇参考文献

[1] 林宗寿.无机非金属材料工学[M].武汉:武汉工业大学出版社,1998.

[2] 武志红,丁冬海.耐火材料工艺学[M].北京:冶金工业出版社,2017.

[3] 刘银.无机非金属材料工艺学[M].合肥:中国科学技术大学出版社2015.

[4] 全国耐火材料标准化技术委员会.耐火材料术语:GB/T 18930—2020[S].北京:中国标准出版社,2020.

[5] 全国耐火材料标准化技术委员会.黏土质耐火砖:GB/T 34188—2017[S].北京:中国标准出版社,2017.

[6] 全国耐火材料标准化技术委员会.高铝砖:GB/T 2988—2012[S].北京:中国标准出版社,2012.

[7] 全国耐火材料标准化技术委员会.硅砖:GB/T 2608—2012[S].北京:中国标准出版社,2012.

[8] 全国耐火材料标准化技术委员会.定形耐火制品尺寸、外观及断面的检查方法:GB/T 10326—2016[S].北京:中国标准出版社,2016.

[9] 全国耐火材料标准化技术委员会.标准测温锥:GB/T 13794—2017[S].北京:中国标准出版社,2017.

[10] 全国耐火材料标准化技术委员会.铝硅系致密定形耐火制品分类:GB/T 17105—2008[S].北京:中国标准出版社,2016.

[11] 全国耐火材料标准化技术委员会.回转窑用耐火砖形状尺寸:GB/T 17912—2014[S].北京:中国标准出版社,2014.

[12] 全国耐火材料标准化技术委员会.回转窑用耐火砖热面标记:GB/T 18257—2000[S].北京:中国标准出版社,2000.

[13] 全国水泥标准化技术委员会.铝酸盐水泥:GB/T 201—2015[S].北京:中国标准出版社,2015.

[14] 全国水泥标准化技术委员会.烧结镁砂:GB/T 2273—2007[S].北京:中国标准出版社,2007.

[15] 全国非金属矿产品及制品标准化技术委员会.鳞片石墨:GB/T 3518—2008[S].北京:中国标准出版社,2008.

[16] 全国耐火材料标准化技术委员会.镁砖和镁铝砖:GB/T 2275—2017[S].北京:中国标

准出版社,2017.

[17] 全国耐火材料标准化技术委员会.黏土质隔热耐火砖:GB/T 3994—2013[S].北京:中国标准出版社,2013.

[18] 全国耐火材料标准化技术委员会.高铝质隔热耐火砖:GB/T 3995—2014[S].北京:中国标准出版社,2014.

[19] 全国耐火材料标准化技术委员会.硅酸钙绝热制品:GB/T 10699—2015[S].北京:中国标准出版社,2015.

[20] 全国耐火材料标准化技术委员会.高铝质耐火泥浆:GB/T 2994—2008[S].北京:中国标准出版社,2008.

[21] 全国耐火材料标准化技术委员会.黏土质耐火泥浆:GB/T 14982—2008[S].北京:中国标准出版社,2008.

[22] 全国耐火材料标准化技术委员会.轧钢加热炉用耐火浇注料 GB/T 22590—2008[S].北京:中国标准出版社,2008.

[23] 全国耐火材料标准化技术委员会.致密定形耐火制品体积密度、显气孔率和真气孔率试验方法:GB/T 2997—2015[S].北京:中国标准出版社,2015.

[24] 全国耐火材料标准化技术委员会.定形隔热耐火制品体积密度和真气孔率试验方法:GB/T 2998—2015 [S].北京:中国标准出版社,2015.

[25] 全国耐火材料标准化技术委员会.耐火材料 高温抗折强度试验方法:GB/T 3002—2017[S].北京:中国标准出版社,2017.

[26] 全国耐火材料标准化技术委员会.定形隔热耐火制品常温耐压强度试验方法:GB/T 5072—2008[S].北京:中国标准出版社,2008.

[27] 全国耐火材料标准化技术委员会.耐火材料真密度试验方法:GB/T 5071—2013[S].北京:中国标准出版社,2013.

[28] 全国耐火材料标准化技术委员会.致密定形耐火制品常温耐压强度试验方法:GB/T 5072—2008[S].北京:中国标准出版社,2008.

[29] 全国耐火材料标准化技术委员会.耐火材料 压蠕变试验方法:GB/T 5073—2005[S].北京:中国标准出版社,2005.

[30] 全国耐火材料标准化技术委员会.耐火材料 加热永久线变化试验方法:GB/T 5988—2007[S].北京:中国标准出版社,2007.

[31] 全国耐火材料标准化技术委员会.耐火材料 荷重软化温度试验方法 示差升温法:GB/T 5989—2008[S].北京:中国标准出版社,2008.

[32] 全国耐火材料标准化技术委员会.耐火材料 导热系数试验方法(热线法):GB/T 5990—2006[S].北京:中国标准出版社,2006.

[33] 全国耐火材料标准化技术委员会.致密定形含碳耐火制品试验方法:GB/T 17732—2008[S].北京:中国标准出版社,2008.

[34] 全国耐火材料标准化技术委员会.耐火材料抗渣性试验方法:GB/T 8931—2007[S].北京:中国标准出版社,2007.

[35] 全国耐火材料标准化技术委员会.含碳耐火材料抗氧化性试验方法:GB/T 17732—2008[S].北京:中国标准出版社,2008.

［36］全国耐火材料标准化技术委员会.耐火材料抗碱性试验方法：GB/T 14983—2008［S］.北京：中国标准出版社,2008.

［37］全国耐火材料标准化技术委员会.致密定形耐火制品耐硫酸侵蚀性试验方法：GB/T 17601—2008［S］.北京：中国标准出版社,2008.

［38］全国磨料磨具标准化技术委员会.白刚玉、铬刚玉　化学分析方法：GB/T 3044—2020［S］.北京：中国标准出版社,2020.

［39］全国磨料磨具标准化技术委员会.普通磨料　碳化硅化学分析方法：GB/T 3045—2017［S］.北京：中国标准出版社,2017.

［40］全国非金属矿产品及制品标准化技术委员会.石墨化学分析方法：GB/T 3521—2008［S］.北京：中国标准出版社,2008.

［41］全国耐火材料标准化技术委员会.含锆耐火材料化学分析方法：GB/T 4984—2007［S］.北京：中国标准出版社,2007.

［42］全国耐火材料标准化技术委员会.镁铝系耐火材料化学分析方法：GB/T 5069—2015［S］.北京：中国标准出版社,2015.

［43］全国耐火材料标准化技术委员会.含铬耐火材料化学分析方法：GB/T 5070—2015［S］.北京：中国标准出版社,2015.

PART 6 | 第六篇

人工晶体工艺学

第 一 章

晶体概论

第一节 晶体生长热力学

本书所述晶体均为人工晶体。人工晶体工艺学也称晶体生长工艺学。晶体生长过程是通过作为母相的气体、液体或固体的成核和生长来形成具有一定尺寸、形状和相结构的晶态固体的过程,这是典型的一阶相变过程,遵循相变的基本热力学原理。

一、气体的结构及热力学描述

1. 气体结构、状态与状态方程

气态物质由自由分子组成,分子之间除了运动过程中的碰撞外,相互作用力可以忽略。理想气体模型应满足:

(1)与分子之间的平均距离相比,分子本身的大小可以忽略。

(2)除短暂碰撞过程外,分子之间的相互作用可忽略不计。

(3)分子之间的碰撞是完全弹性的。

描述气体状态的主要参数是温度和压力。温度由气体中分子运动的平均动能决定,而温度由动能在其与固体或液体物质接触的界面上的传递来表示。理想气体温度与分子动能之间的关系可以表示为:

$$<\varepsilon> = \frac{1}{2}m<v^2> = \frac{3}{2}k_{\mathrm{B}}T \tag{6-1-1}$$

式中: $<\varepsilon>$ ——分子动能平均值;

m ——分子质量;

$<v^2>$ ——分子运动速率平方的平均值;

k_{B} ——玻尔兹曼常数。气体压力是气体分子在一定边界上发生弹性碰撞而传递的动量的统计结果。假设一个分子的运动速度为 v ,它所携带的动量 $m = pv$,则多个分子对某特定方向上压力的贡献为 $p \cdot v$,如果 D 表示分子数密度,则压力计算的统计公式为:

$$p = \frac{1}{3} Dm <v^2> = \frac{2}{3} D <\varepsilon> \tag{6-1-2}$$

式中: D——分子数密度,可表示为:

$$D = \frac{N}{V} = \frac{nN_A}{V} \tag{6-1-3}$$

其中, N 为分子数量; V 为体积; N_A 为阿伏伽德罗常数; n 为分子的摩尔量。而理想气体的状态方程为:

$$pV = nRT \tag{6-1-4}$$

式中, $R = k_B N_A$ 为摩尔气体常数。

实际气体中,由于存在分子间的相互作用力,其状态方程可表示为:

$$\left(p + \frac{n^2 a}{V^2}\right)(V - nb) = nRT \tag{6-1-5}$$

其中, $n^2 a / V^2$ 为分子之间的相互作用力对压力的衰减, a 为常数。对于多组元的混合气体,除了温度和压力以外,还需要了解气体的成分。气体的成分通常采用摩尔分数表示。第 i 种气体的摩尔分数可表示为:

$$x_i = \frac{n_i}{\sum_j n_j} \tag{6-1-6}$$

式中: n_i——第 i 种分子的物质的量;

$\sum_j n_j$——混合气体中所有组成元素的物质的量之和。

2. 气体的内能与热力学函数

气体的 Gibbs 自由能(以下简称"自由能")包括 3 项,分别是气体分子的内能、压力及熵,那么:

$$G = E + pV - TS = H - TS \tag{6-1-7}$$

式中: E——气体的内能,包括分子的热运动动能和分子之间相互作用的势能。对于多分子气体,当原子结合成分子时也包括化学能;

pV——项是由分子的速度和分子质量决定的分子运动的动能,TS 项是通过熵的自由能的贡献,熵反映了气体的混乱程度; $H = E + pV$ 是焓。

在晶体生长等相变过程中,人们通常关心的是气体状态发生变化时自由能的变化。

等温变化过程:

$$\Delta G = \Delta(pV) - T\Delta S \tag{6-1-8a}$$

等温等压过程:

$$\Delta G = p\Delta V - T\Delta S \tag{6-1-8b}$$

等温等容过程:

$$\Delta G = V\Delta_p - T\Delta S \tag{6-1-8c}$$

单质气体的自由能可以表示为:

$$G_G = nG_{st}^G + \int_{st}^p \left(\frac{\partial G_G}{\partial p}\right) dp = NG_{st}^G + \int_{st}^p + \int_{st}^p \frac{nRT}{p} dp = nG_{st}^G + nRT\ln\frac{p}{p_{st}} \tag{6-1-9}$$

式中: p_{st}——标准大气压力,为 $1.01325 \times 10^5 \text{Pa}$;

G_{st}^G——气体在该标准压力下的摩尔自由能。当两种或多种理想气体混合时,其自由能可以表示为:

$$G = \sum n_i G_i^0 + RT \sum n_i \ln \frac{p_i}{p^0} \tag{6-1-10a}$$

其摩尔自由能为：

$$\frac{G}{n} = \sum x_i G_i^0 + RT \sum x_i \ln \frac{p_i}{p^0} \tag{6-1-10b}$$

式中：n_i——组元 i 的物质的量；

$\quad G_i^0$——纯组元 i 的摩尔自由能；

$\quad p_i$——混合前各种气体独立存在时的压力；

$\quad p^0$——气体的总压力。

二、液体的结构及热力学描述

1. 单质的液体结构

与结晶态固体相比，组成液体的分子或原子没有长程有序。人们对液体结构的认识还非常有限，常用的模型有两种，即范德瓦耳斯模型和格子模型。

范德瓦耳斯模型使用气体模式逼近液体结构，并认为液体是高度压缩的气体。在式(6-1-5)中展示的状态方程中，随着分子之间的距离变短，nb 项已经接近实际体积。同时，在压力项中，$n^2 a/V^2$ 也达到很大的数值，从而增加了原子之间的作用力。

格子模型旨在从晶状固体入手向液体结构逼近，并且认为液体是具有大量缺陷和晶格破损的晶体。从通过 X 射线衍射获得的径向分布函数，发现液体还具有与晶体相似的周期性，但是主要表现出短程有序，配位数约为10.6。

除了配位数以外，分子(原子)的相互作用及由此决定的分子(原子)间距是决定液体宏观性质的重要因素。用兰纳-琼斯势能函数 $U(r)$ 表示分子间的相互作用：

$$U(r) = 4\varepsilon \left[\left(\frac{r_0}{r} \right)^{12} - \left(\frac{r_0}{r} \right)^6 \right] \tag{6-1-11}$$

式(6-1-11)表示的 $U(r)$ 与分子(原子)间距离 r 的函数关系如图6-1-1所示。当分子间的距离为 r_e 时，势能最低，r_e 即为平衡时的分子间距离，该距离对应的分子间作用为 ε。r_0 为零动能下的碰撞直径。

2. 多组元液体状态的描述

在实际中，材料多以多组分液体的形式存在。对于多组分液体，由 q 个组元组成的液体中，某特定组元 i 的质量分数为：

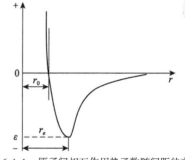

图6-1-1 原子间相互作用势函数随间距的变化

$$w_i = \frac{m_i}{\sum\limits_{j=1}^{q} m_j} \tag{6-1-12a}$$

式中：m_i、m_j——液体中组元 i 及组元 j 的质量。

摩尔分数则表示为：

$$x_i = \frac{N_i}{\sum\limits_{j=1}^{q} N_j} \tag{6-1-12b}$$

式中：N_i、N_j——液体中组元 i 及组元 j 的原子数。

对于多组元的液体，除了结构起伏外还存在着成分起伏，同时会引出偏析、原子团簇等结构概念。偏析包括微观尺度的成分偏聚及长程的成分偏析。以 A、B 两个组元形成的二元系为例，若 A、B 间原子作用力 $\varepsilon_{AB} < \frac{1}{2}(\varepsilon_{AA} + \varepsilon_{BB})$，则 A、B 两种原子倾向于交错排列、均匀混合。

若 $\varepsilon_{AB} > \frac{1}{2}(\varepsilon_{AA} + \varepsilon_{BB})$，将会发生 A 原子或 B 原子的偏聚，形成原子团簇。如果这时团簇的密度比液体的平均密度大，则会在离心力的作用下发生远心运动，从而在液体的底部或远离运动中心的部位形成偏析，同时还会在重力作用下下沉。在能够形成化合物的液体中，在熔化之后，液体的局部存储组分可以接近结晶组分的原子集团，此时需要通过缔合物的概念来解释。

3. 液体的宏观性质

液体的宏观参数主要是密度和质量热容或比热容。

1) 密度

密度是单位体积液体的质量，可表示为：

$$\rho_L = \frac{m}{V} \tag{6-1-13}$$

式中：m——质量；

V——体积；下标 L 特指液体的密度，以示和其他状态的区别。

2) 质量热容

随着温度升高，液体从环境中吸收热量，从而增强了原子(分子)的热运动并增加了能量。液体的内能增量(或从环境吸收的能量)随温度变化的度量指标为质量热容，常压下，质量定压热容表示为：

$$c_p = \frac{Q}{\rho V \Delta T} \tag{6-1-14}$$

式中：Q——液体温度升高 ΔT 所吸收的热量。

因此，液体的质量定压热容定义为单位质量的液体温度升高定值所吸收的热量。

3) 液体的热力学状态参数

描述液体热力学状态的主要参数仍是自由能和熵。与气体相同，液体的自由能也可以用式(6-1-7)的通式表示。等温变化过程时：

$$\Delta G = \Delta H - T\Delta S \tag{6-1-15}$$

而对于多组元的液体，其自由能可以用下式进行计算：

$$G = \sum x_i G_i + \Delta G_{mix} = \sum x_i G_i + \Delta H_{mix} - T\Delta S_{mix} \tag{6-1-16}$$

式中：　　　　x_i——组元 i 的摩尔分数；

G_i——组元 i 单质液体的自由能；

ΔG_{mix}、ΔH_{mix}、ΔS_{mix}——混合自由能、混合焓和混合熵。

三、固体的结构及其热力学参数

1. 固体的结构

1)固溶体

固溶体是以一种原子形成的晶体结构为基础,其中溶入其他原子,而不改变原有的晶体结构。构成晶格的基本原子称为溶剂,溶入的其他原子称为溶质。晶体中的原子规则地排列成晶格,晶体中的间隙位置可以容纳溶质原子。如果溶质原子占据了溶剂晶格中的间隙位置,这种固溶体可被称为间隙固溶体。如果溶质原子替代了晶格坐位上的溶剂原子,我们称这种固溶体为置换固溶体。

给定的晶体结构对各种原子的溶解量是有一定的限制,该极限称为固溶度。影响固溶体中固溶度的因素包括原子尺寸、电负性及电子浓度。

(1)原子尺寸因素:设溶剂的原子直径为 $d_{溶剂}$,溶质原子直径为 $d_{溶质}$,则当二者的比值 $\dfrac{d_{溶剂}}{d_{溶质}}$ 为 $0.85 \sim 1.15$ 时,或者 $(d_{溶剂} - d_{溶质})/d_{溶剂}$ 在 $\pm(0.14 \sim 0.15)$ 范围内时,才能形成具有显著固溶度的置换固溶体。而当 $\dfrac{d_{溶剂}}{d_{溶质}} < 0.59$ 或 $(d_{溶剂} - d_{溶质})/d_{溶剂} > 0.41$ 时,形成间隙固溶体。

(2)电负性:将不同原子混合时,二者之间的电负性相差越大,电子就越容易被电负性大的原子吸引,从而更容易形成化合物,而不形成固溶体,其固溶度就必然减小。

(3)电子浓度:若以 N_{e_0} 表示溶剂的价电子数,N_{ei} 表示组元 i 的价电子数,则固溶体的电子数为:

$$C_e = N_{e_0}(1 - \sum x_i) + \sum x_i N_{ei} \tag{6-1-17}$$

对于一定的过渡族金属,固溶度极限位置的电子浓度通常为一定值。对于 1 价的 Cu、Ag、Au 等,该值约为 1.4。对于置换固溶体,由于同类原子及异类原子之间相互作用力不同,则微观结构也会发生相应的变化。与液体中的情况相同,则当 $\varepsilon_{AB} < \dfrac{1}{2}(\varepsilon_{AA} + \varepsilon_{BB})$ 时形成有序固溶体,而当 $\varepsilon_{AB} > \dfrac{1}{2}(\varepsilon_{AA} + \varepsilon_{BB})$ 时发生同类原子的偏聚。

2)化合物

化合物是多组元固体的另一种结构。它是异类原子之间形成具有固定成分及不同于溶质或溶剂的新结构。化合物包括由离子键或共价键组成的正常价化合物、电子化合物和由尺寸因素确定的化合物。

(1)正常价化合物:符合正化合价与负化合价平衡规律的化合物。

(2)电子化合物:由过渡族及 IB 族、ⅡB 族和 ⅢA ~ VA 族元素形成的化合物。这些化合物常不符合化合价平衡的规律,当电子浓度达到定值时就会形成特定结构的化合物。如当 $C_e = \dfrac{3}{2}$ 时,形成体心立方结构的化合物;当 $C_e = \dfrac{21}{13}$ 时,形成复杂立方结构的化合物;当 $C_e = \dfrac{7}{4}$ 时,形成密堆六方结构的化合物。

(3)尺寸因素化合物:包括间隙相化合物和 Laves 相。当原子尺寸相差较大时,小尺寸的原子将填入大尺寸原子结构的间隙中形成间隙相化合物。通常要求原子直径比 $\dfrac{d_{溶剂}}{d_{溶质}} < 0.59$。

当 $\dfrac{d_{溶剂}}{d_{溶质}} > 0.59$ 时,形成的化合物则较为复杂。

Laves 相是当原子半径比 $\dfrac{r_B}{r_A} = 1.1 \sim 1.6$ 时,形成具有 AB_2 结构的化合物,如 $MgCu_2$、$MgZn_2$、$MgNi_2$ 等。化合物结构的固体中也可能溶解其他元素而形成以化合物为基体相的固溶体。

3) 固体的性质

固体的密度和质量热容的定义和表达方式与液体相似。可以通过添加下标 S 来表示固体的参数。如果固体中出现多相共存的情况,其各相的密度将是不同的,实际可测的表观密度可以表示为:

$$\rho = \sum \varphi_i \rho_i \tag{6-1-18}$$

式中:φ_i——第 i 相的体积分数;

　　　ρ_i——第 i 相的密度。

质量热容所反映的物理本质包括晶格振动和固体中自由电子的贡献。特别是对于实际晶体,不论是密度还是质量热容,都需要考虑晶体结构缺陷的影响。

4) 固体的热力学参数

与液体相同,固体的热力学参数包括自由能、内能、焓、熵,并可用式 $\Delta G = \Delta H - T\Delta S$ 表示。对于固体,其体积 V 的变化非常小,除了考虑高压等特殊过程外。pV 在状态变化过程中的改变量是非常小的,因此当热力学状态发生变化时:

$$\Delta E \approx \Delta H \tag{6-1-19}$$

而熵的改变可根据状态变化过程中的热效应,采用下式计算:

$$\Delta S = \int \frac{1}{T} \frac{\partial H}{\partial T} dT \tag{6-1-20}$$

因此,其热力学状态函数的确定主要是 ΔE 的确定。对于固体,ΔE 的影响因素很多,主要有固体中原子之间结合键能的变化、晶体中电子振动的动能、晶体中的应力引入的弹性畸变能等。

四、相界面及其热力学分析

相界面是进行晶体生长过程分析和控制的关键环节。经常遇到的界面包括气-液界面、气-固界面、液-固界面、固-固界面。

1. 气-液界面

以液相作为母相进行晶体生长的过程中,液相必然要与环境气氛接触,存在着气相与液相的界面。气-液界面上最典型的性质是界面张力,或称为界面能,用"σ"表示。液相内部原子在各个方向上的环境是相同的,它与周围的原子形成的键数与其配位数 n 相等。但在气-液界面上,液相存在大量的断键,这些断键以附加自由能的形成存在。界面能定义为单位面积界面上的附加能,即:

$$\sigma = \frac{\Delta E}{A} \tag{6-1-21}$$

其单位为 J/cm^2。

在气相与液相的界面上存在不同程度的原子交换。原子从气相进入液相的过程称为凝聚,从液相进入气相的过程称为气化。在热力学平衡条件下,这一交换过程是一个动态平衡的过程。液相原子进入气相时必须挣脱原子之间的相互束缚,因此气化的过程通常都是吸热的。

2. 气-固界面

在气-固界面中,由于固相为结晶态,因此固相的一个原子规则地排列并具有方向性。所以,即使在相同的晶体中,在不同取向界面处的界面能也不同,界面能可以是各向异性的。处于结晶状态的固体表面上,原子间键的形成会被破坏,并且会发生原子重构,从而形成与固体内部不同的原子排列方式。同样,有物质的交换存在于气-固界面上。物质从气相进入固相的过程称为结晶,相反的过程称为升华。这两者之间也是一个动态平衡的过程。单位质量物质升华所吸收的热量称为升华热,记为 ΔH_c。

3. 液-固界面

液-固界面通常被认为是由几个原子层组成的过渡区域,在过渡区内进行着原子向规则有序转变和向无序转变的动态过程。若原子向规则有序的转变速度比反向转变的速度大,那么界面移至液相并发生结晶。在相反的情况下,会发生熔化过程。熔化过程通常是一个吸热过程,而结晶则是一个放热过程。熔化热和结晶释放的结晶潜热在数值上是相等的,可以用 Δh_s 表示。

4. 固-固相界面

具有相同结构、组成和晶格参数的不同取向上的晶粒之间的界面称为晶界,具有不同结构的两相之间的界面称为相界面。由于相界面两侧的晶体性质是各向异性的,因此界面结构不仅与两侧的晶体结构有关,而且与两相之间的相对取向有关。因此,固-固界面和其他类型之间的区别在于与界面之间可能存在共格关系,即界面两侧的晶体取向具有一定的相关性。该相关性可以随机或偶然地形成,或者是由热力学稳定性条件确定的择优取向。在晶体外延生长中,这种取向是人为设计的。共格界面两侧晶体结构及晶格参数不可能是完全相同的。因此,晶格的匹配必然不是完美的。这种不完美性体现在两个方面:①相界面两侧晶粒的晶体学位向是不同的;②晶格的错配。

固-固界面上同样存在着界面能。但与至少一侧为流体的相界面相比,固-固界面上的界面能包括原子间键能的变化产生的化学能和界面错配引起的应力场在两侧晶体中产生的弹性畸变能。固-固界面上也会发生原子的交换,导致界面的迁移。通过固态再结晶法进行晶体的固相生长就是通过控制固-固界面的迁移实现的。

五、晶体生长的热力学条件

1. 自由能与晶体生长驱动力

晶体生长过程是一个典型的一级相变过程。假定单位质量母相的自由能 G_M,形成晶体的自由能为 G_C,则实现晶体生长的热力学条件是:

$$\Delta G = G_C - G_M < 0 \tag{6-1-22}$$

在许多情况下,需要找出母相与晶体平衡的临界条件,即:

$$G_C = G_M \tag{6-1-23}$$

晶体生长过程中是通过结晶界面向母相的移动实现的。根据外力做功与自由能变化相等的原理,当界面移动 Δz 距离,该过程对应的自由能变化为 ΔG,则:

$$f = -\frac{\Delta G}{A\Delta z} = -\Delta G_V \tag{6-1-24}$$

式中:ΔG_V——生长单位体积晶体自由能的变化;

f——界面移动的驱动力。

晶体生长的条件是生长驱动力 $f > 0$。由式(6-1-22)和式(6-1-24)可以看出,只要能够确定晶体生长过程中晶体与母相自由能的差值,便可以确定出晶体生长的驱动力。

2. 化学位及其平衡条件

对于纯物质,自由能仅是温度和压力的函数。然而,对于多组元体系,自由能还与成分有关。在多组元介质中,将其总的自由能对某一组元成分的偏导数定义为该组元在该介质中的化学位,记为:

$$\mu_i = \frac{\partial G}{\partial x_i} \tag{6-1-25}$$

通常给 μ_i 加上上标表示所在的介质。如 μ_i^S、μ_i^L、μ_i^G 分别表示组元 i 在固相、液相及气相中的化学位。化学位通常是温度、压力和成分的函数。对于气相:

$$\mu_i^G = \mu_{i0}^G + RT\ln\frac{p^i}{p^0} \tag{6-1-26}$$

式中:μ_{i0}^G——组元 i 的标准化学位,即在单质状态下的自由能,是温度和压力的函数。

对于多组元的液相,理想熔体的化学位为:

$$\mu_i^L = \mu_{i0}^L + RT\ln x_i \tag{6-1-27}$$

在多组元体系中,热力学平衡条件除了母相和晶体之间自由能的平衡(相等)外,还要求化学位相等,即:

$$\mu_i^C = \mu_i^M \quad (i=1,2,3) \tag{6-1-28}$$

式中:μ_i^C、μ_i^M——组元 i 在晶体和母相中的化学位。

对于 n 个组元组成的体系,可以写出 n-1 个化学位平衡方程。在 n 个组元形成的体系晶体生长过程中,母相和晶体中各有 n-1 个独立变量,共有 $2n$-2 个独立的成分变量和一个温度变量,而之前所提供的约束条件有 n 个,因此其自由度为:

$$f = (2n-2-1) - n = n-1 \tag{6-1-29}$$

可见,对于二元系,自由度为1,即当母相的成分给定之后,析出的晶体成分是唯一的。而大于二元的体系中,则需要寻找新的约束条件,如溶质守恒条件。

3. 界面与界面能的作用

如前文所述,在相界面上由于原子组态的变化存在界面能。在晶体生长的初期,晶体的形成将产生晶体与母相的界面。随着晶体的长大,界面面积及形状都在发生变化,从而引起界面能总量的变化。这些变化必将对晶体生长过程产生影响。因此,晶体生长过程的热力学分析必须考虑界面能的因素。假定 G_M 和 G_C 分别为母相和晶体的自由能,晶体生长过程的自由能变化应该为:

$$\Delta G_C = G_C - G_M + \int_{A_N} \sigma \mathrm{d} A_N - \int_{A_E} \sigma \mathrm{d} A_E \qquad (6\text{-}1\text{-}30)$$

式中:A_N——晶体生长过程中新形成的界面;

A_E——晶体生长中覆盖掉的原有的界面。

第二节 晶体生长动力学

一、结晶界面的微观结构

杰克逊模型是结晶界面结构的一种经典模型。该模型假设结晶界面由单一的原子层构成。在该过渡层以下的原子都已完成结晶,成为晶体中的原子,该界面层以上全部为流体(气相、熔体或溶液)原子;该界面层则有一部分已变为晶体原子,另一部分原子仍属于流体。如果界面层内的晶体原子所占的比例很大(接近100%)或很少(接近于0),则该界面为光滑界面。如果该界面层内的晶体原子与流体原子所占的比例相当,则该界面为粗糙界面。为了获得一个定量的表达方式,杰克逊模型首先假设界面层的"背景层"晶体原子是充满的,然后在其上面堆积晶体原子,并采用统计热力学方法寻找其稳定状态。

假定界面层中有 N 个原子位置,其中 N_A 个位置被晶体原子占据。设界面层内占据晶体位置的原子分数 x,杰克逊推导出固相向液相推进时,界面自由能变化 ΔG 与 x 的关系:

$$\frac{\Delta G}{N k_B T_m} = a_J x (1 - x) + x \ln x + (1 - x) \ln (1 - x) \qquad (6\text{-}1\text{-}31)$$

式中:T_m——熔点;

k_B——玻尔兹曼常量。

式(6-1-31)的左边为无量纲自由能,其数值由界面层被晶体原子占据的分数和式(6-1-31)中的参数 a_J 决定,其中

$$a_J = \frac{\Delta h_0}{k_B T_m} \frac{\eta}{v} \qquad (6\text{-}1\text{-}32)$$

式中:Δh_0——每个原子的熔化焓;

η——原子在充满的界层中的配位数;

v——晶体内部原子的配位数。

a_J 称为杰克逊因子。根据式(6-1-32)可以知道,当 $a_J < 2$ 时,对应于粗糙界面,晶体连续生长,限制因素为运输过程;当 $a_J > 2$ 时,该界面为光滑界面,生长方式为侧向生长,限制因素为二维晶核。另外,结晶界面的粗糙与光滑不仅取决于材料本身的热力学参数,还与其晶体学取向有关。

二、结晶界面的原子迁移过程

晶体生长过程是流体(气相、熔体或溶液)中的原子在结晶界面上连续沉积的过程,随着生长速率的增大,结晶界面的原子组态必将偏离平衡条件下的组态。

以简单立方晶体(100)晶面上的生长为例。如果只考虑最近邻原子间的相互作用,每个原子可形成 6 个结合键,其中在(100)晶面内形成 4 个键,与底层和顶层原子各形成 1 个键。流体原子在结晶界面上沉积的位置如图6-1-2所示。其中在 a 处沉积的原子仅形成 1 个键,b

处可形成 2 个键,c 处形成 3 个键,d 处形成 4 个键,而 e 处则形成 5 个键。成键的数量越多,沉积的原子就越稳定,越不容易发生反向跃迁再回到流体。因此,结晶界面不同位置沉积的原子稳定性按照如下次序递减:

$$e \rightarrow d \rightarrow c \rightarrow b \rightarrow a$$

而结晶界面上可提供的不同类型原子位置的数目则按如下次序递减:

$$a \rightarrow b \rightarrow c \rightarrow d \rightarrow e$$

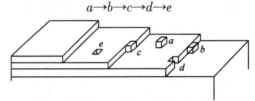

图 6-1-2　简单立方晶系(100)晶面上原子可沉积的位置示意图

虽然 d 处和 e 处的原子最稳定,但结晶界面上可提供的 d 处和 e 处的数目非常少,不会成为主要沉积方式。最主要的界面原子沉积方式可能包括以下几个途径:

途径一:a 处的连续沉积。

途径二:a 处沉积,并向 b 位或 c 位扩散。

途径三:b 处直接沉积。

原子在结晶界面上迁移过程的势能变化如图 6-1-3 所示。原子每从一种状态转变为另一种状态都需要跃过一个势垒。

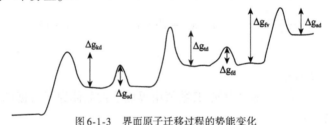

图 6-1-3　界面原子迁移过程的势能变化

Δg_{ad}:界面吸附势垒。Δg_{fv}:界面原子挥发势垒。Δg_{fd}:原子面扩散势垒。Δg_{td}:界面原子在台阶处沉积的势垒。Δg_{sd}:台阶原子沿台阶线扩散势垒。Δg_{kd}:台阶原子在扭折处沉积的势垒。

当沉积速率较大,即生长驱动力较大时,生长过程按照途径一进行,称为连续生长;生长驱动力较小的稀薄流体(气相生长)过程,可能按照途径二进行,称为台阶生长;驱动力较小的熔体生长过程,则可能按照途径二或者途径三进行,也为台阶生长。

结晶界面主要由密排面构成时,可获得较小的界面能;当结晶界面与某密排面具有很小的夹角时,则可获得大量的生长台阶,如图 6-1-4 所示。具有这些特性的结晶界面称为邻位面。其中台阶间距 l、台阶高度(通常等于原子层间距)a 及结晶界面与密排面的夹角 β 之间满足如下关系:

$$\tan\beta = \frac{a}{l} \tag{6-1-33}$$

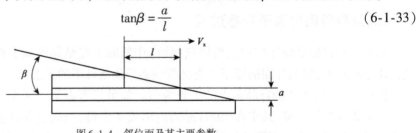

图 6-1-4　邻位面及其主要参数

可提供生长台阶的其他晶体学条件包括:螺型位错、二维形核及孪晶生长。当结晶界面上存在与之垂直的螺型位错时,在界面上形成台阶。生长过程通过原子在台阶处沉积引起台阶沿界面运动,实现晶体生长。生长界面的推进速率,即生长速率由台阶的移动速率决定。台阶沿垂直于台阶的方向等速推进,离位错中心的位置越远,台阶在相同移动速率下绕位错中心转动的角速度就越小,从而形成如图6-1-5a)所示的螺旋线,并提供源源不断的生长台阶。

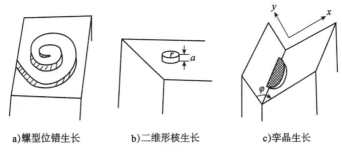

a)螺型位错生长　　　　b)二维形核生长　　　　c)孪晶生长

图6-1-5　几种台阶的生长机制

对于完全平行于密排面并无位错的生长界面,可通过二维晶核的形核形成生长台阶。所谓二维晶核,就是指高度为一个原子层间距、半径满足热力学稳定条件的层片,如图6-1-5b)所示。仅当其尺寸(半径)大于某临界值时该晶核才能稳定存在并长大。当结晶界面存在孪晶时,也可提供生长台阶。这些台阶可沿着如图6-1-5c)所示的 x 和 y 两个方向不断形成,提供源源不断的生长台阶。

对于远低于晶体熔点的气-固界面,通常认为结晶界面是锐变的,结晶过程通过界面上台阶的侧向移动进行。其中结晶界面上的二维形核是提供生长台阶的一个重要途径,随着生长驱动力的增大,二维形核的能障消失,形核可以连续进行,从而连续生长。由此推测,当温度接近晶体的熔点时,发生"表面熔化",从而表面台阶不再存在,生长过程通过连续生长机制进行。有大量实验证明,熔体生长过程中仍会发生通过螺型位错等台阶生长的情况。以下将对结晶界面上原子的二维形核以及位错生长过程进行详细介绍。

1. 结晶界面上原子的二维形核

当结晶界面存在较大的生长驱动力时,可通过形核方式在密排的低指数晶面上形成图6-1-5b)所示的半径为 r 的二维晶核。该晶核形成过程引起自由能的变化为:

$$\Delta g = \pi r^2 a \Delta g_{\mathrm{m}} + 2\pi r a \sigma \tag{6-1-34}$$

式中:Δg_{m}——结晶的体积自由能;

σ——界面能;

a——二维晶核的台阶高度,等于生长方向上的原子层间距。

式(6-1-34)中,右侧的第一项为形成该二维晶核时的体积自由能变化,发生结晶的条件是 $\Delta g_{\mathrm{m}} < 0$;第二项是界面能的变化,在形成二维晶核时净增加的界面面积只是二维晶核台阶的侧面部分。仅当自由能的变化小于0时二维晶核才能稳定存在。因此,Δg 对 r 求导并由 $\frac{\partial \Delta g}{\partial r} = 0$ 得出临界晶核的半径 r^* 和临界形核自由能 Δg^* 分别为:

$$r^* = -\frac{\sigma}{\Delta g_{\mathrm{m}}} \tag{6-1-35}$$

$$\Delta g * = -\frac{\pi \sigma^2}{\Delta g_m} \qquad (6\text{-}1\text{-}36)$$

而形核率则可表示为：

$$I_n = I_0 \exp\left(-\frac{\Delta g *}{k_B T}\right) = I_0 \exp\left(-\frac{\pi \sigma^2}{k_B T \Delta g_m}\right) \qquad (6\text{-}1\text{-}37)$$

二维晶核的形成，为原子的沉积提供了生长台阶，连续不断的形核可以保持结晶按照台阶生长的方式持续生长。

2. 位错生长

当结晶界面上存在与界面垂直的螺型位错时，将会形成生长台阶。台阶在生长晶面上沿着与其垂直的方向移动。假定台阶的移动速率是均匀的，则越靠近位错线处的台阶绕位错中心线转动的角速度就越大，从而按照如图 6-1-6 所示的过程形成螺旋线，提供源源不断的生长台阶。而当界面上存在一对螺型位错时，也可以按照如图 6-1-7 所示的方式不断提供生长台阶。图 6-1-8 为 Maiwa 等采用原子力显微镜观察到的 $Ba(NO_3)_2$ 的 (111) 晶面上的螺型位错生长台阶。

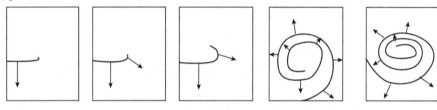

图 6-1-6　单个螺型位错在结晶界面上形成生长台阶的过程

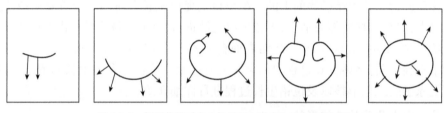

图 6-1-7　螺型位错对在生长界面上形成生长台阶的过程

图 6-1-8　Maiwa 等采用原子力显微镜观察到的 $Ba(NO_3)_2$ (111) 晶面上的螺型位错生长台阶

在极坐标系中，单一螺型位错提供的生长台阶可近似用阿基米德螺旋线表示，即：

$$r = 2r_c \theta \qquad (6\text{-}1\text{-}38)$$

式中：r——螺线核心的半径。

根据其稳定性的热力学条件，r_c 为临界晶核的半径。台阶间距为 $l' = 4\pi r_c$，则螺型位错的生长速率可表示为：

$$R_d = \frac{a}{4\pi r^*} V_\infty \qquad (6\text{-}1\text{-}39)$$

式中：r^*——由式(6-1-35)给出。

三、相变过程和结晶动力学

从化学平衡的观点出发,晶体形成可以看成下列类型的复相化学反应:固体→晶体;液体→晶体;气体→晶体。所以晶体的形成过程是物质由其他聚集态即气态、液态和固态(包括非晶态和其他晶相)向特定晶态转变的过程,形成晶体的过程实质上是控制相变的过程。如果这一过程发生在单组分体系中则称为单组分结晶过程;如果在体系中除了要形成的晶体的组分外,还有一个或几个其他组分,则把该相变的过程称为多组分结晶。显然,形成晶体(成核和生长)这个动态过程实际上不可能在平衡状态下进行,但是有关平衡状态下的热力学知识,对于了解结晶相的形成和稳定存在的条件,预测相变在什么条件下(温度、压力等)能够进行,预测生长量以及成分随温度、压力和实验中其他变量变化的情况是十分有用的。所有这些信息都可从表示相平衡关系的相图中得出,相图是合成晶体的重要依据,它可以帮助我们选择合成方法、确定配料成分和合成的温度和工艺等。

结晶过程是在热力驱动下的非平衡相变过程,但考虑相变驱动力时,还必须从平衡状态出发,下面是几种不同的生长方式,包括气相生长、熔体生长和溶液生长。

1. 气相生长

在单元系的固-气平衡曲线图中,若设固-气平衡时的压力为 p_0,若将压力由 p_0 变成 p_1($p_1 > p_0$),则其物体状态会发生变化,若此时该体系仍为气相,则该气相处于亚稳态。其压力大于 p_0 时晶体与蒸气的平衡蒸气压,因而该蒸气有转变为晶体的趋势,力图恢复到平衡状态:

$$dG = sdT + Vdp \tag{6-1-40}$$

恒温转变时,$dT = 0$,故:

$$\int_a^b dG = G_s - G_v = -\Delta G = Vdp \tag{6-1-41}$$

设气体为理想气体,对 $1\,mol$ 气体,则有:

$$-\int_{p_1}^{p_0} \frac{RT}{p} dp = RT\ln \frac{p_0}{p_1} \tag{6-1-42}$$

定义 $\alpha = \dfrac{p_1}{p_0}$ 为过饱和比,则 $\dfrac{p_1 - p_0}{p_0} = \alpha - 1 = \sigma$ 为过饱和度,如用一个原子(或分子)的自由能表示,则:

$$\Delta G = kT\ln \left(\frac{p_1}{p_0} \right) = kT\ln\alpha = kT\sigma \tag{6-1-43}$$

式中:k——玻尔兹曼常数。

由此可见,当蒸气压到达过饱和状态时,体系才能由气相转变为晶相。衡量相变驱动力大小的量是体系蒸气压的过饱和度。

2. 熔体生长

对任何过程均有:

$$\Delta G = \Delta H - T\Delta S \tag{6-1-44}$$

在固液平衡(即熔点 T_e)时,

$$\Delta G = \Delta H - T_e\Delta S = 0, \quad \Delta H = T_e\Delta S \tag{6-1-45}$$

式中:ΔS——熔化熵;

ΔH——熔化潜热。

当温度为非平衡温度时（$T \neq T_e$），由式（6-1-44）和式（6-1-45）可得：

$$\Delta G = \Delta H (T_e - T)/T_e \tag{6-1-46}$$

对于结晶（凝固）过程，ΔH 为负值，因此只有 $T_e - T > 0$ 时，才能使 $\Delta S < 0$，所以 $T < T_e$ 是从熔体中结晶的必要条件，即熔体生长过程的驱动力是其过冷度 ΔT，即 $T_e - T$。

3. 溶液生长

设在一二组分体系中［见图6-1-9a)］，当固体物质 A 在溶剂 B 中溶解并达到饱和时，其溶解度曲线［见图6-1-9b)］相当于二元系液相线的一部分［见图6-1-9a)中的 α, β 段］，在线上以下化学平衡方程式描述。

$$A_c \leftrightarrow A_s \tag{6-1-47}$$

式中，下标 c 代表晶体，s 表示溶液。

$$K = \frac{[a]_e}{[a_e]_{(a)}} \tag{6-1-48}$$

式中：　　K——平衡常数；

$[a]_e$、$[a_e]_{(a)}$——饱和溶液中和晶相中 A 的平衡活度。

对理想溶液可用平衡浓度$[c]_e$ 来代替$[a]_e$。选取标准状态$[a_e]_{(a)} = 1$，则 $K = [c]_e$。在溶液中生长晶体的过程中，自由能变化为：

$$\Delta G = -RT\ln\left(\frac{K}{Q}\right) \tag{6-1-49}$$

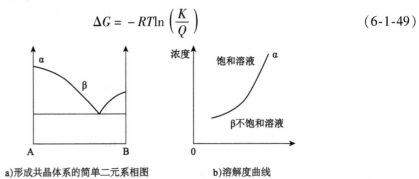

a)形成共晶体系的简单二元系相图　　　　b)溶解度曲线

图6-1-9　二元系相图和溶解度曲线

对结晶过程 $K = [c_e]$，$Q = [c] - 1$，其中$[c]$为溶液的实际浓度。则 $\Delta G = RT\ln[c_e]/[c]$，但$\frac{[c]}{[c_e]} = \alpha$（过饱和比），$\frac{[c - c_e]}{[c_e]} = \sigma$（过饱和度）$= \alpha - 1$，因此：

$$\Delta G = -RT\ln\alpha = -RT\ln(1 + \sigma) \approx -RT\sigma \tag{6-1-50}$$

同样，一个原子的自由能变化为：

$$\Delta g = -kT\sigma \tag{6-1-51}$$

因此，只有 $\alpha > 0$，即$[c] > [c_e]$，也就是当溶液处于过饱和状态时，才能使 $\Delta g > 0$，这说明过饱和度是从溶液中结晶的驱动力。综上所述，要使在不同体系中的结晶过程能自发进行，必须使体系处于过饱和（或过冷），以便获得一定程度的相变驱动力。

第二章

晶体熔体生长

第一节 提 拉 法

一、提拉法原理

提拉法又称乔赫拉尔斯基(Czochralski,CZ)法,也叫直拉法或引上法,这是熔体生长最常用的一种方法,该方法使用的设备如图 6-2-1 法所示。原料在坩埚中加热并熔化后,引入晶种(该拉杆可以转动,提升和用水冷却),然后缓慢提升并在缓慢降低加热功率的同时转动棒,晶种将逐渐变厚,可以通过仔细调节加热功率来获得所需直径的晶体。整个生长装置都放置在外罩里,以便生长环境具有所需的气氛和压力,并且还可以通过外罩的窗口观察晶体的生长。该方法还可以方便地使用定向晶种和"缩颈"工艺来改善生长晶体的完整性。通过这种方法,人们已经成功地培育出许多单晶,例如半导体和氧化物,如图 6-2-2 所示为直拉硅单晶进入等径生长的实物图。

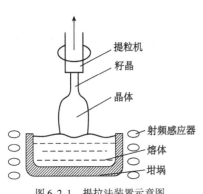

图 6-2-1 提拉法装置示意图

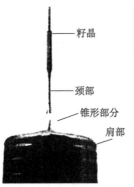

图 6-2-2 直拉硅单晶进入等径生长

二、提拉法的主要优点

(1)在生长过程中可以方便地观察晶体的生长状况。

(2)晶体在熔体表面处生长,而不与坩埚相接触,能显著地减小晶体的应力,并防止埚壁的寄生成核。

(3)可以方便地使用定向籽晶和"缩颈"工艺。缩颈后面的籽晶,其位错可大大减少,这样可使放大后生长出来的晶体,其位错密度降低。

总之,提拉法生长的晶体,其完整性很高,生长率和晶体尺寸也是令人满意的。例如,提拉法生长的红宝石与焰熔法生长的红宝石相比,具有较低的位错密度、较高的光学均匀性,不存在银嵌结构。像所有使用坩埚的方法一样,提拉法要求坩埚不污染熔体。因此,对于那些化学活性较强或熔点极高的材料,就难以找到合适的坩埚来盛装它们,从而不得不改用其他生长方法。

三、提拉法技术类型

1. 晶体直径的自动控制(ADC)技术

ADC 技术中最常用的方法是称重方法,即在晶体生长过程中,晶体的重量(上称重)或坩埚的质量(下称重)用称重元件进行称量,将称量元件的输出电压与一个线性驱动的电势计信号进行比较,该差值用作误差信号。若差值不为零,则有一个适当的信号变更递交给加热系统,从而不断调节温度(直径)以保持晶体的等轴生长。ADC 技术不仅可以自动控制生长过程,而且还可以提高晶体的质量和产量。

2. 液封提拉(LEC)技术

液封提拉法实际上是一种改进的直拉法,是专门为Ⅲ-Ⅴ挥发性化合物半导体材料的生长而开发的。其原理是用一种惰性液体(覆盖剂)覆盖着被拉制材料的熔体,生长室内充入惰性气体,使其压力大于熔体的离解压力,这就抑制了熔体中挥发性组分的蒸发,从而可按通常的直拉技术进行单晶拉制。用这种技术,可以生长具有较高蒸气压或高离解压的材料。该法对生长有 Pb 挥发铁电晶体和一些半导体晶体极为有用。

3. 导模技术

导模法本质上是控制晶体形状的提拉法。利用这种技术,可以使晶体生长成所需的形状和大小。

该方法包括将熔点高的惰性模具放入熔体中(图 6-2-3),模具下部带有细管道。由于毛细作用,熔融的材料被吸入模具的上表面。与籽晶接触后,当籽晶被向上拉动时,它将连续凝固,而模具的上边缘限制了晶体的形状。利用这种技术,可以成功地生长出片状、带状、管状、纤维状及其他形状的晶体。晶体品种有 Ge、Si、Al_2O_3 以及几种铌酸盐晶体等,如图 6-2-4 所示为利用导模法生长的板状蓝宝石单晶。

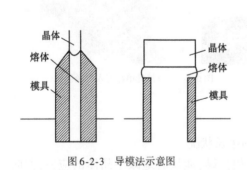

图 6-2-3 导模法示意图　　　　　　图 6-2-4 导模法生长的板状蓝宝石单晶

4.连续加料提拉法

通过提拉法进行晶体生长的另一个重要改进是连续进料提拉法的应用。设备示意图如图6-2-5所示,熔体的温度和晶体直径由坩埚中非常灵敏的熔融液位计控制。

在坩埚内提拉晶体的同时,补充消耗的原材料。具体过程如下:将原料通过导管引入圆形槽1中,在熔化后,流入坩埚2,将坩埚置于旋转支撑环3上,支撑环3和晶体7可以同步旋转,以确保生长过程中熔体的轴向温度场的对称性。由于晶体直径较大且两者之间的距离较小,因此晶体直径会发生微小变化(生长界面的高度也会相应变化),这将导致液面高度发生显著变化。具有铂探针5的熔体液面规4可以根据液位的微小变化,通过补偿电路6相应地调节锅底部的附加功率,从而液位高度保持恒定,以确保晶体的生长重量和所添加原料的重量始终相等,以便自动控制晶体的直径。在生长过程中,由于不断向坩埚中添加原材料,从而使要提取的晶体尺寸不受坩埚内材料的限制,因而晶体的尺寸可以增长。

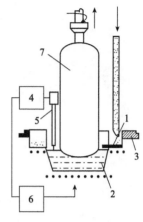

图 6-2-5 连续加料提拉
1-圆形槽;2-坩埚;3-支撑环;
4-熔体液面规;5-铂探针;6-补
偿电路;7-晶体

第二节 泡 生 法

一、泡生法原理

泡生法是一种原始的晶体生长法,虽然简单,但仍被广泛使用。这种方法最早是在1926年由凯罗普洛斯使用的,因此也被称为凯罗普洛斯方法。发泡过程的基本生长过程如图6-2-6所示。

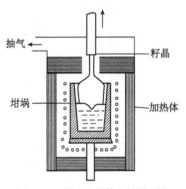

图 6-2-6 泡生法晶体生长原理图

首先,将原材料加热到熔点,然后熔化形成熔体。将其均匀冷却至一定温度时,籽晶与熔体表面接触。在籽晶与熔体的固液界面处,开始形成具有与晶种相同晶体结构的单晶。通常,当熔体中仍然存在一定程度的过热时,晶种就会被浸没,从而使表面部分熔化,从而有利于培养的晶体和晶体之间的界面均匀过渡。籽晶可以采用半浸入状态,使其一部分暴露在熔体表面上方,并可以通过籽晶杆散热,也可以将其完全浸入熔体中。籽晶以非常慢的速度往上拉升,一段时间后形成晶颈。当熔体和籽晶的界面的固化速率稳定时,籽晶便不再拉升。仅通过控制冷却速率使单晶从顶部向下逐渐固化,同时旋转晶体以改善熔融温度的温度分布,最后固化成单晶晶锭。当前研究人员利用泡生法制备了出全球最大的蓝宝石晶体,如图6-2-7所示。

泡生法通过温度控制生长晶体。与提拉法相比,泡生法虽然在晶体生长初期存在部分提拉和放肩过程,但在等径生长时,晶身部分是靠着不断降温形成结晶动力来生长。不使用提拉技术,并在拉晶颈的同时,调整加热电压,使熔融原料达到最合适的长晶温度范围,从而可以优

图 6-2-7　利用泡生法生长的全球最大
450 公斤级蓝宝石

化生长速率并达到质量最理想的单晶。

二、泡生法主要特点

（1）结合传统提拉法的优点,生长速度相对较快（0.1~25mm/h）;

（2）在整个晶体生长过程中,晶体不会从坩埚中提起,而是停留在高温区域,以便精确控制其冷却速度,减少热应力并防止坩埚污染;

（3）在晶体生长过程中,固-液界面被熔体包围,这样可以在到达固-液界面之前通过熔体降低甚至消除熔体表面上的温度扰动和机械扰动;

（4）与使用氦气作为冷却剂的热交换方法相比,在热交换器中使用软水作为工作流体可以有效降低成本;

（5）在晶体生长过程中,晶体会发生移动和旋转,很容易受到机械振动的影响;

（6）可以生长大型、高质量的单晶。

泡生法的主要缺点:为了获得高质量的单晶,需要使炉腔中坩埚外壁的环境温度（即炉腔中的温度）升高,该温度会受到加热元件形状以及散热器上的电压和电流等因素的影响,温度升高会导致设备严重损坏。因此,有必要对晶体生长质量和经济性之间进行权衡,以获得最佳效果。

三、泡生法晶体生长装置

泡生法晶体生长装置（图 6-2-8）由真空系统、电源系统、热场系统、水冷系统、惰性气体保护系统、控制系统构成,核心是炉体热场系统。

四、泡生法晶体生长工艺

1. 泡生法生长晶体的一般步骤

（1）填充原料并架设籽晶。用电子秤称取固定重量的原材料,并将其装入坩埚中。原料由块状材料和粉末材料以预定比例组成。在摆放过程中,间隙越少,越能获得致密的填充效果。填充原料后,将坩埚置于炉体内加热器的中央（此操作必须谨慎,以防止坩埚

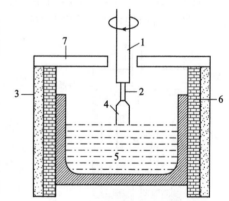

图 6-2-8　泡生法生长装置示意图
1-运转的金属杆;2-籽晶杆;3-加热线圈;4-籽晶;5-熔体;6-耐高温材料;7-上保温层

碰到散热器并使其破裂）。籽晶（籽晶棒,seed）的安装是将籽晶固定在拉晶棒杆上。这样,当取出籽晶时,可以使用拉晶装置控制高度。由于晶体生长过程中的高温,在架设籽晶时,应使用耐高温的钨钼合金丝来固定籽晶。

（2）炉体抽真空、加热。将炉体上盖紧密地盖于炉体上方,并拧紧密封螺栓。当真空度达到 6×10^{-3}Pa 时,可以输入加热程序。在实验过程中,电压值被用来推断加热温度。以蓝宝

石的生长为例:当加热到大约 10~10.5V 的电压时,估计温度达到 2100℃(蓝宝石的熔点约为 2040℃),此时可使原料完全熔化,形成熔体。

(3)下籽晶。当原料完全熔化形成熔体时,将熔体在此温度下保持1h,以确保熔体内的温度分布均匀且温度适中,此时才能下籽晶。如果熔体表面有凝固的浮岛,则需要再次调节张力使浮岛在一段时间内消失。在下籽晶前,必须先纯化籽晶。纯化籽晶是将晶体胚芽的下端的一部分熔化使籽晶的表面更干净,从而提高晶体生长的质量。

(4)缩颈生长。当籽晶与熔体接触时,会产生固-液界面,并且从籽晶所接触的熔体的固-液界面开始生长。通过泡生法生长单晶,必须使用晶体牵引装置来拉动晶颈部分。该步骤的核心是判断和调整晶体熔化的温度。如果晶颈的生长速度太快,则意味着温度太低,应该提高温度。如果晶体的生长速度太慢或籽晶熔化,则意味着温度太高,必须降低温度。通过缩颈速度调节温度,以使晶体生长温度达到最合适的温度。

(5)等径生长。当温度设置为最合适时,停止缩颈程序,晶体开始生长。生长晶体时无须提拉拉晶装置。在这一阶段,以自动的方式调节电压值使温度降低。熔体就在坩埚内从籽晶所延伸出来的单晶接口上,从上往下慢慢凝固成一整个单晶晶锭。

(6)晶体脱离坩埚。晶体是否粘黏到坩埚内壁可利用程序从重量传感器显示的数据变化得知。当熔体在坩埚内固化形成晶体时,坩埚的内壁将黏附在晶体周围。完成后使晶体与坩埚内壁分离,以利后续晶体取出。可通过瞬时加热的方法来溶解附着在坩埚上的晶体。利用重量传感器显示的数据,可以知道晶体和坩埚是否分开。当晶体和坩埚分开时,温度应继续下降,否则晶体将再次熔化。

(7)退火。晶体生长完成并且与坩埚的分离过程完成后,应在炉体内缓慢冷却晶体。冷却过程用于对晶体进行退火,以消除晶体在生长期间积累的内部应力,并避免残留内部应力造成晶体在降温时因释放应力而产生龟裂。退火完成后,关闭加热电压并继续冷却,当炉温降至室温时,取出晶体以继续进行后续分析程序。

2. 泡生法晶体生长的关键技术

泡生法利用了生长温度和成核温度之间的差异,关键技术是温度控制。当晶体开始生长时,熔体处于过冷状态,但是随着生长过程的进行,在晶体界面处释放的潜在结晶热将使生长界面附近的温度升高,从而在晶体界面下方形成小的生长动力学过冷度(见图6-2-9)。

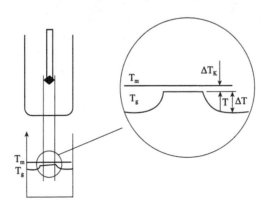

图 6-2-9 泡生法生长过程结晶界面附近的温度场

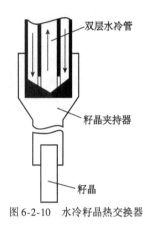

图 6-2-10　水冷籽晶热交换器

从传热分析的观点来看,动力学过冷度通常太小,以致可以忽略。泡生法与其他熔体生长方法之间的根本区别是结晶界面之前的温度分布。其他熔体生长法通常在结晶界面之前具有正温度梯度,即温度随着距结晶界面的距离增加而升高。在泡生法的生长过程中,在结晶界面之前存在负温度梯度,即随着距晶体界面的距离增加,温度降低。通过在籽晶杆中循环冷却剂的作用,籽晶端部的熔体以籽晶为核心在轴向向下生长的同时在径向快速向四周生长。当籽晶部分暴露于熔体表面时,籽晶杆的热传导或晶体表面可以将结晶潜热散发出去,因此所需的熔体过冷度变小,即使在过热条件下也能生长。水冷籽晶换热器如图 6-2-10 所示。

第三节　区　熔　法

一、区熔法的基本原理与特点

1952 年,美国科学家蒲凡首次提出用于生产超纯半导体或高纯度金属的物理方法——区熔法。1953 年,凯克和戈利将其应用于硅单晶的生长过程中,并进行了开发,图 6-2-11 为区熔法制备单晶硅的实际装置。区熔法结晶原理如图 6-2-12 所示,区熔法是一种通过多晶锭分区熔化和结晶来生长单晶的方法。将大尺寸的多晶锭放入舟形坩埚中,并使坩埚水平穿过加热区。多晶锭熔化一窄区,其余部分保持固态,然后将该熔化区沿铸锭的长度方向移动,从而使整个铸锭的其余部分依次熔化并结晶。可以通过将籽晶放置在坩埚顶部的籽晶槽中以诱导生长,从而生长出有严格取向的晶体。

图 6-2-11　区熔法制备硅单晶

此外,区熔法的重要功能是根据分离原理精制原料。熔体中杂质和熔体中结晶固体的溶解度不同。在结晶温度下,如果材料熔体中的杂质浓度为 q,结晶固体的浓度为 c_s,则 $K = q/c_s$ 是材料中杂质的分凝系数。K 的大小决定了将杂质从熔体中分离到固体中的效果。当 $K < 1$ 时,开始结晶的头部样品具有高纯度,并且杂质集中在尾部;而当 $K > 1$ 时,开始结晶的头部样品浓缩了杂质,而尾部杂质较小。可以通过多次进行区域熔化,或同时建立多个熔化区域纯化材料,在提纯的最后一次长成单晶,来解决具有不同 K 的杂质的问题。该方法具有以下特点:①体系中有两个固-液界面,一个界面发生在结晶过程中,另一个界面发生在多晶界面的熔融部分,并在熔融区向多晶方向移动;②该系统由多晶、溶体和生长的单晶组成;③熔化区的体积不变,但是熔化区的原料会改变;④晶体生长过程是多晶材料的耗尽过程。另外,该方法的熔化区被限制在狭窄的范围内,大多数材料处于固态,从而减少了坩埚对溶液的污染并降低了加热功率。同时,可以重复进行区域熔化过程,以提高纯度或掺杂杂质的结晶度。

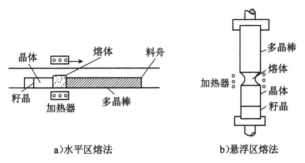

图 6-2-12 区熔法示意图

二、区熔法的分类

区熔法最早是用于原材料提纯的技术,广泛用于多种材料的晶体生长,并演化出多种方法。

(1)传统区熔法或移动加热器方法:固定预成型坯,使加热器移动的区熔法。

(2)溶剂法:使用低熔点溶剂局部溶解预制棒的方法。

(3)悬浮区法:不适用于用坩埚利用熔体的界面张力来维持熔体区的形状,并在生长过程中将熔体区悬浮的方法。下面,我们将重点介绍悬浮区法的晶体生长。

三、悬浮区法晶体生长

不使用坩埚将热源直接施加到预制原料棒上,利用液相的表面张力防止熔区液相的塌陷,并维持熔化区的形状,这是悬浮区法与传统区熔法之间的主要区别。因此,悬浮区方法更适用于具有高熔点、大表面张力和低熔体蒸气压的材料的单晶生长。在微重的条件下,由于动力而导致液相崩塌的可能性降低,并且更易于控制悬浮区方法的生长过程。另外,由于不需要坩埚,所以加热不受坩埚熔点的限制,因此可以生长熔点很高的材料,并且生长过程容易观察到。但是,由于通过表面张力和重力的平衡来维持熔融区的稳定性,因此该材料必须具有较大的表面张力和较小的熔融密度。该方法对加热技术和机械传动装置的要求也很严格。感应加热、光学聚光和激光加热是悬浮区法的主要加热技术(图 6-2-13)。

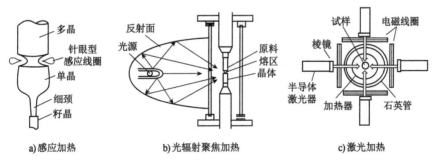

a)感应加热　　　b)光辐射聚焦加热　　　c)激光加热

图 6-2-13 悬浮区法晶体生长的加热技术

第四节　定向凝固法

定向凝固技术最早是在 20 世纪 60 年代提出的,它通过消除结晶过程中产生的横向晶界来改善材料的单向力学性能。目前,定向凝固技术已广泛用于制造高温合金、磁性材料、单晶生长和自生复合材料。例如,喷气发动机高温合金叶片的制造中(图 6-2-14),定向凝固涡轮叶片的寿命是普通铸造的 2 倍,单晶叶片的寿命为普通铸造的 5 倍。定向凝固技术的主要应用领域是生产具有均匀柱状晶体结构的铸件。与通过常规铸造方法获得的铸件相比,通过定向凝固技术制造的航空航天高温合金发动机叶片极大地提高了叶片的高温强度、抗蠕变性、耐用性以及热疲劳性能。对于磁性材料,定向凝固技术的应用可以通过使柱状晶体取向与磁化方向一致来改善材料的磁性能。通过定向凝固方法获得的自生复合材料,通过在制造其他复合材料的过程中减少增强相与基体之间界面的影响,极大地提高了复合材料的性能。

图 6-2-14　国产涡喷-7 涡轮喷气发动机及发动机涡轮叶片

定向凝固是在凝固过程中使用强制手段,在凝固的和未凝固的金属中建立特定方向的温度梯度,从而使熔体在与热流方向相反的方向上凝固,得到具有特定取向柱状晶的技术。在定向凝固技术中,热流的控制以及确保和保持单向热流尤为重要。随着热流控制技术的发展,定向凝固技术已经从最初的发热剂法(EP 法)、功率降低法(PD 方法)发展到当今广泛使用的高速凝固法(HRS 方法)、液态金属冷却方法(LMC)以及连续凝固法。

一、定向凝固的理论基础

随着定向凝固过程中凝固速率的增加,固-液界面的形态从低速生长平面晶、胞晶、枝晶、细胞晶、最后到快速生长的平面晶改变。不管固-液界面的形态如何,保持固-液界面的稳定性对于材料的生产和材料的力学性能都是非常重要的。因此,固-液界面的稳定性在固化过程中尤为重要。可以通过组分过冷理论来判断低速生长的平面晶体固-液界面的稳定性,通过绝对稳定性理论来判断高速生长的平面晶体固-液界面的稳定性。但是,到目前为止,树枝晶和细胞晶固-液界面稳定性的相应判断理论仍在研究中。

1. 成分过冷理论

当固溶体合金凝固时,在正温度梯度下,由于固-液界面前的液相组成不同而使固-液界面前沿熔体温度低于实际液相线温度所产生的过冷称为成分过冷。要产生成分过冷,必须满足两个条件。首先,固-液界面前沿溶质的富集引起的成分再分配。由于溶质在固相的溶解度小于液相,当单相合金冷却凝固时,溶质原子被排挤到液相中去,在固-液界面液相一侧堆积着溶质原子,形成溶质原子的富集层。随着与固-液界面距离的增大,溶质分数逐渐降低。其次,固-液界面前沿液相一侧的实际温度分布低于平衡时液相线温度。在凝固过程中,由于外界冷却作用,在固-液界面液相一侧不同位置上实际温度不同。外界冷却能力越强,实际温度越低;相反,实际温度则高。如果在固-液界面液相一侧溶液中的实际温度低于平衡时液相线温度,由于溶质在液相一侧的富集,将出现成分过冷现象,如图6-2-15所示。

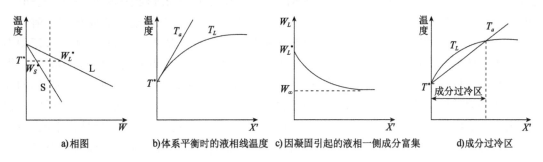

a) 相图　　b) 体系平衡时的液相线温度　c) 因凝固引起的液相一侧成分富集　　d) 成分过冷区

图6-2-15　合金凝固时的成分过冷分析图

在合金的情况下,凝固过程伴随着溶质的再分配,液相的组成始终在变化,液相中溶质组分的重新分布会改变固液平衡温度。通过成分过冷,可以判断合金的微观生长过程和缓慢生长的平面晶固液界面的稳定性。在固态非扩散和液体受限扩散条件下的定向凝固过程中,保持平面界面凝固的组件过冷的标准是:

$$\frac{G_L}{V} \geqslant -m_L w_L (1 - k_0)/D_L \tag{6-2-1}$$

式中:G_L——凝固界面液相一侧温度梯度;

$\quad V$——凝固速度;

$\quad m_L$——液相线斜率;

$\quad w_L$——溶质浓度;

$\quad k_0$——溶质平衡分配系数;

$\quad D_L$——溶质液相扩散系数。

二元合金Pb-Sn系平面凝固条件如图6-2-16所示。随着溶质Sn的质量分数增加,必须增加固液界面稳定性系数(G_L/V),以维持平面凝固条件并抑制胞晶的形成。与二元单相合金的凝固相同,在多元单相合金凝固中,只要温度梯度足够高,且凝固速率足够慢,就能实现平界面凝固。

通常,成分过冷理论可用于判断固-液平面界面的稳定性,但是由于此标准是在某些假设下得出的,因此具有以下局限性:①成分过冷理论忽略了在固-液界面上局部的曲率变化将增加系统的自由能;②成分过冷理论是基于热力学平衡态的理论,不能作为解释动态界面的理论依据;③成分过冷理论没有解释界面形态变化的机理。随着快速凝固技术

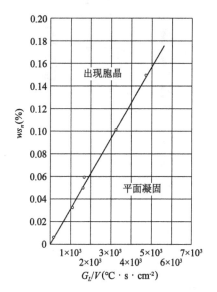

图6-2-16　Pb-Sn系的平面凝固条件(V的单位为cm/s,G_L单位为℃/cm)

的出现,发现成分过冷理论不再适用于快速冷却定向的凝固。原因是在快速凝固过程中,冷却速率非常高,因此根据成分过冷理论,G_L/V 变小,树枝状晶体应出现更多。然而,实际情况是,在快速固化之后,固-液界面可以稳定,形成无偏析柱状晶组织,并且获得成分均匀的材料。

2. 绝对稳定性理论

由于成分过冷理论存在的不足,马林斯和谢韦尔卡提出了一个考虑界面动力学、溶质浓度场合温度场以及固-液界面能的新理论。从理论上讲,在合金凝固过程中,固-液界面形态取决于两个参数:G_L/V 和 G_LV,它们分别是界面前沿液相温度梯度与凝固速度的商和积。前者决定界面的形态,而后者决定晶体的微观结构,即枝晶间距或晶粒大小。马林斯的界面稳定动力学理论成功地预测出:随着生长速度的增加,固-液界面形态将从平界面、胞晶、树枝晶、带状组织、最后到绝对稳定平界面的转变。根据近年来对界面稳定性条件的进一步研究,马林斯的界面稳定性动力学理论代表了另一种绝对现象,即当温度梯度 G_L 超过临界值时,温度梯度的稳定作用完全克服了溶质扩散的不稳定作用。此时,无论凝固速度如何,界面总是稳定的,该绝对稳定性称为高梯度绝对稳定性。因此,马林斯的界面稳定性动力学理论也称为绝对稳定性理论。

二、定向凝固技术实例

根据成分过冷理论,在定向凝固过程中获得平面界面凝固组织的单相合金,这主要取决于合金的性能和凝固工艺参数。前者包含溶质量,液相线斜率和溶质在液相中的扩散系数,后者包含液相中的温度梯度和凝固速率。一旦确定了所研究合金的成分,就可以通过选择凝固工艺来控制凝固组织,其中的关键因素是固液界面的一侧的温度梯度。因此,定向凝固技术的发展历史是不断提高设备温度梯度的历史。

1. 发热剂法(EP)

在定向凝固过程中,发热剂法是最原始的方法。为了引起液体温度梯度,将零件模具放在水冷的铜基座上,并在顶部添加发热剂。该技术使生产过程简单且成本低,但是由于金属熔体的温度梯度低并且难以保证单向传热条件,因此当凝固开始后就无法控制凝固过程。另外,由于可重复性差,因此该方法难以制造高质量的零件,仅适用于小定向凝固零件的生产。

2. 功率降低法(PD)

功率降低法是在发热剂法的基础上发展而来的,功率降低法定向凝固装置示意图如图 6-2-17 所示。将具有敞开底部的模制外壳放置在水冷底盘上,并将石墨感应加热器放置在顶部和底部的感应回路中。加热时,上下感应线圈均通电,在模具壳中建立了所需的温度场,并注入了过热的熔体。然后,切断下部感应线圈的功率,并且通过调节上部感应线圈的功率,在液态金属中形成轴向温度梯度。

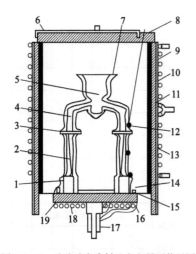

图 6-2-17 叶片功率降低法定向凝固装置图
1-叶片根部;2-叶身;3-叶冠;4-浇道;5-浇口杯;
6-模盖;7-精铸模壳;8-热电偶;9-轴套;10-碳毡;11-石墨感应器;12-Al2O3 管;13-感应线圈;14-Al2O3 管泥封;15-模壳缘盘;16-螺栓;17-轴;18-冷却水管;19-铜座

在功率降低法的凝固过程中,主要通过已凝固部分和底盘的冷却水带走热量。通过选择合适的加热装置,功率降低法在定向凝固的初始阶段可以获得较大的液体温度梯度。但是,在固化过程中,随着距结晶器底部的距离增加,导热能力显著下降,温度梯度逐渐减小。结果,可得到的柱状晶体的区域更短,柱状晶体之间的平行度较差,甚至形成了放射形凝固组织,并且合金的微观结构在不同部分中也大不相同。另外,由于相对复杂的设备和高能耗,该方法的应用受到限制。

第五节 热 交 换 法

一、热交换法的原理与特点

维克尼奇和施密德在 1974 年提出了热交换法(HEM)。该方法通过定向凝固结晶,晶体生长的驱动力来自固液界面处的温度梯度。热交换法生长晶体的特点是:

(1)在晶体生长过程中,使用钼坩埚,石墨加热体,用氩气作为保护气体,通过加热体和热交换器来控制熔体和晶体中的温度梯度,所以固体和熔体的温度梯度可被独立控制。单晶炉中的热交换器不仅会产生轴向温度梯度,还会产生径向温度梯度,晶体固-液界面沿三维方向延伸形成半球形界面。当热交换法晶体单向生长速率和提拉法相同时,半球形固液界面的有效晶体生长速率比提拉法大两倍。

(2)固-液界面浸入熔体表面,坩埚、晶体和热交换器在整个晶体生长过程中静止且温度场稳定,而熔体的温度梯度与重力场方向相反。熔体既不产生自然对流也不产生强制对流,固-液界面相对稳定,晶体缺陷少。

(3)HEM 法最大优点是在晶体生长结束后,原位退火可以通过调节氦气流量与炉子的加热功率来实现,这样也可避免因冷却速度而产生的热应力。

(4)生长后的晶体仍然被熔体包围并且处于热区。晶体的冷却速率易于控制,并减少了由于过快的冷却速率而导致的晶体裂纹和位错等缺陷。同时,熔体始终被固-液界面包围,界面温度梯度均匀,避免了局部熔体凝固或晶体重熔。

(5)HEM 法可以生长尺寸和形状与坩埚(如圆柱和圆盘)相似的单晶。由于该方法需要通入连续流动的氦气以在晶体生长期间进行热交换,因此氦气的消耗量很大。例如,.30mm 的圆柱形坩埚需要 38L/min 的氦气流,且晶体生长周期长。由于氦气价格昂贵,所以晶体生长成本很高。

二、热交换法的生长设备及生长过程

热交换法生长装置示意图如图 6-2-18 所示。在该装置中,将籽晶置于坩埚的底部,原料置于铝坩埚中,在与籽晶接触的底部配备用于冷却氦气的管道。氦气是一种还原性保护气体,两个氦气循环系统是该设备的核心部分,一个是坩埚底部热交换器的冷却氦气循环系统,另一个是炉子内部的氦气循环系统,氦气在炉子底部进入,通过保温层,加热装置等整个生长系统后,最后从电极侧出口排出。炉膛气压力保持在约 0.03MPa(0.3atm)处。氦气用作惰性保护气体以去除杂质,而炉子中氦气的对流换热使炉子中的温度更加均匀,并为晶体生长提供了更稳定的温度场条件。晶体生长过程大致如下:首先,将原料在坩埚中加热并熔化,保持熔融温度略高于熔点 5~10℃,坩埚底部的籽晶部分熔化,之后炉温缓慢下降,并通氦气冷却,最后熔体将以未熔化的籽晶为核心,逐渐生长出充满坩埚的大块单晶。该方法的模型如图6-2-19所示。在此方法中生长成功与否的关键是控制适当的成核温度。

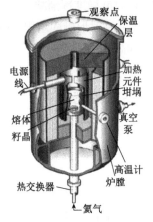

图6-2-18　热交换法晶体生长炉示意图和GTSolar工业单晶炉

只能通过实验获得氦气流量、热交换器温度和籽晶温度之间的确切关系。这一关系的影响因素有:①坩埚的尺寸,形状和壁厚;②热交换器的尺寸和壁厚;③炉子的尺寸与结构;④熔体温度;⑤籽晶的导热性;⑥热交换器位置和坩埚在炉内的位置。

热交换法设备简单且不需坩埚运动或炉体运动。熔体上部温度高,下部温度低,没有熔体对流且生长界面稳定,因此没有气泡和散射中心,晶体质量良好,可占整个材料的95%~100%。目前,该方法已用于生产蓝宝石单晶,如图6-2-20所示。

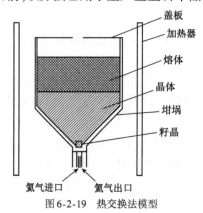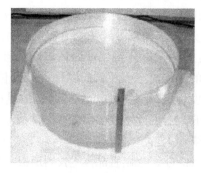

图6-2-19　热交换法模型　　　　　图6-2-20　热交换法生长的蓝宝石单晶

三、热交换法的工艺

HEM法晶体生长工艺主要包括:熔料、长晶、退火及冷却阶段。

(1)在熔化过程中,将籽晶置于坩埚底部,并将坩埚置于热交换器正上方,控制热交换器的加热器功率和氦气流量,使坩埚内的原料完全熔化,而底部籽晶不会熔化。

(2)在晶体生长阶段,加热器功率基本保持不变,逐渐增加坩埚底部热交换器中的氦气流量,坩埚内形成上热下冷的轴向温度梯度,从而驱动晶体从籽晶处开始缓慢生长。

(3)在退火和冷却阶段,加热器和氦气的流速降低,因此晶体中的温度逐渐下降,避免晶体中过大的温度梯度产生的较大的热应力,导致晶体破裂。

第六节 温度梯度法

一、温度梯度法原理

温度梯度法(TGT)是由定向籽晶诱导熔体结晶的方法。该设备示意图如图 6-2-21 所示，该装置包括置于简单钟罩形真空电阻炉的坩埚、屏蔽设备以及加热元件。该设备使用坩埚、石墨加热元件。籽晶槽位于坩埚底部的中心，它可防止籽晶体在化料过程中熔化。可以通过将籽晶槽固定在定位杆的圆形凹槽上来提高坩埚的稳定性。由冷却装置和石墨加热元件提供温度场。加热元件是被上下槽割成矩形波状的板条通电回路的圆筒，整个圆柱体安装在与水冷电极相连的石墨电极板上。板条的上半部按照规则的样式打孔来调节加热电阻，因此通电后自上而下几乎呈线性温差。但加热元件下半部分的温度差是由石墨加热元件和水冷电极板之间的传导产生的。籽晶附近的温度场还取决于水冷坩埚棒提供的热传导。利用该方法生产蓝宝石，如图 6-2-22 所示。

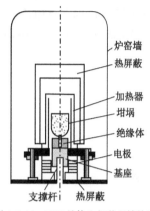

图 6-2-21 TGT 晶体生长装置结构图

图 6-2-22 温度梯度炉和导向温梯法生长的蓝宝石单晶

二、温度梯度法的主要特点

(1)晶体生长时，固-液界面被熔体包围。从而在到达固-液界面之前，熔体可以降低甚至消除熔体表面上的温度扰动和机械扰动。这在生长高质量晶体中起着重要作用。

(2)晶体生长时，温度梯度与重力方向相反，并且坩埚、晶体和加热体均不移动，从而避免了由于机械运动和热对流而引起的熔体涡流。

(3)由于热应力是产生晶体裂纹和位错的主要因素。所以晶体生长后，仍由熔体包围，处于热区。这样就可以控制它的冷却速度，减少热应力，从而提高晶体质量。

第七节 布里奇曼法

布里奇曼(Bridgman)于1925年提出布里奇曼法。1936年,苏联学者斯托克巴格(Stock-barger)提出了类似的方法。因此,该方法也称为 Bridgrman-Stockbarger 方法。该方法是一种重要的熔体生长方法,并且广泛用于化合物半导体、非线性光学晶体等多功能晶体,以及金属材料的单晶生长,目前主要用于生长光学晶体和闪烁晶体。传统布里奇曼晶体生长的基本原理是通过将包含有熔体的坩埚在具有一定温度梯度的生长炉内缓慢下降,从而将熔体转化为晶体,如图 6-2-23、图 6-2-24 所示。

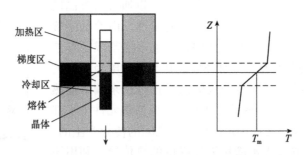

图 6-2-23　Bridgman 晶体生长的基本原理

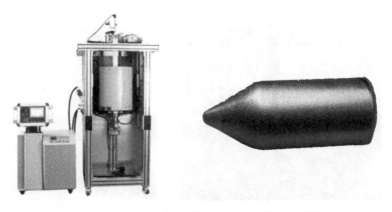

图 6-2-24　SKJ-BG1650 布里奇曼单晶生长炉及其所生长的晶锭

将晶体生长的原料填充到合适的容器中,并且在晶体生长在具有单项温度梯度的 Bridgman 长晶炉中进行。布里奇曼晶体生长炉通常采用管式结构,分为三个区域:加热区域、梯度区域和冷却区域。加热区中的温度高于晶体的熔点,而冷却区中的温度低于晶体的熔点。梯度区域中的温度从加热区域温度逐渐变化至冷却区域温度,从而形成一维温度梯度。首先,将坩埚置于加热区以熔化,并在恒定温度下保持一段时间,以获得均匀的过热熔体。然后通过炉体的运动或者坩埚的运动使坩埚逐步通过加热区、梯度区、冷却区。当坩埚进入梯度区域时,熔体进行定向冷却。通过坩埚的连续移动使达到熔点以下温度的部分结晶、冷却。晶体界面沿与行进方向相反的方向生长,实现了晶体生长过程的连续进行。

一、坩埚下降法

垂直布里奇曼方法(VB方法)是最常见的布里奇曼方法，也称为坩埚下降法，其温度梯度(坩埚轴)平行于重力场的方向。垂直布里奇曼法有利于在圆周方向上获得对称的温度场和对流模式，因此生长的晶体具有轴向对称性。

1.坩埚下降法的特点

(1)由于熔融物和掺杂剂挥发可能导致成分变化和掺杂浓度降低，并有害物质污染周围环境。所以为避免其会发，可采用全封闭或半封闭坩埚进行晶体生长。

(2)由于在一炉中可以同时生长几根或几十根不同规格尺寸的晶体，所以该方法可适用于大尺寸、多数量晶体的生长。

(3)可加籽晶定向生长单晶，也可自然成核，依据几何淘汰的原理生长单晶。

(4)操作工艺比较简单，易于实现程序化、自动化。(5)可根据坩埚的形状来改变晶体的形状，因此该法适用于异形晶体的生长。

2.坩埚下降法的主要缺点

(1)对坩埚的内表面光洁度要求高。晶体在坩埚内结晶过程中，易产生坩埚对晶体的压应力和寄生成核。

(2)当通过坩埚下降法生长晶体时，生长出的晶体的均匀性通常比通过提拉法生长出的晶体差，因为在下降过程中通常坩埚不旋转。

(3)不同类型的晶体对坩埚材料的物理和化学性质有特定的要求，特别是需要匹配合适的坩埚和晶体材料的热膨胀系数。所以，此法不适合于具有体积膨胀的晶体材料的生长。

(4)晶体生长的整个过程都是在坩埚中进行的，所以直接观察晶体生长并不方便。但生长低熔点的有机晶体时，可使用易于观察的玻璃导管和玻璃坩埚。

在坩埚下降法开始时，必须先熔化整个材料，然后才能发生晶体生长，但存在的成核问题直接影响结晶质量和结晶度。在坩埚下降法中，在使坩埚的温度逐渐降低之后，形成坩埚壁的局部过冷区域，从而形成晶核。当形成晶核时，它将释放出结晶潜热。因此，如果潜热部分不能在晶核周围转移，则晶核将重新熔化。反之，当潜热会被迅速移去，晶格生长，并且晶体开始围绕晶格生长。通常，熔化温度高于固-液界面，因此结晶潜热通过晶核传递到坩埚底部。因此，有必要控制坩埚底部的过冷度，以便传递这部分热量，但过冷度不宜过大，因为过冷度过大时晶体生长速率较快，易出现枝晶。在坩埚下降法中，由于晶核的形成是自由成核，所以经常形成许多具有不同取向的晶核。可以根据几何淘汰规律逐渐缩小不同取向的晶核，并最终保留一个或几个晶核。晶体的各向异性决定了不同取向的晶体的生长速率，并且在生长过程中会形成竞争性生长。因此，在晶体生长过程中，必须合理设计坩埚选择区，以加速晶体的竞争生长，并且通过晶体淘汰就可以形成高质量的单晶。

3.坩埚下降法晶体生长装置

适合不同类型晶体生长的结晶炉和坩埚是坩埚下降法晶体生长装置(图6-2-25)中除了测温、温控和坩埚下降装置外最关键的设备。

通常，结晶炉坩埚下降法生长炉有3类，分别是降温方式生长炉、有隔热板生长炉和自动退火生长炉，3类生长炉内的温度分布如图6-2-26所示。

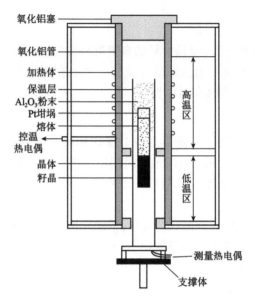

图 6-2-25　坩埚下降法晶体生长装置图

图 6-2-26　生长炉内的温度分布

在带有隔热板的生长炉中,隔热板两侧的温度梯度都很大,这有助于晶体生长。通常用绝热材料或金属来制作隔热板。为增加温度梯度,也可以在隔热板上安装加热器来实现。自动退火生长炉可以在晶体形成后自然进行退火,这有助于降低热应力。

电阻加热结晶炉主要分为以下两种:

(1)悬挂坩埚式电阻加热结晶炉:这是布里奇曼首先使用的结晶炉,其结构如图 6-2-27 所示。该炉具有上下两个腔室,上腔室通过缠绕的电阻丝加热,为高温区。而下腔室不被加热,是一个低温区。坩埚通过金属线或连杆连接至传输装置,并悬挂在结晶炉的中心。电机通过齿轮变速装置来驱动坩埚,使坩埚由高温区以一定速率降至低温区,从而实现晶体生长。这种结晶炉一般适合生长尺寸不大、熔点较低的晶体。

(2)真空石墨电阻加热下降结晶炉:其特点是在真空条件下利用石墨电阻加热生长晶体,保温系统采用多层石墨圆筒和钼圆筒作为反射屏蔽材料,适用于生长熔点高、易氧化的晶体,其结构如图 6-2-28 所示。腔内的结构与冷却下降托杆式结晶炉的结构相同,在坩埚架上增加了反射板,以增加固液界面处的纵向温度梯度。结晶炉具有出色的密封性能,并配备了可以充入惰性气体的充气装置。

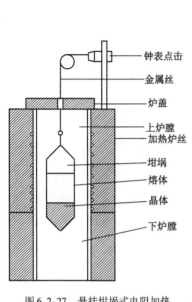

图 6-2-27 悬挂坩埚式电阻加热
结晶炉结构示意图

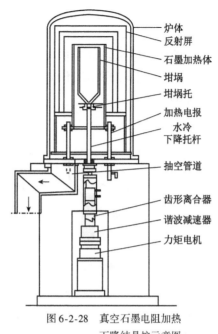

图 6-2-28 真空石墨电阻加热
下降结晶炉示意图

坩埚的形状对能否获得和保证单晶质量具有决定性的影响。在坩埚下降法的晶体生长过程中,选晶法和籽晶法可以实现单晶。通过选晶法获得单晶的原理是优化坩埚中生长部分的设计,使结晶的初始阶段仅形成一个晶粒。或采用特殊的坩埚尖端形状(通常称为籽晶区域),在初始阶段能形成得多个颗粒时,由于不同晶体在不同结晶方向上的生长速率不同,利用坩埚的特殊形状,使得大部分晶粒的生长被终止(淘汰),只有一个晶粒长大,进入晶锭,图 6-2-29 显示了在垂直坩埚下降法的晶体生长过程中通常使用的几种锭尖的结构设计。对于不同的晶体材料,可以使用不同的结构。图 6-2-29a)坩埚的底部是圆锥形的,晶核是自然选择的,可以沿合适的方向生长。圆锥角优选为 90°~120°。图 6-2-29b)坩埚底部有毛细管,在形成晶核初期,只有少数熔体处于过冷状态,因此形成的晶核数量非常少,当生长界面通过毛细管后,更易于获得单一取向的晶核。图 6-2-29c)和 d)组合了如图 6-2-29a)和 b)所示的两个结构,它们对获得单一取向晶体更有帮助。图 6-2-29e)是多孔柱形坩埚,首先产生的晶核在圆锥体部分淘汰一次,然后进入毛细管被再次淘汰,就大大提高了获得单晶的可能性,并允许多晶体一次生长。

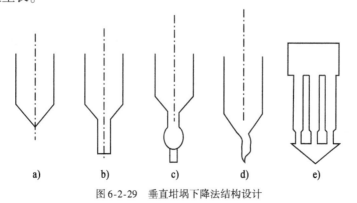

    a)   b)   c)   d)   e)

图 6-2-29 垂直坩埚下降法结构设计

籽晶法是指在晶体生长之前,将具有一定形状和取向并与所生长的晶体结构相同、成分相近的小尺寸单晶体(籽晶)预先放置在坩埚顶部,以实现单晶生长。在熔化过程中,籽晶会部分熔化,形成与溶体理想接触的液-固界面,然后进行定向结晶(见图6-2-30)。籽晶法晶体生长对控制熔化过程有很高的要求,不仅需要通过过热使熔体均匀化,而且还要避免籽晶完全熔化,失去了籽晶的作用。

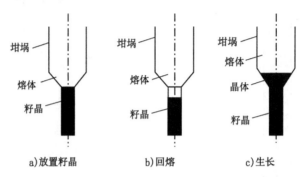

图6-2-30　籽晶晶体生长过程的单晶形成原理

另外,坩埚与生长的晶体及其熔体直接接触,并且对晶体生长过程的传热性能具有显著影响。因此,坩埚材料的选择是能否实现晶体生长过程和晶体质量的控制因素之一。晶体的生长及其在熔融状态下的性能决定了坩埚材料的选择。对于给定的晶体材料,所选的坩埚材料必须满足以下物理和化学性质:

(1)它具有一定的导热性,便于在加热区中加热熔体或在冷却区中冷却晶体。然而,过高的热导率不利于晶体生长。坩埚的导热特性对晶体生长过程的影响更为复杂,只能通过特定的传热计算才能准确理解。

(2)具有较高的熔点和高温强度,在晶体生长温度下仍保持足够高的强度,并且在高温下不会分解、氧化等。

(3)具有足够高的纯度,不会在晶体生长过程中释放出对晶体有害的杂质、与晶体发生黏连或污染晶体材料。

(4)具有较高的化学稳定性,不与晶体或熔体发生化学反应。

(5)坩埚的热膨胀系数应小于晶体,这样不会在晶体生长过程中对晶体形成较大的压应力,并在晶体生长结束后易于取出。

(6)坩埚内壁应平整光滑,这样有利于减少多余晶核的形成,且坩埚与熔体没有浸润和黏附现象。

(7)具有可加工性,因为根据晶体生长的需要应能够加工成不同的形状。特别是在生长易氧化的材料时,要进行坩埚的焊封,对其可加工性和高温强度要求更高。

4.坩埚下降法晶体生长工艺

坩埚下降法晶体生长过程如图6-2-31所示,基本过程为:

(1)装料,原料(和籽晶)置于坩埚中;

(2)熔料,加热到高于结晶物质熔点50~100℃,使所有原料熔融,如果加入籽晶,则需要控制温度使得部分籽晶熔融;

(3)生长,移动坩埚或者加热器,使生长界面向前推进,晶体生长。

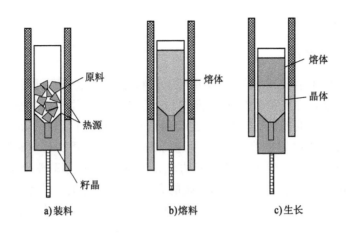

图 6-2-31 坩埚下降法生长基本过程

二、水平布里奇曼法

水平布里奇曼法是巴拉卡波布开发的用于制造大面积片状晶体的方法,其结晶原理如图 6-2-32 所示。将原料放在舟形坩埚中,坩埚水平通过加热区,原料熔化并结晶。为了能够生长具有严格取向的晶体,可以将籽晶放置在坩埚顶部的籽晶槽中以诱导生长。与垂直布里奇曼法相比,水平布里奇曼法的晶体生长过程具有以下 4 个方面的特征:①由于重力场垂直于温度梯度和成分梯度,因此热对流更强;②熔体的自由表面垂直于梯度场,并且熔体表面具有较大的温度梯度和浓度梯度,容易形成马兰戈尼对流;③表面具有固-液-气的三相相交;④因为晶体的传热,传质和对流条件是非轴对称的,所以晶体的生长界面也是非轴对称的。因此,对于成分偏析倾向大或晶体性能对成分及掺杂敏感的晶体,不易保证晶体性能的一致性。

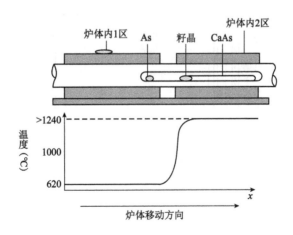

图 6-2-32 水平布里奇曼法生长装置示意图

但是,这种方法仍然具有明显的优势:①开放式坩埚便于观察晶体的生长;②除了降低对流强度并提高结晶过程的稳定性外,由于熔体的高度远小于表面尺寸,因此也有助于去除挥发性杂质;③熔体的表面是开放的,并且在结晶步骤中可以向熔体中添加激活离子;④原料可以通过多种结晶方法进行化学纯化。

三、高压布里奇曼法

高压布里奇曼晶体生长技术是为高蒸气压材料的晶体生长而开发的。高蒸气压材料在熔体法生长的高温条件下会发生大量挥发,这不仅会导致原材料损失和环境污染,而且由于不同元素挥发速率的差异,熔化成分也会偏离标准化学计量比。高压布里奇曼法是通过将布里奇曼生长设备放置在高压容器中进行的。该方法可以有效地控制熔体的挥发。高压布里奇曼法中有两种主要的晶体生长方法。其中之一是苏联学者发明的针对高挥发性物质的方法,如 HgCdTe。该方法仍采用传统的石英坩埚密封生长技术,将合成原料密封在石英坩埚中进行布里奇曼生长。在生长过程中,通过气压将高压施加到石英坩埚的外部,以平衡由于坩埚中原料挥发而形成的高蒸气压,使坩埚内壁和外壁的压力达到基本平衡,从而避免坩埚内的高蒸气压对坩埚材料本身施加的张应力。其工作原理图如图 6-2-33 所示。

另一种方法是由美国 EV 公司 Doty 等于 1992 年开发的针对 CdZnTe 晶体的高压布里奇曼方法生长设备。该设备使用高纯氩气对坩埚加压,以控制 Cd 的蒸发并减少晶体中 Cd 的空位。这种控制挥发的方法的原理不是密封,而是高纯度惰性气体平衡,因此该方法可以使用多孔的高纯度石墨坩埚,它可以更有效地防止晶体污染。除了控制熔体表面上的总气体压力外,还可以控制单个组元的蒸气压。图 6-2-34 显示了在 CdZnTe 生长过程中如何控制 Cd 蒸气在熔融表面上的分压。由于纯 Cd 表面上 Cd 的分压远大于 CdZnTe 的分压,因此 Cd 蒸气的分压可以在相对较低的温度下获得,这相当于 CdZnTe 热熔体。通过在坩埚顶部放置纯 Cd 源并控制温度以形成与 CdZnTe 熔体表面相同的蒸气分压,可以抑制 Cd 的扩散和挥发。

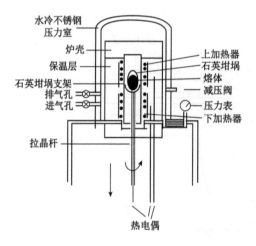

图 6-2-33　高压布里奇曼法晶体生长
装置的工作原理图

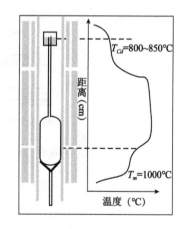

6-2-34　CdZnTe 生长过程控制熔体表面
Cd 的蒸气分压原理图

四、多坩埚布里奇曼法

多坩埚法是通过在布里奇曼法的晶体生长装置中同时放置多个坩埚来实现多个晶体锭的同时生长的技术,其工作原理如图6-2-35所示。在生长炉中,由隔热板形成两个温度区,高温区的温度高于晶体的熔点,而低温区的温度低于晶体的熔点。在隔热板上加工比坩埚的直径稍大的多个孔,坩埚通过这些孔从上向下抽拉以实现晶体生长。所有坩埚共享一个抽拉系统。可以看出,多坩埚法可以大大提高晶体的生长效率。

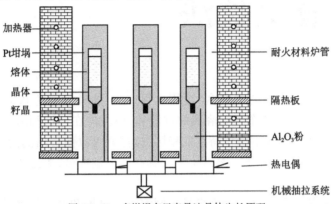

图 6-2-35　多坩埚布里奇曼法晶体生长原理

第三章

晶体溶液生长法

从溶液中生长晶体的方法历史最久,应用也很广泛,这种方法的基本原理是将原料(溶质)溶解在溶剂中,采取适当措施造成溶液的过饱和,使晶体在过饱和溶液的亚稳区中生长,并要求在整个生长过程中都使溶液保持在亚稳区,这样就可以使析出的溶质都在籽晶上长成单晶,而尽可能避免出现自发晶体。溶液生长法具有生长温度低、黏度小、容易生长大块的均匀性良好的晶体等优点。

从溶液中生长晶体过程的最关键因素是控制溶液的过饱和度。使溶液达到过饱和状态,并在晶体生长过程中维持其过饱和度的途径有:

(1)据溶解度曲线,改变温度。

(2)采取各种方式(如蒸发、电解)移去溶剂,改变溶液成分。

(3)通过化学反应来控制过饱和度。由于化学反应速度和晶体生长速度差别很大,做到这一点是很困难的,需要采取一些特殊的方式,如通过凝胶扩散使反应缓慢进行等。

(4)用亚稳相来控制过饱和度,即利用某些物质的稳定相和亚稳相的溶解度差别,控制一定的温度,使亚稳相不断溶解,稳定相不断生长。

根据晶体的溶解度与温度系数,从溶液中生长晶体的具体方法有下述几种。

第一节 降 温 法

降温法是在溶液中生长晶体的最常用方法,适用于生长具有较大温度系数(最好不低1.5g/1000g 溶液,20℃)且需要特定温度范围的晶体。该温度范围的上限由于蒸发量大而不宜过大,下限过低又无助于晶体生长,因此更合适的起始温度为 50~60℃,降温范围为 15~20℃。降温法晶体生长的原理是利用物质较大的正溶解温度系数来缓慢降低晶体生长过程中饱和溶液的温度,使溶液处于亚稳定区域,使溶质在籽晶中不断吸出成大块晶体,如图 6-3-1所示。

降温法晶体生长的主要关键是掌握合适的降温速度,使溶液一直处于亚稳区,并维持适宜的过饱和度。常见的生长装置如图 6-3-2 所示。典型的水浴降温法的生长装置由育晶器、控温系统、转动换向等部分组成。

(1)育晶器。育晶器是用于储存母液和生长晶体的容器,由三部分组成:培养箱、密封盖和籽晶杆。可以将带有孔的垫片放置在育晶器底部,以防止在生长过程中出现杂晶。在通过降温法生长晶体的过程中,无须补充溶液或溶质,因此,在生长过程中必须将整个育晶器紧密密封,以防止溶剂蒸发和外部污染。为了提高温度稳定性,必须要有较大的育晶器容量,并且加热和保温方法包括水浴槽或内部加热以及外壳加热保温套。育晶器的顶部通常保持在冷凝水回流下,底部通过电炉加热,溶液表面和底部由不饱和层保护,以避免自发的晶体成核。

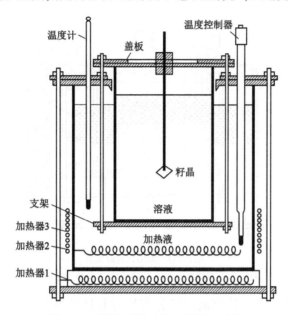

图 6-3-1 降温法晶体生长工作原理示意图

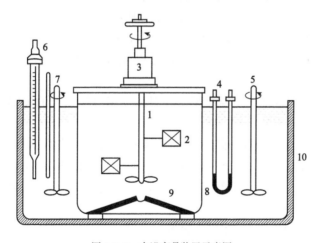

图 6-3-2 水浴育晶装置示意图

1-籽晶杆;2-晶体;3-密封装置;4-加热器;5-搅拌器;6-控制器;7-温度计;8-育晶器;9-有孔隔板;10-水槽

(2)控温系统。即使晶体生长期间的温度波动小,晶体生长也可能会不均匀。通常,最简单的温度控制系统是使用水银导电表来控制一个电子继电器,然后打开和关闭继电器,将育晶器保持在恒定温度。加热装置通常具有浸入式加热、外部加热和辐射加热等几种形式。大多数以水为介质的温度控制装置都采用浸入式加热方法,电阻元件用于加热。为了进一步提高温度控制精度,减少生长槽中的温度波动,使用双浴槽育晶装置(图 6-3-3)。该装置的外浴槽连接到冷却系统,从而降低室温波动的影响,并使降温下限不受室温影响。内浴槽和一般水浴槽一样采用浸没式加热。蒸发法育晶器使用底部加热。该设备简单易用,但具有热滞效应。为了克服这些缺点,可以将红外灯用作辅助加热器,与主加热器结合使用,以将温度波动控制在0.1℃以内。双浴槽育晶器的外浴槽温度波动控制在±0.1℃时,内浴槽的控温精度可在±0.002℃范围内。

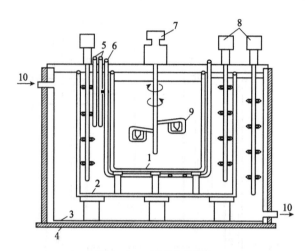

图6-3-3 双浴槽育晶装置

1-育晶器;2-内浴槽;3-外浴槽;4-保温层;5-感温元件;6-加热元件;7-晶转马达;8-搅拌电机;9-籽晶;10-外冷却装置

(3)转动换向系统。为了使溶液温度分布均匀并且晶体的各晶面溶质得到均匀供应,晶体对溶液应做相对运动(最好轨迹杂乱)。这种运动可以采用转晶法(晶体公转、自转或行星转)和摆动方法(固定晶体,摇动育晶器),一般采用转晶法为多。在转晶法的生长过程中,一些晶面总是迎着液流而动,某些晶面总是背对着液流而动,并且有时会涡旋。定时换向器的安装可以克服这两个缺点。育晶装置可以配备自动报警、自动冷却系统,从而自动生长。

(4)关键技术。掌握合适的降温速度是降温法控制晶体生长的关键技术,降温速度与以下几个因素有关。

①晶体的最大透明生长速度,即一定条件下不产生宏观缺陷的最大生长速度。

②溶解度温度系数,不同的物质具有不同的溶解度温度系数,而且同一种物质在不同温度区间也不一样。如磷酸二氢钾(KDP)的溶解度曲线在高温部分(50~70℃)温度系数较大,但在低温部分(30℃以下)则较小。

③体面比,即溶液的体积和晶体生长表面积之比。

总之,以上3个因素对于不同的晶体明显不同,对于相同的晶体,这些因素在生长过程中也会发生变化。因此,在实际操作过程中,有必要为不同物质在不同阶段下制定不同的降温程序。通常,降温速度在生长期早期很慢,在生长期后期可能会稍有加快。晶体生长温度的温度控制点可总结如下:①避免温度的波动;②要获得晶体生长所需要的降温速率;③根据晶体生长要求,使得溶液内部温度均匀分布。在降温法的晶体生长过程中,温度和溶质浓度会发生变化。即生长是在非等温、非等浓度的条件下进行的。不同的生长条件会导致晶体质量和晶体性质的变化,从而导致非均匀晶体的形成。

第二节 流动法(温差法)

降温法的晶体生长过程是不连续的,在生长过程中需要不断消耗溶质总量,当溶质减少到一定值时晶体生长将会结束。此时,溶液中还残留不少溶质,这在批量生长晶体时不经济。如果使用一定的方法在晶体生长过程中连续补充溶液或仅补充溶质,则可以实现晶体的连续生长。流动法把溶液配制、过热处理、晶体生长等工艺过程分别在 3 个槽(生长槽、溶解槽和过热槽)内,通过溶液循环构成一个连续的生产流程,如图6-3-4 所示。

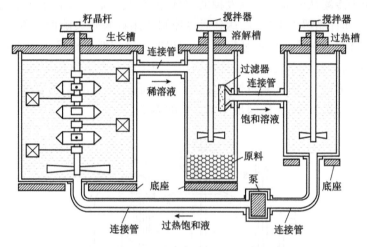

图6-3-4 三槽式流动法连续晶体生长设备工作原理图

流动法晶体生长原理:在溶解槽中准备溶液。溶剂和溶质共存于罐中,控制温度并搅拌溶液以溶解溶质。充分搅拌后,溶解的溶质含量可以接近溶解温度下的平衡溶质浓度。由于溶解温度高于生长温度,溶液中溶解的溶质浓度高于生长温度下的平衡溶质浓度,以此保证进入生长槽的溶液处于过饱和状态。溶解槽中接近饱和的溶液通过过滤器以除去杂质,然后进入过热槽。溶液在过热槽中进一步过热至更高的温度。该温度通常高于溶解槽中的晶体生长温度和熔融温度。由于熔化槽和生长槽之间存在明显的温度差,因此流动法又称为温度差法。其中的过热处理不仅有利于后续的运输,还避免了运输系统中溶质的结晶,同时可以完全溶解溶质,有助于控制后续生长过程中的结晶质量。过热槽中的溶液在泵的作用下通过传输系统进入生长槽进行晶体生长。

溶液进入生长槽后进行适当的降温,将温度稳定在生长温度,使溶液处于过饱和状态,进行晶体生长。随着生长过程的进行,溶液中的溶质被不断消耗,过饱和度下降。低溶质含量的溶液回流到溶解槽内,再次被加热并溶解溶质。

流动法的优点在于,晶体的生长速率由生长槽与饱和槽之间的温差和溶液的流量控制,调节相对方便。从理论上讲,晶体的生长不受溶液的溶解度和体积的限制,当溶解槽中的溶质消耗到一定程度时,可以再次添加原料,因此流动法晶体生长可以一直进行下去,生长出任意尺寸的晶体。该方法的另一个优点是,生长温度和过饱和度是固定的,因此晶体始终在最合适的温度和最合适的过饱和度下生长,从而避免了生长温度和过饱和度的变化所造成的杂质分凝不均匀和生长带等缺陷,使晶体完整性更好。流动法的缺点是设备复杂,需要具有一定经验的人员来调整 3 个槽之间的温度梯度与溶液流速之间的关系。

第三节 蒸 发 法

具有较高溶解度和较低溶解度温度系数的材料可以通过蒸发法生长单晶。蒸发法的原理是连续蒸发溶剂,控制溶液的过饱和度,使溶质不断地在籽晶上析出长成晶体。图 6-3-5 是蒸发法典型的晶体生长装置,其特征是在密封的晶体生长装置上方有一个冷凝器(可以用水冷却),该冷凝器用于冷凝从液体表面蒸发掉的一部分溶剂,然后集聚在盖子下方的一个小杯子中,虹吸管用于将其育晶器中引出,以达到通过控制使用虹吸管去除的溶剂量,进而控制过饱和度晶体生长的目的。在晶体生长过程中,水的提取速率应低于冷凝速率,因此大部分冷凝水会返回到液面,否则很容易在液面发生自发结晶。为了在室温下生长晶体,可以向溶液表面提供干燥空气以加速蒸发,从而控制过饱和度。该设备适合在高的生长温度(>60℃)下使用。因为低温材料的蒸发量太小,无法满足晶体生长的需要。

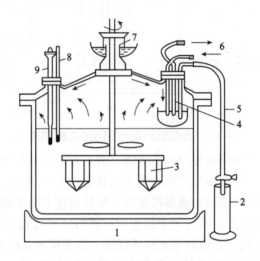

图 6-3-5 蒸发法育晶装置
1-底部加热器;2-量筒;3-晶体;4-冷却器;5-虹吸管;6-冷却水;7-水封;8-温度计;9-接触控制器

通过蒸发法生长晶体不一定是溶剂蒸发的直接结果,而也可能是通过某种成分蒸发产生化学反应的间接结果。例如,$Nd_2O_3-H_3PO_4$ 或($Nd_2O_3-P_2O_5-H_2O$)体系中五磷酸钕晶体的生长可以通过在升温和蒸发的过程中,溶剂焦磷酸逐渐脱水形成多聚偏磷酸,降低了焦磷酸的浓度,五磷酸钕在溶液中变成过饱和,从而长出晶体。在溶剂蒸发法的晶体生长过程中,溶液的基本成分恒定,不会随时间变化,可以维持晶体生长自始至终在相同的环境介质中进行,并且只要控制恒定的溶液温度即可。但是,如果溶液中包含杂质,那么随着晶体生长过程的进行,溶液中的残留杂质含量会继续增加,从而增加晶体中的杂质含量。

第四节　助溶剂法晶体生长

使用高熔点材料作为溶剂并通过溶液法在高温下进行晶体生长的方法称为高温溶液法,也称为助溶剂法。该方法除了需要控制较高的温度条件外,和常规晶体溶液生长法也没有本质区别,并且高温溶剂的选择和一般溶剂的选择原则也是一致的。通常,随着温度升高,一种物质在另一种物质中的溶解度增加,因此助溶剂方法适用于难熔、高熔点单质或化合物晶体的生长。

与其他晶体生长方法相比,助溶剂法具有以下特征。首先,它应用广泛。只要可以找到合适的助溶剂或助溶剂组合,就可以使用此方法生长晶体,几乎所有材料都能找到相对应的助溶剂或助溶剂组合。第二是对于助溶剂法来说,其生长温度较低,因此可以生长一些易挥发、存在相变、难溶的化合物、以及非同成分熔融的化合物单晶。第三,若采用合适的方式,通过高温溶液法生长的晶体比通过熔体法生长的晶体具有更少的热应力以及更均匀和完整的形貌。

该方法的主要缺点是晶体生长不能在纯的体系中进行,杂质主要是助溶剂本身。由于高温溶液法的高生长温度,结晶物质在生长温度下对其他物质的溶解度增加,并且有可能在晶体中产生助溶剂的固溶体。因此,很难找到适合于特定晶体材料的助溶剂。如果选择的溶剂是要生长的晶体的主要组员之一,则可以减少溶剂固溶体引起的不利影响。

通过助溶剂法生长晶体的方法有很多种,大致可分为以下两类:自成核技术和籽晶生长技术。自成核技术包括缓冷法、助溶剂蒸发法和温度梯度法。籽晶生长技术包括顶部籽晶法、浸没籽晶法、移动溶剂溶区法、坩埚倾斜法和坩埚倒转法等。

一、助溶剂

溶液法晶体生长过程要求溶质在溶剂中具有一定程度的溶解度,并且溶解度需要随温度或压力而变化。但是,某些晶体材料在常用溶剂中的溶解度太低,无法实现溶液生长。目前,已经发现向溶剂中加入合适的第三种辅助组元可以提高溶质在溶剂中的溶解度,从而利于溶液法晶体生长的实现。这种通过向溶剂中加入辅助组元改变其溶解度从而实现溶液法晶体生长的方法称为助溶剂法,所添加的辅助组元则称为助溶剂。

1. 助溶剂种类

助溶剂主要有两种类型:

(1)金属,主要用于半导体单晶的生长。

(2)氧化物和卤化物,主要用于氧化物和离子材料的生长。

2. 助溶剂的选择原则

在选择助溶剂时,必须首先考虑助溶剂的物理和化学性质,理想的助溶剂应具备以下物理化学特性:

(1)晶体材料需要具有足够的溶解度(10% ~50%,质量),并且在生长温度范围内具有适度的温度溶解度系数(通常为10%,质量)。当溶解度的温度系数太小时,不能生长大的晶体;当溶解度的温度系数太大时,即使很小的温度波动都会引起大量物质的析出,难以控制晶体的生长。

(2)在尽可能大的温度压力范围内,助溶剂和溶质之间的化学作用是可逆的,即不会形成稳定的化合物,从而形成物相单一稳定的晶体。

(3)助溶剂在晶体材料中的固溶度应尽可能小,以防止助溶剂作为杂质进入晶体。可选择一种具有较大离子半径元素的化合物或主要因素(例如价态,阴离子阳离子半径)与晶体材料明显不同的材料作为助溶剂。

(4)易溶于某些对晶体没有腐蚀作用的液体溶剂中,将生长的晶体与凝结的助溶剂分离。

(5)具有尽可能低的熔点和尽可能高的沸点,便于提供较宽的晶体生长温度范围。

(6)具有很小的挥发性(除需要助溶剂挥发法生长晶体外)和毒性,另外,对坩埚材料没有腐蚀性。

(7)具有尽可能小的黏滞性,以利于溶质和能量的传输、结晶时杂质的排除和生长速率的控制,这对生长高完整性的单晶极为重要。

(8)在熔融状态下,助溶剂的密度尽可能地接近结晶材料,以避免在混合熔体的垂直方向上出现浓度梯度、溶质分布不均匀现象,以及在严重的情况下的分层现象。

实际上,很难找到满足上述所有条件的助溶剂,因此人们使用复合助溶剂来更好地满足这些要求。然而,使用复杂的共溶剂需要注意,因为复杂的共溶剂的太多组分会使溶液体系复杂化并对晶体生长的稳定性有一定的影响。

3. 助溶剂的作用

在某些体系中,添加助溶剂不仅可以改善溶质的溶解度,而且可以改变溶剂的熔点、沸点、蒸气压和其他参数,从而扩大溶液法晶体生长的温度范围。当助溶剂可以降低溶剂的熔点时,可以在低温下进行晶体生长;当助溶剂可以提高溶剂的沸点或降低蒸气压时,可以在较高温度下进行晶体生长。

助溶剂对溶质溶解度的影响可以用如下科恩公式表示:

$$\ln S = \alpha - \beta x_3 \tag{6-3-1}$$

式中:x_3——助溶剂的浓度;

α、β——实验参数。

除了利用助溶剂调整溶质的溶解度外,还可以利用助溶剂实现以下目标:

(1)通过调整溶液的黏度来改善结晶质量。

(2)通过调整溶液的 pH 值来控制晶体生长过程。在电介质溶液中,可通过助溶剂来改变溶液的 pH 值,从而改变其溶解度,实现控制晶体生长的目的。

(3)降低溶液的溶解度,促使晶体析出。

(4)通过缓慢挥发或分解,控制晶体生长。

通过缓慢蒸发或分解来控制晶体生长的助溶剂也称为生长延缓剂。生长延缓剂可以改变溶质在溶液中的溶解度,充当助溶剂,并控制晶体的生长。以 Hernandez 等人制备的 $CaSO_4$ 晶体生长过程为例,如图 6-3-6 所示。可以看出,在加入生长延缓剂(摩尔比为 1:1 的 $CaCl_2$ 和 $MgSO_4$)之后,晶体生长的起始时间延迟,延迟时间随着延缓剂加入量的增大而延长。同时,可以通过控制延缓剂的分解来控制生长过程。

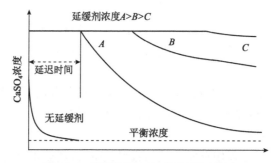

图 6-3-6　延缓剂对 $CaSO_4$ 析出过程的影响

除了生长延缓剂对溶质的溶解性的影响外,还可以通过吸附在晶核或生长界面上来控制生长过程,这涉及更复杂的生长动力学和热力学问题。因此,对于不同晶体生长系统,必须选择适当的延缓剂和工艺条件。需要考虑的因素包括:延缓剂的类型和浓度、溶液制备的化学过程和步骤、温度、机械搅拌方式、原始溶液的 pH 值、溶液中作为异质晶核的固相颗粒、溶液的总体成分。

二、助溶剂法晶体生长的主要问题

溶液法中晶体生长的最基本条件是要使溶液发生适当的过饱和,当晶体在添加了助溶剂的溶液中生长时,通常是通过缓慢冷却溶液、蒸发溶剂、使溶液升温、或在溶液中造成温度梯度来使溶液产生所需的过饱和。因此,高温溶液生长晶体所需要解决的主要问题包括:

(1)解决晶体生长驱动力的问题——如何使溶液产生过饱和度。

(2)解决生长中心的问题——如何控制成核数量和位置。

(3)如何提高溶质的扩散速度,从而提高晶体的生长速度。

(4)如何提高溶解度,从而提高晶体产量和尺寸。

(5)如何减少或避免枝晶生长和夹杂物等缺陷。

(6)如何控制生长晶体的成分和溶质的均匀性。

三、助溶剂法晶体生长工艺

助溶剂法生长工艺主要分为两大类:自发成核法和籽晶生长法。

1.自发成核法

根据过饱和度方法不同,自发成核方法可以分为缓冷法、蒸发法和反应法。这种方法设备易用,应用广泛,一般采用硅碳棒炉。通常,底部的温度应低于上部温度,形成纵向温度梯度,使晶体在底部成核。材料熔化后,熔体的温度应至少比饱和温度高 $10℃$,并且保持 $4\sim24h$,以确保所有熔化的颗粒被均匀加热,并在结晶过程中充当成核中心。

1)缓冷法晶体生长工艺

晶体生长过程在具有助溶剂的溶液中进行时,缓慢冷却是获得生长所需的过饱和度的最简单、使用最广泛的方法。在成核阶段中,冷却速率应缓慢,这对于减少过饱和、减少晶核数量以及增加晶体的平均尺寸是有利的。随着晶体的生长,冷却速度可以逐渐加快,通常在 $0.1\sim5℃/h$ 的范围内。缓冷法的工艺流程如下:

(1)将配置的溶液置于坩埚中(通常不超过坩埚体积的 3/4)。为了避免蒸发溶液,需要将坩埚密封起来。缓冷法的晶体生长设备如图 6-3-7 所示。

（2）将原料放入炉中后，温度升高至熔点以上 $10 \sim 100 ℃$，并保持一定的时间，以使原料完全反应并均质化。同时，为了确保坩埚的纵向温度梯度，通常上部的温度也比下部的温度低，来获得底部优先成核。

（3）快速冷却至熔点，然后缓慢冷却。通常的降温速度为 $0.1 \sim 5 ℃/h$。在其他晶相温度出现之前或在溶解度的温度系数为 0 的温度附近结束晶体生长。

2）限制成核数目的方法

要限制成核的数量，就必须使自发成核的数量最少，以便获得具有大尺寸和良好完整性的单晶。限制成核数目的方法包括温度振荡法、冷杆法、悬丝法等。

温度振荡方法的原理如图 6-3-8 所示。其中 T 是液相线温度，T_C 是亚稳定区域的极限温度。如果确切知道 T_L 和 T_C 的值（误差 $\pm 10 ℃$），则可以按照实线来控制温度程序。首先，将溶液的温度维持在高于液体线 $50 ℃$ 左右，并保持一定的时间段（$\geq 12h$），然后等待直到熔体的溶质均匀分布在溶剂中，然后将温度迅速降低至 B 点，然后以缓慢的速度冷却至 C 点（充分低于 T_C 线），然后将温度迅速升高至 D 点（略低于液相线温度），并保持几个小时。这样，在冷却过程中形成的较小的晶核完全熔化，并且晶核的数量大大减少。最终，从 D 点开始逐渐降温，残留的少量晶核继续生长。

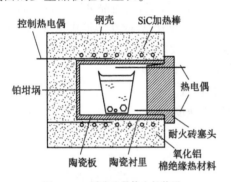

图 6-3-7　缓冷法晶体生长装置

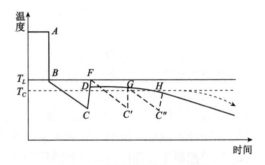

图 6-3-8　温度振荡法的控温曲线

通常很难事先准确地知道 T_L 和 T_C 的值。这样，晶体的生长和溶解可以通过多次降低温度和升高温度的循环来交替进行，如图 6-3-8 中的虚线所示。在该图中，降升温循环的温度持续降低，因此晶体的总体生长远大于溶解的小晶核，最终可以获得更大尺寸的晶体。

冷却法是在坩埚下方安装一根细的冷却管，坩埚的顶部与坩埚的底部紧密接触（点接触），在缓慢降温前通气或通水，引起局部过冷。这样，溶液将优先在冷点处成核，形成生长中心。

2. 籽晶生长法

籽晶生长法是将籽晶添加到熔体中的晶体生长法。主要目的是克服自发成核过程中晶粒过多的缺点。将原材料全部溶解在助溶剂中成为过饱和溶液后，晶体从籽晶上生长出来。根据晶体生长的工艺过程不同，籽晶生长法又可分为以下几种方法：

（1）籽晶旋转法。由于熔融后的助熔剂的黏度高，因此熔融物难以扩散到籽晶上，并且通过籽晶旋转的方法可以起到搅拌作用，从而晶体可以更快地生长并且可以减少夹杂物。

（2）顶部籽晶旋转提拉法。该方法是助溶剂籽晶旋转法和熔体提拉法的结合。其原理是：原料在坩埚底部的高温区与助溶剂熔融，形成饱和熔融液，然后通过旋转搅拌从扩散和对流到顶部相对低温区,以形成过饱和熔体,晶体从籽晶上生长出来。随着籽晶继续旋转和提拉,晶体从籽晶逐渐长大。除了这个优点之外,顶部籽晶、旋转提拉法还可以避免热应力以及通过助溶剂的固化而增加到晶体上的应力。另外,在晶体生长完成之后,可以再次添加助溶剂和剩余的熔体与晶体材料,从而实现继续使用。

(3)底部籽晶水冷法。助溶剂挥发性高,难以控制顶部的籽晶生长,并且晶体质量差。为了克服这些缺点,采用底部籽晶水冷技术可以得到优良的晶体。水冷可确保籽晶的生长,并抑制熔化表面和坩埚其他部分的形核。这是因为只有在水冷部分中才能形成过饱和熔体,从而可以确保籽晶连续生长。

(4)坩埚倒转法及倾斜法。这是两种具有相同基本原理的助溶剂生长方法。当坩埚缓慢冷却至溶液达到过饱和状态时,通过将坩埚上下颠倒旋转或倾斜以使籽晶浸在过饱和溶液中进行生长。在晶体生长完成后,将坩埚回复至起始位置,以将晶体与溶液分离。

(5)移动熔剂区熔法。这是一种采用局部区域熔融生长晶体的方法。籽晶和晶体原料互相连接的熔融区内含有助溶剂,随着熔区的移动(移动样品或移动加热器),晶体不断生长,助溶剂被排挤到尚未熔融的晶体原料一边。只要适当地控制生长速度和必要的生长气氛,就可以用这种方法得到均匀的晶体。

第四章

水热法和溶剂热法晶体生长

晶体的水热生长是使用高温高压水溶液在大气条件下使不溶或难溶于水的物质溶解或反应,以形成该物质的溶解产物,并达到一定程度的过饱和度,来进行结晶和生长的方法。由于水热法属于高温高压水溶液体系的水热化学范畴,因此也称为高压溶液法。

第一节　水热法晶体生长

一、水热法晶体生长原理

水热法也称为热液法,晶体的水热生长是在高温高压下的过饱和溶液中结晶的方法。本质上,这是一个相变过程,即生长基元从周围环境通过界面连续进入晶格的过程。水热条件下是在密闭的高温高压溶液中进行晶体生长的。

根据经典的晶体生长理论,在水热条件下的晶体生长包括以下步骤:营养料溶解在水热介质中,并以离子和分子团的形式进入溶液(溶解阶段);由于存在非常有效的热对流以及溶解区和生长区之间的浓度差,所以这些离子、分子或离子团被传输到生长区(传输阶段)。离子、分子或离子团在生长界面被吸附、分解和脱附。吸附物质在界面处运动、结晶。同时,当使用水热法生长人造晶体时,主要使用溶解重结晶机理,因此,在使用水热法生长晶体时,应首先考虑用于晶体生长的各种化合物在水溶液中的溶解度。

水热法生长晶体按输运方式不同可分为3种类型:等温法、摆动法和温差法。

1. 等温法

该方法主要利用物质在晶体生长中的溶解度差异,所用原料为亚稳定相物质,籽晶为稳定相物质,高压釜具有相同的上部和下部温度(图6-4-1)。当通过等温法生长晶体时,将碳酸钠溶液用作矿化剂,将无定形硅用作培养物,将水晶用作籽晶,并且当溶液的温度接近水的临界温度时,处于不稳定状态的无定形硅溶解。当溶液饱和时,晶体从籽晶上生长出来。而该方法的缺点是:由于原料的均匀性,两者之间的溶解度差异逐渐减小,使生长速率趋于0,从而不能生长出完整的大晶体。

2. 摆动法

图6-4-2是摆动法生长装置的示意图。将培养液置于试管 A 中,将籽晶置于试管 B 中,在

两个试管之间保持恒定的温度。使两根试管做周期性振动以加速它们之间的对流,两根管子之间的温差用于在高压下生长晶体。

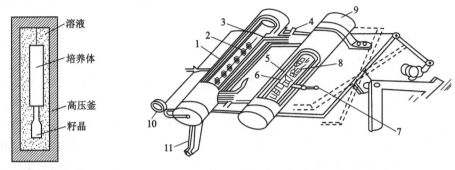

图6-4-1　等温法高压釜

图6-4-2　摆动法生长装置示意图

1-生长室;2-籽晶;3-籽晶轴;4-热电偶;5-压热器外壳;6-保温层;7-带籽晶轴;8-石英料;9-溶解室;10-气压计;11-闸门

3.温差法

温差法是依靠容器中的溶液保持温差对流以形成过饱和状态,然后根据原材料和籽晶的比例,通过缓冲液和加热调节温差,以达到数周或数百天的连续生长。该方法是目前使用最广泛的方法,可在立式高压釜中生长晶体,其设备如图6-4-3所示。高压釜的内部对流挡板将高压釜分为上下两部分,上部是生长区域(约为高压釜体积的2/3)。

籽晶挂在培育架上,晶体在籽晶上开始逐步生长。对流挡板的底部是培养区(也称为溶解区)。将适量的高纯度原料和矿化剂添加到溶解区。高压釜密封后,加热下部熔化区,从而在顶部和底部之间产生温差。当釜的温度升高到一定温度时,釜中由于热膨胀而充满了矿化剂溶液,并且随着温度的继续升高,气压急剧升高,并且溶解区中的溶质不断溶解而形成饱和溶液。由于高压釜下部的温度高于上部温度,因此在高压釜中形成了溶液对流。溶解区中的热饱和溶液转移到生长区。由于上部的低温,溶液中上升到上部的部分变得过饱和。溶质连续地在籽晶上沉淀晶体生长。同时,析出溶质的稀溶液又返回到较低的溶解区并继续溶解培养物,从而不断循环,实现晶体继续生长。

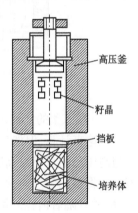

图6-4-3　温差法晶体生长装置示意图

完成温差水热结晶的必要条件包括:

(1)溶解度的温度系数足够大,可以在适当的温差下形成足够的过饱和,并且不会发生自发成核。

(2)溶液密度的温度系数应足够大,以使溶液在适当的温差条件下具有溶液对流和溶质迁移的作用,从而引发晶体生长。

(3)备有耐高温且抗腐蚀的容器。

(4)可以在高温和高压下促使晶体原料在特定矿化剂的水溶液中具有特定的溶解度值,并形成稳定的单一晶相。

(5)存在具有适合于晶体生长的特定切割形状和规格的籽晶,并且原料的总表面积与籽晶的总表面积之比足够大。

二、水热法晶体生长设备

1. 高压釜

高压釜是用于水热法晶体生长的关键设备,根据工作环境的要求,需要具有耐腐蚀、耐高温、机械强度高、密封性好、结构简单稳定的特点。

(1)高压釜密封结构。目前有 3 种类型的高压釜密封结构(非自紧型、自紧型和卡箍式)。非自紧式结构如图 6-4-4a)所示,依靠高于工作压力的预紧压力使高压釜维持密封,这种结构简单、操作容易,适合小型容器。自紧式结构如图 6-4-4b)所示,顶盖和筒体带有螺纹以支撑密封环。初始密封用较小的预紧力就可以实现。在操作过程中,高压釜内部产生的压力会通过密封塞头被传送到密封圈,并且密封圈变形以实现密封效果,从而产生自紧效果。卡箍式结构如图 6-4-4c)所示,密封圈通过卡箍固定在釜体的顶盖和筒口之间。拧紧卡箍后,密封圈达到预紧密封。当高压釜中的压力升高时,压力使顶盖向上移动。密封圈内腔也受到该压力的作用使密封圈沿径向扩张,保证了密封。这种结构适用于较大直径的高压釜。

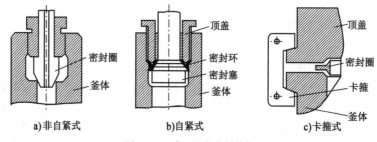

图 6-4-4　高压釜的密封结构

(2)高压釜的几何结构。高压釜单缸的壁厚设计通常基于最大剪切应力和最大应变能的两个理论来计算,但如果工作温度超过 400℃,则应考虑蠕变和耐久性强度。高压釜的温度分布与高压釜的直径与高度之比有关,容器越长,越容易控制溶液的温差,但是如果容器太长,温度分布将不均匀。通常,在高压釜的内径为 100 至 200mm 的情况下,内径与高度之比优选为 1:16,并且随着内径的增大,有必要相应地增大该比例。

(3)高压釜的防腐。在高温高压下,水和盐溶液会对大多数金属和合金产生腐蚀作用,所以必须考虑容器内部的耐腐蚀性,特别是在使用酸和碱溶液作为溶剂时。常见的腐蚀防护方法是制备一个衬套,该衬板使用惰性材料将溶液与锅壁分开。衬套的芯部是密封的,其结构分为两种:悬浮式[图 6-4-5a)]和非悬浮式[图 6-4-5b)]。在悬浮式衬套和高压釜筒体之间的空隙中,可以填充一定量的纯水,但必须准确计算填充度,以平衡衬套的间隙和工作压力,确保衬套的密封。非悬浮式衬套要求很高的加工精度,以防止在使用过程中断裂。

2. 保温炉

保温炉由炉体、釜体、加热器和热电偶组成,如图 6-4-6 所示。炉体通常由绝热材料制成。为了控制高压釜上部和下部之间的温度差,将由金属材料制成的体温挡板层添加到炉体中与生长区域和熔化区域之间的位置相对应的位置,以便下部热空气无法对流到上部。加热方法使用固定在釜体外壁上的加热器进行加热。其功率取决于高压釜的大小。热电偶的工作端插入釜体内测温孔进行温度测量,自由端用补偿导线接到仪表上控制炉温。

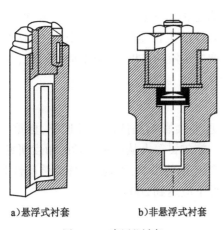

a)悬浮式衬套　　　b)非悬浮式衬套

图6-4-5　高压釜衬套

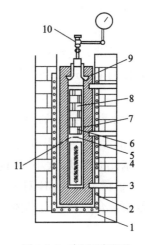

图6-4-6　高压釜保温炉

1-炉体;2-加热器;3-热电偶;4-培养料;5-挡板;
6-籽晶架;7-釜体;8-籽晶;9-密封环;10-阀门;
11-溶液

三、水热法晶体生长影响因素及优缺点

水热法需要选择合适的矿化剂,并控制好矿化剂浓度、填充度、溶解区和生长区的温度和温度差、生长区的预饱和、合理的元素掺杂、生长压力、升温恒温程序、籽晶的质量以及营养料的纯度等工艺要素,优化各个工艺条件。

1. 温度对晶体生长的影响

水热法生长受各种物理和化学条件的影响。当高压釜顶部和底部之间的温度差恒定时,生长区中的温度越高,生长速率就越大,但是如果生长速率太大,则会由于材料供应不足而在晶体生长的后半部分出现裂纹。

控制适当的温差是高质量晶体快速生长的关键之一。温度差直接影响溶液的对流速率和过饱和度,即直接影响溶质的转移量。温差越大,质量交换越快,生长速率越高。温差与增长率之间存在线性关系。如果温度差太大,则晶体包裹物增加并且透明度降低。

温度还会影响在化学反应过程中物质活性以及产生的物质类型。例如,如采用水热法合成 α-Al_2O_3 时,矿化剂为 0.1mol/L KOH 和 1mol/L KBr,填充度为35%,以 Al(OH)$_3$ 为前驱体,在380℃下,仅产生薄水铝石。在相同条件下,薄水铝石和 α-Al_2O_3 的混合物在388℃形成,并且当温度升至395℃以上时,它会完全转化为 α-Al_2O_3。这是因为温度改变了晶体生长基元的激活能。

2. 溶剂填充度对晶体生长的影响

在特定温度和溶液浓度下,高压釜内的压力取决于溶液的填充程度,因此填充程度越高,激发压力越大,生长速度越快,因此可以通过调整填充程度来调节高压釜内的压力。随着填充度的增加,釜中的压力增加,使得材料选择困难且难以打开高压釜,因此一般填充度不超过86%。

3. 溶液浓度对晶体生长的影响结晶物质

在高温高压下的纯水中,溶解度相对较小,通过选择适当的溶剂(矿化剂溶液),可以获得相对较高的溶解度和足够大的溶解温度系数,有时矿化剂可以与结晶物质形成络合物。矿化剂的类型极大地影响晶体的质量和生长速率。合适的溶剂(矿化剂)浓度可以使结晶材料具有更大的溶解度和足够大的温度溶解度以增加晶体的生长速率。但是,浓度的增加也具有一定的局限性。矿化剂浓度过高会在某种程度上增加溶液的黏度,影响溶质的对流,无助于晶体的生长。

4. 溶液 pH 值对晶体生长的影响

改变溶液的 pH 值不仅会影响溶质的溶解度,还会影响晶体的生长速率,更重要的是,会改变溶液中生长基元的形状、大小、结构和温度。施尔畏等人从微观力学的角度研究了晶体的成核机理,合理地解释了溶液 pH 对氧化物粉末的粒径的影响,发现当 pH 为强酸性时,可以在低温下合成金红石。合成金红石晶体在强碱条件下应达到 200℃。

5. 培养体

培养体加入量应满足生长要求的量进行添加,要求质地均匀、无杂质、清洗洁净、有一定的比表面积(晶体生长中溶解量与生长表面积之比大于 5)。

6. 水热法的优缺点

水热法的优点是:①与自然界生长晶体的条件很相似;②可以生长存在相变(例如石英)的材料;③可以生长有较高完美性的优质大晶体。

水热法的主要缺点是:①投料是一次性的,生长晶体的大小受高压釜容器的限制;②整个生长过程不能观察;③需要适当大小的高质量籽晶;④需要特殊的高压釜和安全防护措施。

第二节　溶剂热法晶体生长

一、溶剂热法晶体生长原理及特征

尽管近年来水热法已被广泛用于合成纳米材料,但是水热方法仍具有一定的局限性,最明显的缺点之一是它们通常只能应用于氧化物或少数对水不敏感的硫化物。而对其他一些对水敏感的化合物如 III-V 族半导体新型磷(或砷)酸盐分子筛骨架结构材料的制备就不适用了。正是在这种背景下,溶剂热技术应运而生。

所谓溶剂热法(SolvothermalSynthesis),就是将水热法中的水换成有机溶剂或非水溶媒(如:有机胺、醇、氨、四氯化碳或苯等),采用类似于水热法的原理,以制备在水溶液中无法长成、易氧化、易水解或对水敏感的材料。由于溶剂的性质(如极化性、黏性和柔软性)已经在很大程度上影响了前驱体在液相合成中的溶解度和传输行为,这些性能也控制着最终样品的反应性、形貌、尺寸和物相,除了水之外,不同有机溶剂也经常被用作反应剂。与水热法相比,更多有着特殊物理化学性质的溶剂都可以选为溶剂,反应温度也能调整到更高值。使用溶剂热法,许多具有很好的尺寸调控和分散性的纳米晶都被合成。溶剂热法中经常用到有机溶剂如:乙二胺、甲醇、乙醇、苯、吡啶、二甲苯、烷烃、二硫化碳、胺类、乙二醇等,它们既有相同之处,也有不同之处。溶剂热法具有以下特征:

(1)在反应过程中,反应釜始终处于密闭状态下,避免外界因素的干扰,在这种特殊的反应环境中可以通过对气氛的控制选择需要的反应条件,得到某些物相,如高温不稳定相和亚稳相,这些物相是普通方法难以获得的,同时,可以有效地隔绝化学反应过程中生成的有毒有害物质,能够尽可能地减少实验过程对人体的伤害及对环境的污染。

(2)溶剂热法对温度要求低,与传统合成方法相比,能够在更大限度地降低能耗、拓宽该方法的适用性,制备单晶等多种形态的材料。

(3)反应所需原料的选择范围扩大了。由于反应是在液相中进行,因此溶液通过反应釜内的浓度和温差引起快速对流,可以得到均相、纯度较高的反应产物。

(4)影响溶剂热反应结果的因素很多,如压力、温度、反应时间、浓度、pH 值、溶媒组成和前驱体类型等,通过调节这些因素,可以对反应生成产物的颗粒尺寸、形貌、晶型等进行控制,使该方法具有较强的可控性。

(5)传统的合成方法通常需要高温灼烧处理才能获得具有良好粒度和结晶度的粉末,而溶剂加热法可以避免此过程,并且通过反应可以直接获得分散性更好的粉末。

溶剂热法和水热法在原理上具有非常相似的特征,在这种情况下,有机溶剂用作压力传递介质,并起到矿化剂的作用。使用有机溶剂代替水溶液,不仅扩大了溶剂的选择范围,而且还结合了有机溶剂的性能(配位络合性质、极性等),通常可以发挥特殊的作用。溶剂热合成法是用于从低温液相中制备固体材料的新技术,这是在无机化学和材料化学领域中出现的最有发展前途的合成技术之一,是探索如何合成新材料的重要指南。

二、溶剂热法优点

(1)在有机溶剂中进行的反应可有效抑制产物的氧化过程或水中的氧污染。

(2)非水溶剂的采用使得溶剂热法可选择原料范围大大扩大。

(3)由于有机溶剂的沸点低,在相同条件下,它们可以达到比水热合成更高的气压,从而促进产物的结晶。

(4)反应温度低,因此反应物的结构单元可以保留在产物中,而不会受到破坏,同时有机溶剂官能团和反应物或产物可产生一些新型材料,在催化剂和储能方面具有潜在的应用。

第五章
气相生长与固相生长

第一节　气相法简介

对于某些高熔点、低溶解度等性质的晶体，以液相为介质来生长晶体便难以实现，而以气相为传输介质来生长晶体则易于实现。此外，采用等离子体，分子束等进行晶体生长的方法也具有与气相生长相似的特点，可归为气相生长方法。气相生长方法因其生长温度低、生长速率小、易于控制等特点，成为制备薄膜等低维材料的主要生长方法。本节将对气相生长方法的基本过程进行介绍。

气相生长方法是将待生长的原材料通过物理或化学方法气化，改变环境条件使其形成过饱和蒸汽，再通过物理沉积或化学反应在衬底表面上沉积成膜。气相生长的基本过程为：气源的形成，采用单质(化合物)的升华、蒸发或利用化学反应获得晶体生长所需要的气体；气相输运，通过气体的扩散或者外助气体的对流将气相生长元素输运到晶体生长表面；晶体生长，通过气体的冷凝或气体在固体表面上发生化学反应，使气体中的原子或分子在固体表面上沉积而实现晶体生长。气相晶体生长方法已经得到很大的发展，演变出多种晶体生长技术。基本上可以归纳为如下具有代表性的方法。

一、物理气相生长法

物理气相生长也是由气源的形成、气相输运和气相在生长界面上的沉积这 3 个环节组成的。如果这 3 个环节都是由物理过程控制的，则属于物理气相生长方法。物理气相生长方法包括升华-凝结法、物理气相输运法、分子束法和阴极溅射法等。在物理气相生长过程中，除了用作输运剂的惰性气体以外，气相中所有参与反应的元素均是晶体的组成元素。气相生长过程中，实现晶体生长的气源可以通过固态物质的加热升华或液态物质的加热蒸发获得。气相的输运途径有：一是通过气相的扩散，二是借助于流动物质的携带。气相生长初期，晶体依附于异质或同质的固相衬底生长。在同质表面上的生长不需要形核，而在异质衬底上生长时，首先需要形成晶核，当晶核达到临界尺寸时才能进行晶体生长。由于气相原子在晶体表面沉积位置的不同，而引起的表面原子自由能降低的程度不同，能量高的位置原子沉积时引起自由能的降低程度大，如借助台阶生长或螺位错生长。因此，气相生长过程中，晶体容易以小平面的生长方式生长,晶体显示出明显的各向异性。物理气相生长技术的发展和演变主要是围绕着气相输运条件的改变实现的。当化合物晶体生长原料表面通过分解形成单质气体,这些单质气体通过扩散或借助于外来气流的携带,输送到晶体生长表面,再在生长表面通过逆反应实现晶体生长。这一过程称为物理气相输运(PVT)法。该方法虽然也涉及化学反应,但仍以物理过程为主。

二、化学气相生长法

化学气相生长是通过气体的合成、分解等化学反应过程,实现气相沉积生长晶体的技术。在化学气相生长过程中,晶体生长界面上的原子吸附过程伴随着化学反应。在生长原料表面,通过原料与外助气体之间的化学反应,形成便于输运的气体向晶体生长表面输运。在晶体生长表面再通过逆反应形成与原料成分、结构相同,或者不同的晶体,并排出多余的气体。这一生长过程称为化学气相输运生长,即 CVT 法。沉积包括气体分解法、气体合成法、多元气相反应法(如金属有机化学气相沉积 MOCVT)、化学气相输运、气-液-固生长法(VLS)。

三、气-液-固生长法

该方法是通过控制气相、液相和固相的三相平衡条件来实现气相原子向液相中溶解,形成过饱和溶液,再从溶液中生长晶体的过程。与普通的气相生长有一点不同的是从气相析出固相的过程是用液体做媒介的,即溶质在结晶界面上的生长过程是一个溶液法生长过程。气-液-固生长方法实际是由 3 个过程控制的:一是气相原子或分子向溶液中的溶解过程;二是溶质在溶液中的扩散过程;三是溶质在结晶界面上生长过程。

第二节 溅射法晶体生长与分子束外延(MEB)生长

一、溅射法晶体生长

溅射法是利用荷电离子在加速电场作用下轰击靶材,使靶材中的原子被溅射出来,并在衬底表面上沉积,从而实现晶体生长的技术。溅射装置的实验原理如图 6-5-1 所示。溅射法晶体生长的基本原理可描述为:将被溅射原料制成阴极靶材,而将衬底固定在阳极上。在两极之间加高电压,使两极间的气体被电离,电离形成的带正电荷的离子加速撞向阴极靶材,使靶材表面的原子或分子被溅射出来,然后以一定的速度和方向在阳极衬底表面上沉积生长。溅射法晶体生长是由物理过程控制的。生长过程中原子沉积速率相对较小,因此,更适合薄膜材料的生长。值得注意的是:当衬底表面温度较低而溅射速度较大时,沉积在阳极表面的原子来不及调整位置可能形成非晶态或者亚稳态的沉积层;而当衬底表面温度较高、沉积速率较小时,则可能直接结晶成为晶体。非晶态相或亚稳定相沉积层可以通过后续的热处理进行晶化。采用在溅射靶上施加不同形式的电压或对溅射产生的二次电子采用磁场控制,可以形成不同的溅射方法,下面介绍磁控溅射方法。

磁控溅射是采用外加的、与电场方向正交的磁场对溅射过程中产生的二次电子运动进行控制的技术,其结构如图 6-5-2 所示。溅射产生的二次电子在阴极附近被加速为高能电子,由于磁场的作用,它们不能直接飞向阳极,而是在电场和磁场的联合作用下进行近似螺旋的运动。在该运动过程中不断与惰性气体(Ar)分子碰撞,发生电离。这些电子可以漂移到阴极附近的辅助阳极,避免对阳极衬底表面的直接轰击。因此,采用磁控技术不仅可以提高溅射率,还可以避免电子对阳极表面的轰击而引起表面的加热。磁控溅射分为直流和射频溅射,射频溅射采用的电源频率一般为 $5\sim30MHz$,而采用最多的是美国联邦通信委员会建议的 $13.56MHz$。

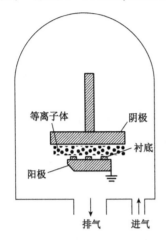

6-5-1 溅射法晶体生长的基本原理

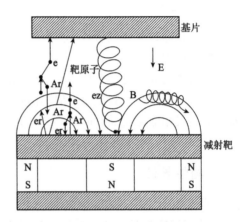

图 6-5-2 磁控溅射原理图

二、分子束外延(MEB)生长法

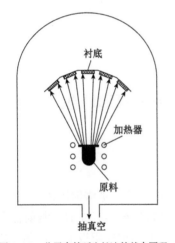

图 6-5-3 分子束外延生长法的基本原理

分子束外延生长法的基本原理如图 6-5-3 所示。把生长用原材料放在高真空度($10^{-8}Pa$ 以下)的容器中,通过对温度和开关的精确控制,由分子束源逸出的原子或分子可以直接喷射到衬底上,实现在原子尺度上的生长过程控制。采用多个不同元素的分子束源的交替开关控制,可以进行不同成分(或结构)的多层薄膜生长。采用 MBE 技术可以获得极低的生长速率,甚至从原子层数的尺度上实现生长速率的精确控制。MBE 最重要的特点是:生长过程中,如果在衬底表面覆盖掩模,则可实现选择性的外延生长而获得一定的生长图案。由此这种技术被广泛地应用在不同的集成电路中。

第三节 固 相 生 长

一、固相法原理

固相法晶体生长是通过固相的再结晶或固态相变来获得晶体的技术。金属再结晶指冷变形的金属被加热到一定温度时,在变形组织内部新的无畸变的等轴晶粒逐渐取代变形晶粒的过程;陶瓷再结晶则指在塑性变形的细晶粒中新的无应变的晶粒的形核和长大过程。固态相变是指当温度、压力以及系统中各组元的形态、数值或比值发生变化时,固体将随之发生有一个固相转变到另一个固相的过程。其中随着晶体结构、化学成分和有序程度的变化或其中之一。由于大部分的固态相变都属于扩散型相变(马氏体相变除外),固体中扩散速度非常小,所以不适合生长大尺寸单晶。但是,这对于一些特定材料的制备是最佳的选择,如金刚石。

二、金刚石的人工合成

金刚石是目前自然界中最硬的物质,它耐磨性能好、抗压强度高,已成为现代科学技术、现代工业、国防所不可缺少的重要材料。天然金刚石蕴藏量稀少,开采困难,因此许多国家都在大力发展人造金刚石。目前金刚石合成的方法有静压催化剂(固相)法、爆炸法、气相法、外延法等,而工业生产中应用最广泛的是静压催化剂法。

1. 合成金刚石的原料

合成金刚石的主要原料是石墨,石墨按层状分子的堆积方式主要分为两种。(1)ABCABC型石墨,即每隔两层,原子位置的投影相重合。这种石墨是合成金刚石的原料,仅占天然石墨的10% ~ 12%。在用石墨作原料制备金刚石时,要求石墨化程度高、晶粒粗、纯度高、晶体完整性好,有适宜的气孔率。(2)ABAB型石墨,即每隔一层,原子位置的投影相重合。这类石墨占天然石墨的80% ~ 90%。

2. 合成金刚石的机理

用石墨作原料合成金刚石的固相转化机理认为:石墨与金刚石在结构上有些相似,只要通过简单的晶格形变就能生成金刚石。这个理论可以解释为什么石墨化程度高和结晶良好的石墨易生成金刚石。

3. 合成金刚石的工艺及设备

从碳的相图可以看出,石墨转化为金刚石一般需要 $5 \times (10^3 \sim 10^4)$ MPa 的压力和1000 ~ 2000℃的高温,借助催化剂合成。金刚石合成的温度和压力也会因催化剂的种类不同而异。催化剂不仅改变了金刚石的合成条件,而且对金刚石的质量、产量也有较大的影响,如用 Ni_{70} Mn_{30} 合金催化剂合成金刚石的产量高,用 $Ni_{40}Fe_{30}Mn_{30}$ 的金刚石粒度较粗;而且纯钴合成的金刚石晶型完整、抗压强度高。合成金刚石时,叶蜡石是常用的传压介质。

合成金刚石所需的高压一般是由油压机通过特殊加压装置产生。目前工业生产所采用的加压装置有 3 种:两面顶、四面顶、六面顶。合成金刚石的加热方式主要有两种:直接加热和间接加热方式。直接加热方式是电流直接通过试样(石墨和催化剂),由其本身电阻发热加热。间接加热方式是电流流过试样外的特制加热管产生热量,对试样进行加热。直接加热的优点是组建简单,间接加热试样中温度梯度小。另外还有直接和间接混合的加热方式。

4. 合成金刚石的工艺过程

(1)合成件组装。磨料级(粒径 < 0.5μm)人造金刚石合成件的组装过程是将一层石墨和一层催化剂合金片交叉重叠装入叶蜡柱体内,装入后用压杆压实。

(2)升温升压方式。磨料级人造金刚石合成时,升温升压均要快,即放好合成件和密封环后,应快速升压。当顶锤与合成件平整接触时,立即停止快速升压,打开高压送油阀,升到规定的压力,然后一次升温到预定温度,保温恒压 4 ~ 5min,停电、卸压,打开回油阀使表针回零,最后快速松开顶锤,取出试样。

（3）合成结果。合成金刚石的温度压力对金刚石的合成结果都有影响。温度偏低,功率太小,合成金刚石黑色较多,完整单晶少,质量差。温度偏高,功率过高,造成试样中间烧结或出现金刚石成堆,完整单晶少,质量也不高。只有在适当功率条件下,合成效果才最好。

（4）合成金刚石的提纯。合成金刚石产物中除了有金刚石外还有石墨、金属（合金）、叶蜡石等物,必须经过处理才能得到纯净的金刚石。

第六章

晶体定向与切割

单晶体具有各向异性的性质,这种各向异性对半导体材料的制备和器件制作都具有十分重要的影响。因此,为提高半导体单晶的利用率,在对其切割时必须沿一定的方向进行。晶体定向切割,就是在一块晶体上按照所选定的晶向准确地对晶体进行加工切割。例如,对于砷化镓和硅器件,在生产实践中发现,适宜沿(111)方向进行切割。因此,在对晶体进行切割前,必须对晶体进行定向。根据晶体的不同种类和生长方法,晶体定向的方法也不相同,下面介绍3种常用的晶体定向方法。

第一节 解理法定向

一、解理法定向原理

解理法定向适用于晶体的轴向取向各不相同的情况。晶体的解理,就是当晶体受到定向机械应力时,可以平行于一个或几个平整的平面开裂的性质,这些分裂开的平整平面称为解理面。解理面通常是晶体中的低指数面。解理的位置和级别,常常作为一类晶体的特殊标志。晶体在某一方向上键合较微弱的面必然是解理面。对一定结构的晶体,它的解理面的晶面指数是已知的,因此我们就可以利用这些晶体中易于找到的特殊晶面——解理面来实现某些晶面的定向切割。原则上,根据解理面和其他晶面的相互关系,可对若干晶面进行定向切割,但是由于定向过程中的操作关系,一般对于和解理面有较好对称关系的晶面易于进行解理法定向。解理法定向对砷化镓单晶及某些半导体单晶的(111)、(100)和(110)晶面的定向较为方便。由于一般的半导体生产中都采用这3个主要晶面,所以这种定向法通常都能满足一般器件生产的需要。

二、解理法定向过程

(1)观察晶体表面的"生长棱线",根据经验,确定出所需晶面的大概切割方向。

(2)用黏结剂将晶体黏在往复式切割机的定向切割转台——三维转动台上,并把整个转台安装到往复式切割机工作台上,用螺钉卡紧。三维转台在切割机上的角度可以调整。

(3)开动机器,从晶体尾部切下一块厚 $0.3 \sim 0.4$ mm 的晶体薄片,加适宜外力进行解理。

对于已知晶系的晶体,可以根据各解理面间的夹角来判断相应的解理面。对硅、锗单晶而言,它们的解理面是(111)晶面,由立方晶体(111)、(100)和(110)晶面间的相互关系和立方晶体晶面夹角的关系可以看到,各(111)面间的夹角为70°32′,(111)晶面和(100)晶面间的夹角为54°44′。因此,若相邻二解理面间的夹角接近于60°或120°,则此切割平面接近于(111)晶面。若相邻二解理面的夹角接近于90°,则此切割平面接近于(100)晶面。

(4)如果相邻二晶面间的夹角情况与所需定向晶面的情况不符,应重新判断,选择新的切割方向。再重复步骤(3)的操作,直至找到需要的解理情况为止。

(5)下面以(111)晶面的定向切割为例进行说明。晶片在解理后相邻二解理面间的夹角接近于60°,即符合了所需定向的(111)晶面的解理情况。再从单晶上切割一薄片,只切到片子面积的2/3左右为止,用手掰下此薄片,片子沿解理面断裂,而在单晶断面上留下此薄片的解理面。

(6)用光反射法根据经验方法和规定,测出掰下晶体薄片的各个解理面和切割平面间的偏角大小。根据规定调整三维转台的角度,然后用螺丝锁紧。

(7)再切割下一薄片晶片,测量此时的偏角大小,如果发现它们远比上一次测得的偏角小,则说明转台转动的方向是正确的。反复进行此工作,以使测得的偏角逐渐减小,直到偏角数值达到要求的准确度为止。

(8)把定好向的单晶按需要的厚度切割成薄片。(100)晶面定向切割的操作步骤和(111)晶面完全类似。

解理法定向设备简单、操作方便、定向准确度好,在1°以内,能给出晶向的偏角数值,而且能与往复式切割机、丝剧切割机和内圆切割机配合进行定向切割。但是会因定向时的晶体解理而损耗掉一部分单晶材料。实际生产中很少采用解理法对硅、锗单晶定向,因为目前硅、锗单晶多数都采用直拉法或悬浮区熔法制备。晶体的轴向生长方向一般都已知,故采用光图像法或单色 X 射线法定向十分方便。目前很多工厂都采用光图像法对硅、锗单晶定向。这种方法需要仔细观察晶体生长表面的生长纹和参考以往定向经验。

第二节　光图像法定向

对于轴向生长方向已知的晶体,采用光图像法定向十分方便。光图像法定向在直拉单晶体的定向切割中得到了广泛的应用。它具有设备简单、操作方便、能和普遍使用的内圆切割机相配合进行定向切割的特点,但准确度比解理法差,不能给出晶向偏离的角度数值,仅对某些非透明和径向大致已知的少数低指数晶面有效。多数用于硅、锗、砷化镓等直拉单晶和悬浮区熔单晶的(111)、(110)、(100)等晶面的定向。

光图像法定向是根据晶体解理面的光反射性和晶体结构的对称性来实现晶体定向的。当一束较细的平行光照射到经一定方法处理过的晶体断面上时,晶体断面上按一定对称性方向排列放置的解理面就会产生反射。对不同结构的晶体和不同的晶面,反射光在光屏上形成不同的光图像。转动晶体以调整光图像的形状和位置,就可以获得所需要的取向。

在半导体器件的生产中,大多数都采用了大基片(或称大圆片)生产。即先在大面积的半导体基片上制造出若干个分离管芯或电路,然后采用划片分割的方式把这些分离的管芯或电路分割出单个独立单元,再把这些独立单元装上支架,压上引线,封装在管壳内完成器件的制作。由于半导体晶体的各向异性特点,这种划片分割不是任意的,而应选择一个最好的划片分割方位来进行。否则将会造成划片成品率的降低,目前单个管芯或电路大多数采用正方形或矩形分割方式,因此可先在半导体基片上标示出一个基准方位来,在器件制作中按此方位来安排管芯或电路的位置,划片分割时也按此基准方位来进行,从而获得最佳划片成品率。由于划片时晶体薄片容易沿解理面平整地断裂开,对基准划片方位的选择应尽量使此方位和晶体的解理面一致,或者使和基准划片方位相垂直的另一划片方位和晶体的解理面一致,最好是此二方位都和晶体的解理面一致。在每块半导体基片上都表示出最佳划片方位的方法是在单晶锭未切割之前,在其柱面上先研磨出一个基准平面(基准研磨平面)来,然后进行晶锭横断面的定向切割。图 6-6-1 为直拉砷化镓单晶基准研磨平面——(110)面的确定。

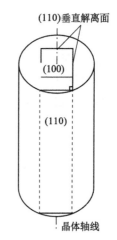

图 6-6-1 根据解离面(100)来确定取向直拉砷化镓单晶(110)基准研磨平面

第三节 X 射线定向

一、X 射线照相法定向

在一定的管电压和电流下,用钨靶、铜靶所发射的连续 X 射线作为光源,照射晶体,根据布拉格公式 $2d\sin\theta = n\lambda$,可知衍射峰的位置是确定的。X 射线照相法定向正是利用布拉格公式所揭示的这个规律来定向的。它适用于晶体取向完全未知的情况,是利用晶体对入射 X 射线的衍射而使乳胶感光,拍摄出晶体的劳厄衍射花样照片。然后转换成极射赤平投影,再根据此投影图确定出晶体的取向。

这种方法操作麻烦,不易掌握,准确度大约只有 $0.5 \sim 2°$,晶体的定向准确度不高,与光图像法定向的准确度相当。但是优点是对晶体取向完全未知,或晶向偏角较大的晶体进行定向时较为方便、可靠,多在实验室研究用,工厂常规生产中应用较少。因为晶体取向的测定是根据劳厄照相底片上的衍射斑点的位置来实现的,所以在摄取劳厄照片之前必须将试样晶体相对于照相底片的取向位置固定,以便在衍射花样确定了投影极点的指标后转动晶体,使所要求定向切割的晶面和入射 X 射线垂直。然后使转台平移至切割机上,使切割机刀片平面平行于定向切割晶面进行切割,才能获得所需的取向晶体薄片。摄取劳厄照片时最好使用内圆切割机上的转台来固定晶体,以便在晶体定向时直接用内圆切割机转台来转动角度,晶体定完向后,可直接将内圆切割机转台移至切割机上进行晶体的加工切割。最好使劳厄相机上所使用的晶体转台和内圆切割机配套使用。

二、单色 X 射线衍射法定向

如果用以固定波长的 X 射线入射到一块晶体上,要使其能在某晶面上产生衍射,则必须使晶体的位置能连续改变,其晶面的放置位置满足布拉格方程。对不同结构和不同晶面其衍射线所出现的位置不同,我们根据衍射线所出现的位置就能确定出晶体的取向。因为在实际应用中往往只需要在晶体中找出某个确定晶面就行了,因此用单色 X 射线在所要求的晶面上产生衍射,就足以确定该晶面的位置,而不必使其他晶面同时产生衍射。衍射原理如图 6-6-2 所示。当晶体转动到某位置时,入射 X 射线和晶体某点阵平面的夹角为 θ,置于 2θ 位置的检测器将指示出最大值。此时晶体的放置位置即为所需点阵面的取向位置。

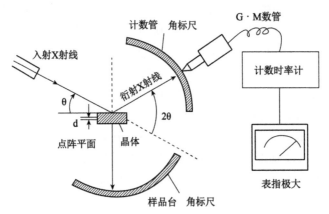

图 6-6-2　单色 X 射线衍射法定向原理图

使用此方法定向的一半程序简单介绍如下:在进行晶体定向之前,首先应确定所需定向的晶体是否是一块单晶体,这可以从晶体的外形、生长棱线等方面做大致的判断;根据需要定向晶体的结构和需要定向晶体的晶面指数,计算出它的晶面间距,再用布拉格定律计算出它的衍射角;计算出晶体的取向偏角,使切割机转台绕其水平轴和垂直轴转过相同的取向偏角,对晶体进行切割。单色 X 射线衍射法定向在晶体取向大概已知,而要求准确地沿所需晶面进行定向切割时,最为适用。而对晶体取向未知的晶体,一般也能通过晶体对入射 X 射线的衍射线方位来迅速地判定其晶向,但需要根据晶体的外形特征来尝试计数管放置位置,再转动晶体以找到最强的衍射点位置。此种方法操作方便,易于掌握,而且定向周期也短,由于 X 射线定向仪有精度较高的测角装置,因此它的定向准确度很高。这种定向方法目前在工业生产中和实验中得到了广泛的应用。

在半导体器件的生产中,不仅需要确定一块晶体某晶面的准确取向,而且需要在已知晶体取向的方向上把晶体加工切割成一定厚度的薄片,以便于在此薄片上制作电路或管芯。对于每一块薄片都要求有相同的晶向准确度。因此,不仅要有一种定向精度合适的条件,而且还应配备和定向精度相匹配的切割装置,这样就不会使准确取向的晶体经加工切割后产生较大的晶向偏离,进而使精细的定向工作变为徒劳。

第七章

晶体性能与应用

人工晶体与天然晶体相比,具有可控的生长规律和习性,可按照人们的意志、应用的要求进行设计,还可结合第一性原理计算,用理论模拟尝试更多的真实的或未知的材料,预测材料各项性能,减少实验次数,加速材料研究的创新。人工晶体可通过性能调控,获得一些奇异的特殊性质,材料的各种独特性能不胜枚举。基于这些独特性质的人工晶体是信息技术发展的原动力,是光学、电子学、计算机、通信等设备研制生产的物质基础和核心原材料,是实现国防科技现代化的关键材料。为了进一步说明人工晶体在国防和国民经济中的重要作用和地位,促进其开发与应用,本节将介绍基于具有普遍共性的光学、电学、磁学等物理性能基础上的相关材料的应用。

第一节 光学性能与应用

一、晶体光学性质

晶体材料的基本光学性质包括其对光的透射、折射、反射、吸收以及散射等。利用这些性质可以制成多种晶体光学元件。根据对不同的光学性能的应用,可将人工晶体材料及应用做以下划分。

1. 光学晶体及应用

第一种光学晶体,金属铊和卤素的化合物光学晶体,常用做红外光学材料。它们具有相当宽的透射波段。铊卤化物混合物晶体溴化铊-碘化铊(KRS-5)和溴化铊-氯化铊(KRS-6)是良好的可在较低的温度下使用的探测元件窗口材料或透镜材料;第二种光学晶体,碱土-卤族化合物光学晶体的近红外透射率比较高,折射率低,反射损失小,不需要镀反射膜。氟化镁单晶已广泛用作飞机、导弹、人造卫星光学系统中的红外透镜和窗口材料,是真空紫外和高能激光器理想的窗口材料和透镜材料。氟化钡单晶是二氧化碳激光器的理想窗口材料;第三种光学晶体,氧化物光学晶体是应用广泛的光学材料,有着十分优良的物理性能,是一种不溶于水的单晶,熔点很高,又是一种良好的耐高温的近红外光学材料。广泛用于红外波段的反射材料、激光材料。这类材料有石英,二氧化钛,蓝宝石等。

2. 非线性光学晶体

非线性光学效应是指强光通过介质时波的线性叠加原理不再成立,产生强光光学效应如光的倍频、和频、差频等。在激光出现之前的光学是研究弱光束在介质中传播规律的科学,在光的透射、折射、干涉、衍射、吸收和散射等现象中,光波的频率是不发生变化的,并满足光波的线性叠加原理,研究这些现象的科学称为线性光学。在强光或外场(电场、磁场)作用下能产生非线性光学效应的晶体称为非线性光学晶体。虽然光学非线性效应不但在一些具有非中心对称的无机与有机晶体中存在,也在某些液体(如硝基苯)和气体(如金属蒸汽)中存在,但在实验中得到广泛应用且性能比较优良的非线性介质主要是各种非线性光学晶体。早在 20 世纪初,人们便制备出了石英晶体(α-SiO_2),1945 年磷酸二氢钾(KDP)生长成功,1964 年铌酸锂($LiNbO_3$)晶体问世,1976 年磷酸钛氧钾(KTP)晶体问世,它们促进了无机非线性光学晶体的发展。20 世纪 80 年代,又先后出现了磷酸精氨酸(LAP)、偏硼酸钡(β-BBO)、三硼酸锂(LBO)等新型无机非线性光学晶体。LBO 是一种性能优异的非线性光学晶体,它具有透光波段宽、损伤阈值高、接收角大、离散角小等优点,广泛应用于固体激光变频领域中。

3. 光折变晶体

光折变效应指介质在外来光作用下,其折射率发生变化。这种介质通常吸收外来光子而产生内部电荷迁移,这一电荷分布的改变形成一个空间电荷场,通过电光效应使折射率受到调制。光折变材料、效应和器件的研究,在国内外受到极大的重视,自 1988 年开始,每两年就有以光折变材料、效应和器件为内容的国际会议召开。从 20 世纪 70 年代开始,中国科学院上海硅酸盐研究所、物理所,南开大学,哈尔滨工业大学,山东大学等都相继开展了光折变晶体方面的工作,在国内已经研究成功的和正在研究的光折变晶体有 $BaTiO_3$、$LiNbO_3$:$FeBi_{12}SiO_{20}$ 等铁电氧化物,非铁电晶体和化合物半导体如 GaAs、InP、CdTe 还有以 CdTe 为基的三元化合物 CdMnTe 等。

4. 磁光晶体

磁光晶体是指具有磁光效应的晶体。磁光效应指光通过透明磁性物质(铁磁性物质、亚铁磁性物质、顺磁性物质)或光被磁性物质反射时由于存在自发磁化强度(对顺磁性物质为外磁场),产生新的光学各向异性,可以观察到各种现象。

一般人所熟悉的磁光效应有磁致旋光效应(法拉第效应和克尔效应)和磁致双折射效应。磁光效应在技术中有着巨大的应用潜力。目前的应用主要是利用磁光旋转的非互易性制成磁光器件。利用法拉第效应制成的磁光隔离器可应用于光纤通信中,可以消除调制器、光纤连接器、光探测器和其他光路元件处产生的反射对光源的影响,还可以做成磁光盘存储器,还可以做成磁光显示器件、磁光转换开关等。1958 年,美国贝尔公司首先研制成功的一种新型磁光材料-钇铁石榴石晶体 YIG($Y_3Fe_5O_{12}$)。图 6-7-1 为实验室制备的 CdMnTe 磁光隔离器,该磁光晶体的费尔德(Verdet)常数可达($10^3 \sim 10^4$)/(°·cm)。

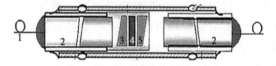 

a)隔离品示意图　　　　　　　　　　　　　　b)隔离品照片

图 6-7-1　CdMnTe 磁光隔离器

1-光纤;2-准直透镜;3-起偏器;4-法拉第旋转器;5-检偏器

5. 电光晶体

晶体在外电场作用下,其光学性质发生改变(折射率变化)的这一现象叫电光效应。电光晶体可以实现对光波的调制。利用电光晶体可制成电控光开关、光偏转器和光频率调制等电光元件。

6. 声光晶体

当超声波在晶体中传播产生弹性应力致使晶体折射率发生周期性变化,并使通过晶体的光传播方向发生变化的现象称为声光效应。利用声光效应的器件主要有声光调制器、偏转器和滤波器等。新型的声光晶体有 $PbBr_2$、Hg_2Cl_2 等。

二、晶体发光性能

发光性能是某些晶体在光和电的激励下产生激光或荧光的特性。这些发光所产生的光谱可以覆盖可见光区、红外光区和紫外光区。下面简单介绍具有发光性能激光晶体、阴极射线管和发光二极管及应用。

所谓激光晶体是在光或电激励下可以产生激光的晶体,由发光中心和基质晶体组成。按输出激光功率的大小可分为高功率激光晶体、中等功率激光晶体和小功率激光晶体;按输出激光的波长特点可分为固定波长激光晶体和可调谐激光晶体;按结构类型分石榴石型、刚玉型、钙钛矿型等激光晶体;按激活特点分为稀土离子激活型、顺磁离子激活型、色心及半导体激光晶体。激光晶体广泛用于固体激光器的工作物质。在各种激光器的研发中,固体激光器占主导地位。1960 年,美国物理学家梅曼(Maiman)研制成功世界上第一台以红宝石($Cr:Al_2O_3$)为工作物质的固体激光器。至今,人们已发现了数百种新型激光工作物质。固体激光材料是发展固体激光器的核心和关键。20 世纪 80 年代末期,人们发现了可调谐范围为 660 ~ 1100nm 的钛宝石($Ti:Al_2O_3$),实现了高功率、小型化、集成化的全固态超快速飞秒(Femtosecond)激光器的巨大发展。近年来,人们开始关注新波段的激光研发工作,主要是波长在 2 ~ 5μm 范围的中红外波段,这个波段在医学、遥感、激光雷达和光通信等方面有重要应用。如 Er1.5Al_5O_{12}(2.94μm)激光在医学上具有广泛应用。高功率激光晶体在材料加工、军事、医学等方面有重要的应用,如 Nd:YAG(掺钕的钇铝石榴石)激光晶体,通过光纤导向非常适合精密加工的需要;Nd:Gd1.3Ga_5O_{12}(Nd:GGO)激光晶体,是新一代战略武器高功率(100kW)固体激光器优选工作物质。CRT(阴极射线管)发光材料有 10^{-7} ~ 10^{-8} s 的超短余晖和长达几秒甚至更长的极长余辉发光特性。黑白系列的有 ZnS:Ag(Zn,Cd)彩色系列有 ZnS:Ag(蓝色),ZnS:Au(Cu,Al)(绿色),Y_2O_3:Er(红色)等。

发光二极管:在半导体二极管中,如果在施加正向电压时,通过 pn 结分别把 n 区电子注入 p 区,p 区电子注入 n 区,电子和空穴就会复合发光,这样可以把电能直接转化成光能,即成为发光二极管(LED)。LED 具有小型化(发光芯片为几百微米)、高效率、长寿命、低电压(约 2V)、低电流(20 ~ 50mA)等特性,已经应用于各种器件之中。1952 年研制出了 Ge-Si 的 pn 结发光;1955 年实现 GaP 的 pn 结发光;1969 年实现了 GaP 的红色 LED,近年来,获得了 GaN 系列高亮度蓝色 LED 和白光全色 LED。

第二节　电学性能与应用

电学性能是晶体材料最重要的物理性能。导电材料、半导体材料、介电材料等功能材料的使用性能均与材料的电学性能相关。电阻率是最重要的电学参数之一，电阻率是用来表示各种物质电阻特性的物理量，在一定的温度下，材料的电阻率可以表示为：

$$\rho = \frac{RS}{L} \tag{6-7-1}$$

式中：R——材料的电阻，反映的是物质对电流的阻碍作用属性；

　　　S——横截面积；

　　　L——样品的长度。

电阻率是反映物质导电性能好坏的物理量。根据材料导电性能好坏，把材料分为：导体（$\rho < 10^{-2}\Omega \cdot m$）；半导体（$10^{-2}\Omega \cdot m < \rho < 10^{10}\Omega \cdot m$）；绝缘体（$\rho > 10^{10}\Omega \cdot m$）。不同的材料导电能力相差很大，这是由它们的结构和导电本质决定的。利用金属及合金及一些导电陶瓷等的优良的导电性能，可以把这些导电材料用于电力工业、仪器仪表、计算机、电子微电子行业等。

半导体材料可用于制作半导体器件及集成电路等。20世纪中叶，单晶硅和半导体晶体管的发明及集成电路的研制成功，导致了电子工业革命；20世纪70年代初，石英光导纤维材料和砷化镓激光器的发明，促进了光纤通信技术迅速发展并逐步形成了高新技术产业，使人类进入了信息时代。超晶格及其半导体超晶格、量子阱材料的研制成功，彻底改变了光电器件的设计思想，使半导体器件的设计与制造从"杂质工程"发展到"能带工程"；纳米科学技术的发展，使人们从分子、原子和纳米尺度水平上制造和操控功能强大的新型器件与电路，深刻地影响着世界的政治、经济格局和军事对抗的形式，彻底地改变了人们的生活方式。

绝缘材料又称电介质，是指在直流电压作用下，不导电或导电极微的物质。它的主要作用是在电气设备中将不同电位的带电导体隔离开来，使电流能按一定的路径流通，还可起到支撑和固定，以及灭弧、散热、储能、防潮、防霉或改善电场的电位分布和保护导体的作用。

第三节　磁学性能与应用

磁性材料是由于顺磁性原子在一定条件下的强烈交换作用产生自发磁化而获得高磁化率和强磁性的材料。由于各种磁性材料的原子磁性和磁结构、电子组态（电子结构）和原子排列（晶体结构）等微观结构以及各种显微组织等的千差万别，因此出现了各种宏观磁性和其他物理性质。物质的磁性，取决于原子磁矩的取向。在无外磁场作用时，各原子磁矩的取向是紊乱的，物质不呈现宏观磁性；而当受外磁场作用时，则原子磁矩呈取向性分布，物质呈现宏观的磁性。

物质的磁性，从微观本质上说都是来自原子中电子的自旋磁性、轨道运动磁性和原子核磁性。由于原子核质量约为电子质量的10^3倍以上，故原子核磁性仅为电子磁性的1/1000或更低,在一般情况下可以忽略。当原子中各饱和电子壳层内电子成对出现时,其自旋和轨道运动各自相互抵消,仅当受到外磁场作用时,才解除部分抵消而显示出与外磁场反平行的感生净磁矩,这种性质称为抗磁性,表征其磁性的磁化率约为 $10^{-7} \sim 10^{-6}$ 数量级,且为负值。当原子中有不成对抵消电子时,原子在外场中这些电子磁矩将部分克服热扰动的无规则排列而在磁场方向上获得微小的净磁矩分量,表征其磁性的磁化率约为 $10^{-5} \sim 10^{-4}$ 数量级,且为正值,称为顺磁性;如果原子间不成对抵消电子自旋间存在强烈的、具有量子力学性质的相互作用,即交换作用,由于交换作用对电子自旋磁矩排列的影响远高于一般外磁场的作用,于是使这些电子的自旋运动及其产生的净磁矩有序地排列起来(称为自发极化),因而获得磁化率约为 $1 \sim 10^{4}$ 数量级的强磁性,称为铁磁性,如铁钴镍等过渡族元素;磁矩交错反平行排列,不表现宏观强的净磁矩,这种磁有序状态称为反铁磁性。温度升高到奈尔温度以上时,该物质变为顺磁性。反铁磁性物质包括某些金属(如 Mn、Cr 等)。亚铁磁性在宏观上与铁磁性类似,由于材料结构中的原子磁矩不像铁磁体那样向一个方向排列,而是呈部分反平行排列,所以抵消了一部分。所以,亚铁磁性的饱和磁化强度比铁磁性的低。

一般说来,磁性材料按其应用可以分为软磁材料和硬磁材料(永磁材料)。软磁材料通常指在磁场作用下非常容易被磁化、磁场取消后很容易退磁化的材料。它的磁滞损耗小,适合用在交变磁场中,如变压器铁芯、继电器、电动机转子、定子都是用软磁材料制成的。硬磁材料通常指那些难以磁化,且去磁场以后仍能保留高的剩余磁化强度的材料,又称永磁材料。硬磁材料主要用来储藏和供给磁能,作为磁场源。硬磁材料在电子工业中广泛用于各种电声器件、在微波技术的磁控管中亦有应用。目前产业化的永磁材料有:永磁铁氧体,铁铬钴系合金,第一、二代稀土永磁材料钐钴系合金和第三代稀土永磁材料如钕铁硼。

本篇参考文献

[1] 介万奇. 晶体生长原理与技术[M]. 北京:科学出版社,2010.

[2] 赵凯华,罗蔚茵. 热学[M]. 北京:科学出版社,1998.

[3] EYRING H. Viscosity,plasticity,and diffusion as examples of absolute reaction rates[J]. Journal of Chemical Physics,1936,4:283-291.

[4] 边秀房. 熔体结构[M]. 济南:山东工业大学出版社,2000.

[5] 师昌绪. 材料大词典[M]. 北京:化学工业出版社,1994.

[6] 闵乃本. 晶体生长的物理基础[M]. 上海:上海科学技术出版社,1982.

[7] 宋维锡. 金属学[M]., 北京:冶金工业出版社,1980.

[8] 杨华明,宋晓岚. 新型无机材料[M]. 北京:化学工业出版社,2004.

[9] 姚连增. 晶体生长基础[M]. 合肥:中国科学技术大学出版社,1994.

[10] 张克从,张乐潓. 晶体生长科学与技术[M]. 北京:科学出版社,1997.

[11] BRIDGMAN P W. Certain physical properties of single crystals of tungsten, antimony, bismuth,tellurium,cadmium,zinc and tin[J]. Proceedings of the American Academy of Artsand Science,1925,60:306.

[12] STOCKBARGER D C. The production of large single crystal of lithium fluoride[J]. Reviewof Science Instruments,1936,7:133-136.

[13] 张霞,侯海军. 晶体生长[M]. 北京:化学工业出版社,2019.

[14] 赵正旭. 半导体晶体的定向切割[M]. 北京:科学出版社,1979.

[15] 张玉龙,唐磊. 人工晶体——生长技术、性能与应用[M]. 北京:化学工业出版社,2005.

[16] 谷智,介万奇,周万成. 材料制备原理与技术[M]. 西安:西北工业大学出版社,2014.

[17] 全国人工晶体标准化技术委员会. 人工晶体材料术语:GB/T 39131—2020[S]. 北京:中国质检出版社,2020.

[18] 全国仪表功能材料标准化技术委员会. 氟化钡闪烁晶体:GB/T 37398—2019[S]. 北京:中国标准出版社,2019.

[19] 全国有色金属标准化技术委员会. 锗晶体缺陷图谱:GB/T 8756—2018[S]. 北京:中国标准出版社,2018.

[20] 全国有色金属标准化技术委员会. 太阳能级多晶硅锭、硅片晶体缺陷密度测定方法:GB/T 37051—2018[S]. 北京:中国标准出版社,2019.

[21] 全国半导体设备和材料标准化技术委员会.硅晶体中间隙氧含量的红外吸收测量方法：GB/T 1557—2018[S].北京：中国标准出版社,2018.

[22] 全国光辐射安全和激光设备标准化技术委员会.掺铒钇铝石榴石激光晶体光学性能测量方法：GB/T 35118—2017[S].北京：中国标准出版社,2017.

[23] 全国半导体设备和材料标准化技术委员会.蓝宝石晶体缺陷图谱：GB/T 35316—2017[S].北京：中国标准出版社,2018.

[24] 全国半导体设备和材料标准化技术委员会.蓝宝石晶体X射线双晶衍射摇摆曲线测量方法：GB/T 34612—2017[S].北京：中国标准出版社,2017.

[25] 全国半导体设备和材料标准化技术委员会.硅外延层晶体完整性检验方法腐蚀法：GB/T 14142—2017[S].北京：中国标准出版社,2017.

[26] 工业和信息化部(电子).光学晶体消光比的测量方法：GB/T 11297.12—2012[S].北京：商务印书馆,2012.

[27] 全国频率控制和选择用压电器件标准化技术委员会.人造石英晶体 规范与使用指南：GB/T 3352—2012[S].北京：中国质检出版社,2014.

[28] 全国半导体设备和材料标准化技术委员会.硅晶体中间隙氧含量径向变化测量方法：GB/T 14144—2009[S].北京：商务印书馆,2009.

[29] 全国半导体设备和材料标准化技术委员会.硅晶体完整性化学择优腐蚀检验方法：GB/T1554—2009[S].北京：商务印书馆,2009.

[30] 中国建筑材料联合会.人造光学石英晶体试验方法：GB/T 7896—2008[S].北京：中国标准出版社,2008.

[31] 中国建筑材料联合会.人造光学石英晶体：GB/T 7895—2008[S].北京：中国标准出版社,2008.

[32] 全国微束分析标准化技术委员会.薄晶体厚度的会聚束电子衍射测定方法：GB/T 20724—2006[S].北京：商务印书馆,2006.

[33] 中国建筑材料联合会.晶体折射率的试验方法：GB/T 16863—1997[S].北京：中国标准出版社,1997.

[34] 中国科学院.低温下晶体透射率的试验方法：GB/T 16864—1997[S].北京：中国标准出版社,1997.

[35] 工业和信息化部(电子).介电晶体介电性能的试验方法：GB/T 16822—1997[S].北京：中国标准出版社,1997.

[36] 工业和信息化部(电子).双折射晶体和偏振器件测试规范：GB/T 14077—1993[S].北京：商务印书馆,1993.

[37] 工业和信息化部(电子).压电晶体性能测试术语：GB/T 12633—1990[S].北京：中国标准出版社,1990.

[38] 工业和信息化部(电子).压电晶体电弹常数测试方法：GB/T 12634—1990[S].北京：商务印书馆,1990.

PART 7 第七篇

无机非金属材料
工业环境与生态

第一章

水泥工业环境污染与治理

水泥生产过程中的资源和能源的消耗，粉尘、酸性氧化物 SO_x 和 NO_x 及温室气体 CO_2 的排放，噪声的产生等易对环境和生态造成污染与影响。

水泥生产每吨熟料要用 1.4 ~ 1.5t 石灰石，0.2 ~ 0.3t 黏土和 0.2t 煤炭，同时排放 1t 左右的 CO_2、NO_x 气体和粉尘。而石灰石资源和黏土资源的消耗又会破坏植被，造成水土流失；CO_2 等温室效应气体浓度的增加又会导致地球环境表面温度上升，对气候、农业和生态系统造成影响；烟气中的 SO_2、NO_x 是对人体健康有害的气体，同时也是酸雨、雾霾形成的重要原因。

噪声和粉尘的污染防治都有较成熟的技术，而烟气脱硫脱硝是水泥工业污染防控的重要内容。

第一节 水泥工业烟气脱硫

一、水泥生产中硫的来源与循环

水泥生产用煤多为高硫煤（含硫 0.5% ~ 3.0%），硫元素主要以有机硫、黄铁矿形式存在。此外，水泥原料，特别是石灰石也含有一定量的硫，其绝大多数以黄铁矿、少量以石膏和硫酸亚铁等形式存在。FeS_2 分解温度为 350 ~ 600℃，$CaSO_4$ 分解温度为 1250 ~ 1500℃，生料中硫化物和硫酸盐分别于 C2-C3 旋风筒与回转窑中分解放出 SO_2。

煤分别在窑头和分解炉喂入（头煤和尾煤），尾煤中有机硫和硫化物在分解炉分解放出 SO_2，头煤中有机硫和硫化物及所有硫酸盐均在回转窑中分解放出 SO_2。新型干法水泥生产工艺中，气体流向和物料流向相反，且固体颗粒与气体在分解炉、旋风筒等部位多次充分接触，因此，在水泥窑系统中的很多区域同时发生着 SO_2 释放与捕获反应，水泥生产线本身就是脱硫反应装置，如图 7-1-1 所示。

水泥生产线脱硫，按照气体流向依次分为：

（1）回转窑固硫，烟气中 SO_2 与碱、CaO 反应生成 K_2SO_4、Na_2SO_4 和 $CaSO_4$，由于液相物理包裹作用，熟料中硫酸盐并未完全分解，残存的硫酸盐随熟料排出窑系统。

（2）分解炉和 C5 旋风筒脱硫，新生成的高活性 CaO 与烟气中 SO_2 反应生成 $CaSO_3$，后被氧化为 $CaSO_4$ 进入物料流，显著降低了烟气中 SO_2 浓度。

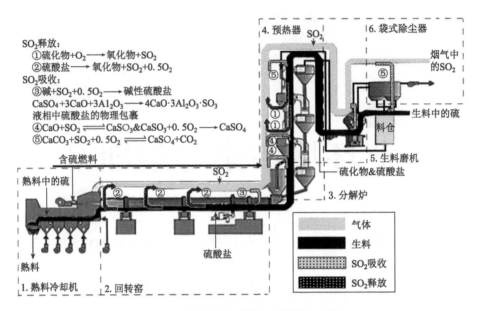

图 7-1-1　新型干法水泥窑中硫的释放与捕获

（3）C1-C4 旋风筒脱硫，生料与烟气经过 4 次充分接触，反应温度较高，反应时间较长，CaCO$_3$ 与烟气中 SO$_2$ 反应生成 CaSO$_3$，使烟气中 SO$_2$ 浓度降低。

（4）生料磨及收尘器脱硫，石灰石在粉磨过程中产生新鲜表面，提高了石灰石反应活性，同时相对湿度较高，气固接触充分，CaCO$_3$ 与 SO$_2$ 反应生成 CaSO$_3$，因此生料磨具有脱硫能力。

原燃料受热分解释放出的 SO$_2$ 经过上述多级脱硫反应，最终皆以硫酸盐形式进入回转窑中。当窑内温度超过 1250℃时，CaSO$_4$ 开始分解重新释放出 SO$_2$，随气流上升至分解炉和 C5 旋风筒中，被 CaO 重新捕获并进入物料流。此外，烧成过程中 K$_2$SO$_4$、Na$_2$SO$_4$ 等硫酸碱（R$_2$SO$_4$）挥发进入气相，在温度较低的窑尾、分解炉等处，在生料表面冷凝进入物料流，或在炉内形成结皮，严重时影响正常生产。

经过多次 SO$_2$ 释放捕获硫酸碱挥发冷凝，硫在回转窑和分解炉中循环富集（窑内硫循环），使烟气中 SO$_2$ 浓度和物料中硫酸盐含量逐渐升高。当分解炉中 CaO 不足以捕获烟气中的 SO$_2$ 时，部分 SO$_2$ 随气流依次经过预热器、生料磨及收尘器，并与 CaCO$_3$ 发生反应生成 CaSO$_3$ 重新进入物料流（少数经旁路放风以窑灰形式排出），可在一定程度上降低烟气中 SO$_2$ 浓度（窑外硫循环）。理论上，CaSO$_4$ 分解温度为 1150℃，K$_2$SO$_4$、Na$_2$SO$_4$ 等硫酸碱挥发温度为 1250℃，均远低于熟料烧成温度（1450℃左右）。

由于回转窑中 SO$_2$ 浓度较高，也抑制了硫酸盐的分解。在烧成段物料中存在 25% ～30% 的液相，物料的包裹与固封作用降低了硫酸盐分解率和硫酸碱挥发率。通常情况下，CaSO$_4$ 的分解率为 50% ～70%，硫酸碱的挥发率为 75% 左右，剩余的硫酸碱和 CaSO$_4$ 随熟料排出。

因此，水泥原燃料中的硫要么以硫酸盐形式随熟料排出，要么以 SO$_2$ 形式随烟气排放。

通常，水泥工业烟气中 SO$_2$ 可达 800mg/m^3 以上，部分企业甚至会达 1000mg/m^3 以上，改用低含硫量燃料、原料后，SO$_2$ 可降低至 100mg/m^3 以下。水泥熟料烧成工艺具有自脱硫功能，但脱硫效率有限，遇到高含硫原料时，靠自脱硫难以使 SO$_2$ 的含量稳定在 200mg/m^3 以下。

二、水泥工业烟气脱硫方法

（1）干法脱硫，包括水泥窑自脱硫技术和碱基干法脱硫。

水泥窑自脱硫是利用分解炉中石灰石煅烧产生的活性 CaO 实现脱硫；而碱基干法脱硫又分为钙基干法脱硫和钠基干法脱硫。钙基干法脱硫是在 C1 和 C2 级旋风预热器之间喷注干粉状的 $Ca(OH)_2$ 或 CaO。钠基干法脱硫是在 C1 级旋风预热器出口、余热锅炉出口或窑尾袋除尘器前喷注干粉状的 $NaHCO_3$。

（2）半干法脱硫，也叫喷雾干燥法脱硫，使用少量水与 CaO 形成 $Ca(OH)_2$，在窑尾增湿塔喷入。

（3）湿法脱硫，包括石灰石-石膏湿法脱硫（钙基湿法脱硫）、钠基湿法脱硫和氨法脱硫。

（4）其他脱硫方法，如活性焦/活性炭法，但在水泥工业少有研究基础和应用业绩。

从水泥生产工艺全流程、污染物排放角度，推荐使用干法、半干法脱硫工艺。其中，钙基脱硫剂具有原料易得、价格低廉等特点，而且无废水排放，但脱硫效率有限，不适用于 SO_2 浓度较高的企业。若 SO_2 超低排放限值为 $35\sim50mg/m^3$，可采用石灰石-石膏湿法脱硫工艺，钠基、氨法湿法脱硫也可使用，但湿法脱硫技术可能会导致 PM（颗粒物）排放浓度增加，须配套高效除雾器或湿式电除尘器。

三、水泥厂湿法脱硫技术

1. 石灰石（石灰）-石膏法脱硫

石灰石（石灰）-石膏法脱硫工艺分为 4 个模块，如图 7-1-2 所示。

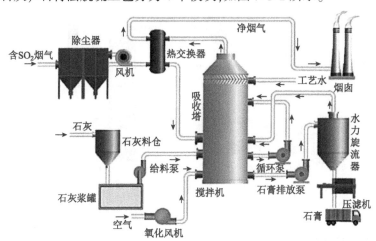

图 7-1-2　水泥工业湿式石灰石-石膏法脱硫工艺流程图

（1）烟气处理系统：主要是脱硫前除尘，脱硫后除雾，然后进入烟囱排放。

（2）吸收剂制备：石灰石或石灰经破碎磨细成粉状，与水拌和成吸收浆液。

（3）SO_2 脱除：在吸收塔内喷淋浆液与烟气充分接触，SO_2 与浆液中 $CaCO_3$ 反应生成 $CaSO_3$，并通过鼓入空气氧化为 $CaSO_4$。

（4）脱硫石膏处置：$CaSO_4$ 过饱和结晶，吸收塔底部排出的 $CaSO_4 \cdot 2H_2O$ 经旋流分离（浓缩）、真空或挤压脱水后回收利用。

脱硫是一个吸收传质过程，根据路易斯双膜理论，吸收 SO_2 主要有 3 种阻力：气相阻力、液相阻力及气液分界面阻力。SO_2 在气相中的扩散速度比在液相中快，故气相阻力可忽略不计。

加强 SO_2 吸收主要就是要降低液相阻力与气液分界面阻力,具体措施有双塔双循环、单塔双循环及托盘、管式增效层技术等,增强 SO_2 液相吸收推动力和加强传质效果,用较小的液气比保证较高的脱硫效率。

吸收:

$$SO_2 + H_2O \longrightarrow H_2SO_3 \tag{7-1-1}$$

中和:

$$CaCO_3 + H_2SO_3 \longrightarrow CaSO_3 + CO_2 + H_2O \tag{7-1-2}$$

氧化:

$$2CaSO_3 + O_2 \longrightarrow 2CaSO_4 \tag{7-1-3}$$

石灰石-石膏法是成熟且应用广泛的技术,脱硫效率可达 95% 以上,水泥生产过程中的石灰石、窑尾收尘获得的生料粉均可作为脱硫剂,副产物脱硫石膏亦可用于水泥生产。但脱硫系统庞大复杂,投资费用较高,石膏的溶解度较小,容易结垢堵塞,设备腐蚀严重。石灰石-石膏法适用于燃煤电厂等烟气量大、SO_2 浓度高的地方,应用于水泥厂时,系统电耗、水耗较高,运行成本高。

2. 双碱法脱硫技术

双碱法脱硫技术综合了碱法和石灰法两种工艺的优点,过程可分为吸收、再生及固液分离 3 个阶段,工艺流程如图 7-1-3 所示。

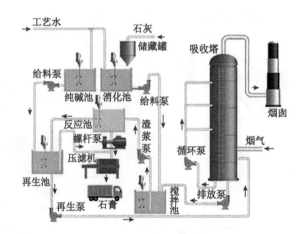

图 7-1-3 湿式双碱法脱硫工艺流程图

首先使用 $Na(OH)_2$ 或 $NaHCO_3$ 溶液吸收烟气中的 SO_2[式(7-1-4) ~ 式(7-1-10)],生成的 $NaHSO_3$ 或 Na_2SO_3 溶解度较高,不会产生沉淀而堵塞管道。

再生池中鼓入空气将 $NaHSO_3$ 或 Na_2SO_3 氧化为 Na_2SO_4,并加入 CaO 产生石膏沉淀,使钠碱再生,重复使用,副产物石膏经脱水后再利用。

吸收反应:

$$2NaOH + SO_2 \longrightarrow NaSO_3 + H_2O \tag{7-1-4}$$

$$2NaSO_3 + SO_2 + H_2O \longrightarrow 2NaHSO_3 \tag{7-1-5}$$

再生过程:

$$CaO + H_2O \longrightarrow Ca(OH)_2 \tag{7-1-6}$$

$$2NaHSO_3 + O_2 \longrightarrow 2NaHSO_4 \tag{7-1-7}$$

$$2CaSO_3 + O_2 \longrightarrow 2CaSO_4 \tag{7-1-8}$$

$$NaHSO_4 + Ca(OH)_2 \longrightarrow NaOH + H_2O + CaSO_4 \tag{7-1-9}$$

$$Na_2SO_4 + Ca(OH)_2 \longrightarrow 2NaOH + CaSO_4 \tag{7-1-10}$$

双碱法将钠碱吸收剂再生转移至脱硫塔外进行,可以最大限度降低脱硫塔的损耗,避免出现堵塞、结皮等问题。

该方法脱硫效率高,液气比低,电耗小,特别适合于中小型锅炉烟气脱硫,但钠碱吸收液腐蚀性很强,环境危害大,且石膏中残存有 Na_2SO_4,增加了后续利用的难度,系统操作过程复杂,维护和运行成本高。

3.氨法脱硫技术

湿式氨法脱硫工艺流程如图7-1-4所示。

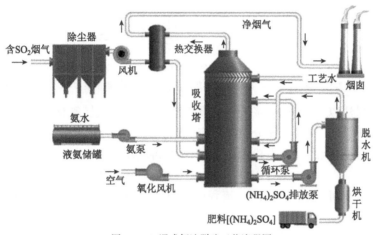

图7-1-4 湿式氨法脱硫工艺流程图

氨水碱性强于石灰石浆液,且氨水易气化,与 SO_2 易发生气-气或气-液反应[式(7-1-11) ~式(7-1-15)],反应速率大,效率高。产物 $(NH_4)_2SO_3$ 被快速氧化为 $(NH_4)_2SO_4$,溶液经加热蒸发后,$(NH_4)_2SO_4$ 结晶析出。

吸收过程:

$$SO_2 + 2NH_3 \cdot H_2O \longrightarrow NH_4HSO_3 \tag{7-1-11}$$

$$SO_2 + 2NH_3 \cdot H_2O \longrightarrow (NH_4)_2SO_3 + H_2O \tag{7-1-12}$$

$$(NH_4)_2SO_3 + SO_2 + H_2O \longrightarrow 2NH_4HSO_3 \tag{7-1-13}$$

氧化过程:

$$2NH_4HSO_3 + O_2 \longrightarrow 2NH_4HSO_4 \tag{7-1-14}$$

$$2(NH_4)_2SO_3 + O_2 \longrightarrow 2(NH_4)_2SO_4 \tag{7-1-15}$$

氨法脱硫技术对烟气波动的适应性强,脱硫速率快,效率高(>98%)且稳定,副产物可作为化肥利用,无制粉、制浆等工序,也没有废水、废渣等处理工序,工艺流程短,设备少,维护检修量小。

但氨水生物毒性大,易挥发,运输与使用有安全隐患,氨排放易超标,设备腐蚀严重,运行成本高。

此外,脱硫产物 $(NH_4)_2SO_4$ 回收过程复杂,回收不完时,烟气拖白现象严重,逃逸的 $(NH_4)_2SO_4$ 气凝胶更容易引起雾霾。

四、水泥厂半干法脱硫技术

半干法烟气脱硫技术结合干法和湿法脱硫技术的优势,在湿态下完成烟气脱硫,产物以干态形式排除。

半干法烟气脱硫技术有旋转喷雾干燥(SDA)法、循环流化床法等,一般选用的脱硫剂为 $Ca(OH)_2$(少数 CaO)。如图 7-1-5 所示,设备主要有反应剂制备系统、喷加系统、吸收塔、气固分离和除尘器。

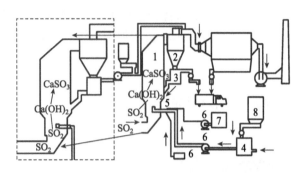

图 7-1-5 半干法旋转喷雾干燥(SDA)脱硫工艺

1-吸收塔;2-旋风分离器;3-除尘器;4-石灰浆料槽;5-石灰浆喷嘴;6-泵;7-水箱;8-石灰料仓

旋转喷雾干燥法以 $Ca(OH)_2$ 浆液作为吸收剂,利用高速旋转雾化器把浆液雾化成细小液滴,吸收塔内气、固、液三相进行充分脱硫反应[式(7-1-16)],生成 $CaSO_3$、$CaSO_4$,并利用烟气显热蒸发浆液水分,脱硫产物以干粉排出,便于后续再利用。

$$Ca(OH)_2 + SO_2 \longrightarrow CaSO_3 + H_2O \tag{7-1-16}$$

半干法脱硫效率可达 80%~85%,流程简单,设备占地面积小,投资较少,脱硫过程不产生废水,对设备磨损小,可一次性脱出 SO_2、HCl、Hg、二英等污染物。

但石灰浆液易堵塞喷嘴,脱硫产物细小,不易除尘,设备与管路堵塞,腐蚀严重,脱硫剂用量较大[最佳 $Ca(OH)_2/SO_2$ 摩尔比为 2],脱硫产物中石膏含量较低,利用难度较大。

半干法主要用于中小型窑炉或旧窑炉改造烟气脱硫,在水泥窑烟气脱硫领域应用较少。

与水泥生产过程本身存在的 $CaCO_3$ 脱硫相比,CaO 脱硫速率更快,但仅在分解炉、五级旋风筒、回转窑等处存在 CaO,而黄铁矿在 C2-C3 旋风筒分解放出 SO_2 并随烟气排出,两者没有重叠区间,无法进行烟气脱硫。

因此,F. L. Smidth 公司等从分解炉出口引出一部分烟气进入旋风除尘器,然后将收集下的热生料喂入 C1-C2 旋风筒之间的风管(热生料喷注法,如图 7-1-6 所示)。在钙硫摩尔比为 5~6 时,脱硫效率可以达到 25%~30%。对原料硫含量较低的水泥厂,约 5%~10% 分解炉气体即可满足脱硫要求。

也可在 C5 旋风筒下料管取部分已分解生料,喂入 C1-C2 旋风筒之间的风管或喂入出预热器后的废气管道,钙硫摩尔比为 30 左右时,脱硫效率分别可以达到 30% 和 40%。鉴于 $Ca(OH)_2$ 与 SO_2 反应速率更快、效率更高,有些水泥厂将从分解

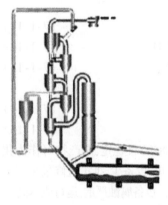

图 7-1-6 热生料喷注脱硫工艺

炉中取出的 CaO 先进行熟化,再将制备的 Ca(OH)$_2$ 喂入 C1-C2 旋风筒之间的风管,可进一步提高脱硫效率(40% ~60%)。此外,在生料磨、入窑提升机、C1-C2 旋风筒风管及窑尾高温风机出口等处喂入超细 Ca(OH)$_2$,也可在一定程度上降低烟气中 SO$_2$ 含量。

钙基干法脱硫充分利用了新型干法水泥的工艺特点,其系统工艺运行维护简单,投资和运行成本较低。但干法脱硫导致风机阻力增大,电耗有所增加,热效率降低,其脱硫速率慢、效率低,不易稳定达到现有排放标准,仅适用于低 SO$_2$ 排放的水泥生产线。

五、催化复合脱硫技术

脱硫粉剂(包含催化剂、矿化剂和钙基吸附剂)由入窑斗式提升机处加入,在 SO$_2$ 释放的同时,将 SO$_2$ 快速氧化成 SO$_3$ 提高反应活性;脱硫水剂采用专用喷枪在 C1-C2 上升风管处喷入,雾化成 10μm 左右的小液滴,吸收 SO$_3$,充分利用生料与 H$_2$SO$_4$ 液滴的快速反应,高效捕获 SO$_3$。同时,采用催化剂和矿化剂促进 CaSO$_4$ 参与固相反应生成热稳定性更高的硫铝酸盐矿物,显著降低含硫矿物分解率,打破窑内硫循环,硫随熟料排出窑系统,最终提高了生产过程协同脱硫速率和效率,工艺路线如图 7-1-7 所示。

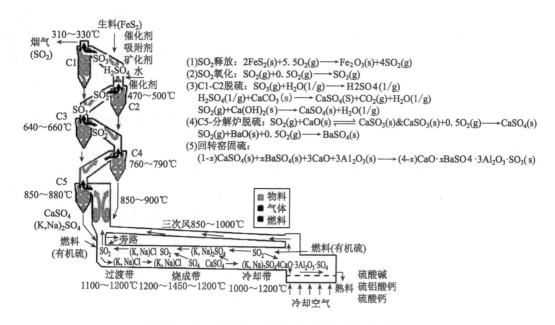

图 7-1-7 新型干法水泥生产过程协同催化脱硫工艺路线

催化复合脱硫系统占地小,能耗低,投资和运行成本低,可在 10min 内迅速将 SO$_2$ 排放降至 $100mg/m^3$ 以下,脱硫效率 95% 以上,且不产生二次污染,还可改善窑内氯碱硫循环,避免结皮堵塞,且不影响水泥窑的正常运转和熟料品质。

此外,石灰石-石膏法与双碱法脱硫技术需要保留除雾系统,否则可能导致石膏液滴随烟气排出,在排放源附近形成明显的硫酸盐沉降(俗称石膏雨)。

干法脱硫技术与水泥生产工艺匹配度高,采用催化、矿化、复合等措施挖掘水泥生产各环节脱硫潜力,提高干法及半干法脱硝效率,是低成本、高效烟气脱硫的发展方向。

第二节 水泥工业烟气脱硝

《水泥工业氮氧化物排放标准》(GB 4915—2013)规定水泥厂排放烟气中 NO_x 排放限值为 400mg/m³,重点地区为 320mg/m³。已有的地方标准,水泥行业 PM、SO_2、NO_x 排放限值最严格值分别为 15mg/m³、20mg/m³、200mg/m³;从政策引导角度,依次为 10mg/m³、50mg/m³、100mg/m³;逐步向火电行业超低排放标准靠拢,PM、SO_2、NO_x 排放限值依次应为 5mg/m³、35mg/m³、50mg/m³。

一、水泥工业 NO_x 来源

水泥生产中,回转窑、分解炉、烘干机、烘干磨、煤磨及冷却机等设备均可产生 NO_x。相比于回转窑和分解炉,其他设备 NO_x 排放量极小,因此水泥厂 NO_x 的控制区域主要集中于回转窑和分解炉。

根据水泥生产过程中 NO_x 主要生成途径,可将其分为热力型和原/燃料型 NO_x。热力型 NO_x 是指在温度高于 1500℃时,空气中的氮气氧化生成的氮氧化物,回转窑内温度高于此温度,因而产生大量热力型 NO_x,此外窑内也生成原/燃料型 NO_x。原/燃料型 NO_x 即原料和燃料中含有的有机物和小分子含氮化合物转化生成的氮氧化物,分解炉温度相对较低,因而主要生成原/燃料型 NO_x。

水泥窑烟气 NO_x 中 NO 占比大于 95%,根据其生成机理可分为:热力型、燃料型和快速型。

1. 热力型

热力型 NO_x 是在高温下(>1500℃)空气中的 N_2 被氧化生成的。根据泽利多维奇机理,其反应过程如式(7-1-17)~(7-1-19)所示,其中,式(7-1-17)为控制反应,即 N_2 产生 N 自由基是反应的关键,只要在高温下获得足够的能量就可让反应进行[图7-1-8a)]。

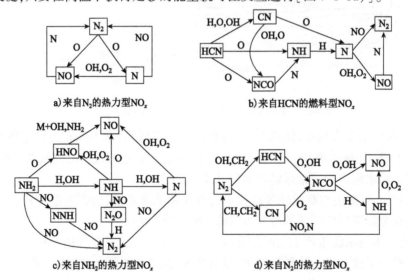

a)来自N_2的热力型NO_x

b)来自HCN的燃料型NO_x

c)来自NH_2的热力型NO_x

d)来自N_2的热力型NO_x

图 7-1-8 热力型、燃料型及快速型 NOx 生成路线

$$N_2 + O \rightleftharpoons NO + N \tag{7-1-17}$$

$$N + O_2 \rightleftharpoons NO + O \tag{7-1-18}$$

$$N + OH \rightleftharpoons NO + H \tag{7-1-19}$$

低于1350℃时,能量不足以使 N_2 产生 N 自由基,即使有 O_2 存在,也不会生成热力型 NO_x,但当温度高于1500℃时,生成速率显著增加。此后温度每增加100℃,反应速率就会成倍增加。

此外,O_2 含量对 NO_x 生成数量影响也较为明显。

过剩空气系数 α(实际空气用量/理论空气用量) < 1.05 时,燃料不完全燃烧产生大量 CO,将部分 NO_x 还原为 N_2;当 $\alpha = 1.05$ 时,燃料充分燃烧产生的温度最高,生成的热力型 NO_x 达到最大值;当 $\alpha > 1.05$ 时,过量空气吸收部分热量,降低了烟气温度进而减少了 NO_x 的生成。可见,通过降低燃烧区域温度和空气过剩系数,可有效抑制热力型 NO_x 的生成。

2. 燃料型

燃料型 NO_x 是原燃料中的含氮化合物受热分解产生的中间体被氧化而形成的。

燃料中的氮主要以芳香族、胺族等有机形式存在,碳氮(C—N)、氮氢(N—H)化合物的结合能较小($N \equiv N$ 键能为 $9.5 \times 10^8 J/mol$,而 C—N 键能为 $2.55 \times 10^8 \sim 6.5 \times 10^8 J/mol$),其在 $600 \sim 800$℃就会受热裂解产生 HCN、NH_2、NH、N 和 CN 等中间产物,部分自我还原为 N_2,大部分被活性自由基氧化生成 NO_x[图7-1-8b)和c)]。

燃料用量、种类、含氮量、挥发分含量、燃烧方式及 O_2 浓度均影响燃料型 NO_x 的生成量。

3. 快速型

快速型 NO_x 是指燃料产生的 CH、CH_2 等基团撞击空气中的 N_2,生成 HCN、CN 等中间产物,并被 O、OH 等自由基氧化为 NCO,NCO 进一步氧化生成 NO。

该反应速度与压力 0.5 次方成正比,与温度关系不大,因此称为快速型 NO_x[图7-1-8d]。通常快速型 NO_x 非常少,占排放总量的5%以下,仅在低温碳氢燃料贫氧燃烧时才需要考虑快速型 NO_x。水泥生产中40%左右的煤由窑头喂入,其在回转窑中充分燃烧为熟料烧成提供热量,气体温度达 $1200 \sim 1900$℃,停留时间 $5 \sim 8s$,在产生燃料型 NO_x 的同时还产生了大量热力型 NO_x。尾煤(60%左右)在分解炉燃烧,为 $CaCO_3$ 分解提供热量,气体温度为 $800 \sim 1100$℃,停留时间 3s 左右,仅生成燃料型 NO_x。通常情况下,水泥窑系统产生的 NO_x 为热力型60% ~ 70%,燃料型25% ~ 40%,快速型 <5%,且主要在回转窑内产生(60% ~ 70%)。

回转窑产生的烟气经窑尾进入分解炉底部,先与煤粉混燃,后与三次风混合充分燃烧(图7-1-9)。分解炉中,按照气氛可分为强还原区($\alpha = 0.8 \sim 0.9$)、弱还原区($\alpha = 0.9 \sim 1.0$)、主燃与燃尽区($\alpha = 1.0 \sim 1.15$)。

在强还原区,回转窑产生的 NO_x 部分被 C 与 CO 还原为 N_2,一定程度上减少了 NO_x 排放。在主燃与燃尽区,煤粉燃烧又会释放出燃料型 NO_x。

二、NO_x 脱除方法

烟气中 NO_x 的脱除方法主要有两类:过程控制类和末端治理类。

过程控制类方法即根据 NO_x 产生机理,采用低氮燃烧器、空气分级燃烧和燃料分级燃烧等技术对生产过程进行精确控制,以减少 NO_x 的生成。

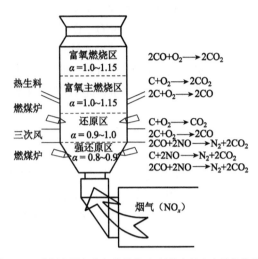

图 7-1-9　水泥窑尾与分解炉结构、气氛分布及存在的化学反应

末端治理包括氧化法和还原法:氧化法即在氧化剂的作用下,将不易吸收的 NO 氧化成易被碱液吸收的 NO_2 和 N_2O_3,然后在吸收塔内被吸收形成硝酸盐;还原法是指在还原剂作用下,通过还原反应将 NO_x 转化成无毒无害的氮气,包括选择性非催化还原(Selective Non-CatalyticReduction,SNCR)、选择性催化还原(Selective Catalytic Reduction,SCR)和热碳催化还原技术。

SNCR 技术脱硝效率在 40%~60% 之间,其原理是在 800~1100℃温度下,还原剂快速热分解形成氨自由基,并与 NO_x 发生反应生成氮气。SNCR 具有系统简单,占地面积小,一次投资费用低,维护成本低等优点。SNCR 脱硝可使水泥窑 NO_x 排放浓度达到了 $300~400mg/m^3$。

面对超低排放标准,SNCR 技术的脱硝效率已不能满足要求,需要开发脱除效率更高的脱硝技术。另外,SNCR 运行过程中氨水用量较大,导致运行成本较高,氨逃逸高也易引起二次污染。

很多水泥厂采用分级燃烧技术与 SCR 技术,SNCR 与 SCR 技术等组合式脱硝技术,以满足日益严格的排放标准。此外,水泥窑协同处置某些废弃物时,亦展现出一定的 NO_x 减排潜力。

三、水泥厂 SNCR 脱硝技术

SNCR 脱硝技术采用氨水或尿素作为还原剂,将氨水(浓度 25%~30%)或尿素溶液(浓度 5%~10%)雾化喷入分解炉及 C5 旋风筒(图 7-1-10),在 900~1000℃利用氨水及其释放出的 NH_2、NH、N 等中间产物,选择性还原 NO_x 为 N_2 和 H_2O 等,主要化学反应如式(7-1-20)~式(7-1-22)所示。与氨水相比,尿素还原 NO_x 化学反应较为复杂,最佳反应温度也略高(950~1050℃),脱硝效率不稳定,氨逃逸率较高,尿素溶液作为还原剂脱硝使用较少。对于水泥窑系统而言,SNCR 的最佳位置通常为分解炉上部、鹅颈管及 C5 旋风筒,NO_x 去除效率可达 50%~70%。

$$4NH_3 + 4NO + O_2 \longrightarrow 4N_2 + 6H_2O \tag{7-1-20}$$

$$2NH_3 + NO + NO_2 \longrightarrow 2N_2 + 3H_2O \tag{7-1-21}$$

$$8NH_3 + 6NO_2 \longrightarrow 7N_2 + 12H_2O \tag{7-1-22}$$

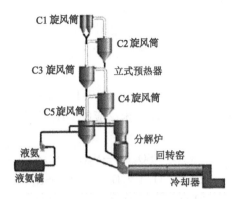

图 7-1-10　水泥工业 SNCR 脱硝工艺流程

水泥工业普遍采用 NH_3-SNCR 脱硝工艺,氨氮摩尔比在 1.8 ~ 2.0(即氨水利用效率 55% ~ 60%),烟气中 NO_x 浓度可达到现有排放标准(<400mg/m^3)。

四、水泥厂 SCR 脱硝技术

SCR 脱硝技术是一种高效末端治理技术,即烟气除尘后引入脱硝反应器,工艺流程如图 7-1-11所示,指在一定温度和催化剂作用下,采用还原剂选择性还原 NO_x 生成 N_2 和 H_2O。SCR 脱硝原理与 SNCR 相同,只是采用了催化剂促进低温下 NH_3 与 NO_x 反应。工业上 SCR 还原剂大多数采用氨水,也有少量采用尿素溶液、甲烷等碳氢化合物。

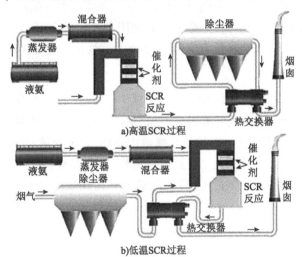

图 7-1-11　水泥工业 SCR 脱硝工艺流程图

NH_3-SCR 机理主要有:

(1)埃利-里迪尔(E-R)机理,NH_3 先吸附在催化剂表面形成活性中间产物(吸附态氨),再与气相中的 NO_x 反应。

(2)朗缪尔-欣谢尔伍德(L-H)机理,认为 NH_3 和 NO_x 均先吸附在催化剂表面,形成吸附态活性中间产物,相邻活性中心的吸附态氨和吸附态 NO_x 反应,生成 N_2 和 H_2O。因此,NH_3-SCR脱硝均需要 NH3 吸附于催化剂表面活性位点[质子酸性(Bronsted)和非质子酸性(Lewis)位点]。

催化剂是 NH_3-SCR 的核心和研究热点,主要包括 V/Ti 基催化剂、Mn 基催化剂、Ce 基催化剂、Cu 基催化剂、稀土金属催化剂及活性炭催化剂等。V_2O_5/TiO_2 催化剂是应用最广的高温(300 ~ 400℃)催化剂,但其高温热稳定性差,K^+/Na^+ 易中毒,寿命较短,废弃后生物毒性大,难以处置。

此外,烟气中的 SO_2 与催化剂发生反应,如式(7-1-23) ~ 式(7-1-25)所示,在其表面形成硫酸盐,也可导致催化剂中毒,失活。SO_3 与未反应的 NH_3 反应生成硫酸氢铵,黏附于催化剂及收尘装置,导致系统阻力增大。

$$V_2O_5 + SO_2 \longrightarrow V_2O_4 + SO_3 \tag{7-1-23}$$

$$2SO_2 + O_2 + V_2O_4 \longrightarrow 2VOSO_4 \tag{7-1-24}$$

$$2VOSO_4 \longrightarrow V_2O_5 + SO_2 + SO_3 \tag{7-1-25}$$

针对水泥窑系统烟气特点(粉尘、SO_2、碱等有害组分含量高),对 Mn/TiO_2、Mn-Ce/TiO_2、MnO_x-Ni/TiO_2 等催化剂结构、制备过程进行已有大量研究。采用稀土元素掺杂改性了 Ce/Al_2O_3,可提高其低温 NH_3-SCR 催化活性,且该催化剂废弃后环境危害较低,易于处置。

NH_3-SCR 在水泥工业推广应用,其脱硝效率高,NO_x 排放可控制在 $100mg/m^3$(甚至 $50mg/m^3$)以下。

五、水泥厂低氮燃烧技术

低 NO_x 燃烧技术是通过改变燃烧条件(O_2 浓度、燃烧温度、燃料停留时间等)的方法来降低 NO_x 排放,主要包括低氮燃烧器、分级燃烧、低过量空气燃烧及烟气循环燃烧等。基本原理是局部形成还原性气氛,减少热力型 NO_x 生成,甚至是利用 C、CO 等还原组分还原部分 NO_x。水泥工业普遍采用低氮燃烧器与分级燃烧技术,可减少 20% ~ 30% NO_x 减排,但脱硝效果不稳定。

1. 低 NO_x 燃烧器

低氮燃烧器将部分已燃气体与一次风混合,减少一次风引入 O_2 含量,通过燃烧器结构设计让煤粉在火焰核心区燃烧,形成低氧燃烧气氛,从而降低 NO_x 生成量。

由于低 NO_x 燃烧器结构复杂,维护及维修费用较高,对一次风和煤粉的控制比较精细,气体中粉尘含量高,对燃烧器的磨损大。受到燃料特性,生料易烧性,窑内热负荷和其他锻烧条件的影响,低 NO_x 燃烧器脱硝效果较差,仅能降低 10% ~ 15% 的 NO_x 排放量。

2. 空气分级燃烧

将燃烧所需空气分多级送入,第一级燃烧区内过量空气系数小于1(约0.8),使燃料先在缺氧条件下燃烧,燃烧速度和温度较低,抑制热力型 NO_x 生成。同时,C、CO 及燃料氮分解产生的中间产物(NH、CN、HCN 和 NH_x 等)均可还原部分 NO_x,减少 NO_x 排放,如式(7-1-26) ~ 式(7-1-29)所示。

$$2CO + 2NO \longrightarrow 2CO_2 + N_2 \tag{7-1-26}$$

$$NH + NH \longrightarrow N_2 + H_2 \tag{7-1-27}$$

$$NH + NO \longrightarrow N + OH \tag{7-1-28}$$

$$CN + O \longrightarrow CO + NO \tag{7-1-29}$$

将剩余空气引入二级燃烧区(燃尽区至分解炉中上部),在富氧环境中充分燃烧,提高燃料利用效率。

由于燃烧温度相对较低,热力型 NO_x 生成量较少,燃料氮分解产物被氧化,仍然有少量燃料型 NO_x。

3. 燃料分级燃烧

将燃煤分级喂入窑尾烟室与分解炉锥部,初级燃料与空气混合($\alpha > 1$),在富氧环境充分燃烧释放热量。在第二燃烧区喂入二次燃料(低燃点、易燃燃料),在贫氧环境中燃料不充分燃烧,生成 CO、H_2、$CxHy$ 等还原剂,将生成的 NO_x 还原,减少 NO_x 的生成量,如式(7-1-30)~式(7-1-32)所示。

$$2CO + 2NO \longrightarrow N_2 + 2CO_2 \tag{7-1-30}$$

$$2H_2 + 2NO \longrightarrow N_2 + 2H_2O \tag{7-1-31}$$

$$2NO + O_2 + C_xH_y \longrightarrow N_2 + xCO_2 + y/2H_2O \tag{7-1-32}$$

最后补充少量空气,确保燃料在燃尽区内完全燃烧。

新建水泥生产线普遍采用分级燃烧工艺,即空气分级与燃料分级燃烧相结合技术(分风与分煤),辅以多点下料方式(分料)避免局部过热,尽量降低窑系统 NO_x 生成数量。

例如采用空气分级燃烧(15%左右三次风引入分解炉中上部,如图 7-1-12 所示),提高三次风入炉位置,均可扩大还原区,延长 NO_x 还原时间,进而提高 NO_x 还原效率。分级燃烧脱硝具有工艺简单、成本低等优点,但对气氛极其敏感,脱硝效率仅为 20%~30%,且效果不稳定。

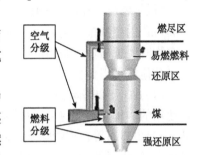

图 7-1-12 分解炉空气分级燃烧与燃料分级燃烧示意图

六、水泥窑协同处置降低 NO_x 技术

观测协同处置废弃物过程中 NO_x 排放变化,发现废轮胎、污泥与煤混燃可降低 NO_x 排放。污泥含水率由 2% 提高至 20% 时,分解炉出口 NO_x 浓度由 $876mg/m^3$ 下降至 $695mg/m^3$。污泥从分解炉中部喷入比从底部喷入脱硝效果好,NO_x 减排幅度从 18% 提高至 39%。污泥干燥尾气含有 NH_3、烯烃、烷烃等还原组分,经分解炉后 NH_3 浓度由 $4.9mg/m^3$ 降至 $0.6mg/m^3$,绝大部分参与了 NO_x 还原。

观测协同处置城市污泥与废旧皮革对 NO_x 排放的影响,发现污泥可促进分解炉环境中 NO_x 的还原,但协同处置皮革增加了 NO_x 排放。其原因在于,污泥中氮以蛋白质、氨基酸和含氮碱基等形式存在,热裂解过程中产生 NH_3、NH_2、NH 等中间产物,可还原烟气中的 NO_x。皮革中氮以氨基酸、亚硝基化合物和苯胺等形式存在,热裂解过程中更容易生成 HCN,进而被氧化为 NO_x。

将含水率 78% 的湿污泥喷入分解炉(喷入量为 0.04t 污泥/t 熟料),NO_x 减排可达 30%,显著降低了 SNCR 脱硝压力和氨水用量。

将生活垃圾气化再引入分解炉,可减少 35% 左右 NO_x 排放。模拟生物质(小麦秸秆)与垃圾衍生燃料(污泥等)对分解炉内 NO_x 分布的影响,在保证生料分解率与燃料燃烧效率前提下,生物质与垃圾衍生燃料产生的 C_xH_y(主要是 CH_4、C_2H_4)和 NH_x 可迅速还原 NO_x,使分解炉中上部 NO_x 浓度显著降低,NO_x 减排效率可分别达到 68.3%、82.9%。

水泥窑协同处置废弃物可降低 NO_x 排放,但减排效率较低,效果极不稳定,有时甚至增加 NO_x 排放。其根本原因在于,废弃物燃烧过程不可控,生成 CO、CO_2 及 H_2O 较多,C_xH_y 与 NH_x 高效还原组分数量较少,仅当还原剂、温度及气氛匹配时,才能产生出较大的减排效果。

七、水泥厂脱硝技术优缺点及其他技术

SNCR 无法达到即将实施的排放标准要求($NO_x < 100mg/m^3$),氨水利用率仅为 50% ~ 60%,氨排放容易超标。

SCR 脱硝效率较高,能够达到超低排放的要求,但高尘、高 SO_2 烟气中催化剂易磨损、堵塞及中毒、失活,废弃催化剂为危险废弃物,处置困难。

与高温 SCR 脱硝相比,低温 SCR 脱硝技术烟气粉尘及有害组分含量较低,催化剂抵抗 SO_2、碱及重金属中毒能力得到提高,有利于延长催化剂寿命,提高脱硝效率,降低脱硝成本。

"低氮燃烧 + SNCR 脱硝"技术,可使 NO_x 排放满足现有排放标准($< 320mg/m^3$),但满足 $< 50mg/m^3$ 的超低排放仍有较大困难,必须联用尾端 SCR 脱硝技术。利用水泥窑协同处置有机废弃物时展现出较大脱硝潜力。

其他脱硝组合技术:

(1)RTO-SCR 耦合技术,将蓄热式热力焚烧(regenerative thermal oxidizer, RTO)与 SCR 联合使用的一种技术,该技术可同步去除 CO、有机物和 NO_x。RTO-SCR 技术要求烟气粉尘含量低,因此也需布置在末端除尘之后,但该技术对烟气进行了加热,现有的钒钛系催化剂即可满足要求,解决了低尘布置下催化剂活性低的问题。其工作原理是采用蜂窝式蓄热体储存天然气、废气燃烧时所产生的热量,并利用该热能加热烟气使烟气温度达到 SCR 反应所需的温度,该技术要求提供二次燃料,因此脱硝成本较高。

(2)催化-过滤耦合技术,烟气依次通过滤袋和催化剂层,避免了催化剂和粉尘的直接接触,可降低催化剂堵塞、磨损和中毒的风险。另外,烟气直接穿过催化剂层,而不是表层接触,因此催化活性高。可使用 SCR 催化和膜分离一体的催化陶瓷膜,陶瓷覆膜具有除尘功能,陶瓷基体的内孔表面负载了 SCR 催化剂,使其具有了脱硝功能。但是目前两种技术的过滤方式均为死端过滤,导致其处理量低,难以满足水泥厂烟气处理量大的需求,所以当前只用于旁路系统的烟气处理。

(3)热碳催化还原,热碳催化还原技术原理是在分解炉内设置还原燃烧区,将适量催化剂改性材料和煤均匀喷至该区域,使煤缺氧燃烧以产生 CO 等还原性气体,随后还原性气体与窑尾烟气中的 NO_x 发生反应,将 NO_x 转化成 N_2。此外,煤粉在缺氧条件下燃烧也抑制了燃料型 NO_x 产生。热碳催化还原技术的经济性较好,脱硝率可达到 55% ~ 70%,NO_x 排放满足标准 GB 4915—2013 的要求,但离超低排放还有距离。

八、水泥厂超低排放

水泥炉窑脱硝超低排放改造技术的主流工艺是 SCR 脱硝。根据 SCR 反应器布置点位的不同,分为高温高尘、中温高尘和低温低尘技术,对应点位温度分别约为 350、220、100℃。3 种布置方式中高温高尘方式应用最广,高温段的催化剂活性高,应用最成熟,也是燃煤电厂经过多年的技术筛选和应用形成的主流技术,水泥行业相关技术应用研究也最多。该点位 PM 质量浓度高达 60 ~ 100mg/m³,远高于燃煤电厂 PM 浓度(通常 30mg/m³ 为高尘)。

高温电除尘器 + SCR 脱硝,高温旋风预除尘 + SCR 脱硝等相关的高温预除尘 + SCR 脱硝技术可使 NOx 排放质量浓度降至 50mg/m³ 以下,但改造难度大、建设成本高。

低温低尘 SCR 脱硝技术更受水泥企业欢迎,SCR 反应器尺寸减小、占地少;且尾排风机后 PM 质量浓度低至 20mg/m³,可以使用小孔径催化剂,催化剂用量减少;SCR 反应器布置于尾排风机下游,避免高空作业,改造难度小;但低温催化剂抗硫性能不佳、活性相对较低。

水泥厂 PM 超低排放控制,主要采用以窑尾袋除尘为主导的技术路线。PM 质量浓度趋向收严至 10 或 5mg/m³ 以下,目前技术研究集中在新型高效低阻滤料的研发和袋式除尘器的提效上,包括新型滤料的开发、皱褶式滤袋的试用、团聚除尘技术的研发等。新型袋除尘技术可使 PM 达 10mg/m³ 以下,部分滤袋生产厂家甚至可以做到 5mg/m³ 以下。结合燃煤电厂除尘超低排放改造技术路线,要稳定可靠达到 5mg/m³,主要采用以窑尾袋除尘为主导的技术路线。PM 超低排放限值定在 10 或 5mg/m³,技术上是可实现的,但需要考虑投入和环境效益比。宜优先选择高效袋除尘技术,若窑尾除尘器后配套了湿法脱硫装置,宜配置高效除雾器或湿式电除尘器,解决湿态雾滴夹带造成的 PM 排放。

第二章

陶瓷工业环境污染与治理

陶瓷工业的污染源主要有废水、废气及废渣,即陶瓷工业"三废"。包括陶瓷生产过程中高温条件下产生的有害气体,在淋釉过程中产生的含有有害物质的废水以及废弃的磨料、废模具及坯体废料、废釉料及烧成废料等。

第一节 陶瓷生产对空气的污染及治理

陶瓷在生产过程中消耗煤、重柴油、混合油、水煤气、水煤浆等化石燃料,燃烧过程中产生的 CO、SO_2、NO_x、氟化物及烟尘等,对大气环境造成污染。

陶瓷企业大多分布比较集中,排放的气体呈现出区域集中的特点,累积的污染气体使得陶瓷工业园及其区域大气污染物总量超标。因此,从源头减少有害气体产生量成为陶瓷行业发展的总趋势。

(1)优化能源,采用清洁能源代替传统煤炭能源,例如使用天然气、轻油、生物质等,从源头上减少污染物的产生。

(2)控制原材料,优选新型无毒、低毒原材料,升级更新传统生产工艺,采用先进生产工艺降低有害物质的产生。

(3)开发低温快烧原料,当烧成温度从1400℃降至1200℃时.能耗可降低50%~60%。

(4)原料标准化,提高原料利用率;建立规模化陶瓷原料生产基地,标准化生产,通过原料搭配,既可以充分利用各种品位的矿藏,又能通过原料标准化使原料质量稳定、成分均匀、物尽其用,实现矿山开采科学化,提高原料的利用率。

(5)采用新型烧结技术,如高温空气燃烧技术、脉冲控制高速燃烧系统、受控脉动燃烧技术等,降低烧结过程中产生的有害气体及粉尘。

对于废气的治理措施:一是烟气燃烧过程中脱硫、脱硝;二是采用尾气脱硫除尘技术;三是增加烟囱高度。

烟气燃烧过程中脱硫、脱硝:如采用循环流化床锅炉,在炉内实现低氮燃烧和脱硫;或在燃烧过程添加燃烧促进剂,可使燃料充分燃烧、氧化等,减少污染物产生。

《陶瓷工业污染物排放标准》(GB 25464—2010)规定了陶瓷企业大气污染物排放标准,见表7-2-1。在环境要求高的地区,对陶瓷工业大气污染物排放要求更高:SO_2 排放限值为 $30mg/m^3$,颗粒物排放限值为 $20mg/m^3$,氮氧化物排放限值为 $100mg/m^3$。

现有(新建)陶瓷企业大气污染物排放标准(mg/m³)　　　　表 7-2-1

生产工序	原料制备、干燥		烧成、烤花		监控仪器
生产设备	喷雾干燥塔		辊道窑、隧道窑、梭式窑		
燃料类型	水煤浆	油、气	水煤浆	油、气	
颗粒物	100(50)	50(30)	100(50)	50(30)	
SO_2	500(300)	300(100)	500(300)	300(100)	
氮氧化物(以 NO_2 计)	240(240)	240(240)	650(450)	400(300)	
烟气黑度(林格曼黑度,级)	1(1)				污染物净化设施排放口
铅及其化合物	—		0.5(0.1)		
隔及其化合物	—		0.5(0.1)		
镍及其化合物	—		0.5(0.2)		
氟化物	—		5.0(3.0)		
氯化物(以 HCl 计)	—		50(25)		

第二节　陶瓷工业烟气脱硫、脱销与粉尘防治

一、陶瓷工业烟气脱硫

双碱法:将片碱制成浆液打入脱硫塔内,经和烟气反应后流出塔外反应水池,在反应池中加入石灰沉淀,通过氧化曝气使亚硫酸钙转化成硫酸钙,产生的氢氧化钠脱硫液进一步循环使用。

石灰-石膏法:将制成的石灰浆液注入塔内,通过循环泵对浆液循环使用,同时对浆液氧化,产生的硫酸钙由抽浆泵抽至压滤机压滤,实现全过程自动化运行(图 7-2-1)。

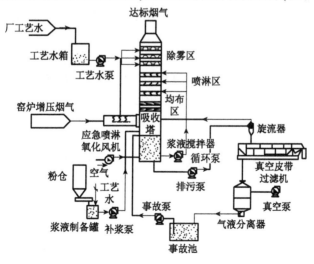

图 7-2-1　陶瓷厂石灰-石膏法工艺流程图

石灰-石膏法自动化程度高,占地面积小,操作简单方便,采用石灰作脱硫剂,原料来源广泛,运行成本较低。而双碱法投资小,使用片碱脱硫剂,腐蚀性强,化学危险性高,安全性差,运行成本高。

二、陶瓷工业烟气脱硝

陶瓷厂窑炉烟气集中排放后,大多采用SNCR(选择性非催化还原)技术脱硝,该技术是指在无催化剂的作用下,在适合脱硝反应的"温度窗口"(850~1100℃)内喷入还原剂,将烟气中的氮氧化物还原为无害的氮气和水。该技术一般采用向炉内喷氨、尿素或氢氨酸等物质作为还原剂,以还原氮氧化物。由于还原剂只与烟气中的氮氧化物反应,一般不与氧反应,故该技术不采用催化剂。

炉外脱硝系统的技术原理:窑炉烟气从一级脱硝塔底部进入,还原剂(尿素)从塔身各处的喷枪(喷嘴)打入,其喷到塔内后在高温下迅速分解成NH_3(氨气)和CO(一氧化碳);NH_3和CO与烟气中的NO_x(氮氧化物)反应,把NO_x还原成N_2和H_2O,还有少量CO_2,使烟气中的NO_x迅速下降;经此处理后的烟气进入二级脱硝塔再次处理,最后实现烟气达标排放。但是,此方法也存在一定的弊端:由于窑炉烟气温度进入一级脱硫塔时温度达不到适合脱硝反应的"温度窗口"(850~1100℃),脱硝效率受到一定影响。

窑内烟气脱硝是将还原剂(尿素)加入窑炉内部,还原剂(氨水)在高温环境(窑内温度最高可达1200℃,适合脱硝反应"温度窗口")与窑炉烟气迅速反应(窑炉烟气流动快),脱硝后的烟气从排烟风机排出。

三、陶瓷厂粉尘污染防治措施

陶瓷工厂粉尘的来源:一个是原材料的生产,另一个是运输过程中的扬尘。

陶瓷生产过程中产生的粉尘类型:一种为粉尘状污染物,主要来自原料称配、原料加工、制坯、釉料制备和施釉等工序;另一种为气体污染物,主要来源干燥和烧成工序。

原材料生产过程中的粉尘采取的治理措施有:水膜除尘、旋风除尘、袋式除尘及静电除尘等。采用花岗岩水膜除尘器,除尘效率在90%以上;而旋风除尘器的除尘效率可达到60%~70%,与其他除尘器联合使用效果好;袋式除尘器和静电除尘器除尘效果一般可达到99%以上,除尘效果较好。

分布相对集中的陶瓷企业,所需的原料量大,运输车辆散落的原料及道路扬尘会对道路及沿线大气环境产生一定的影响。对于运输过程中产生的粉尘采取的防治措施为:对运输原材料的车辆加盖密封,避免因风等天气原因产生扬尘。

在实际工程中,窑炉、锅炉及喷雾塔燃烧烟气多采用几种治理措施相结合的方式治理。常见组合有:

(1)布袋除尘+湿式脱硫脱硝,布袋除尘的除尘效率可达99%以上。布袋除尘器对烟气含水率及温度均有所要求,布袋除尘器不宜安装在湿式脱硫工艺后面;布袋耐温一般在120℃左右,在布袋除尘前应充分考虑降温措施,选用旋风除尘器或降温系统作预处理。

(2)电除尘+湿式脱硫脱硝,电除尘效率可达99%以上,且其对烟气含水率及温度要求不高。

第三节 陶瓷厂氟化物污染及污水废渣治理

一、陶瓷厂氟化物污染与防治

氟化物是陶瓷企业大气特征污染物之一,如未经处理直接排放到大气中,将会造成臭氧层的破坏。此外,氟化物还是一种细胞原浆毒物,神经细胞对它敏感,可经呼吸道、消化道及皮肤浸入人体。陶瓷生产中氟化物产生的主要过程是施釉后的烧成工序。例如:由长石粉、硼砂、石英、双飞粉、高岭土、二氧化锆、氧化锌等原材料按一定的配比经高温熔融而制成的釉料,常因工艺的需要配入一些具有毒性的化工原料,如铅丹、氟硅酸钠等,氟硅酸钠在高温熔融状态下分解,向大气中排放 SiF_4,SiF_4 进一步水解生成 HF,污染大气环境。

陶瓷行业废气中氟化物的治理有干法和湿式,干法的主要吸收剂为 $CaCO_3$;湿式法的吸收剂主要有 $Ca(OH)_2$、$NaHCO_3$ 及 NaOH 等,去除效率一般均可达 90% 以上。另外、铅、铬、镍及其化合物和氯化物,在陶瓷企业大气污染物排放浓度相关标准中也做了限定。

二、陶瓷生产污水及治理

在陶瓷的淋釉生产过程中产生的废水中往往含有铅和镉,这些有毒物质可污染地下水和破坏植被。

处理陶瓷污水的主要措施是去除污水中的悬浮物。污水中的悬浮物可以按照颗粒的大小分为两类,即大颗粒悬浮物和小颗粒或胶体颗粒悬浮物。大颗粒悬浮物可使用重力沉降的方法去除,细颗粒和胶体颗粒要加入混凝剂,如金属铝盐等,混凝剂的用量必须适宜,同时加碱控制 pH 值。经深度过滤,污水处理达到要求后可以全部回用,不外排。产生的泥渣经过浓缩脱水处理后,可用于生产环保型免烧砖和轻质陶粒,但须关注泥渣中重金属问题。在陶瓷企业较集中的地区可以建立专门的陶瓷污水处理厂,集中处理污水。

GB 25464—2010 给出陶瓷企业水污染物特别排放限值,包括 pH 值,包括悬浮物(SS)、化学需氧量(COD)、生物需氧量(BOD)、氨氮、总磷、总氮、石油类、硫化物、氟化物和重金属含量限值等。

三、陶瓷生产中产生的废渣对环境的污染及治理方法

陶瓷生产中产生的废渣主要来自废弃的磨料、废模具及坯体废料、废釉料(废溶剂)及烧成产生的废料,其处理方法有直接掩埋、减量处理和废渣回收利用等。

陶瓷行业废渣处理不当会导致生活用水、空气及土地的污染,但不少废渣和矿渣可以作为陶瓷的原料使用。

废弃陶瓷对环境造成的危害虽不及有机废弃物的危害恶劣,但其所带来的影响也不可忽视。陶瓷废弃后的处理方式主要有集中置放和集中填埋。

集中置放或填埋占用土地资源,填埋过废弃陶瓷的土地会失去耕作价值,陶瓷釉质经渗水长时间浸泡,所含重金属元素会溶入渗水中,造成环境污染。因此,回收再利用陶瓷企业固体废弃物越来越受到人们的重视。

第三章

玻璃工业环境污染及治理

第一节 玻璃工业对大气的污染及治理

一、玻璃工业对大气的污染

玻璃工业排放的烟气成分复杂,内含有大量粉尘颗粒物、硫氧化物(SO_x)和氮氧化物(NO_x)等污染物,对大气造成了严重的污染,主要有以下3个方面:

(1)燃料燃烧产生的硫氧化物(SO_x)、氮氧化物(NO_x)、CO、碳氢化合物等有毒气体;

(2)玻璃高温熔制时产生的毒性烟尘,主要有砷、氟、镉、铅的化合物;

(3)原料加工、配合料制备及熔制、燃烧过程产生的粉尘。

《平板玻璃工业大气污染物排放标准》(GB 26453—2011)规定,玻璃熔窑颗粒物及NO_x的排放限值分别为$50mg/m^3$和$700mg/m^3$。

玻璃行业是既耗能又高污染的行业,在平板玻璃配料、物料熔化和玻璃成型等生产过程中,会产生的大量烟气污染物,排放的烟气具有以下特点:

(1)燃料的多样性,造成玻璃熔窑烟气污染物的成分差异大(表7-3-1)。目前平板玻璃生产线主要采用重油、天然气、煤制气、石油焦等燃料,以石油焦、重油为例,烟气中的主要污染物是粉尘、SO_2和NO_x,且排放浓度较高,烟尘碱金属含量高、成分复杂、黏性大,同时含有多种酸性气体,如HCl、HF等;而以天然气为燃料的玻璃熔窑,烟气中的粉尘及SO_2含量则相对较少。

不同燃料烟气中污染物含量(mg/m^3) 表7-3-1

燃 料	粉尘浓度	SO_2 浓度	NO_x 浓度
天然气/煤制气	80~280	100~500	1800~2870
重油	150~900	1500~4000	1850~3000
石油焦粉	200~1200	200~6500	1800~3300

(2)出口烟温高(400~550℃),玻璃熔窑烟气带走了35%以上的热量,为加强余热利用,熔窑出口处一般接有余热锅炉。

(3)NO_x含量高,玻璃熔化工艺温度高达1500℃以上,高温燃烧生成大量热力型NO_x,远高于水泥、陶瓷等其他类型的工业熔窑产生的 NO_x。

(4)烟气波动大，玻璃熔窑在生产作业时需要进行换火操作，在此过程中，烟气量和烟气组分波动较大，可导致窑内温度先迅速降低再迅速升高，容易出现氨逃逸或效率降低。

(5)碱金属、碱土金属(Na 盐、K 盐、CaO 等)含量高，是催化剂中毒来源之一。

(6)烟尘粒径小、黏附性强和腐蚀性高，含有多种酸性气体(HCl、HF 等)。

二、烟气中镉的危害及防治

镉(Cadmium)被认为是重金属中毒性最大的金属。它的化合物均有程度不同的毒性。在玻璃工业，镉的多种化合物被用作原料，在配合料制备、熔制以及玻璃的加工等过程中，镉的化合物会进入废水及大气。镉主要是以金属或化合物的烟雾、微尘的形式污染大气。通常是镉的氧化物，也有硫化物、硫酸盐。职业人群镉暴露的主要途径是呼吸道吸入。对作业场所空气中镉的浓度进行监测并控制在允许范围之内，是保护工人健康的一个重要手段。镉对肾、肺、肝、睾丸、脑、骨骼及血液系统均可产生毒性，被美国毒物管理委员会列为第 6 位危害人体健康的有毒物质。环境中的镉不能生物降解，随着工农业生产的发展，环境中镉含量也逐年上升。镉在体内的生物半衰期长达 10～30 年，为已知的最易在体内蓄积的毒物。镉在肾脏的一般蓄积量与中毒阈值很接近，安全系数很低。

由于镉的化合物都有毒，镉污染的防治是非常重要的一项工作。国内外对镉污染的治理大都处于试验阶段。对于玻璃熔制过程进入烟气的镉化合物的微尘，可以用收尘的方法将其回收。当采用电收尘时，回收率达 98%。

三、烟气中铅的危害及其防治

玻璃、陶瓷和搪瓷工业，使用铅丹和密陀僧作为原料。在熔制含铅玻璃时，约有 10%～12% 的 PbO 挥发，进入烟气或散发到车间。含有铅及砷等化合物的烟尘，其危害比 SO_2 还要大。由烟囱排到大气的铅氧化物凝聚成微尘，可以长时间漂流在气流中。大于 $10\mu m$ 的尘粒，能很快在污染源附近降落到地面，污染水及土壤。铅及其化合物可以经过呼吸、饮食及皮肤接触进入人体。微量的铅进入人体后，可以经消化道排出。但在被铅污染的环境中，进入人体的铅量增加，就会以不溶解的磷酸铅的形式积累于人体中，产生慢性中毒。经呼吸道进入人体的铅，即进入血液。过量的铅在血液循环系统会导致铅性贫血；在消化系统可引起消化不良等症；在神经系统，可出现神经衰弱症候群、多发性神经炎及铅麻痹。

在铅的防治中，主要采用的措施有：

(1)含铅玻璃熔制，选择适宜的窑炉。如缩小工作部面积，采用全电炉等。

(2)制定合理的熔制制度，降低 PbO 的挥发。

(3)烟气中的微尘，可用布袋除尘器和静电除尘器回收。

四、烟气中氟的危害及防治

环境中氟的危害是环境科学及卫生学界极为关注的问题。氟的过多吸收，对动、植物及人体会产生危害。冰晶石、萤石是熔制玻璃常用的辅助原料。它们在玻璃熔制时放出氟化氢、四氟化硅等，氟的挥发可达 50%。搪瓷在搪烧(800～950℃)时，也有氟及氟化物粉尘排出，如 SiF_4、HF、CaF_2 等。此外，燃料煤中约含 0.001%～0.048% 的氟，在燃烧时也会生成一些氟化物。

玻璃池窑排放的烟气中,含氟物质主要有 HF、NaF、SiF_4 以及氟化物尘粒,其中 HF 的含量较高,危害也大。氟进入大气后,可以同水汽反应生成 HF。HF 在大气中可以吸附在尘粒上。

氟化物的毒性比 SO_2 要大得多。在氟污染源附近,大气、水、土壤都会受到污染,并危害动植物。大气中氟化物对生物的危害,主要是通过动植物的富集作用而造成的。大气中即使含有极微量的氟化物,也会危害植物的生长。人及动物通过呼吸,饮食被氟污染的水和食物等而中毒。大气中的氟在动物体中富集后,会导致牙齿上有斑点或牙齿松动、骨骼疏松、有时会发生骨折。当大气中的氟化物浓度大于 0.0001% 时,就能导致皮肤病、呼吸道疾病、眼病。

氟化物防治的措施主要有:

(1)尽量少用或不用含氟的原料。

(2)进入烟气的 HF 及 SiF_4,在水中有较大的溶解度,可以用碱液、清水或海水吸收烟气中的氟化物。用于吸收氟化物的设备主要有填充塔、喷射塔、文丘里洗气器及喷射洗气器。

(3)采用同排烟脱硫一样的湿法脱氟法。如用氢氧化钠溶液吸收,回收率达 97% 以上,同时可以回收硫。洗涤回收氟化物也可加消石灰 $[Ca(OH)_2]$ 变为 CaF_2,沉淀分离后可重新使用。在玻璃池窑的排烟脱氟方法中,有的先把气体冷却,然后用氧化铝、消石灰、矾土等粉状吸收剂接触回收氟,排氟率达 99% 以上。回收的氟化物仍可作为原料使用。

五、烟气中砷的危害及其防治

玻璃配合料中常加入白砒(As_2O_3)作为澄清剂、脱色剂。砷及其多数化合物均有毒,其中以 As_2O_3、As_2O_5 和 As_2H_3 毒性最大。砷的氧化物在池窑的高温作用下可以挥发进入烟气,As_2O_5 的挥发率达 40%。经烟囱排放后,变成数微米以下的砷尘,可长期飘浮在大气中。砷尘不但污染大气,还会污染植物、土壤。砷可通过呼吸、饮食进入人体,引起中毒。砷能积蓄在骨骼、肾、肝和脾等组织。慢性砷中毒的症状有消化不良、皮炎、脱发等。急性砷中毒严重时会引起死亡。

在砷的防治中,可用除尘法去除烟气中的砷尘,同其他有毒尘粒一同回收。对易挥发有毒物质污染的防治办法,除上述措施之外,还可以采用预先将以挥发物同低熔点玻璃制成熔块及配合料粒化和电熔等方法,从而有效降低易挥发物质在熔制时的挥发。

六、玻璃厂烟气脱硫

玻璃熔窑烟气 SO_2 污染防治的方法很多,有高空排放、燃料低硫化、排烟脱硫等,其中技术成熟,效果较好的是排烟脱硫。排烟脱硫的措施很多,主要为吸附法和吸收法。

吸附法利用多孔物质吸附污染物,工艺简单,净化效果好,但设备体积庞大,投资费用高,吸附物要进行再生利用,而且窑炉废气所含污染物种类多时,会相互干扰,不利于吸收,因此在国际上仅有少数玻璃厂采用该方法处理废气。针对玻璃窑炉废气含有 SO_2、NO_x、HCl、HF 等多种污染成分,并含有玻璃态固态渣料,废气量大,需要处理组分浓度低等特点,采用的主要是吸收净化法。

按脱硫吸收工艺的不同,可以分为湿法、干法和半干法等。

湿法脱硫是指烟气进入湿式吸收塔,与自上而下喷淋的碱性吸收剂逆流接触,烟气中酸性氧化物 SO_2 以及其他污染物,如 HCl、HF 等被吸收去除,烟气得以充分净化。湿法脱硫根据吸收剂的不同,又分为钙法、氨法、镁法、钠法等。

干法脱硫是在无液相介入的完全干燥状态下进行脱硫的,脱硫产物为干粉状。干法常用的有炉内喷钙(石灰/石灰石)、金属吸收等。干法脱硫属于传统工艺,脱硫率普遍较低。

半干法脱硫是利用烟气显热蒸发脱硫浆液中的水分,同时在干燥过程中,脱硫剂与烟气中的 SO_2 发生反应,并使最终产物为干粉状。由于该方法加入系统的脱硫剂是湿的,而从系统出来的脱硫产物是干的,故称之为半干法。常用的半干法有 CFB(循环流化床)、SDA(旋转喷雾法)和 NID(烟道循环法)等。

湿法烟气脱硫反应速度快、脱硫效率高,但投资及运行费用较高,处理系统复杂,存在水污染问题,处理后的烟气温度降低,为了防止烟囱附近形成雨雾,需要对烟气进行再加热,在玻璃熔窑烟气治理中推广有一定难度;半干法和干法等工艺与湿法工艺相比,具有系统简单、投资费用低、运行费用低及占地面积小等优点,并且随着科学技术的发展,半干法和干法工艺的脱硫效率有了明显提高,有的已基本接近湿法工艺的脱硫效率。

以平板玻璃行业为例,使用最多的脱硫工艺是双碱法湿法脱硫,其次是石灰-石膏法湿法脱流,少部分厂家采用干法烟气循环流化床工艺,以及半干法 RSD(循环半干法)工艺。

七、玻璃厂烟气脱硝

玻璃熔窑中氮氧化物的主要来源于 3 个方面:一是原料中的部分硝酸盐经高温分解产生少量 NO;二是燃料中的 N 在高温下与 O 发生反应生成氮氧化物 NO_x;三是助燃空气中 N 与 O 高温反应生成 NO_x,又称热致 NO_x,此为熔窑烟气中 NO_x 的主要来源。熔窑烟气中的 NO_x 中 NO 占 90% 以上。

而玻璃行业烟气脱硝工艺虽然较多,但大多工艺存在可行性不高、经济性差、运行条件不确定等问题,其中应用最广、技术最为成熟的一项脱硝技术当属 SCR 技术(图 7-3-1)。玻璃熔窑出口烟气(450~550℃)首先进入余热锅炉(Ⅰ段),回收热量(烟温降至 350~450℃);然后烟气通过高温电除尘装置,除尘(烟温降至 300~420℃)净化后进入 SCR 反应器,在 SCR 反应器中与氨反应后,烟气进入余热锅炉(Ⅱ段)换热,对余热再次回收利用,最后通过脱硫除尘工艺处理后到达烟囱,达标排放。该工艺的优势在于:利用余热锅炉进行热量回收,可实现能源再利用;烟气经余热锅炉后,进入 SCR 反应器时温度正好又能满足脱硝催化温度;脱硝前除尘,能有效降低烟气中粉尘对 SCR 催化剂的毒化作用,延长催化剂的使用寿命。

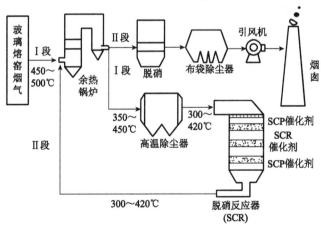

图 7-3-1 玻璃窑炉烟气脱硝工艺流程图

玻璃熔窑大部分已启动了 SCR 脱硝工程,其中 SCR 催化剂是脱硝系统的核心,是决定着整个脱硝系统的关键。玻璃行业 SCR 催化剂使用较多的是平板式催化剂和蜂窝式催化剂。

平板式催化剂以不锈钢网为骨架,采取双侧挤压的方式将活性物质(V_2O_5、MoO_3 等)与金属网栅结合成形,节距为 6.0~7.0mm,几何比表面积相对较小,具有较强的抗磨损和防堵塞特性,适合于煤质不稳定、含灰量高及灰黏性较强的烟气环境。同样,由于基材使用钢网和钢板作为支撑性材料,不会产生坍塌等严重的环保事件,通用性强,适合于几克到百克灰分。

蜂窝式催化剂属于均质催化剂,以 TiO_2、V_2O_5 和 WO_3 为主要成分,催化剂本体全部为催化剂活性材料,因此其表面遭到灰分等磨损后,仍然能够维持原有的催化剂性能。其特点是单位体积的催化剂几何比表面积大,催化活性相对较高,达到相同效率所用的催化剂体积较小。但由于蜂窝形状夹角较多、易堵灰,仅适合于低灰分、灰黏性小的烟气环境。

用于玻璃熔窑烟气脱硝治理的两种催化剂,从同一工艺(烟气 + 余热锅炉 + 脱硝 + 余热锅炉 + 脱硫 + 除尘 + 烟囱)、不同燃料和相同传统空气助燃的工况条件下的运行表现看,虽然平板式催化剂烟气运行条件更苛刻,但在耐磨和抗堵灰性能上,比蜂窝式催化剂有优势。平板式催化剂具有长条开孔、孔隙率高、压损小、抗堵灰及抗磨损能力强等特点,在玻璃行业烟气治理中得到验证。

对于玻璃熔窑在生产过程中产生大量氮氧化物等大气污染物,SCR 烟气脱硝技术具有脱硝效率高、技术成熟等优点,在平板玻璃烟气脱硝治理上得到了广泛应用。

针对玻璃熔窑烟气成分复杂、具有黏性等特点,选择"玻璃熔窑烟气 + 余热锅炉 + 电除尘 + SCR 脱硝 + 余热锅炉 + 脱硫 + 烟囱"技术,具有较优的环境效益。

第二节　玻璃工业水污染及固废治理

一、废水的来源与种类

玻璃生产企业产生的废水种类较多,按来源划分具体可归为以下几类:

(1)设备与玻璃液冷却水。

(2)原料加工处理中的废水。

(3)燃料及其加工处理中的废水。

(4)玻璃深加工过程中的废水。

(5)地面与设备冲洗水。

(6)其他废水(包括金属加工所排放含油类、乳化液的金属屑末的废水,湿法通风、除尘、降温排放的含原料粉尘、泥沙的废水以及锅炉房废水)。

二、废水治理

总体而言,玻璃生产企业的废水污染可从两大方面进行治理:

1)改进生产工艺

此方法主要作用是减少废水的产生量和减少废水中污染物。如硅砂的浮选。不用氢氟酸改用氮烷基丙二胺等新型浮选剂,除 pH 值为 2.7 外,其他指标均符合排放标准(此种废水仅经过中和处理后即可实现达标排放）。窑炉用天然气、液化石油气或电加热,基本上没有废水产生;采用热煤气也比洗涤煤气减少含酚废水的产生。

2）对废水进行处理

此方法减少污染物和污染物的危害,尽可能回收利用。废水处理的级别通常分为:一级处理、二级处理和三级处理。一级处理,主要是去除水中的悬浮固体和漂浮物,同时通过中和与均衡等预处理,对废水进行调节。如达到排放标准即排放,达不到排放标准,则进行二级处理。常用物理、化学和物理化学的处理方法,包括过滤、中和、沉淀、漂浮分离。通过一级处理,废水中的 BOD 去除仅为30%左右。二级处理,主要去除废水中呈胶体和溶解状态的有机污染物,常用方法为物理、化学与生物处理,包括中和、氧化还原、凝聚沉淀、漂浮分离、浓缩吸附、过滤以及生物还原、生物氧化等。通过二级处理 BOD 去除率可达90%以上,大部分处理水可以实现达标排放。三级处理就是在一、二级处理基础上,对难降解的有机物和有毒物质进行专门处理。

针对玻璃工业企业废水排放的特点,重点关注含油、含酚及含有机物废水的专项污染物处理方法。

（1）含油废水的处理

首先通过格栅除去粗大杂物,再通过沉淀池将泥沙沉淀,然后通过隔油池除去浮油,最后通过油水分离器进一步除油,经此处理的废水油脂浓度可降至10mg/L,已基本达到排放要求。如在油水分离器后再加一个气浮装置,在油水中通入空气,产生大量微小气泡,油污附着其上,上浮到水的表面,从而与水分离,此装置不仅可除去表面油污,还可除去废水中的乳化油。采用此处理方法后,污水中含油量可降到1mg/L 以下。如可溶性有机物多,还需要进行生物治理后再排放。含油泥则用焚烧法处理。

（2）含酚废水的处理

含酚废水是包括单元酚（如苯酚）和多元酚,还包括邻位、间位和对位被取代的酚化合物的废水的总称,并以酚类的含量来表示其浓度。例如,玻璃纤维厂的废水中含酚达40 ~ 400mg/L,而平板玻璃厂洗涤煤气的废水含悬浮物及油类为 10 ~ 200mg/L,酚为 150 ~ 250mg/L,氰化物为 5mg/L,COD 为 43.2mg/L。通常采用生化技术处理含酚废水,废水先经沉淀去除悬浮物后再送到曝气净化池,使水与空气充分接触,从而使好气细菌（主要是杆菌和球菌）分解酚类进行净化,用此法处理后,废水中含酚量可降至 0.5mg/L 以下,达到排放要求。

（3）含有机物废水的处理

可采用空气氧化、臭氧氧化以除去污水中有机物和还原性物质。空气氧化是在氧化塔中吹入空气以氧化硫化氢、硫醇以及硫的钠盐和铵盐,为了提高效率,有时还加入催化剂。臭氧在水中分解很快,能与废水中大多数有机物及微生物迅速作用,对除臭、脱色、杀菌以及去除酚、氰、铁、锰,降低 COD 和 BOD 有显著效果,剩余臭氧容易分解为氧,一般不产生二次污染,比较适合于三级处理。

三、玻璃及生产对土壤的污染

玻璃对土壤的污染主要有两个来源:一个是玻璃生产过程中产生的废水;另外一个是环境中的废玻璃溶出有害元素,则会污染水源和土壤,使食物链受污染。废水对土壤的污染主要来源于废水中的有毒元素,这些有害元素一旦进入土壤,不仅会影响作物自身的生长,还会影响到人类的健康,因为一些有毒物质元素被农作物吸收后进入食物链,会引起人体不适甚至是中毒。对于进入到土壤中的玻璃,可以通过回收再利用的方式减少对土壤的污染。

固体废弃物主要指废旧玻璃。目前,碎玻璃已成为世界上最难消除的公害物质之一。不少地区有大量的玻璃屑散布和积累在泥土里,使不少人受到伤害。随着玻璃工业的发展和人们生活水平的提高,大量废旧玻璃制品被扔进垃圾中,成了不亚于"白色污染"(废塑料污染)的新公害。世界上已有不少国家制定了政策,以减少玻璃制品造成的污染。例如:美国已把玻璃屑和玻璃瓶列为必须清除的环境污染物;有的国家专门为饮料瓶的回收立法,玻璃瓶回收率高达80%以上。这些回收玻璃的主要应用有:

(1)磨料:容器或非容器玻璃经捣碎后,可作喷砂,用来刻玻璃或研磨石块、金属等表面。这种磨料不含硅石,不会令工人患尘肺病。

(2)建筑工程用品:用于混凝土及修筑路基、道路和停车场等,装饰品瓷砖、相架、时款饰物及其他家庭用品。

(3)玻璃纤维:以废玻璃制造玻璃纤维,占旧玻璃再造市场较大比例。

(4)摩擦器:制造点燃火柴和引爆弹药所需的摩擦器。

(5)焊剂或其他添加剂:玻璃沫可用作金属铸造的润滑剂以及瓷器业的焊剂。

第四章

水泥窑废物协同处置

第一节 水泥窑协同处置废物类型
及控制目标与环节

一、废物类型

水泥窑协同处置废物的类型主要有三种：替代原料、替代燃料和废物处置。

1. 替代原料

（1）替代石灰质原料：电石渣、氯碱法碱渣、石灰石屑、碳酸法糖滤泥、造纸厂白泥、饮水厂污泥、肥料厂污泥、高炉矿渣、钢渣、磷渣等。

（2）替代黏土质原料：粉煤灰、炉渣、煤矸石、赤泥、石灰碳化煤、蜂窝煤球灰渣、金矿尾砂、增钙渣、金属尾矿、催化剂粉末、生活垃圾焚烧底灰等。

（3）替代校正原料：①替代铁质校正原料，如低品位铁矿石、炼铁厂尾矿、硫铁矿渣、铅矿渣、铜矿渣、钢渣；②替代硅质校正原料，如碎砖瓦、铸模砂、谷壳焚烧灰；③替代矿化剂，如铜锌尾矿、磷石膏、磷渣、电厂脱硫石膏、盐田石膏、柠檬酸渣、含锌废渣、铜矿渣、铅矿渣等。

2. 替代燃料

理论上，含一定热值的废物均可作为水泥生产燃料。目前，利用可燃性废物作为水泥生产替代燃料，已经成为水泥窑协同处置固体废物的主要趋势。

（1）固态替代燃料：废轮胎、废橡胶、废塑料、废皮革、石油焦、油污泥、页岩和油页岩飞灰、农业和有机废物、垃圾衍生物（RDF）等。

（2）液体替代燃料：醇类、酯类、废化学药品和试剂、废弃农药、废溶剂类、废油、胶黏剂及胶、油墨、废油漆等。

3. 废物处置

某些热值较低，且灰分中也基本不含与生产原料相似化学成分的废物，也可以在水泥窑中协同处理；一般作为一种应急处理措施，或针对该种废物没有其他更合适的处理方法时才采用的处理措施，包括不可燃废化学药品和试剂（如废酸碱等）、不可燃废弃农药、废乳化液等。

水泥窑禁止处置的废物:放射性废物、爆炸物、未知或未经鉴定废物、未拆解的电子废物、未拆解的电池废物等。

二、协同处置废物投加位置

(1)窑头主燃烧器,适合投加的废物:液态或易于气力输送的粉状废物;含POPs物质(持久性有机污染物)或高氯、高毒、难降解有机物质的废物;热值高、含水率低的有机废液。

(2)窑门罩,适合投加的废物:不适于在窑头主燃烧器投加的液体废物,如各种低热值液态废物。

(3)窑尾烟室,适合投加的废物:因受物理特性限制不便从窑头投入的含POPs物质和高氯、高毒、难降解有机物质的废物;含水率高或块状废物。

三、水泥窑协同处置废物污染控制目标

利用水泥窑协同处置各种废弃物时,系统可能产生的污染物形态无非为固、液、气3种形态,实践中多以复合混合相污染物的形态为主,各种污染物混合在一起,其生物毒性、有害程度、含量均相差较大,增加了系统监测分析、过程控制的难度和复杂性。为了便于掌握协同处置废弃物过程中的各项环境指标控制情况,必须结合现有条件、监测控制形式、监测分析的难易程度、系统产生污染物的规律、特征及稳定性、管理过程运行成本等进行综合考虑,选择安全、有效的污染物检测分析和控制方法,满足环境保护和控制的需要。

四、控制环节

1. 与废物协同处置有关的尾气排放

(1)酸性气体:SO_2、HF和HCl的排放控制。

(2)有机物:TOC和CO的排放控制;二英的排放控制;有机物的焚毁去除率的控制。

(3)重金属的排放控制。

与废物协同处置无关的尾气排放粉尘和NO(协同处置含氨、尿素的废物有利于减少NO_x排放)。

2. HCl和HF排放控制

(1)HCl和HF的产生:水泥原料、燃料及协同处置废物中的Cl/F在水泥窑高温区反应生成HCl/HF。

(2)HCl和HF吸收:95%以上的HCl与窑内的强碱物料反应生成氯化物,绝大部分$CaCl_2$进入熟料,绝大部分NaCl/KCl在窑内形成内循环;90%~95%的F元素与窑内的强碱物料反应生成氟铝酸钙并随熟料带出窑外,剩余的F元素以CaF_2的形式凝结在窑灰中在窑内进行循环。

(3)HCl和HF排放源:HCl和HF随烟气排入大气的比例很小。

(4)HCl和HF排放控制:无须特别控制。

3. SO_2排放控制

(1)S元素的化学形态和窑内主要反应:①硫酸盐S(性质较稳定,高温和还原气氛下部分分解为SO_2);②有机S(较低的温度下氧化生成SO_2);③无机硫化物S(较低的温度下氧化生成SO_2)。

(2)SO_2的吸收：SO_2与窑内碱性物质反应生成硫酸盐，硫酸盐大部分（80%以上）随熟料排出窑外，仅少部分在窑内形成内循环。温度越低，O_2含量越低，窑内碱性物质对SO_2吸收率越小。

(3)SO_2的排放源：原料带入的易挥发性硫化物是SO_2的主要产生源；投入高温区（窑头和窑尾）的S元素，生成硫酸盐随熟料带出，不是SO_2的产生源。

(4)SO_2的控制方法：①限制从配料系统投加的物料中的有机S和无机硫化物S总含量≤0.028%；②采用窑磨一体的废气处理方式，通过在生料磨的吸收降低SO_2排放；③使用袋除尘器，通过袋除尘器滤袋表面收集的碱性物质的吸收降低SO_2排放；④其他非常用方法：加消石灰、设脱SO_2旋风筒、水洗法、双碱法、复合脱硫法等。

4. 二噁英的控制

(1)二噁英的潜在产生源：燃料带入的二英（彻底分解）；原料带入的二英（比较少见）；新合成的二噁英（主要途径）。

(2)二噁英的合成条件：合适的温度（200～450℃，最佳温度300～325℃）；足够的停留时间（大于2s）；有前驱体和Cl元素的存在；有催化剂（如Cu）和足够颗粒反应表面。

(3)二噁英的主要产生源：窑系统低温部位（预热器上部、增湿塔、生料磨、除尘设备）发生的二英合成反应。

(4)控制方法：①减少合成，避开二噁英合成的温度区间并考虑到烟气后续加热生料的要求，将烟气迅速冷却至250℃以下；含挥发性有机物的废物禁止从低温处加入窑系统；保持窑内最佳燃烧条件，工况稳定；②增加吸附，采用窑磨一体机操作模式，通过生料的吸附降低二英的排放；采用高效除尘器，通过对吸附二英的粉尘的高效捕集，减少二英向大气的排放；③正常水泥生产的二英排放浓度低：正确的协同处置不增加二英的排放浓度，不影响燃烧工况，不从低温处投加有机废物。

5. TOC和CO的产生途径和控制

(1)TOC和CO的产生源：水泥窑燃烧工况不正常（次要原因，一般情况较少发生）；原料中的挥发性有机物（主要原因）。

(2)控制方法：①控制原料中有机碳含量，禁止从低温处投加含挥发性有机物的废物；②保持窑内最佳燃烧条件，工况稳定，保证燃料充分燃烧，由燃料带入的有机物分解彻底。

6. 有机物的焚毁去除率

(1)焚毁去除率（DRE）定义：投入窑中的某种有机物与残留在排放烟气中的该有机物质量之差，占投入窑该有机物质量的百分比。

(2)影响DRE的因素：窑内的燃烧工况和废物的投加位置。

(3)控制方法：①保持窑内正常燃烧工况；②限制废物投加速率；③有机废物应从高温处投入水泥窑。

(4)DRE标准：大于99.99%。在确保废物投加位置正确和水泥生产工况正常的前提下，水泥窑内特有的高温、强氧化气氛和长停留时间可以实现各种有机物的DRE满足要求。

7. 重金属的控制方法

(1)重金属来源：生料、煤和废物。

(2)重金属的挥发特性：99.9%以上不挥发类元素被结合到熟料中。①半挥发类元素在窑和预热器系统内形成内循环,最终几乎全部进入熟料,随烟气带出窑系统的量很少。②易挥发元素 Tl 在预热器内形成内循环和冷凝在窑灰形成外循环,一般不带入熟料,随烟气排放的量少,但由于内外循环的积累,随净化后烟气排放的 Tl 逐渐升高。③高挥发元素 Hg,主要凝结在窑灰上或随烟气带走形成外循环和排放,不带入熟料。

(3)控制方法:①限制重金属的投加速率;②增加吸附,采用窑磨一体机操作模式;通过增湿塔等装置降低水泥窑废气温度;在除尘设施后增设活性炭吸附设备;③提高尾气除尘效率;④周期性地将窑灰移出水泥窑循环系统或进行旁路放风。

(4)水泥产品环境安全控制:①协同处置对重金属的双重固化,包括熟料煅烧固化和水泥水化固化。②水泥产品中重金属浸出的控制方法是限制重金属的投加速率。

第二节　水泥窑协同处置生活垃圾

干法水泥窑温度高达 1600℃ 以上,窑内烟气停留时间一般为 8～10s。窑内条件足以使得生活垃圾完全被分解,同时烟气中的二噁英物质也能被有效分解;水泥窑碱性和负压生产条件,也有效中和生活垃圾焚烧产生的酸性废气,负压条件可以防止烟气的外溢;水泥窑碱性环境下将废气中重金属污染物固化在水泥熟料中;水泥窑协同处置生活垃圾对生活垃圾适应性强,不需要复杂分选,只需破碎后即可入窑;入窑后的生活垃圾中可燃部分燃烧产生热量可以代替部分燃煤,入窑的不可燃物质可替代入窑水泥生产原料中的部分配料,减少入窑水泥生产原料用量;通常使用高效除尘系统对水泥窑废气进行处理,能够使粉尘等气体污染物得到有效控制。

水泥厂协同处置生活垃圾分技术路线,主要包括:气化炉 + 分解炉技术、垃圾 + 分解炉技术、机械生物法 + 分解炉技术、热盘炉 + 分解炉技术等。

二噁英类污染物具有致癌性、致突变性和致畸性以及在环境中不易分解的特性。水泥窑对二噁英的控制治理体现在如下:

减少氯源,从源头控制二噁英产生条件。为保证干法水泥生产窑操作的连续性和稳定性,常用的方法是对生料中各元素($K_2O + Na_2O$ 、SO_3^{2-} 、Cl^-)的比例进行控制。通常情况下,保持 Cl 对 SO_3^{2-} 的比值接近相等,将硫碱摩尔比控制在 1 左右。生料中的氯元素在煅烧时可以被完全吸收,且不会对窑系统的连续性及产品稳定性产生不利的影响。氯元素被吸收后,在水泥生料中以 $2CaO \cdot SiO_2 \cdot CaCl_2$ 的构成进入水泥回转窑,最终成为铁铝酸盐和铝酸盐的溶剂性矿物与熟料一起从烧成系统中带出,从源头减少氯源,有效控制二噁英。

在焚烧过程中二噁英的最佳生成温度为 300℃ ,400～800℃ 时仍然有二噁英生成的可能,当温度达到 900～1000℃ 、烟气停留时间 ≥2s 可以使二噁英充分、完全分解。入窑生活垃圾物料通过投料系统进入分解炉,炉窑内温度及气体、固体停留时间不足以使二噁英生成。

烧成系统能够做到充分、完全燃烧,生料中的有机物在高温作用下迅速蒸发、汽化后进入分解炉在高温下充分氧化,将生料中的有机氯化物完全燃烧并抑制二噁英的生成,或完全分解烟气中已生成的二噁英。窑尾余热锅炉段和预热器顶端 C1 段烟气温度一般为 235～500℃ ,经"De-novo"机理和前驱体催化生产 PCDDs 等机理容易造成二噁英的二次生成。经过水泥回转窑中以氧气 2%～3% 过剩、900～1600℃ 高温燃烧后,出来的气体中几乎不可能有不完全燃烧的巨分子碳结构和氯酚、氢苯等化合物以及其他有机物,因此,就失去了重新生成二噁英的前提。

相关标准有,《水泥窑协同处置固体废物污染控制标准》(GB 30485—2013)、《水泥窑协同处置固体废物技术规范》(GB/T 30760—2014)等。

第三节 水泥窑协同处置垃圾焚烧飞灰

一、水泥窑垃圾焚烧飞灰处置特点

水泥窑协同处置飞灰,是指将垃圾焚烧飞灰作为原料投加到水泥生产工艺中,替代部分水泥原料,有效去除或稀释飞灰中富集的二噁英等有机污染物,最终实现飞灰的资源化处置的过程。

飞灰中存在大量的氯和重金属,因此必须有效避免飞灰对水泥生产和产品质量的影响。水泥窑协同处置飞焚烧垃圾的锅炉类型不同(如链条炉和循环流化床)、垃圾组成不同(如有机质含量不同),导致各地垃圾焚烧飞灰的氯元素含量差距较大,出现了不同的水泥窑协同处置方式。

水泥窑协同处置垃圾焚烧飞灰优点是,飞灰可以作为水泥替代原料,能够有效去除高温区的二噁英等有机污染物,减少酸性有害气体的排放,能够将重金属固化在水泥熟料中,处置成本较低;缺点是,氯化物循环富集,有二噁英排放超标可能,水洗入窑工艺复杂、投资大。

二、水泥窑协同处置垃圾焚烧飞灰的技术路线

1. 直接入窑处置

垃圾焚烧飞灰氯含量较低,甚至低于3%。要实现飞灰直接入窑,须严格控制飞灰的加入量,同时配套旁路放风系统。飞灰运输进厂后,泵入飞灰钢板库中储存,气力输送进入飞灰喂料仓;通过飞灰喷枪将飞灰加入窑尾烟室或分解炉中,实现飞灰的处置。

2. 水洗后入窑处置

很多垃圾焚烧飞灰的氯含量高达10% ~20%,这种飞灰显然不能直接入窑,因此应对其进行脱氯处置后再入窑。脱氯的主要手段是水洗。将高氯含量的飞灰经过3次逆流水洗后,氯元素可以洗出90% ~95%,飞灰中的氯含量可以降低到1%以下。水洗处置的核心是如何尽可能地减少水的用量,同时减少废水的排出和降低旋转蒸发的能源消耗。旋转蒸发以后的盐仍为危险废物,因此旋转蒸发后得到的盐不适用于工业盐标准。

3. 制备 Alinite 水泥

Alinite 熟料主要矿物为 Alinite、C_2S 和 C_{11} $CaCl_2$ 在含铁时还会生成 C_6AF_2 相,主要物质 CaO、SiO_2、Al_2O_3、Fe_2O_3、MgO 和 Cl,成分波动范围分别为58% ~64%、19% ~24%、4% ~8%、2% ~5%、2% ~6%、1% ~4%。利用飞灰制备 Alinite 水泥熟料既能充分利用飞灰中 Ca、Si、Al、Fe 等物质,还能利用飞灰中含量较高的 Cl 和 Mg,因此飞灰生产阿利尼特水泥技术对飞灰的资源化利用率较高。

4.硫铝酸盐水泥

以垃圾焚烧飞灰为主要原料,研制硫铝酸盐水泥,可应用于抢修抢建工程、预制构件、GRC制品、低温施工工程、抗海水腐蚀工程等。

第四节　水泥窑协同处置污泥技术

一、污泥类型与危害

污泥一般是指污水处理后的产物,成分复杂、性质各异。不同的污泥分类方法有不同的侧重点。根据污水来源不同,污泥可分为生活污水污泥和工业废水污泥;根据污泥产生部位不同,污泥可分为初次沉淀污泥(来自初次沉淀池)、腐殖污泥(生物膜法后沉降下来而排放的污泥)、剩余活性污泥(活性污泥法后从二次沉淀池中排除的多余污泥)、消化污泥(经厌氧消化后产生的污泥)。同种污泥同时可能有几种名称,但其本身的理化性质不会改变,按照理化性质对污泥进行分类可以更好地选出具有代表性的污泥(制革污泥也可称为工业废水污泥,但其重金属含量高这一理化性质不会变)。

污泥中含有丰富的营养元素,如氮、磷、钾等,但也含有大量的细菌、寄生虫(卵),铜、锌、铬、镉等重金属盐类及多环芳烃(PAHs)、多氯联苯(PCBs)和二英(PCDD/Fs)等难降解的有毒有害物质。若产生的污泥得不到有效、及时地处理,就会对生态环境和人类健康造成较大的危害。污泥的主要危害包括:

(1)细菌微生物污染:在污水处理过程中,90%上的细菌和寄生虫等病原体被浓缩到污泥中,常见的有沙口氏菌、梭状芽孢杆菌和致病性大肠杆菌等,病原微生物可能对土壤、水和大气环境造成危害,进而危及人体健康。

(2)有机物污染:污泥中的有机污染物主要有 PAHs、PCBs 和 CDD/Fs 等,这些有机污染物不易降解,进入水体和土壤后,能够存在很长时间,同时还具有生物积累性,对人体和环境构成长期威胁。

(3)重金属污染:在污水处理过程中,约有 70% ~90% 的重金属通过吸附或沉淀转移至污泥中,尤其是工业污泥中的重金属含量会更加高,重金属性质较稳定,难去除且具有生物积累性,对人体和动植物均具有危害性。

二、污泥处理方法

国内水泥企业处理污泥主要方法包括:作为生料配料处置、直接送烟室或分解炉焚烧处置、利用药剂和板框压滤协同处置污泥技术、直接干化后焚烧处置、间接干化后焚烧处置等。

水泥窑协同处置污泥预处理系统中的污染物排放标准应符合《水泥工业大气污染物排放标准》(GB 4915—2013)和《水泥窑协同处置固体废物污染控制标准》(GB 30485—2013)的有关规定。

(1)污泥作为生料配料,污泥作为原料,与其他原料一起烘干后入预热器和窑高温煅烧,可燃成分能充分燃烧,灰分入窑形成熟料。工艺流程为:专用汽车运输(含水污泥)→污泥料仓→带计量的绞刀→皮带输送→原料仓→输送设备→预热器。此方法处置污泥的优点是投资少、方法简单。使用污泥量适当对熟料质量无不利影响。

另外污泥和生料一起经过烘干,一方面污泥中部分水分蒸发,提高污泥热值,对节约能源有好处,另一方面会产生二噁英等有害物质,如果未经处理排放会造成大气污染。

(2)利用水泥窑直接焚烧污泥的工艺,利用水泥窑协同处置污泥最多的是直接焚烧污泥,工艺流程为:专用汽车运输(湿污泥)→污泥接受仓(密闭)→带计量的污泥泵→分解炉。2×5000t/d 熟料生产线协同处置 100t/d 含水率 80% 湿污泥,每条熟料生产线设计处置污泥 50t/d。此工艺的优点是对环境没污染,投资较少,是一种安全、简洁、高效的方法,技术方法可行;缺点是能耗较高,不能大量处理污泥,处理量较大的时候对窑的热工制度及水泥强度有所影响,尤其是对水泥窑熟料产量影响,不能处置较多的污泥。

(3)利用药剂和板框压滤协同处置污泥,利用加入药剂和板框压滤污泥,使污泥含水率减少至 40%~60%,然后焚烧污泥。设计污泥处理能力为 100t/d 左右。此技术路线的缺点是加入氯化铁,污泥中氯离子量大,不能处置较多的污泥,对水泥窑影响较大,对水泥窑熟料产量影响较大。

(4)利用水泥窑废气直接干化然后焚烧,经过干化处理可以提高水泥窑处理城市污泥量。也有用增湿塔喷雾干燥,分解炉投加燃烧。缺点是由于排出的烟气、臭气量大,相应处理装置投资及运行费用也较高。

(5)间接干化污泥然后焚烧,采用间接干化(利用导热油,导热油温度 200~300℃)污泥(干化后污泥含水 20%~30%),然后直接输送到分解炉焚烧,污泥中蒸发出来的水经过处理达标后排放。设计处置污泥(含水 80%~85%)能力 500t/d,从分解炉和烟室抽取余热烟气进锅炉加热导热油,利用导热油间接干化(导热油温度 200~300℃)污泥(干化污泥含水 20%~30%),然后直接输送到分解炉焚烧,污泥中蒸发出来的水经过处理达标后排放,外排气体进水泥窑系统焚烧。

(6)生物干化的原理是,在通风供氧条件下,污泥中的微生物利用易降解有机物进行好氧呼吸,满足自身生长繁殖需求的同时放出大量的生物能,这部分能量可使物料温度显著升高,一般可以达到 55℃,最高可达 70℃以上。同时,微生物活动还能使污泥中的束缚水活化,降低其束缚能态,使其更容易被加热蒸发。污泥中的水分在生物能的加热下转化为水蒸气,污泥生物干化技术在降低污泥水分含量的同时,也能在很大程度上降低水泥窑协同处置污泥的能耗。目前典型的生物干化处理污泥方式主要有条垛式生物干化系统、密闭式反应系统、强制通风槽式污泥生物干化系统和 CTB(智能好氧高温发酵)系统等,这些系统大都在工程上有所应用,有的也在各污泥厂运行中,但这些目前已有的生物干化技术还存在各种各样的问题。

利用水泥窑协同处置生物干化污泥的方案对窑系统影响小,以 2500t/d 熟料线为例:直接焚烧污泥(含水率 80%)一般不能超过 100t/d,协同处置生物干化污泥(以含水率 80% 计)可超过 300t/d。

三、污泥处置对水泥生产的影响

污泥处置量为 100~600t/d,进厂污泥含水率 30%~80%,灰分 40%~60%。污泥加入后对生料组分影响较小,但当一些微量元素过量时,对水泥窑的生产设备和熟料性质有负面影响。当原料中氯元素含量较多时,易在窑尾、风管和排风机等处生成低温共熔物而结皮并堵塞通道;硫、氯、熔融组分能侵蚀耐火砖,降低保温效果,导致生产不稳定。分解炉在处理城市污泥后,生料分解的有效空间减少3%～5%,分解炉内生料分解区间的热负荷增加6%～10%,须适当降低水泥窑系统的产量以保证水泥熟料的质量及污泥彻底焚烧。

焚烧污泥时,窑尾10m内易结皮,通过增加预热器通风可缓解结皮现象;投加污泥导致分解炉出口烟气温度有所上升,窑内物料的液态过早出现,出现窑内结皮;污泥的氯离子含量达0.4%,易造成预热器及下料管堵塞;当入窑水量为1t时会导致熟料减产2t。

当污泥投加比例适度时,引入的微量元素在熟料烧结过程中起到了矿化和助熔的作用,改善了水泥生料的易烧性。一般情况下,污泥掺入量为1%～5%,可降低熟料中游离钙(f-CaO)的含量。当污泥投加比例适度时,可提高水泥强度;当投加比例超过2%～2.5%时,水泥的早期强度将有所下降;污泥中碱的过量存在能够破坏熟料矿物的形成,使得水化过快,凝结时间变短,对熟料强度产生不利影响;污泥中过量的磷会促使C_3S分解为CaO和α-C_2S。

污泥带入的水分可导致窑尾废气处理系统风量增加15%～20%。未完全干化污泥中的水分在水泥窑协同处置过程中蒸发时体积会膨胀,给窑尾排风机带来负面影响。总通风量增加幅度为5%～10%;处理城市污泥导致进入高温风机的烟气温度增加5～10℃,工况风量随着烟气量和烟气温度的增加而增大;处置含水率大于50%的污泥时,窑尾预热器温度上升5～20℃,窑尾高温风机风量增加。

掺烧污泥时,污泥所含水分蒸发产生的烟气量与为保证分解炉内足够热力强度而补充用煤增加的窑尾烟气量相叠加,导致预热器风速增加,系统阻力增大,预热器换热效率下降,进而导致窑系统的热平衡及物料平衡的关系产生变化,高温风机风量上升,窑尾预热器的排气温度升高,系统的总热耗增加。

污泥水泥窑协同处置系统中,水分的进入导致单位熟料热耗增加3%～4%、电耗增加8%～12%;污泥在窑尾烟室投加时,在喂煤量保持不变的情况下,熟料的产量下降10%左右,折合燃煤量为310.1kg/t湿污泥;利用5000t/d水泥熟料生产线协同处置200t含水率80%污泥(单条生产线),统计燃煤量约120～150kg/t湿污泥。污泥干基热值为800～1000kcal/kg且污泥含水率小于30%～40%时会节煤。

在各类重金属中,高挥发性元素汞(Hg)主要凝结在窑灰上或随烟气被带走,形成外循环和排放。有研究建议,污泥在水泥行业使用时汞含量不应超过0.5mg/kg;易挥发元素铊绝大部分滞留在预热器内,少量可随窑灰带回窑系统,随废气排放的约占0.01%。污泥中的其他重金属对烟气的达标排放影响较小。通过水泥窑协同处置石灰干化污泥,发现烟气中重金属浓度虽然有所提高,但是仍低于排放上限一个数量级;干化污泥协同处置时烟气中的重金属浓度仅提高10%～28%。

在工程和试验中均发现,污泥掺烧可降低水泥窑的NO_x排放量,减少氨水投量。原因推测如下:污泥中的氨类、氰、烃根等还原性成分可将烟气中的NO_x还原成氮气;污泥消耗氧气或通过水煤气反应形成CO,消耗NO_x形成所需氧气并还原NO_x;污泥通过炭化作用生成活性炭,吸附或还原NO_x。污泥干化后可作为脱硝材料使用,系统NO_x排放值203mg/m^3;投加污泥后水泥窑烟气的SO_2含量无变化,NO_x含量下降;处置RDF和污泥后NO_x减排量可达20%～30%,可减少氨投加量70%;投加RDF和污泥后,窑尾NO_x和SO_2排量会下降,NO_x的减排效果更为明显。

目前,部分国家对污水中磷回收的重视程度日益增强,由于无法回收污泥中的磷,污泥水泥窑协同处置可能因此受到影响。研究表明,从污水和污泥中提取的磷理论上可替代其60%的磷进口量。因此提出,污泥中磷含量超过20g/kg时不得混合焚烧,应在热处理前通过化学沉淀制备鸟粪石,污泥单独焚烧产生的炉渣应作为肥料或单独储存以便后期回用作肥料。

第五章

无机非金属材料环境影响评价技术

本章首先介绍材料生产、加工、使用和废弃过程对环境影响的各种表达方法,然后详细阐述定量评价材料环境负担性的生命周期评价方法(Life Cycle Assessment,LCA)。

第一节　常见的环境指标及其表达方法

在进行材料的环境影响评价前,先要确定用何种指标来衡量材料环境负担性。关于衡量材料环境影响的定量指标,已有表达方法有能耗因子、环境负荷单位、单位服务的材料消耗、生态指数、生态因子等。

一、能耗表示法

早在 20 世纪 90 年代初,欧洲的一些旅行社为了推行绿色旅游和照顾环保人士的度假需求,曾用能耗来表达旅游过程的环境影响。例如,对某条旅游线路,坐飞机的能耗是多少,坐火车的能耗是多少,自驾车的能耗是多少。这是最早的曾采用能量的消耗多少来表示某种过程对环境影响的方式。

在材料的生产和使用过程中,也常用能耗这项单一指标来表达其对环境影响方式。表 7-5-1 中比较了一些典型材料生产过程的能耗,可见水泥的环境影响要比钢和铝材大。由于仅采用一项指标难以综合表达对环境的复杂影响,故在全面的环境影响评价中,现已基本淘汰能耗表示法。

一些材料生产过程的能耗比较(MJ/t) 表 7-5-1

材料	钢	铝	水泥
能耗	31.8	36.7	142.4

二、环境影响因子

某些学者曾用环境影响因子(Environmental Affect Factor,EAF)来表达材料对环境的

影响:

$$EAF = [资源、能源、污染物、生物影响、区域性] \qquad (7-5-1)$$

式中:EAF——环境影响因子。

相对于能耗表示法,影响因子考虑了资源、能源、污染物排放、生物影响以及区域性的环境影响等因素,把材料的生产和使用过程中原料和能源的投入以及废物的产出都考虑进去了,比能耗指要全面。

三、环境负荷单位

除环境影响因子外,一些研究单位和学者提出了用环境负荷单位(Environmental Load Unit,ELU)来表示材料对环境的影响。所谓环境负荷单位也是对一个综合的指标,包括能源、资源、环境污染等因素来评价某一产品、过程或事件对环境的影响,是由瑞典环境研究所完成的,现在在欧美较流行。

表7-5-2是某些元素和材料的环境负荷单位比较,可见一些贵金属元素的环境负荷单位特别大,与实际情况基本一致。

某些材料及元素的环境负荷单位比较　　　　　　　表 7-5-2

元　素	ELU(kg)	元　素	ELU(kg)
钛	0.38	锡	4200
锰	21.0	钴	12300
铬	22.1	铂	42000000
钒	42	铑	42000000
铅	363	石油	0.168
镍	700	煤	0.1
钼	4200	—	—

环境负荷单位是一个无量纲的量,在实际应用中如何换算某种材料的环境负荷单位并与其他材料的环境影响进行比较,目前还没完全让公众了解和接受。

四、单位服务的材料消耗

德国渥泊塔研究所的斯密特(Schmidt)教授于1994年提出了一种表达材料环境影响的指标方法,叫单位服务的材料消耗(Materials Intensity Per Unit of Service,MIPS)。其意指在某一单位过程中的材料消耗量,这一单位过程可以是生产过程也可以是消费过程,详细介绍可参见斯密特教授的《人类需要多大的世界》一书。

五、生态指数表示法

除上述表示材料的环境影响指标外,国外还有一种生态指数表示法(Eco-Points),即对某一过程或产品,根据其污染物的产生量及其他环境作用大小,综合计算出该产品或过程的生态指数,判断其环境影响程度。例如,根据计算,玻璃的生态指数为148,而在同样条件下,聚乙烯的生态指数为220,由此即认为玻璃的环境影响比聚乙烯要小。由于同环境负荷单位、环境影响因子相同,都是无量纲的量,计算新产品或新工艺的环境影响的生态指数是一个很复杂的过程,故目前这些表达法都还不是很通用。

六、生态因子表示法

以上环境影响的表达指标都只是计算了材料和产品对环境的影响,在这些影响中并未将其使用性能考虑进去。由此有些学者综合考虑材料的使用性能和环境性能,提出了材料的生态因子表示法(Eco-Indicators)。其主要思路是考虑两部分内容,一部分是材料的环境影响,包括资源、能源的消耗,以及排放的废水、废气、废渣等污染物加上其他环境影响如温室效应、区域毒性水平,甚至噪声等因素。另一部分是考虑材料的使用或服务性能,如强度、韧性、热膨胀系数、电导率、电极电位等力学、物理和化学性能。对某一材料或产品,用下式来表示其生态因子:

$$ECOI = \frac{EI}{SP} \tag{7-5-2}$$

式中:ECOI——是该材料的生态因子;

EI——是其环境性影响;

SP——是其使用性能。因此,在考虑材料的环境影响时,基本上扣除了其使用性能的影响,在较客观的基础上进行材料的环境性能比较。

第二节　材料的环境影响评价方法与标准

早期曾采用单因子方法来评价材料的环境影响,如测量材料的生产过程排放的废气量,用以评价该材料的大气污染的影响;测量其废水排放量,评价其对水污染的影响;测量其废渣的排放量,评价其对固体废弃物污染的影响。后来,科学家发现,如此单因子评价不能反映其对环境综合影响,如全球温室效应、能耗、资源效率等。而且,用如此多的单项指标,比较起来也太麻烦,甚至还有些指标无法进行平行比较。

到 20 世纪 90 年代初,专家提出了一种综合的、被称为生命周期评价(LCA)的方法。LCA方法现已基本为科学工作者所接受,成为全世界通行的材料环境影响评价方法,并在ISO14000 国际环境认证标准中已规范化,是 ISO 14000 的系列标准之一。

一、LCA 的起源

LCA 起源于 20 世纪 60 年代化学工程中应用的"物质/能量流平衡方法",原本是用来计算工艺过程中材料用量的方法。其理论基础是利用能量守恒原理和物质不灭定律,对产品生产和使用过程中的物质或能量使用和消耗进行平衡计算。到 20 世纪 80 年代,欧美从事工艺研究和环境评价的一些大学和顾问公司研究并发展了这个方法,把物质/能量流平衡方法引入到工业产品整个生命周期分析中,以考察工艺过程的各个环节,即从原材料提取、制造、运输与分发、使用、循环回收直至废弃的整个过程对环境的综合影响,而且逐步在企业中得到了应用。这种分析方法被称为"从摇篮到坟墓"(From Cradle to Grave)的生命周期评价技术。

由于研究和应用上的分散状态,尽管关于环境影响分析方法都采用了生命周期的概念,但在不同的研究机构和企业中却使用了不同的名称,例如环境设计(Design for the Environment)、环境意识设计与制造(Environmentally Conscious Design and Manufacturing)、绿色设计(Green

Design)、寿命全程设计(Life Cycle Design)、产品责任意识(Product Responsibility)、环境质量设计(Environmental Quality)、产品完整性设计(Product Integrity)等。

LCA 是由国际环境毒理和化学学会(Society of Environmental Toxicology and Chemistry, SETAC)在 1990 年作为正式的环境评价术语提出的,并由其给出了定义和规范。其后,国际标准化组织开展了大量的研究工作,对 LCA 方法在全世界范围内进行了标准化的推广,这两个组织在 LCA 的研究和推广应用中起到了重要的作用。

国际环境毒理和化学学会是一个非营利性的学术组织,其目的是促进环境问题上的多学科研究,其 3000 多个成员来自不同的学术机构、工商业者和政府部门,SETAC 为他们提供交流和共同研究环境问题的机会。

在 SETAC 中有一个 LCA 顾问组专门负责组织和促进 LCA 方法及其应用的研究,并定期召开研讨会,公布研究和讨论的结果。1990 年 8 月在美国 Vermont 的 SETAC 研讨会中,与会者就 LCA 的概念和理论框架取得了一致的认识,并确定使用"Life Cycle Assessment(LCA)"这个术语,从而统一了国际上的 LCA 研究。在随后一系列的 LCA 研讨会中,SETAC 讨论了 LCA 的理论框架和具体内容,并在 1993 年 8 月发布了第一个 LCA 的指导性文件《LCA 指南:操作规则》。这个文件是 13 个国家的 50 多位专家集体讨论的结果,在文件中给出了 LCA 方法的定义、理论框架以及具体的实施细则和建议,描述了 LCA 的应用前景,并总结了当时 LCA 的研究状况。

SETAC 发布的 LCA 指南进一步统一和规范了国际上 LCA 的研究。但由于 SETAC 本身的组织目的和原则,这个指南并非强制性的,所以在 LCA 的实际应用中,很多情况下都没有完全遵循 SETAC 的 LCA 指南。

国际标准化组织(ISO)原本是在第二次世界大战时为统一盟军物资生产和供应而设立的标准化机构,战后转向民用标准的制定。其制定的国际质量管理标准,即 ISO 9000 系列标准,在全世界范围内取得了空前的成功,成为产品生产、贸易中最重要的质量管理标准。

在 ISO 9000 系列标准成功之后,ISO 将目光转到了产品生产中的环境管理方面。为此,1992 年 ISO 专门成立了一个环境战略顾问组,研究制定一种环境管理标准。在其调查报告中建议 ISO 尽快着手建立一个环境管理的国际标准。1993 年 6 月,ISO 成立了一个"环境管理"技术委员会 TC207,包括 6 个分委员会,开展环境管理方面的国际标准化工作。正是 ISO/TC207 制定了 ISO 14000 国际环境管理系列标准。表 7-5-3 是 ISO 14000 国际环境管理系列标准的框架。可见 ISO 14000 主要分为 6 个系列,即环境管理、环境审计、环境标志、环境行为评价、环境影响评价、术语和定义。

ISO 14000 国际环境管理系列标准框架表

表 7-5-3

环境管理系统(EMS)	14001 环境管理系统:分类和指南
	14004 环境管理系统:原理、系统和支撑技术
环境审计(EA)	14010 环境审计:原理
	14011 环境审计:审计程序
	14012 环境审计:审计资格
	14013 环境地域评价

	14020 环境标志：原理
	14021 环境标志：术语和定义
	14022 环境标志：符号
环境标志(EL)	14023 环境标志：测试及认证方法
	14024 环境标志：典型Ⅰ——原则及程序
	14025 环境标志：典型Ⅲ——原则及程序
环境行为评价(EPE)	14031 环境行为评价：原理
	14040 环境影响评价：原理及框架
环境影响评价(LCA)	14041 环境影响评价：编目分析
	14042 环境影响评价：环境影响评价
	14043 环境影响评价：结果解释
术语和定义(TD)	14050 环境管理：术语和定义
	14060 产品标准的环境因素

在 ISO/TC207 技术委员会中,第 5 分委员会 SC5 专门负责 LCA 标准的制定。ICA 方法作为一种环境管理工具,被列入 ISO 14000 的第 4 系列标准中,标准号为 14040～14049,成为 ISO14000 中 6 大系列标准之一,充分说明了 LCA 方法的重要作用和广泛影响。

ISO 对 LCA 的标准化有利于 LCA 方法的统一和实施,促进了 LCA 的进一步发展。由于 ISO 的国际影响力,以及 LCA 在 ISO 14000 标准中所占的地位,经过标准化的 LCA 方法成为评价材料环境影响的重要方法。事实上,由于 ISO 的组织,有众多的学术组织、政府机构、企业和环境保护组织参与的 LCA 研究已成为国际上 LCA 研究和应用的主流。

二、LCA 的定义

如上所述,LCA 作为正式的环境评价术语是由 SETAC 和 ISO 推出的。在 1993 年 SETAC 对 LCA 定义如下:通过确定和量化相关的能源、物质消耗和废弃物排放,来评价某一产品、过程或事件的环境负荷,并定量给出由于使用这些能源和材料对环境造成的影响;通过分析这些影响,找出改善环境的机会;评价过程应包括该产品、过程或事件的生命全程分析,包括从原材料的提取与加工、制造、运输和分发、使用、再使用、维持、循环回收直至最终废弃在内的整个生命循环过程。

在 1997 年 ISO 制定的 LCA 标准(ISO 14040 系列)中也给出了 LCA 和一些相关概念的定义:LCA 是对某一产品系统在整个生命周期中的环境影响进行评价,这里的产品系统是指具有特定功能的、与物质和能量相关的操作过程单元的集合,该系统既包括产品的生产过程,也包括服务过程。生命周期是指产品系统中连续的和相互联系的阶段,从原材料的获得或资源的投入一直到最终产品的废弃为止。

从 SETAC 和 ISO 的这些阐述可以看到,LCA 在发展过程中,其定义不断得到完善和充实,但一些基本的思想和方法保留和固定了下来。我们可以从 LCA 的评价对象、方法、应用目的、特点等各个方面去理解 LCA 的概念、定义以及该评价方法的内涵。下面给出一个最近的关于 LCA 的定义:所谓生命周期评价技术(LCA)是一种评价某一过程、产品或事件从原料投入、加工制备、使用到废弃的整个生态循环过程中环境负荷的定量方法。具体地说,LCA 是指用数学物理方法结合实验分析对某一过程、产品或事件的资源、能源消耗,废物排放,环境吸收和消化能力等环境负担性进行评价,定量确定该过程、产品或事件的环境合理性及环境负荷量的大小。

显然,对材料的生产和使用过程,采用 LCA 来评价其对环境的影响是全面和综合的。其实,LCA 方法最早是由材料科学工作者完善并用于评价对环境的综合影响的。早在 1989 年,欧美的一些材料学者就开始采用 LCA 的概念和方法评价使用软饮料易拉罐材料、有机高分子塑料袋、塑料杯和纸杯等包装材料对环境的综合影响。

第三节　LCA 的技术框架及评价过程

由于 ISO 14000 环境标准在世界上已全面贯彻实施,目前,利用生命周期分析来考虑生产过程、工业产品乃至一些生活事件对环境的综合影响已经成为全球范围内一项常规方法。按照 ISO 14040 系列标准,如图 7-5-1 所示,LCA 评价方法的技术框架一般包括 4 部分,主要有目标和范围定义、编目分析、环境影响评价以及评价结果解释等,详细分析如下。

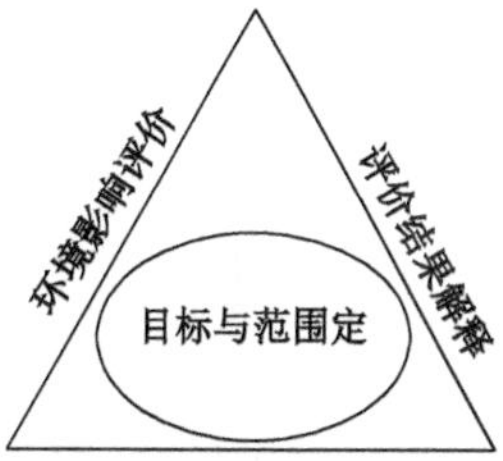

一、目标和范围定义

对某一过程、产品或事件,在开始应用 LCA 评价其环境影响之前,必须确定其评价目标和评价范围,以界定该过程、产品或事件对环境影响的大小。这是 LCA 方法应用的起点。

图 7-5-1　LCA 的技术框架

需要定义的 LCA 评价目标主要包括界定评价对象、实施 LCA 评价的原因以及评价结果的输出方式。

LCA 的评价范围一般包括评价功能单元定义、评价边界定义、系统输入输出分配方法、环境影响评价的数学物理模型及其解释方法、数据要求、审核方法以及评价报告的类型与格式等。范围定义必须保证足够的评价广度和深度,以符合对评价目标的定义。评价过程中,对范围的定义是一个反复的过程,必要时可以进行修改。

功能单元是评价环境影响大小的度量单位。由于关系到环境影响的具体数值,一般情况下功能单元应该是可数的。例如,在计算一个火电厂因发电而产生的 CO_2 排放量时,需要事先明确这种排放量是针对多少发电量而言的。

系统边界确定了哪些过程应该被包括到 LCA 评价范围中。系统边界不仅取决于 LCA 实施的评价目标,还受到所使用的假设、数据来源、评价成本等因素的影响和限制。

数据是指在 LCA 评价过程中用到的所有定性和定量的数值或信息。这些数据可能来自测量到的环境数据,也可以是中间的处理结果。数据要求包括数据的来源、精度、完整性、代表性和不确定性等因素,以及数据在时间上、地域上和适用技术方面的有效性等。数据要求是 LCA 评价结果可靠性的保障。

为保证 LCA 评价方法符合国际标准,评价结果客观和可靠,在 LCA 评价过程结束后可以邀请第三方对结果进行审核。审核方式将决定是否进行审核,以及由谁、如何进行审核。尽管审核并非 LCA 评价的组成部分之一，但在对多个对象进行比较研究并将结果公之于众时，为谨慎起见应该进行审核。

二、编目分析

根据评价的目标和范围定义，针对评价对象收集定量或定性的输入、输出数据，并对这些数据进行分类整理和计算的过程叫作编目分析。即对产品整个生命周期中消耗的原材料、能源以及固态废弃物、大气污染物、水质污染物等，根据物质平衡和能量平衡进行正确的调查获取数据的过程。如图 7-5-2 所示，需要收集的输入数据包括资源和能源消耗状况，输出数据则主要考虑具体的系统或过程对环境造成的各种影响。编目分析在 LCA 评价中占有重要的位置，后面的环境影响评价过程就是建立在编目分析的数据结果基础上的。另外，LCA 用户也可以直接从编目分析中得到评价结论，并做出解释。

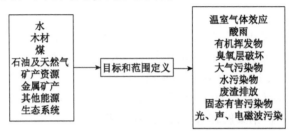

图 7-5-2　LCA 编目分析示意图

在过去的 30 多年中，所有与 LCA 相关的研究都致力于对产品生命周期中的能量、物质消耗和废弃物排放进行量化。所以，编目分析是 LCA 4 个组成部分中研究较成熟、应用较多的一部分，事实上，20 世纪 80 年代末和 90 年代初，研究者们加入其他 3 个部分并与编目分析组合在一起后，产生了 LCA 方法。

编目分析通常包含以下几个过程或步骤：

1）系统和系统边界定义

如前所述，系统是指为实现特定功能而执行的、与物质和能量相关的操作过程的集合，这是 LCA 的评价对象，一个系统通过其系统边界与外部环境分隔开。系统的所有输入都来自外部环境，系统所有的输出都排出到外部环境，编目分析正是对所有穿过系统边界的物质、能量流进行量化的过程。

系统的定义包括对其功能、输入源、内部过程等方面的描述，以及地域和时间尺上的考虑，这些因素都会影响到评价的结果，尤其在对多个产品或服务系统进行对比评价时，定义的各个系统应该具有可比性。

2）系统内部流程

为更清晰地显示系统内部联系，以及寻找环境改善的时机和途径，通常需要将产品系统分解为一系列相互关联的过程或子系统，分解的程度取决于前面的目标和范围定义，以及数据的可获得性，系统内部的这些过程从"上游"过程中得到输入，并向"下游"过程产生输出。这些过程及其相互间的输入输出关系可以用一个流程图来表示。

在一个产品的流程中通常有主要产品和辅助性产品。例如，一个聚乙烯塑料饮料瓶的主要流程如图 7-5-3 所示，这个流程图中没有包括辅助性产品如标签、纸箱、黏胶等，但在完整的编目分析中应该包括它们。

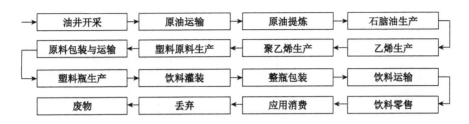

图 7-5-3 聚乙烯塑料饮料瓶的主要流程图

绝大多数的产品系统都涉及能源和运输,所以能源生产和不同运输方式的环境编目数据是一种基础数据,一次收集和分析之后会多次被用到。与此类似,一种材料也会在多种产品中被用到,所以对常用材料的基础评价也是非常重要并需要首先解决的问题。

3)编目数据的收集与处理

一旦得出系统的内部流程图,就可以开始数据的收集工作。编目数据包括流入每个过程的物质和能量,以及从这个过程流出的、排放到空气、水体和土壤中的物质。

编目数据的来源应该尽可能从实际生产过程中获得,另外也可以从技术设计者,或者通过工程计算、对类似系统的估计、公共或商业的数据库中得到相关信息。

在编目分析中还应注意两类问题的处理方式。

①分配问题

当产品系统中得到多个的产品,或者一个回收过程中同时处理了来自多个系统的废弃物时,就产生了输入输出数据如何在多个产品或多个系统之间分配的问题。目前没有统一的分配原则,通常可以从系统中的物理、化学过程出发,依据质量或热力学标准,甚至经济上的考虑,进行分配。

②能源问题

能源数据中应考虑能源的类型、转化效率、能源生产中的编目数据以及能源消耗的量。不同类型的化石能源和电能应该分别列出,能源消耗的量应以相应的热值如 J 或 MJ 单位计算,对于燃料的消耗也可使用质量和体积。

编目数据应该是足够长的一段时间,例如一年中的统计平均值,以消除非典型行为的干扰。数据的来源、地域和时间限制以及对数据的平均或加权处理应该明确地说明。所有的数据应该根据系统的功能单元进行统一的规范化,这样才具有可叠加性。得到所有的数据后就可以计算整个系统的物质流平衡,以及各子系统的贡献。

三、环境影响评价

环境影响评价建立在编目分析的基础上,其目的是为了更好地理解编目分析数据与环境的相关性,评价各种环境损害造成的总的环境影响的严重程度。即采用定量调查所得的环境负荷数据定量分析对人体健康、生态环境、自然环境的影响及其相互关系,并根据这种分析结果再借助其他评价方法对环境进行综合的评价。

目前,环境影响评价的方法有许多,但基本上都包含 4 个步骤:分类、表征、归一化和评价等 4 个环节,具体如图 7-5-4 所示。

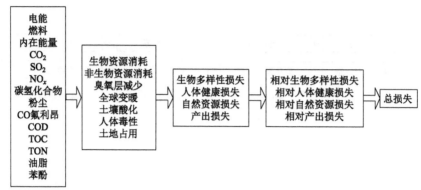

图 7-5-4　环境影响评价示意图

1）分类

分类是一个将编目条目与环境损害种类相联系并分组排列的过程，它是一个定性的、基于自然科学知识的过程，在 LCA 中将环境损害总共分为 3 类，即资源消耗、人体健康和生态环境影响。然后又细分为许多具体的环境损害种类，如全球变暖、酸雨、臭氧层减少、沙漠化、富营养化等。一种编目条目可能与一种或多种具体的环境损害有关。

2）表征

不同编目种类造成同一种环境损害效果的程度不同，例如 SO_2 和 NO_x 都可能引起酸雨，但同样的量引起的酸雨的浓度并不相同，表征就是对比分析和量化这种程度的过程。它是一个定量的，基本上基于自然科学的过程。

通常在表征中都采用了计算"当量"的方法，比较和量化这种程度上的差别。将当量值与实际编目数据的量相乘，可以比较相关编目条目对环境影响的严重程度。

常用的几种表征指标见表 7-5-4。

常 用 表 征 指 标　　　　　　　　　　表 7-5-4

环境损害类型	指标名称	参 照 物
温室效应	GWP100	CO_2
臭氧层减少	ODP	CFC11
酸雨	AP	SO_2
富营养化	NP	P

3）归一化

由于环境影响因素有许多种，除资源消耗、能源消耗、废气、废水、废渣外，还有温室气体效应、酸雨、有机挥发物、区域毒性、噪声、电磁波污染、光污染等，每一种影响因素的计量单位都不相同，为实现量化，通常对编目分析和表征结果数据采用加权或分级的方法进行处理，简化评价过程，使评价结果一目了然。这个量化的处理在 LCA 应用中称为归一化处理，该方法主要是将环境因素简化，用单因子表示最后的评价结果。后面的 LCA 评价模型里将详细介绍一些归一化的数学方法。

4）评价

为了从总体上概括某一系统对环境的影响，将各种因素及数据进行分类、表征、归一化处理后，最后进行环境影响评价，这个过程主要是比较和量化不同种类的环境损害，并给出最后的定量结果。环境评价是一个典型的数学物理过程,经常要用到各种数学物理模型和方法。不同的方法往往带有个人和社会的主观因素和价值判断,这是评价结果容易引起争议的主要原因。因此,在环境评价过程中,一般要清楚、详细地给出所采用的数学物理方法、假设条件和价值判断依据等。

四、评价结果解释

在 20 世纪 90 年代初 LCA 方法刚提出时,LCA 的第 4 部分称为环境改善评价,目的是寻找减少环境影响、改善环境状况的时机和途径,并对这个改善环境途径的技术合理性进行判断和评价,即对改换原材料以及变更工艺等之后所引起的环境影响以及改善效果进行解析的过程,其目的在于表明所有的产品系统都或多或少地影响着环境,并存在着改进的余地,另一方面也强调了 LCA 方法应该用于改善环境,而不仅仅是对现状的评价,由于许多改善环境的措施涉及具体的技术关键、专利等各种知识产权问题,许多企业对环境改善评价过程持抵触态度,担心其技术优势外泄且环境改善过程也没有普遍适用的原则,难以将其标准化。例如,同样是污水排放和处理,有的有机物含量高,有的有害金属离子含量高,有的需要采用氧化法处理,有的需要采用还原法处理,不可能采用同一种工艺或同一种方法来处理所有的废水,鉴于此原因,1997 年,国际标准化组织在 LCA 标准中去掉了环境改善评价这一步骤,但并不是否定 LCA 在环境改善中的作用。

在新的 LCA 标准中,第 4 部分由环境改善评价修改为解释过程。主要是将编目分析和环境影响评价的结果进行综合,对该过程、事件或产品的环境影响进行阐述和分析,最终给出评价的结论及建议。例如,对于决策过程。依据第一部分中定义的评价目标和范围,向决策者提供直接需要的相关信息,而不仅是单纯地评价数据。作为一种有效的环境管理工具,LCA 方法已广泛地应用于生产、生活、社会、经济等各个领域中,评价对环境造成的影响,寻求改善环境的途径,在设计过程中为减小环境污染提供最佳判断。

第四节　常用的 LCA 评价模型

在 LCA 评价过程中,常需要用到一定的数学模型和数学方法,简称为 LCA 评价模型。到目前为止,关于 LCA 评价模型可分为精确方法和近似方法,前者有输入输出法,后者有线性规划法、层次分析法等。

一、输入输出法

输入输出法是一种最简单、也是最常用的 LCA 评价模型,如图 7-5-5 所示。在评价过程中仅考虑系统的输入和输出量,从而定量计算出该系统对环境所产生的影响。系统的输入量主要包括完成整个过程所需要的能源和资源的消耗量,如煤、石油、天然气、电力以及原料投入等,需要输入定量的数据。系统的输出首先是该系统的有效产品,然后是该系统在生产和使用过程中产生的废弃物,也包括该系统完成过程中对生态环境产生的人体健康影响、温室气体效应、区域毒性影响,以及光、声、电污染等影响。一般情况下,输出量也是定量的数据。由于输入输出法数据处理简单,计算也不复杂,各种环境影响的指标定量且具体,在 LCA 模型应用中发展比较成熟。但其缺点是输入输出的指标数据分类较细,不能对环境影响进行综合评价。

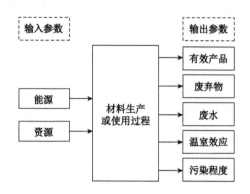

图 7-5-5 材料生产或使用过程的 LCA 评价输入输出法框架图

二、线性规划法

线性规划法是一种常用的系统分析方法,其原理是在一定约束条件下寻求目标函数的极值问题。当约束条件和目标函数都属线性问题时,该系统分析方法即被称为线性规划法,在环境影响评价过程中,无论是资源和能源消耗,还是污染物排放,以及其他环境影响如温室效应等,一般情况下都在线性范围内,可以用线性规划法对系统的环境影响进行定最分析。例如,一个系统的环境影响因素用线性规划方法定义为如下数学模型:

$$[A_{i,j}][B_{i,j}] = [F_{i,j}]i \quad (j=1,2,\cdots,n) \tag{7-5-3}$$

式中:A——环境影响的分类因子;

$\quad\ B$——各环境影响因子在系统各个阶段的环境影响数据;

$\quad\ F$——该环境影响因子的环境影响评价结果;

$\quad\ i$、j——系统各阶段序号。

由式(7-5-3)可见,环境影响因子和这些因子在各阶段的环境影响数据组成了一个矩阵序列,通过求解矩阵,最后可得到各因子的环境影响评价结果。

线性规划法是评价和管理产品系统环境性能的一种常用方法。它不仅可以解决环境负荷的分配问题,而且也能对环境性能优化进行定量的分析。由于 LCA 方法探讨人类行为和环境负荷之间的一些线性关系,故线性规划法可以定量地应用于各种领域的环境影响评价。

三、层次分析法

层次分析法(Analytic Hicrachy Process,AHP),是一种实用的多准则决策方法。

近年来,层次分析法在 LCA 中获得了广泛的应用。AHP 方法的具体过程是根据问题的性质以及要达到的目标,把复杂的环境问题分解为不同的组合因素,并按各因素之间的隶属关系和相互关系程度分组,形成一个不相交的层次,上一层次对相邻的下一层次的全部或部分元素起着支配作用,从而形成一个自上而下、逐层支配的关系。图 7-5-6 是一个典型的层次分析法示意图。

由图可见,层次分析法的结构可分为目标层、准则层和方案层,其中目标层可作为 LCA 的评价目标并为范围定义服务,相当于环境影响因子。准则层在 LCA 应用中可作为数据层,不同的环境影响因子在系统各个阶段有不同的数据。最后的方案层则对应评价结果。

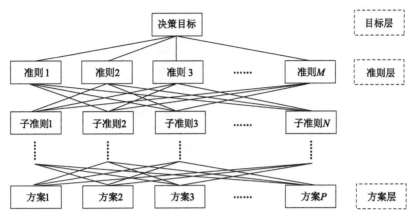

图 7-5-6　层次分析法示意图

随着 ISO 14000 环境管理标准在全球的实施,有关 LCA 评价的数学物理模型和方法一直在不断地发展和完善。除以上介绍的几种常用模型外,还有模糊数学分析法、逆矩阵法等在 LCA 分析中也有应用,具体可参阅其他文献资料。

第五节　LCA 应用举例

在过去的 10 多年中,通过 ISO 14000 环境管理标准的实施,LCA 的应用已遍及社会、经济的生产、生活各个方面。在材料领域,LCA 用于环境影响评价更是日臻完善,到目前为止,在钢铁、有色金属材料、玻璃、水泥、塑料、橡胶、铝合金镁合金等材料,以及容器、包装、复印机、计算机、汽车、轮船、飞机、洗衣机、其他家用电器等产品方面,LCA 环境影响评价应用都有报道。下面分类列举建筑瓷砖的环境影响评价 LCA 应用例子。

我国是世界上最大的建材生产国。从资源的消耗到环境的损害,建材行业一直是污染较严重的产业,为考察建材生产过程对环境的影响,用 LCA 方法评价了某建筑瓷砖生产过程对环境的影响,该瓷砖生产线的年产量为 30 万 m^2,采用连续性流水线生产,所需原料有钢渣、黏土、硅藻土、石英粉、釉料以及其他添加剂等,消耗一定的燃料、电力和水,排放出一定的废气、废水、废渣。其生产工艺如图 7-5-7 所示。

在 LCA 实施过程中,首先是目标定义。对该瓷砖生产过程的环境影响评价目标定义为只考察其生产过程对环境的影响,范围界定在直接原料消耗和直接废物排放,不考虑原料的生产加工过程,以及废水、废渣的再处理过程。

对该瓷砖环境影响 LCA 评价的编目分析,主要按资源和能源消耗,各种废弃物排放及其引起的直接环境影响进行数据分类、编目。如能耗可分为加热、照明、取暖等过程进行编目;资源消耗则按原料配比进行数据分类;污染物排放按废气、废水、废渣等进行编目分析。由于该生产过程排放的有害废气量很小,主要是 CO_2,故废气排放量可以忽略,而以温室效应指标进行数据编目。另外,在该瓷砖生产过程中其他环境影响指标如人体健康、区域毒性、噪声等也很小,因此在编目分析中也忽略不计。在环境影响评价过程中采用了输入输出法模型,其输入和输出参数如图 7-5-8 所示,其中输入参数有能源和原料,输出参数包括产品、废水、废渣以及由 CO_2 排放引起的全球温室效应。

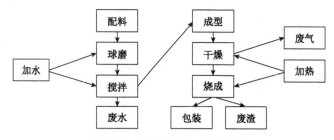

图 7-5-7 某瓷砖生产工艺示意图

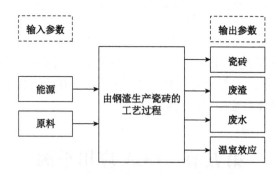

图 7-5-8 某瓷砖生产线的输入输出法评价模型

通过输入输出法计算,得到该瓷砖生产过程对环境的影响结果如图 7-5-9 所示,其中,图 7-5-9a) 为能源和资源的消耗情况,图 7-5-9b) 为对环境的影响。由图可见,该瓷砖生产过程的能耗以及水的消耗量较大,由于采用钢渣为主要原料,这是炼钢过程排放的固态废弃物,因此在资源消耗方面属于再循环利用,是对保护环境有利的生产工艺。

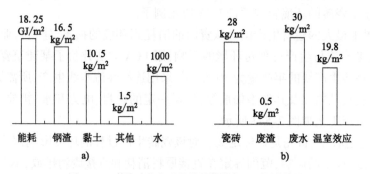

图 7-5-9 某瓷砖生产过程的环境影响 LCA 评价结果

另外,该工艺过程的废渣排放量较小,仅为 $0.5kg/m^2$;废水的排放量为 $30kg/m^2$,且可以循环再利用。相对而言,该工艺过程的温室气体效应较大,生产 $1m^2$ 瓷砖要向大气层排放 $19.8kg\ CO_2$,年产量 30 万 m^2 的瓷砖,向空中排放的 CO_2 总量是相当可观的。

对 LCA 评价结果的解释,除上述的环境影响数据外,通过对该瓷砖生产过程的 LCA 评价,可提出的改进工艺主要有降低能耗、降低废水排放量、减少温室气体效应影响等。

第六章
无机非金属材料工业碳排放

第一节 碳排放与碳交易

世界气象组织(WMO)发布的《温室气体报告》指出,2018 年全球大气 CO_2 平均浓度为 0.4078‰,这是数百万年来未见的新纪录。工业革命以来,人类生产生活的温室气体排放已导致全球升温 1.5℃,仅 21 世纪全球就已升温 1.3℃。2019 年联合国气候峰会指出,如果全球气候变暖以目前速度持续下去,将对国际和平与安全构成毁灭性的威胁,控制温室气体排放与应对气候变暖已成为摆在全人类面前不可回避的议题。

研究表明,大气中 CO_2 的浓度从 1750 年 0.277‰ 增加到 2015 年的 0.3994‰。大气中 CO_2 的增加主要由化石燃料燃烧和水泥生产排放、土地利用变化释放等引起的,如图 7-6-1 和图 7-6-2 所示。

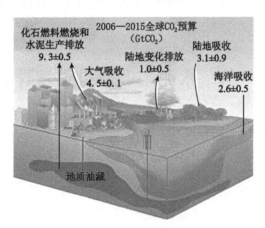

图 7-6-1 人类活动引起的全球碳循环整体扰动示意图

研究指出 2015 年化石燃料的燃烧和水泥生产碳排放量提高 1.8%,达到 (9.9 ± 0.5) GtC,比 1990 的排放量增加 65% 以上。1870 年和 2016 年二氧化碳累计排放量达到 (565 ± 55) GtC 和 (2075 ± 205) $GtCO_2$,约 75% 来自化石燃料的燃烧和水泥生产。2006—2015 年全球碳预算 91% 是由化石燃料燃烧和水泥生产造成的,9% 是由陆地利用变化造成的,排放的 CO_2 分别被大气(44%)、海洋(26%)和陆地(30%)所吸收。

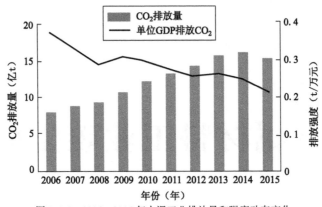

图 7-6-2　2006—2015 年水泥工业排放量和强度动态变化

全球变暖不仅会加剧冰川消融、引发一系列生态问题，还会对人类健康造成严重威胁。在物理学中，CO_2、CH_4 等温室气体在一定的物理条件下会产生温室效应，从而导致全球变暖现象，而在《联合国气候变化框架公约的京都议定书》中规定控制的 6 种温室气体中，CO_2 对温室效应的贡献率近一半，是造成温室效应的最主要温室气体之一。因此，控制碳排放成为缓解全球变暖的重要途径。

碳交易，即 CO_2 排放权交易，最早是在 1997 年的《京都议定书》中提出，该协议将市场机制作为解决温室效应的新途径，使得 CO_2 排放量可以在碳交易市场进行买卖。国际上以欧盟的 ETS、英国的 ETG、美国的 CCX 和澳大利亚的 NSW 等四大碳交易所规模最大，中国也开始试点工作。

自碳交易试点工作启动以来，各试点省市的交易量逐年攀升，2019 年底中国碳交易试点的碳交易总量突破 9200 万 t。碳交易政策的实施可以显著提升试点地区工业绿色发展效率水平。

第二节　水泥工业碳排放及计算

根据水泥生产基本原理，水泥工业 CO_2 排放主要由燃料燃烧、碳酸盐分解、电能消耗、有机碳燃烧 4 部分构成。在实际生产中，电能消耗产生的 CO_2 仅占 4%，有机碳燃烧产生的 CO_2 仅占 1.23%，两者所占比例很小。因此，水泥生产重点计算原料煅烧时和水泥加工中的 CO_2 排放强度。

2015 年，中国水泥工业碳排放量为 15.29 亿 t，出现下降拐点，实现水泥工业 CO_2 的绝对减排，水泥工业单位 GDP 碳排放强度从 2006 年的 0.37t/万元下降到 2015 年的 0.23t/万元。中国的水泥产量位居世界第一，且仍将保持一定的增长率，随之带来是巨大的碳排放量。2011 年中国水泥产量 20.85 亿 t，水泥工业 CO_2 排放超过 14 亿 t，中国水泥工业碳排放量占工业总碳排放量的 20% 左右，仅次于煤电和化工产业。

对东北某水泥企业一条 5000t/d 熟料生产线开展年度碳排放核算，考虑其项目边界、基准线、不确定度和监测方法，在高精确度水平上计算了该组织单元的排放水平，计算结果为：生产线总排放量150.23万t CO_2,熟料排放因子为0.9213t CO_2/t 熟料,水泥排放因子为0.7388t CO_2/t 水泥。

对广东某水泥企业的 CO_2 排放量计算则要小一些,熟料排放因子为0.8112tCO_2/t 熟料(表7-6-1),说明不同地域、不同生产技术水平和不同生产规模的水泥企业,单位产品的 CO_2 排放量也是不同的。

广东某水泥企业 CO_2 排放量化计算实例　　　　表 7-6-1

碳排放来源	熟料中 CaO 量(%)	熟料中 MgO 量(%)	水泥窑粉尘量(kg/t 熟料)	水泥窑粉尘 CaO 含量(%)	水泥窑粉尘 MgO 含量(%)	排放 CO_2 量(kg/t 熟料)
碳酸盐矿物分解	64	1.2	0.067	50.7	0.95	516.07
原料中有机碳燃烧	生料中有机碳含量(%)		生料与熟料比			7.10
	0.3		1.55			
燃料燃烧	燃料种类	燃料用量(kg/t 熟料)		平均低位发热量(kJ/kg)		277.17
	烟煤	156		21000		
	柴油	0.6		43000		
电耗排放	耗电量(kWh/t 熟料)					10.87
	36					
总量排放	—					811.21

水泥工业碳排放和生产规模有关,通过生产环节分析计算,对比国际先进指标,可以得出水泥工业碳减排的重点环节。以4000t/d生产线为例,在水泥粉磨环节比国际先进水平高出44%(表7-6-2)。虽然粉磨技术的发展带来了不错的节电效果,如立式辊磨和辊压机逐步取代球磨机,使水泥系统单位电耗节省了30%～40%,但是面对比国际先进水平几乎高于一半的碳排放量,高效节能粉磨工艺及装备的研发和应用就显得尤为重要。而且水泥粉磨工序的耗电在整个水泥生产过程中占比是最大的,约占35%～40%,此部分的碳排放差距会比其他边界环节对碳排放总量差距的影响更大,水泥粉磨工序的碳减排不可以被忽视。

4000t/d 以上(含4000t/d)新型干法水泥生产线各环节电力消耗与排放 CO_2 量　表 7-6-2

生产环节(电耗单位)	水泥生产各环节的电耗			水泥生产各环节排放 CO_2 量			
	国际先进水平	全国先进水平	国内平均水平	CO_2 排放单位量	国际先进水平	全国先进水平	国内平均水平
原料处理(kW·h/t 原料)	0.9	1.4	2.5	(kg/t 原料)	0.85	1.33	2.37
生料制备(kW·h/t 生料)	15.1	16.15	18.5	(kg/t 生料)	14.33	15.32	17.55
燃料预处理(kW·h/t 燃料)	20	22	25	(kg/t 燃料)	18.98	20.88	23.72
烧成系统(kW·h/t 熟料)	21	22.5	25	(kg/t 熟料)	19.93	21.35	23.72
余热利用(kW·h/t 熟料)	发电	发电	发电	(kg/t 熟料)	减排	减排	减排
	36	35.5	35		34.16	33.69	33.21

生产环节 （电耗单位）	水泥生产各环节的电耗			水泥生产各环节排放 CO_2 量			
	国际先进 水平	全国先进 水平	国内平均 水平	CO_2 排放 单位量	国际先进 水平	全国先进 水平	国内平均 水平
水泥粉磨 （kW·h/t 水泥）	29	33	41.8	（kg/t 水泥）	27.52	31.31	39.66
辅助生产 （kW·h/t 水泥）	1.5	2	3	（kg/t 水泥）	1.42	1.90	2.85

生料制备、燃料预处理、烧成系统等环节的碳排放国内平均水平分别比国际先进水平高出22.5%、25%和19%，都存在一定的减排空间。原料处理、辅助生产等环节虽然耗电量很小，但可以看到，国内平均水平与国际先进水平差距很大，分别比国际先进水平高出179%和101%，是其碳排放量的一倍以上，这两个边界环节的节电意识和节电措施还有待加强。同时可以看到，余热发电对碳减排的贡献很大。在熟料生产线上余热的供电比例达到了60%，在水泥生产线上达到了35%，纯低温余热发电技术已经将水泥生产的综合热利用率从60%左右提高到90%以上。并且目前余热发电国产化自主知识产权的技术已达到国际先进水平，与国际先进水平的差距非常小，有望在继续发展的进程中赶超国际先进水平，极大程度地减少由电力消耗产生的碳排放量。而且大量的废气余热目前被逐渐地被利用于除发电外的其他用途上，比如北方地区可用于厂方和车间办公室的采暖、原料或替代原燃料、混合材的烘干等，可以更进一步减少水泥生产排放的 CO_2。

计算边界直接影响水泥企业 CO_2 排放量的计算，表7-6-3给出水泥生产各计算边界 CO_2 排放来源。表7-6-4给出不同生产规模的水泥生产线单位熟料 CO_2 排放量对比。

水泥生产各计算边界 CO_2 排放来源　　　　　　　　　表7-6-3

生产环节	排放来源	生产环节	排放来源
原料处理	耗电排放的 CO_2 量	余热利用	余热发电减少排放的 CO_2 量； 额外耗电排放的 CO_2 量
生料制备	耗电排放的 CO_2 量		
燃料预处理	耗电排放的 CO_2 量	水泥粉磨	耗电排放的 CO_2 量
烧成系统	碳酸盐矿物分解的 CO_2 量； 生料中含有的有机碳排放的 CO_2 量； 用于烧成的燃料燃烧排放的 CO_2 量； 耗电排放的 CO_2 量	辅助生产	辅助用电排放的 CO_2 量； 辅助运输燃料燃烧排放的 CO_2 量

新型干法水泥生产线单位熟料排放 CO_2 量　　　　　　　　表7-6-4

生产环节	碳排放来源	对应计算参量		国际 先进 水平	全国 先进 水平	国内 平均 水平	排放的 CO_2 量（kg/t 熟料）		
							国际 先进 水平	全国 先进 水平	国内 平均 水平
烧成系统	碳酸盐分解	熟料 CaO 含量%		—	—	65	525	—	510.71
		熟料 MgO 含量%		—	—	1.5			16.5
	有机碳燃烧	原料有机碳含量（kg/t 生料）		2	—	3	11.37	—	17.05
	燃料燃烧	熟料综合 煤耗 kgce/t	1～2 千t/d	108	115	130	265.32	282.52	319.37
			2～4 千t/d	104	108	118	255.50	265.32	289.89
			4 千t/d 以上	100	104	111	245.67	255.50	272.69

续上表

生产环节	碳排放来源	对应计算参量		国际先进水平	全国先进水平	国内平均水平	排放的 CO_2 量(kg/t 熟料)		
							国际先进水平	全国先进水平	国内平均水平
生产环节总和	电力消耗	熟料综合电耗 kW·h/t	1~2 千 t/d	66	73	82	62.63	69.27	77.81
			2~4 千 t/d	58	65	74	55.04	61.68	70.22
			4 千 t/d	以上 55	57	65	52.19	54.09	61.68
熟料总排放量		1~2 千 t/d					864.32	—	941.44
		2~4 千 t/d					846.91	—	904.37
		4 千 t/d					以上 834.23	—	878.63

第三节 水泥工业碳减排措施

水泥企业应该秉承"改善环境质量、履行社会责任、实现可持续发展,构建环境友好型企业"的发展方针,积极开展节能减排和清洁生产工作。采取"严、细、实"管理原则基础上,通过技术提升和改进,对水泥生产各个环节实施节能减排,积极应对加快水泥产业结构调整和碳减排。

水泥工业碳减排具体措施:

(1)3 个减少:通过提高混凝土耐久性和制定科学的标准与规范来减少全社会混凝土需求量;通过提高水泥使用性能来减少混凝土中水泥用量;通过提高熟料和辅助胶凝材料性能来减少水泥中熟料用量。

(2)3 个降低:通过利用含钙工业废渣、废混凝土,生产硫铝酸盐水泥和贝利特水泥等降低石灰石资源的消耗;通过改性熟料、降低熟料理论生成热、利用二次燃料和全氧燃烧等技术,降低熟料烧成热耗;通过高效粉磨、余热发电、高效输送等技术降低水泥生产电耗。

(3)1 个利用:水泥工业碳(简称"水泥碳")转化利用,如以微藻吸收水泥碳转化为生物质能、用水泥碳制备高分子材料、水泥碳捕集与封存技术等。水泥企业分环节节能减排措施见表 7-6-5。

水泥企业碳减排措施 表 7-6-5

计算边界	碳排放影响因素	碳减排措施
原料处理	原料的低能耗预处理和利用	提高石灰石矿资源利用率
	石灰石破碎工艺及装备	高效节能破碎技术
	低品位原料及替代原料	替代原料的利用
生料制备	生料粉磨技术	高效节能粉磨工艺及装备
	易损耗部位可更替材料和部件	高性能长寿命可更替部件和材料
燃料预处理	低品位燃料及替代燃料	低晶位煤及替代燃料利用技术
烧成系统	煤的燃烧技术及装备	煤的高效燃烧技术及装备
	熟料煅烧技术与装备	新型干法水泥生产线优化 高效变频技术与传动设备结构优化 高效新型预热分解技术与装备

续上表

计 算 边 界	碳排放影响因素	碳减排措施
烧成系统	易损耗部位可更替材料和部件	高性能长寿命可更替部件和材料
	水泥窑协同处理废弃物技术与装备	水泥窑协同处置废弃物
	熟料冷却系统	熟料高效冷却系统
	CO_2 捕集和利用技术	CO_2 捕集及利用
余热利用	纯低温余热发电	余热发电技术与装备的升级与优化
	低温废气其他利用技术	低温废气的其他利用技术
水泥粉磨	水泥粉磨技术	立磨粉磨水泥技术； 高效节能粉磨工艺及装备
	易损耗部位可更替材料和部件	高性能长寿命可更替部件和材料
	粉尘及有害气体的治理	水泥清洁生产技术
	废弃物制备辅助性胶凝材料技术	工业废渣制备高性能辅助胶凝材料
	多元化水泥品种	熟料的高效使用 低熟料用量高性能水泥的制备
	低能耗低 CO_2 排放水泥	低能耗低 CO_2 排放水泥的研究
辅助生产	低品位燃料及替代燃料	替代燃料利用技术

第四节　水泥生产与环境生态

人们最早关注的水泥工业对环境的影响是粉尘和噪声,现代化的水泥厂已经基本解决上述问题,例如在水泥粉磨中应用超声波技术以及采用遮幕技术进行车间设计使水泥厂与周围环境相协调等。

水泥生产有害废气的处理,已开发出烟气脱硫、脱氮装置,窑灰脱碱及 CO_2 回收技术等。因此水泥企业有望成为零污染、环境友好型产业。

此外,水泥工业在废气净化、余热利用和固态废弃物减少等方面的技术优势,使其在解决自身污染问题之外,对循环利用其他工业废渣和可燃性废料也具有得天独厚的优势。

水泥作为一种胶凝材料,也可作为环境工程材料使用,为生态环境的整体治理做出贡献。

改善水泥工业与环境相容性方面可采取如下措施:

(1)高性能水泥的研究与开发

用少量高性能水泥可以达到大量低质水泥的使用效果,因此可减少生产水泥的资源、能源消耗,减轻环境负荷。高性能水泥涉及水泥熟料矿物体系与水泥颗粒形状、颗粒级配等问题。

高性能水泥生产在已有水泥生产基础上,能耗降低 20% 以上, CO_2 排放量减少 20% 以上,强度提高 10MPa 以上,综合性能可提高 30% ~ 50%。水泥用量可以减少 20% ~ 30%,开发高性能水泥有利于环境保护和水泥工业的可持续发展。

（2）采用先进的水泥生产工艺

选用新型干法窑,淘汰湿法回转窑和立窑等落后的生产工艺,采用烟气脱硝、脱硫装置,以及窑灰脱碱、CO_2 回收技术等实现节能减排。

（3）利用工业废渣制备水泥可提供水泥组分所需的 CaO、SiO_2、Al_2O_3 和 Fe_2O_3 等氧化物的物料均可用于水泥生产。工业废渣既可在熟料生产阶段加入,也可作为水泥混合材料使用。水泥煅烧在碱性条件下进行,有毒有害废弃物中的化学元素被中和吸收,焚烧残渣进入水泥熟料,对水泥质量一般无不良影响。水泥窑还可以将废料中的大部分重金属元素固定,避免扩散污染。

水泥烧成系统利用工业废渣,可节约原材料和能耗,降低有害气体和粉尘的排放。水泥制备系统可利用工业废渣节约水泥熟料。

（4）开发生态水泥

借助新技术,将各种工业废弃物和城市生活垃圾等作为资源循环利用到水泥生产过程中,从而制造出的有利于环境保护和资源再利用的节约型水泥,即生态水泥。在可持续发展和环境保护的政策要求下,水泥工业发展生态水泥是社会发展的趋势和必然选择,如何将城市生活垃圾和工业废弃物运用到生态水泥的生产过程中,降低城市废弃物处理负荷,达到节约资源与保护环境的目的,是水泥生产企业面临的问题。

发展生态水泥的具体循环模式主要有以下几个方面：

（1）回收循环模式

回收废旧产品和排放物,按照其有效成分和用途进行水泥再加工,这种模式就是回收循环模式,也是最常见的资源循环利用模式。如利用水泥回转窑废弃低温余热发电,回收的电能循环利用于水泥生产过程中,提高水泥生产环节的效益。再如利用回转窑排放的尾气 CO_2 为原料,生产 CO_2 共聚物,用于生产碳酸饮料瓶和快餐饭盒等,不仅避免了传统塑料对环境的污染,还可让水泥工业生产形成物质循环的态势,降低了天然资源的损耗,保护环境。

（2）连续循环模式

在企业之间建立连续循环模式,譬如 A 企业的排放物可以被 B 企业利用,C 企业又利用 B 企业排放物,C 企业的排放物最终又被 A 企业所利用,企业之间形成连续循环的资源利用模式。不仅企业之间,同一企业不同生产环节之间也可以建立连续循环模式,如水泥企业与电厂煤矿合作,资源互用,形成发电、水泥生产、灰渣利用、污水利用、煤矿等产业一体化格局,可将采煤、发电直供、供热、污水利用、灰渣生产水泥、熟料生产、余热发电等相关产业一起发展,使上一道生产工序产生的废弃物是下一道生产工序的原料,使资源相互循环和相互支持,实现绿色发展。

（3）反馈循环模式

反馈循环模式就是将相关的两个或以上生产环节按照一定的先后顺序连接起来,前一个生产环节的排放物成为后一生产环节的原料,后一生产过程的部分产品又可以作为原材料提供给前面的生产过程,重新参与到生产中来。如化工厂利用磷石膏和硫酸作为原料,生产磷铵,同时利用该生产过程的排出物生产水泥和硫酸,其中硫酸又可用于前面的生产过程再生产磷铵。这一过程就是反馈循环模式,部分资源得到循环利用,降低生产成本。

本篇参考文献

[1] 余其俊,陈容,张同生,等.水泥工业烟气脱硫脱硝技术研究进展[J].硅酸盐通报,2020,39(7):2015-2032.

[2] 王思博.水泥行业温室气体排放核算方法研究[D].北京:中国社会科学院,2012.

[3] 庞翠娟.水泥工业碳排放影响因素分析及数学建模[D].广州:华南理工大学,2012.

[4] 曹宗平,毛志伟.水泥窑协同处置生物干化污泥的新方案[J].中国水泥,2020,5:75-79.

[5] 陈慧.水泥窑协同处置污泥技术探讨[J].水泥工程,2020,2:69-71.

[6] 翁端,冉锐,王蕾.环境材料学[M].北京:清华大学出版社,2011.

[7] 程灿,郭婷,李建军.陶瓷行业烟气中 SO_2 及 NO_x 治理方法的研究进展[J].四川化工,2019,3:17-20+23.

[8] 赵文立.石灰-石膏法技术在陶瓷厂烟气脱硫系统中应用[J].陶瓷,2020,5:35-38.

[9] 张君.平板玻璃行业大气污染及治理技术[J].玻璃,2019,11:45-48.

[10] 袁晓玲,郗继宏,李朝鹏,等.中国工业部门碳排放峰值预测及减排潜力研究[J].统计与信息论坛,2020,9:72-82.

[11] 蔡玉良,洪旗,肖国先,等.水泥窑协同处置废弃物的安全环保排放过程控制[J].中国水泥,2016,5:73-79.

[12] 王新频.全球碳预算方法与碳排放预测[J].水泥,2018,4:1-5.

[13] 国家环保总局科技标准司.地表水环境质量标准:GB 3838—2002[S].北京:中国环境科学出版社,2002.

[14] 全国国土资源标准化技术委员会.地下水环境质量标准:GB/T 14848—2017[S].北京:中国标准出版社,2017.

[15] 国家环境保护局.污水综合排放标准:GB 8978—1996[S].北京:中国标准出版社,1996.

[16] 国家环境保护局.恶臭污染物排放标准:GB 14554—1993[S].北京:中国标准出版社,1993.

[17] 环境保护部科技标准司.工业企业厂界环境噪声排放标准:GB 12348—2008[S].北京:中国环境科学出版社,2008.

[18] 国家环境保护总局科技标准司.一般工业固体废物贮存、处置场污染控制标准:GB18599—2001[S].北京:中国环境科学出版社,2001.

[19] 国家建筑材料工业标准定额总站.水泥窑协同处置工业废物设计规范:GB 50634—2010

[S].北京:中国计划出版社,2011.

[20] 环境保护部科技标准司.水泥窑协同处置固体废物污染控制标准:GB 30485—2013[S].北京:中国环境科学出版社,2014.

[21] 全国水泥标准化技术委员会.水泥窑协同处置固体废物技术规范:GB 30760—2014[S].北京:中国标准出版社,2014.

[22] 全国水泥标准化技术委员会.水泥中水溶性铬(Ⅵ)的限量及测定方法:GB 31893—2015[S].北京:中国标准出版社,2015.

[23] 全国玻璃纤维标准化技术委员会.玻璃纤维中铅、汞、镉、砷及六价铬的限量指标与测定方法:GB/T 33999—2017[S].北京:中国标准出版社,2017.

[24] 住房、城乡建设部给水、排水产品标准化技术委员会.城镇污水处理厂污泥处置分类:GB/T 23484—2009[S].北京:中国标准出版社,2009.

[25] 全国水泥标准化技术委员会.水泥胶砂中可浸出重金属的测定方法:GB/T 30810—2014[S].北京:中国标准出版社,2014.

[26] 生态环保部固体废物与化学品司、法规与标准化司.一般固体废物分类与代码:GB/T 39198—2020[S].北京:中国环境出版集团有限公司,2020.

[27] 生态环保部固体废物与化学品司、法规与标准化司.危险废物焚烧污染控制标准:GB 18484—2020[S].北京:中国环境出版集团有限公司,2020.

[28] 生态环保部固体废物与化学品司、法规与标准化司.医疗废物处理处置污染控制标准:GB 39707—2020[S].北京:中国环境出版集团有限公司,2020.

[29] 环境保护部科技标准司.水泥工业大气污染物排放标准:GB 4915—2013[S].北京:中国标准出版社,2013.

[30] 环境保护部科技标准司.陶瓷工业污染物排放标准:GB 25464—2010[S].北京:中国环境科学出版社,2010.

[31] 全国安全生产标准化技术委员会防尘防毒分技术委员会.陶瓷生产防尘技术规程:GB 13691—2008[S].北京:中国标准出版社,2008.

[32] 全国安全生产标准化技术委员会防尘防毒分技术委员会.耐火材料企业防尘规程:GB 12434—2008[S].北京:中国标准出版社,2008.

[33] 生态环境部大气环境司.玻璃工业大气污染物排放标准:GB 26453—2020[S].北京:中国环境科学出版社,2020.

[34] 环境保护部科技标准司.电子玻璃工业大气污染物排放标准:GB 29495—2013[S].北京:中国环境科学出版社,2013.

[35] 环境保护部科技标准司.平板玻璃工业大气污染物排放标准:GB 26453—2011[S].北京:中国环境科学出版社,2011.

[36] 生态环保部固体废物与化学品司、法规与标准化司.危险废物鉴别标准通则:GB 5085.7—2019[S].北京:中国环境出版集团有限公司,2019.

[37] 生态环保部土壤环境管理司.土壤环境质量标准:GB 36600—2018[S].北京:中国标准出版社,2018.

[38] 全国碳排放标准化技术委员会.硅酸盐水泥熟料生产中二氧化硫排放量计算方法:GB/T 37249—2018[S].北京:中国标准出版社,2018.

［39］ 全国碳排放标准化技术委员会.浮法玻璃生产生命周期评价技术规范(产品种类规则):
GB/T 29157—2012［S］.北京:中国标准出版社,2012.

［40］ 全国碳排放标准化技术委员会.温室气体排放核算与报告要求　第9部分:陶瓷生产企
业:GB/T 32151.9—2015［S］.北京:中国标准出版社,2015.

［41］ 全国碳排放标准化技术委员会.温室气体排放核算与报告要求　第8部分:水泥生产企
业:GB/T 32151.8—2015［S］.北京:中国标准出版社,2015.

［42］ 全国碳排放标准化技术委员会.温室气体排放核算与报告要求　第7部分:平板玻璃生
产企业:GB/T 32151.7—2015［S］.北京:中国标准出版社,2015.

［43］ 全国碳排放标准化技术委员会.基于项目的温室气体减排量评估技术规范生产水泥熟
料的原料替代项目:GB/T 33756—2017［S］.北京:中国标准出版社,2017.